简简单单学通
51单片机开发

王晋凯　等编著

清华大学出版社
北　京

内 容 简 介

学习单片机开发离不开实践。将理论和实例结合起来是最好的方式。本书结合实践，系统地介绍了51单片机开发的方方面面。书中的每章内容都围绕实例展开，这些例子大多采用汇编和C两种语言开发，并利用知名EDA仿真软件Proteus清晰地演示了每个实例的最终运行效果。这无疑可以大大提高读者的学习兴趣，并加深读者对单片机的理解。当然，每个实例的制作都需要有一定的理论去支撑，所以在实例设计之前会先讲解一些理论基础，并在实例完成之后对这些理论和开发经验进行总结。这种教学方式可以让读者将51单片机的理论知识和动手实践很好地结合起来，从而达到更好的学习效果。**另外，配书DVD光盘中提供了作者专门录制的21小时高清配套教学视频和本书源文件，以方便读者高效、直观地学习。**

本书共包含12章。其主要内容有：简单了解51单片机；从I/O端口开始学51单片机；51单片机对中断的控制；51单片机对时间的控制；数码管显示技术；通信利器——串口；数字电子时钟的设计；更先进的电子时钟；51单片机外设扩展；点阵液晶LCD和矩阵键盘；计算器程序分析与设计；ZLG/GUI在51单片机中的移植及运用。本书每章最后都提供了多个习题和实例扩展题，以帮助读者巩固和提高。

本书从51单片机基础知识开始讲解，逐步深入到较复杂的实例，特别适合51单片机初学者阅读。书中还介绍了很多同类图书中较少涉及的知识点和作者的实际项目经验，也适合有基础的读者和单片机爱好者进一步研读。本书注重实践教学，还非常适合大中专院校的相关专业作为教材使用。

图书在版编目（CIP）数据

简简单单学通51单片机开发/王晋凯等编著. —北京：清华大学出版社，2014（2020.9重印）
ISBN 978-7-302-36479-5

Ⅰ. ①简… Ⅱ. ①王… Ⅲ. ①单片微型计算机–程序设计 Ⅳ. ①TP368.1

中国版本图书馆CIP数据核字（2014）第099294号

责任编辑：夏兆彦
责任设计：欧振旭
责任校对：胡伟民
责任印制：沈　露

出版发行：清华大学出版社
网　　址：http://www.tup.com.cn, http://www.wqbook.com
地　　址：北京清华大学学研大厦A座　　邮　　编：100084
社 总 机：010-62770175　　邮　　购：010-62786544
投稿与读者服务：010-62795954，jsjjc@tup.tsinghua.edu.cn
质量反馈：010-62772015，zhiliang@tup.tsinghua.edu.cn
印 装 者：北京九州迅驰传媒文化有限公司
经　　销：全国新华书店
开　　本：185mm×260mm　　印　张：31.5　　字　数：790千字
（附光盘1张）
版　　次：2014年9月第1版　　印　次：2020年9月第5次印刷
定　　价：69.80元

产品编号：056599-01

前　　言

单片机的出现可以追溯到 20 世纪 70 年代。在 1970～1974 年期间，诞生了第一代 4 位单片机。在 1978～1983 年期间，Intel 公司推出了 MCS-51 系列单片机（即 51 单片机），标志着单片机进入了 8 位时代。几十年来，以 8051 系列为代表的 8 位单片机在世界范围内长盛不衰，得到了不断发展和加强。51 系列单片机也以其强大的功能在工业控制领域得到了广泛的应用。近年来，以 ARM 为代表的 32 位控制器开始流行起来。所以有些人可能会觉得 51 单片机即将退出历史的舞台。然而，事实上 51 系列单片机在工控领域依然有着非常广泛的应用，而且也会在相当长的一段时间内继续发挥重要作用。

国内在较早的时期就引入了 51 单片机，而且相关院校也普遍开设了 51 单片机的课程，这使得单片机在国内的院校中广为流行。相应地，图书市场上也出版了大量的单片机教程。然而这些教程大多都是以生涩的理论知识讲解为主，缺乏实践教学。这给读者的学习造成了很多困惑：所学知识不能很好地应用于实际开发。时至今日，这种现象依然还存在。

笔者从大学期间就是一个电子技术的狂热爱好者，毕业后又从事了多年的电子产品的研发工作。作为一个过来人和从业者，想尽自己的绵薄之力，给广大的 51 单片机爱好者提供一些学习上的帮助，于是便有了这本《简简单单学通 51 单片机开发》的图书。学习单片机开发离不开实践，所以本书强调实践性教学，每个知识点都结合了相应的实例来讲解。这些实例都是通过仿真软件 Proteus 进行演示，效果很直观。而且大部分实例采用了汇编和 C 两种语言开发，一方面可以弥补读者在语言方面的不足，更为关键的是可以加深读者对单片机的理解。另外，为了帮助读者更加高效、直观地学习，笔者专门为本书详细录制了长达 21 小时的高清配套教学视频，以辅助读者学习。

相信在笔者的带领下，读者不但可以很好地掌握 51 单片机开发的知识，而且还可以感受到 51 单片机学习过程中的极大乐趣和做出实实在在产品的兴奋！

本书特色

1．实例运用 Proteus 进行仿真

很多读者花费了大量的时间和金钱，去制作一块资源有限的调试开发板。而 Proteus 完全可以取代这个过程。Proteus 中包含了非常多的资源模块，供开发人员快捷、方便地搭建一个学习系统。本书便很好地利用了 Proteus，清晰地演示了每个实例的最终运行效果。

2．重点介绍软件仿真

大型软件项目的调试和排错并非常规分析就能实现，而需要借助仿真调试。51 单片机开发环境 Keil 具有软件仿真的功能。本书将重点介绍利用软件仿真调试程序的方法。

3. 同步使用汇编语言和C语言

很多单片机书籍鼓励读者放弃汇编语言。这是非常不合理的。汇编语言在单片机的开发中是无法完全被C语言所取代的。一些要求实时性非常高的控制场合还得依赖于汇编代码而实现。此外，学习汇编语言有助于读者对单片机的内部资源有一个全面的认识，从而提高代码的编写效率。在本书中，大部分实例采用了汇编和C两种编程语言进行开发。

4. 使用大量的程序流程图

程序流程图可以将繁杂的语言叙述简化，让人看后一目了然，非常直观。这对于读者理解相关知识至关重要，是编程图书中不可或缺的讲解方式。本书讲解过程中使用了大量的程序流程图，几乎每个程序模块，甚至一些程序语句都使用了程序流程图。

5. 使用外部资源

51单片机的内部资源并不是非常丰富，但可以通过使用外部扩展资源来对它的功能进行增强。本书中使用的外部扩展主要有两方面：一是硬件系统，包括功能芯片的使用和程序资源的扩充；二是软件系统，包括使用C51库函数和移植外部软件包。

6. 提供大量的习题和实例扩展

本书每章最后都提供了笔者精心编写的多个填空题、选择题、解答题和实例扩展题等。读者通过完成这些题目不但以检查自己对相关内容的掌握情况，而且可以巩固和提高所学的知识。这些题目的参考答案和解题思路需要读者自行按照本书封底的下载说明下载。

7. 提供21小时高清配套教学视频

笔者为本书录制了长达 21 小时的高清教学视频。这些视频不是泛泛而谈，而是非常详细和直观地再现了书中的大量操作。这对于实践性要求较高的单片机学习有很大的帮助。这些视频和书中涉及的所有实例源文件及电路图一并收录于配书 DVD 光盘中。另外，光盘中还收录了本书所用工具软件（Keil 编译器与 Proteus 演示版）的获取方式。

本书内容

第1章　简单了解51单片机

本章涵盖的内容有：51单片机的内部资源，包括引脚结构、存储器空间分配、一个最小系统的开发等；开发环境 Keil 和仿真软件 Proteus 介绍；一个实例电路和程序的演示。

第2章　从I/O端口开始学习51单片机

本章结合一个流水灯实例，讲解了 51 单片机 I/O 端口的控制方法。其中需要重点掌握的内容有：汇编语言的数据传送指令和 C 语言赋值语句；几个特殊功能的寄存器；使用 Proteus 绘制电路图。

第3章　51单片机对中断的控制

本章主要介绍了单片机的中断控制技术。需要掌握的内容有：汇编语言及C语言的循环语句和移位指令；通过一个外中断的实例改进流水灯控制方法；理解汇编语言和C语言处理中断的区别。

第 4 章　51 单片机对时间的控制

本章涵盖两大知识点：一是单片机软件定时编程方法；二是单片机定时器，主要介绍单片机内部的两个定时器的 4 种工作方式，对于每种工作方式都提供了对应的程序实例。

第 5 章　数码管显示技术

本章主要介绍了数码管显示技术。需要掌握的内容有：数码管静态显示的方法；内部数据存储器的读取方法和内部程序存储器的使用方法；数码管动态显示方法。

第 6 章　通信利器——串口

本章主要介绍了串口通信技术。需要掌握的内容有：51 单片机串口通信的 4 种模式；串口双机通信的实现方法；串并互转的编程思想。

第 7 章　数字电子时钟的设计

本章介绍了利用单片机的内部资源完成一个电子时钟的设计，使用了包括定时器、串口、外中断等单片机的固有资源。这是一个综合型的实例，需要重点掌握分模块编程的思路。

第 8 章　更先进的电子时钟

本章主要介绍了运用外扩资源，配合单片机的控制而实现一个功能更加强大的电子时钟的实例。本章使用的外部设备有字符液晶 1602 和时钟芯片 DS1302 等。读者需要重点掌握 51 单片机外部资源和单片机接口的方法。

第 9 章　51 单片机外设扩展

51 单片机的内部资源并不丰富，所以进行外部资源的扩展就变得非常重要。本章为 51 单片机扩展了一片外部数据存储器和两组 8 位键盘。通过本对章内容的学习，应该掌握汇编语言和 C 语言进行外部扩展程序的实现方法。

第 10 章　点阵液晶 LCD 和矩阵键盘

本章主要介绍了单片机系统的两个常用电路模块：点阵液晶 LCD 和矩阵键盘。需要掌握的内容有：点阵液晶接口电路和驱动程序；矩阵键盘按键电路原理及扫描的方法。

第 11 章　计算器程序分析与设计

本章主要有两个任务：一是完成对 Proteus 自带计算器（汇编语言编写）的分析；二是对另外一个 Proteus 自带计算器（C 语言编写）进行改造。需要读者重点掌握的内容是 C51 库函数的调用。

第 12 章　ZLG/GUI 在 51 单片机中的移植及运用

ZLG/GUI 是广州周立功公司研发的轻型图形用户界面，具有较为强大的功能。本章重点内容是将该软件包移植到 51 单片机之中，并掌握综合运用该软件包提供的功能函数。通过对本章内容的学习，读者不仅可以学习一个外部程序资源移植的范例，而且还可以更进一步理解使用外部函数简化单片机开发过程的思想。

附录

本书最后提供了 3 个附录，以方便读者学习时查阅相关资料。附录 A 给出了 51 单片机的汇编指令集；附录 B 提供了 ASCII 码表；附录 C 给出了 C 语言运算符及其优先级。

本书读者对象

- 51 单片机初学者；
- 想全面学习 51 单片机开发技术的人员；
- 单片机产品开发人员；
- 单片机开发爱好者；
- 电子产品设计爱好者；
- 大中专院校的学生；
- 社会培训班学员。

本书作者

本书由王晋凯主笔编写。参与本书编写的人员还有吴万军、项延铁、谢邦铁、许黎民、薛在军、杨佩璐、杨习伟、于洪亮、张宝梅、张功勤、张建华、张建志、张敬东、张倩、张庆利、赵剑川、赵薇、郑强、周静、朱盛鹏、祝明慧、张晶晶。

读者阅读本书的过程中，有任何疑问都可以发邮件到 bookservice2008@163.com，我们会及时解决您的问题。

编者

目　　录

第 1 章　简单了解 51 单片机

现在开始学习 51 单片机的征程。本章将要介绍 51 单片机的基础硬件知识，学习 51 单片机的开发环境，对 51 单片机的程序语言做一些简单的介绍。重点学习仿真软件 Proteus 的安装及使用方法。最后做一个小例子来了解 51 单片机项目的开发。本章的学习目的是让大家对 51 单片机感兴趣，尽可能简化学习的过程。

1.1　51 单片机硬件简述

51 单片机是对目前所有兼容 Intel 8031 指令系统的单片机的俗称。该系列单片机的始祖是 Intel 公司。80C51 单片机目前已成为 8 位单片机的经典代表，原因是 Intel 公司将 51 单片机技术公开，授权给其他公司生产。生产单片机的公司很多，常见的公司及他们生产的 51 系列单片机主要产品如下：

- Intel 公司的 80C31、80C51、87C51，80C32、80C52、87C52 系列等。
- ATMEL 公司的 89C51、89C52、89S52 系列等。
- Philips、华邦、Dallas、Siemens（Infineon）等公司生产的产品也占有很大的市场。

随着 Flash ROM 技术的发展，80C51 单片机取得了更长足的进展，尤其是 ATMEL 公司的 AT89 系列，它广泛应用于工业测控系统之中。在我国，高校学生和电子发烧友等学习所用的单片机很多都是 ATMEL 公司的 AT89 系列，因为它除了性能稳定之外，程序烧录过程特别简单。所以在本书的学习中就以 ATMEL 公司的 AT89C52 单片机为例来介绍 51 单片机。

如图 1-1 所示为常见的 51 单片机的两种封装。图中左侧所示的封装较为常见，使用较为方便；图中右侧所示的封装因为体积较小，便于集成，所以在工业运用中较为常见。

图 1-1　51 单片机的外形封装

1.1.1 51 单片机的逻辑结构及信号引脚

如图 1-2 所示为 51 单片机的内部逻辑结构图，够复杂吧，不过我们不必害怕。因为不需要重点来研究这个图，只需要对 51 单片机的内部逻辑结构有一个大概的理解即可。在这个图中，可以了解 51 单片机的内部结构和外设资源等信息。

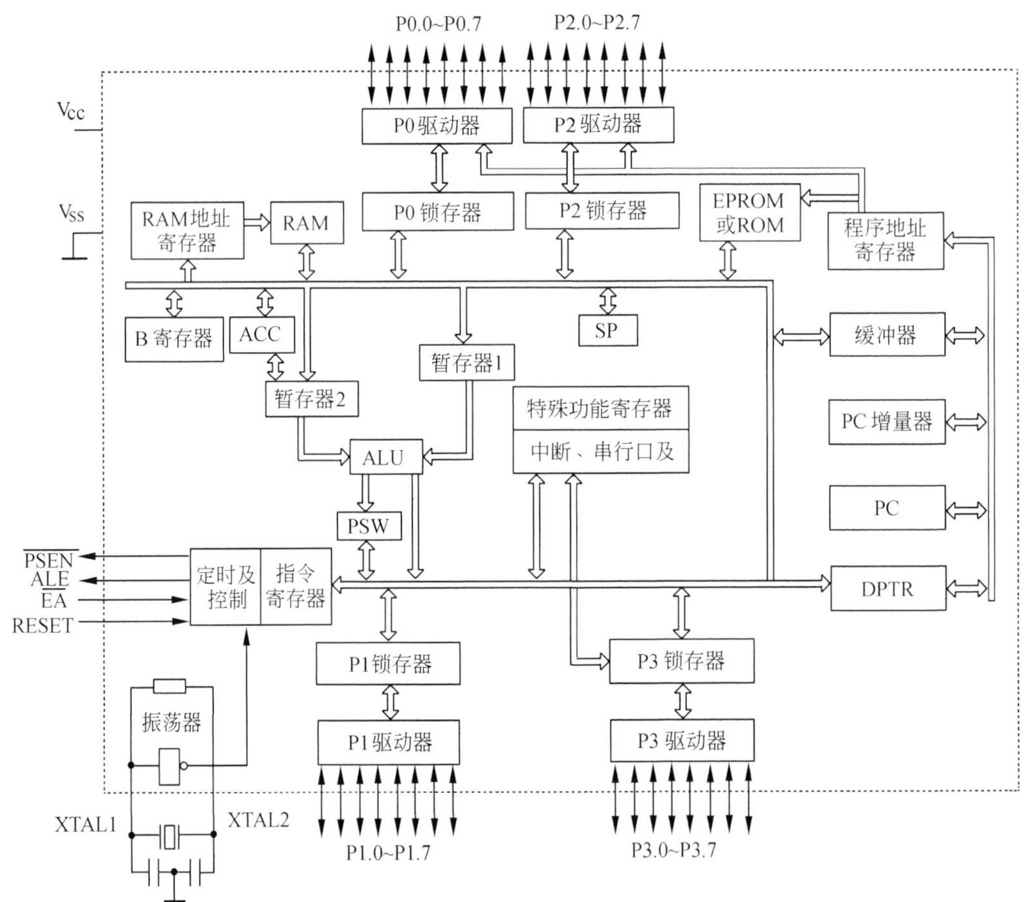

图 1-2 51 单片机的逻辑结构图

看完了内部结构，我们来认识一下 51 单片机各引脚的名称吧，如图 1-3 所示。

在图 1-3 中，将单片机的各引脚做了分类，以帮助大家理解。

（1）VDD（40 脚）：接电源+5V，每一个芯片都需要电源来提供能量。

（2）VSS（20 脚）：接地，也就是 GND，同理，每个芯片都需要接地来保证回路。

（3）XTAL1（19 脚）和 XTAL2（18 脚）：单片机需要时钟的支持，就得有时钟信号的产生或者输入。一般来说，这两个引脚接的是石英晶体，但也可以直接接入外部的时钟信号。

（4）PSEN（29 脚）：51 单片机有时候需要扩展程序存储器（ROM），为了方便目标的选取，特意安排了此引脚。当对外部存储器进行读取数据时，此引脚为低电平。当涉及程序存储器的时候，我们再来深入地讨论。

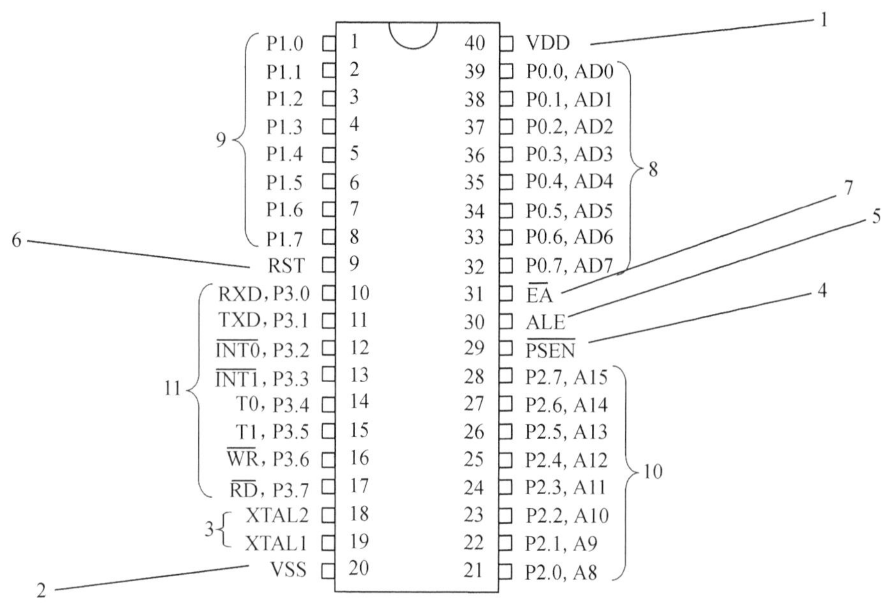

图 1-3　51 单片机的引脚分类

（5）ALE（30 脚）：这个引脚的作用是地址锁存信号的产生。现在提起这个概念可能比较抽象，当学习到存储器扩展时，会为大家来解答。在这里，仅需了解 ALE 引脚输出的是六分之一晶体频率的正脉冲波。

（6）RST（9 脚）：复位信号输入端。就像我们的电脑需要开启或者重启一样，51 单片机需要在次引脚输入两个机器周期以上的高电平来确保单片机进入正常的工作状态。有一套成熟的复位电路将在后面的章节中介绍。

（7）$\overline{EA}$（7 脚）：访问程序存储器控制信号。当 $\overline{EA}$ 为低电平时，对程序存储器（ROM）的访问限定在外部程序存储器。当 $\overline{EA}$ 为高电平时，对程序存储器的访问从内部程序存储器开始，并延续至外部存储器。

（8）P0（32～39 脚）：8 个双向 I/O 端口，每一个端口都是完全相同的，但是相互独立的。在实际应用过程中，P0 口在很多情况下都是用做单片机的地址和数据总线的。用做外部设备的扩展，如存储器、I/O 设备等。P0 口和 ALE 引脚配合来完成外设数据的传输。不过随着串行传输技术的不断发展，P0 口将会被解放出来单独作为一个普通的 I/O 端口。在图中我们看到，P0 口有第二功能（AD0~AD7），为数据和信号共用端口。

P0 口在做普通 I/O 端口的时候，必须外接上拉电阻才会有高电平输出。所谓上拉电阻，就是此端口通过一个电阻来连接电源。如图 1-4 所示为上拉电阻和下拉电阻的连接方法。

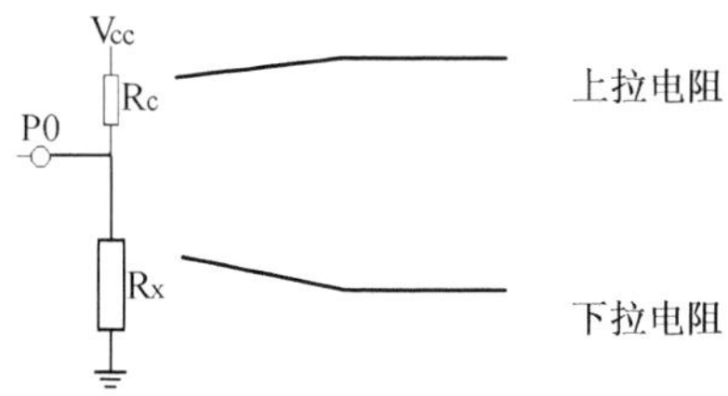

图 1-4　上拉电阻和下拉电阻

（9）P1 口（1～8 脚）：8 个准双向通用 I/O 口。P1 口是 51 单片机唯一一组只能用作普通 I/O 的端口。

和 P0 口不同，当作为输出口时，P1 口不必再加上拉电阻。但作为输入时，应先向 P1 口寄存器写入 1，才可使用。

（10）P2 口（21～28 脚）：准双向 I/O 口。当 P0 口作为地址和数据线时，P2 口用于为系统提供高位地址。它和 P0 口配合完成外部数据的存储和访问。当然 P2 口也可以作为一个普通的 I/O 端口。

（11）P3 口（10～17 脚）：P3 口是可以作为一个 I/O 端口的，但是它的第二功能却更加重要。我们后续讲解的内容很多都是围绕 P3 口的第二功能展开的。关于 P3 口的第二功能说明，如表 1-1 所示。

表 1-1　P3 口的第二功能说明

端口位	第二功能	信号名称
P3. 0	RXD	串行口输入
P3. 1	TXD	串行口输出
P3. 2	INT0	外部中断 0
P3. 3	INT1	外部中断 1
P3. 4	T0	计数器 0 计数输入
P3. 5	T1	计数器 1 计数输入
P3. 6	WR	外部设备写入选通信号
P3. 7	RD	外部设备读入选通信号

1.1.2　51 单片机的存储器

提到存储器，必须讲到存储器的分类。存储器分为 ROM（程序存储器）和 RAM（数据存储器）。

1．程序存储器

ROM（Read-Only Memory，只读内存），是一种只能读出事先所存数据的固态半导体存储器。其特性是一旦储存资料就无法再将之改变或删除并且资料不会因为电源关闭而消失。通常用在不需要经常变更资料的电子或电脑系统中。

电脑所用的硬盘就是程序存取器。我们的 Windows 操作系统和各种应用程序都存储在硬盘之中，这些资料不会因为电脑断电而消失。但也有读者有疑问，我们的电影、音乐、照片不是都存储在硬盘之中吗？我们可以任意修改、添加和删除；还有我们电脑里面的各种应用软件，也可以灵活地安装和修改；我们的操作系统也是可以重新安装的。这和上面所提到的概念相悖吗？

这就提到了一种新型的程序存储器，即 Flash 存储器。它属于内存器件的一种，是一种不挥发性（Non-Volatile）内存。这种新的存储器内部的数据可以在一定的条件下，被任意的修改、删除和添加，而断电之后还可以长期保存。本书所讲的 AT89C52 单片机正因采用这种程序存储器，才得到如此广泛的应用。通过简单的编程器我们可以方便地将程序写入单片机之中。

在这里要记住，程序存储器就是存放程序文件的，就像 Windows 操作系统存放在硬盘之中一样。

2. 数据存储器

电脑的内存条采用的就是 RAM（Random Access Memory，随机存储器），即存储单元的内容可按需随意取出或存入，且存取的速度与存储单元的位置无关。这种存储器在断电时将丢失其存储内容，故主要用于存储短时间使用的程序。

在编写程序的过程中，需要用到一些中间变量，来帮助实现所要求的功能。这些变量和最终要求的结果无关，但是需要它们帮助我们实现程序要求。自然而然，在用过这些变量以后，就可以释放它们，无需让它们保持一定的值。当然在断电以后，它们的存储值是无法保存的。

RAM 几乎是所有访问设备中写入和读取速度最快的，它的存储速度要比 ROM 速度快得多。因此在单片机系统中，它的作用是不可代替的。

3. 存储器的单位

存储器的最小单位是“位”。一个位可以表示两种状态：1 和 0。举个简单的例子，开关的接通和断开这两种状态就可以用位来表示。如图 1-5 所示，当单刀双掷打到 VCC，输出状态为高电平，称之为 1 状态。当开关打到 GND 这一端时，输出电平为低电平，称之为 0 状态。

接着来讲字节的概念。一个字节由 8 个位组成，如图 1-6 所示。在单片机系统中，甚至是计算机系统中，计数的方法通常是从 0 开始的。例如，每一个字节有 8 位，从低位往高位数的顺序是 BIT0、BIT1、BIT2、BIT3、BIT4、BIT5、BIT6、BIT7，它不像平时数数是从 1 开始。后面章节涉及存储地址的概念也是如此，希望读者习惯这种计数的方法。

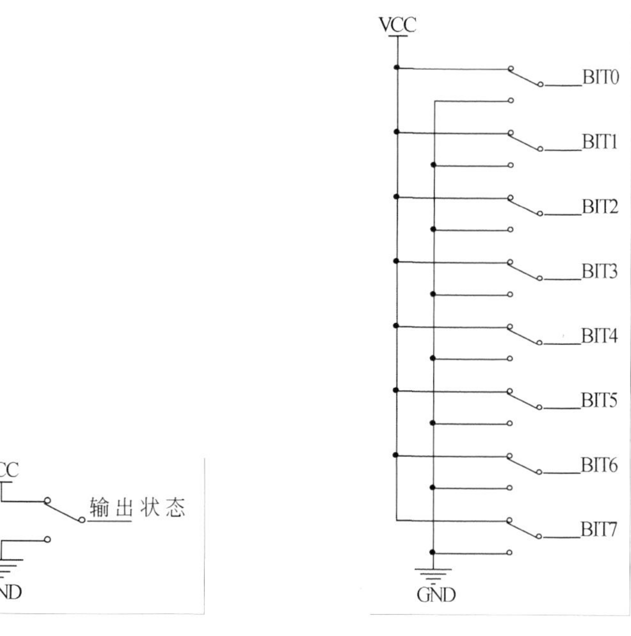

图 1-5　位的概念　　图 1-6　字节的概念

一个位有两种状态，那么一个字节能表示几种状态呢？大家计算一下吧，不过肯定不是 16 种状态。各位数据表示的状态，如表 1-2 所示。

表 1-2 各位数据表示状态

数据位	1 位数据状态	2 位数据状态	3 位数据状态	4 位数据状态
表示状态	0	00	000	0000
	1	01	001	0001
	2^1=2	10	010	0010
		11	011	0011
		2^2=4	100	0100
			101	0101
			110	0110
			111	0111
			2^3=8	1000
				1001
				1010
				1011
				1100
				1101
				1110
				1111
				2^4=16

通过表 1-2 可知：2 位数据表示 4 种状态（2^2=4），3 位数据表示 8 种状态（2^3=8），4 位数据表示 16 种状态（2^4=16），一个字节有 8 位数据，当然可以表示 2^8=256 种状态了。

下面介绍存储器单位“字”，一个字由两个字节组成，那就是由 16 个位组成，可以表示 2^{16}=65536 种状态。

4．存储单位及数值转换

51 单片机具有 256 字节的内部 RAM。表示的地址范围为 00H~0FFH（0D~255D）。在后面章节中将频繁地提到地址的概念。在单片机系统，通常将 1 个字节表示一个地址，从地址 0 至地址 255，总共有 256 个字节。

刚刚讲到地址的表示方法为 00H~0FFH，加上后缀 H 表示数据为十六进制，加上后缀 D 表示是十进制。加上 B 表示是二进制，在汇编语言中常用二进制表示方法。而在 C 语言中，常在数值前面加上 0X 表示十六进制数。例如 0X32 表示十六进制数 32H。

无论是单片机系统，还是微机系统。在大多情况下，都用十六进制表示数值。后面的章节中将讲到的地址的范围都采用的是十六进制表示的方法。

至于数值转换的问题，许多书籍都介绍过计算的方法，在这里不做讲解。但向大家介绍一种最直接有效的方法，就是运用计算机。在电脑中有一个计算器的软件，里面有数值转换的功能。具体的步骤如下所述。

（1）打开 Windows 自带的计算器软件。单击电脑桌面的“开始”菜单，会弹出图 1-7 所示的状态。找到“计算器”以后，可以建立一个快捷图标，方便下次使用。

（2）打开这个软件，会看到如图 1-8 所示的界面。在这个界面，还不能进行数据转换，不过可以进行一些简单的数值运算。

图 1-7　Windows 自带计算器的路径

图 1-8　计算器界面

（3）单击菜单栏上的“查看”菜单，如图 1-9 所示，然后选择“科学型”选项，就可以跳转到科学型计算器界面，如图 1-10 所示。

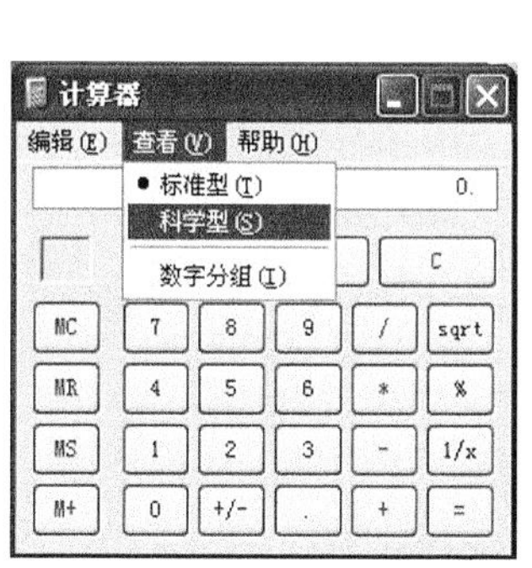

图 1-9　设置科学计算器的方法

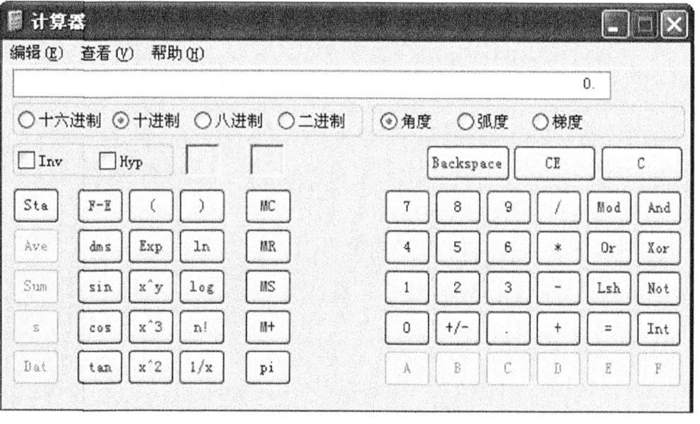

图 1-10　科学型计算器的界面

如图 1-10 所示的界面，可以看到有各种进制的点选按钮。首先单击十进制点选按钮，使其处于被选中的位置，然后输入要转换的数字，再单击要转换的进制点选按钮，就在数值框里面看到转换后的数值。

5．传统的51单片机内部存储器配置

在本节，介绍传统的 51 单片机的存储器的配置。为什么是传统的 51 单片机呢，前面讲到，现在许多公司都在生产 51 系列的单片机，许多增强型的 51 单片机存储器容量超过了 Intel 公司的 80C51 单片机。而且各个公司的产品是有区别的。所以为了方便学习，在此介绍的是 80C51 单片机的存储器的容量。

80C51 单片机的存储器配置为内部数据存储器（RAM）256B，内部程序存储器（ROM）4KB。另外，可以扩展的外部数据存储器（RAM）64KB，可以扩展的外部程序存储器（ROM）64KB。这个配置对于现在的数码产品来说实在是不高，如当下比较热门的手机小米 2 的存储器配置是内置 RAM 为 2GB，内置 ROM 容量为 16GB。

现在来学习更大的存储器单位“字节（Byte，缩写为 B）”，1 字节由 8 个位组成；1KB=1024B；1MB=1024KB；1GB=1024MB；1TB=1024GB。通过计算小米手机内置的 ROM 容量是 80C51 单片机的 4194304 倍，内置的 RAM 容量是 80C51 单片机的 8388608 倍。从这点来说，我们单片机的存储容量是不够大的，但对于初学者来说完全够用了。

很多人说，现在 51 单片机几近落伍了，新型的 32 位处理器，如 ARM 处理器、DSP 处理器要比 51 单片机强大得多。这些 32 位微控制器具有很强的功能，但是不建议大家在初学阶段就去学习这类微控制器，在学好 51 单片机的情况下，再学习这些芯片会更容易。

80C51 单片机内部的 256 字节的 RAM 分为两个部分。内部低 128 字节地址空间和内部高 128 字节地址空间。

其中，低 128 单元是单片机中供用户使用的数据存储器单元。它的地址范围为 00H～7FH。按用途我们可以将这 128 字节分为 3 个区域，如图 1-11 所示。

寄存器区（00H～1FH），在图 1-11 中可以看到这一区域又分为 4 组，每组有 8 个寄存器，这就是汇编语言经常用的 R0~R7。这 4 组是不可同时使用的，在同一时刻只能运用一组。到底使用哪一组由程序状态位寄存器 PSW 决定。寄存器区是存取效率最高的寄存器，因此我们在汇编语言中经常会用到，在 C 语言中，也经常用到。

位寻址区（20H～2FH），顾名思义在这个区间我们可以对于每个数据位进行操作，当然也可以进行字节操作。位寻址区共有 16 字节的存储容量，共有 16×8=128 位，我们可以灵活地使用。当用作字节变量时，可以使用它的字节地址来进行存储；但我们选用位来进行存储时，可以用它特有的位地址，如图 1-12 所示。

剩下的区域（30H～7FH）就是用户 RAM 区了。在此区域可以不受限制，可以灵活地使用。但是在一般的运用之中，我们常把堆栈开辟在此区域之中。

80C51 单片机内部低 128 字节 RAM，大部分是在我们编程的过程中当作一般变量进行使用的，因为这些变量的存储速度最快，效率很高，尤其是寄存器区的 4 组寄存器。

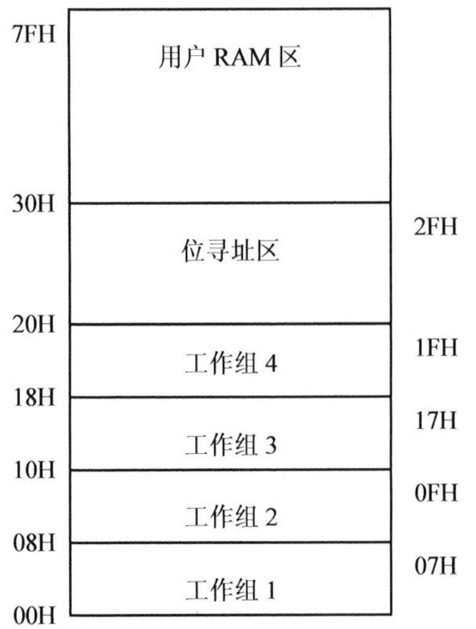

图 1-11　内部 RAM 低 128 个字节

2FH	7F	7E	7D	7C	7B	7A	79	78
2EH	77	76	75	74	73	72	71	70
2DH	6F	6E	6D	6C	6B	6A	69	68
2CH	67	66	65	64	63	62	61	60
2BH	5F	5E	5D	5C	5B	5A	59	58
2AH	57	56	55	54	53	52	51	50
29H	4F	4E	4D	4C	4B	4A	49	48
28H	47	46	45	44	43	42	41	40
27H	3F	3E	3D	3B	3C	3A	39	38
26H	37	36	35	34	33	32	31	30
25H	2F	2E	2D	2B	2C	2A	29	28
24H	27	26	25	24	23	22	21	20
23H	1F	1E	1D	1C	1B	1A	19	18
22H	17	16	15	14	13	12	11	10
21H	0F	0E	0D	0C	0B	0A	09	08
20H	07	06	05	04	03	02	01	00

图 1-12　位存储区各位地址

高 128 个字节的地址范围为 80H~FFH。这是 51 单片机特殊寄存器存放的位置。特殊寄存器的概念就是 51 单片机设置的一些变量，通过修改这些变量的值，可以控制单片机的某些外设，如控制定时器、控制串口、控制 I/O 口等。

如图 1-13 所示，所有的 51 单片机的寄存器都放在内部数据存储器的高 128 个字节，包括上面提到的程序状态位寄存器 PSW。图中列举除了所有的 51 单片机寄存器，为了查看方便，没有按照存储顺序来放置它们。我们看到了 4 个 I/O 端口的寄存器 P0、P1、P2、P3，通过对这 4 个寄存器写入数据，可以控制 I/O 端口的输出状态，也可以通过读取任何 I/O 端口寄存器的数值，能了解当前端口的状态，这就是特殊寄存器的用途。

寄存器符号	名　　称		字节地址
ACC	累加器		E0H
B	B 寄存器		F0H
PSW	程序状态字		D0H
SP	堆栈指针		81H
DPTR	数据指针	DPH	83H
		DPL	82H
P0	P0 口锁存器		80H
P1	P1 口锁存器		90H
P2	P2 口锁存器		A0H
P3	P3 口锁存器		B0H
IP	中断优先级控制寄存器		B8H
IE	中断允许控制寄存器		A8H
TMOD	定时器/计数器方式控制寄存器		C8H
TCON	定时器/计数器控制寄存器		88H
TH0	定时器/计数器 0（高字节）		8CH
TL0	定时器/计数器 0（低字节）		8AH
TH1	定时器/计数器 1（高字节）		8DH
TL1	定时器/计数器 1（低字节）		8BH
SCON	串行控制寄存器		98H
SBUF	串行数据缓冲器		99H
PCON	电源控制寄存器		97H

图 1-13　51 单片机寄存器地址

51 单片机内含有 4KB 的 ROM，其地址为 0000H～0FFFH。程序存储器就是放置代码的空间。在程序存储器中有一组特殊的保留单元 0000H～002AH。在汇编语言中使用语句 ORG xxxx（程序开始执行的单元）。我们一般将程序执行单元放置在 002AH 之后。

其中 0000H～002A 是系统的启动单元。因为系统复位后，程序从 0000H 开始执行。而 0003H～002AH 共 40 个单元被分为 5 段，当发生中断之时，程序就跳转到相应的地址。具体划分如表 1-3 所示。

表 1-3　各中断发生跳转ROM地址

中断源	向量地址
外部中断 0（INT0）	0003H～000AH
定时 / 计数器 0（TF0）	000BH～0012H
外部中断 1（INT1）	0013H～001AH
定时 / 计数器 1（TF1）	001BH～0022H
串行通讯（RI＋TI）	0023H～002AH

6. 51单片机的外部存储器

编写一些小的程序，51 单片机内部程序存储器（ROM）和数据存储器（RAM）是够用的，但是要做一些大的项目的话，内部存储单元，尤其是内部 RAM 就会显得捉襟见肘。因此，需要对存储器进行扩展。

（1）外部程序存储器：在前一节学到，外部程序存储器最大可达到 64KB 的容量，这是由地址线决定的。大家知道 51 单片机有多少根地址线吗？前面讲到 P0 口和 P2 口共同作为 51 单片机的地址线。P0 口提供低位地址，而 P2 口则提供了高位地址，两个端口加起来共 16 个数据位，能够表示 2^{16}=65536 种状态，表示它可以寻址的范围为 0～65535，也就是说可以找到 65536 个字节的地址。那么就可找到 64KB=64×1024B=65536B 的字节单元，也就是说 51 单片机最多可以扩展 64KB 的 ROM。

还有一些引脚也是供存储器扩展的，如 ALE 用于提供地址数据锁存控制，PSEN 用于外部程序存储器的选通，$\overline{EA}$ 信号用于内外程序存储区的访问控制。如图 1-14 所示，当 $\overline{EA}$ 为低电平时，对程序存储器（ROM）的访问限定在外部存取器；当 $\overline{EA}$ 为高电平时，对程序存储器的访问从内部程序存储器开始，并延续至外部存储器。

（2）外部数据存储器：51 单片机外部数据存储器的扩展最大也可为 64KB。如图 1-15 所示，和外部程序存储器一样，同样也用了 16 条地址线进行片外 RAM 的扩展，51 单片机没有给特殊的选通信号引脚，但是和片内 RAM 比，采用的指令是不一样的。

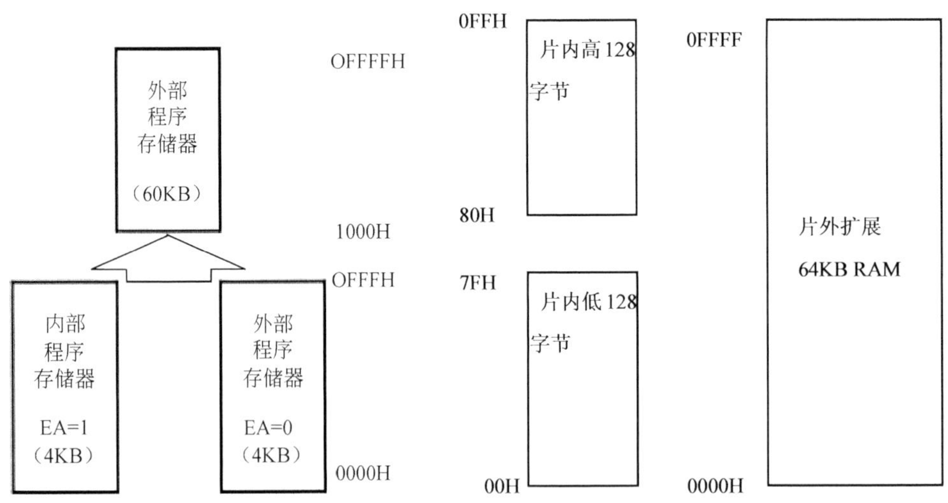

图 1-14　外部程序存储器的读取方式　　　图 1-15　外部数据存储器的读取方式

随着单片机技术的不断发展，出现了许多增强型的 51 单片机，它们具有很大的程序存储器空间和数据存储器空间。我们做项目的时候很有可能不再需要外部扩展存储器了。

1.1.3　51 单片机的时钟电路和时序

在介绍单片机引脚的时候，我们介绍到了 51 单片机的第 18 脚和第 19 脚为外接晶振引线端。单片机需要一个时钟信号来驱动，保证各个操作按一定的顺序完成，就像汽车需要汽油机、机械设备需要电机的驱动一样。第 19 脚 XTAL1 为时钟信号输入端；第 18 脚 XTAL2 为输出端。当然，单片机可以外接一个时钟信号，但是这样做比较麻烦。通常按照如图 1-16 所示的电路连接方法，外接一个晶体振荡器，同时添加两个陶瓷电容，电容值在 30pF 左右。

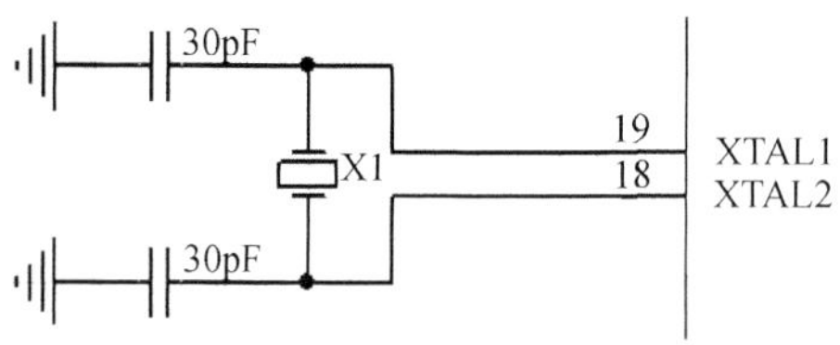

图 1-16　51 单片机的时钟电路

图中 X1 表示一个晶体振荡器，单片机时钟的值就是由它的选值决定的。假设使用的振荡值为 12MHZ（晶体振荡器上面有标识），那么它能产生的频率信号就为 12MHZ。

单片机不能直接运用 12MHZ 的时钟信号，机器周期是经过晶振信号的 12 分频。假如用 12MHz 晶振的话，51 单片机的时钟周期为 1÷（12MHZ÷12)=1μs。如果晶振选择 6MHz 的话，机器周期就为 2μs。

为什么要讲机器周期这个概念呢？因为在汇编语言中，每条执行程序都有固定的机器周期数。最多为 2 个机器周期。运用这个我们就能轻松地算出程序的执行时间，帮助我们编写出效率更高的程序。

1.1.4　51 单片机的复位电路

51 单片机只要供应电压，就能马上启动吗？答案是否定的。就像电脑启动的过程，51 单片机需要一定的条件启动才能正常地工作。51 单片机的第 9 脚（RST）为复位信号的输入端。当输入的复位信号延续 2 个机器周期以上，才能完成复位操作。假如我们的晶振选择的是 12MHz，则输入高电平的时间不能低于 2μs。对于我们来说，这样的时间是微不足道的，但对于单片机来说，这点时间是非常敏感的。

如图 1-17 和图 1-18 所示，提供了两种复位电路。图 1-17 所示为上电复位电路，一旦单片机提供上电压，就可以正常地工作。电容和电阻的取值保证复位端提供不低于 2 个机器周期的高电平。图 1-18 所示为改进版的复位电路，增加了一个按键开关，当程序执行的过程中出现了“跑飞”的状况，就像我们的电脑出现死机的情况时，按此按键就可以重新启动单片机。

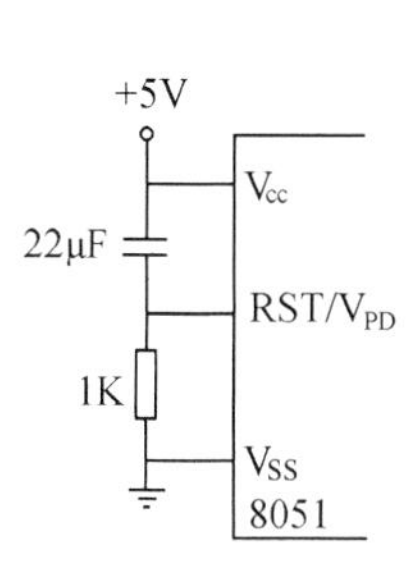

图 1-17　上电复位电路

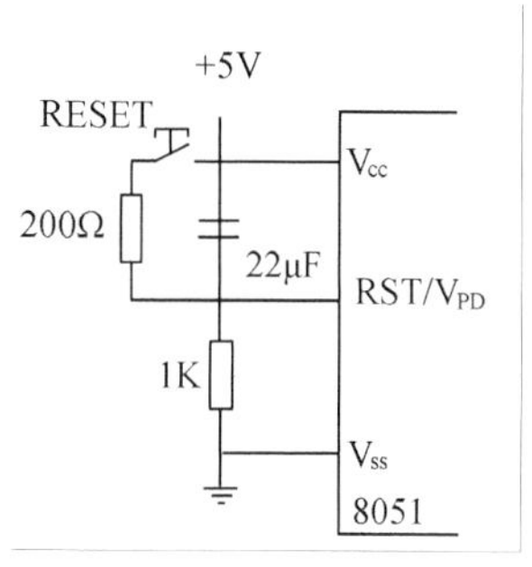

图 1-18　按键复位电路

1.1.5 增强型 51 单片机 AT89C52 的特点介绍

AT89C52 是一个低电压、高性能 CMOS 8 位单片机，片内含 8K 字节的可反复擦写的 Flash 只读程序存储器和 256 字节的随机存取数据存储器（RAM）。器件采用 ATMEL 公司的高密度、非易失性存储技术生产，兼容标准 MCS-51 指令系统，片内置通用 8 位中央处理器和 Flash 存储单元，功能强大的 AT89C52 单片机可为用户提供许多较复杂系统控制应用场合。

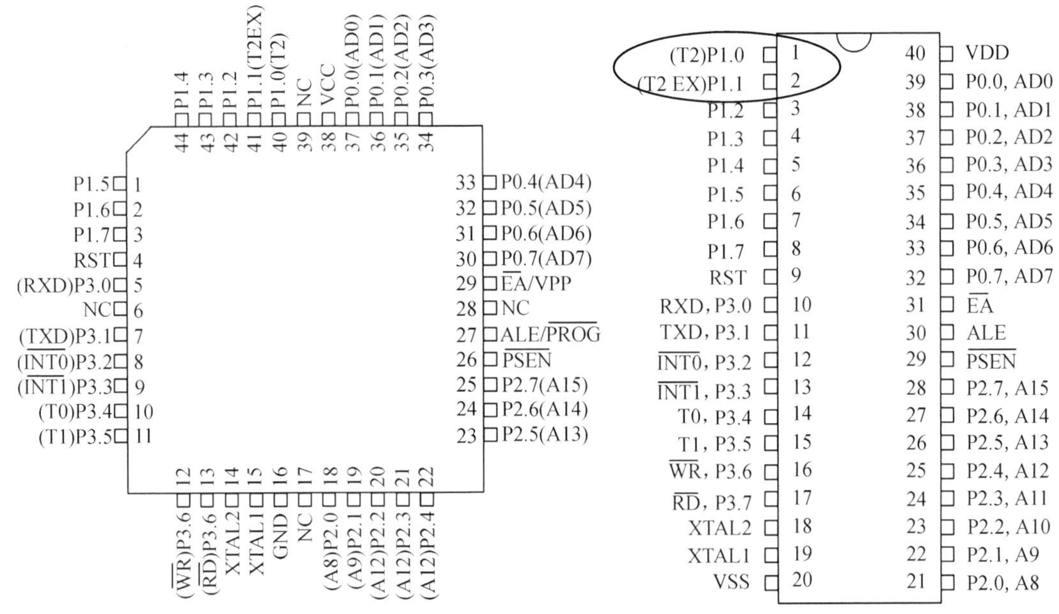

图 1-19　AT89C52 的 PQFP/TQFP 封装外观　　　　图 1-20　AT89C52 的 PDIP 封装外观

如图 1-19 和图 1-20 所示为我们常见的 AT89C52 的封装形式，和其他系列的 51 单片机几乎一致。通过前面的讲解我们知道，传统的 80C51 的内置 ROM 为 4KB，AT89C52 在这方面得到了升级，提高到 8KB，而且还是可反复擦写的 Flash。这使单片机的学习得到了巨大的帮助，一方面存储的容量增加了一倍，可以编写更加复杂的程序，而不用担心容量不够的问题；另外，这个可反复擦写的 Flash，对于程序调试有着巨大的帮助。

传统的程序存储器的烧写方式为紫外线烧写或电烧写，程序一旦写入程序存储器中就很难再改变。另外程序的编写不可能一次就成功，需要反复地调试，才能达到预想的效果。传统的方法是用价格昂贵的仿真器进行仿真。但对于 Flash 存储器，我们只需要一个非常简单的编程器，就可以反复烧写程序，对于一些简单的功能程序我们不再借助于仿真器就可以调试成功。

再看图 1-20 所示，画圈的地方和前面讲到 51 单片机有所区别。那是因为 AT89C52 多配置了一个定时器，那就是定时器 2。P1.0 和 P1.1 在 AT89C52 单片机中有了第二功能。P1.0（T2）可作为定时/计数器外部脉冲输入或时钟输出端口。P1.1（T2EX）定时/计数器 2 捕获/重装载触发和方向控制寄存器。当然 51 单片机内置 RAM 高 128 字节的特殊功能寄存器会增加一部分寄存器来对应新的功能。

1.2　51 单片机的程序设计语言和软件编译环境

在学习 51 单片机之前，大概都应该了解到了 51 编程的两种语言：C 语言和汇编语言。现在大多数读者将中心转移至 C 语言上。因为 C 语言相对容易读懂，通用性好。但是汇编语言具有它不可代替的优点和准确的控制能力。在本书中，重点学习 C 语言编程的方法，对待汇编语言，依然不抛弃、不放弃。下面我们将这两种语言作比较和分析，以帮助同学们理解。

1.2.1　来看一段汇编语言吧

```
org  0000h          ; 从程序存储器 0000 开始执行
mov p0,#00h         ; P1 口输出的所有位为 0
mov p1,#0fh         ; P1 口低 4 位输出为 1
mov p2,#0f0h        ; P2 口高 4 位输出为 1
mov p3,#0ffh        ; P3 口所有位输出为 1
end                 ; 程序执行结束标志
```

很多人都说汇编语言复杂，看了上面的语句，你应该怀疑这种说法。通过右侧给出的注释，我们知道这段程序的功能是让 51 单片机的各个 I/O 口输出不同的数值。需要注意的是，如果要给所编写的程序加注释的话，别忘了在注释前面加分号“；”，否则，在程序编译过程中会报错。

通过上面一段小程序能看出编写程序的一般流程。涉及的具体语言的格式，我们将在后面的章节详细介绍。

1.2.2　看看更容易理解的 C 语言吧

```
#include <AT89X52.H>            //包含 AT89C52 寄存器信息的库文件
main()                          //C 语言开始执行的标志
{
P0=0X00;                        //P1 口输出的所有位为 0
P1=0X0F;                        //P1 口低 4 位输出为 1
P2=0XF0;                        //P2 口高 4 位输出为 1
P3=0XFF;                        //P3 口所有位输出为 1
}
```

这段 C 语言程序和上面的汇编语言实现的功能是一样的。不管你是否学过 C 语言，通过注释，都能够理解这段程序所表达的意思。

上述的 C 语言程序和汇编程序是在 Keil 环境下编写的。C 语言的第一行#include <AT89X52.H>，是 ATEML 单片机的库文件，是在 Keil 软件中包含的，里面声明了 AT89C52 单片机的寄存器信息，不需要我们自己编写。main 是 C 语言主程序的标志，也是程序开始执行的地方。

P0、P1、P2 和 P3 都是 51 单片机的特有寄存器，在库文件里面得到了声明。在 C 语言中，如果是 51 特有的寄存器，必须用大写字母，汇编语言则没有这方面的要求。

再来复习一下十六进制数的表示方法。在汇编语言中常在数字后面加上 H 来表示十六进制数，而在 C 语言中，是在数字前面加 0X 来表示。

C 语言加注释的方法和汇编语言是不同的。在 C 语言中，一般在注释之前加上“//”，或“/*注释的内容*/”。每一条完整的 C 语句后面必须加分号“；”。

1.2.3 两种程序编程语言的关系及相互的优缺点

前两节内容我们介绍了分别用 C 语言和汇编语言编写的功能相同的程序。下面我们将这两段程序来做一下比较：

```
                  #include <AT89X52.H>
org 0000h         main()
mov p0,#00h       {
mov p1,#0fh       P0=0X00;
mov p2,#0f0h      P1=0X0F;
mov p3,#0ffh      P2=0XF0;
end               P3=0XFF;
                  }
```

这两段程序除了表达形式的不同之外，最主要的区别在于程序的第一行。汇编语言在程序的开端有一句“org 0000h”，表示程序是从程序存储器的 0000H 地址开始的。而 C 语言则没有限定程序开始执行的地址，其实不是没有，是 Keil 为我们做好了，我们没有办法去决定。

另外，在讲到单片机时序的时候，每条汇编程序都有固定的机器周期，在本书的附录 A 中有列举了每一条汇编语言的执行时间的表格，可以通过这个表格来了解汇编语言程序执行的时间。通过技巧的编写，我们可以将程序的时间控制在毫秒级，甚至微秒级。而 C 语言是不可能做到这一点的。

通过这两点的比较，我们了解到汇编语言的优势。一是和硬件系统、存储结构紧密联系，二是执行的时间是绝对精确的，另外汇编语言因为直接关联硬件，所以执行效率特别高。在一些要求精密控制的场合，汇编语言绝对是编程的主力。

相对来说，学习 C 语言是比较简单的。我国大多数高校都开设了 C 语言这门课程。实际上，C51（C 语言在 51 上的实现）比高校开的普通 C 语言课程要简单。

C 语言的运用是非常广泛的。不管是软件平台（如 Windows 系统），还是我们的手机操作系统 Android，甚至其他硬件平台（如 ARM、FPGA、DSP 的应用开发），C 语言绝对是不二选择。只需要学一种语言就可以进入到这么多的领域，是多么合算的一件事。几乎每一个硬件平台，都有自己的一套汇编语言。就算同为 8 位单片机的 51 单片机、AVR 单片机、PIC 单片机之间的汇编语言也是有很大的差异。而 C 语言可以在诸多平台之间相互移植。

另外，在互联网上有许多用 C 语言编写的子程序供我们调用，可以加快程序开发的过程。这一点也是汇编语言无法比拟的优势。

在学习初期，C 语言和汇编语言的区别相对较小。因此在本书中，这两种语言我们同时给予讲述。希望读者能有所侧重，争取同时掌握这两种语言。

1.2.4 51 单片机的编译开发环境介绍

51 单片机的编译开发环境有很多。像国外著名的 Keil 和国产的 WAVE 等。我们在本书着重介绍 Keil 开发环境，这是我们本章学习的重点。

Keil C51 是美国 Keil Software 公司出品的 51 系列兼容单片机 C 语言软件开发系统，当然汇编语言也可以使用。Keil 提供了包括 C 编译器、宏汇编、连接器、库管理和一个功能强大的仿真调试器等在内的完整开发方案，通过一个集成开发环境（uVision）将这些部分组合在一起。运行 Keil 软件需要 Windows 98、Windows NT、Windows 2000、Windows XP、Windows 7、Windows 8 等操作系统。如果你使用的是 C 语言编程，那么 Keil 是最佳选择，即使使用汇编语言编程，其方便易用的集成环境、强大的软件仿真调试工具也会令你事半功倍。图 1-21 所示为 Keil uVision4 的图标。

图 1-21 Keil uVision4 图标

免费测试版可在 Keil 官方网站 www.Keil.com 下载，最新版本是 V9.50，虽然有 2KB 代码的限制，但是足够初学者来用。随书附带的光盘里面有一个 Keil 的安装文件，是从 Keil 公司官方网站下载的 2KB 代码限制版。

1.3 51 单片机开发环境 Keil 的介绍

Keil uVision4 是众多单片机应用开发软件中优秀的软件之一。它支持众多不同公司的 MCS51 架构的芯片，它集编辑、编译、仿真等于一体，同时还支持 PLM、汇编和 C 语言的程序设计，它的界面和常用的 VC++的界面相似，界面友好，易学易用，在调试程序、软件仿真方面也有很强大的功能。因此，很多开发 51 应用的工程师和单片机爱好者都视它为首要选择。

1.3.1 Keil 开发环境的介绍

Keil 的安装是比较简单的，在本书附带的光盘中有个 Keil 的安装文件夹，这是在官方网站 http://www.Keil.com 下载的限制版，因为 Keil 并不是免费的，这个限制版的编译的程序最大不能超过 2KB。

Keil 安装的过程很简单，只需单击安装文件，一直单击“下一步”按钮就可以完成安装。图 1-22 所示为 Keil 打开后的界面。

现在介绍一个例子来帮读者更好地认识 Keil 编译程序的过程。打开图标，映入眼帘就是图 1-22 的所示的内容，这是 Keil 的版本介绍。在这个图中我们了解到，Keil 现为 ARM 公司的一个产品。

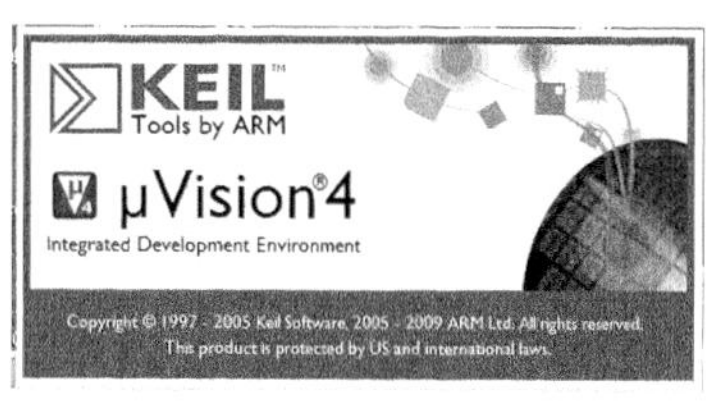

图 1-22 Keil 的版本介绍

然后会跳转到图 1-23 所示的界面，这就是 Keil 编程环境的界面，我们所有的工作都在这个界面下展开。

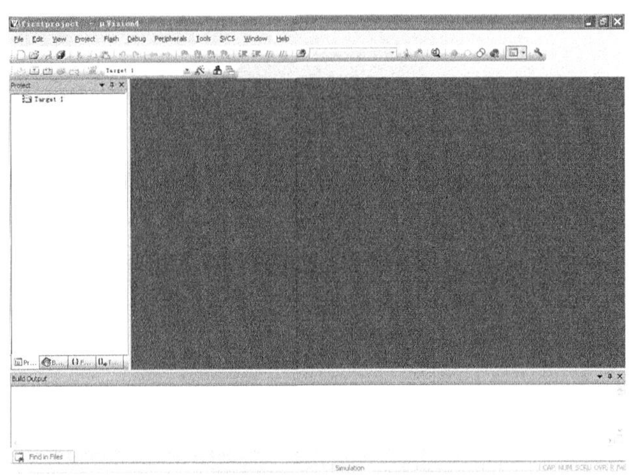

图 1-23　Keil 的界面

1.3.2　项目建立的方法

下面就正式开始介绍在 Keil 环境下建立项目的方法。

（1）单击 Project 菜单，在弹出的下拉式菜单中选择 New µVison Project，如图 1-24 所示。我们将要建立一个项目，这是程序编译的一般流程，大多数程序编译器采取项目管理的方式，比如 VC、VB 或者其他单片机的编译环境。

接着弹出一个项目保存的对话框，如图 1-25 所示。在“文件名”文本中输入项目名称，这里我们用 test，然后找到我们要保存项目的路径。在建立项目之前，在保存项目的路径下建立一个文件夹，用于保存项目。最后单击“保存”按钮，就完成了对项目的保存。

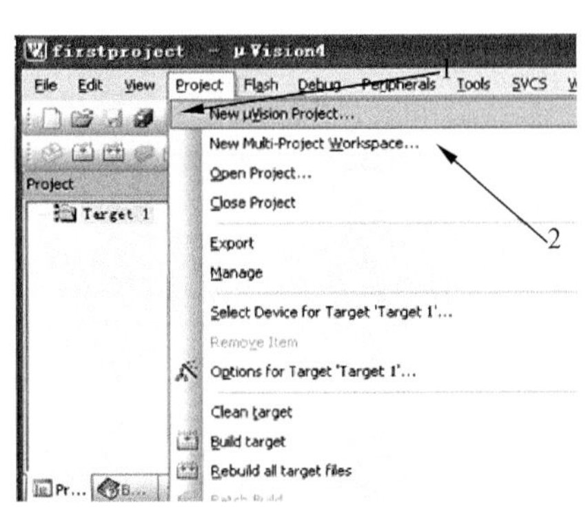

图 1-24　建立项目菜单

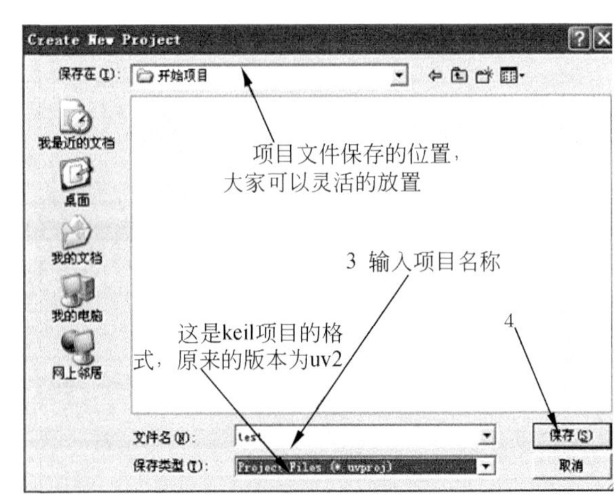

图 1-25　建立项目菜单

（2）接下来弹出如图 1-26 所示的对话框，让我们选择要用到哪种型号的单片机。51 单片机有诸多型号系列供选择。本书选用的是 ATMEL 公司的 AT89C52，所以先找到

ATMEL 的列表，如图 1-27 所示，再找到 AT89C52 这个型号。Keil 公司做的非常全面，对每款单片机都编出了启动代码，让我们尽可能地简化设计过程。完成了相应的选择之后，将弹出如图 1-28 所示的对话框。然后单击“是”按钮，表示添加启动代码到我们所建的项目之中。

谈到启动代码，在这里顺便提一下，因为 C 语言和硬件没有直接联系，所以需要一段代码的牵线搭桥帮助 C 语言控制单片机。这段代码当然是用汇编语言编写的，所以要强调一下学习汇编语言的重要性。启动代码一般是 Keil 给我们提供，现阶段不必去考虑它的含义，我们仅需要将其添加到项目之中即可。

如果我们用到了一款单片机，如现在国内比较流行的宏晶单片机，但是在图 1-26 所示的列表中找不到它怎么办呢？不必着急，我们也可以用其他公司的其他型号的单片机代替。因为它们采用的都是 51 单片机内核，差异并不大。

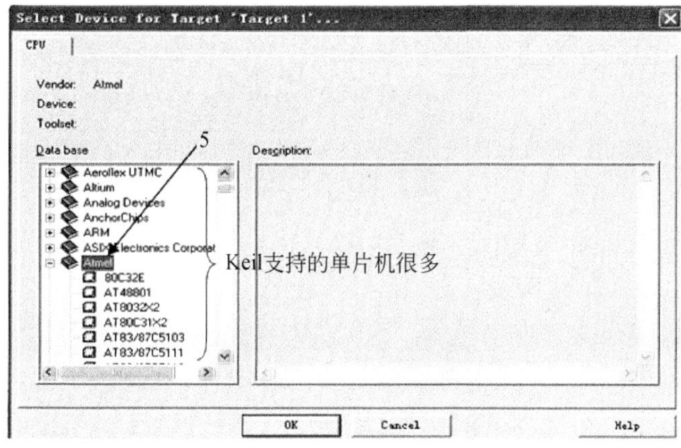

图 1-26　Keil 支持的单片机公司列表

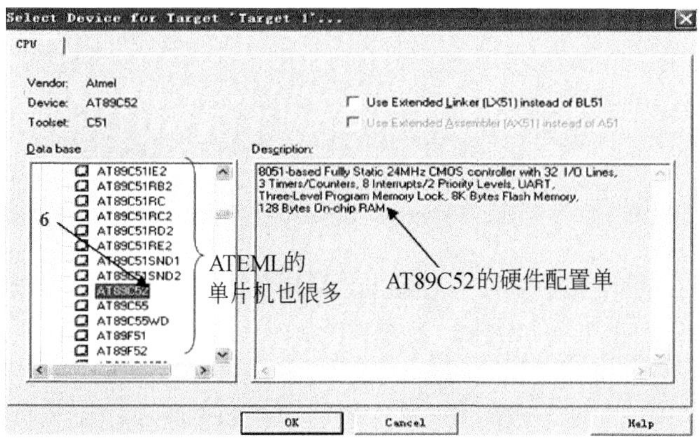

图 1-27　ATEML 公司单片机列表

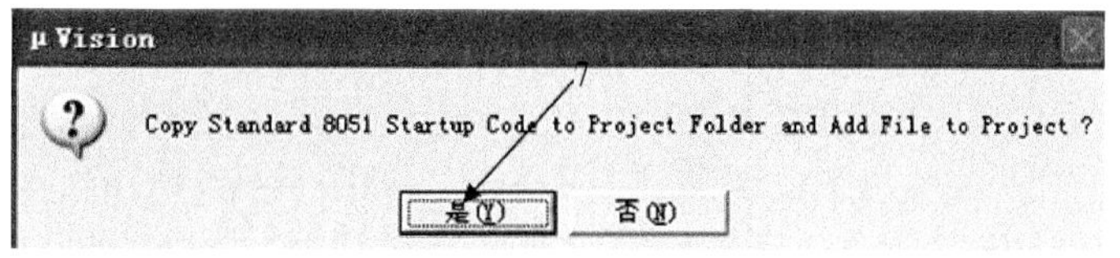

图 1-28　选择是否添加启动文件到项目中

这样项目就完成了，大家可以看项目栏左侧是否有文件 STARTUP.A51，这就是我们这个项目的启动文件。接下来我们要在这个项目里面添加文件了。

（3）创建一个新的文件。如图 1-29 所示为两种新建文件的方法，都是比较简单的，我们任意选用一种就可以了。

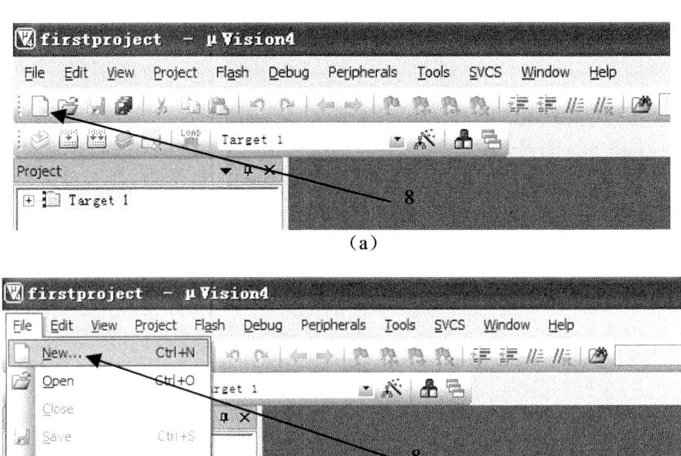

图 1-29　新建文件的两种方法

（4）在创建的区域内编写程序代码，编写的程序是 1.2.2 节介绍的 C 语言代码。可以将程序直接输入，也可以灵活地复制、粘贴，如图 1-30 所示。

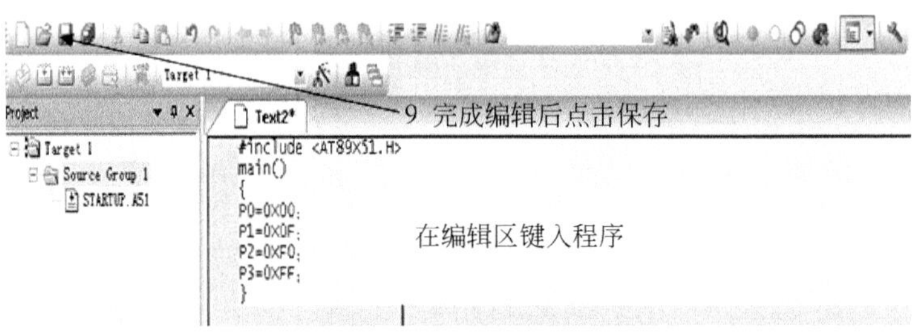

图 1-30　在编辑区内输入程序

（5）完成程序的编辑之后，要对程序进行保存，直接单击“保存”按钮即可，如图 1-30 所示。也可以在刚新建完文件的时候，就保存它。

（6）单击完“保存”按钮之后，会弹出图 1-31 所示的对话框，这是要完成对程序文件保存的选项。在默认情况下，文件是保存在项目文件的根目录下。在图中，test.uvproj 表示项目文件。将要保存的文件名，命名为 test.c。文件名前面的 test 可以任意选取，但是.c 表示所选用的是 C 语言文件格式，所以必须添加这个后缀。如果这里添加的是汇编文件的话，那后缀名必须改为 a 或.asm，这是所有单片机编译器的规则。选择完保存格式后，单击图 1-31 中的“保存”按钮就可了。

（7）还需要将刚刚保存的文件添加到项目中去，如图 1-32 所示。选择 Add Files to Group to “Source Group1”选项弹出如图 1-33 所示的对话框。选中我们刚刚创建的 c 文件，并单击 Add 按钮，这样就将程序文件添加到项目中去了。如果是汇编文件的话，也是同样的添加方法。也可以不在 Keil 环境下编辑 c 文件，直接在记事本里面编辑文件，保存为 c 格式或 asm 格式。

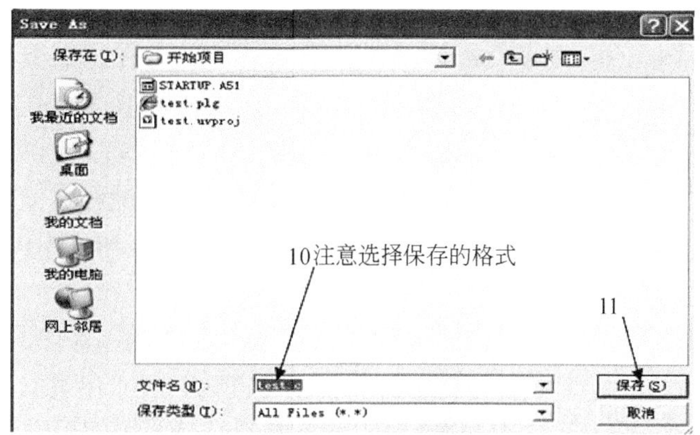

图 1-31　程序文件的保存

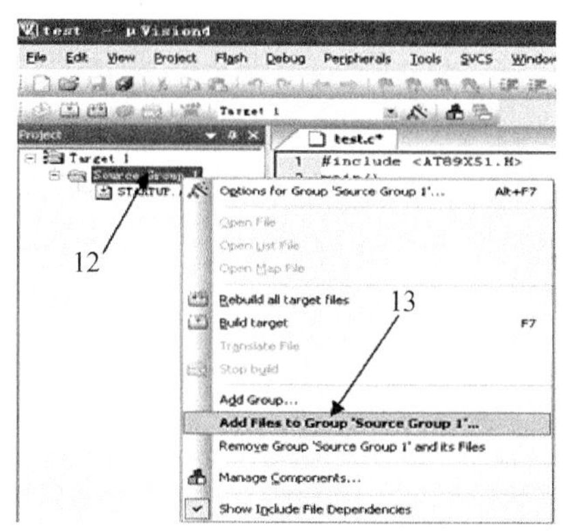

图 1-32　项目文件的添加 1

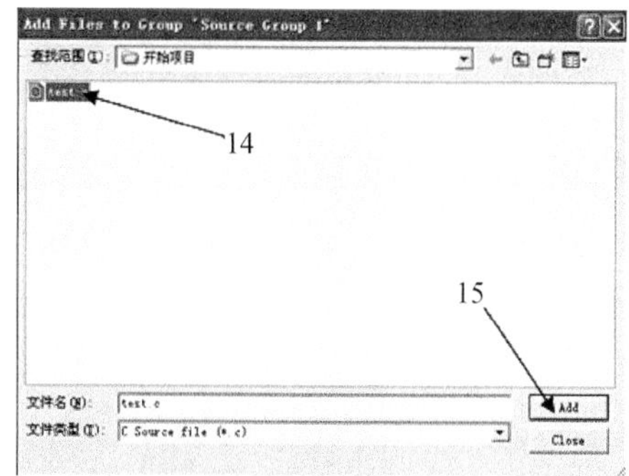

图 1-33　项目文件的添加 2

这样我们的项目就完成了。这个项目可以正常的编译和仿真。

1.4　51 单片机学习的利器——仿真软件 Proteus

传统的单片机实验过程都是通过 Keil 或其他的单片机开发软件把源代码编译为 HEX 或 BIN 等程序文件，然后用编程器把程序文件烧写入单片机中；再将单片机插入实验板中，才能看到软件的执行结果。对于一个单片机初学者来说，这样不仅非常麻烦，而且必须配置一套编程器和实验板，这样的花费不是一个小数目。如此一来，使很多想学单片机，但又不想花太多钱的爱好者望而止步。

幸运的是，有一款软件提供了一个平台，我们可以在这个平台上搭建电路，既不需要手动的焊接，也不需要额外投资购买元件。对于初学者来说，这款软件会给我们的学习带来很大的便利。下面就来介绍这个软件——Proteus。

1.4.1 Proteus 简介

Proteus 是英国 Labcenter electronics 公司开发的 EDA 工具软件。它不仅具有其他 EDA 工具软件的仿真功能，还能仿真单片机及外围器件，是目前最好的仿真单片机的工具。Proteus 是目前世界上唯一将电路仿真软件、PCB 设计软件和虚拟模型仿真软件三合一的设计平台，其处理器模型支持 8051、HC11、PIC10/12/16/18/24/30、AVR、ARM、8086 和 MSP430 等，2010 年又增加了 Cortex 和 DSP 系列处理器，它的模型库还在持续增加其他系列的处理器模型。在编译方面，它也支持 IAR、Keil 和 MPLAB 等多种编译器。如图 1-34 所示为 Proteus 的图标。

图 1-34　Proteus 图标

同样，在 Proteus 官方网站 http://www.labcenter.com 能够下载限制版本的 Proteus。限制版 Proteus 是不能保存文件的。在随书配带的光盘中，有一个 Proteus7.10 的软件包，用户可以安装一下。软件的安装方法比较简单的，我们还专门录制了一个视屏教程在光盘里面，希望读者可以看一下。

（1）打开软件，会出现如图 1-35 所示的界面，这是软件的版本介绍。

图 1-35　Proteus 自述界面

（2）经过短暂的加载就进入了如图 1-36 所示的界面。和大多数应用软件一样，Protesus 大致分为工具栏、菜单栏、编辑区、预置元件区和预览区。

（3）学会在 Proteus 中寻找元件的方法。如图 1-37 所示，可按照图中的操作步骤进行操作。首先单击右侧工具栏中的“运放”符号，再单击预选元件区的按钮 P，出现元件搜索对话框。在步骤 3 所示的对话框中输入要寻找的元件名称。这个元件的名称，可以是一个模糊的值，也可以是它的关键字。

（4）假设要寻找一个 100 欧姆的电阻，直接在“关键字”的搜索框输入 100，如图 1-38 所示。则在右边的搜索结果框中出现与 100 相关的选项。单击左侧的导航栏中的 Resistors（电阻）选项，可以筛选出相关的元件。然后到右面的搜索结果中寻找需要的元件，然后单击“确定”按钮。

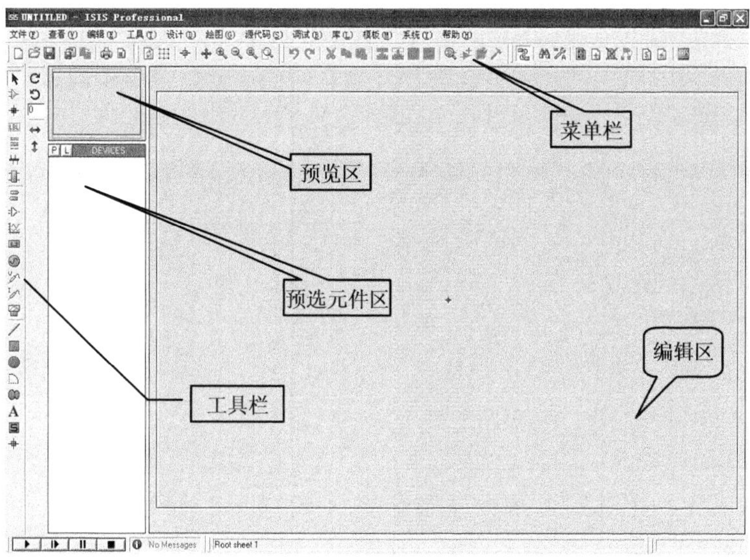

图 1-36　Proteus 编辑界面

图 1-37　Proteus 寻找元件的方法

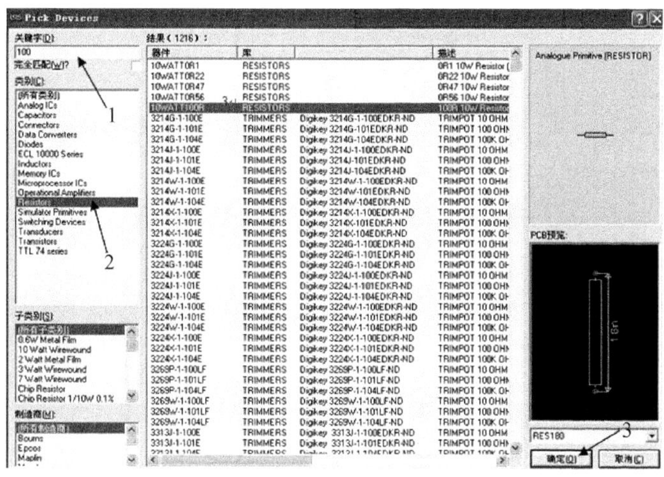

图 1-38　在 Proteus 中寻找电阻的方法

（5）同理，如果要找一个 47pF 的电容，在搜索框中输入 47p，如图 1-39 所示。然后单击左侧的导航栏中的 Capacitors（电容），在右侧的搜索结果中找到需要的元件，最后单击“确定”按钮。

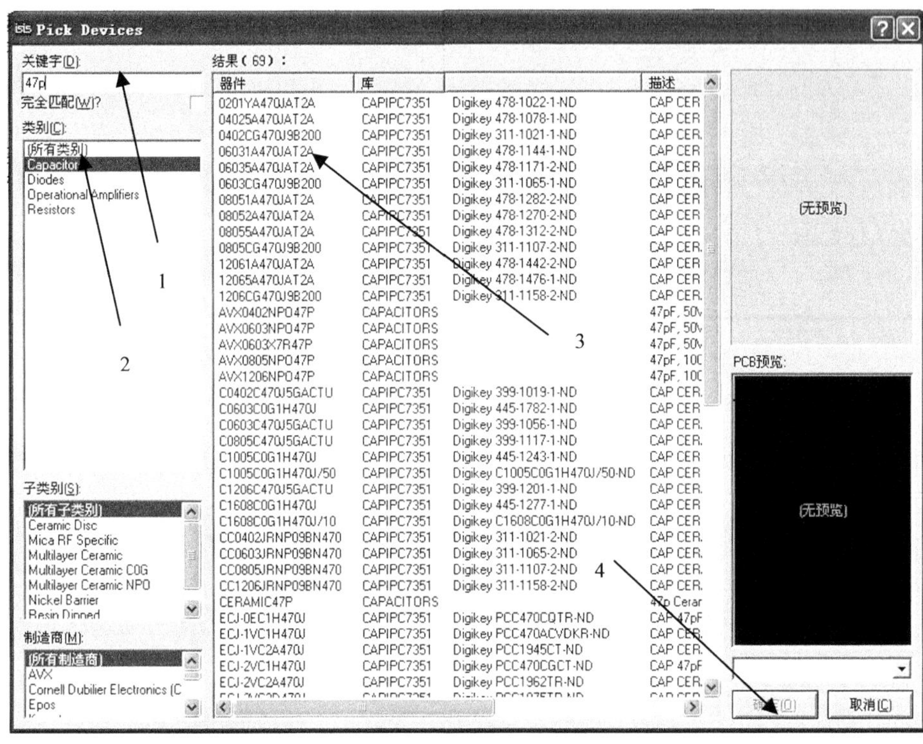

图 1-39　在 Proteus 中寻找电容器的方法

（6）接下来要找到一个集成元件。假设找一个常用的 74138（3-8 译码器），如图 1-40 所示。可以看到左侧的导航栏中有各种 74 系列的选项，从这一点可以看出 Proteus 元件的全面性。选择 74LS138，然后单击“确定”按钮，就可以选定该元件。

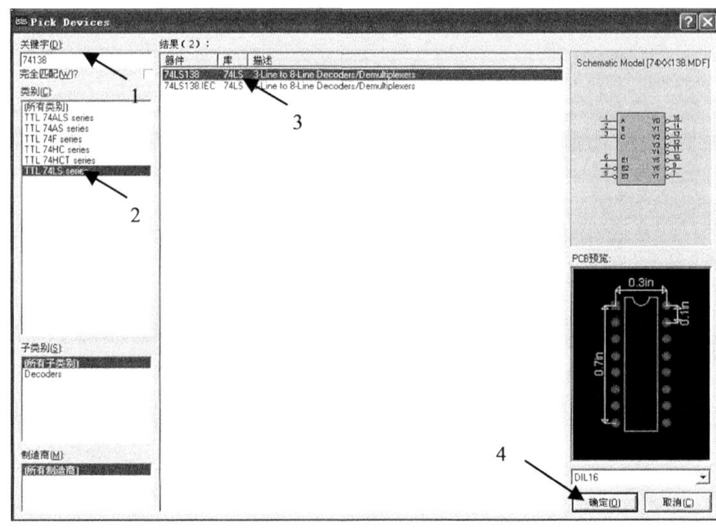

图 1-40　在 Proteus 中寻找集成元件的方法

（7）如果要寻找一个 NPN 型的三极管，它的型号是 2N5769，如图 1-41 所示。直接在搜索框中输入 2n，再在导航栏中单击 Transistors（三极管）选项，在显示结果中找到所需元件，然后单击“确定”按钮即可。

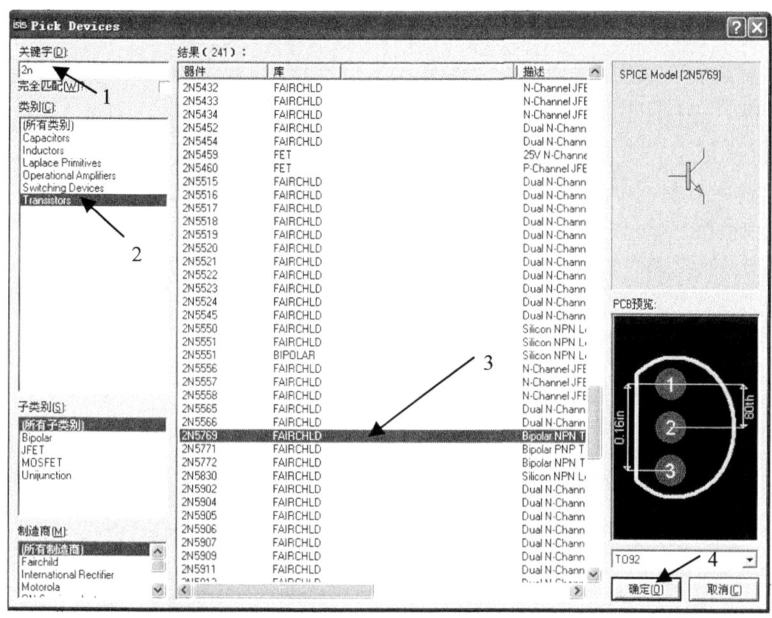

图 1-41　在 Proteus 寻找集成三极管的方法

（8）接下来该寻找 51 单片机了，如图 1-42 所示。直接在搜索框中输入 8051，再单击 Micriporcesor ICs（微控制芯片）选项，可以看到很多 51 单片机系列，直接找到 AT89C52，然后单击“确定”按钮。Proteus 中容纳的元件非常多，怎样从一个庞大的元件库中找到所需的元件，得靠大量的练习。左边的导航是元件系列的英文名称，大家可以利用翻译工具软件配合查寻。

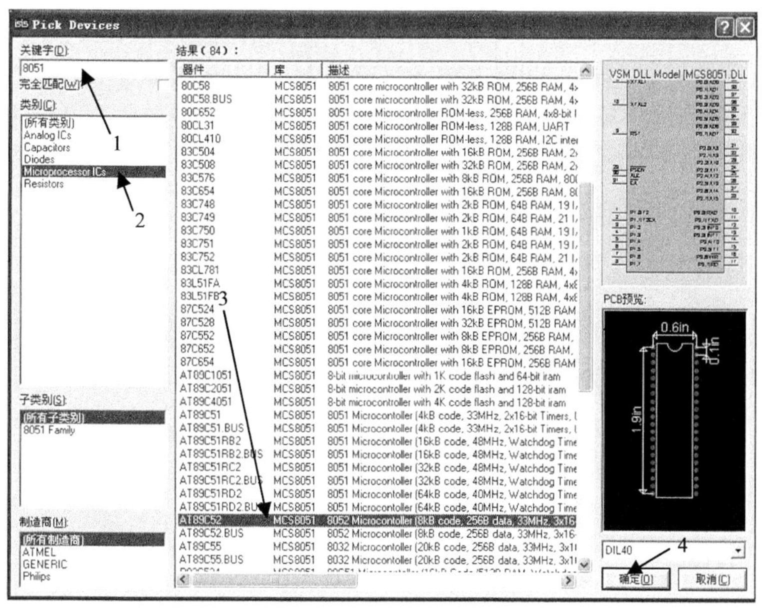

图 1-42　在 Proteus 寻找 51 单片机的方法

(9)完成了对元件的选择后，需要将元件放置在编辑区并绘制电路图，如图 1-43 所示。左侧的元件预置栏为我们找到的元件。选中任意一个元件名，在编辑区内单击鼠标就可以放置该元件了。假如我们要放置三极管 2n4769，可以单击左侧元件预置区的 2n4769，再将鼠标移动到编辑区单击一下就完成了元件的放置，连续地单击将放置相同的元件。

怎样移动我们放置在编辑区内的元件呢？可以单击一个元件，此元件将会变成红色，表示该元件已被选中，然后拖动鼠标，这时可以看到元件同样也在移动，到达指定的地方后停止拖动鼠标，就完成了元件的移动。

（10）该怎样建立两个元件的电气连接呢？首先，在当前状态下，保证没有选定任意一个元件。然后用鼠标靠近要连接的元件管脚，如果距离足够近的话，此管脚的状态将会出现一个红色的小框，单击鼠标左键拖曳，我们可以看到一条引线被拉出，然后找到另外一个需要连接的引脚，当同样出现红色小框状态时，单击即可完成两个引脚连接，如图 1-44 所示。

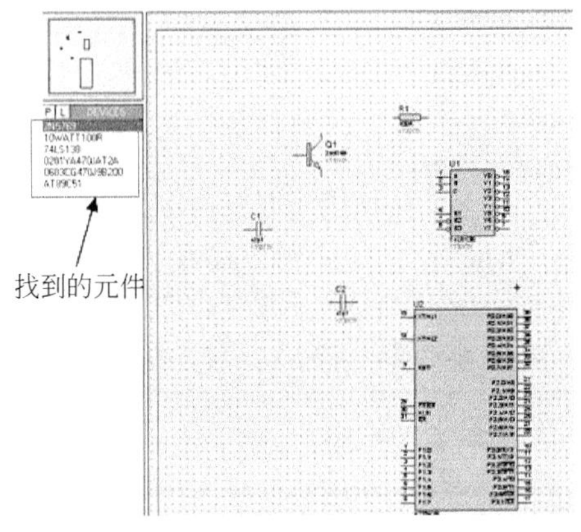

图 1-43　将选定的元件放入编辑区内

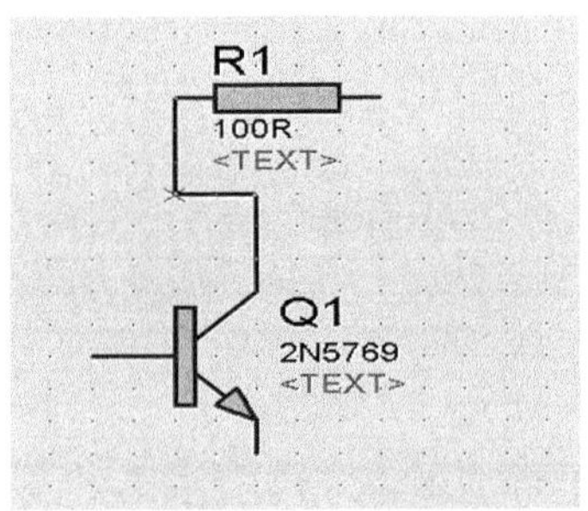

图 1-44　建立两个元件之间的电气连接

（11）接下来该介绍电源和信号地了。电源和信号地并不能通过上述元件查找的方法去寻找，需要按照如图 1-45 所示的步骤来寻找。单击步骤 1 所指向的符号，可以看到元件预置栏出现几个选项。单击 POWER（电源）选项，然后在编辑区内单击鼠标，即可放置这个符号，和普通元件的放置方法是一样的。Proteus 的电源和我们常用的元件符号是有区别的，这个电源提供的电压值为 5V。以后会经常用到这个电源符号，所以大家必须记住这个符号。

同样，信号地也是在这个选项框中，如图 1-46 所示。可以单击 GROUND（地）选项完成放置信号地，信号地还是比较直观的。

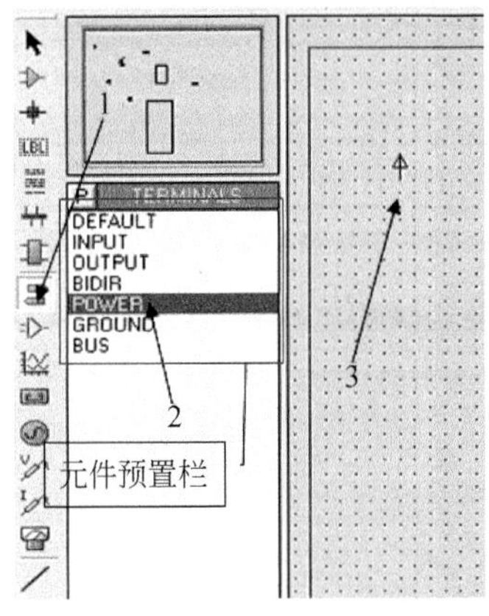

图 1-45　Proteus 中电源的位置

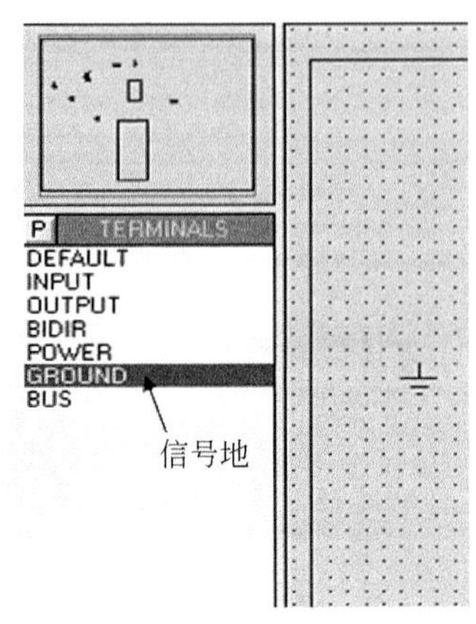

图 1-46　Proteus 中信号地的位置

（12）假设要对一个元件进行修改，例如修改它的项目代号及它的值。该怎么操作呢？可以双击添加在编辑区的电阻，打开它的属性对话框，如图 1-47 所示。在这个对话框里面，可以看到该元件的项目代号、阻值等选项，这些值都是可以修改的。对于不同的元件有不同的属性，随着我们学习的深入，大家就会慢慢看到。

（13）如果想对一个元件进行删除、旋转，该如何操作呢？当鼠标靠近元件的时候，该元件就会被一个红色小框围绕，此时右击即可出现如图 1-48 所示的效果。可以看到图中所示的元件操作选项。另外，有一个比较常用的删除快捷快捷操作，就是靠近要删除的元件双击鼠标右键即可。

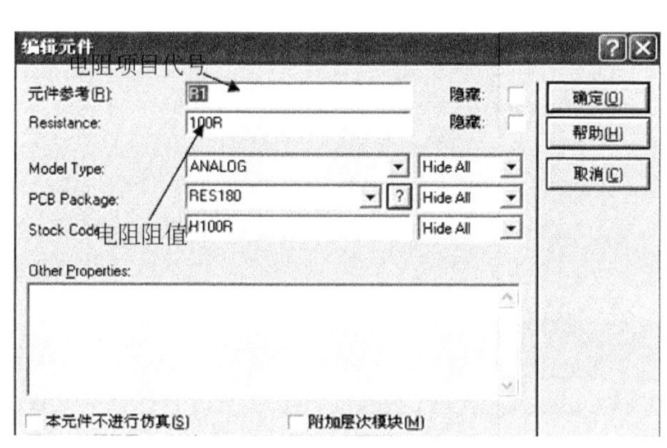

图 1-47　电阻属性对话框

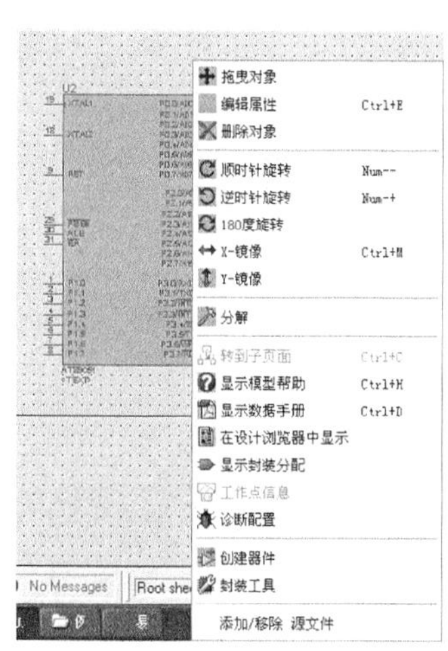

图 1-48　元件操作选项

1.4.2　用 Proteus 建立一个 51 单片机最小系统的电路图

在这一节来完成一个单片机最小系统的电路图的绘制。在本章的第一节，我们了解到要使 51 单片机正常工作，就必须有复位电路和时钟电路。所以最小系统必须添加上这些电路。接下来就依次来添加这两个电路。

（1）涉及时钟电路，自然需要时钟源了，所以我们需要找到晶体振荡器。按照如图 1-49 所示的方法找到搜索框，然后在搜索框中，输入关键字 cry，在 micellaneous 库中找到元件晶体振荡器 crystal（晶体），如图 1-50 所示。

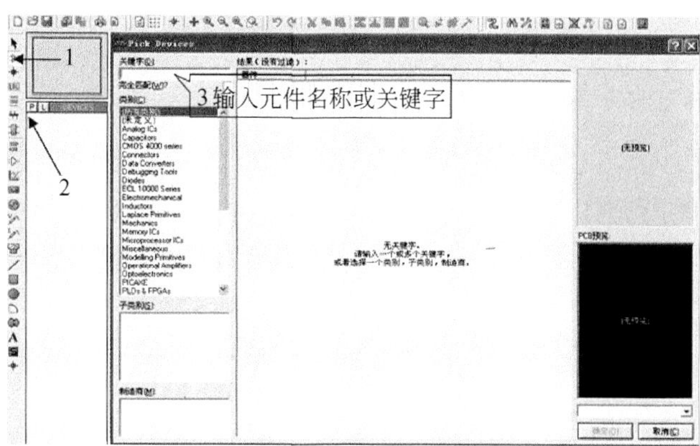

图 1-49　找到元件搜索框

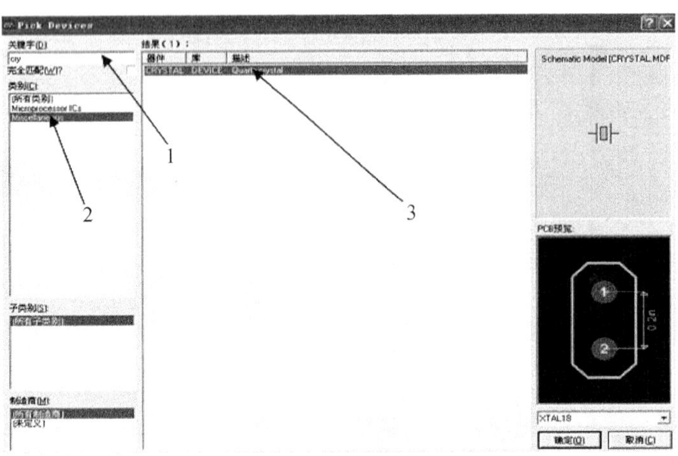

图 1-50　寻找晶体振荡器

（2）上电复位需要一个按键来完成，还是按照如图 1-49 所示的方法找到搜索框，在搜索框中输入 button，如图 1-51 所示。在 witches&Relays（开关和继电器）库中就可以找到开关 BUTTON 了。

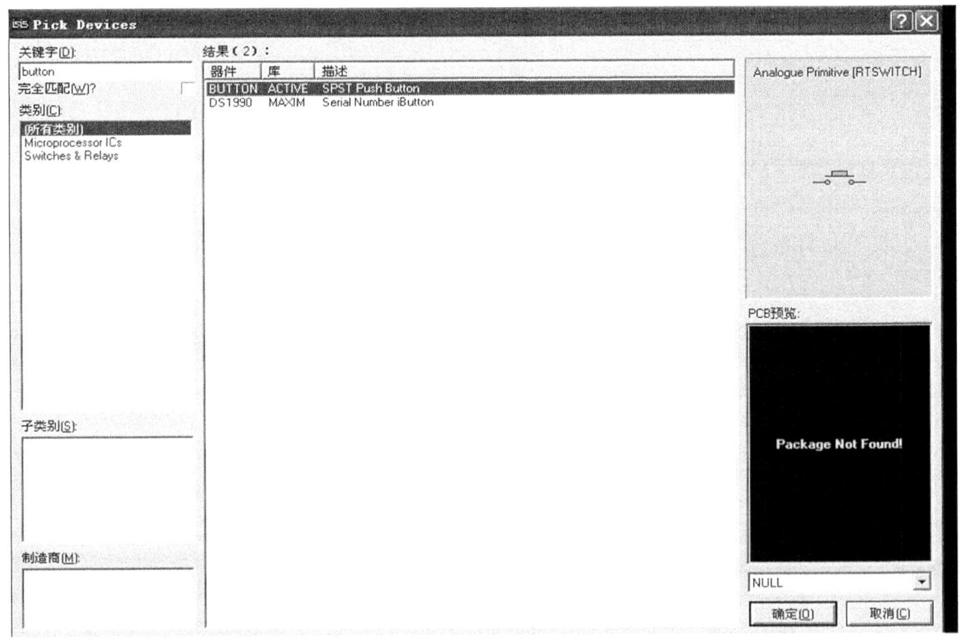

图 1-51　按键的寻找方法

（3）找到需要的元件后，按照如图 1-52 所示的连接方式，就可完成 51 单片机的最小系统的连接。从图 1-52 中可以看到，51 单片机管脚不是 40 脚，它只有 38 个引脚，少了第 20 脚和第 40 脚。我们知道单片机的第 20 脚为单片机的接地脚，第 40 脚为单片机的电源接入点。难道是 Proteus 失误没有设计这两个引脚吗？不是的，因为这两个引脚都是 Proteus 隐藏的。也就是在运行仿真时，软件自动给我们接地和电源。不仅是单片机，Proteus 中所有的集成电路的接地引脚和电源引脚都是软件自动连接的，这样可以减小我们的工作量。

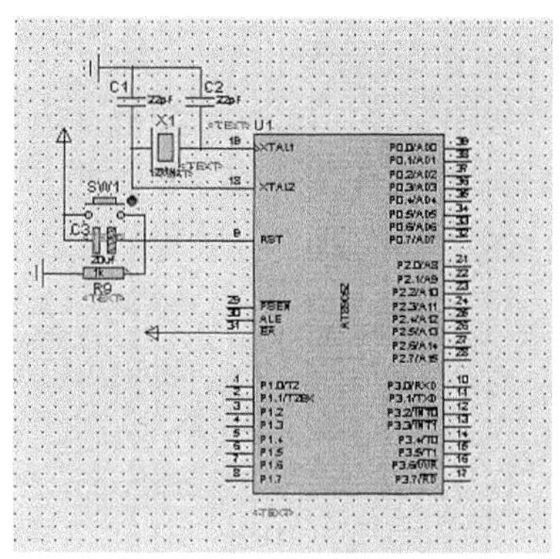

图 1-52　单片机的最小系统

双击 51 单片机，出现如图 1-53 所示的“编辑元件”对话框。从图中可以看到 51 单片机的 Clock Frequency（时钟频率）这个选项，这个选项是确定单片机的时钟的，在 Proteus 中可以不用添加时钟电路甚至复位电路。

Proteus 考虑得很全面，尽量简化设计过程。我们不需要添加时钟电路和复位电路，为什么又要求大家刻意画呢？这是想让大家养成良好的习惯，上图所画的 51 单片机最小系统完全可以运用到实际项目之中。同时也希望读者明白仿真不能完全代替实际的电路，所以不仅要将仿真做好，还应该做些实际电路。

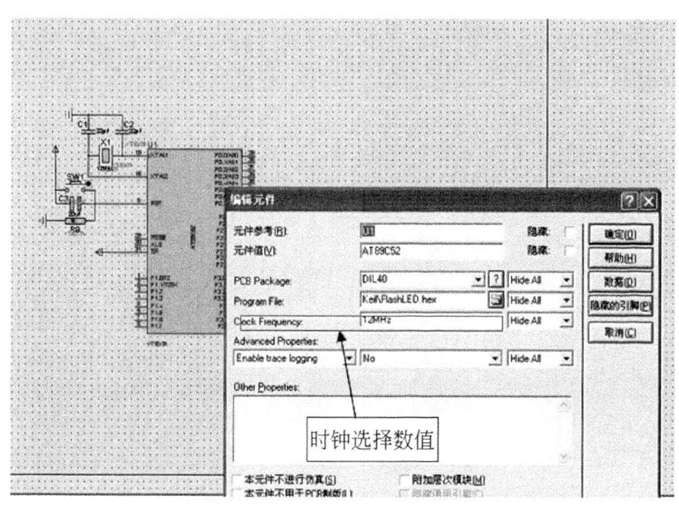

图 1-53　“编辑元件”对话框

1.5　通过一个小实例了解 51 单片机开发

本节，将通过一个实例来介绍 51 单片机项目开发的过程。

1.5.1　在 Keil 中编译一段程序

在做一个项目之前，首先要确定该项目要实现的功能，然后根据功能来编写程序。在前面介绍过一段程序，此处直接来运用这段程序吧。

（1）在 1.3 我们建立了一个 Keil 项目，现在就来验证一下此程序的功能是否正确。找到项目的文件夹，打开这个项目，如图 1-54 所示。如果项目丢失的话，可以再新建一个项目，如图 1-55 所示为打开项目的视图。

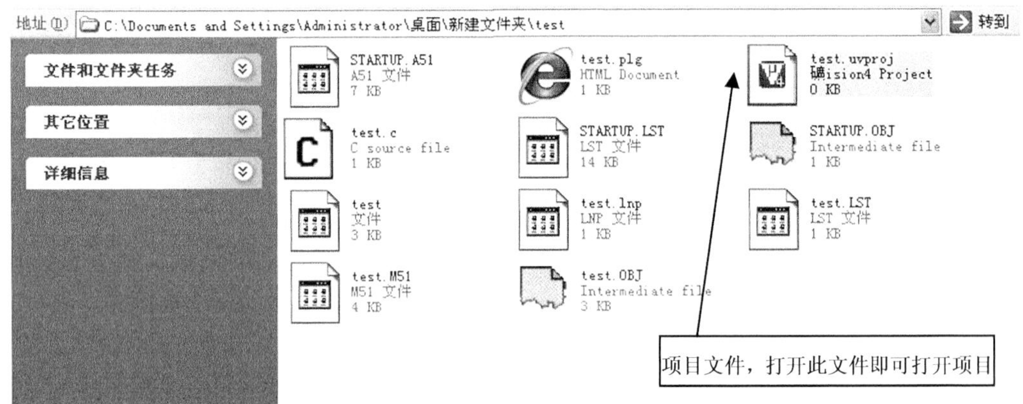

图 1-54　Keil 项目所在的位置

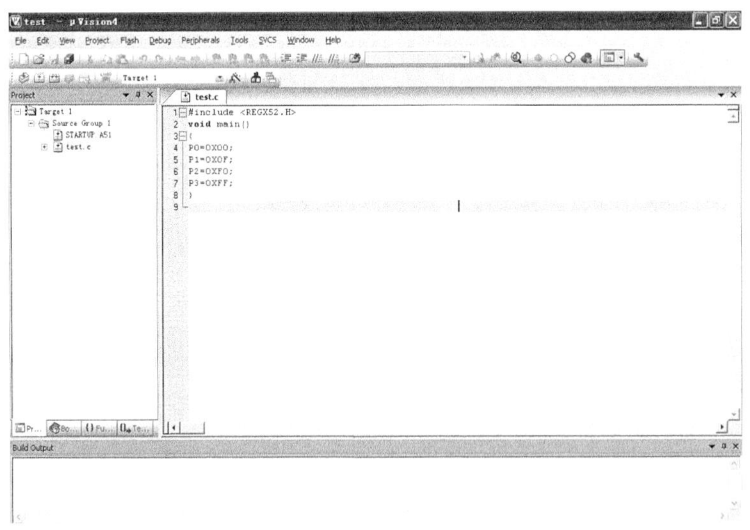

图 1-55　Keil 项目打开后的视图

（2）编译这个项目，查看是否有错误。操作顺序如图 1-56 所示。第 1 步（快捷键为 Ctrl+F7）为编译当前文件，第 2 步（快捷键为 F7）为编译整个项目，第 3 步是重新对项目进行编译。

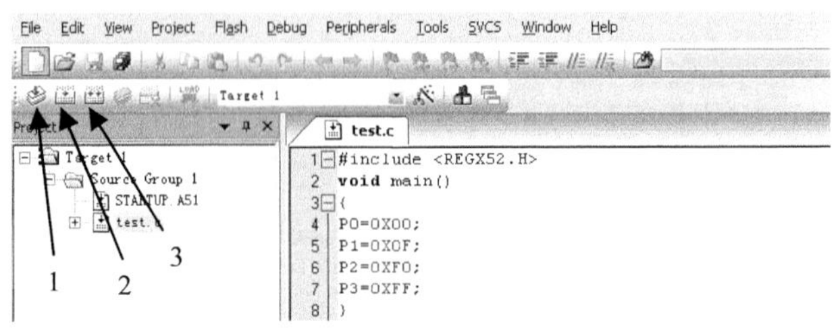

图 1-56　程序编译的方法

（3）一般情况下，此时会在 Keil 下方出现如图 1-57 所示的输出信息，这是程序编译结果输出。这个输出内容框里可以看到程序的编译是否出错，如果编译程序的时候出现错误或者警告，请仔细检测程序里面是否有不合理的地方。

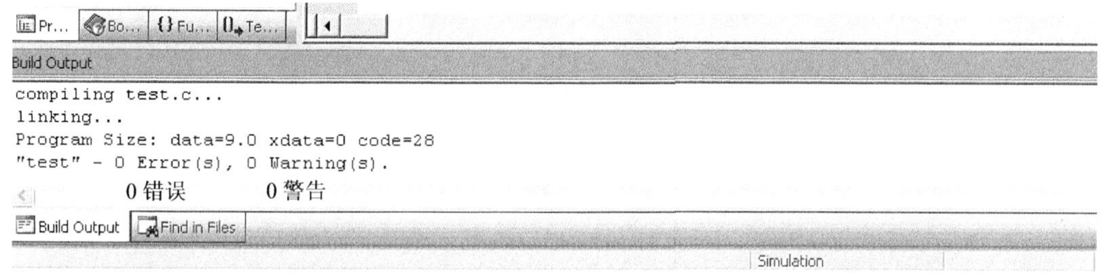

图 1-57　程序编译结果输出

（4）经过编译证明了程序是没有问题的。如何将输出代码烧录到单片机程序寄存器之中呢？可以按照图 1-58 所示的步骤进行操作。

（5）这时会出现一个对话框，如图 1-59 所示，然后按照图中的步骤进行操作。步骤 2 所指的为 Create HEX File，译为中文为生成 HEX 文件。HEX 文件是烧写到单片机里面的程序文件，这就是所谓的机器码，在没有开发出汇编语言和高级语言之前，科学家就是直接编写这种代码来控制计算机的。

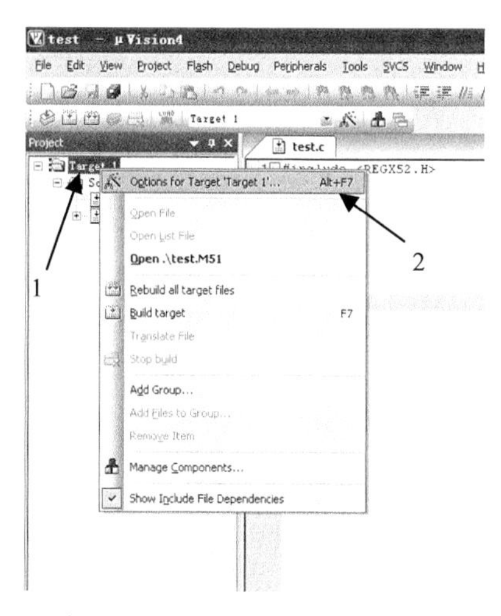

图 1-58　设置输出执行文件 1

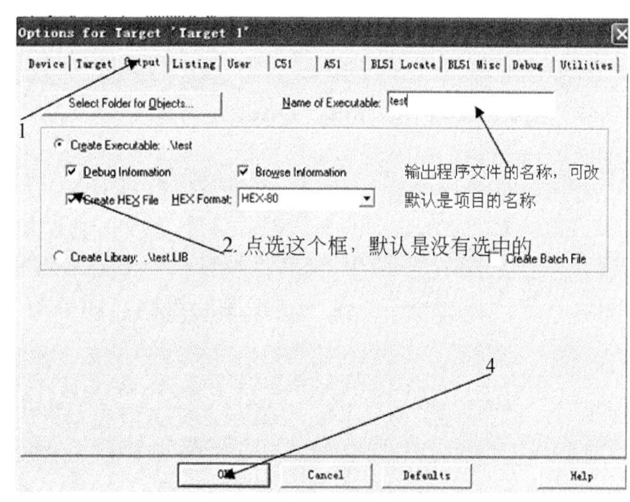

图 1-59　设置输出执行文件 2

（6）我们按照如图 1-56 所示的步骤对程序再做一次编译，观察程序编译结果输出，如图 1-60 所示。可以将此图和图 1-57 比较一下，看看它们的内容有什么不同。如图 1-60 所示，图中框选的部分 creating hex file from test，表示程序已编译生成了机器码。

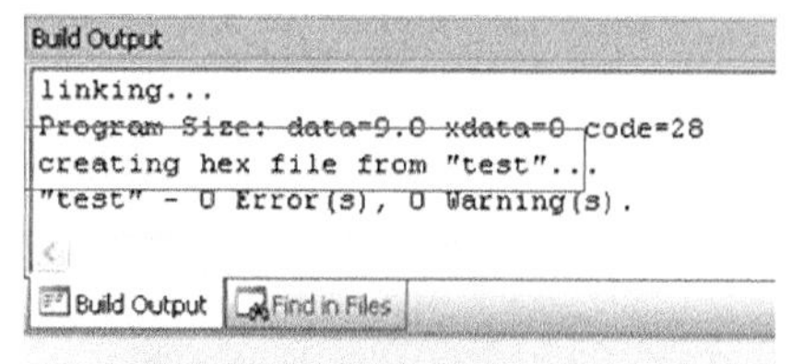

图 1-60　编译结果输出 2

（7）我们可以看一下生成机器码的庐山真面目。打开我们建立的项目所在的文件夹，找到文件 test.hex，如图 1-61 所示，这就是可烧写进单片机的程序文件。

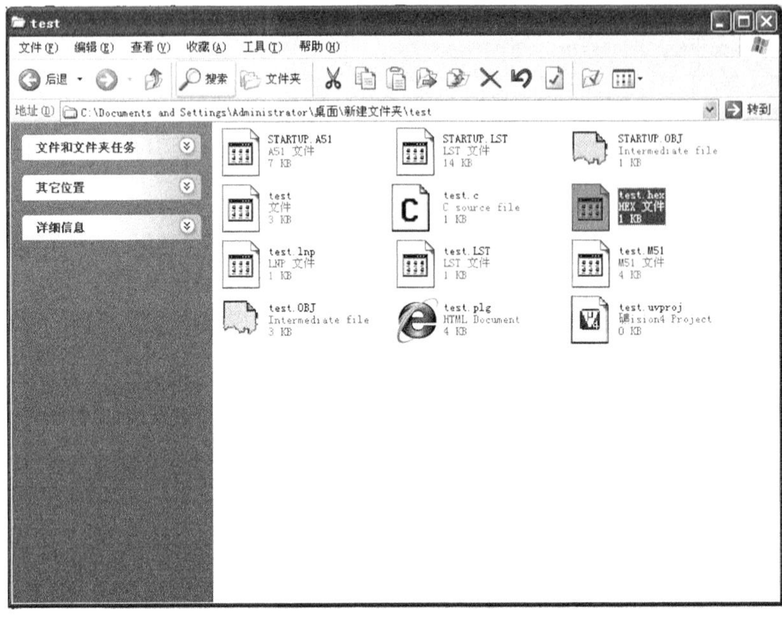

图 1-61　机器码在项目中的位置

（8）如图 1-62 所示的机器码，是用记事本软件直接打开的。我们不必读懂它，这是毫无意义的。

```
:03000000020010EB
:0C001000787FE4F6D8FD758107020003 3C
:0D000300E4F58075900F75A0F075B0FF2238
:00000001FF
```

图 1-62　机器码的内容

1.5.2　在 Proteus 中演示程序

若想验证程序执行的效果，最好的方法是在查看电路图。既然有了 Proteus 这个软件，就不需要再去焊接实际的硬件电路。编译程序的功能，是让各个 I/O 端口输出不同的值，最好的验证方法就是用小灯了。如图 1-63 所示给出了电路图，希望读者耐心完成这个电路图的绘制，图中的电阻选择 100 欧姆的就可以了。

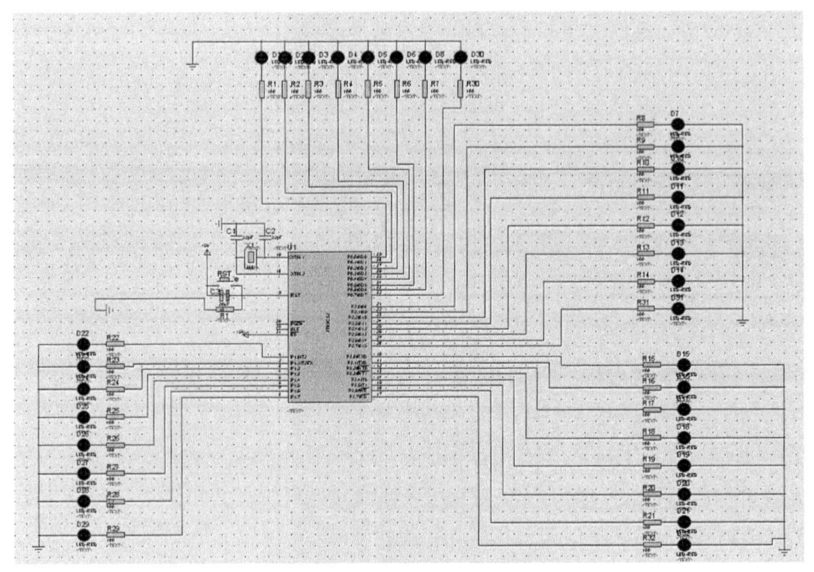

图 1-63　验证程序的电路图

（1）在图 1-64 中列举了小灯的寻找方法，我们用的小灯是 LED 小灯，所以在搜索框中输入 LED，然后在元件类别 Optoelectronics（光电子）中寻找，里面有很多小灯，可随便挑选一个。

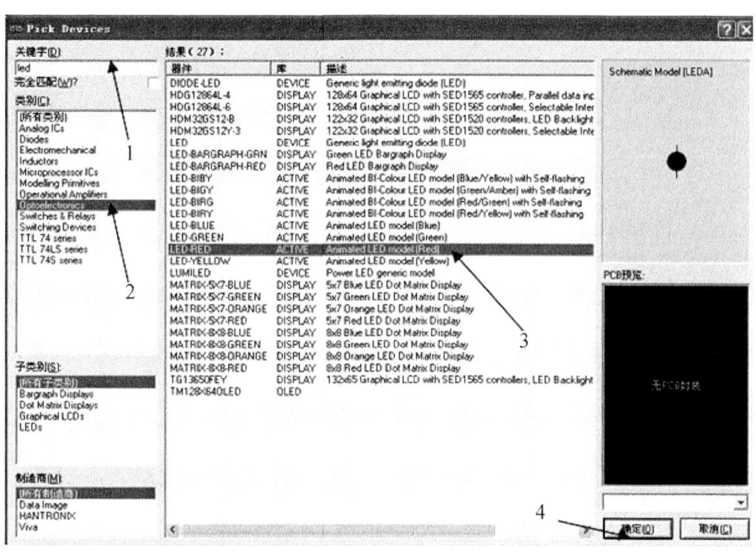

图 1-64　LED 小灯的寻找方法

（2）按照图 1-64 所示完成电路的连接，打开“编辑元件”对话框，如图 1-65 所示，然后给单片机添加程序文件。单击图 1-65 中椭圆圈起来的文件夹图标，跳转到如图 1-66 所示的“选择文件名”框，找到我们上一小节 Keil 项目下的文件 test.hex 的路径，然后单击“确定”按钮。这样就完成了程序文件的添加，相当于在实际电路中将程序烧写进单片机中，但是过程要比实际电路简单得多。

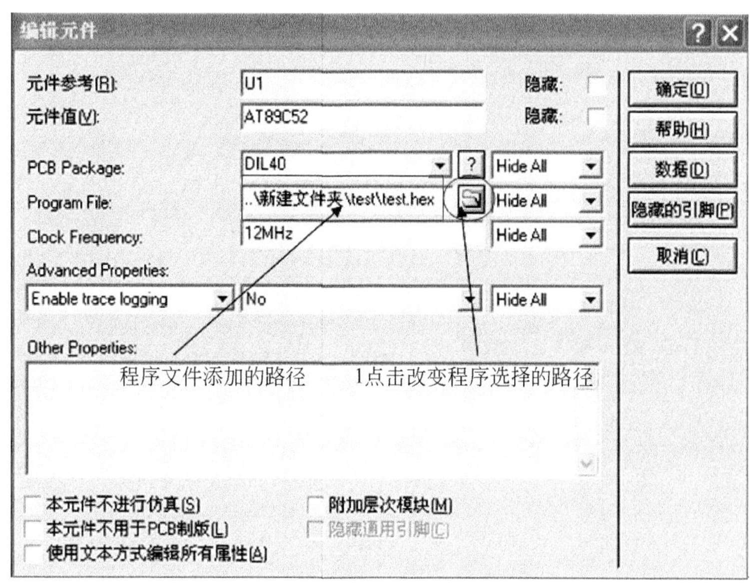

图 1-65　“编辑元件”对话框

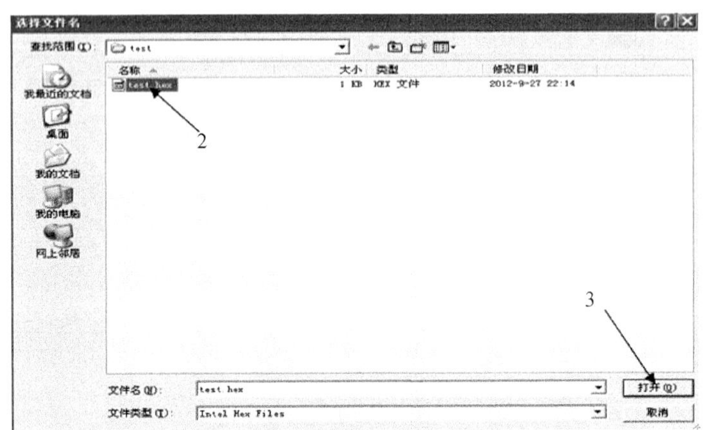

图 1-66 “选择文件名”对话框

（3）最激动人心的时刻到了。回到 Proteus 界面，如图 1-67 所示，单击开始仿真按钮，就可看到最终的仿真效果了。

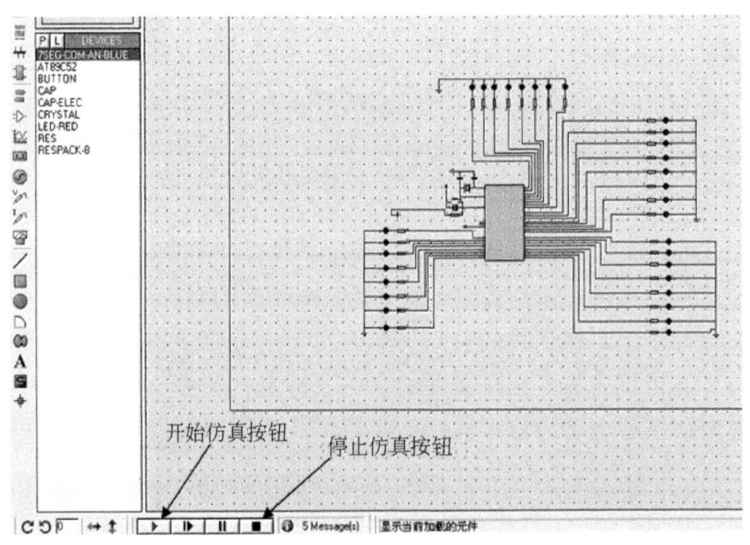

图 1-67 开始仿真界面

仔细观察仿真效果是不是如程序所描述的那样：P0 口所有的灯都不亮；P1 口的灯一半亮，一半不亮，其中 P1.0～P1.3 亮，P1.4～P1.7 不亮；P2 口的灯也是一半亮，一半不亮，不过和 P1 口正好相反，其中 P2.0～P2.3 不亮，P2.4～P2.7 亮；P3 口的灯全亮。

实际证明，最终的仿真效果是完全符合我们的程序要求的。为了加深理解，希望读者好好地练习，并用汇编语言做一下测试。

1.6 习题及操作练习

1. 填空题

（1）AT89C52 单片机共有引脚________多少根；其中接地端为第________引脚，接电源端为第________引脚。

（2）存储器分为________和________，其中________存放的数据，断电后消失。

（3）一个字节由________位组成，一个字节可以表示________种状态。

（4）传统 51 单片机唯一只能作为普通 I/O 口的端口为________。

（5）十进制数据 56，用十六进制可以表达为________，用二进制可表达为________。（要求写出进制后缀）。

（6）内部 RAM 低 128 单元的位寻址区地址范围为________。

（7）特殊功能寄存器 P0 在内部 RAM 的地址为________；P1 的地址为________；P2 的地址为________；P3 的地址为________。

（8）传统 8051 单片机内部 RAM 有________字节；内部 ROM 有________字节。

（9）AT89C52 单片机内部 ROM 的容量为________；采用的存储技术为________。

2．选择题

（1）单片机的执行程序存放在________，中间运算数据存放在________。

a）RAM　　b）ROM　　c）寄存器　　d）CPU

（2）51 系列单片机是________位单片机。

a）4　　b）6　　c）8　　d）16

（3）单片机复位端接入________晶振周期的高电平，才能触发复位。

a）1　　b）2　　c）4　　d）6

（4）端口 ALE 输出________晶振频率的正脉冲波。

a）二分之一　b）四分之一　c）八分之一　　d）六分之一

（5）P3 端口________为外设读控制信号；________为外设写选通信号。

a）P3.1　　b）P3.2　　c）P3.6　　d）P3.7

（6）51 单片机共有________根地址线；________根数据线。

a）4　　b）8　　c）12　　d）16

3．解答题

（1）叙述 P3 口的第二功能。

（2）列出存储器各个单位，并给出其对应关系。

（3）试分析为什么单片机最大可扩展 64KB ROM 和 RAM。

（4）假设 51 单片机使用了 6MHz 晶振，计算出晶振周期、机器周期和 ALE 引脚输出信号周期。

4．实例练习

（1）在 Proteus 中寻找 100Ω 的电阻、47pF 的电容、三极管 2N5769、2N5771，以及逻辑芯片 74HC04、74HC163。

（2）重新绘制单片机最小系统。

（3）试绘制电路图，如图 1-68 所示。

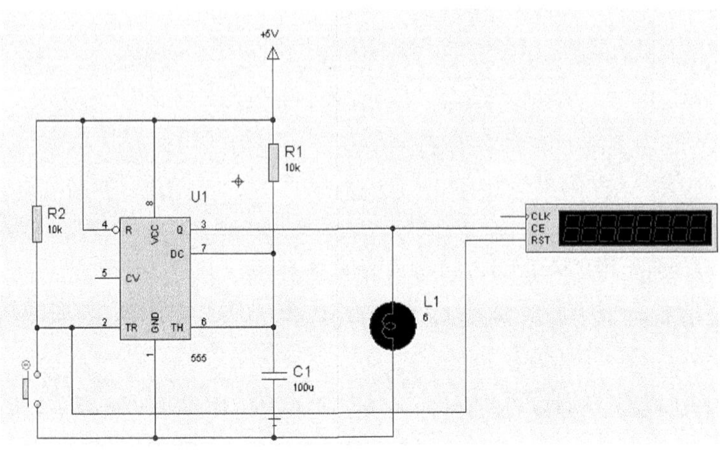

图 1-68　电路图

（4）在 Keil 中新建一个汇编语言项目，使用本章中给出的汇编代码对该项目进行编译，并设置输出可执行代码。

第 2 章　从 I/O 端口开始学 51 单片机

学习 51 单片机的序幕就从 I/O 端口开始展开。为了提高大家的学习兴趣，将给大家演示一个非常漂亮的流水灯，这个流水灯是用 51 单片机的 I/O 端口来驱动的。本章将详细讲解程序语言，会更深入地学习 Proteus 绘制电路图的方法，并介绍一些软件方面应该注意的知识。希望读者除了努力学习之外，还应该多多地练习。

2.1　从一个漂亮的流水灯看 I/O 端口

很多书籍介绍单片机的知识都是从一个流水灯开始的，本书也不例外。本节的任务就是对流水灯的硬件电路做出阐述，详细讲解如何在 Proteus 软件中绘制一个流水灯，以及 51 单片机 I/O 端口的内部结构。本节将提出程序设计的方案，完成程序流程图的绘制，为下一节的程序编写做准备。

2.1.1　演示流水灯实例

（1）在本书的光盘里，包含了一个已经完成的项目。我们假设把光盘里所有的内容复制在电脑桌面上，这个流水灯和程序的路径如图 2-1 所示。

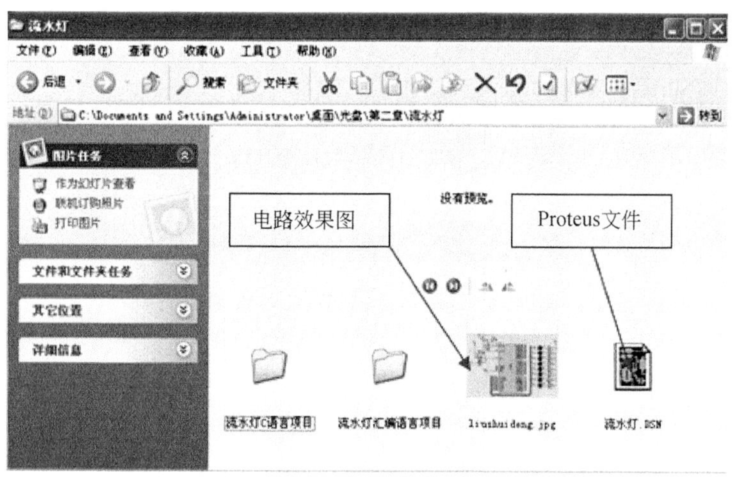

图 2-1　流水灯实例所在的位置

（2）打开如图 2-1 所示的“流水灯.DSN”文件。要保证在我们的电脑里面已经安装了 Proteus 软件，否则这个文件是打不开的。打开文件后，效果如图 2-2 所示。

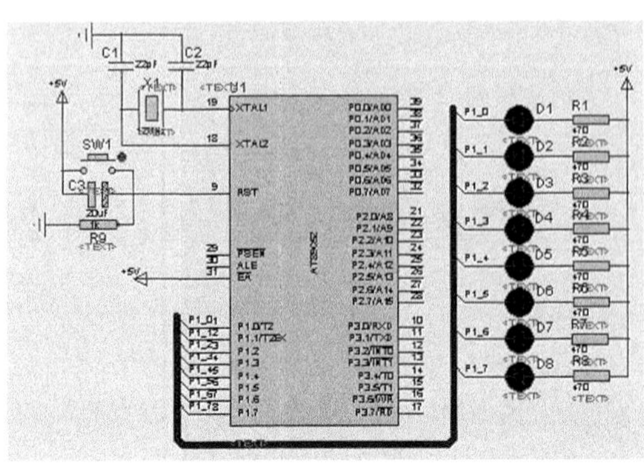

图 2-2　流水灯电路图

（3）给单片机添加可执行程序文件，双击 51 单片机，就会弹出“编辑元件”对话框，如图 2-3 所示。我们来为 51 单片机添加程序文件，已经在第 1 章介绍了程序文件添加的方法，单击图中框选的文件夹图标，就会打开如图 2-4 所示的“选择文件名”对话框。

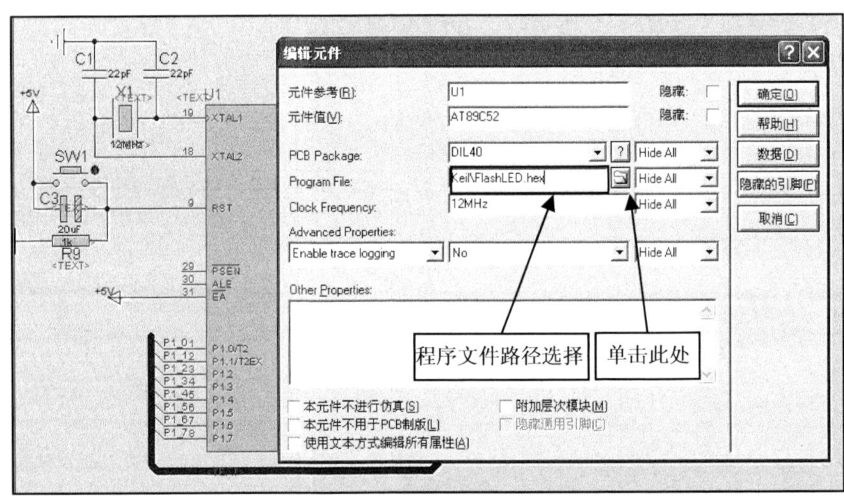

图 2-3　“编辑元件”对话框

（4）图 2-4 所示为程序选择路径。单击同一目录下的“流水灯 C 语言项目”文件夹，打开就可显示一个程序文件。这个项目是为了方便大家参考而提前建立的一个 C 程序 Keil 项目。同样，也可打开同一目录下的“流水灯汇编语言项目”文件夹，找到相同的程序文件，这是提前建立的一个汇编项目文件夹。

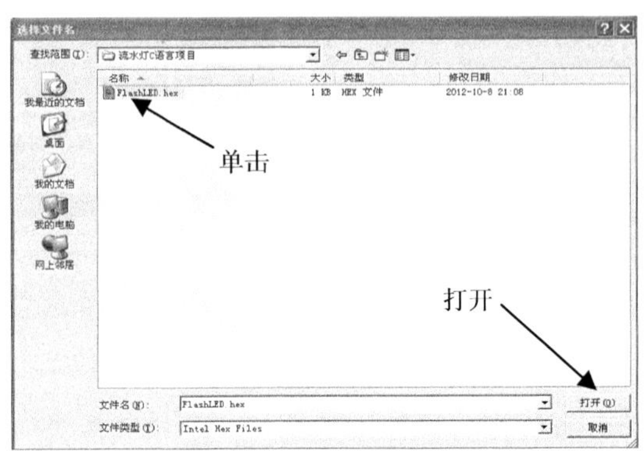

图 2-4　“选择文件名”对话框

（5）现在可以演示仿真了。如图 2-5 所示，单击图中的仿真开始按钮就可以开始仿真，如果想停止仿真的话，单击最右侧的仿真停止按钮即可。

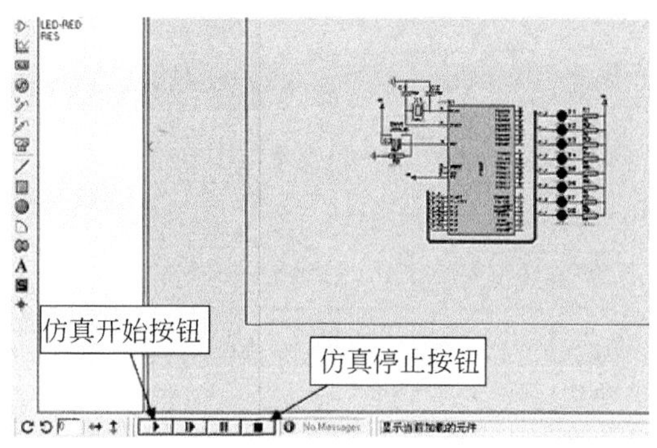

图 2-5　执行仿真的效果

（6）查看仿真信息。开始仿真后，各个器件包括单片机的引脚都有电平的变化，我们可以清楚地看到仿真的效果，还会出现如图 2-6 所示的仿真信息。

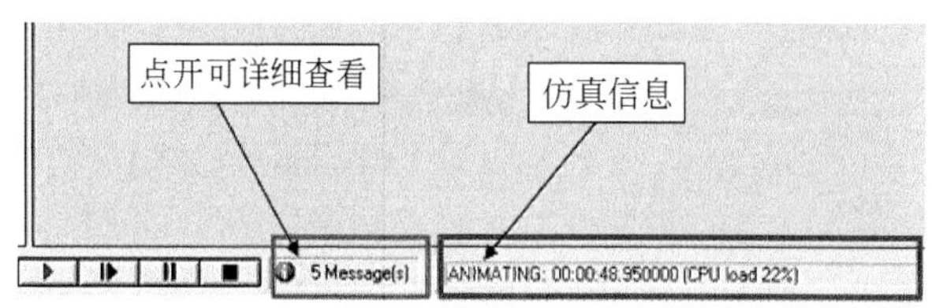

图 2-6　正确的仿真信息

（7）如果仿真失败，则会自动弹出如图 2-7 所示的仿真信息。一般情况下，出现错误的原因是我们没有给 51 单片机添加程序文件。

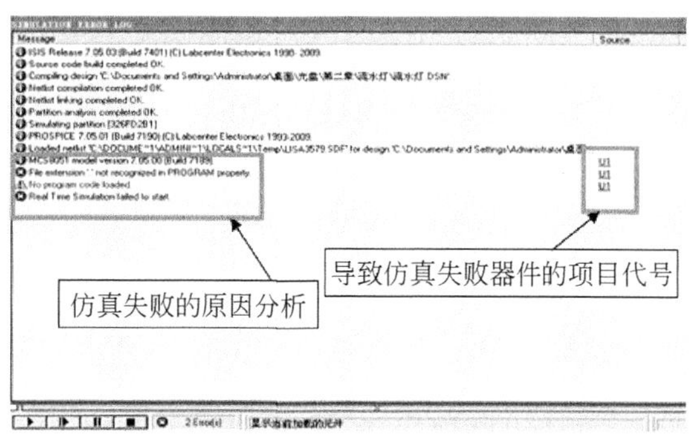

图 2-7　错误的仿真信息

2.1.2　流水灯电路图的绘制

第 1 章已经介绍了 Proteus 的基本用法，并绘制了单片机的 I/O 端口驱动小灯的实例，但是在图 2-2 中，我们看到了用总线方式绘制的流水灯，是不是感觉特别的简洁？在本节，除了教会大家绘制总线的方法，同时也补充一点 Proteus 绘图的小技巧。

（1）打开 Proteus 软件，会出现如图 2-8 所示的界面。系统给了我们一个选择，单击“取消”按钮，Proteus 系统就会默认新建一个空白的文件；单击“确定”按钮，就会演示系统创建的一系列有趣的实例文件。

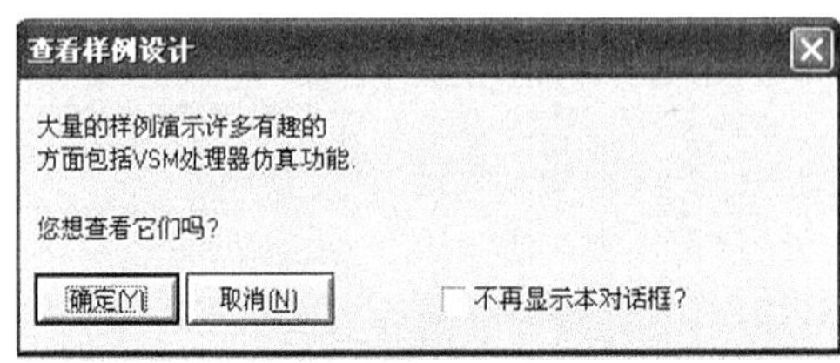

图 2-8　是否选择打开系统自带的实例文件

（2）在图 2-8 中单击“确定”按钮，就会出现如图 2-9 所示的文件选择对话框，Proteus 包含一个实例文件夹，这个文件夹的名称叫 SAMPLES。这个文件夹在 Proteus 安装文件的根目录下。

在这个文件夹里面，Proteus 给我们提供了很多实例，不仅有单片机方面的，还有模拟电路和数字电路方面的。不仅有 8051 单片机，还有非常流行的 AVR 单片机、PIC 单片机、微机 8086，甚至是 32 位处理器 ARM 和 DSP 等。

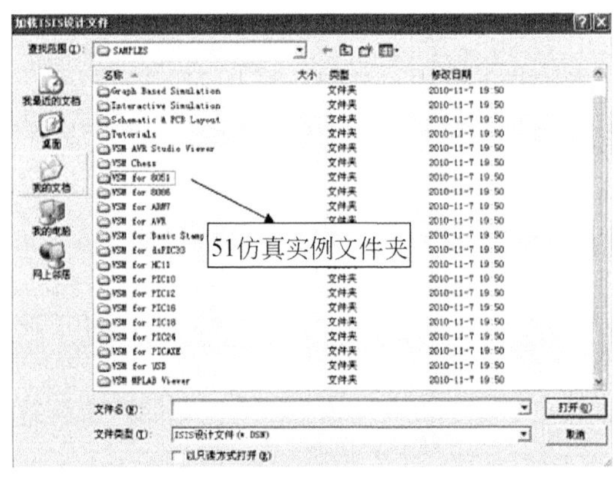

图 2-9　Proteus 提供的实例

（3）打开这个文件夹后，可以看到有多个 51 单片机演示实例，打开文件夹 8051 Calculator，如图 2-10 所示，这是一个计算器仿真实例，当然读者也可以打开其他实例来看一看。

图 2-10　计算器实例的路径

（4）打开这个文件夹目录下的 Proteus 文件，可以看到如图 2-11 所示的效果图，一个非常华丽的界面，这就是用 51 单片机制作的计算器电路图。这个图对于初学者来说还是比较复杂的，可以单击开始仿真按钮，看一下这个计算器的仿真效果如何。

这个计算器是比较复杂的，因为它涉及了 51 单片机很多方面的知识。本书的后半部分，将详细介绍怎样设计一个计算器，想把这个项目完成，必须打好基础，认真地仿真每个章节提供的内容，多学多用，不能好高骛远。

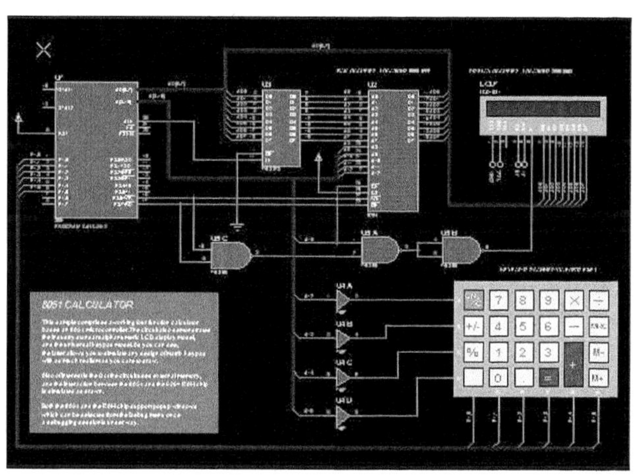

图 2-11　计算器的仿真电路图

（5）言归正传，我们还是得去绘制一个流水灯。打开 Proteus 的时候，出现如图 2-8 所示的界面，单击“取消”按钮，就会新建一个空白的 Proteus 文件，如图 2-12 所示。绘图的过程中一定要及时保存，这样才能很好地保护我们的劳动成果。

另外补充一点，在图 2-12 中，标示了预览视图的位置。预览视图可以对在编译框中所有的器件做一个小的预览。左击预览视图，拖曳鼠标，可以定位到编辑区的任何位置；定位结束，再一次左击鼠标则会退出。

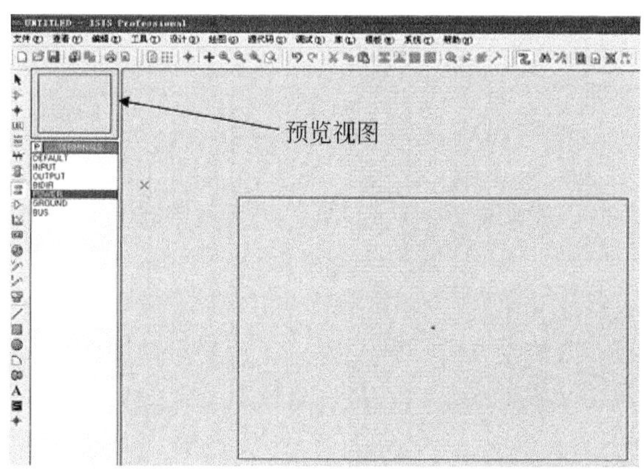

图 2-12　Proteus 新建文件的界面

现在开始绘制流水灯电路图，步骤如下所述。

（1）还记得第 1 章学过 Proteus 查找组件的方法吧，如果忘了，可以返回第 1 章好好地复习一下吧。找到如图 2-13 所示的组件列表，如图 2-14 所示为各个元件放置的位置。

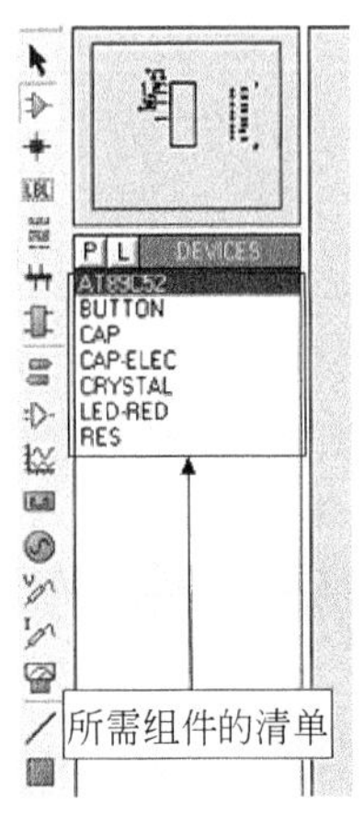

图 2-13　绘制流水灯所需元件列表

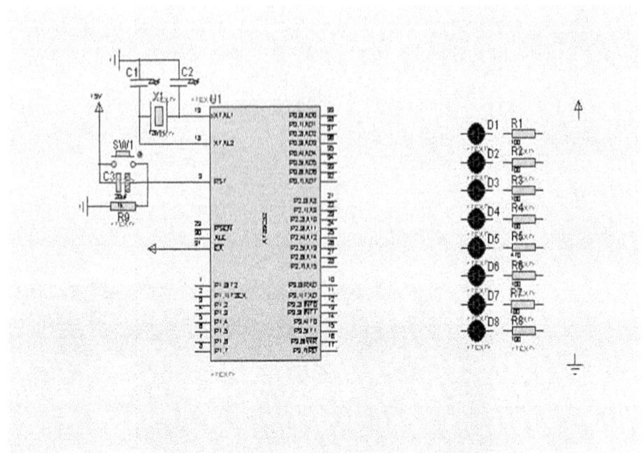

图 2-14　流水灯各个元件摆放的位置

（2）先绘制一段总线，通俗来说就是一条线缆，里面包含多根线。绘制总线的按钮如图 2-15 所示，先单击总线按钮，回到编辑区内，然后单击一下鼠标开始绘制，绘制完毕后再次单击鼠标左键停止绘制，绘制效果如图 2-16 所示。

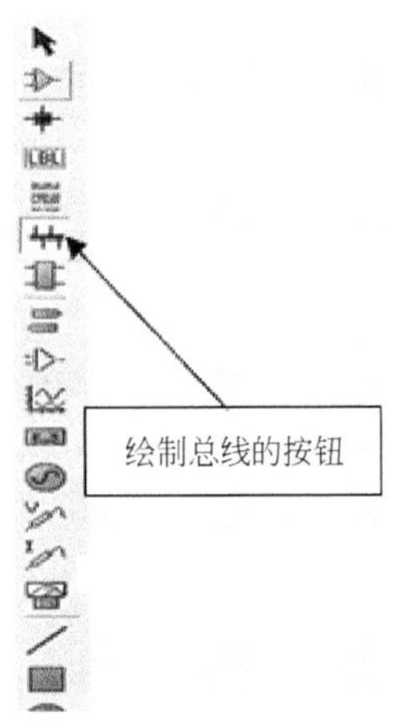

图 2-15　总线按钮位置

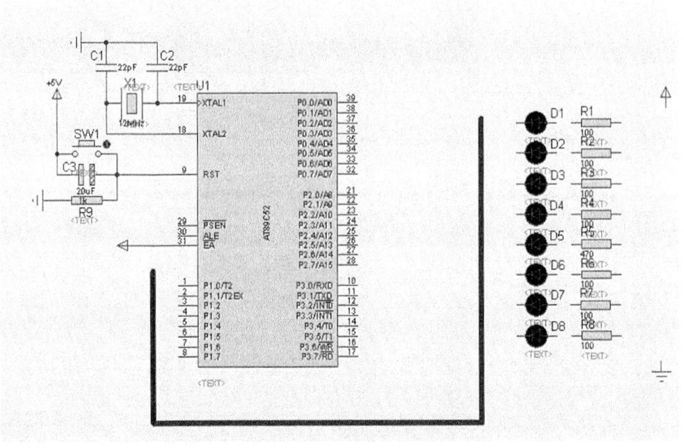

图 2-16　绘制总线的效果

（3）绘制完总线之后，还要完成普通导线和总线的接口，如图 2-17 所示。绘制接口线和普通导线的方法是一样的。首先鼠标靠近引脚 P1.0 时会出现一个红色的小框，单击鼠标左键会引出一条导线，这时拖曳鼠标到达总线上，然后单击鼠标左键就会连接上。按照此方法将 P1 口的其他线一一连接到总线上，如图 2-18 所示。

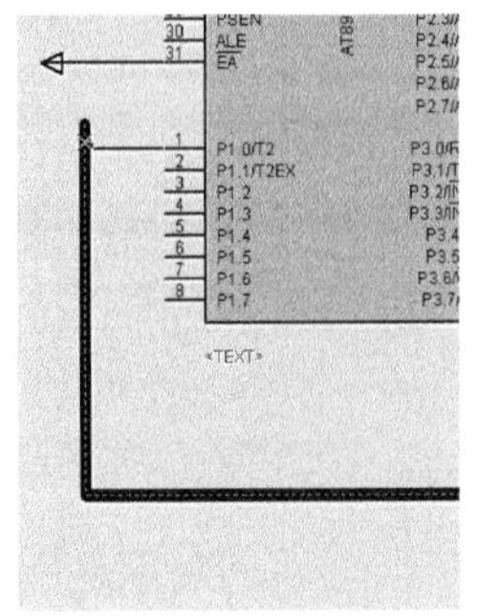

图 2-17　总线接口

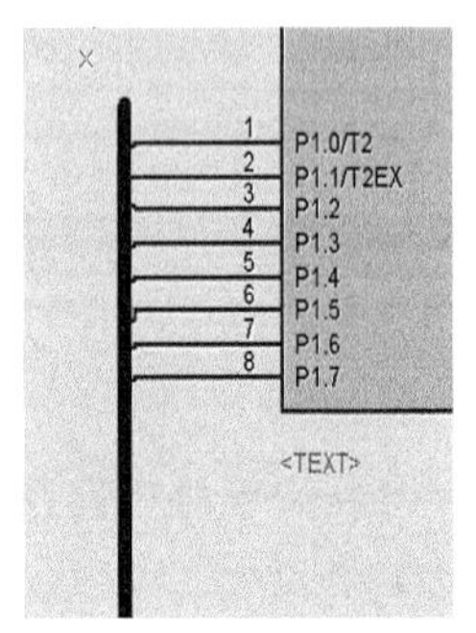

图 2-18　P1 全部连接到总线上

我们来看一下计算器实例给出的总线连接方法，如图 2-19 所示。图中它的总线接口都是用的折线，这是绘制总线的规矩。图 2-18 中的电路图是可以用于仿真的，但是还想让总线画得更完美，就要学会绘制折线。

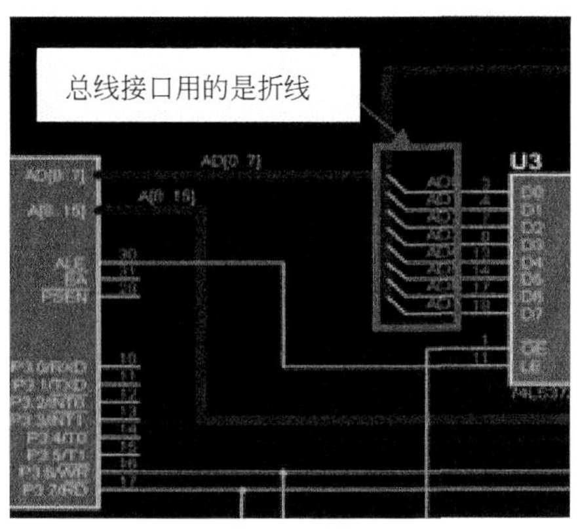

图 2-19　绘制总线的标准方法

（4）怎样画出折线的效果呢？很简单，当引出导线的时候，按住 Ctrl 键，不要松开，同时拖曳线，就会发现导线可以画成任意的角度，如图 2-20 所示。下面我们来画标准的总线吧。如图 2-21 所示，先引出一条线，到达需要转折的位置的时候，先单击一下鼠标，再按 Ctrl 键接到总线上，这样就完成了总线接口的绘制。

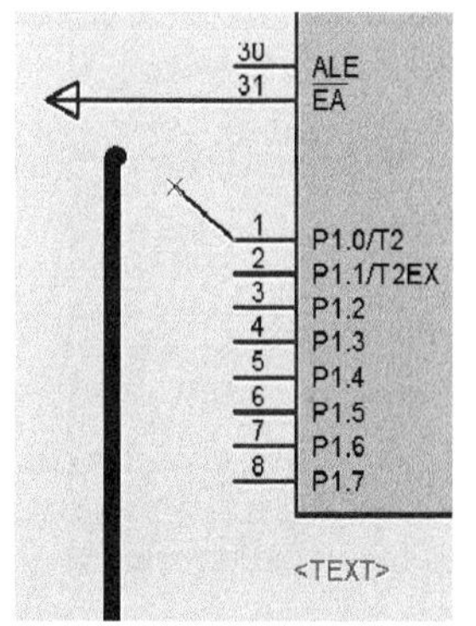

图 2-20　任意角度导线的绘制

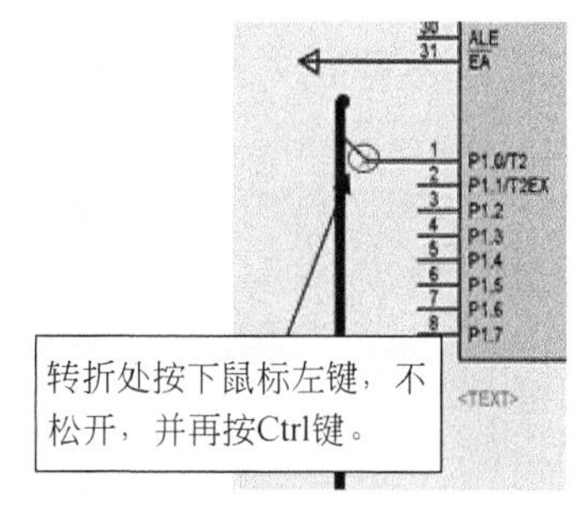

图 2-21　一个总线接口的绘制方法

（5）分别完成 P1 口总线和发光二极管接口的总线的连接，如图 2-22 和图 2-23 所示。

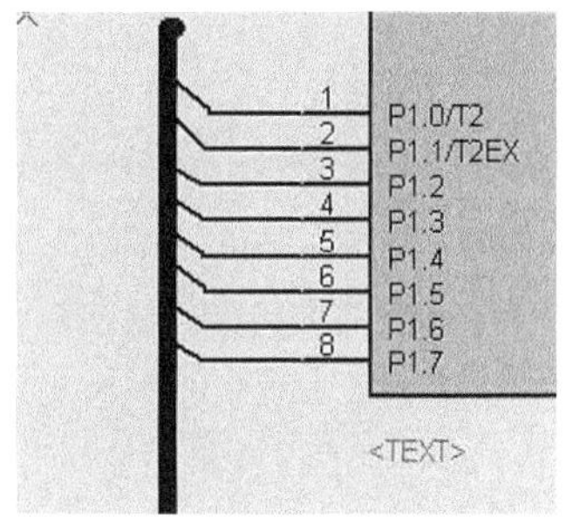

图 2-22　P1 口和总线的连接

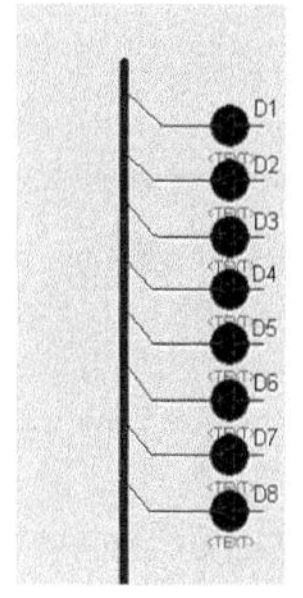

图 2-23　LED 灯和总线的连接

（6）总线绘制还没有结束，还需要添加网络标号。如果不用总线的方法，而是直接连线的话，绘制的效果如图 2-24 所示。在图中，P1.0 和小灯 D1 相连，在总线中如何表示这两个引脚相互连接呢？其实给它们取同样的标号就可以了。

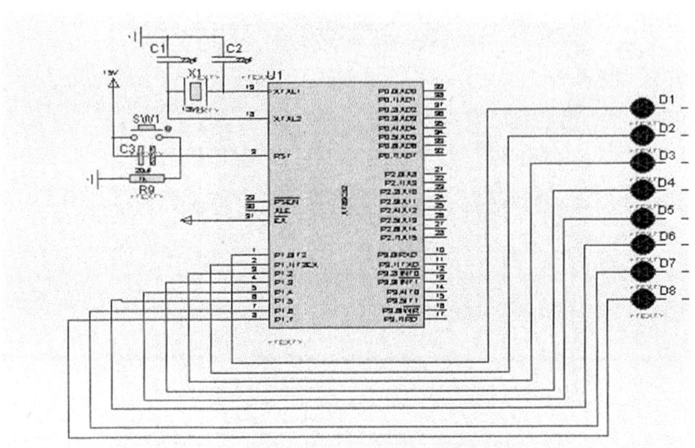

图 2-24　直接连线的方法绘制流水灯电路

（7）添加网络标号的方法如图 2-25 所示，在左侧的工具栏中，单击 LBL 按钮，放置在图中标定的位置，再单击鼠标，就会自动弹出如图 2-25 所示的对话框。在对话框里面输入网络标号，然后单击“确定”按钮即可。

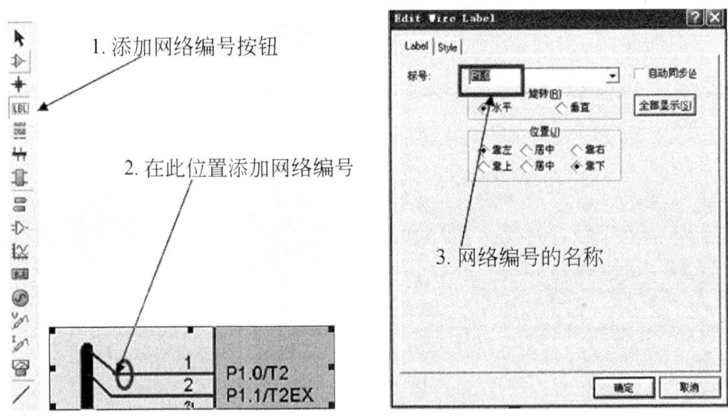

图 2-25　网络标号的添加方法

（8）这样就完成了给 P1.0 添加网络标号，如图 2-26 所示。然后在发光二极管 D1 和总线的连接处，添加相同的网络标号，如图 2-27 所示。

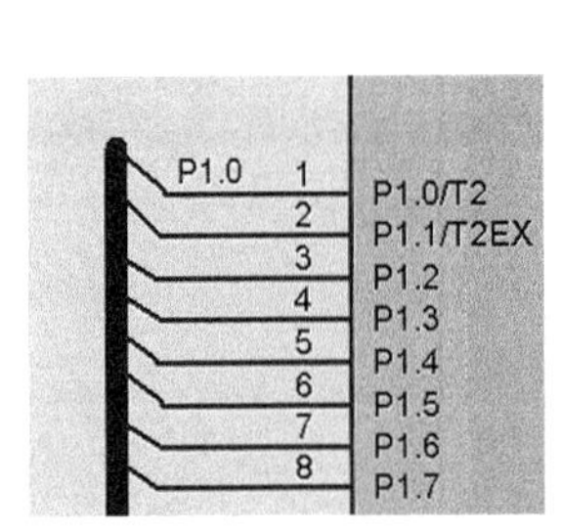

图 2-26　给 P1.0 添加网络标号

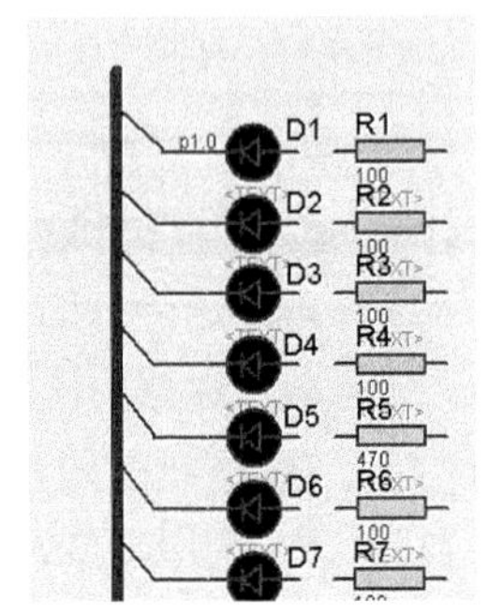

图 2-27　给 D1 添加网络标号

（9）如图 2-28 和图 2-29 所示，给 P1 口的其他端口和发光二极管添加网络标号。注意一一对应的关系，如果关系不对应的话，程序执行就会出错。

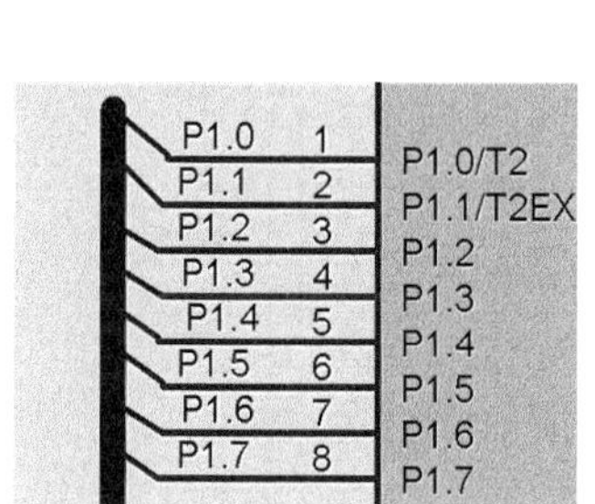

图 2-28　给 P1 口添加网络编号

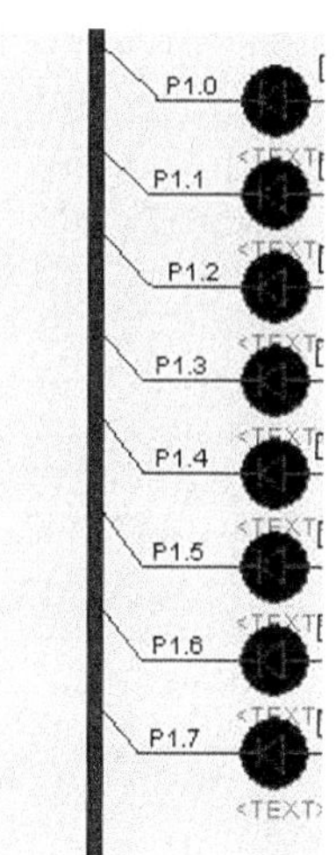

图 2-29　给所有的发光二极管添加网络标号

（10）完成其他组件的连接，就完成了流水灯电路，如图 2-30 所示。

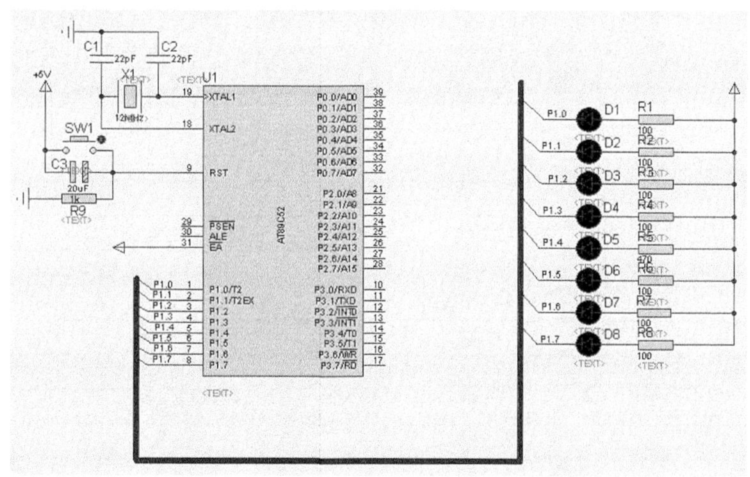

图 2-30　完成了流水灯电路

2.1.3　P1 端口介绍

流水灯电路是将 P1 口作为一个驱动输出端口，如图 2-31 所示。传统的 80C51 单片机中，P1 口只能用作普通的 I/O 端口，这正是我们选用它目的，因为 P0、P2、P3 都有重要的第二功能。虽然 AT89C52 将 P1.0、P1.1 作为定时器 2 的复用输入端口，在这里先不考虑这一点。图 2-31 为 P1 口每个端口的电路逻辑图，当然还是按照 80C51 单片机来绘制的，没有体现出 P1.0、P1.1 的第二功能。电路逻辑主要是由一个 D 触发器构成，大家可以看一下能否理解这个图，不能理解也没有关系，了解即可，在这里不做详细的介绍。

大家都知道单片机属于数字电路的范畴。虽然也会涉及一些模拟电路，但总体来说，单片机处理的数据都是数字量。谈到数字电路，只有两种状态：0 和 1，单片机所有端口输出的状态当然也只有这两种。那么流水灯电路是否可以简化为如图 2-32 所示的形式呢？

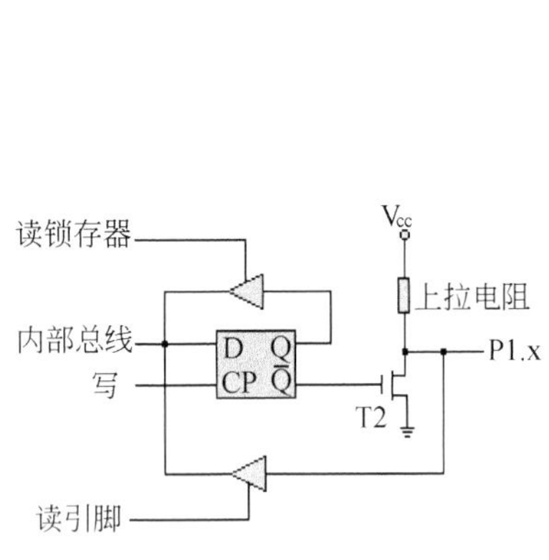

图 2-31　P1 口内部逻辑结构

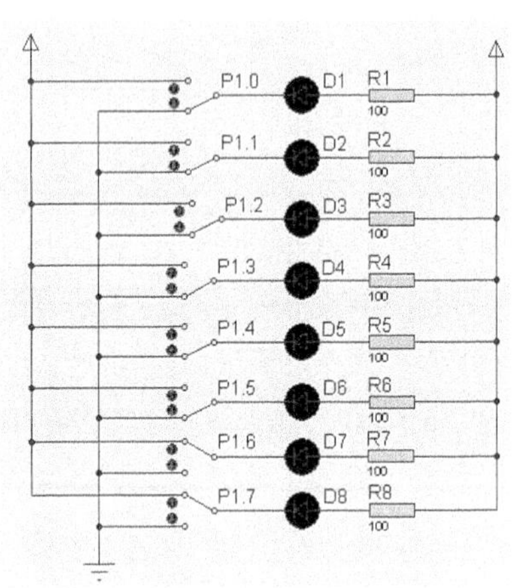

图 2-32　流水灯简化电路

当开关拨动到电源这一端时，端口输出高电平，不能形成电位差，所以没有电流通过，LED 小灯是不会亮的；当开关打到地这一端时，端口输出低电平，形成了电位差，所以 LED 小灯就可以亮了。我们在这里先提出一个疑问：到底谁来控制开关的拨动呢？

一个字节是由 8 个位构成，每个位有两种状态。图中拨动开关的控制是由一个字节变量来完成的，我们将这个字节变量称之为寄存器。在第 1 章讲数据存储器时，谈到高 128 字节的 RAM 的时候，提到过寄存器的概念，高 128 字节的存储器配置如表 2-1 所示。

表 2-1　内部RAM高 128 字节

<table>
<tr><th>寄存器符号</th><th colspan="2">名称</th><th>字节地址</th></tr>
<tr><td>ACC</td><td colspan="2">累加器</td><td>E0H</td></tr>
<tr><td>B</td><td colspan="2">B 寄存器</td><td>F0H</td></tr>
<tr><td>PSW</td><td colspan="2">程序状态字</td><td>D0H</td></tr>
<tr><td>SP</td><td colspan="2">堆栈指针</td><td>81H</td></tr>
<tr><td rowspan="2">DPTR</td><td rowspan="2">数据指针</td><td>DPH</td><td>83H</td></tr>
<tr><td>DPL</td><td>82H</td></tr>
<tr><td>P0</td><td colspan="2">P0 口锁存器</td><td>80H</td></tr>
<tr><td>P1</td><td colspan="2">P1 口锁存器</td><td>90H</td></tr>
<tr><td>P2</td><td colspan="2">P2 口锁存器</td><td>A0H</td></tr>
<tr><td>P3</td><td colspan="2">P3 口锁存器</td><td>B0H</td></tr>
<tr><td>IP</td><td colspan="2">中断优先级控制寄存器</td><td>B8H</td></tr>
<tr><td>IE</td><td colspan="2">中断允许控制寄存器</td><td>A8H</td></tr>
<tr><td>TMOD</td><td colspan="2">定时器/计数器方式控制寄存器</td><td>C8H</td></tr>
<tr><td>TCON</td><td colspan="2">定时器/计数器控制寄存器</td><td>88H</td></tr>
<tr><td>TH0</td><td colspan="2">定时器/计数器 0（高字节）</td><td>8CH</td></tr>
<tr><td>TL0</td><td colspan="2">定时器/计数器 0（低字节）</td><td>8AH</td></tr>
<tr><td>TH1</td><td colspan="2">定时器/计数器 1（高字节）</td><td>8DH</td></tr>
<tr><td>TL1</td><td colspan="2">定时器/计数器 1（低字节）</td><td>8BH</td></tr>
<tr><td>SCON</td><td colspan="2">串行控制寄存器</td><td>98H</td></tr>
<tr><td>SBUF</td><td colspan="2">串行数据缓冲区</td><td>99H</td></tr>
<tr><td>PCON</td><td colspan="2">电源控制寄存器</td><td>87H</td></tr>
</table>

在表中，我们看到了 P1 口锁存器，它在高 128 字节 RAM 的地址为 90H，它就是控制图 2-32 开关的“幕后黑手”，而这个寄存器的值，是由我们写入的，所以我们才是控制单片机 I/O 端口的真正主人。其他端口 P0、P2、P3 的控制方法也是如此。

在程序编写的过程中，可以直接将值写入到 P1，也可以将值写入到 P1 的地址 90H，在编程的时候我们会着重介绍。

2.1.4　流水灯程序设计流程图

谈到流程图，许多读者认为在做一个大项目的时候才需要，一个小的程序是不需要专门绘制流程图的。其实在初学阶段，画好流程图能帮助我们整理好程序设计的脉络，让程序变得有条理。在编程的时候，流程图像一个指路明灯引领着程序的走向，所以应该养成良好的习惯，在编写程序之前，绘制一份流程图。

流程图的绘制方法很简单，一些编程类书籍有过专门的介绍，在本书就不再讲述了。怎样才能达到我们演示的流水灯的效果，就是让 P1 端口在间隔一段时间后，输出不同的值？假设我们想要的效果是某一时刻，只有一个 LED 小灯亮，而间隔的时间是一秒，则小灯执行的流程如图 2-33 所示。

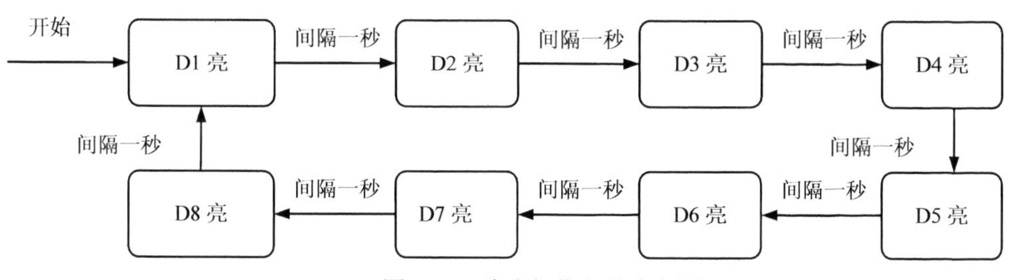

图 2-33　流水灯执行的流程图

如图 2-34 所示，当 I/O 端口输出高电平的时候，LED 小灯是不亮的，当 I/O 端口输出低电平的时候，LED 小灯才亮。如图 2-35 所示，P1 的值用十六进制可以表示为 FEH，因为四位二进制数可以表示一位十六进制数。

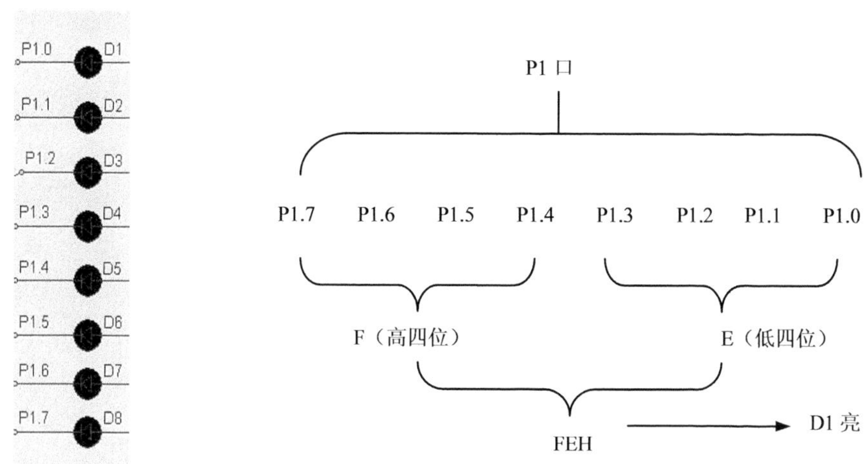

图 2-34　LED 小灯的布局　　　图 2-35　端口的状态转换为 16 进制数

根据图 2-35 所示的转换方法，我们得出在不同 LED 小灯被点亮的时候，P1 端口输出的状态，如表 2-2 所示。

表 2-2　各LED灯对应P1 口输出值

P1.7	P1.6	P1.5	P1.4	P1.3	P1.2	P1.1	P1.0	灯状态	P1 值（十六进制）
1	1	1	1	1	1	1	0	只 D1 亮	FEH
1	1	1	1	1	1	0	1	只 D2 亮	FDH
1	1	1	1	1	0	1	1	只 D3 亮	FBH
1	1	1	1	0	1	1	1	只 D4 亮	F7H
1	1	1	0	1	1	1	1	只 D5 亮	EFH
1	1	0	1	1	1	1	1	只 D6 亮	DFH
1	0	1	1	1	1	1	1	只 D7 亮	BFH
0	1	1	1	1	1	1	1	只 D8 亮	7FH

程序的流程图如图 2-36 所示。程序流程图还是比较简单的，P1 口在间隔一段时间之后，输出不同的值，然后返回到程序执行的起点，重新开始执行，这样就会循环往复不断地出现流水的效果。

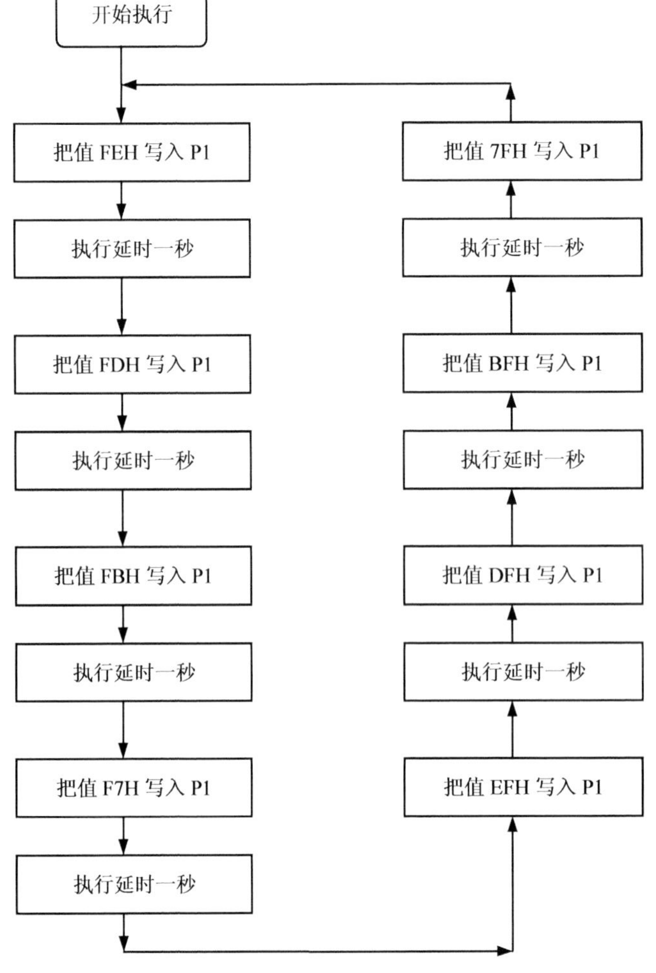

图 2-36　流水灯的程序流程图

2.2　用汇编语言实现流水灯

本节将用汇编语言来实现流水灯的功能。上一节完成了硬件电路的绘制，并提出了流水灯的程序设计方案，画出了流程图，这为程序编写打下了基础。用汇编语言来实现流水灯会更加简单。当然从本节开始也会介绍汇编语言的语法。

2.2.1　用汇编语言小试牛刀

根据如图 2-37 所示的流程，逐条写出汇编程序。

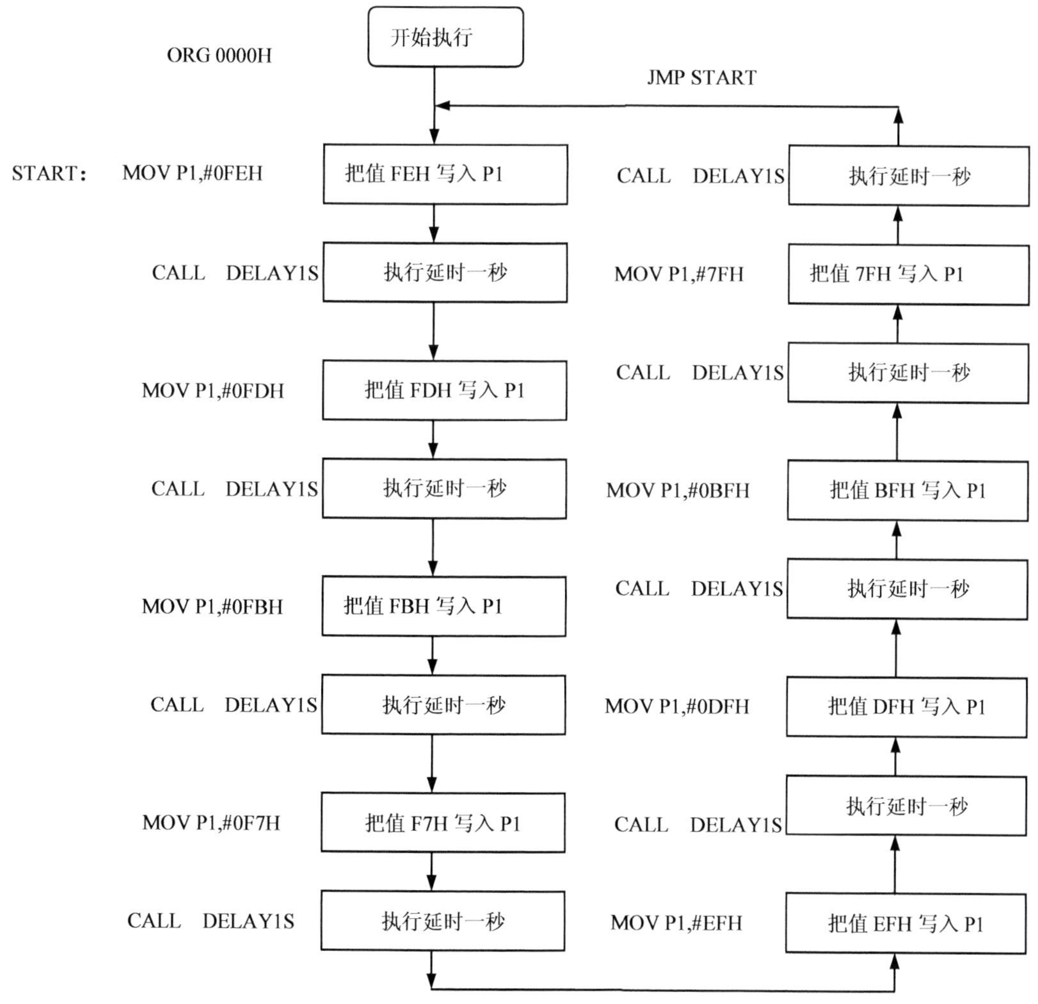

图 2-37　根据流程图编写程序

我们将流程图的程序整理一下，写出它的完整形式：

```
OGR 0000H           ;程序是从程序存储器 0000 开始的
JMP   START         ;跳转到程序开始执行地址
```

```
ORG 0030H
START:
MOV P1, #0FEH            ;"START:"是一个程序标号，程序段的标识
  CALL  DELAY1S          ;调用一个延时的子程序
  MOV P1, #0FDH          ;如果高位数据超过 AH(10D)则数据前必须加 0
  CALL  DELAY1S
  MOV P1, #0FBH
  CALL  DELAY1S
  MOV P1, #0F7H
  CALL  DELAY1S
  MOV P1, #0EFH
  CALL  DELAY1S
  MOV P1, #0DFH
  CALL  DELAY1S
  MOV P1, #0BFH
  CALL  DELAY1S
  MOV P1, #07FH
  CALL  DELAY1S
  JMP  START             ;JMP 是跳转指令，跳到标号 START 的程序

DELAY1S:                 ;延时一秒子程序起始地址
        MOV R4, #4
LOOP3:   MOV R5, #255
LOOP2:   MOV R6, #255
LOOP1:
        NOP
        NOP
        DJNZ  R6, LOOP1
        DJNZ  R5, LOOP2
DJNZ     R4, LOOP3
RET                      ;子程序结束标志
```

2.2.2 测试流水灯汇编程序

测试程序，当然要将程序编译、进行仿真，那么就得建立一个 Keil 项目。上一章我们建立过一个 C 程序的 Keil 项目，那么本节就建立一个汇编程序的项目，过程是大同小异的。

（1）建立一个文件夹，项目文件就放在这个文件夹里面。文件夹的名称最好能重点突出程序功能，方便管理。

（2）打开 Keil，新建一个项目，如图 2-38 所示，操作完毕后自动弹出如图 2-39 所示的对话框，让我们给这个项目起一个名字，并且指定它的存放路径，如图 2-40 所示为选择器件的选择栏，在这里选择 ATEML 的 AT89C52 芯片。

选择好单片机型号以后，弹出如图 2-41 所示的选择框，注意在这里选择的是“否”按钮，表示不在项目中添加启动代码，这和建立 Keil 的 C 项目是不一样的。因为汇编语言直接控制硬件，不再需要添加启动代码。

（3）新建程序文件，如图 2-42 所示。单击新建按钮或者按快捷键 Ctrl+N，就会新建一个程序文件。单击保存按钮就会显示如图 2-43 所示的保存路径选择对话框，在这里给程序文件命名，注意文件的名称后加上后缀“asm”或“a”，表示此文件为汇编文件。

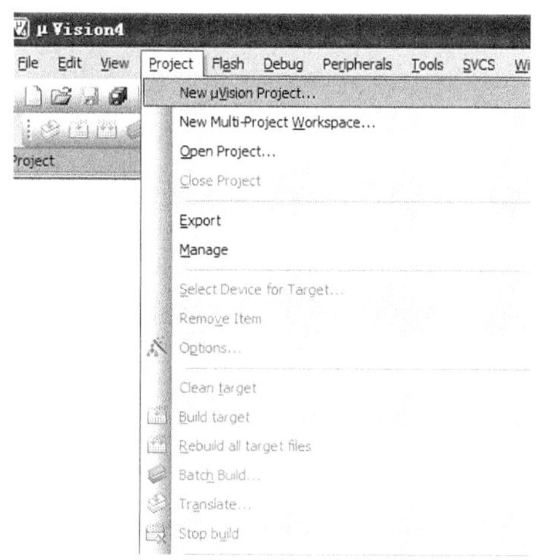

图 2-38　建立一个新项目

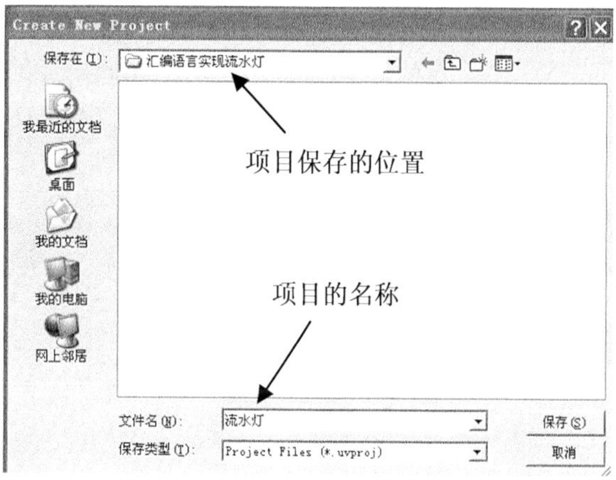

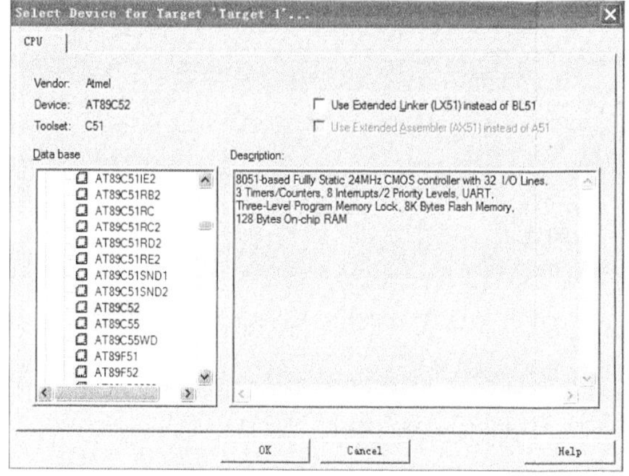

图 2-39　保存项目

图 2-40　选择单片机型号

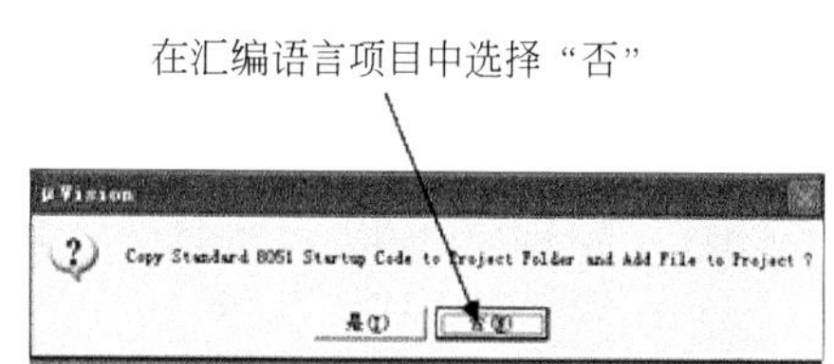

图 2-41　是否添加启动代码

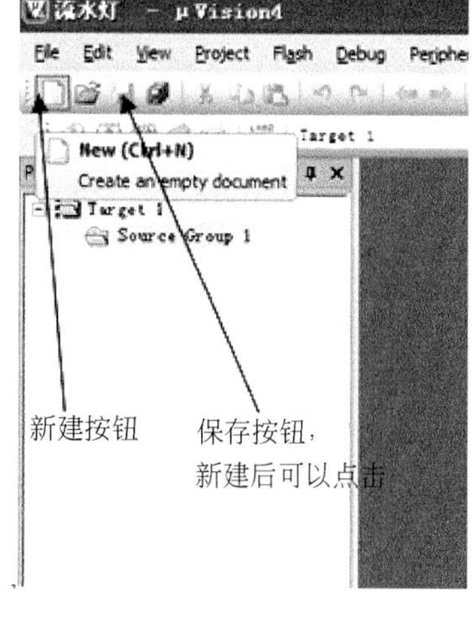

图 2-42　新建程序文件

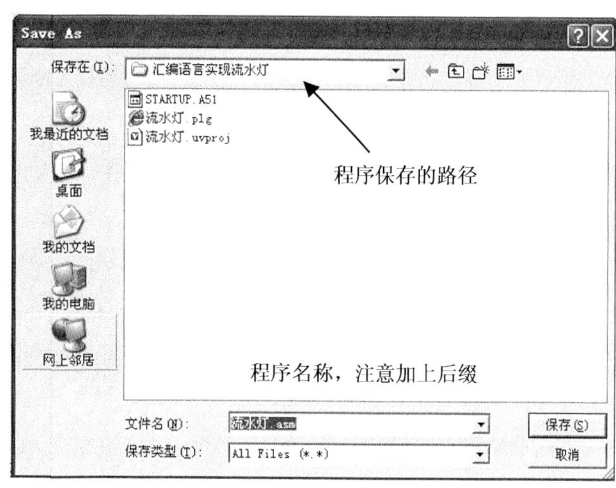

图 2-43　程序文件保存

（4）将程序文件添加到项目中，按照如图 2-44 所示的步骤进行操作，右击 Source Group 1 会弹出一系列选项，再单击 Add File to Group ‘Source Group 1’…，就会弹出如图 2-45 所示的对话框，这是让我们选择添加的文件。在默认情况下，Keil 添加的都是 C 语言类型的文件，但这次添加的是汇编文件，在“文件类型”下拉菜单中选择第二项 Asm Source File(*.s;*.src;*.a*)，表示添加的文件类型为汇编文件。

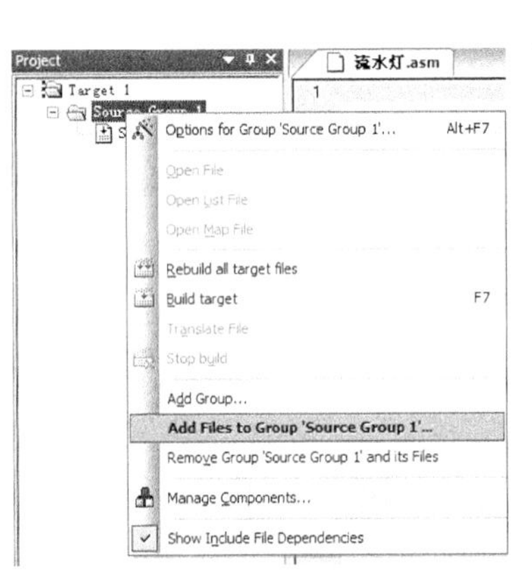

图 2-44　项目添加文件的步骤

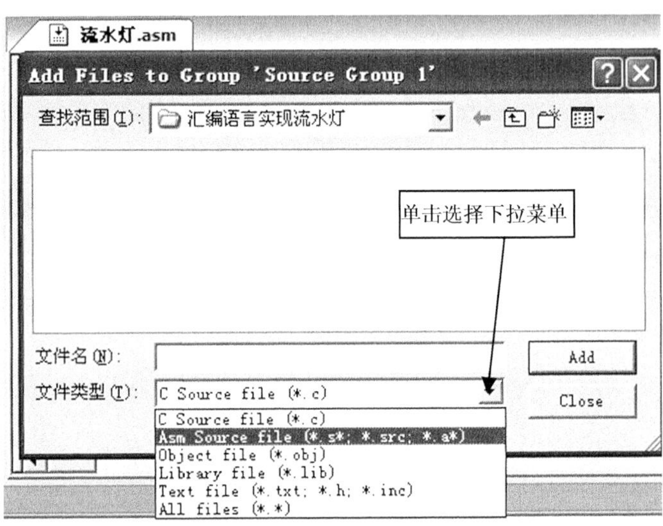

图 2-45　添加文件的类型选择

完成上述操作，就会显示出我们刚刚新建好的汇编文件“流水灯.asm”，如图 2-46 所示。选中“流水灯.asm”，再单击 Add 按钮，然后单击 Close 按钮就完成了程序的添加。

（5）在编辑区内编辑程序，将流水灯程序写入编辑区内，如图 2-47 所示。

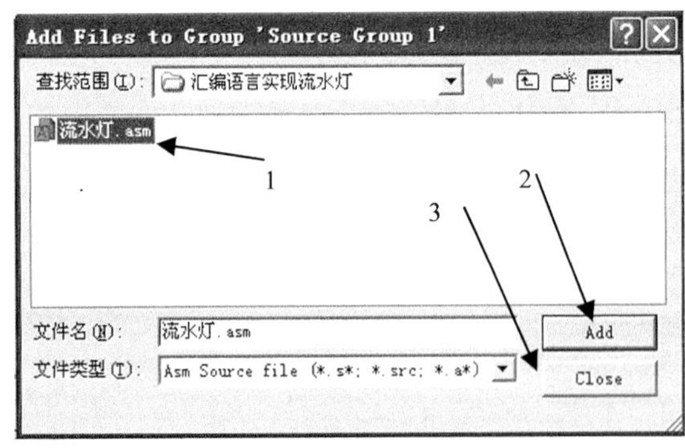

图 2-46　添加文件

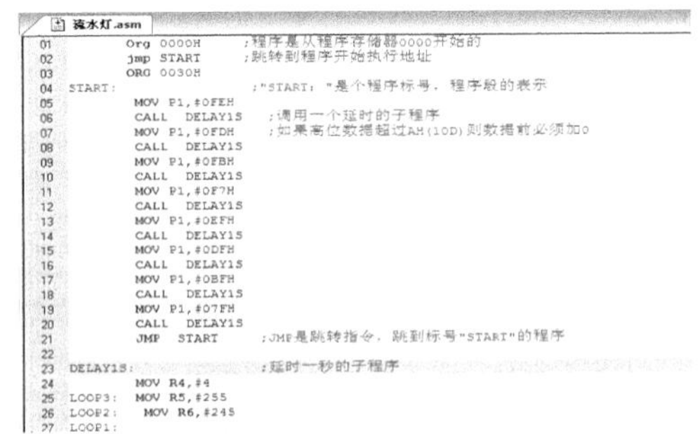

图 2-47　编辑程序

（6）生成“可执行程序文件”，按照如图 2-48 所示的步骤来操作。右击 Target 1，在弹出的列表中选择“Option for Target ‘Target 1’”按钮，就会弹出如图 2-49 所示的对话框，按照图中所示的步骤进行操作。

（7）编译项目。按照如图 2-50 所示的操作步骤进行编译程序文件。

（8）进行仿真。将 Proteus 绘制的电路图放到 Keil 项目中，如图 2-51 所示，这样做是为了方便管理，这一步可不操作。

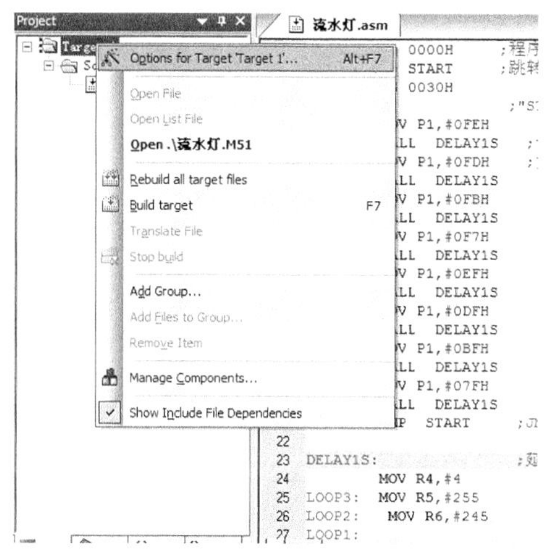

图 2-48　生成 hex 文件选项 1

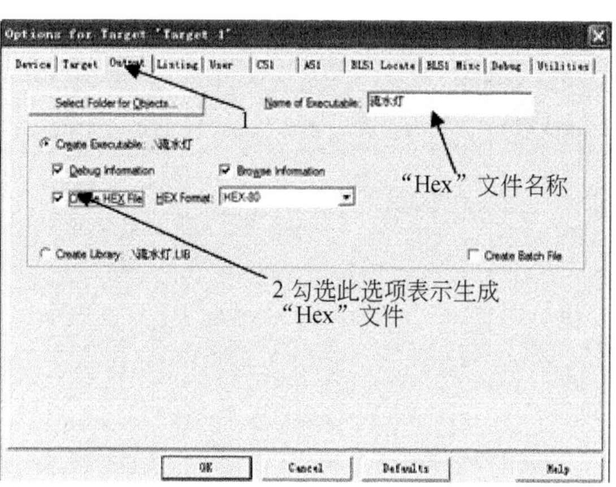

图 2-49　生成 hex 文件选项 2

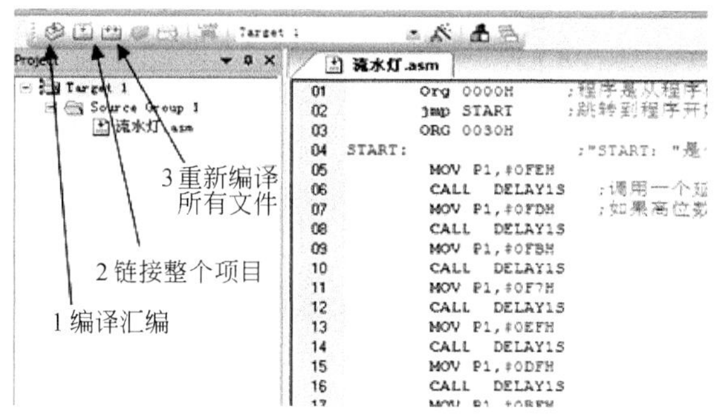

图 2-50　编译项目

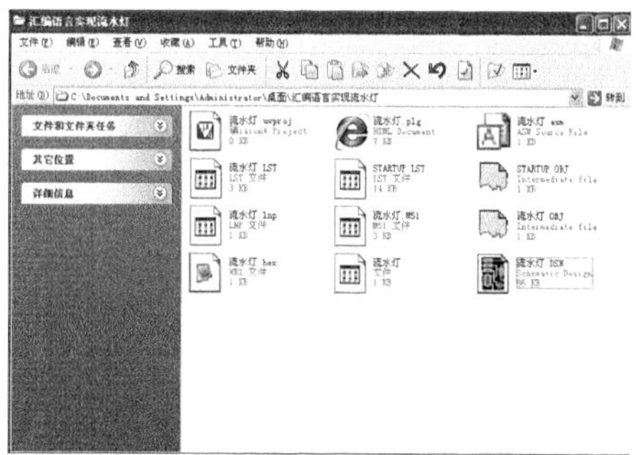

图 2-51　Proteus 电路图放置在 Keil 项目里面

打开绘制的流水灯电路图，如图 2-52 所示。单击 51 单片机，就会弹出“编辑元件”对话框，如图 2-53 所示，给单片机添加可执行程序。

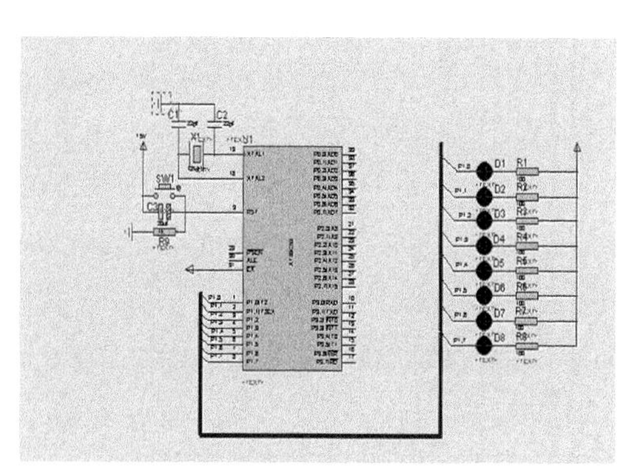

图 2-52　流水灯电路图

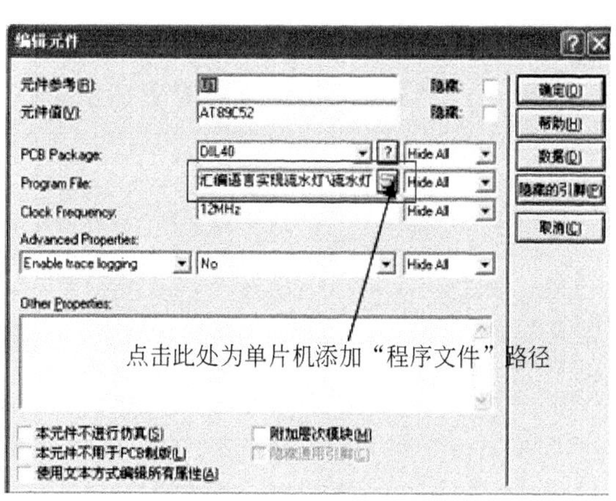

图 2-53　“编辑元件”对话框

如图 2-54 所示，找到刚刚完成的 Keil 项目文件夹的路径，系统就会识别出“流水灯.hex”文件，然后单击“打开”按钮，为单片机添加可执行文件。

（9）单击开始仿真按钮，如图 2-55 所示，观察仿真的最终效果。

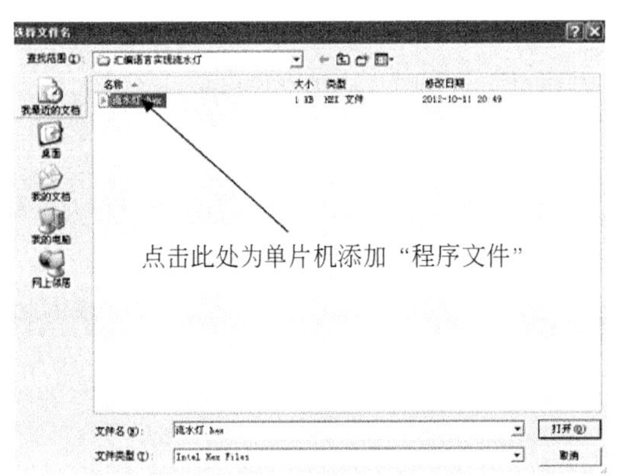

图 2-54　找到可执行程序路径

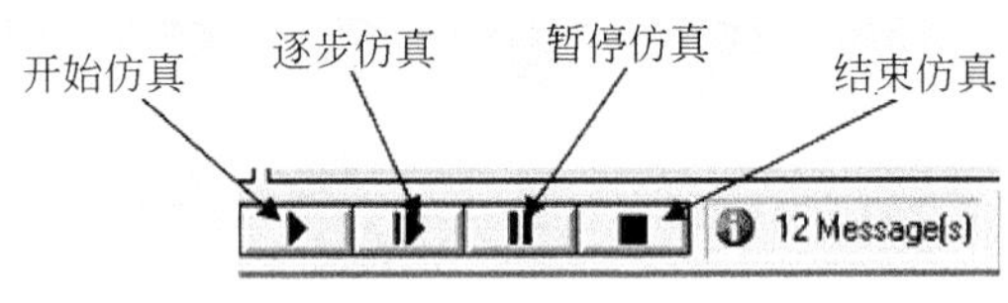

图 2-55　仿真按钮

2.2.3　51 单片机汇编语言指令介绍——数据传送指令

上一节涉及许多语法方面的知识，本书会根据每章的程序，来给大家讲一点汇编程序的语法。

1．立即寻址指令

```
MOV  P1，#0EFH
```

在流水灯汇编程序中大量使用了这条指令。通俗来讲，此指令的用途是直接将数值 0EFH 直接传送给 P1 这个寄存器，这个数值称为立即数。立即数寻址的数字前面都会加上“#”符号。在汇编语言中，涉及数字的，都要加上“#”符号。

需要注意的是，如果数字的高位的值大于等于十六进制数 A，也就是十进制 10 的话，前面必须加上 0。例如程序中不能直接用#EFH，要使用#0EFH，否则程序编译就会报错。如果数值高位小于十六进制数 A 的话，可以加 0，也可以不加，如#7FH 和#07FH 都是可以的。

MOV 是英语单词 MOVE（移动）的简写。立即数传送指令，如图 2-56 所示。

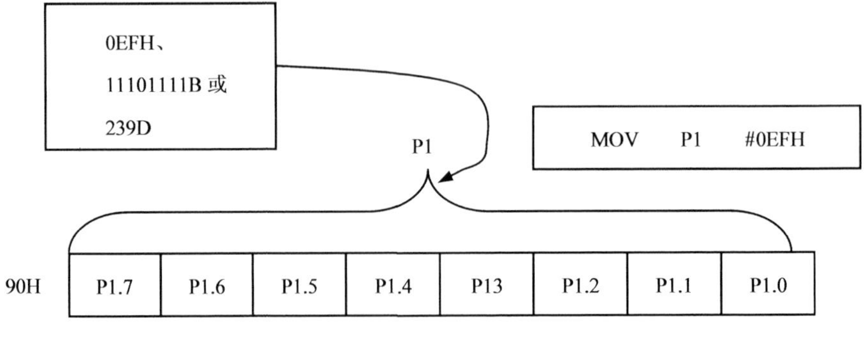

图 2-56　立即数传送指令

在汇编语言中，也可以用其他数值表示，如二进制、十进制。不过最常用的还是十六进制，因为十六进制正好表达了寄存器的 8 位数据，这一点虽然二进制更清晰，但是编写程序的时候会比较麻烦。

P1 在内部 RAM 高 128 位的地址为 90H，所以也可以用指令“MOV 90H,#0EFH”来代替“MOV　P1,#0EFH”。

2．无条件转移指令

JMP 是无条件程序跳转指令。JMP 的全称是 JUMP（跳），表示无条件直接执行跳转到指定的地址编号。我们在后面会讲到有条件跳转指令。在程序中“START：”表示程序标号，程序标号的名称是可以随便用的，但是后面必须加“：”，程序标号可以标定当前程序的地址，方便跳转或是被调用。

流水灯要实现流水效果，就必须循环执行，不断地重复，所以需要再跳回到开始执行的地方，让它重复下去，这时必须要用到跳转指令。

需要说明的是，不管是我们用的 8 位单片机，还是更高级的 32 位处理器，如果不涉及操作系统，程序的执行都是在一个循环体里面，就像流水灯程序一样，在后面的学习过程中大家会越发体会到这一点。

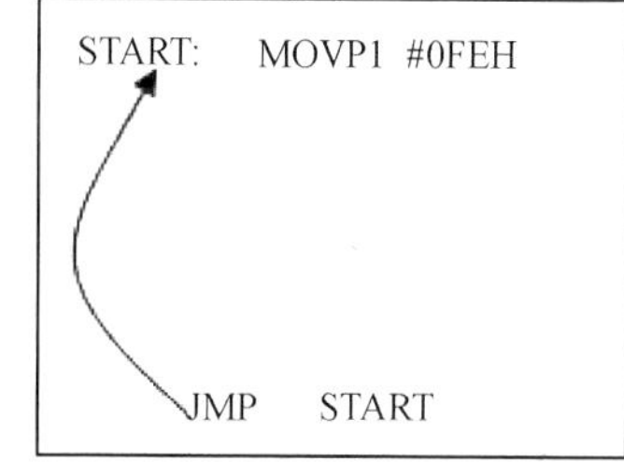

图 2-57　无条件跳转指令执行过程

3．调用子程序

```
CALL  DELAY1S
```

这就是我们在流水灯程序中，使用的调用子程序的语句。汇编语言中程序语句的格式如下：

```
CALL 程序标号
```

在流水灯程序中调用的是一个延时一秒的子程序。子程序是一个程序标号开始的，如果调用这个子程序，就直接 CALL 这个程序标号。子程序的编写方法和主程序没有什么区别，具体的内容，我们会在以后的章节中讲述。

本节讲的程序语法都是流水灯程序中用到的，没有讲述太多的内容。也许学完本节，大家还是不会独立完成一个程序，但是可以对现有的程序进行修改，原有程序是某一时刻只有一盏灯亮，读者可以试一下让两盏灯同时亮，或者让更多的流水灯亮起了。

2.3　用 C 语言实现流水灯

用 C 语言实现流水灯和用汇编语言大同小异，在本节我们重点学习，C 语言的数据类型，以及一些简单的语法知识。假如你有一定的 C 语言的知识，这当然是更好的；如果没有，也不要灰心，我们讲的内容还是依附于实例，是非常容易理解的。

2.3.1　根据流程图来编写程序

上一节根据流程图编写出了汇编语言，本节再次利用流水灯的流程图来编写出 C 语言程序，流水灯的流程图，如图 2-58 所示。

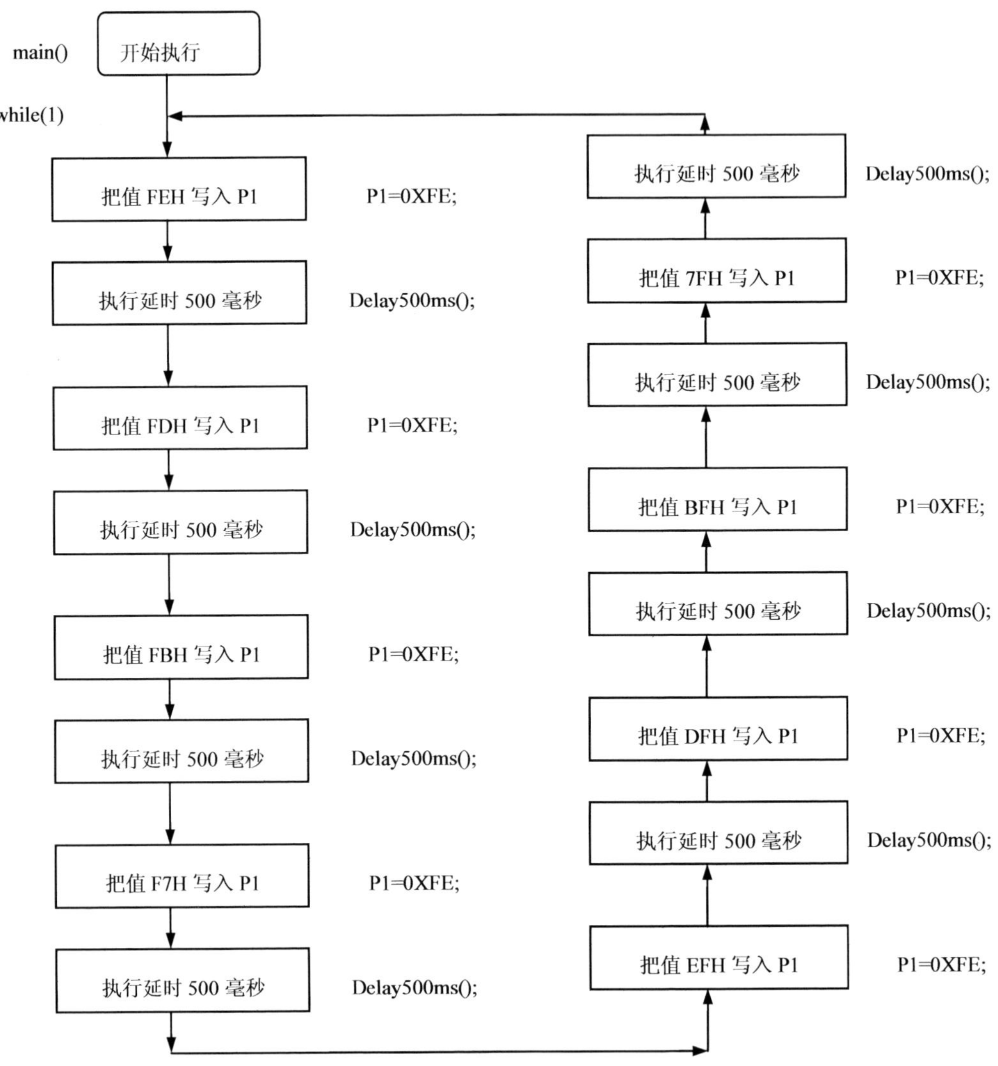

图 2-58　根据流程图来编写 C 语言程序

根据图 2-58 中的流程图，写出该程序的完整形式：

```
#include <at89x52.h>     //Keil 的库函数，包括声明的寄存器
void Delay500ms();       //声明一个延时子函数
main()                   //C 语言程序开始执行的标志
{
while(1)                 //循环语句
{
P1=0XFE;                 //赋值语句，不是等号
Delay500ms();            //调用延时子函数
P1=0XFD;
Delay500ms();
P1=0XFB;
Delay500ms();
P1=0XF7;
Delay500ms();
```

```
P1=0XEF;
Delay500ms();
P1=0XDF;
Delay500ms();
P1=0XBF;
Delay500ms();
P1=0X7F;
Delay500ms();
}
}
void Delay500ms()           // 延时子函数名字
{
unsigned char i,j,k;
for(i=200;i>0;i--)
for(j=20;j>0;j--)
for(k=250;k>0;k--);
}
```

这样流水灯的 C 语言程序就编写好了，如果想要验证程序的准确性，就在 Keil 中建立一个 C 语言项目，进行编译，然后在 Proteus 中进行仿真，观察程序执行的效果。我们在第一章中教过大家如何建立一个 C 语言的项目，希望大家参考一下，用流水灯 C 语言程序建立项目，然后仿真，这样便于加深理解学习的内容。

2.3.2　当代最优秀的程序设计语言——C 语言介绍

早期的 C 语言主要用于 UNIX 系统。由于 C 语言的强大功能和各方面的优点逐渐为人们认识，到了 20 世纪 80 年代，C 语言开始进入其他操作系统，并很快在各类大、中、小和微型计算机上得到了广泛的使用，成为当代最优秀的程序设计语言之一。

美国国家标准协会（American National Standards Institute，ANSI）制定了一个 C 语言标准，于 1983 年发表，通常称之为 ANSI C，因此在本书中谈到的标准 C 语言就是 ANSI C。

运用于 51 单片机的 C 语言称为 C51。C51 只是在标准 C 语言的基础上进行了一点修改和扩展，以符合 51 单片机的实际控制，但是 C51 的语言格式和普通 C 语言是完全相同的。本章将介绍这一强大的编程语言。

1. C语言源程序的基本结构

```
main()
{
while(1)
{
  P1=0XEF;
Delay500ms();
…………;
…………;
…………;
}
}
```

（1）main 是主函数的函数名，表示这是一个主函数。每一个 C 源程序都必须有，且只能有一个主函数。

（2）每一个独立完整的语句都必须以“；”结尾，在我们给出的程序中，读者可能有疑问为什么 while(1)语句的后面没有“；”，因为 while(1)并不是一个完整的语句，通过程序可以看出 while(1){ }，才构成一个完整的语句。

（3）用{ } 括起来的部分，通常表示程序的某一层次结构。我们给出的程序中，{ }中的内容表示主函数的程序范围。涉及子函数等其他结构体，包含一个层次的内容，都可以包含在{ }中。{ }是可以嵌套在一起的，嵌套的形式在程序中经常出现。

2．while语句

```
while(1)                    // 循环语句
{
P1=0XFE;
…………;
…………;
…………;
Delay500ms();
}
```

流水灯程序是一个不断循环的过程，就需要一个循环语句来完成这一过程，这个过程就由 while 语句来完成。while 语句的流程，如图 2-59 所示。

（1）“()”里面的内容为循环的条件，在 C 语言中，1 表示条件为真，“0”表示条件为假。在例程中，while(1)表示在任何条件下，都循环执行{ }里面的程序。

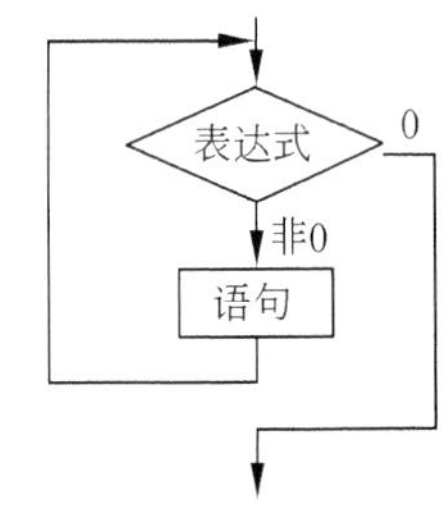

图 2-59　while 语句的流程图

（2）while 语句的另一种常用的格式为：

```
while （执行的条件） 符合条件的语句;
```

例如

```
while(a>0)
    P1=0x32;
…………;
```

表示是只有当 a 大于 0 时，才会执行 P1=0X32 这条语句，否则执行下一条语句。

3．程序的注释方法

```
P1=0XEF;   // 赋值语句，不是等号
```

注释最主要的作用就是解释程序的功能，方便程序的识别和传播，注释是不参与程序的编译和执行的。

（1）在符号“//”后，是注释的内容。

（2）还有一种注释的方法，用“/*注释内容*/”括起来的内容也为注释部分，如：

```
P1=0XEF;   /*赋值语句，不是等号*/   Delay500ms();
```

程序中虽然添加了注释，但注释后面的 Delay500ms()子程序仍然有效。

4．赋值语句

```
P1=0XEF;
```

在 C 语言中“=”不是等于的意思，而是表示赋值的意思。这条程序表达的意思就是将十六进制数 EF 赋值给 P1。

5. 常量与变量

对于基本数据类型，按其取值是否可改变又分为常量和变量两种。在程序执行过程中，其值不发生改变的量称为常量，其值可变的量称为变量。程序中 0XEF 表示常量，而 P1 则表示变量。

6. 子函数

C 源程序是由函数组成的。虽然在前面程序中有一个主函数 main()，但实际程序往往由多个函数组成。函数是 C 源程序的基本模块，通过函数模块的调用可以实现特定的功能。在流水灯的 C 程序中 void Delay500ms()表示一个延时子程序。

```
void Delay500ms()        //延时子函数名字
{
unsigned char i,j,k;
for(i=200;i>0;i--)
for(j=20;j>0;j--)
for(k=250;k>0;k--);
}
```

从函数定义的角度看，函数可分为库函数和用户定义函数两种：

库函数：由 C 系统提供，用户无需定义，也不必在程序中做类型说明，只需在程序前包含该函数原型的头文件，即可在程序中直接调用。在标准 C 语言中会多次用到 printf、scanf、getchar、putchart 等函数，它们均属库函数。

用户定义函数：由用户按需要定义的函数。对于用户自定义函数，不仅要在程序中定义函数本身，在主调函数模块中还必须对该被调函数进行类型说明。

```
void Delay500ms();     // 声明一个延时子函数
main()
{
  P1=0XEF;
Delay500ms();
............
............
............
}
```

我们在流水灯程序的开始，就对这个子程序给予了声明。如果这个子程序在主程序之前，也就是在 main()函数之前定义的话，可以不用声明。但为了保险起见，不管子程序定义在什么位置，都应该在程序最前面进行声明。

7. 预处理命令——文件包含

以“#”号开头的命令。如包含命令#include、宏定义命令#define 等。在源程序中，这些命令都放在函数之外，而且一般都放在程序文件的前面，它们被称为预处理部分。

所谓预处理是指在进行编译的第一遍扫描（词法扫描和语法分析）之前所做的工作。预处理是 C 语言的一个重要功能，它由预处理程序负责完成。当对一个源文件进行编译时，系统将自动引用预处理程序对源程序中的预处理部分做处理，处理完毕自动进入对源程序的编译。

在流水灯程序中，第一行#include <AT89x52.h> 就是预处理命令中的文件包含。51 单片机里面有一些独立寄存器定义在 AT89x52.h 这个文件里面，在 C51 编程中，必须在程序中包含这个文件。AT89x52.h 这个文件是 Keil 公司为我们编写的，它的位置如图 2-60 所示。

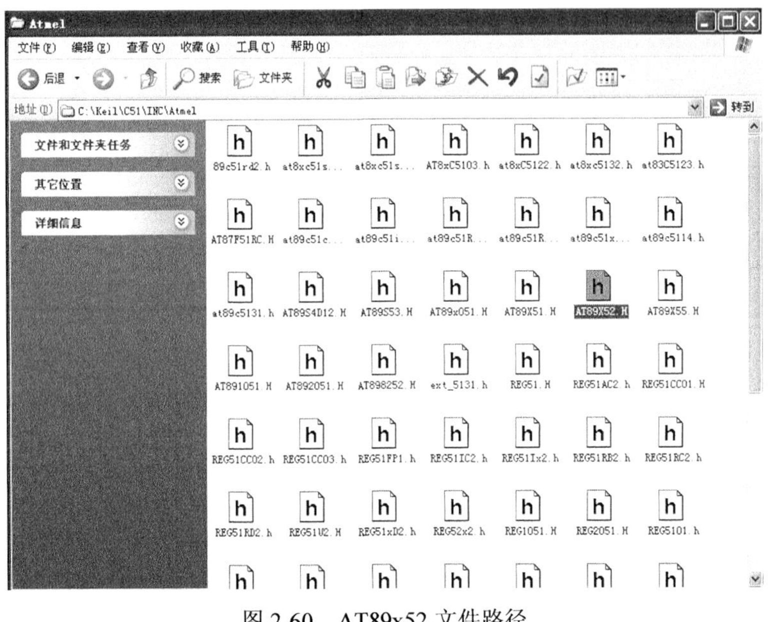

图 2-60　AT89x52.文件路径

从图中可以看到在 Keil 安装目录下可以找到 AT89x52.h，可以看到很多后缀为“h”的文件，这是为 ATEML 公司的其他产品准备的。打开这个文件看看里面的内容如下：

```
/*--------------------------------------------------------------------------
AT89X52.H

Header file for the low voltage Flash Atmel AT89C52 and AT89LV52.
Copyright (c) 1988-2002 Keil Elektronik GmbH and Keil Software, Inc.
All rights reserved.
--------------------------------------------------------------------------*/

#ifndef __AT89X52_H__
#define __AT89X52_H__

/*------------------------------------------------
Byte Registers      声明所有特殊功能寄存器的地址
------------------------------------------------*/
sfr P0      = 0x80;
sfr SP      = 0x81;
sfr DPL     = 0x82;
sfr DPH     = 0x83;
sfr PCON    = 0x87;
sfr TCON    = 0x88;
sfr TMOD    = 0x89;
sfr TL0     = 0x8A;
sfr TL1     = 0x8B;
sfr TH0     = 0x8C;
sfr TH1     = 0x8D;
sfr P1      = 0x90;
sfr SCON    = 0x98;
sfr SBUF    = 0x99;
```

```
sfr P2      = 0xA0;
sfr IE      = 0xA8;
sfr P3      = 0xB0;
sfr IP      = 0xB8;
sfr T2CON   = 0xC8;
sfr T2MOD   = 0xC9;
sfr RCAP2L  = 0xCA;
sfr RCAP2H  = 0xCB;
sfr TL2     = 0xCC;
sfr TH2     = 0xCD;
sfr PSW     = 0xD0;
sfr ACC     = 0xE0;
sfr B       = 0xF0;

/*-------------------------------------------------
P0 Bit Registers 声明 P0 每个端口的位地址
-------------------------------------------------*/
sbit P0_0 = 0x80;
sbit P0_1 = 0x81;
sbit P0_2 = 0x82;
sbit P0_3 = 0x83;
sbit P0_4 = 0x84;
sbit P0_5 = 0x85;
sbit P0_6 = 0x86;
sbit P0_7 = 0x87;

/*-------------------------------------------------
PCON Bit Values
-------------------------------------------------*/
#define IDL_    0x01

#define STOP_   0x02
#define PD_     0x02    /* Alternate definition */

#define GF0_    0x04
#define GF1_    0x08
#define SMOD_   0x80

/*-------------------------------------------------
TCON Bit Registers
-------------------------------------------------*/
sbit IT0  = 0x88;
sbit IE0  = 0x89;
sbit IT1  = 0x8A;
sbit IE1  = 0x8B;
sbit TR0  = 0x8C;
sbit TF0  = 0x8D;
sbit TR1  = 0x8E;
sbit TF1  = 0x8F;

/*-------------------------------------------------
TMOD Bit Values
-------------------------------------------------*/
#define T0_M0_    0x01
#define T0_M1_    0x02
#define T0_CT_    0x04
#define T0_GATE_  0x08
#define T1_M0_    0x10
#define T1_M1_    0x20
#define T1_CT_    0x40
```

```
#define T1_GATE_  0x80

#define T1_MASK_  0xF0
#define T0_MASK_  0x0F

/*------------------------------------------------
P1 Bit Registers
------------------------------------------------*/
sbit P1_0 = 0x90;
sbit P1_1 = 0x91;
sbit P1_2 = 0x92;
sbit P1_3 = 0x93;
sbit P1_4 = 0x94;
sbit P1_5 = 0x95;
sbit P1_6 = 0x96;
sbit P1_7 = 0x97;

sbit T2   = 0x90;       /* External input to Timer/Counter 2, clock out */
sbit T2EX = 0x91;       /* Timer/Counter 2 capture/reload trigger & dir ctl */

/*------------------------------------------------
SCON Bit Registers
------------------------------------------------*/
sbit RI   = 0x98;
sbit TI   = 0x99;
sbit RB8  = 0x9A;
sbit TB8  = 0x9B;
sbit REN  = 0x9C;
sbit SM2  = 0x9D;
sbit SM1  = 0x9E;
sbit SM0  = 0x9F;

/*------------------------------------------------
P2 Bit Registers
------------------------------------------------*/
sbit P2_0 = 0xA0;
sbit P2_1 = 0xA1;
sbit P2_2 = 0xA2;
sbit P2_3 = 0xA3;
sbit P2_4 = 0xA4;
sbit P2_5 = 0xA5;
sbit P2_6 = 0xA6;
sbit P2_7 = 0xA7;

/*------------------------------------------------
IE Bit Registers
------------------------------------------------*/
sbit EX0  = 0xA8;       /* 1=Enable External interrupt 0 */
sbit ET0  = 0xA9;       /* 1=Enable Timer 0 interrupt */
sbit EX1  = 0xAA;       /* 1=Enable External interrupt 1 */
sbit ET1  = 0xAB;       /* 1=Enable Timer 1 interrupt */
sbit ES   = 0xAC;       /* 1=Enable Serial port interrupt */
sbit ET2  = 0xAD;       /* 1=Enable Timer 2 interrupt */

sbit EA   = 0xAF;       /* 0=Disable all interrupts */

/*------------------------------------------------
P3 Bit Registers (Mnemonics & Ports)
------------------------------------------------*/
sbit P3_0 = 0xB0;
```

```
sbit P3_1 = 0xB1;
sbit P3_2 = 0xB2;
sbit P3_3 = 0xB3;
sbit P3_4 = 0xB4;
sbit P3_5 = 0xB5;
sbit P3_6 = 0xB6;
sbit P3_7 = 0xB7;

sbit RXD  = 0xB0;        /* Serial data input */
sbit TXD  = 0xB1;        /* Serial data output */
sbit INT0 = 0xB2;        /* External interrupt 0 */
sbit INT1 = 0xB3;        /* External interrupt 1 */
sbit T0   = 0xB4;        /* Timer 0 external input */
sbit T1   = 0xB5;        /* Timer 1 external input */
sbit WR   = 0xB6;        /* External data memory write strobe */
sbit RD   = 0xB7;        /* External data memory read strobe */

/*-------------------------------------------------
IP Bit Registers
-------------------------------------------------*/
sbit PX0  = 0xB8;
sbit PT0  = 0xB9;
sbit PX1  = 0xBA;
sbit PT1  = 0xBB;
sbit PS   = 0xBC;
sbit PT2  = 0xBD;

/*-------------------------------------------------
T2CON Bit Registers
-------------------------------------------------*/
sbit CP_RL2= 0xC8;       /* 0=Reload, 1=Capture select */
sbit C_T2 = 0xC9;        /* 0=Timer, 1=Counter */
sbit TR2  = 0xCA;        /* 0=Stop timer, 1=Start timer */
sbit EXEN2= 0xCB;        /* Timer 2 external enable */
sbit TCLK = 0xCC;        /* 0=Serial clock uses Timer 1 overflow, 1=Timer 2 */
sbit RCLK = 0xCD;        /* 0=Serial clock uses Timer 1 overflow, 1=Timer 2 */
sbit EXF2 = 0xCE;        /* Timer 2 external flag */
sbit TF2  = 0xCF;        /* Timer 2 overflow flag */

/*-------------------------------------------------
T2MOD Bit Values
-------------------------------------------------*/
#define DCEN_   0x01    /* 1=Timer 2 can be configured as up/down counter */
#define T2OE_   0x02    /* Timer 2 output enable */

/*-------------------------------------------------
PSW Bit Registers
-------------------------------------------------*/
sbit P    = 0xD0;
sbit F1   = 0xD1;
sbit OV   = 0xD2;
sbit RS0  = 0xD3;
sbit RS1  = 0xD4;
sbit F0   = 0xD5;
sbit AC   = 0xD6;
sbit CY   = 0xD7;

/*-------------------------------------------------
Interrupt Vectors:
```

```
Interrupt Address = (Number * 8) + 3
----------------------------------------------*/
#define IE0_VECTOR 0  /* 0x03 External Interrupt 0 */
#define TF0_VECTOR 1  /* 0x0B Timer 0 */
#define IE1_VECTOR 2  /* 0x13 External Interrupt 1 */
#define TF1_VECTOR 3  /* 0x1B Timer 1 */
#define SIO_VECTOR 4  /* 0x23 Serial port */

#define TF2_VECTOR 5  /* 0x2B Timer 2 */
#define EX2_VECTOR 5  /* 0x2B External Interrupt 2 */

#endif
```

这段程序中声明了寄存器的地址，还有其他向量的地址等。我们可以看到，网上的一些资料和书籍上讲的实例明明用的是 AT89C52 单片机，但是用的文件包含却是#include “reg51.h”，这个 reg51.h 文件在哪里呢？我们同样在 Keil 的安装目录下可以找到它，如图 2-61 所示。

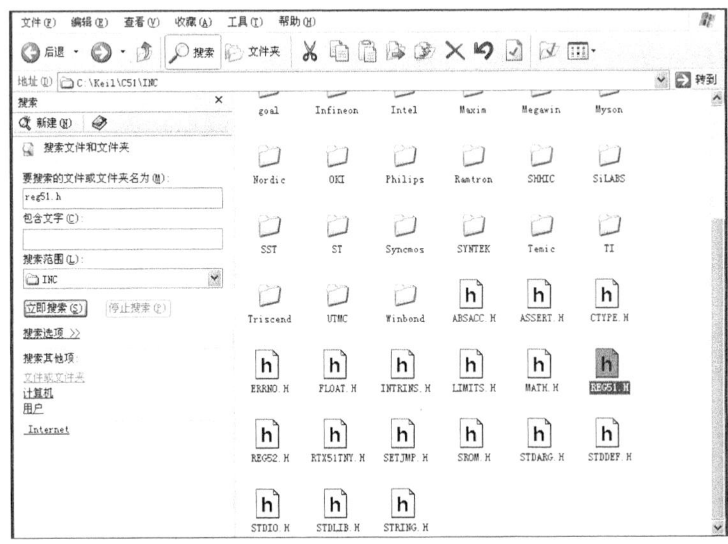

图 2-61 reg51.h 文件的位置

大家可以打开文件看一下，文件内容和 AT89X52.H 的文件内容基本类似。它的开头有这样一段“Header file for generic 80C51 and 80C31 microcontroller.Copyright (c) ”意思是通用 80C51 和 80C31 单片机的头文件。表示这个文件可以为所有 51 类的单片机做头文件。

而 AT89X52.H 则是这样写的“Header file for the low voltage Flash Atmel AT89C52 and AT89LV52.Copyright”意思是低压型 Flash 存储器单片机 AT89C52 和 AT89LV52 头文件，表示 AT89X52.H 是 AT89C52 专用的。

因为 AT89C52 单片机比传统 80C51 单片机的 ROM 容量增加了一倍，而且增加了一个定时器 T2，所以在运用 AT89C52 这些功能时，reg51.h 头文件就不再适合了，希望大家注意这一点。

2.4 I/O 端口的输入控制

前面讲到流水灯是将 I/O 口作为一个输出口来驱动 LED 小灯，这对 I/O 的讲述还不是很完整，51 单片机的 I/O 口还可以作为一个输入口来获取信息。我们本节就会介绍一个 I/O 口作为输入口来查询信息，将通过一个开关控制电路来介绍它的输入功能。

2.4.1　用开关控制流水灯

本节我们用一个开关来控制流水灯的执行，所以此电路就在原有流水灯的电路上进行添加。

如图 2-62 所示，这是我们要完成的电路图，大家仅仅需要在流水灯电路的基础上添加一个开关就可以了。

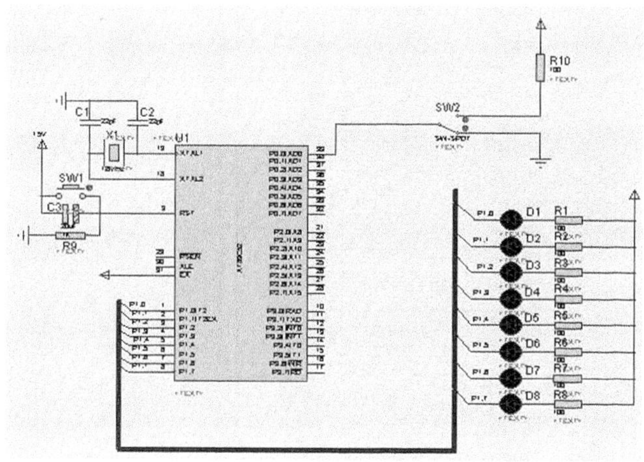

图 2-62　开关控制的流水灯

有一个开关需要我们来寻找，可以按照如图 2-63 所示的提示来操作。

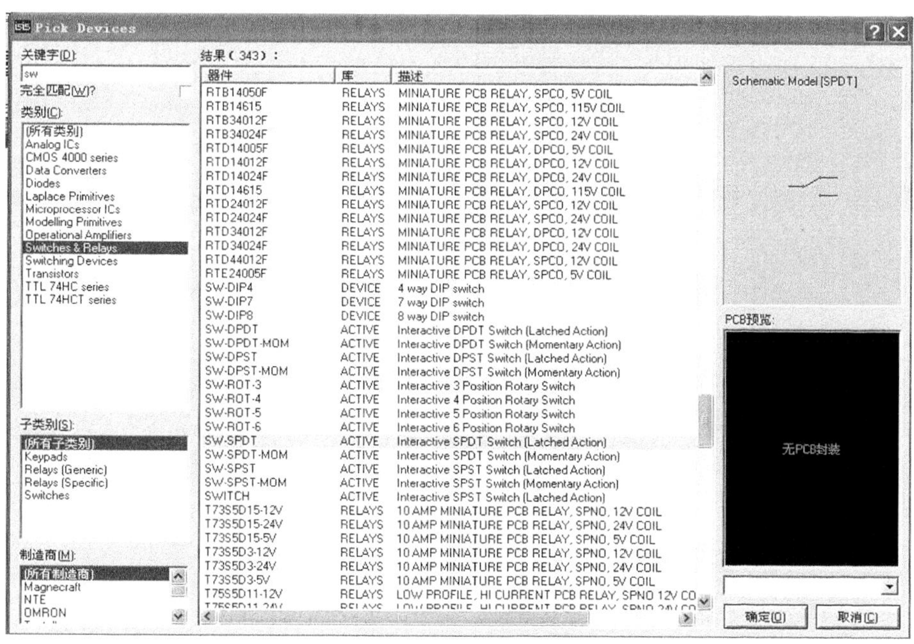

图 2-63　开关的寻找方法

2.4.2 程序设计流程

同样，画出程序的流程图来帮助我们理清程序，如图 2-64 所示。菱形符号表示判断语句的执行。我们将 P0.0 口作为输入查询端口，程序的走向就是根据 P0.0 口的状态来决定的，如果 P0.0 为高电平，则执行流水灯程序；如果为低电平，则跳回到程序源处并重新查询 P0.0 口的状态，此时流水灯是不工作的。执行完流水灯程序再跳回到程序源处，实现整个程序的循环。

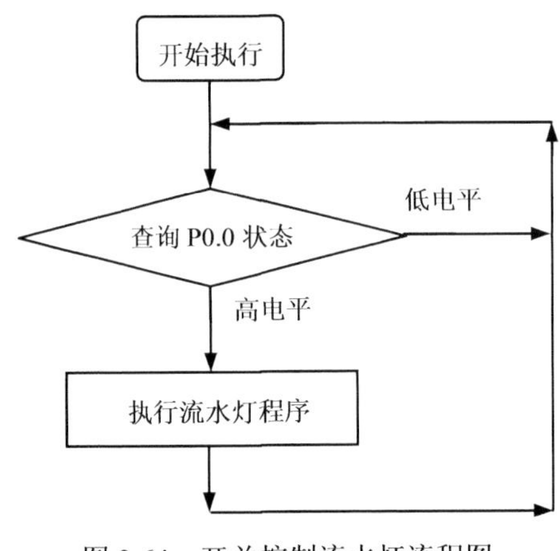

图 2-64　开关控制流水灯流程图

2.4.3 汇编语言实现开关控制流水

在编程之前我们介绍一组汇编指令，这组指令是我们在开关控制流水灯汇编程序执行判断的核心指令。这组指令有 3 种不同的形式，都是通过判断位的状态来决定程序的走向。

（1）JB bit, rel 位状态为 1，则执行跳转，如图 2-65 所示。

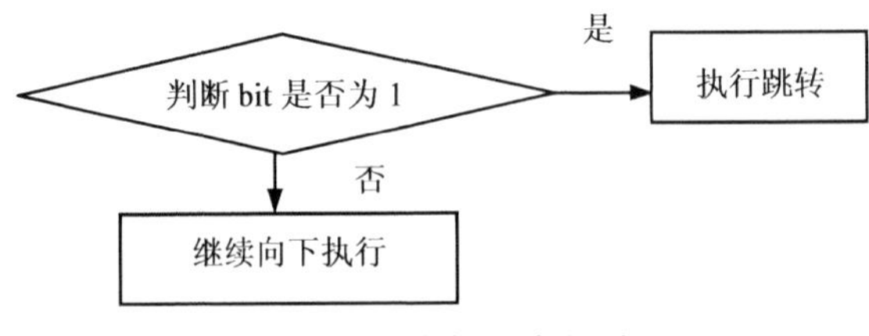

图 2-65　指令执行流程图 1

（2）JNB bit,rel 位状态为 0，则执行跳转，如图 2-66 所示。

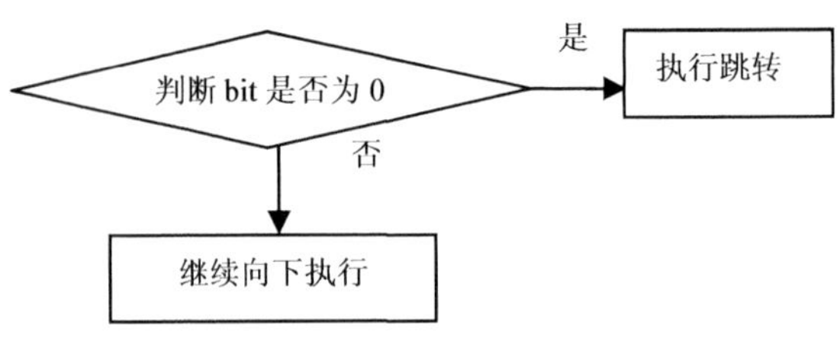

图 2-66　指令执行流程图 2

（3）JBC bit,rel 位状态为 1，则执行跳转，并清零该位，如图 2-67 所示。

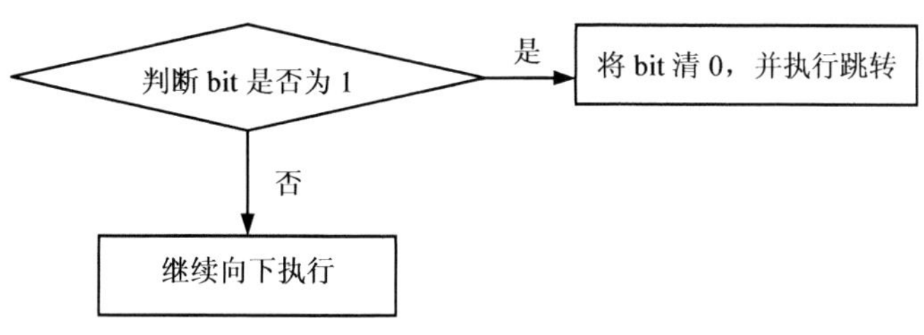

图 2-67　指令执行流程图 3

1．完整代码

介绍完上面的指令，大家是否可以编写出程序了呢？我们就在流水灯汇编语言原有的基础上进行一些修改，完整的代码如下所示。

```
OGR 0000H
JMP  START
ORG 0030H
START:
jnb P0.0, START     ;判断位 P0.0 的状态，来决定跳转
MOV P1, #0FEH   ;P1 赋值
  CALL  DELAY1S ;调用延时子程序
  MOV P1, #0FDH
  CALL  DELAY1S
  MOV P1, #0FBH
  CALL  DELAY1S
  MOV P1, #0F7H
  CALL  DELAY1S
  MOV P1, #0EFH
  CALL  DELAY1S
  MOV P1, #0DFH
  CALL  DELAY1S
  MOV P1, #0BFH
  CALL  DELAY1S
  MOV P1, #07FH
  CALL  DELAY1S
  JMP  START
DELAY1S:
        MOV R4, #4
LOOP3:  MOV R5, #255
LOOP2:  MOV R6, #255
LOOP1:
         NOP
         NOP
         DJNZ  R6, LOOP1
         DJNZ  R5, LOOP2
DJNZ     R4, LOOP3
RET       ;子程序结束标志
```

在程序中，我们仅用了 jnb P0.0, START 这一条语句就完成了编程，那么再用其他两条语句来试试吧。运用 jb 指令来编程，代码如下：

```
..............
START:
```

```
jb P0.0, goon
jmp START
goon: MOV P1, #0FEH
   ............
```

运用 jb 指令比 jnb 稍显复杂，我们要进行两次跳转才能完成流程需要的效果。

运用 jbc 指令是不可行的，因为 jbc 在执行成功之后，需要清零判断位，但是 P0.0 是由外部的状态决定的，所以我们无法使用该指令。

2. 程序仿真实验结果

在原有的流水灯汇编项目下，我们修改一下程序就可以执行看效果了。在 Proteus 仿真开始后，如图 2-68 所示，开关的两端有两个红色的小点，单击这两个小点就可以拨动开关了。

默认将开关拨到接地这一端，然后单击仿真按钮，LED 小灯是不执行流水的。当拨动开关打到接电源这一端，流水灯就开始执行了，在流水灯运行的过程中，将开关拨到接地这一端无法停止流水，只是进行完这次流水就不再循环。可能读者会质疑开关的功能不“彻底”，解决的方法我们将在下一章来讲。

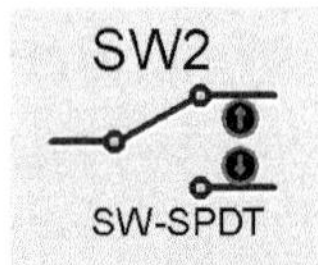

图 2-68　开关仿真执行操作方法

2.4.4　汇编语言知识扩充——专用寄存器介绍

我们在前面介绍过了，数据存储器高 128 字节是为专用寄存器准备的，因此我们称之为专用寄存器区，其地址范围是 80H～FFH。本节将讲解几个特殊的寄存器，这些寄存器对于我们编写汇编程序来说是非常重要的，如表 2-3 所示。

表 2-3　各个特殊寄存器存储地址

地址	0	1	2	3	4	5	6	7
FBH								
F0H	B							
E8H								
E0H	ACC							
D8H								
D0H	PSW							
C8H	T2CON		RCAP2L	RCAP2H	TL2	TH2		
C0H								
B8H	IP							
B0H	P3							
A8H	IE							
A0H	P2							
98H	SCON	SBUF						
90H	P1							
88H	TCON	TMOD	TL0	TL1	TH0	TH1		
80H	P0	SP	DPL	DPH				

在第 1 章讲到有 22 个专用的寄存器，其中寄存器 PC 在图中不显示。该表中的寄存器

加上 PC 寄存器共 26 个，因为 AT89C52 增加了定时器 2 的功能，所以多出了 4 个用于控制定时器 2 的寄存器。

本节将主要介绍 5 个特殊的寄存器。

1．程序计数器PC

PC 是一个 16 位的计数器，其内容表示当前执行程序在 ROM 中的地址，PC 具有自动加一的功能，随着程序的执行，它是在不断变化的。因为它是 16 位的寄存器，如图 2-69 所示。它的寻址范围为 0～2^{16}（65536），涵盖了 ROM 的所有范围。

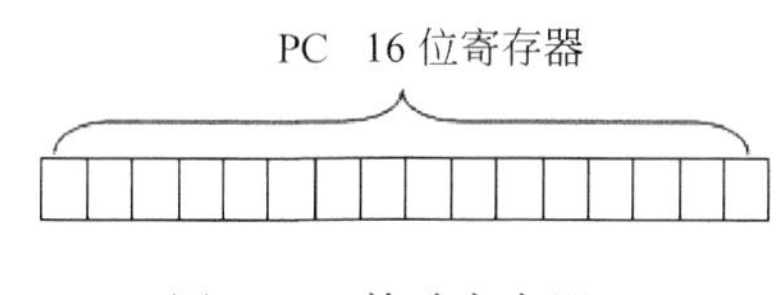

图 2-69　特殊寄存器 PC

编写程序时一般不会用到它的，但是在程序的软件仿真中，却可以时时感受到它的存在。这里说的软件仿真，并不是指在 Proteus 中仿真，而是指我们在 Keil 的调试环境中的仿真，将在下一章向大家重点介绍这一种方法。

2．累加器

累加器 A 或 ACC，累加器是一个 8 位寄存器。在数据存储器高 128 单元的地址为 E0H。

在汇编语言的编程中，累加器是使用频率最高的一个寄存器。累加器用于存放操作数，是数据传送的中转站，单片机大部分的数据操作都是通过累加器来完成的。

累加器每一位都具有自己的地址，我们可以对每个数据位进行寻址，如表 2-4 所示。

表 2-4　累加器A各位地址

位序	ACC.7	ACC.6	ACC.5	ACC.4	ACC.3	ACC.2	ACC.1	ACC.0
地址	E7H	E6H	E5H	E4H	E3H	E2H	E1H	E0H

3．B寄存器

B 寄存器是一个 8 位寄存器，在数据存储器高 128 单元的地址为 F0H，主要用于乘除运算。进行乘法运算时，B 为乘数，累加器 ACC 为被乘数；得到的乘积结果高位放在 B 寄存器中，而低位放在 ACC。进行除法运算时，ACC 为被除数，B 为除数，得到的结果，商放在 ACC 中，而余数放在 B 寄存器中。

除了用于乘除运算，B 寄存器还可用于一般的数据寄存器，用来存放临时数据。同样，B 寄存器每一位都具有自己的地址，也可以对每个数据位进行寻址，如表 2-5 所示。

表 2-5　B寄存器各位地址

位序	B.7	B.6	B.5	B.4	B.3	B.2	B.1	B.0
地址	F7H	F6H	F5H	F4H	F3H	F2H	F1H	F0H

4．程序状态字PSW

程序状态字是一个 8 位的寄存器，在数据存储器高 128 单元的地址为 D0H。它的功能是用于指示程序执行的状态信息，它的有效位是 7 位，PSW.1 是没有定义的。PSW 每一位都有它的地址，如表 2-6 所示。

表 2-6 程序状态字PSW各位的地址

位序	PSW.7	PSW.6	PSW.5	PSW.4	PSW.3	PSW.2	PSW.1	PSW.0
位地址	D7H	D6H	D5H	D4H	D3H	D2H	D1H	D0H
位标志	CY	AC	F0	RS1	RS0	0V	/	P

在这 7 个位中，CY、AC、0V、P 这 4 位表示程序执行的状态，也就是说可以读取它们的数值来判断程序的状态。RS1 和 RS0 是通过写入数据来实现控制。F0 是 51 单片机交给我们自由定义的标志位，我们既可写，也可读。下面我们简单地介绍一下这几个位的功能。

- CY 或 C——进位标志位

CY 或 C 是 PSW 最常用的标志位，它主要有两个功能，一是存放算数运算的进位标志；二是在位操作中，可作为暂时存放点，参与位运算。

- AC——辅助进位标志位

在加法运算时，当有低 4 位向高 4 位进位或借位时，AC 就置 1。

- OV——溢出标志位

在带符号数的加减运算中，OV=1 表示加法运算的结果超出了累加器 A 所能表示的数值范围。

- P——奇偶标志位

表明累加器 A 中 1 的个数的奇偶性。若 1 的个数为偶数，P=0；若 1 的个数为奇数，P=1。

- F0——用户标志位

这是一个由使用者定义的表示位，根据需要来对这个位来进行置位或是查询。

这些标志位大家可以初步了解，在后面的程序中用到时，我们会详细讲解它们的用法。

继续讲解两个用于写入的位：RS1 和 RS0——寄存器组选择位。

第 1 章讲到内部数据存储区低 128 字节有一个寄存器区，大家可以复习这一部分的内容。

如图 2-70 所示，内部 RAM 的前 32 个单元是作为寄存器区（00H~1FH），共分为 4 组，每组有 8 个寄存器，序号为 R0~R7。这些寄存器的使用频率在汇编语言中仅次于累加器 A，在我们学习汇编语言的过程中，这些寄存器的地位是举足轻重的。但是在同一时间内，我们只能使用其中的一组，到底使用哪一组，就由 RS1、RS0 这两位来决定。在默认情况下，RS1 和 RS0 这两位都为 0，所以我们未对 PSW 寄存器写入数据的时候，我们用的是工作组 1。

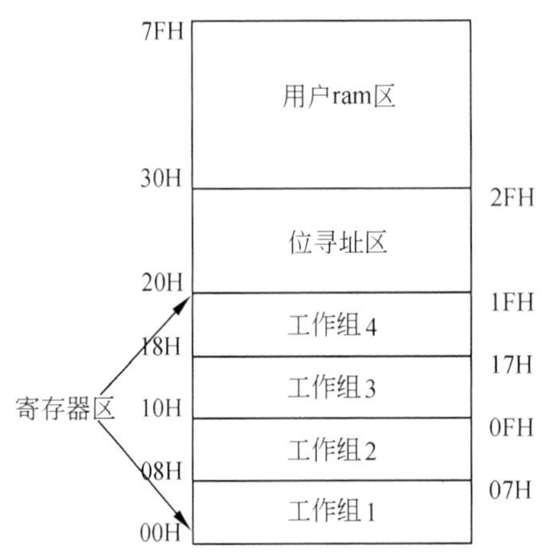

R0	R1	R2	R3	R4	R5	R6	R7	RS1	RS0
R0	R1	R2	R3	R4	R5	R6	R7	1	1
R0	R1	R2	R3	R4	R5	R6	R7	1	0
R0	R1	R2	R3	R4	R5	R6	R7	0	1
R0	R1	R2	R3	R4	R5	R6	R7	0	0

图 2-70 寄存器区设置

5. 数据指针（DPH,DPL）

DPH，DPL 是两个 8 位的寄存器。我们最常使用的方法就是将两个合为一个，叫做 DPTR，合并后数据指针就和 PC 一样，也是一个 16 位的寄存器，在对存储器操作时，它的功能非常重要。

2.4.5 用 C 语言实现开关控制流水灯

1. 判断语句

汇编语言有汇编的判断语句，而 C 语言同样也有自己的判断语句，而且更简单，更容易理解。在这里我们介绍一种判断语句——if 语句。

If 语句有同样也有 3 种表达方法。

（1）第一种形式：

```
if(表达式) 语句;
```

或是

```
if(表达式){语句}
```

其语义是：如果表达式的值为真，则执行其后的语句，否则不执行该语句。其执行过程如图 2-71 所示。在这里补充一点，在 C 语言中“=”表示赋值，而“==”则表示等于。在将要给出的程序中 if(P1.0==1)，则是判断 P1.0 是否等于 1。

（2）第二种形式为：if-else 语句，其使用方法如下所示。

```
if(表达式)
   语句1;
else
   语句2;
```

其语义是：如果表达式的值为真，则执行语句 1，否则执行语句 2。其执行过程如图 2-72 所示。

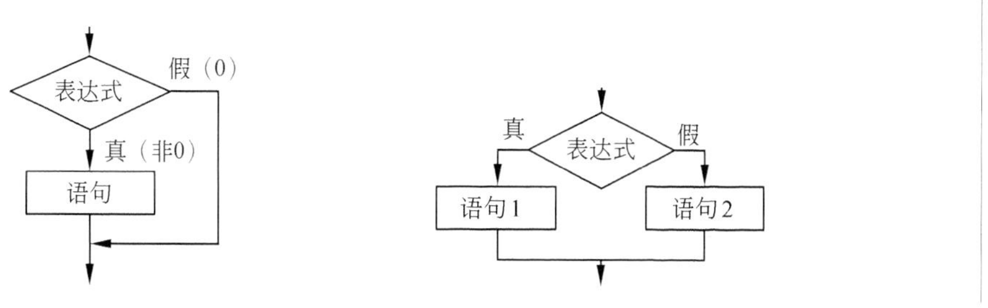

图 2-71　if 语句第一种表达方式　　　图 2-72　if 语句第二种表达方式

（3）第三种形式为 if-else-if。

前两种形式的 if 语句一般都用于两个分支的情况。当有多个分支选择时，可采用 if-else-if 语句，其使用方法为：

```
if(表达式 1)
    语句 1;
 else  if(表达式 2)
    语句 2;
 else  if(表达式 3)
    语句 3;
    …
 else  if(表达式 m)
    语句 m;
 else
    语句 n;
```

其语义是：依次判断表达式的值，当出现某个值为真时，则执行其对应的语句，然后跳到整个 if 语句之外继续执行程序。如果所有的表达式均为假，则执行语句 n，然后继续执行后续程序。 if-else-if 语句的执行过程，如图 2-73 所示。

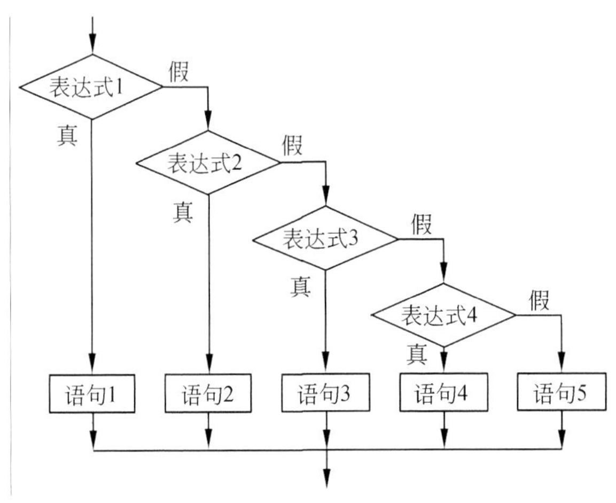

图 2-73 if 第三种表达方式

2. 完整的程序

同样，我们也在原有的流水灯 C 语言程序的基础上进行修改，就可实现要求的功能。完整的 C 语言程序如下所示。

```
#include <at89x52.h>
void Delay500ms();
main()
{
while(1)
{
if(P0_0==1)              //判断端口 P0.0 的状态
{
P1=0XFE;                  //给 P1 赋值
Delay500ms();             //调用延时子程序
P1=0XFD;
Delay500ms();
P1=0XFB;
Delay500ms();
P1=0XF7;
Delay500ms();
```

```
P1=0XEF;
Delay500ms();
P1=0XDF;
Delay500ms();
P1=0XBF;
Delay500ms();
P1=0X7F;
Delay500ms();
 }
}
}
void Delay500ms()      //延时子程序位置
{
unsigned char i,j,k;
for(i=200;i>0;i--)
for(j=20;j>0;j--)
for(k=250;k>0;k--);
}
```

在这里我们用的是 if 语句的第一种形式，在本例中如果运用 if 语句的另外两种形式就显得画蛇添足了，所以在这里我们就不再讨论其他两种形式。

3. 仿真

程序完成后该进行仿真了。在流水灯的 C 项目中进行修改，并且编译，就可以在 Proteus 中仿真了。

和汇编语言遇到了一样的问题，默认将开关拨到接地这一端，然后单击仿真按钮，LED 小灯是不执行流水的。当拨动开关打到接电源这一端时，流水灯就开始执行了，在流水灯运行的过程中，将开关拨到接地这一端时无法停止流水，只是进行完这次流水后就不再循环。

2.4.6　C 语言知识扩展

本节将介绍 C 语言的基本知识。

1. C51数据类型

数据类型是按被定义变量的性质、表示形式、占据存储空间的多少，以及构造特点来划分的。在 C 语言中，数据类型可分为基本数据类型、构造数据类型、指针类型和空类型四大类，如图 2-74 所示。

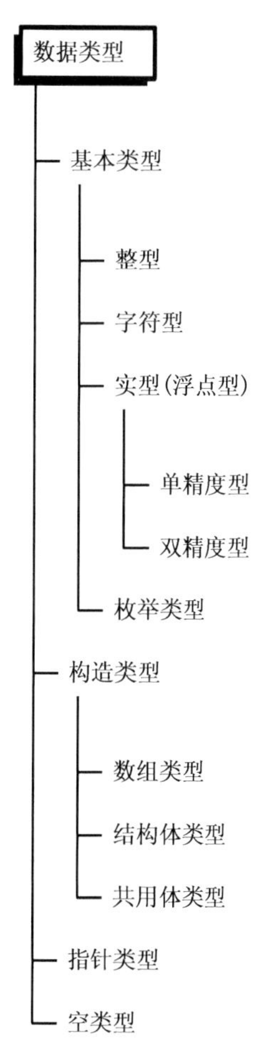

图 2-74　C 语言的数据类型

此处不一一介绍这些数据类型了，在后面章节中，将在实例中介绍，这样更便于理解。

下面介绍 4 种我们现阶段较常用的数据类型，如表 2-7 所示。

表 2-7　现阶段常用的C语言数据类型

无符号字符型	unsigned char	8 位
无符号整型	unsigned int	16 位

续表

无符号长整型	unsigned long	32 位
浮点型	float/double	32 位

前面讲到 C51 和标准 C 语言所兼容的数据类型，8051 系列微处理器提供一些新的数据类型，如表 2-8 所示。

表 2-8　C51 派生新的数据类型

位型	bit	1 位
特殊功能寄存器位型	sbit	1 位
特殊功能寄存器型	Sfr	8 位

bit 型是为方便我们读取位变量而设置的，其他两种数据类型主要是为定义我们使用的特殊寄存器的地址，编程的时候是不用的，这些类型主要是用在头文件中，就是前面提到的 AT89X52.H。可以打开这个文件看一下。

（1）sfr 和 char 型都是 8 位的数据类型。下面一段程序是从 AT89X52.H 中摘取的，程序的作用是定义各个 I/O 口的地址。

```
//声明 4 组 I/O 口的地址
sfr P0 = 0x80;/* port-0,address 80h */
sfr P1 = 0x90;/* port-1,address 90h */
sfr P2 = 0xA0;/* port-2,address 0A0h */
sfr P3 = 0xB0;/* port-3,address 0B0h */
```

（2）sbit 型是特殊功能寄存器位型。有些特殊寄存器的位是可以寻址的，就如下面的程序，程序中定义了 P0 口的每个端口的地址，在 C 程序中就可以直接运用 P0 口的每个端口。

```
//声明 P0 每个端口的位地址
sbit P0_0 = 0x80;
sbit P0_1 = 0x81;
sbit P0_2 = 0x82;
sbit P0_3 = 0x83;
sbit P0_4 = 0x84;
sbit P0_5 = 0x85;
sbit P0_6 = 0x86;
sbit P0_7 = 0x87;
```

（3）bit 型在程序中是常用到的，例如定义一个位变量作为一个标志位：

```
bit flag;
```

2. 51单片机的存储类型

为了编写出有效率的程序，把 51 单片机内部不同的存储区进行了分类，不管是在 C 语言中，还是在汇编语言中，都可以指定变量的存储类型。想变成有经验的编程高手，必须了解 51 单片机的各个存储类型，如表 2-9 所示。

表 2-9　51 单片机的存储类型

存 储 类 型	描　　述
CODE	程序存储区
DATA	RAM 的低 128 个字节可在一个周期内直接寻址

续表

存 储 类 型	描　　述
BDATA	DATA 区的 16 个字节的位寻址区
IDATA	间接寻址内部数据区可访问全部内部地址空间 256 字节
XDATA	外部数据区 64K 字节

（1）CODE 区：存储空间是代码段，用来存放可执行代码，还可在代码段中存储查寻表。

（2）DATA 区：指的是 51 单片机的内部 RAM 低 128 字节，这部分主要是作为数据段，称为 DATA 区，指令用一个或两个周期来访问数据段。

（3）BDATA 区：是内部 RAM 低 128 字节中的位寻址区。

（4）IDATA 区：8052 有附加的 128 字节的内部 RAM，位于从 80H 开始的地址空间中，被称为 IDATA，IDATA 区的地址和 SFRS 的地址是重叠的，可以通过区分所访问的存储区来解决地址重叠问题，因为 IDATA 区只能通过间接寻址来访问。

（5）XDATA 区：为扩展外部数据存储器（external RAM）。

3. C语言的算术运算

下面列举除了 C 语言所有的算术运算符和逻辑运算符，在这里就不再详细叙述了。

（1）算术运算符：用于各类数值运算。包括加（+）、减（-）、乘（*）、除（/）、求余（或称模运算，%）、自增（++）、自减（--）共七种。

（2）关系运算符：用于比较运算。包括大于（>）、小于（<）、等于（==）、大于等于（>=）、小于等于（<=）和不等于（!=）六种。

（3）逻辑运算符：用于逻辑运算。包括与（&&）、或（||）、非（!）三种。

（4）位操作运算符：参与运算的量，按二进制位进行运算。包括位与（&）、位或（|）、位非（~）、位异或（^）、左移（<<）、右移（>>）六种。

（5）赋值运算符：用于赋值运算，分为简单赋值（=）、复合算术赋值（+=、-=、*=、/=、%=）和复合位运算赋值（&=、|=、^=、>>=、<<=）三类共十一种。

（6）条件运算符：这是一个三目运算符，用于条件求值（?:）。

（7）逗号运算符：用于把若干表达式组合成一个表达式（，）。

（8）指针运算符：用于取内容（*）和取地址（&）两种运算。

（9）求字节数运算符：用于计算数据类型所占的字节数（sizeof）。

（10）特殊运算符：有括号()、下标[]、成员（→，.）等几种。

2.5　习题和扩展练习

1. 填空题

（1）如图 2-75 所示，要让发光二极管 D1、D3、D5、D7 同时点亮，传送给 P1 的值应为________（用十六进制表述）。

（2）让十进制数 254 传送 P1，使用汇编语句为________；使用 C 语言语句为________。

（3）有子程序“function”，使用汇编语言________调用此子程序。

（4）用两种方法为下列 C 语言添加注释：

P1=0XFE; ________

P1=0XFE; ________

（5）为下列汇编语句添加注释。

MOV P1，#0FEH ________

（6）程序计数器 PC 是________位特殊寄存器；累加器 A 是________位特殊寄存器。

（7）但程序状态字寄存器 PSW 的 RS1、RS0 为 0、1 时，此时选用寄存器组________。

（8）C 语言无符号字符型数据类型的表述为________；无符号整型数据类型的表述为________。

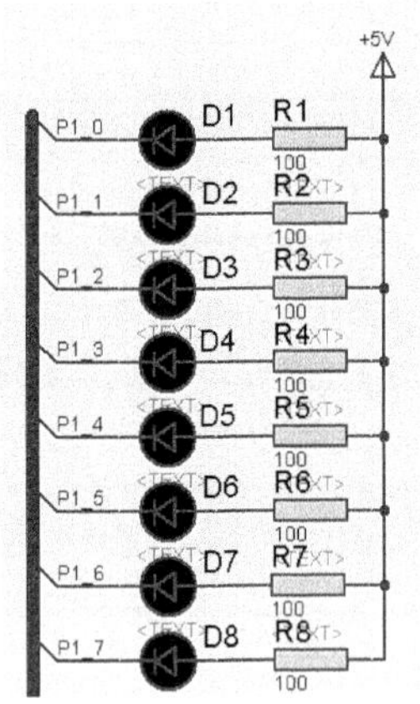

图 2-75 发光二极管

（9）C51 派生扩展的三种数据类型为________、________、________。

2. 判断题

（1）判断下列 C 语句是否正确，并分析原因。

① P0=0XFE;

P0==0XFE; //此两条语句执行效果一样

② P0=0XFE; 给 P0 口赋值 FEH

③ p0=0xfe; //给 P0 口赋值 FEH

④ P0=0XFE; //给 P0 口赋值 FEH

（2）判断下列汇编语句是否正确，并分析原因。

① MOV P1，0FEH ;将立即数 FEH 传送给 P1

② MOV P1，#FEH ;将立即数 FEH 传送给 P1

③ MOV P1，#0FEH ;将立即数 FEH 传送给 P1

3. 解答题

（1）自述特殊功能寄存器在 51 单片机中的作用。

（2）分析 C 语言赋值指令和汇编语言传送指令的异同。

（3）汇编指令 MOV P1，#FEH 和 MOV P1，0FEH 的区别。

（4）简述 C 语言 if 语句的 3 种流程。

（5）描述程序状态字寄存器 PSW 各数据位的作用。

（6）51 单片机的存储类型有哪些?

4. 扩展练习

（1）试绘制电路图，如图 2-76 所示。

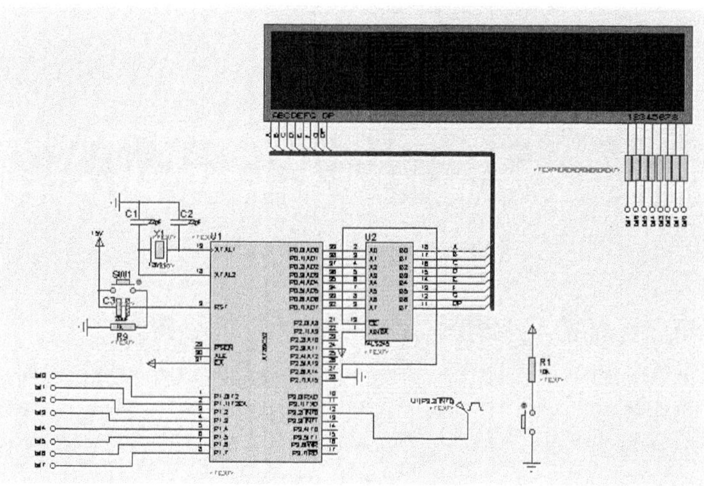

图 2-76　电路图

（2）改变本章流水灯的执行效果，要求每次同时点亮两只 LED 发光二极管，不断地向下循环。

① 绘制出程序流程图，判断 P1 口每次的数据输出。

② 编写汇编语言和 C 语言程序，建立相应的 Keil 项目。

③ 在 Proteus 中进行仿真。

（3）分析本章 2.4 节所描述实例开关控制流水灯程序产生缺陷的原因，考虑是否有弥补这一缺陷的措施。

第 3 章　51 单片机对中断的控制

中断的概念很容易理解，例如我们在看书的时候，电话铃突然响了，这时我们在书中夹一个书签，然后去接电话，接完电话以后，根据书签的指示，重新开始阅读。可以说这个电话铃响是一个中断源，中断了我们的阅读。当中断任务完成以后，继续进行阅读，这就是一个中断响应的过程。单片机处理的方式与此是非常类似的，本章就来学习 51 单片机如何处理这一过程。

3.1　流水灯汇编程序的改进

也许很多读者疑惑不解，本章明明学习的是 51 单片机的中断，为什么还要再去讨论流水灯呢？因为中断程序的执行，还是在流水灯的基础上实现的。另外，在本章给大家提供一组更灵巧的流水灯编程方法。而本节中非常重要的一点是讲解软件仿真的方法。无论是单片机编程，还是其他软件类的编程，软件仿真将会帮助我们快捷地调试出程序。

3.1.1　流水灯程序改进的思路

流水灯程序是按如图 3-1 所示的顺序执行的，第 2 章的关于流水灯的编程也是根据这个图编写出来的。程序虽然直观，但是代码就显得有点臃肿，可以说，第 2 章的流水灯是重复性的引用相同的语句，这样的代码效率是非常低的。那么怎样写出优质的程序呢？

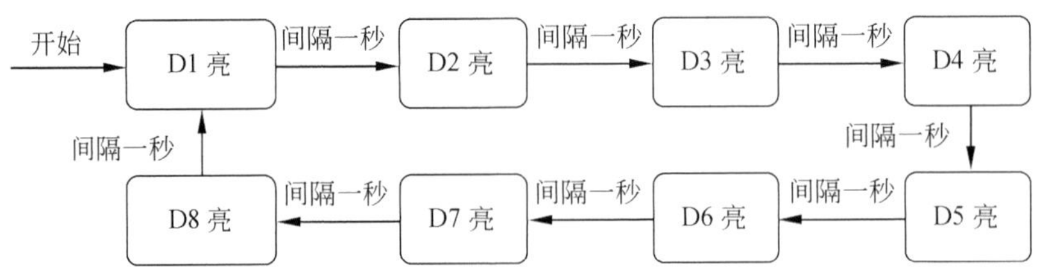

图 3-1　流水灯执行流程

如图 3-2 所示，从中能不能找出 P1 口数值变化的规律呢？按照箭头的指示，在图中 0 是在不断地向左移动，而 P1 的状态从 FEH 变化至 7FH，每次都是执行向右移动一位，右边最高位重新返回到第 0 位，这种移动方法称之为循环右移。

如图 3-3 所示，归纳了 P1 端口的变化情况，经过此循环左移，程序完成了一次流水，让这个过程不断的重复下去，就可以实现流水灯功能了。

非常幸运的是，汇编语言和 C 语言都有关于左移的程序语句来供我们使用，那么怎样来完成整个过程呢？请看流程图，如图 3-4 所示。

P1.7	P1.6	P1.5	P1.4	P1.3	P1.2	P1.1	P1.0	P1 值（16 进制）
1	1	1	1	1	1	1	0	FEH
1	1	1	1	1	1	0	1	FDH
1	1	1	1	1	0	1	1	FBH
1	1	1	1	0	1	1	1	F7H
1	1	1	0	1	1	1	1	EFH
1	1	0	1	1	1	1	1	DFH
1	0	1	1	1	1	1	1	BFH
0	1	1	1	1	1	1	1	7FH

图 3-2　端口 P1 数值变化的规律 1

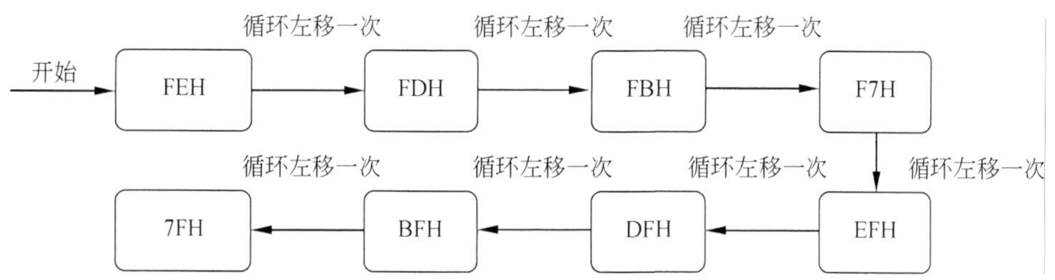

图 3-3　P1 口循环变化的规律 2

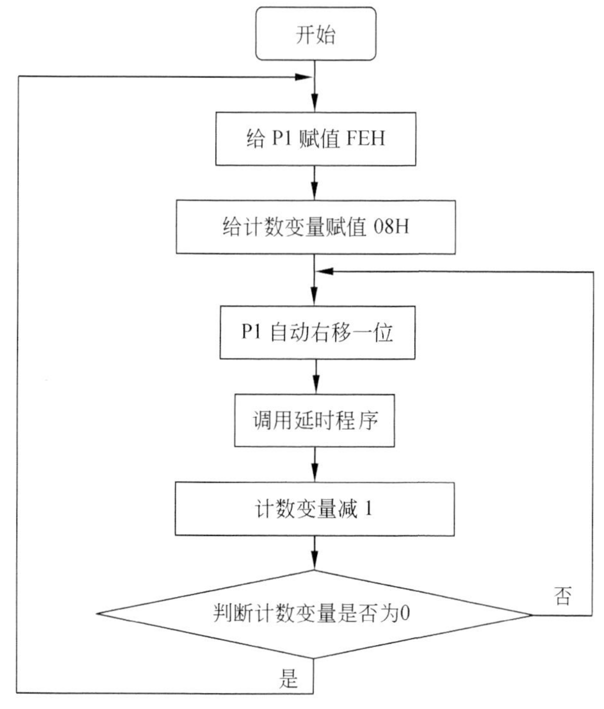

图 3-4　改进流水灯执行方案

图 3-4 给出了程序设计方案的流程图。在这里运用了一个计数变量来帮助我们统计循

环的次数。首先，给 P1 赋初值，给计数变量赋值 8，表示执行循环 8 次。然后 P1 移位一次，调用延时子函数，计数变量减 1，并判断计数变量是否为 0，如果不为 0，就继续移位；如果为 0，表示完成了 8 次移位，再回到程序起始位置重新赋值，开始下一次的循环。

3.1.2 改进后的汇编语言流水灯

谈到了新方法，就得用到新的语句，在编程之前先介绍几条汇编指令。

1. 汇编语言移位指令组

（1）循环左移：

```
RL  A
```

这里的 A 就是在第 2 章中讲到的累加器 A 或 ACC，这条指令只能使用累加器 A。假设当前累加器 A 的状态为：

A.7	A.6	A.5	A.4	A.3	A.2	A.1	A.0
Bit7	Bit6	Bit5	Bit4	Bit3	Bit2	Bit1	Bit0

则移位以后它的值为：

A.7	A.6	A.5	A.4	A.3	A.2	A.1	A.0
Bit6	Bit5	Bit4	Bit3	Bit2	Bit1	Bit0	Bit7

这个左移方法和上一节讲到的流水移位过程是一样的。说明运用这条语句可对原流水灯程序进行改进。

（2）循环右移：

```
RR  A
```

假设当前累加器 A 的状态为：

A.7	A.6	A.5	A.4	A.3	A.2	A.1	A.0
Bit7	Bit6	Bit5	Bit4	Bit3	Bit2	Bit1	Bit0

则移位以后它的值为：

A.7	A.6	A.5	A.4	A.3	A.2	A.1	A.0
Bit0	Bit7	Bit6	Bit5	Bit4	Bit3	Bit2	Bit1

这条语句和循环左移是对应的，所有的数据位都向右移，数据 0 位移到数据 7 位。

（3）带进位循环左移：

```
RLC A
```

这条指令就有所不同了。第 2 章讲到了程序状态字寄存器 PSW，它的最高位为进位标志位 CY 或 C。在这条指令中，进位标志位 C 和累加器 A 共同参与了移位。

假设当前累加器 A 的状态和进位标志位 C 的状态分别为：

C
v

ACC							
Bit7	Bit6	Bit5	Bit5	Bit3	Bit2	Bit1	Bit0

当移位以后它们的状态为：

C
Bit7

ACC							
Bit6	Bit5	Bit4	Bit3	Bit2	Bit1	Bit0	v

可以看到，累加器 A 的最高位移动到 C 上，而 C 的状态则传送给累加器的最低位。

（4）带进位循环右移：

```
RRC
```

假设当前累加器 A 的状态和进位标志位 C 的状态分别为：

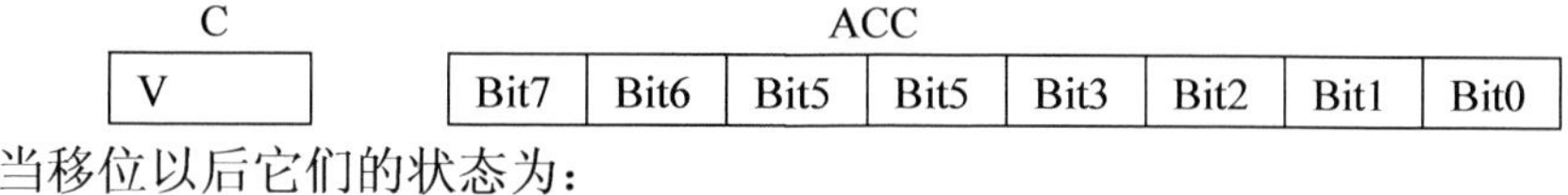

当移位以后它们的状态为：

C		ACC							
Bit0		v	Bit7	Bit6	Bit5	Bit4	Bit3	Bit2	Bit1

执行完一次位循环左移指令，C 的状态移位给累加器的最高位，而累加器的最低位移位给 C。

2．减1条件转移指令：

（1）寄存器减 1 条件转移指令：

```
DJNE Rn,rel
```

指令中的 Rn 就是我们第 2 章介绍的寄存器区的 R0~R7，这条指令可以随便使用 R0~R7 中的任何一个。rel 表示的是程序跳转的地址，注意两个操作数之间必须有一个逗号隔开。该指令的执行流程，如图 3-5 所示。

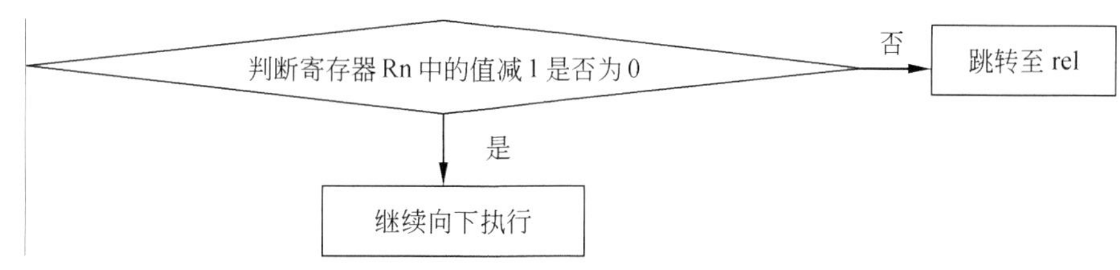

图 3-5　指令执行过程

（2）直接地址减 1 条件转移指令：

```
DJNE direct,rel
```

第二条指令和第一条非常相似，只不过用了直接的地址来表示。Direct 表示的是直接的 RAM 地址，主要指低 128 单元数据寄存器，除了我们当前用的工作寄存器组，其他都可以是 Direct 的区域。如图 3-6 所示，假设使用工作组 1 作为我们当前的寄存器组，其他的区域都为 Direct 区。

该指令的执行流程图，如图 3-7 所示。

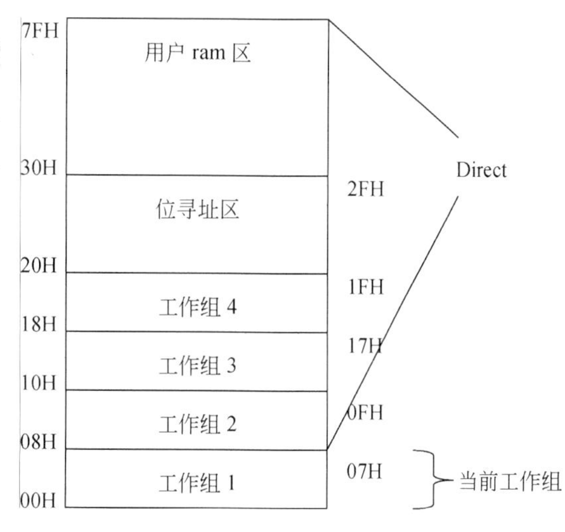

图 3-6　Direct 区域描述

3．改进流水灯汇编语言编程思路

列出了流水灯改进的两条重要的汇编

指令，大家注意到移位指令只能对累加器进行操作，所以特殊寄存器 P1 不能直接参与运算，只可以通过累加器用做数据传送。

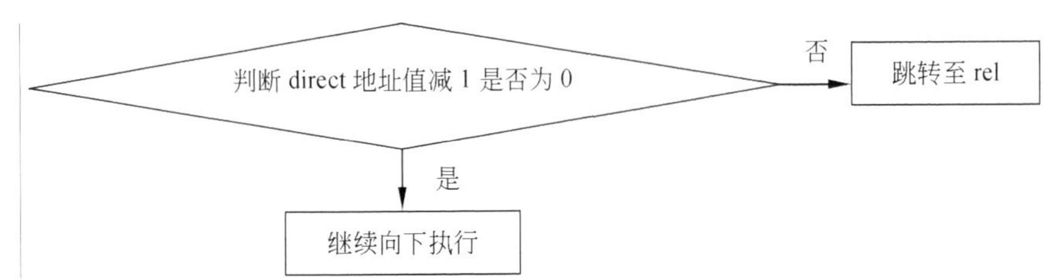

图 3-7　指令功能描述

DJNZ 指令既可以在完成变量的减 1 指令，又可以完成跳转指令，所以根据这两条指令的特点来对流程图进行修改，如图 3-8 所示。

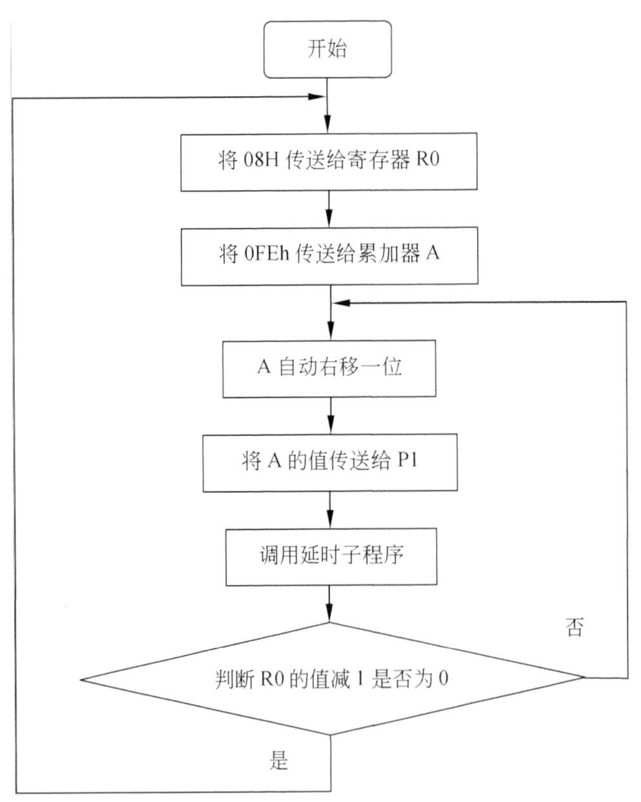

图 3-8　改进流水灯汇编语言程序流程图

在流程图 3-8 中，我们用 R0 作为减 1 判断的寄存器，当然我们也可以用 R1～R7 中的任何一个，也可以用直接地址。

4．根据流程图来编写程序

根据流程图来编写程序，如图 3-9 所示。

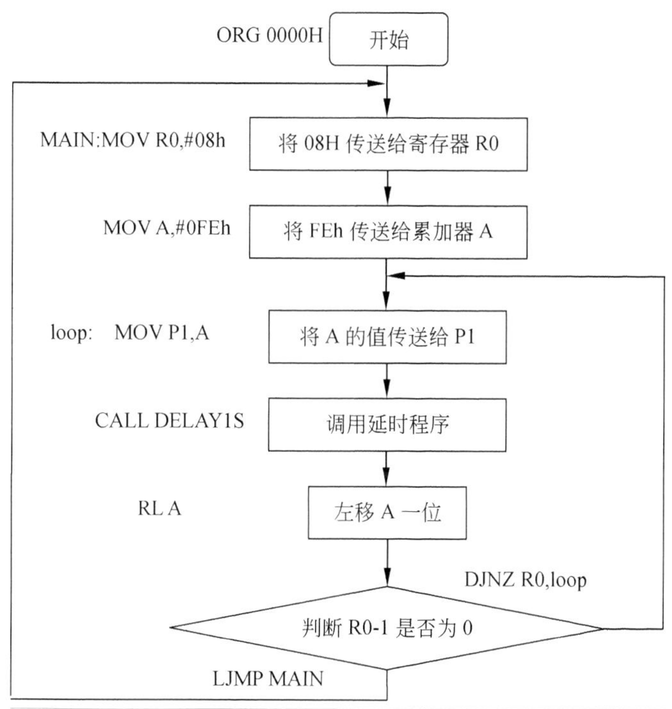

图 3-9　利用流程图来编写程序

将程序整理一下，完整的汇编程序如下所示。

```
ORG 0000H
JMP MAIN
ORG 0030H
MAIN: MOV R0,#08h                  ;R0 为计数变量
     MOV A,#0FEh                   ;A 为流水灯初值
loop: MOV P1,A                     ;将 A 的值传递给 P1
     CALL DELAY1S
      RL a                         ;循环左移指令，只能对 A 执行
      DJNZ R0,loop                 ;判断是否完成了 8 次循环
      LJMP MAIN

DELAY1S:                           ;延时一秒子程序
       MOV R4,#4
LOOP3:  MOV R5,#255
LOOP2:  MOV R6,#245
LOOP1:
      NOP
      NOP
      DJNZ  R6,LOOP1
      DJNZ  R5,LOOP2
      DJNZ  R4,LOOP3
RET
```

该程序相较于第 2 章的流水灯程序语句减少了很多。实际上这段程序的执行效率和占用 ROM 空间要远小于第 2 章所讲的流水灯程序。

3.1.3 软件仿真介绍

程序编写好后，建立一个汇编语言项目，进行程序的编译，生成可执行程序文件，然后在 Proteus 中重新仿真一次，观察程序走向是否正确，在这里就不再赘述了。

在本节将向大家介绍一种调试软件的方法，在 Keil 环境下进行软件仿真，这种方法非常实用，希望大家好好掌握。假设已将改进后的流水灯汇编程序建立了一个项目，如图 3-10 所示。

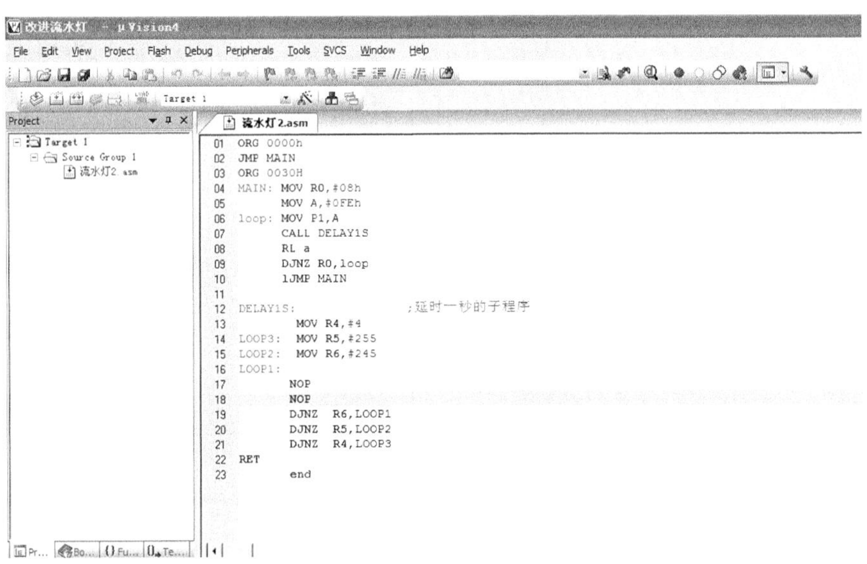

图 3-10　新流水灯汇编项目界面

（1）将程序进行一次编译，如图 3-11 所示。这个步骤必不可少，必须保障编译成功才可仿真。编译的输出结果如图 3-12 所示，可以看到项目中没有警告，也没有错误。

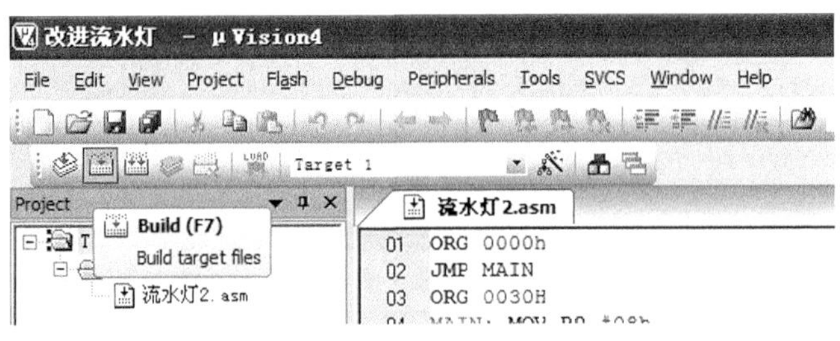

图 3-11　将程序重新编译

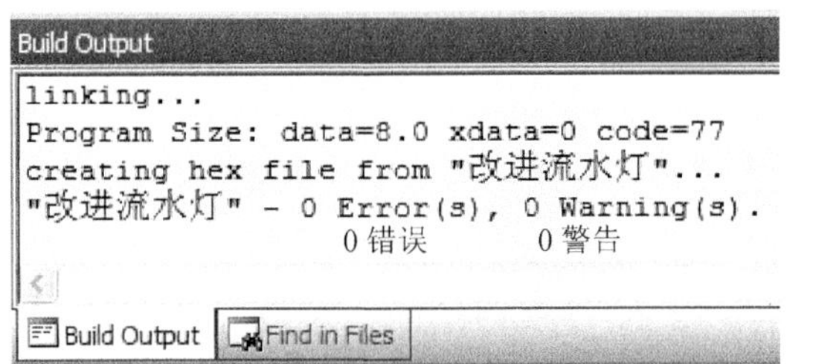

图 3-12　编译输出结果

（2）设置程序调试，按照图 3-13 所示的操作步骤打开调试设置选项。

图 3-13　目标项目设置选项 1

按照图 3-14 所示的操作步骤来设置软件仿真，一般情况下这样的设置为 Keil 的默认选项，但为了保险起见，我们还是要重新设置一下。

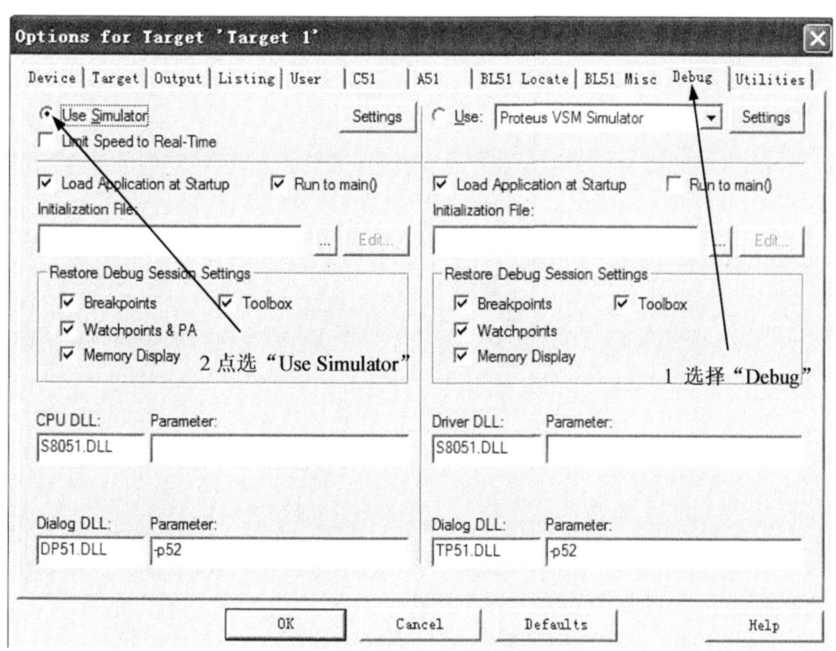

图 3-14　软件仿真设置方法

（3）单击仿真按钮，开始仿真。如图 3-15 所示的箭头所指处为仿真按钮，此按钮的快捷键为 Ctrl+F5。

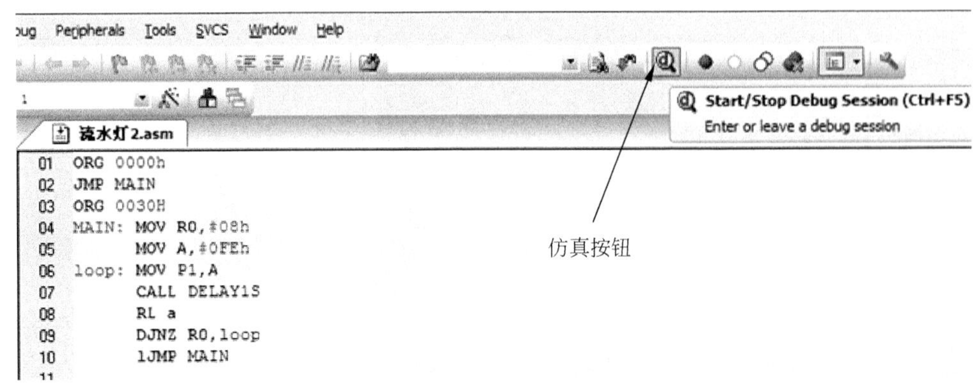

图 3-15　仿真按钮

单击仿真按钮以后，就会出现如图 3-16 所示的界面，这就是仿真界面。程序执行窗口表示当前程序执行的情况，黄色箭头所指处是当前将要执行的语句。

反汇编窗口是将程序重新汇编，让我们更直观地看到每条语句在程序寄存器的位置。黄色箭头指示的是当前将要执行的语句。

寄存器窗口显示的是 51 单片机最常用的寄存器，在图中可以看到累计器 A、寄存器 B、R0～R7 等寄存器。

信息输出窗口表示的是一些仿真信息。通过窗口，可以观察一些有用的变量，仿真过程中这个窗口是很重要的。

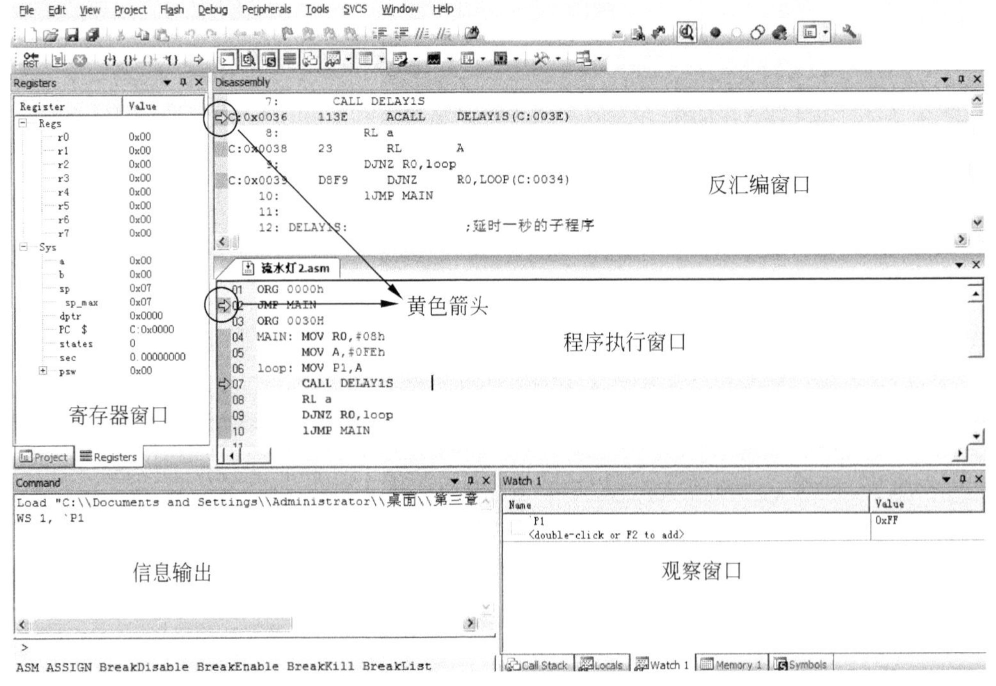

图 3-16　仿真界面

（4）添加 P1 的观察窗口。流水灯项目主要观察的是 P1 口的变化情况，可以添加一个 P1 口的观察窗口，按如图 3-17 所示的步骤操作。

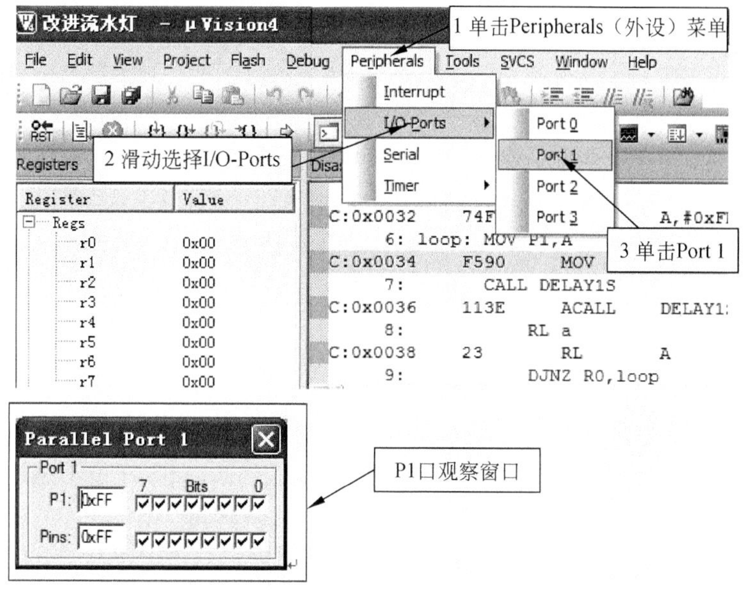

图 3-17　设置 P1 口观察窗口

当然，其他端口的寄存器也可以调出来。在后面的章节讲到定时器和串口等外设的时候，也可以调出相应的寄存器。

（5）在观察窗口时，可以观察 P1 的状态，如图 3-18 所示。输入 P1 以后，效果如图 3-19 所示。

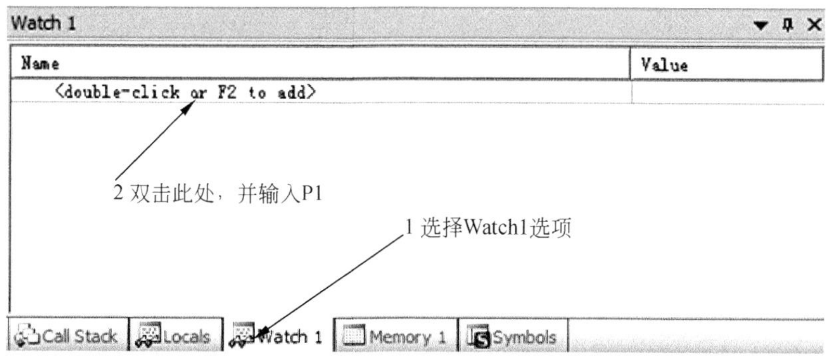

图 3-18　观察窗口设置 1

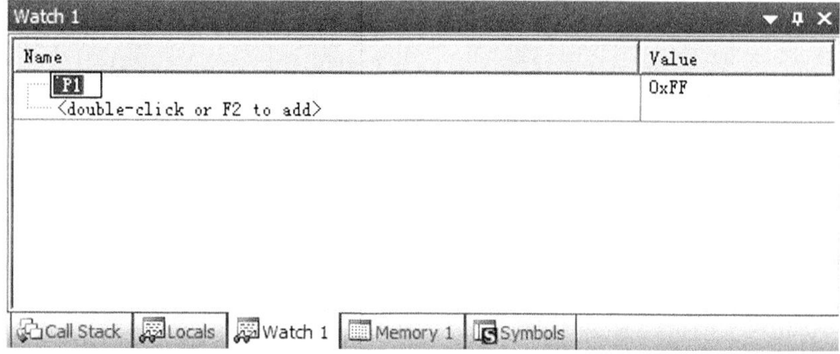

图 3-19　观察窗口设置 2

（6）进行单步仿真。如图 3-20 所示的菜单为单步仿真按钮，单击这个按钮程序就会模拟内部执行的方法向前走一步，也可按快捷键 F11 来完成这个操作。

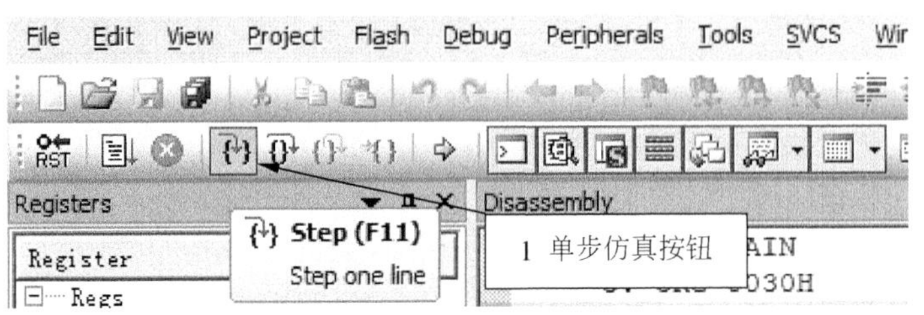

图 3-20　单步执行按钮

单步仿真，并观察各个窗口的变化。当程序执行完“MOV R0,#08h”这条语句时，如图 3-21 所示，在寄存器窗口，我们可以看到 R0 已经变成 0X08，在反汇编和主程序执行窗口，黄色的指示箭头已经指向了下一条语句“MOV A,#0FEh”。

注意一个重要的寄存器——PC，在第 2 章讲到它表示程序计数器。在反汇编窗口，PC 的值随着程序的走向在不断地递增，这个寄存器同时也可以表示每段程序在程序存储器中的位置。

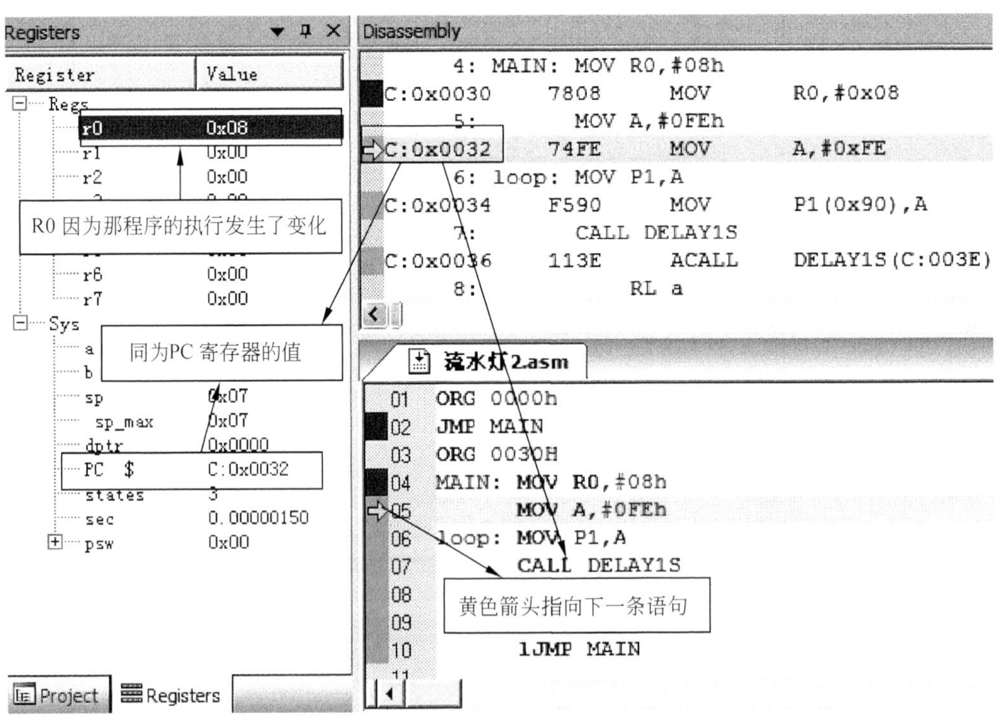

图 3-21　程序执行的效果图

（7）当执行完语句“MOV P1,A”，在主程序执行窗口的黄色箭头就会指向下一条程序“CALL DELAY1S”，如图 3-22 所示。此时可以观察一下 P1 窗口和 watch 窗口中 P1 的值，它们都指示 P1 的值为 0XFE。因为前一条语句将 0XFE 传送给 A，所以执行完此条语句 P1 的值就变成了这样。

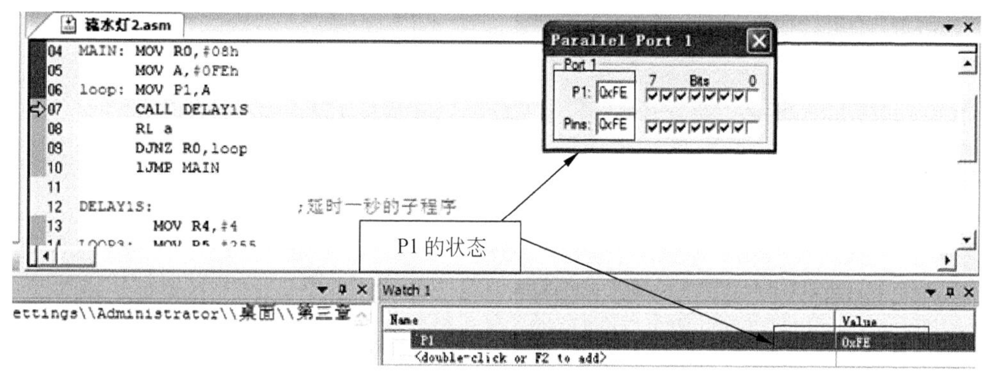

图 3-22　观察 P1 的值

（8）继续单步仿真，就进入了延时子程序，如图 3-23 所示，如果继续单步仿真的话，将耗费大量的时间在延时子程序中不断地循环。此外，延时子程序不是我们主要执行的程序，那么如何跳出延时子程序的执行呢？

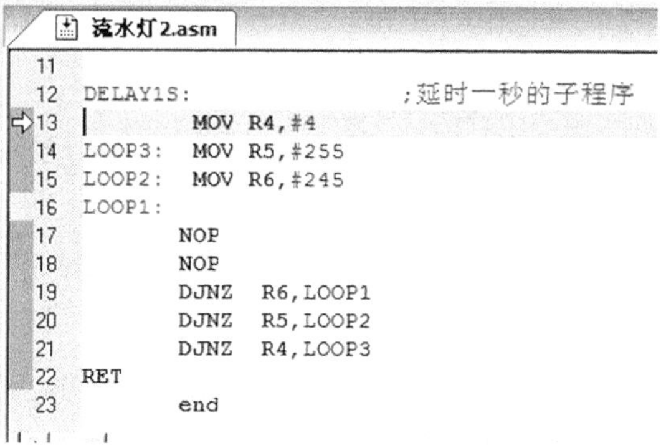

```
流水灯2.asm

DELAY1S:                  ;延时一秒的子程序
          MOV  R4,#4
LOOP3:    MOV  R5,#255
LOOP2:    MOV  R6,#245
LOOP1:
         NOP
         NOP
         DJNZ   R6,LOOP1
         DJNZ   R5,LOOP2
         DJNZ   R4,LOOP3
RET
         end
```

图 3-23　延时子程序的执行

如果想跳出一个子程序时，可单击如图 3-24 所示的按钮，这个按钮为跳出子程序按钮，也可以按快捷键 Ctrl+F11 来完成这个操作。

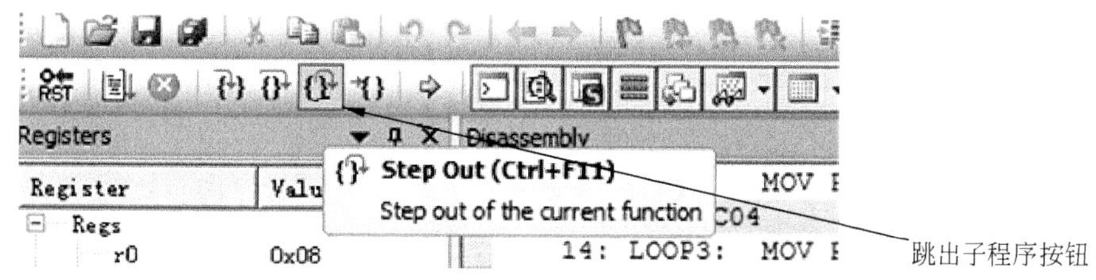

图 3-24　跳出子程序按钮

如果遇到一个子程序，需要计算机自动完成，有一个按钮可以帮助我们实现这一过程，如图 3-25 所示，这个按钮称为跳过子程序命令，它的快捷键为 F10。如果执行一般的程序指令，它的执行和单步执行的效果是一样的，如果遇到子程序调用，单击这个按钮，系统将帮助我们自动执行子程序里面的内容。当程序执行到图 3-22 所示的效果的时候，使用这一命令，就可快速执行完"CALL DELAY1S"这个子程序，然后转向下一条语句"RL A"。

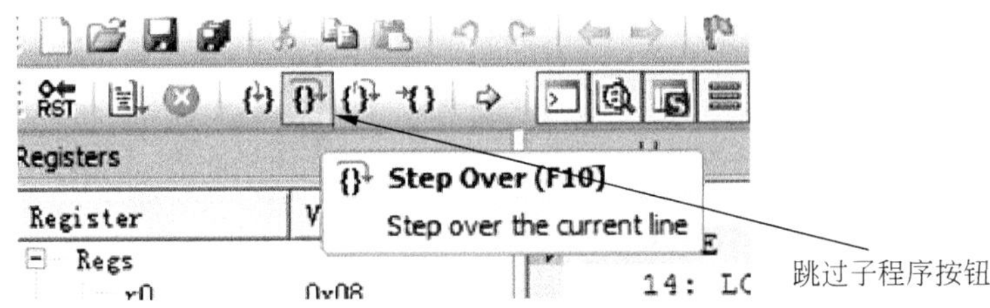

图 3-25　跳过子程序按钮

（9）想让程序执行到指定的行，但是不想一步步地执行，还有一个按钮来帮助我们。首先将鼠标光标定位到想到达的位置，然后单击如图 3-26 所示的按钮，程序就会自动执行，直到到达我们指定的位置才会停止，该命令的快捷键为 Ctrl+F10。

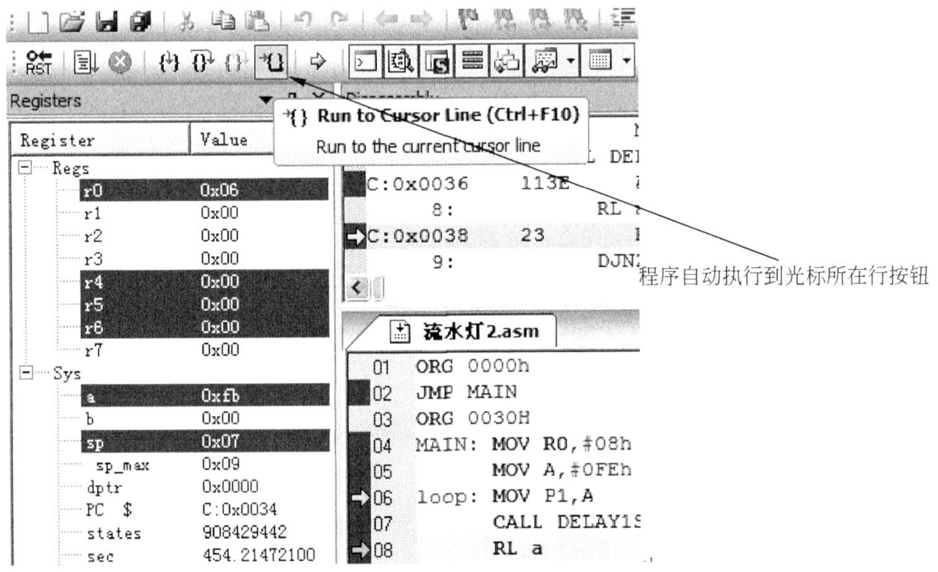

图 3-26　程序自动执行到光标所在行

（10）如果想让程序全速执行而不是逐条语句仿真，可以通过如图 3-27 所示的全速运行按钮来实现。这个命令是让计算机模拟单片机全速运行，该命令的快捷键为 F5。

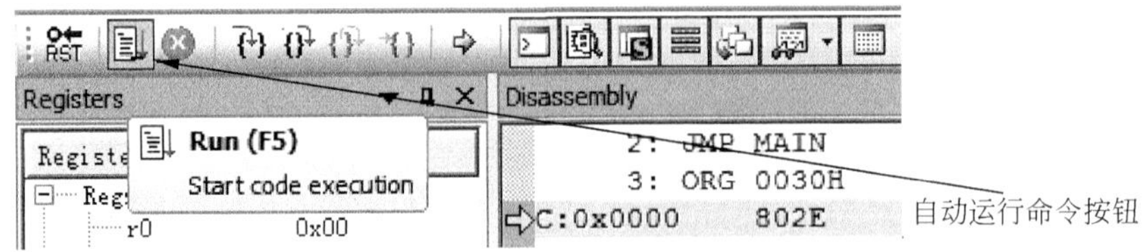

图 3-27　自动运行命令按钮

在自动运行程序的过程中，可以看到 P1 的值在不断地发生变化，这与在 Proteus 仿真中小灯在不同时刻的变化是一样的道理。我们观察 P1 口的变化比在 Proteus 中变化的速度要快，这是因为我们在设置仿真选项中，没有设置“严格按照实际时间”选项。

单击如图 3-28 所示的按钮可以停止自动执行。在程序陷入死循环无法停止的情况下，同样可以使用这个命令。

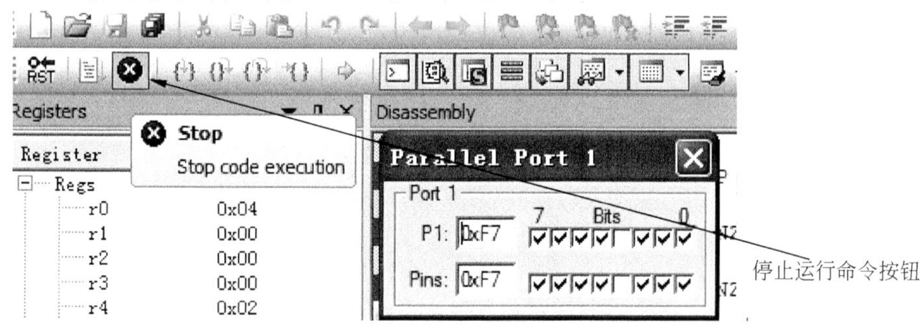

图 3-28　停止自动运行按钮

想让程序回到开始执行的位置时，可以单击如图 3-29 所示的按钮将程序复位。这个按钮和第 1 章所讲的复位电路的按键功能一样，都是让程序恢复到初始位置。

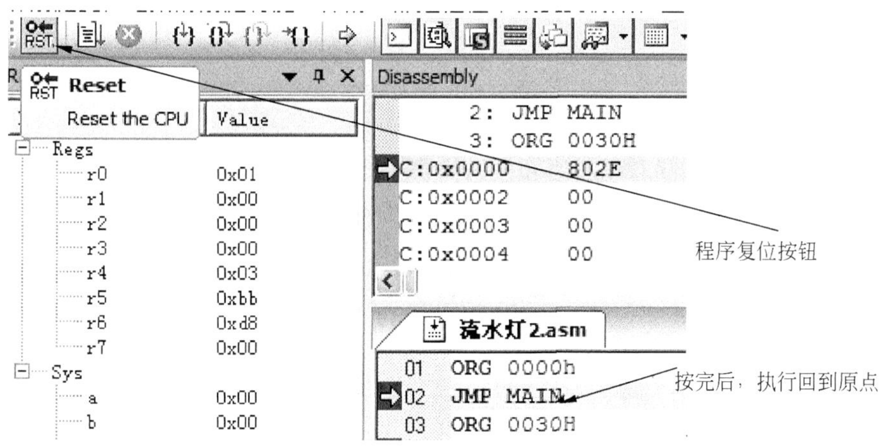

图 3-29　程序复位按钮

（11）再次单击仿真按钮就会停止仿真，如图 3-30 所示。

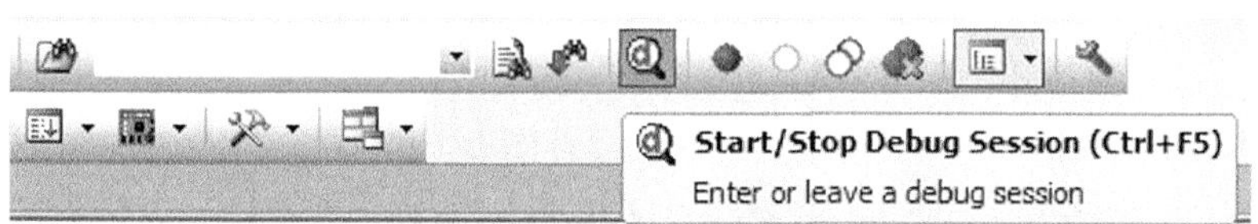

图 3-30　停止仿真

在这一节讲解了软件仿真的方法，读者要多多练习，尽可能掌握这种方法，因为在后面章节会运用这种方法来进行程序的调试。不管是单片机还是其他可编程器件，软件仿真都得到了广泛的运用，所以学习好这方面的内容还是非常重要的。

3.2　流水灯 C 语言的改进

在本节将讲解流水灯 C 语言改进方案，这和汇编语言实现的思路几乎没有区别，主要通过此节介绍一些 C 语言的知识。同样，C 语言也可以进行软件仿真，而且比汇编语言更加直观，本节将重点介绍这方面的知识。

3.2.1 新流水灯 C 语言设计思路

1．C语言指令介绍

1）自增、自减运算符

自增 1 运算符记为“++”，其功能是使变量的值自增 1。自减 1 运算符记为“--”，其功能是使变量的值自减 1。

自增 1 和自减 1 运算有下列几种形式。

- ++i：i 自增 1 后再参与其他运算。
- --i：i 自减 1 后再参与其他运算。
- i++：i 参与运算后，i 的值再自增 1。
- i--：i 参与运算后，i 的值再自减 1。

对于初学者来说，比较容易出错的是++i 和 i++，在编程的时候要格外注意。

2）移位指令

C 语言也有自己的移位命令，但和汇编语言有所区别，下面来了解一下。

例如，P1<<1：表示 P1 逐位向左移动一位；P1<<n：表示 P1 逐位向左移动 n 位。

同样，P1>>1：表示 P1 逐位向右移动一位；P1>>n：表示 P1 逐位向右移动 n 位。

但是要注意，C 语言的移位并不像汇编语言那样是循环移动的，假设 P1 的状态为 0XFE。

则：

P1=0XFE	1	1	1	1	1	1	1	0

左移一位为：

P1=0XFC	1	1	1	1	1	1	0	0

再左移一位为：

P1=0XF8	1	1	1	1	1	0	0	0

再左移一位为：

P1=0XF0	1	1	1	1	0	0	0	0

在上例中，右边的位不断向左移动，但左边的最高位并不返回，右边移空的位置用 0 代替。再看看 C 语言右移指令的效果，同样假设 P1 的状态为 0XFE。

则：

P1=0XFE	1	1	1	1	1	1	1	0

右移一位为：

P1=0X7F	0	1	1	1	1	1	1	1

再右移一位为：

P1=0X3F	0	0	1	1	1	1	1	1

再右移一位为：

P1=0X1F	0	0	0	1	1	1	1	1

可以看到，左边的位不断向右移动，但右边的最低位并不返回到左边最高位，左边移空的位置用 0 代替。从这两个例子我们看到，C 语言的左移和右移是不循环的。

3）循环左移、右移子程序

虽然 C 语言中没有专门用来循环左移或循环右移的运算符，但是 C 语言有强大的库函数，在库函数中有专门的循环左移或循环右移的子程序来让我们调用。它们分别是_crol_和_cror_。_crol_为循环左移子程序，_cror 为循环右移子程序。

我们举个例子来说明这两个子程序的用法。

假如，要将 P1 循环左移一位，则调用的格式为 P1=_crol_(P1,1)，如果循环左移两位为 P1=_crol_(P1,2)，非常方便吧。

_cror_是循环右移子程序，调用的格式和循环左移是一样的。

由于调用的是子函数，所以我们必须文件包含#include<intrins.h>，intrins.h 是包含这两个子程序的库函数文件。C 语言还有很多这样的库函数可供我们调用，从这点来说学习 C 语言是相当重要的。

4）复合的赋值运算符

在赋值符"="之前加上其他二目运算符可构成复合赋值符，如+=、-=、*=、/=、%=、<<=、>>=、&=、^=、|=。

例如：

a+=5	等价于 a=a+5
x*=7	等价于 x=x*7
r<<=1	等价于 r=r<<1

复合赋值符这种写法，对初学者来说可能不习惯，但十分有利于编译处理，能提高编译效率并产生质量较高的目标代码。随着学习的深入，读者会慢慢体会到这种编程方法带来的便捷。

5）for 语句

在 C 语言中，for 语句的使用最为灵活，它完全可以取代 while 语句。它的一般形式为：

```
for(表达式 1；表达式 2；表达式 3) 语句
```

for 语句的执行过程，如图 3-31 所示。进入 for 循环后，先执行表达式 1 的语句，表达式 1 一般进行循环变量的初始化；而表达式 2 一般作为判断语句，判断循环变量条件是否达到指定的要求；如果符合循环条件，就执行循环体中的程序语句，再执行表达式 3 的语句。表达式 3 对循环变量递增或递减，用于控制循环的次数；每一次循环都会执行表达式 2，判断循环变量是否仍符合循环的条件，如果不符合，则跳出 for 循环。

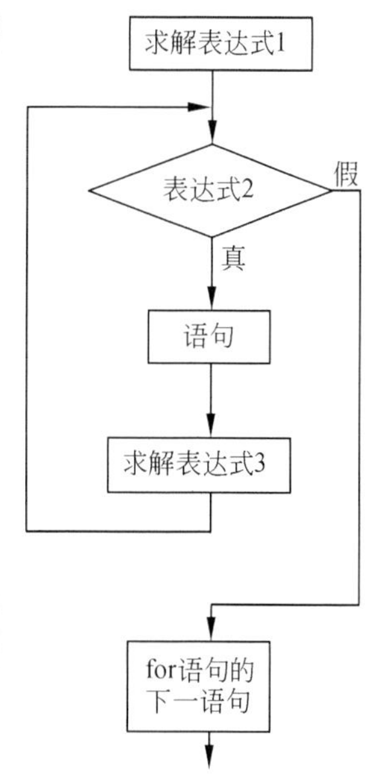

图 3-31　for 语句执行过程

上面的讲述方法大家可能不是很好理解，for 语句最简单的应用形式如下：

```
for(循环变量赋初值；循环条件；循环变量增量) 语句；
或 for(循环变量赋初值；循环条件；循环变量增量) { 语句；}
```

循环变量赋初值是一个赋值语句，它用来给循环控制变量赋初值；循环条件是一个关系表达式，它决定什么时候退出循环；循环变量增量，定义循环控制变量每循环一次后，按什么方式变化。这三个部分之间用"；"分开。

例如：

```
for(i=1; i<=100; i++)sum=sum+i;
```

先给 i 赋初值 1，然后判断 i 是否小于等于 100，若是，则执行语句，之后值增加 1，再重新判断 i 是否小于等于 100，直到条件为假，即 i>100 时，结束循环。

for 语句的执行相当于如下的 while 语句：

```
i=1;
while (i<=100)
    { sum=sum+i;
     i++;
}
```

2. 用C语言来编写流水灯

流水灯的 C 程序流程图，如图 3-32 所示。在汇编语言中，用寄存器 R0 作为计数变量，在 C 语言中声明了一个无符号字符型的变量 j 作为计数变量，在图中虚线箭头指向的三条程序流程共同构成了 for 语句的功能，通过这个流程图大家尝试编写程序吧。

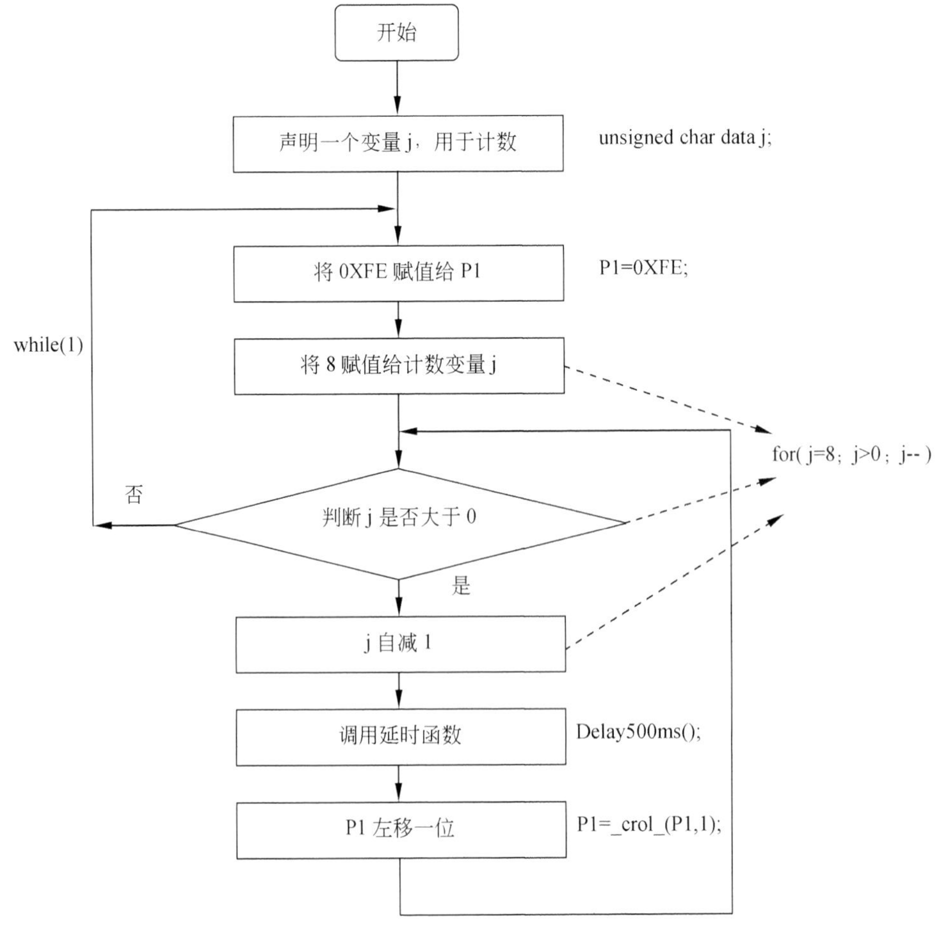

图 3-32　新流水灯的 C 程序流程图

现将程序整理一下，完整代码如下所示。

```
#include <at89x52.h>                    //keil 的库函数，包括声明的寄存器
#include<intrins.h>
void Delay500ms();                      //声明一个延时子函数
main()                                  //C 语言程序开始执行的标志
{
unsigned char data j;                   //声明一个计数变量
while(1)                                //循环语句
{
P1=0XFE;
for(j=8;j>0;j--)                        //for 语句
{
Delay500ms();
P1=_crol_(P1,1);                        //调用循环左移程序
//P1<<=1;                               //这条程序不参与程序执行，它被注释掉了
}
}
}
void Delay500ms()                       //延时子函数名字
{
unsigned char i,j,k;
for(i=200;i>0;i--)
for(j=20;j>0;j--)
for(k=250;k>0;k--);
}
```

可以看到，新的流水灯程序的代码比原来的流水灯程序少很多，程序执行更紧凑。这段程序的执行效率更高，耗费程序内部资源更少。

将此程序在 Keil 中重新建立一个 C 语言项目，通过编译以后，生成 hex 文件，然后在 Proteus 中仿真，观察程序执行的效果如何。硬件电路图使用第 2 章的图 2-30 就可以了。

在程序中，注释了一条语句：

```
//P1>>=1;
```

这是一个 P1 左移语句，因为在程序中有了循环左移的程序。在这里提出来，就是想让大家在实际仿真中比较一下这两种语句执行的区别。如果大家想观察循环左移的效果，就按照上面的程序进行编译。如果想观察左移的效果，则可以将循环左移的语句注释掉，恢复 P1>>=1 的执行。

```
//P1=_crol_(P1,1);
P1<<=1;
```

3.2.2　软件仿真 C 语言项目

前面讲过了汇编语言进行软件仿真的方法，本节将介绍 C 语言实现软件仿真的方法。其实它们的仿真过程基本是一样的，但还是有一些区别值得我们注意。

（1）首先 C 语言的项目文件必须经过了编译，并且保证没有错误，如图 3-33 所示。

图 3-33　新流水灯 C 语言项目

（2）进行仿真设置，按照如图 3-34 所示的操作方式，打开仿真设置菜单，如图 3-35 所示。

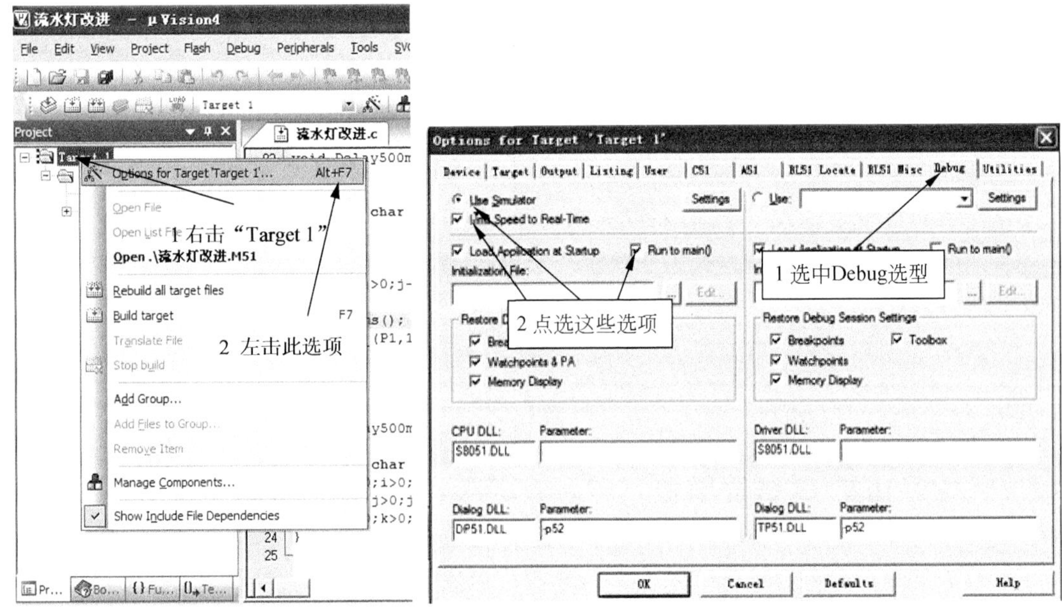

图 3-34　仿真设置方法 1

图 3-35　仿真设置方法 2

一般情况下，执行 C 语言仿真，需要勾选 Run to main()选项，因为 C 语言的执行是从主函数开始的，也就是 main()函数。如果这个选项没有被勾选，则程序的运行是从启动文件开始的。

在图 3-35 中，选择 limit Speed to Real-Time 选项，就是为了保证在仿真的运行和实际执行的时间是一样的。在讲汇编语言仿真时，没有选择这个选项，所以在程序运行过程中比实际的速度要快。为了保证仿真的时间和实际执行的时间是一致的，我们还需按如图 3-36 所示的步骤，将模拟仿真的晶振调整到 12MHZ。

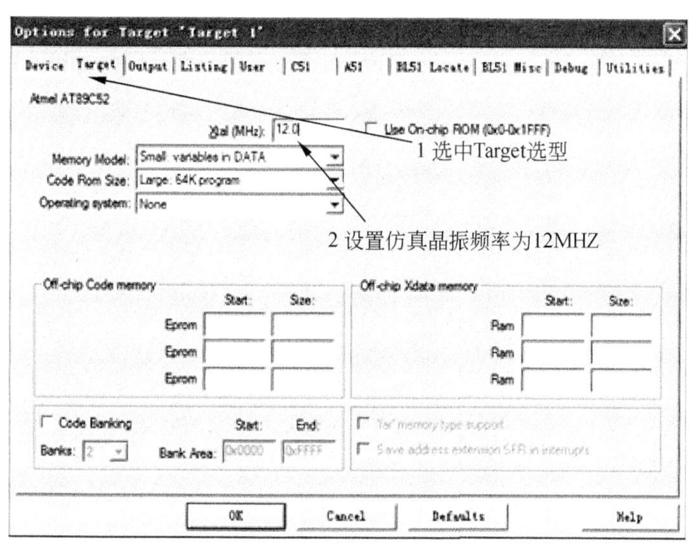

图 3-36　仿真晶振设置

（3）单击仿真按钮，开始仿真，如图 3-37 所示。

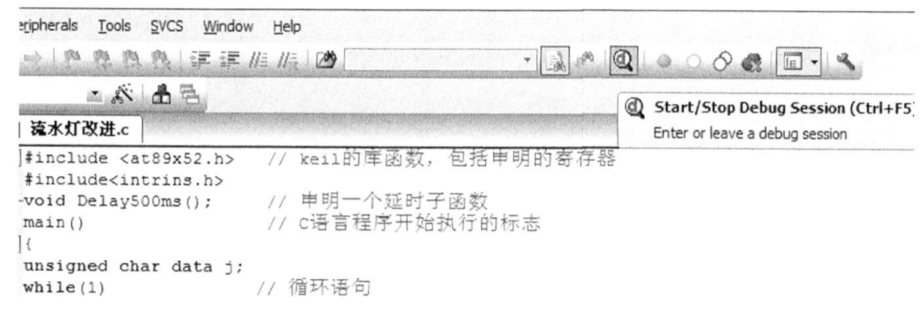

图 3-37　仿真按钮

仿真效果如图 3-38 所示。在图中，我们同样看到了反汇编窗口，Keil 自动将 C 语言转化为汇编语言。事实上，C 程序不能直接生成可执行代码，它需要先转化为汇编语言，这个过程叫做程序汇编，因为汇编语言是直接控制硬件的语言。

进入仿真界面后，程序执行如图 3-39 所示，黄色的箭头指向了 P1=0XFE，因为变量的声明和循环语句不参与程序的执行，所以程序是从这条语句开始执行的。

同样我们可以添加 P1 的窗口，在“watch1”窗口中添加 P1 和计数变量 j，如图 3-39 所示。这些变量添加方法和汇编语言是完全相同的，此处不再介绍。

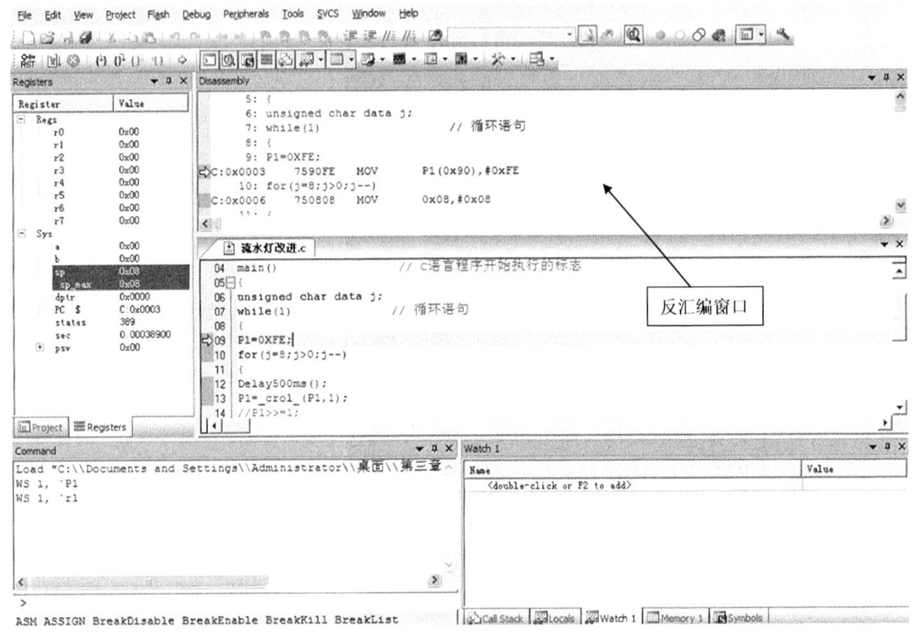

图 3-38　C 语言仿真界面

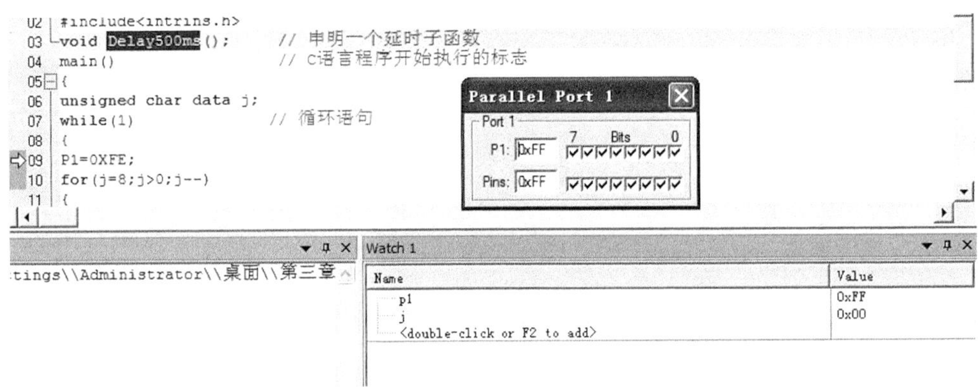

图 3-39　添加观察窗口

在 C 语言仿真中也可以使用单步执行、跳过子程序执行、跳出子程序执行、运行到光标处，大家可以尝试操作一下。

（4）全速运行程序，如图 3-40 所示，单击“运行”按钮或按快捷键 F5 开始运行程序。

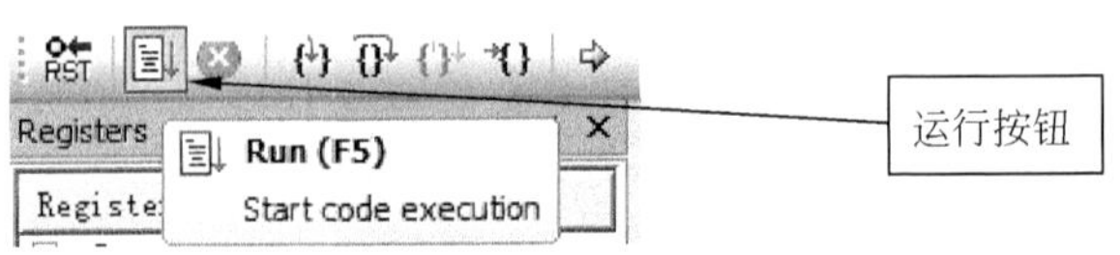

图 3-40　运行程序

如图 3-41 所示为程序全速运行的效果图。程序中采用的是循环左移的方法来执行程序的，我们可以看到 P1 口的变化过程，变化的速度和 Proteus 仿真小灯变化的速度是一样的。

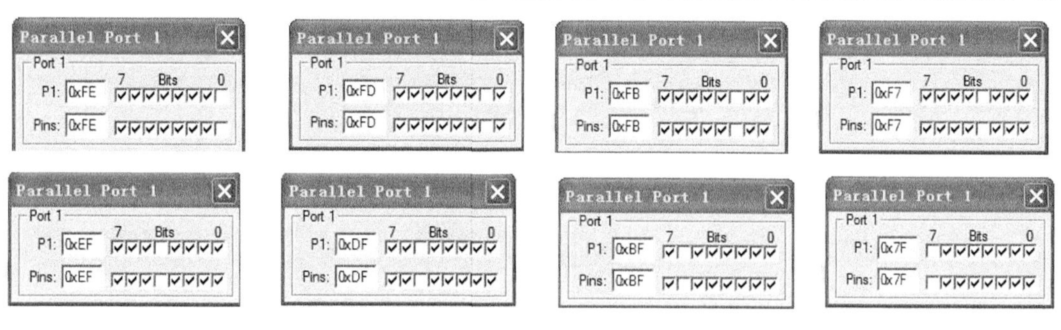

图 3-41　循环左移，运行过程中 P1 变化状态

（5）如果我们想采用左移的方式观察 P1 口的变化状态，需要退出仿真状态，如图 3-42 所示为退出仿真按钮。

（6）按照如图 3-43 所示的修改方法对程序进行修改，注释掉循环左移程序，让左移程序发挥作用。

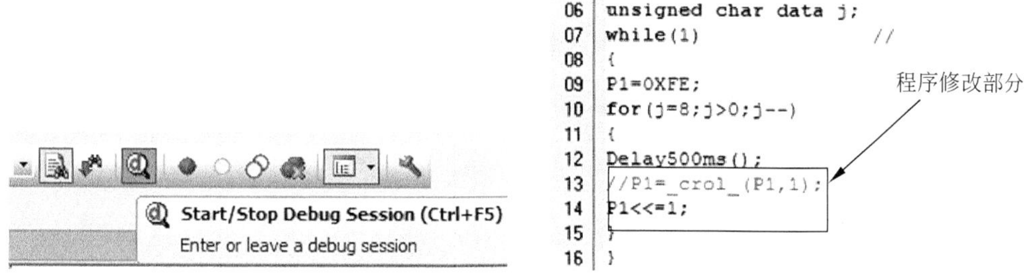

图 3-42　退出仿真按钮

图 3-43　修改程序

（7）重新编译，如图 3-44 所示，对程序再次进行编译。

（8）再次进入仿真，如图 3-45 所示。假如我们对程序进行了修改，必须重新编译以后进行仿真才能看到效果。若没有编译的过程，则还是按照原程序的方式执行。

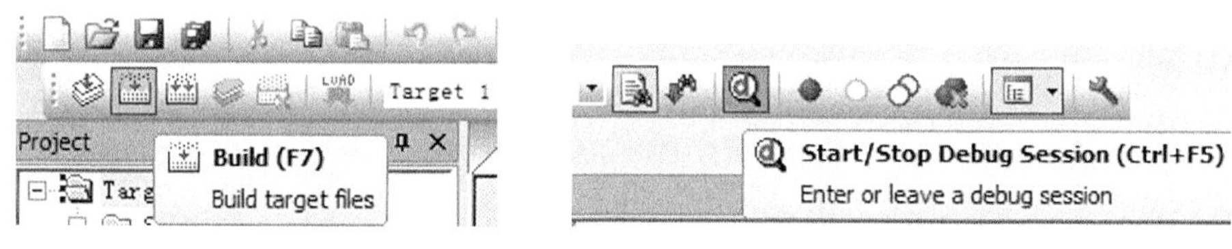

图 3-44　重新编译程序

图 3-45　再次仿真

（9）单击开始运行按钮，如图 3-46 所示。

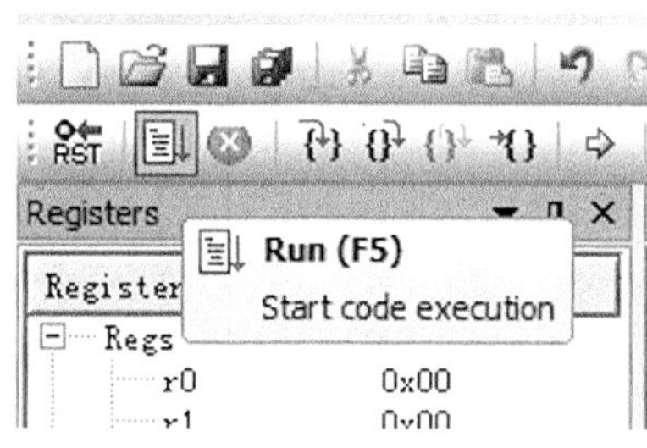

图 3-46　修改后的程序运行

程序运行的效果，如图 3-47 所示，可以看出循环左移和左移有明显的区别。

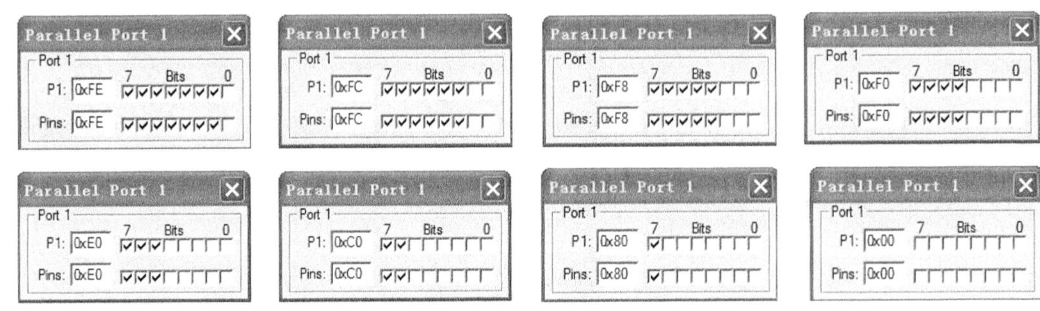

图 3-47　左移运行过程中 P1 变化状态

3.3　外中断控制概述

本节将通过一个开关控制流水灯的实例来学习外中断控制。在第 2 章中编写过一个开关流水灯程序，但遗留下一个开关控制不彻底的问题，本节就来解决这个问题。本节在前面两节的基础上，添加新的知识点实现控制。中断对于单片机的控制非常重要，用中断的方法可以彻底解决问题。

3.3.1　51 单片机的中断源

在章首讲了电话铃声打扰我们看书的例子，电话响了是一个中断源。传统的 51 单片机有 3 类共 5 个中断源，分别是两个外部中断、两个定时中断、一个串行中断。AT89C52 在此基础上增加了一个定时中断、一个串行中断，所以 AT89C52 单片机共有 7 个中断源。

1．外部中断

外部中断是由外部信号引起的中断。如图 3-48 所示，51 单片机共有两个外部中断源，即外部中断 0 和外部中断 1。它们的中断请求信号来自于 P3.2 和 P3.3 引脚的第二功能 INT0 和 INT1。本节将运用外中断来实现开关控制。

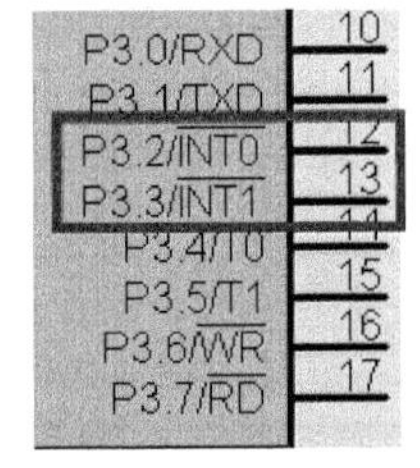

图 3-48　51 单片机外中断引脚

2．定时中断

定时中断是为满足定时器定时或计数的需要而设置的，具体内容在后面章节中将会讲到。

3．串行中断

串行中断是为了串行数据传输的需要而设置的。在介绍串行通信的时候会给大家详细地讲解。

3.3.2　外部中断的执行方式

1．外部中断的触发方式

（1）外部中断的触发有两种信号方式，即电平触发和脉冲触发。

电平触发：51 单片机在上电复位以后，P0、P1、P2 和 P3 4 个端口电平都是高电平，当外部中断设置为电平触发时，单片机在中断请求口（INT0 和 INT1）采样有效的低电平就激活了外部中断。

（2）脉冲触发：当输入的信号正好是下降沿的脉冲信号时，就可以激活外部中断。中断请求信号的高电平和低电平的状态至少应该维持一个机器周期，以确保电平变化能被单片机采样到。如果我们用的晶振频率是 12MHZ，则这一时间应该大于 1μs。两种触发方式是由设置相应的寄存器来实现的。

2．外中断响应

中断响应就是对中断源提出的中断请求的接受，当单片机查询到中断的时候，紧接着就是中断的响应，看下面程序：

```
ORG 0000h
JMP MAIN
ORG 0030H
Main:
..............
..............
..............
```

在程序中，启动后保留了 30H 的地址，这部分地址就是为中断响应准备的地址，各中断响应地址如表 3-1 所示。

表 3-1　各中断响应地址

中　断　源	中 断 地 址
外部中断 0（INT0）	0003H~000AH
定时 / 计数器 0（TF0）	000BH~0012H
外部中断 1（INT1）	0013H~001AH
定时 / 计数器 1（TF1）	001BH~0022H
串行通讯（RI+TI）	0023H~002AH

表 3-1 是 51 单片机为中断保留的地址。假如中断发生，程序就转到这些预留的地址。假设单片机采样到外中断 0 发生了，程序自动跳转到程序存储器的地址 0003H，在编写汇编语言的时候，常在此处放置一条跳转指令，跳到中断服务程序的地址。

3．外中断寄存器介绍

（1）定时器控制寄存器（TCON），如表 3-2 所示。

表 3-2　定时器控制寄存器

位地址	8FH	8EH	8DH	8CH	8BH	8AH	89H	88H
位符号					IE1	IT1	IE0	IT0

其实这个寄存器主要为定时器准备的，所以将这个寄存器叫做定时器控制寄存器，此寄存器有 4 个位和外中断有关，其它位的定义将在讲到定时器时再介绍，该寄存器在内部 RAM 高 128 单元的地址为 88H。

- IT1=0：外中断 1 采用电平触发的方式；IT1=1：外中断 1 采用脉冲触发的方式。
- IT0=0：外中断 0 采用电平触发的方式；IT0=1：外中断 0 采用脉冲触发的方式。
- IE1：外中断 1 请求标志位，当外中断 1 发生，IE1 自动置 1，中断响应完成以后，单片机自动清零。
- IE0：外中断 0 请求标志位，当外中断 0 发生，IE0 自动置 1，中断响应完成以后，单片机自动清零。

（2）中断允许控制寄存器（IE），如表 3-3 所示。

表 3-3　中断允许控制寄存器

位地址	0AFH	0AEH	0ADH	0ACH	0ABH	0AAH	0A9H	0A8H
位符号	EA					EX1		EX0

寄存器在内部 RAM 高 128 单元的地址为 0A8H，在这里涉及 3 个位和外中断有关，其它位都是为其他中断控制准备的。

EA 中断允许中控制位，EA=0：中断总禁止；EA=1：中断总允许。这位相当于一个总的中断开关。

- EX1=0：禁止外中断 1；EX1=1：允许外中断 1，前提是 EA=1。
- EX0=0：禁止外中断 0；EX0=1：允许外中断 0，前提是 EA=1。

3.3.3 外中断控制电路

第 2 章完成了一个开关控制流水灯电路，我们发现当开关断开后流水灯仍然工作，开关控制效果并不理想。下面我们将这个电路进行一点修改，如图 3-49 所示，图中使用外中断 0 来完成此次任务。

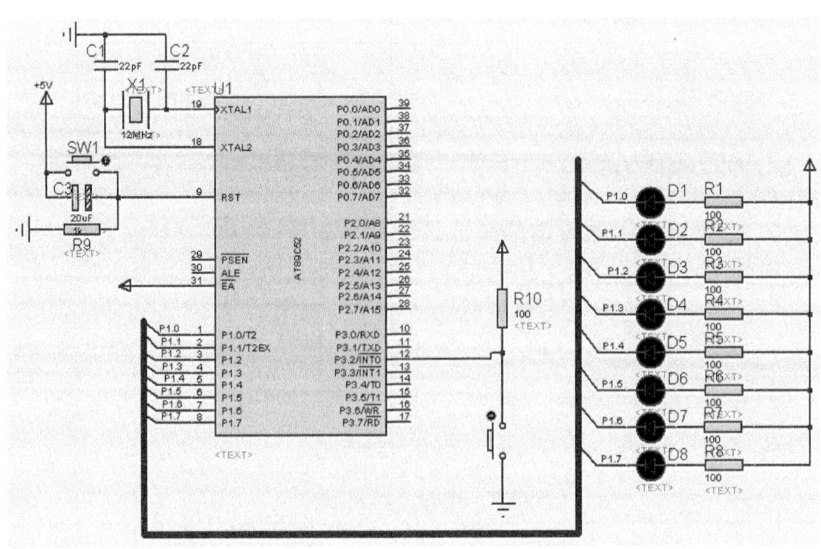

图 3-49　新开关控制流水灯电路

在本次实例中选用了点动开关，如图 3-50 所示，它和复位电路使用的开关是一样的。在第 2 章用的是单刀双掷开关，在这里选用点动开关，因为要让外中断处于脉冲触发的方式。来分析一下 P3.2（INT0）电平的变化，没有按下开关的时候，处于高电平的状态，当按下开关以后，触点随后会自动弹开，让 P3.2（INT0）端的电平重新处于高电平的状态，这就形成了一个下降沿脉冲信号，如图 3-51 所示。

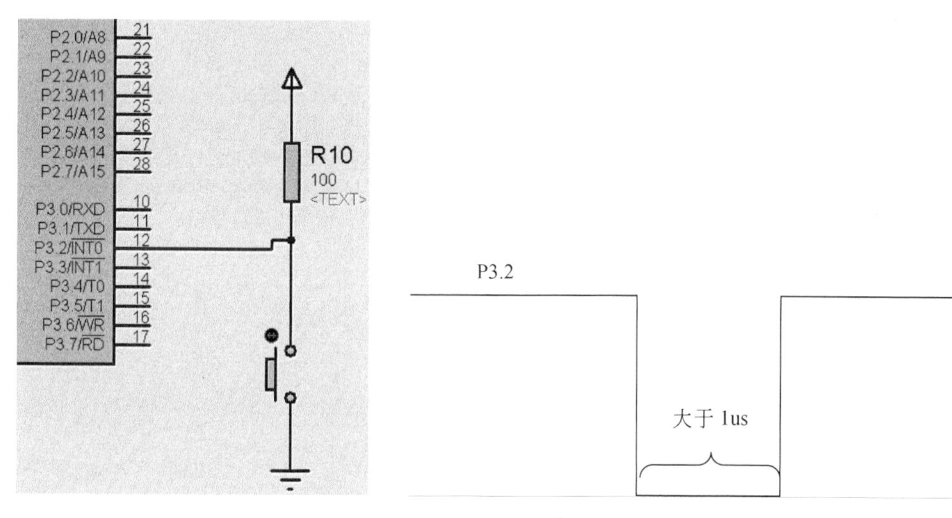

图 3-50　运用点动开关实现控制　　　　图 3-51　P3.2 端口电平变化

脉冲中断方式中断请求信号的高电平和低电平的状态至少应该维持一个机器周期。这一点完全可以达到，我们手触开关的时间远远大于 1 us，所以大家不必担心无法触发外部中断。

3.4　汇编语言控制外中断

本节将用汇编语言完成流水灯程序的方法，是在前面改进流水灯程序的基础上对程序进行修改。修改的内容并不多，通过汇编语言控制流水灯，能更清晰地理解单片机执行中断的过程。

3.4.1　汇编知识介绍

在编写程序之前，需要介绍汇编语言的逻辑运算指令。

1．逻辑运算

51 单片机逻辑运算包括逻辑与、逻辑或、逻辑异或 3 种，这些指令大部分是需要累加器 A 参与的。

1）逻辑与运算

```
ANL A,Rn
```

累加器的值和 Rn 的值逐位相与，最终值放入 A 中。

假设 A 原来的值为 FEH，R0 的值为 3FH：

A	1	1	1	1	1	1	1	0	FEH
R0	0	0	1	1	1	1	1	1	3FH

执行完逻辑与指令后 A 的值变为 3EH，R0 的值仍为 3FH：

A	0	0	1	1	1	1	1	0	3EH
R0	0	0	1	1	1	1	1	1	3FH

其他逻辑与运算指令为：

```
ANL  A，direct       ；将 A 的值与 direct 地址里的值相与，结果放入 A 中
ANL  A，#data        ；将 A 的值直接与立即数 data 逐位相与，结果放入 A 中
ANL  direct，A       ；将 direct 地址的值与 A 逐位相与，结果放入地址 direct 中
ANL  direct，#data   ；将 direct 地址的值直接与立即数 data 逐位相与，结果放入地址 direct 中
```

2）逻辑或运算

```
ORL  A, Rn
```

累加器的值和 Rn 的值逐位相或，最终值放入 A 中。

同样，假设 A 原来的值为 FEH，R0 的值为 3FH：

A	1	1	1	1	1	1	1	0	FEH
R0	0	0	1	1	1	1	1	1	3FH

执行完逻辑或指令后 A 的值变为 FFH，R0 的值仍为 3FH：

A	1	1	1	1	1	1	1	1	FFH
R0	0	0	1	1	1	1	1	1	3FH

其他逻辑或运算指令为：

```
ORL  A，direct
ORL  A，#data       ;将 A 的值直接与立即数 data 相或，结果放入 A 中
ORL  direct，A      ;将 direct 地址的值与 A 相或，结果放入地址 direct 中
ORL  direct，#data;将 direct 地址的值直接与立即数 data 相或，结果放入地址 direct 中
```

3）逻辑异或指令

异或指令的逻辑规则是相同出 1，不同出 0。

```
XRL  A,Rn
```

累加器的值和 Rn 的值逐位相或，最终值放入 A 中。

同样，假设 A 原来的值为 C1H，R0 的值为 3FH：

A	1	1	0	0	0	0	0	1	C1H
R0	0	0	1	1	1	1	1	1	3FH

执行完逻辑异或指令后，A 的值变为 FEH，R0 的值仍为 3FH：

A	1	1	1	1	1	1	1	0	FEH
R0	0	0	1	1	1	1	1	1	3FH

其他逻辑异或运算指令为：

```
XRL  A，direct      ;将 A 的值与 direct 地址里的值相异或，结果放入 A 中
XRL  A，#data       ;将 A 的值直接与立即数 data 相异或，结果放入 A 中
XRL  direct，A      ;将 direct 地址的值与 A 相异或，结果放入地址 direct 中
XRL  direct，#data;将 direct 地址的值直接与立即数 data 相异或，结果放入地址 direct 中
```

4）累加器 A 清“0”和取反指令

累加器清“0”指令：

```
CLR  A
```

将累加器 A 的值清“0”或将 0 赋值给 A，等同于 MOV　A，#0。

累加器逐位取反：

```
CPL  A
```

将累加器 A 的值逐位取反。

例如：

执行取反指令前 A 的值为 FEH

A	1	1	1	1	1	1	1	0

执行完此指令后 A 的值为 01H

A	0	0	0	0	0	0	0	1

2. 位操作指令

在这里介绍几组可直接对位进行操作的指令。

1）位与运算

进位标志位 C 或在位运算中的作用相当于字节运算中的累加器 A，很多位运算都用到了进位标志位 C，此外我们用 bit 表示在单片机中所有可以寻址访问的位。

```
ANL  C，bit        ;表示 C 的状态和 bit 的状态相与，结果放入 C 中
ANL  C，  /bit     ;表示 C 的状态和 bit 位取反的状态相与，结果放入 C 中
```

2）位或运算

```
ORL  C，bit        ;表示 C 的状态和 bit 的状态相或，结果放入 C 中
ORL  C，  /bit     ;表示 C 的状态和 bit 位取反的状态相或，结果放入 C 中
```

3）位取反指令

```
CPL  C             ;表示将 C 的状态取反
CPL  bit           ;表示将 bit 的状态取反
```

4）位置 1

```
SETB  C            ;将 1 赋值给 C
SETB  bit          ;将 1 赋值给 bit
```

5）位复位

```
CLR  C             ;将 0 赋值给 C
CLR  bit           ;将 0 赋值给 bit
```

3. 程序返回指令

1）子程序返回指令

```
RET
```

所有的子程序在最后一行都必须有这个命令，例如前面用过的延时子程序的最后一句：

```
DELAY1S:
...............
...............
...............
RET
```

2）中断服务子程序返回指令

```
RETI
```

所有的中断服务程序后面必须有这条指令，在下面的程序中马上就会用到。

3.4.2 编写中断控制汇编语言

在本节就来编写外中断控制程序。编程之前，先给出流程图，如图 3-52 所示。程序实现的最后效果是当上电复位以后，流水灯正常工作，当点动开关以后，流水灯马上停止工作，再一次点动开关，流水灯重新开始执行。

在程序中，设置了一个标志位：自定义中断标志位。当中断发生时，这个标志位的状态取反，在主程序中不断查询这个标志位的状态，当此标志位状态为 1 时，不执行流水灯程序；如果状态为 0 时，则执行流水灯程序。

这个流程图是在原有的流水灯的流程图的基础上改的。如果在流水灯执行的过程中，发生了中断，则自动跳到中断服务子程序，当中断服务子程序执行完毕以后，自动返回到刚才中断的位置。

根据图 3-52 所示，我们来共同完成汇编程序：

```
ORG  0000h
JMP   MAIN             ;跳到主程序
ORG  0003H             ;中断相应地址
JMP   inte_addr        ;跳转到外中断服务子程序地址
ORG 0030H              ;限制主程序在 0030H 以后
MAIN:  SETB  EA        ;开启总的中断开关
      SETB  EX0        ;开启外中断 0 中断开关
      SETB  IT0        ;设置中断方式位脉冲方式
      CLR 20H.0        ;自定义中断标志位
      MOV R0,#08h
re_lp:
 MOV A,#0FEh
loop:  JB 20H.0,loop       ;判断自定义中断标志位的状态
      MOV P1,A
      CALL DELAY1S
      RL a
      DJNZ R0,loop
      lJMP  re_lp
DELAY1S:                   ;延时一秒的子程序
       MOV R4,#4
LOOP3:  MOV R5,#255
LOOP2:  MOV R6,#245
LOOP1:
      NOP
      NOP
      DJNZ  R6,LOOP1
      DJNZ  R5,LOOP2
      DJNZ  R4,LOOP3
RET
```

```
inte_addr:          ;中断服务程序地址
      CPL 20H.0     ;取反自定义中断标志位
RETI          ;中断返回指令
       END
```

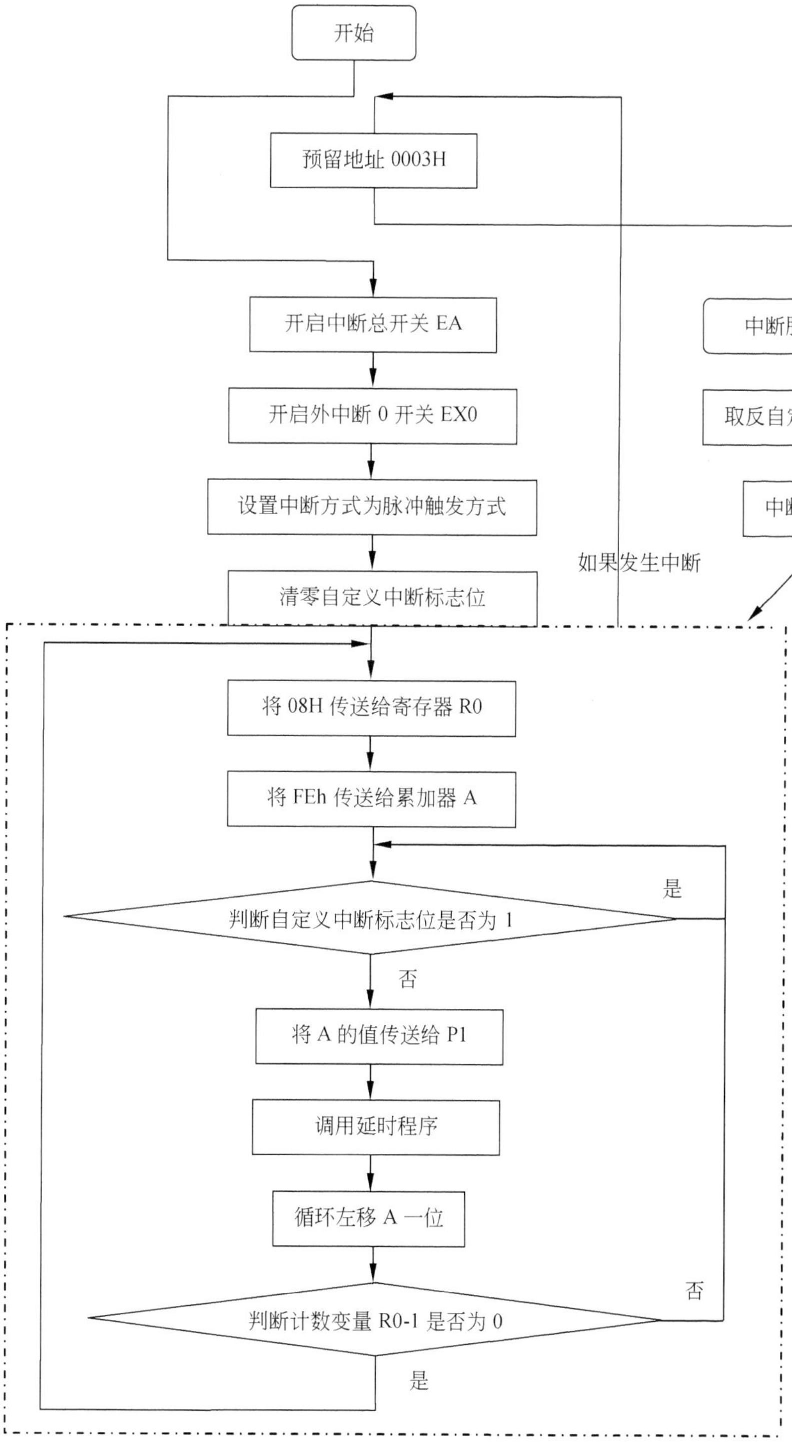

开始

预留地址 0003H

开启中断总开关 EA

开启外中断 0 开关 EX0

设置中断方式为脉冲触发方式

清零自定义中断标志位

如果发生中断

中断服务程序地址

取反自定义中断标志位

中断返回断点

将 08H 传送给寄存器 R0

将 FEh 传送给累加器 A

判断自定义中断标志位是否为 1

是

否

将 A 的值传送给 P1

调用延时程序

循环左移 A 一位

判断计数变量 R0-1 是否为 0

否

是

图 3-52　汇编语言控制外中断流程图

大家仔细阅读一下这段程序，对照流程图，应该可以理解这段程序。在程序中，用位地址 20H.0 作为自定义中断标志位，表示在内部 RAM 低 128 单元中 direct 区的第 20H 个字节的第一位。

3.4.3 在 Proteus 中仿真效果

为刚完成的程序建立一个 Keil 项目。将这个项目进行编译，保证程序中没有错误，就可以在 Proteus 中进行仿真了，如图 3-53 所示。

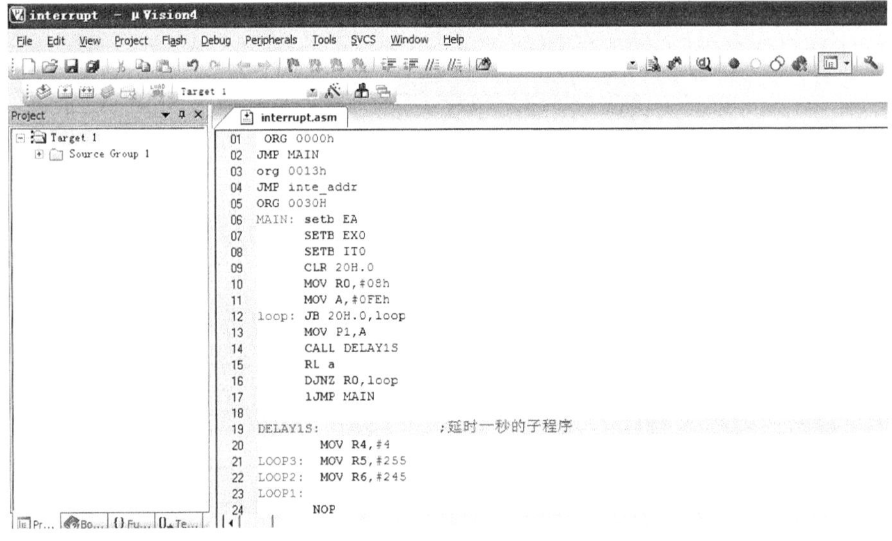

图 3-53 中断控制汇编语言项目

单击“开始仿真”按钮，观察流水灯是否正常执行，如图 3-54 所示。当按动一下开关，流水灯马上停止了工作；重新按动开关，流水灯又重新开始了工作，证明了程序是没有问题的。

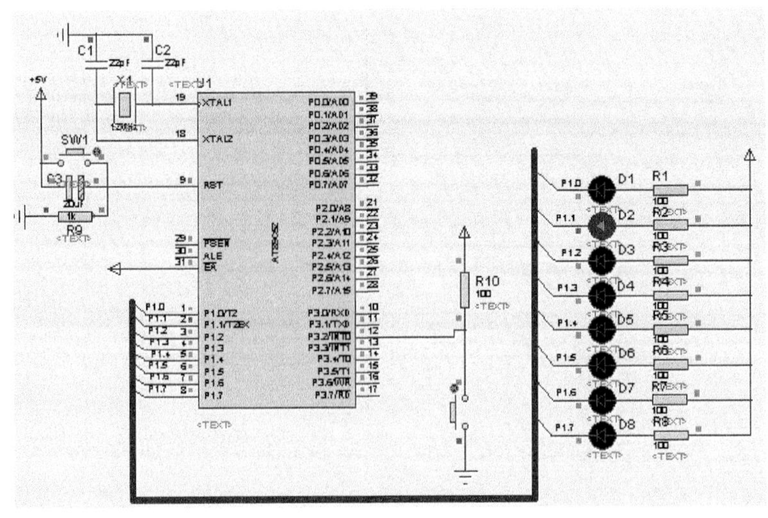

图 3-54 中断控制流水灯执行效果

3.5　用 C 语言完成中断控制

上一节介绍了用汇编语言完成中断流水灯的控制，同样也可以用 C 语言来完成这一功能。在中断程序的执行中，C 语言的编程方法更加简单，有了一定汇编语言的基础，相信大家能更好地掌握 C 语言中断的控制方法。

3.5.1　C 语言相关知识介绍

先来介绍一点 C 语言的基础知识吧。

1．C语言的关系运算符

我们在前面学过了“==”号，其他关系运算符还有：<（小于）、<=（小于或等于）、>（大于）、>=（大于或等于）、==（等于）、!=（不等于）。

2．C语言逻辑运算

C 语言中提供了 3 种逻辑运算符：&&（与运算）、||（或运算）、!（非运算）。

C 语言逻辑运算的分为“真”和“假”两种，用“1”和“0”来表示。其求值规则介绍如下。

1）与运算

```
&&
```

参与运算的两个量都为真时，结果才为真，否则为假。

例如，(a>0) &&(b>2)：如果 a>0 为真（1），b>2 也为真（1），相与的结果就为真（1）。如果它们中有一个为假，则结果就为假（0）。

2）或运算

```
||
```

参与运算的两个量只要有一个为真，结果就为真。 两个量都为假时，结果为假。

例如，(a>0)||(b>8)：如果这两个条件有一个为真（1），则结果就为真（1）。如果这两个条件都为假（0），则结果就为假（0）。

3）非运算

```
!
```

参与运算量为真时，结果为假；参与运算量为假时，结果为真。

例如，!(a>0)：假如(a>0)这个条件为真（1），则结果就为假（0）。相反如果（a>0）这个条件为假（0），则结果就为真（0）。

3．C语言位运算符

和汇编语言一样，位运算符是按位判断的，如下所示。

&	按位与
|	按位或
^	按位异或
~	取反
<<	左移
>>	右移

（1）按位与运算符“&”是参与运算的两个数各对应的二进位相与。例如：

```
00001001
&00000101
00000001          十进制： 9&5=1
```

（2）按位或运算符“|”是参与运算的两个数各对应的二进位相或。只要对应的 2 个二进位有一个为 1 时，结果位就为 1。例如：

```
 00001001
|00000101
 00001101         十进制： 9|5=13
```

（3）按位异或运算符“^”参与运算的两个数各对应的二进位相异或，当两个对应的二进位相异时，结果为 1。例如：

```
 00001001
^00000101
 00001100         十进制： 9^5=13
```

（4）求反运算符“～”为单目运算符，其功能是对参与运算的数的各二进位按位求反。例如，～9 的运算为：

```
~(0000000000001001)
```

结果为：

```
1111111111110110
```

4. 局部变量和全局变量

C 语言中的变量，按作用域范围可分为两种，即局部变量和全局变量。

局部变量也称为内部变量。局部变量是在函数内做定义说明的。其作用域仅限于函数内，离开该函数后使用该变量是非法的。

```
main()
{
  int s,a;    //局部变量
  ......
 {
  int b;
  s=a+b;
  ......
 }
```

全局变量也称为外部变量，它是在函数外部定义的变量。它不属于哪一个函数，而属于一个源程序文件，其作用域是整个源程序。在函数中使用全局变量，一般应做全局变量说明。只有在函数内经过说明的全局变量才能使用。全局变量的说明符为 extern。但在一个函数之前定义的全局变量，在该函数内使用可不再加以说明。

```
int a,b;        //全局变量
  main()
  {
    int b;
    s=a+b;
  }
Son( )          //子函数
{
    int b;
    s=a+b;
}
```

5. break和continue语句

1）break 语句

break 语句通常用在循环语句和开关语句中。

如图 3-55 所示，当 break 语句用于 do-while、for、while 循环语句中时，可使程序终止循环而执行循环后面的语句，通常 break 语句总是与 if 语句联在一起，即满足条件时便跳出循环。简单来说，break 语句是跳出当前循环。

2）continue 语句

continue 语句的作用是跳过循环中剩余的语句而强行执行下一次循环，其执行过程如图 3-56 所示。continue 语句用在 for、while、do-while 等循环体中，常与 if 条件语句一起使用，用来加速循环。break 语句是跳出当前循环，而 continue 语句则是重新开始当前循环。

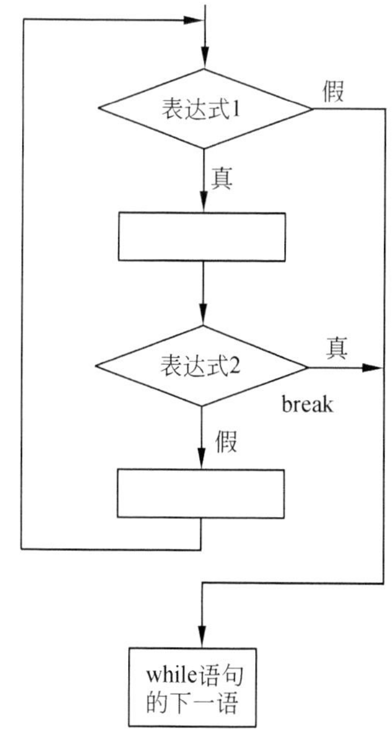

图 3-55　break 语句执行过程

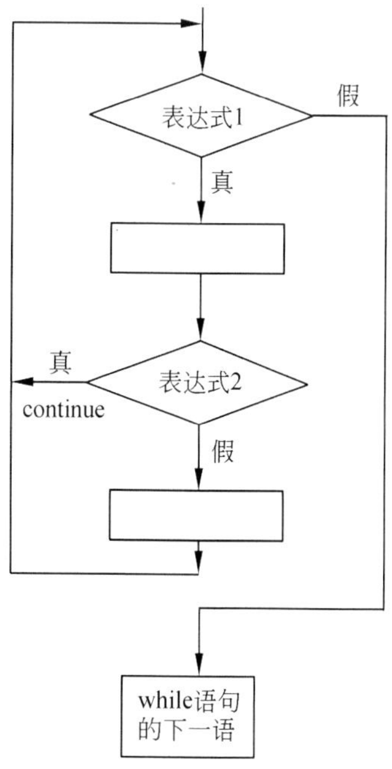

图 3-56　continue 语句执行过程

6. C51中断服务程序的编写

C51 中断服务程序的格式是固定的：
中断服务程序名称 interrupt（中断号）using（使用工作寄存器组序号）。
C51 中断序号如表 3-4 所示。

表 3-4　C51 中断序号定义

中 断 序 号	对应的中断
0	外部中断 0
1	定时/计数器 0 溢出中断
2	外部中断 1
3	定时/计数器 1 溢出中断
4	串行口中断

前面讲到 51 单片机的寄存器区（RAM 地址 00H~1FH）有四组寄存器，每组包含 8 个寄存器，为 R0～R7。在 C51 中，是隐含使用的，表示在编程过程中，我们不能直接使用，而是被系统使用。通过执行寄存器组序号，指定让系统使用哪种寄存器，如表 3-5 所示。

表 3-5　C51 寄存器组序号

寄存器组序号	使用哪组寄存器
0	寄存器组 1
1	寄存器组 2
2	寄存器组 3
3	寄存器组 4

假设我们要使用外中断 0 服务程序，则可以命名为 extr0 () interrupt 0 using 0。

3.5.2　编写 C 语言外中断程序

在编写程序之前，我们先来列出 C 语言控制外中断程序的流程图，如图 3-57 所示。
根据流程图 3-57 来编写出 C 语言程序：

```
#include <at89x52.h>
#include<intrins.h>
void Delay500ms();
void timer0 (void);       //声明中断服务子程序
bit  b=0;                 //声明一个全局变量，用于中断控制标志
main()
{
unsigned char data j;
EA=1;
EX0=1;
IT0=1;
IP=0X01;
P1=0XFE;
while(1)
{
for(j=8;j>0;j--)
{
if(b==1)                   //如果自定义外中断标志为 0，则跳出 for 循环
break;
```

```
P1=_crol_(P1,1);
Delay500ms();
//P1<<=1;
}
}
}
void Delay500ms()              // 延时子函数名字
{
unsigned char i,j,k;
for(i=200;i>0;i--)
for(j=20;j>0;j--)
for(k=250;k>0;k--);
}

void timer0 (void) interrupt 0 using 2   //中断服务子程序
{
       b=~b;
}
```

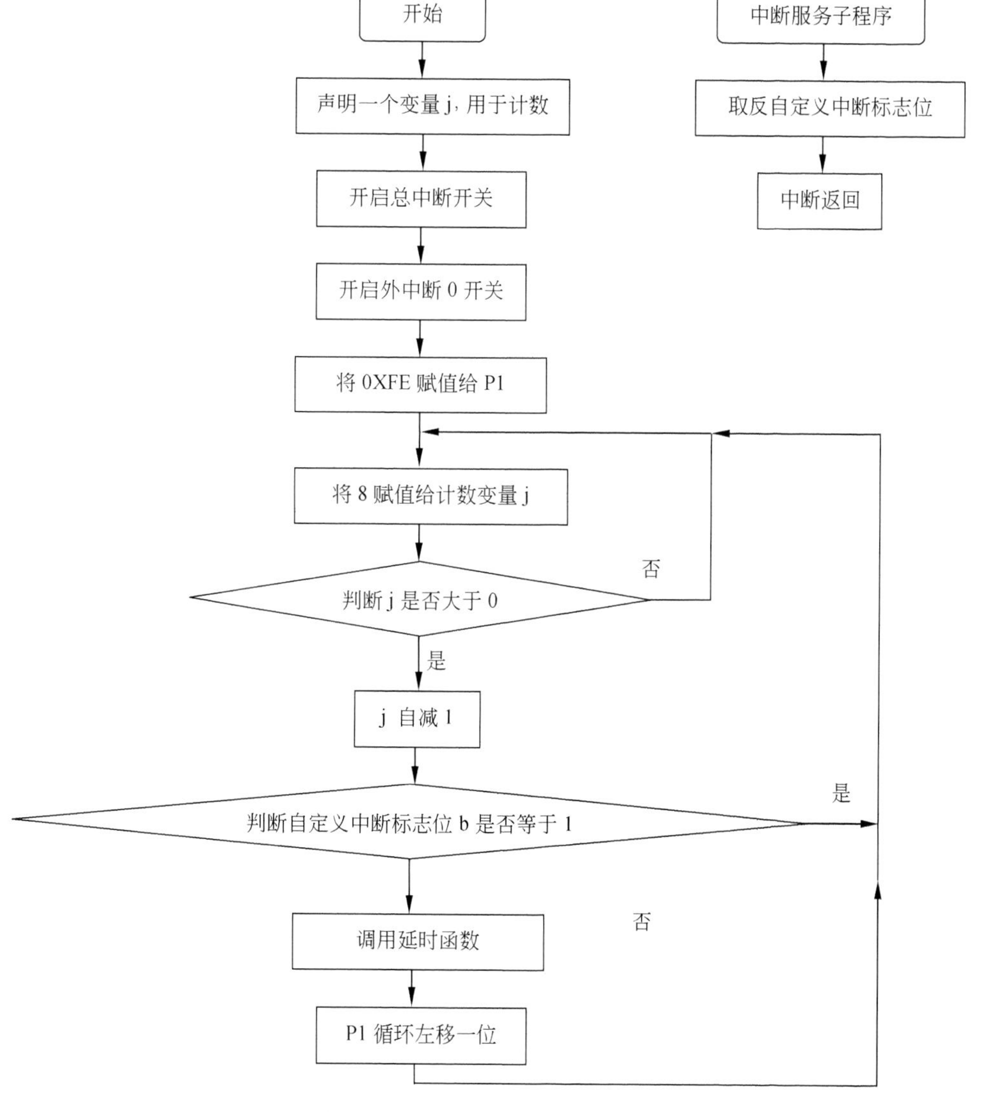

图 3-57　C 语言中断控制流程图

C 语言外中断控制程序也是在原有流水灯的基础上进行了修改。在程序中，我们设置了一个全局位变量 b，这是一个自定义的中断标志位，这个变量无论是在主程序，还是在中断子程序中都是可以使用的。

当没有中断发生时，由于设置 b 的状态为 0，流水灯正常运行；当中断启动，b 的状态被取反，流水灯停止工作。当再次中断，b 的状态重新取反，变为 0，流水灯又正常地运行。

程序编写好了，可以重新建立一个 C 语言 Keil 项目，将程序编译，生成“hex”文件，然后在 Proteus 中进行仿真，观察程序的执行是不是我们想要的效果。

3.5.3 软件仿真 C 语言外中断程序

C 语言外中断程序是可以在 Keil 中仿真的。在本节就来介绍外中断软件仿真的方法。

（1）新建一个 C 语言 Keil 项目，如图 3-58 所示。

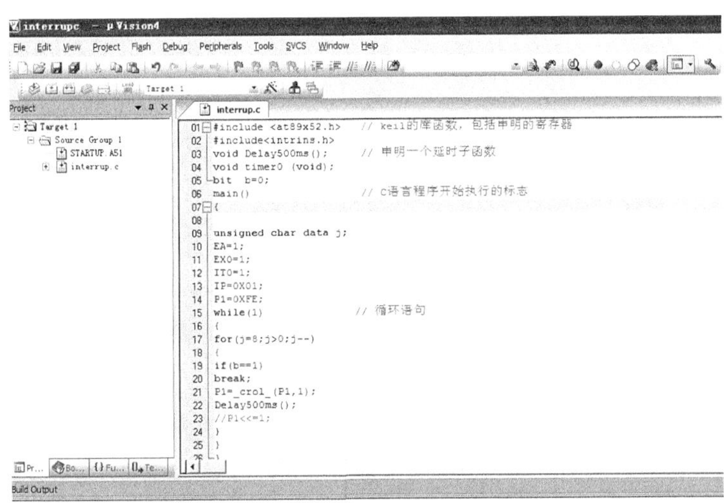

图 3-58 外中断 C 语言项目

（2）进行仿真设置。设置的方法和普通流水灯软件仿真一样，我们再来复习一下，如图 3-59 和图 3-60 所示。

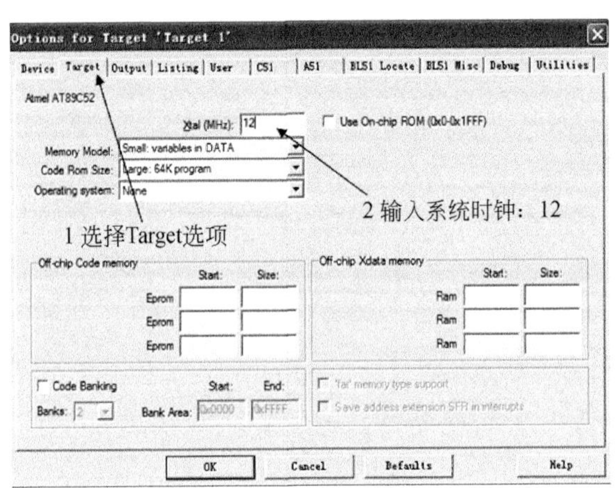

图 3-59 仿真设置 1

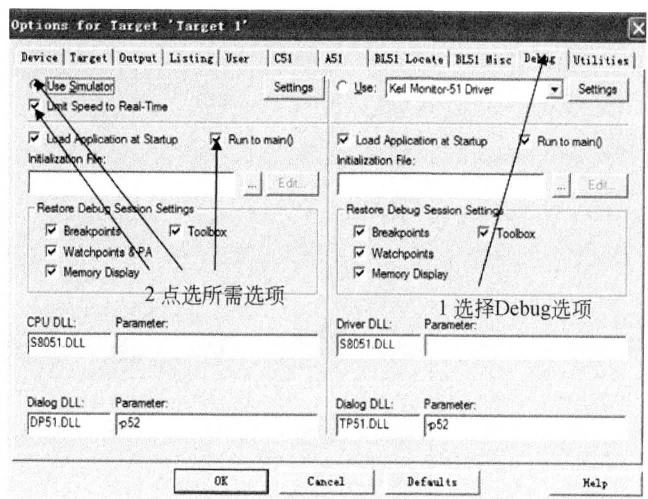

图 3-60　仿真选项 2

（3）进入仿真界面，单击仿真按钮，如图 3-61 所示。

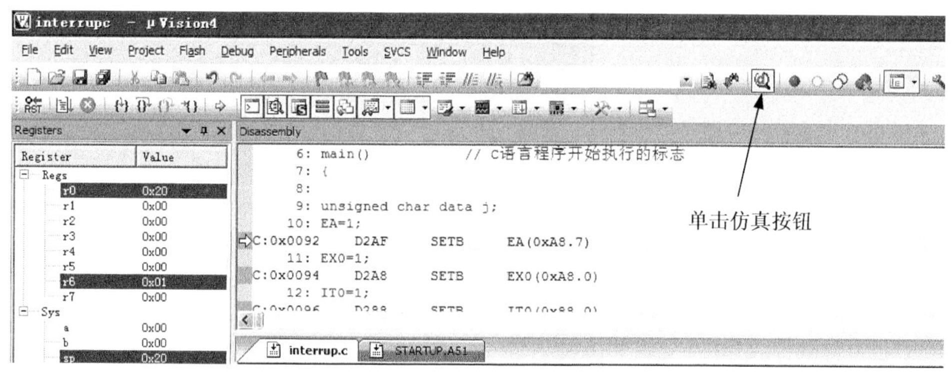

图 3-61　进入仿真界面

（4）打开中断寄存器观察窗口，步骤如图 3-62 所示，打开的中断寄存器观察窗口，如图 3-63 所示。在图 3-62 中可看到本节介绍过的中断控制位和标志位。

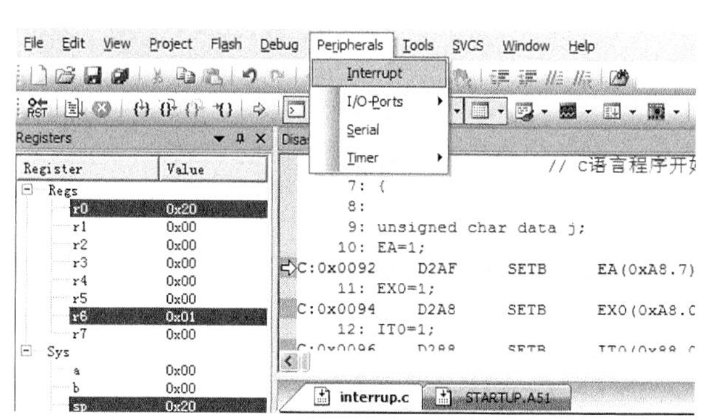

图 3-62　打开中断寄存器观察窗口步骤

Interrupt System

Int Source	Vector	Mode	Req	Ena	Pri
P3.2/Int0	0003H	0	0	0	0
Timer 0	000BH		0	0	0
P3.3/Int1	0013H	0	0	0	0
Timer 1	001BH		0	0	0
Serial Rcv.	0023H		0	0	0
Serial Xmit.	0023H		0	0	0
Timer 2	002BH		0	0	0
P1.1/T2EX	002BH	0	0	0	0

EA　Selected Interrupt: IT0　IE0　EX0　Pri.: 0

图 3-63　中断寄存器观察窗口

（5）我们可以进行单步仿真，观察中断寄存器的变化情况，如图 3-64 所示。

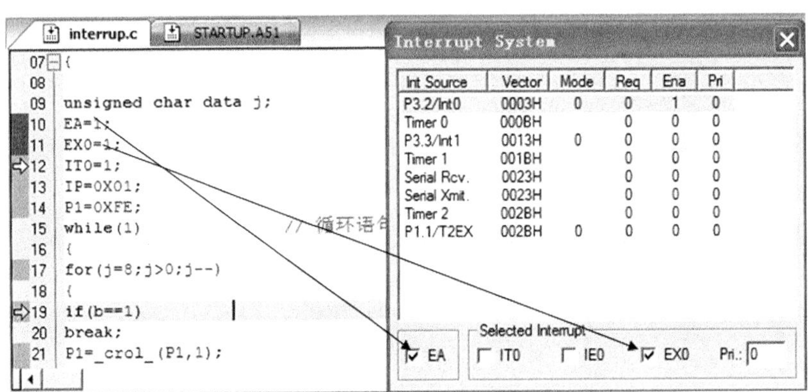

图 3-64　单步执行观察中断寄存器变化

（6）观察全局变量 b，可以在变量观察添加自定义中断标志位 b，如图 3-65 所示。当然也可以将 P1 添加到观察窗口。

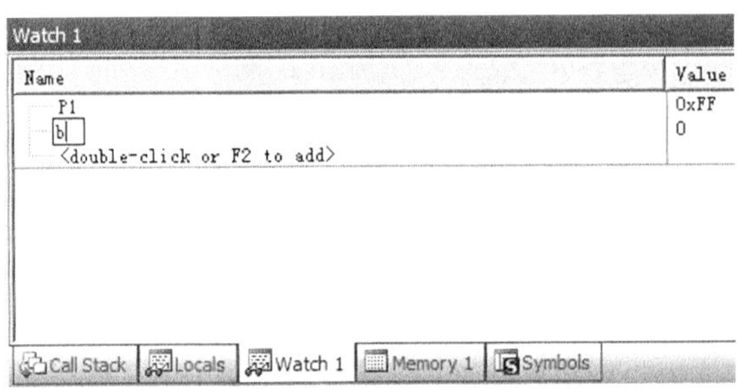

图 3-65　添加标志位 b 到观察窗口

（7）添加断点。所谓断点就是程序执行到这条语句时，自动停止运行。这是一个非常有用的功能，尤其是在仿真中断的时候，我们可以将断点添加到中断服务程序处，添加步骤如图 3-66 所示，添加完断点以后，效果如图 3-67 所示。

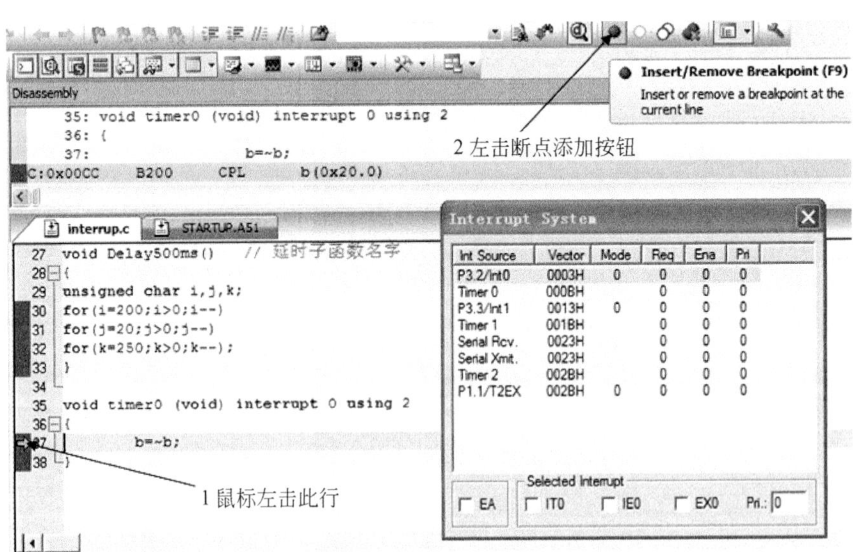

图 3-66　添加断点步骤

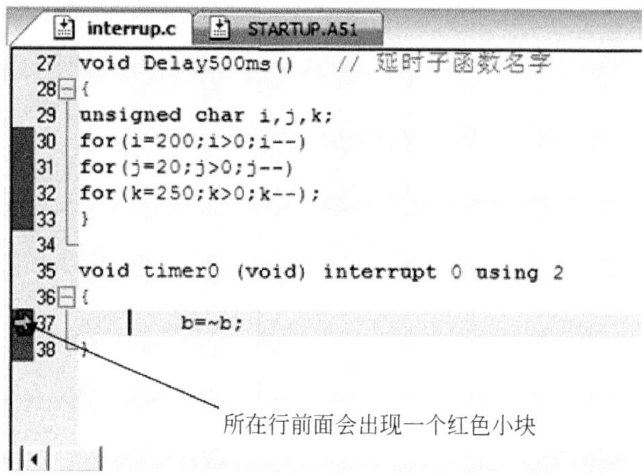

图 3-67 添加断点的效果

（8）还可添加 P1 口和 P3 口的端口观察窗口，如图 3-68 所示。P1 口是为了方便观察流水效果，而 P3 口是为方便制造中断。

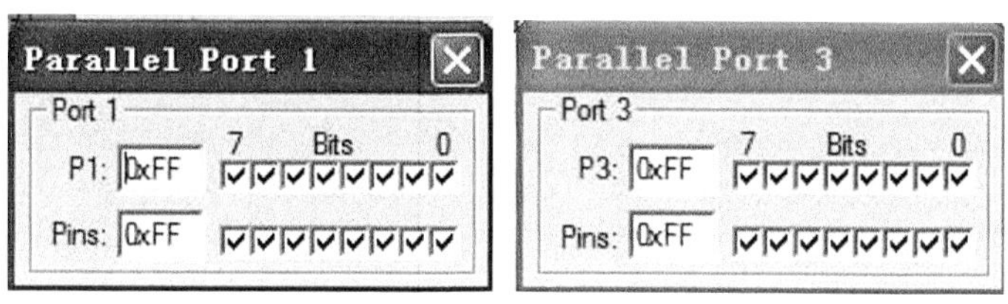

图 3-68 添加 P1、P3 观察窗口

（9）现在可以单击运行按钮开始全速运行程序了，如图 3-69 所示。

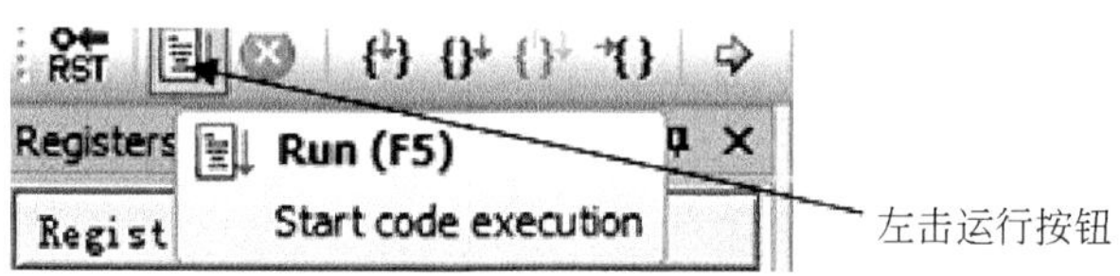

图 3-69 运行按钮

在程序运行的过程中，可以看到 P1 端口循环左移不断变化，这表示程序正在执行流水程序，还没有被中断。

（10）我们手动制造中断，如图 3-70 所示。单击 P3.2 端口，让它处于非选中状态。这样就制造了一个中断的脉冲信号。因为 P3.2 初始的状态是 1，我们左击它，让它脱离高电平，而变成低电平，这样就制造了一个下降沿脉冲。然后再左击 P3.2 端口，使它重新处于高电平的状态，这一过程模拟了点动开关的效果。执行完这步操作，看到程序就会在断点处停止运行，表示制造断点成功。

（11）在中断服务程序中，进行单步仿真，如图 3-71 所示。执行这一步，主要是为观察全局变量 b 的状态的变化情况，如图 3-72 所示。在主程序中我们根据判断 b 的状态来决定流水灯是否执行。

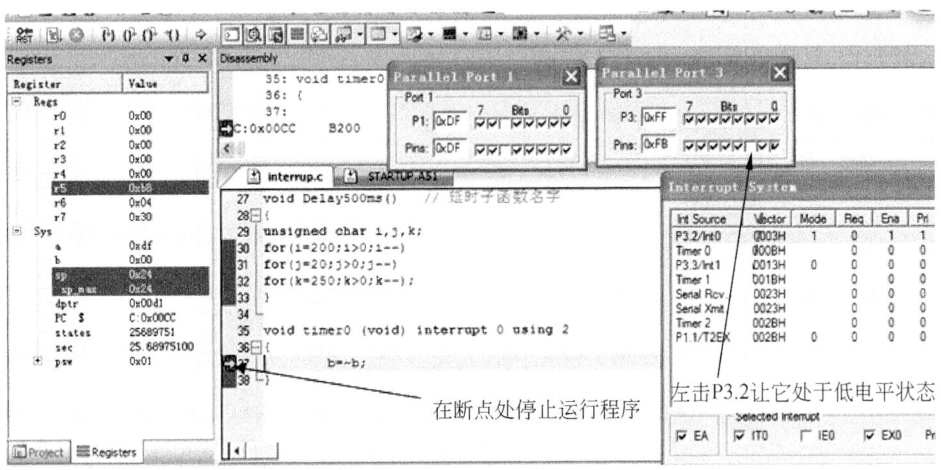

图 3-70　制造中断

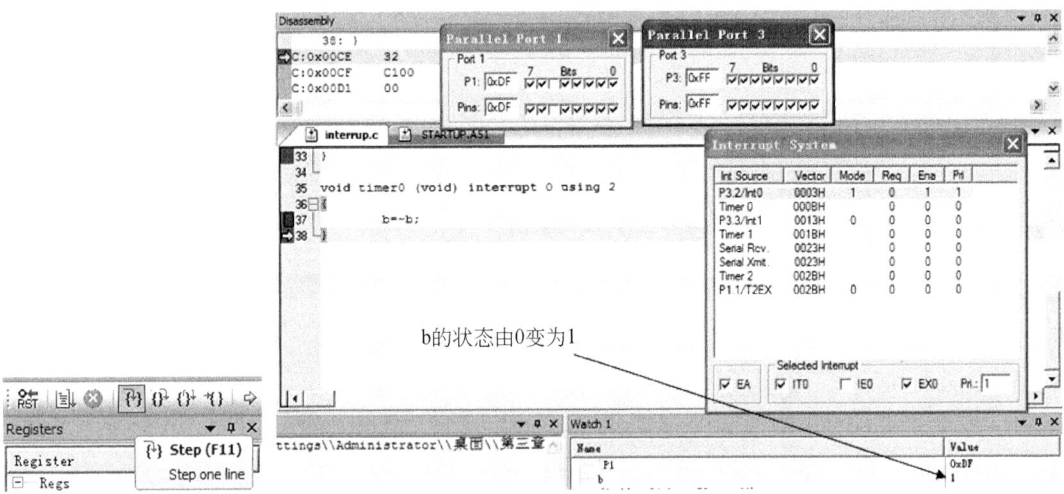

图 3-71　中断处单步仿真　　　　图 3-72　单步仿真执行效果

（12）取消断点，操作步骤如图 3-73 所示。

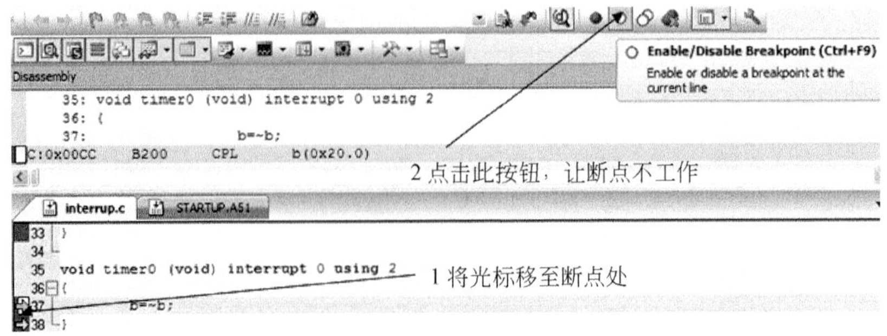

图 3-73　取消断点

（13）没有断点，全速运行。再次单击运行按钮，让程序在没有断点的情况下，直接运行，如图 3-74 所示。在没有制造中断时，流水灯正常地运行，在制造第一次中断后，全局变量 b 变为 1，且流水灯不再运行；重新制造一次中断后，全局变量 b 变回 0，流水灯重新开始工作，表示程序的执行符合我们的要求。

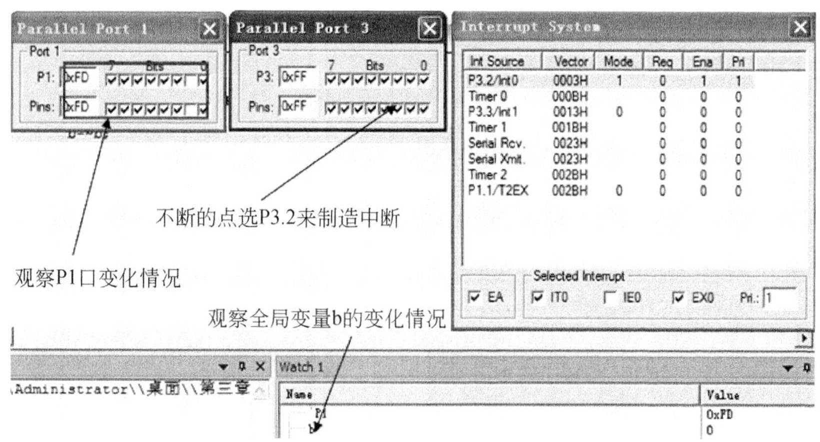

图 3-74　没有中断，全速运行

3.6　习题和实例演练

1. 填空题

（1）汇编语言实现循环左移的指令为________；带位循环左移指令为________。

（2）C 语言实现循环左移的库程序为________；循环右移库程序为________。

（3）外中断 0、外中断 1 对应 51 单片机的引脚为________、________。（位序号）

（4）外中断触发的两种形式为________触发、________触发。

（5）外中断 0 的中断响应地址为________；外中断 1 的中断响应地址为________。

（6）外中断 0、外中断 1 中断响应标志位对应特殊功能寄存器 TCON 的第________位和第________位；位符号分别为________、________。

（7）外中断 0 中断允许控制位为________；外中断 1 中断允许控制位为________。

（8）汇编语言子程序返回指令________；中断子程序返回指令为________。

（9）在 C 语言中，78H&&50H 的运算结果为________；78H&50H 的运算结果为________。

（10）在 C 语言中，78H||50H 的运算结果为________；78H|50H 的运算结果为________。

（11）C 语言中，外中断 0 中断服务子程序中断序号为________；外中断 1 中断序号为________。

2. 判断题

（1）C 语言具有循环左移和循环右移语句。

（2）DJNZ R0，ADDR；表示 R0 的数据减 1，如果为 0，则跳转到地址 ADDR。

（3）软件仿真就是 Proteus 仿真。

（4）在 C 语言中，++i;和 i++;运算的效果是一样的。

（5）在 C 语言中，i<<=1;和 i=i<<1;执行结果一致。

（6）开启外中断 0，只需开启中断允许控制位 EX0。

（7）在汇编语言中，RET 和 RETI 可以相互替代。

（8）80&30 的执行结果和 80&&30 的运算结果是一致的。

3. 解答题

（1）简述循环左移和左移的区别。

（2）简述汇编语言 DJNZ 指令的执行过程。

（3）简述 C 语言 for 语句的执行过程。

（4）简述中断响应的过程。

（5）在 C 语言中，位运算和逻辑运算的区别。

（6）C 语言实现中断服务子程序的编写方案。

4. 实例扩展

（1）绘制电路图，如图 3-75 所示。

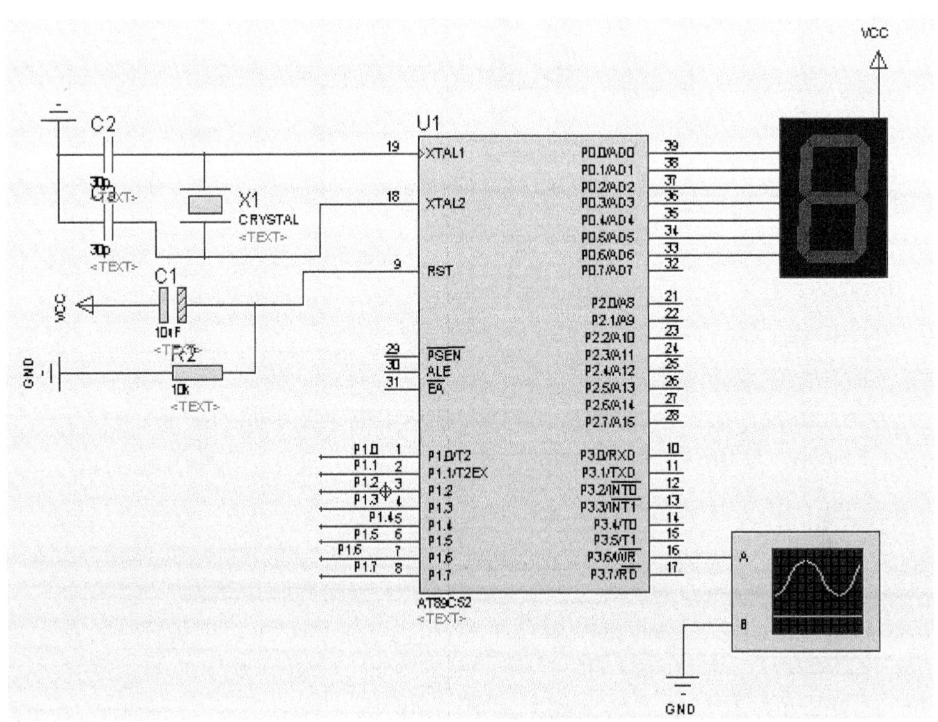

图 3-75　电路图

（2）分别尝试软件仿真第 2 章的汇编语言和 C 语言流水灯程序项目。

（3）对 3.5 节中断实例程序进行改进，外中断 1 接入开关，为流水灯双灯同时闪烁触发按键。

第 4 章　51 单片机对时间的控制

本章将要学习 51 单片机的定时计数功能。定时器对于 51 单片机来说一个非常重要的外设，利用定时器，可以实现一些较为复杂的功能。后面的章节将会讲到编写一个时钟程序，而定时器就是基础。用 51 单片机的定时器做一些小实例也是一件非常有趣的事情。本章同样会穿插介绍一些 C 语言和汇编语言的知识，希望大家认真掌握。

4.1　51 单片机的软件定时

在前面的流水灯实例中，调用了一个延时子程序。通过编程语言可以编写出不同延时时间的程序，我们称这种定时方法为单片机的软件定时。在本节，就来研究一下怎样控制定时时间。

4.1.1　汇编语言实现精确定时

汇编语言是直接控制硬件的语言，每条汇编语句都有固定的执行时间，本书附录 A 里面列出了所有汇编指令，以及每条指令所占用的机器周期。

在第 1 章讲过了一个机器周期为晶振周期乘以 12。假设我们使用的晶振为 12MHZ，则一个机器周期为 1μs。这样就能够计算出每段程序执行所占用的时间。

下面看看前面学过的流水灯的延时程序延时的时间是不是一秒。

```
DELAY1S:                ;软件延时子程序
        MOV R4,#4
LOOP3:  MOV R5,#255
LOOP2:  MOV R6,#245
LOOP1:
        NOP
        NOP
        DJNZ  R6,LOOP1
        DJNZ  R5,LOOP2
        DJNZ  R4,LOOP3
RET
```

程序中有一条指令还没有介绍：

```
NOP ; 空操作指令
```

这条指令非常简单，就是白白消耗一个机器周期，而不进行任何操作，因此 NOP 语句常常用在程序的等待或时间的延时。如表 4-1 所示，列出了上面延时程序中每条语句所占用的时间。

表 4-1　延时子程序每条语句占用机器周期

指　　令	机 器 周 期	在 12MHZ 晶振下的执行时间
MOV Rn ,#data	1	1μs
DJNZ Rn ,rel	2	2μs
NOP	1	1μs
RET	2	2μs

可以通过对照表 4-1 来分析延时子程序的执行时间，下面就由浅入深地来分析汇编语言软件定时的时间控制。

1．先来编一个较短时间的定时程序

```
DELAY:
MOV R5,#time
LOOP:
NOP
NOP
DJNZ R5, LOOP
RET
```

在程序中，#time 表示一个任意给定的立即数，因为 R0～R7 都为 8 位寄存器，所以#time 的取值范围为 0～255。下面来分析这段小程序最大的定时时间是多少，如图 4-1 所示。

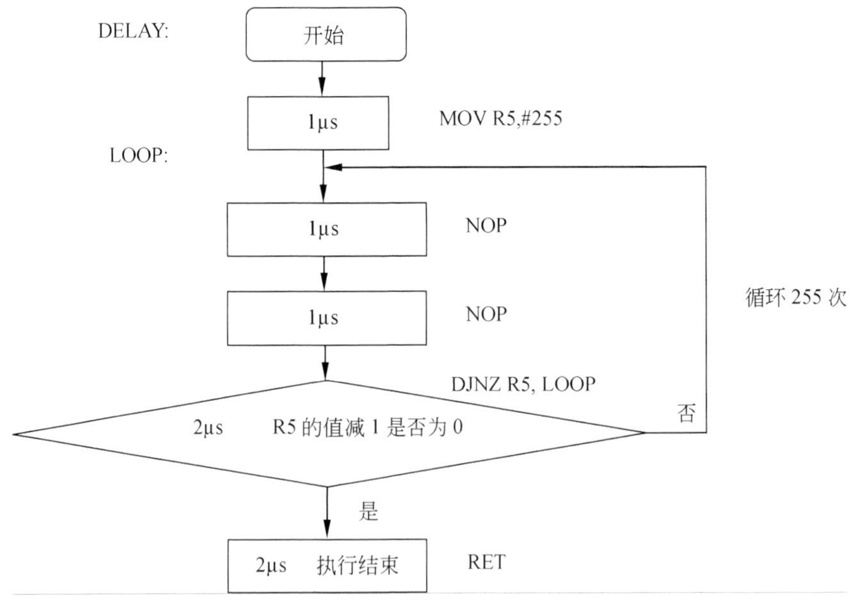

图 4-1　延时执行时间

可以算出执行这个子程序所用的最大的时间为 1+（1+1+2）×255+2=1023μs。

2．较长时间的定时程序

单循环定时程序的时间延迟比较小，为了加长定时时间，通常采用多重循环的方式。

```
DELAYL:
LOOP2:  MOV R5,# time1
LOOP1:  MOV R6,# time2
        NOP
        NOP
        DJNZ  R6,LOOP1
        DJNZ  R5,LOOP2
RET
```

在程序中# time1、# time2 表示任意选取的值，那么我们可以计算一下这段程序执行了多长时间，如图 4-2 所示。

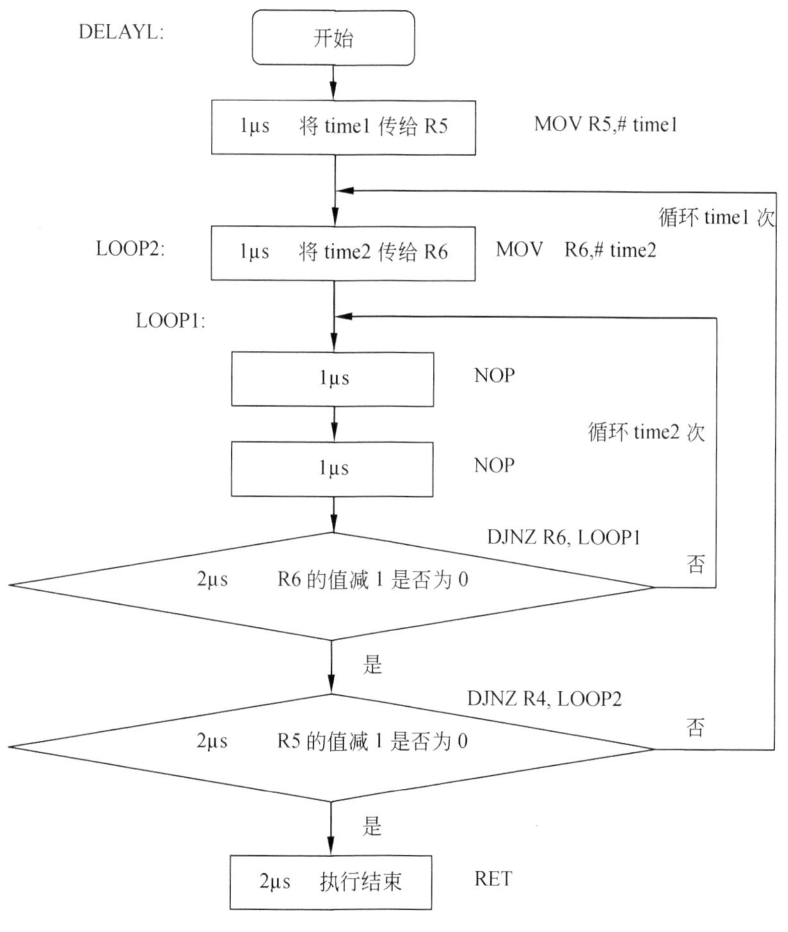

图 4-2　较长时间延时

通过图 4-2，可以计算出这段程序的延时时间为[(1+1+2)×time2+2+1]×time1+2。

假设 time1 和 time2 都取最大值 255，则此延时程序最大延时时间为 260867μs≈261ms≈0.26s。我们可以通过调整 time1 和 time2 的值来调整延时的时间。例如，取 time1 为 255，temp2 为 245，那么延时时间就为 250667μs≈0.25s，将这个值乘以 4，就是 1s。

现在回头看看我们给出的延时 1s 程序，是在以上程序的基础上又进行了一重循环，就实现了延时 1s 的效果。来看一下延时 1s 程序时间执行的流程图，如图 4-3 所示。

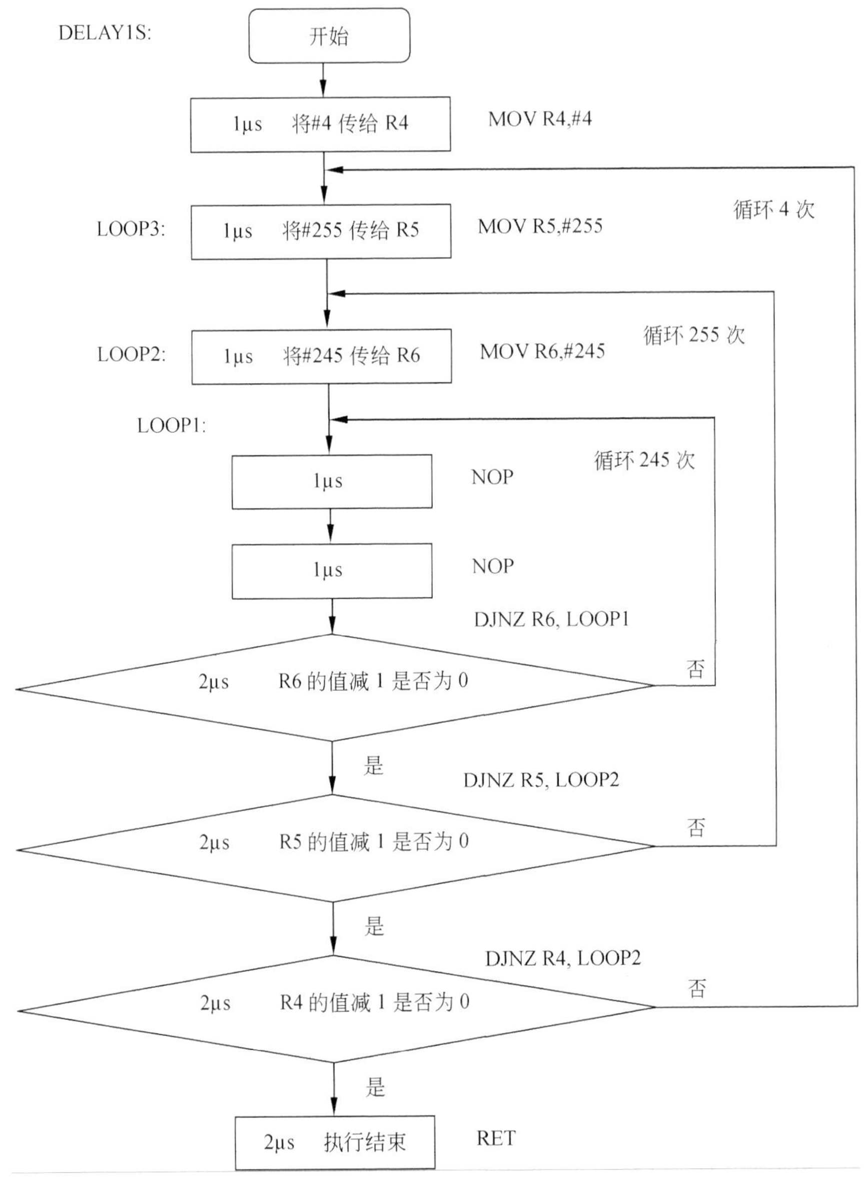

图 4-3 DELAY1s:执行流程

计算一下延时程序执行的时间：

{[(1+1+2)×245+2+1]×255+2}×4+2=1002668μs≈1002.67ms≈1.003s

3. 通过软件仿真来验证延时程序

可以用软件仿真的方法来验证汇编语言软件定时时间是否正确。

（1）打开 3.1 节完成的流水灯汇编程序项目，如图 4-4 所示。

（2）如果需要程序执行的时间和实际一样，就需要设置仿真时间和实际一样，如图 4-5 所示。

（3）也需要设置仿真晶振频率和硬件相同，都为 12MHZ，如图 4-6 所示。

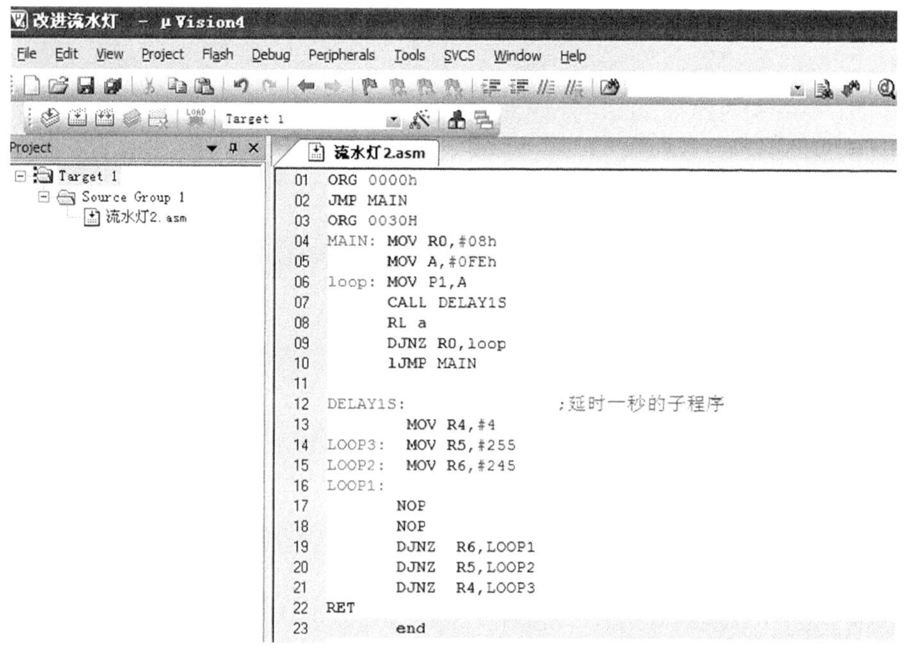

图 4-4　打开 Keil 项目

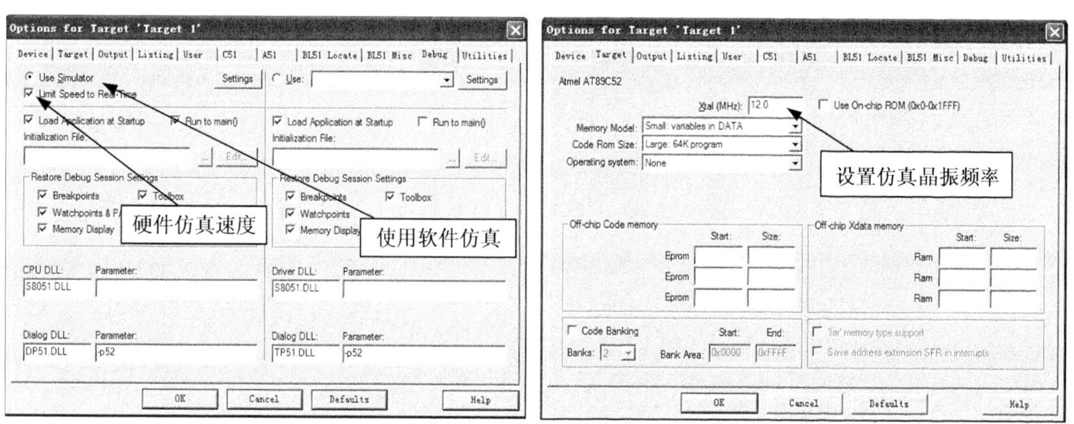

图 4-5　软件仿真 1　　　　图 4-6　软件仿真 2

编译程序，单击仿真按钮。再次强调，仿真前我们需要编译一下项目，保证没有错误，再单击开始仿真按钮，如图 4-7 所示。

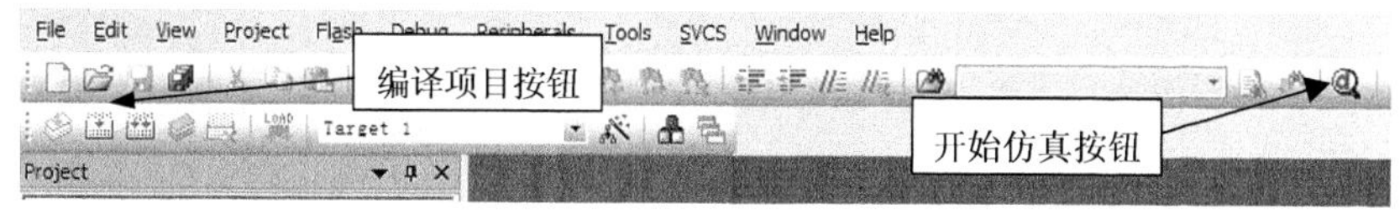

图 4-7　编译并仿真

（4）观察程序的执行时间，如图 4-8 所示。开始仿真后，在 Keil 左侧的寄存器观察窗口，有一个观察程序执行时间的显示选项，刚进入仿真时，它的初始值为 0.00000000s。

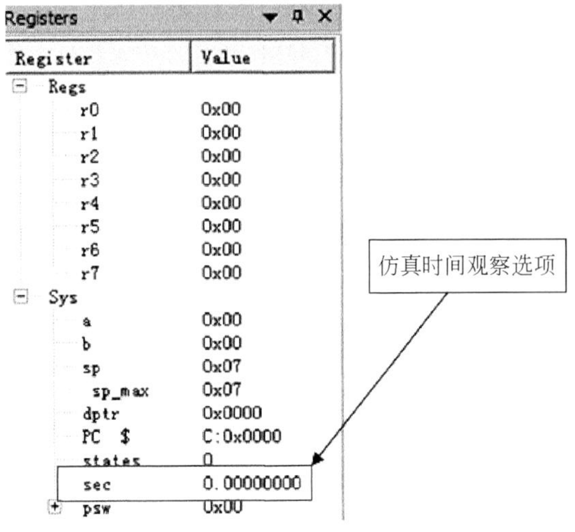

图 4-8　寄存器观察窗口

单步仿真，让程序执行到 CALL DELAY1S，如图 4-9 所示。我们观察程序执行的时间为 0.00000500 s。

```
ORG 0000h
JMP MAIN           ; 2μs
ORG 0030H
MAIN:
    MOV R0,#08h ; 1μs
    MOV A,#0FEh ; 1μs
loop:
   MOV P1,A    ; 1μs
```

上述的几条指令，ORG 是伪指令，所以不需要耗费程序执行时间，其他指令总共耗费 5μs 的时间。

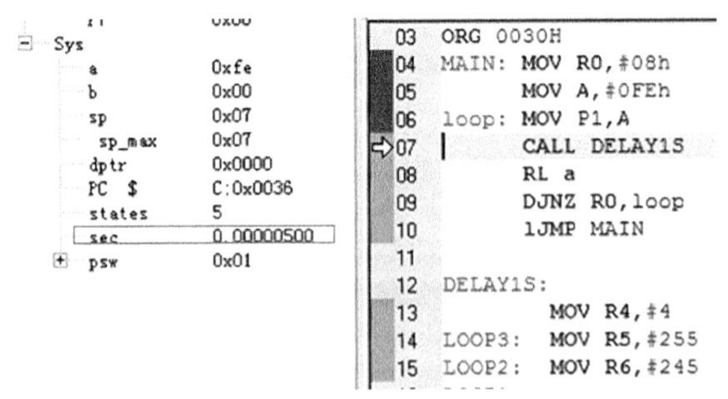

图 4-9　观察程序执行时间

（5）单击跳过子程序按钮，如图 4-10 所示，表示让计算机自动执行延时子程序。如果使用单步执行，将会花费很长的时间在循环中执行。

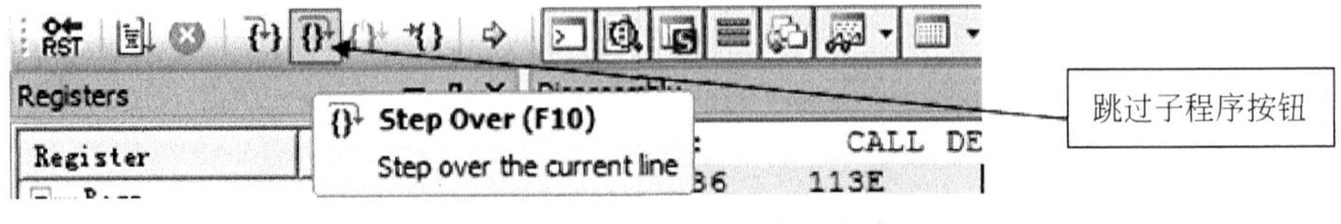

图 4-10　自动执行延时子程序

（6）此时观察程序执行了多长时间，如图 4-11 所示。我们看到执行的时间为 1.002682s，减去前几条指令执行的 5μs 得到的结果约等于 1.003s，表示程序设计的非常正确。

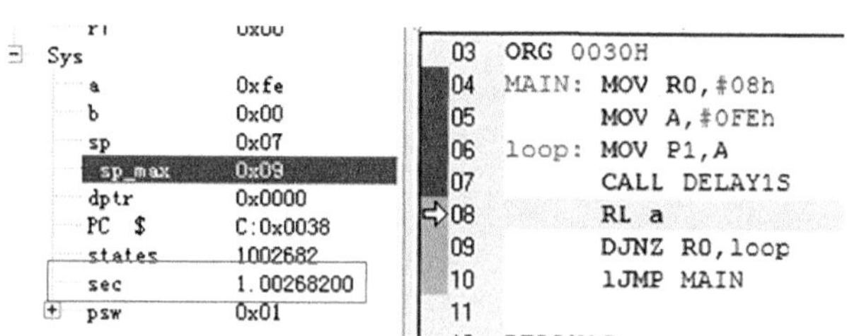

图 4-11　执行延时程序所用时间

4.1.2　用 C 语言实现延时的方法

因为 C 语言并不是直接控制硬件，每条程序语句执行的时间是不确定的，无法像汇编语言一样实现如此精确的定时，但是配合软件仿真的方法，还是可以编写出我们所需要的定时程序。

在 C 语言中同样可以调用_nop_，它的功能不进行任何操作，白白耗费一个机器周期。但需要注意三点：

- ❑ 在 nop 前面必须添加下划线。
- ❑ nop 必须为小写英文字母。
- ❑ 必须在程序前添加宏定义文件包含命令#include<intrins.h>。

在第 2 章讲过，如果使用循环右移子程序 crol 就必须包含头文件#include<intrins.h>，在 C51 单片机编程中，头文件 intrins.h 提供了一些非常贴近汇编的小程序，使用非常方便。现在来看一下这个文件的内容，在 Keil 中打开这个文件的方法如图 4-12 所示。

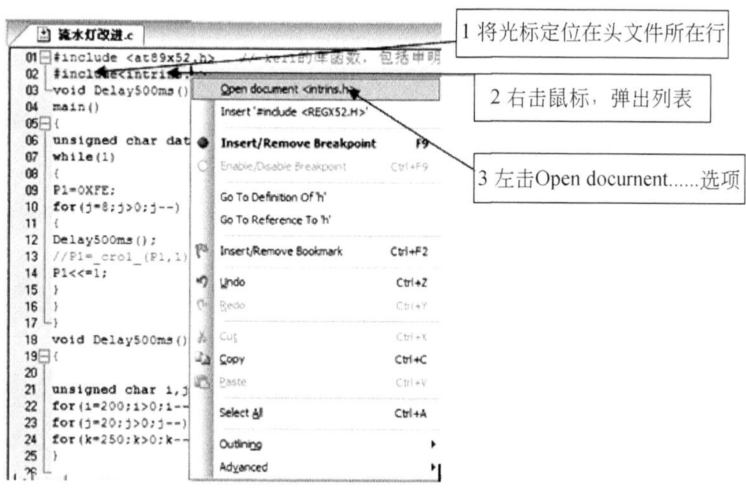

图 4-12　在 Keil 中打开头文件的方法

intrins.h 文件中包含的内容如下所示。

```
/*--------------------------------------------------------------------------
INTRINS.H
Intrinsic functions for C51.
Copyright (c) 1988-2004 Keil Elektronik GmbH and Keil Software, Inc.
```

```
All rights reserved.
--------------------------------------------------------------------------*/
#ifndef __INTRINS_H__
#define __INTRINS_H__
extern void          _nop_     (void);                   //空操作 8051 NOP 指令
extern bit           _testbit_ (bit);                    //测试并清零位
extern unsigned char _cror_    (unsigned char, unsigned char);
                                                         //8 位变量循环右移
extern unsigned int  _iror_    (unsigned int,  unsigned char);
                                                         //16 位变量循环右移
extern unsigned long _lror_    (unsigned long, unsigned char);
                                                         //32 位变量循环右移
extern unsigned char _crol_    (unsigned char, unsigned char);
                                                         //8 位变量循环左移
extern unsigned int  _irol_    (unsigned int,  unsigned char);
                                                         //16 位变量循环右移
extern unsigned long _lrol_    (unsigned long, unsigned char);
                                                         //32 位变量循环右移
extern unsigned char _chkfloat_(float);                  //测试并返回源点数状态
extern void          _push_    (unsigned char _sfr); //压入堆栈,相当于汇编push
extern void          _pop_     (unsigned char _sfr); //弹出堆栈,相当于汇编 pop
#endif
```

1．C语言流水灯中所用的延时子程序，延时约500 ms

```
void Delay500ms( )
{
unsigned char i,j,k;
for(i=200;i>0;i--)
for(j=20;j>0;j--)
for(k=250;k>0;k--);
}
```

仔细看这段程序，大家可能会感到很疑惑，因为前两句 for 语句中后面都没有添加“；”，只在第三条语句后添加了“；”，这是为什么呢？来重新复习一下 for 语句的格式吧。

一个完整的 for 语句的形式：

```
for ( ; ; )
一条程序;
```

或

```
for( ;  ; ){ 多条程序}
```

如果采取下面的程序编写的方法，大家可能会容易理解一点。

```
void Delay500ms( )
{
unsigned char i,j,k;
for(i=200;i>0;i--)
{
for(j=20;j>0;j--)
{
for(k=250;k>0;k--)
;
}
}
}
```

在程序中：

```
for(k=250;k>0;k--)
;
```

单独使用一个“；”，表示运行了一条空语句，就如 nop 指令。

在程序中可以看到，用 C 语言编写延时程序，是用了循环执行的方法，不断地耗费计算机执行使其达到延时的效果。可以按上面的程序画出流程图，如图 4-13 所示，程序执行了三层循环，才达到延时效果。

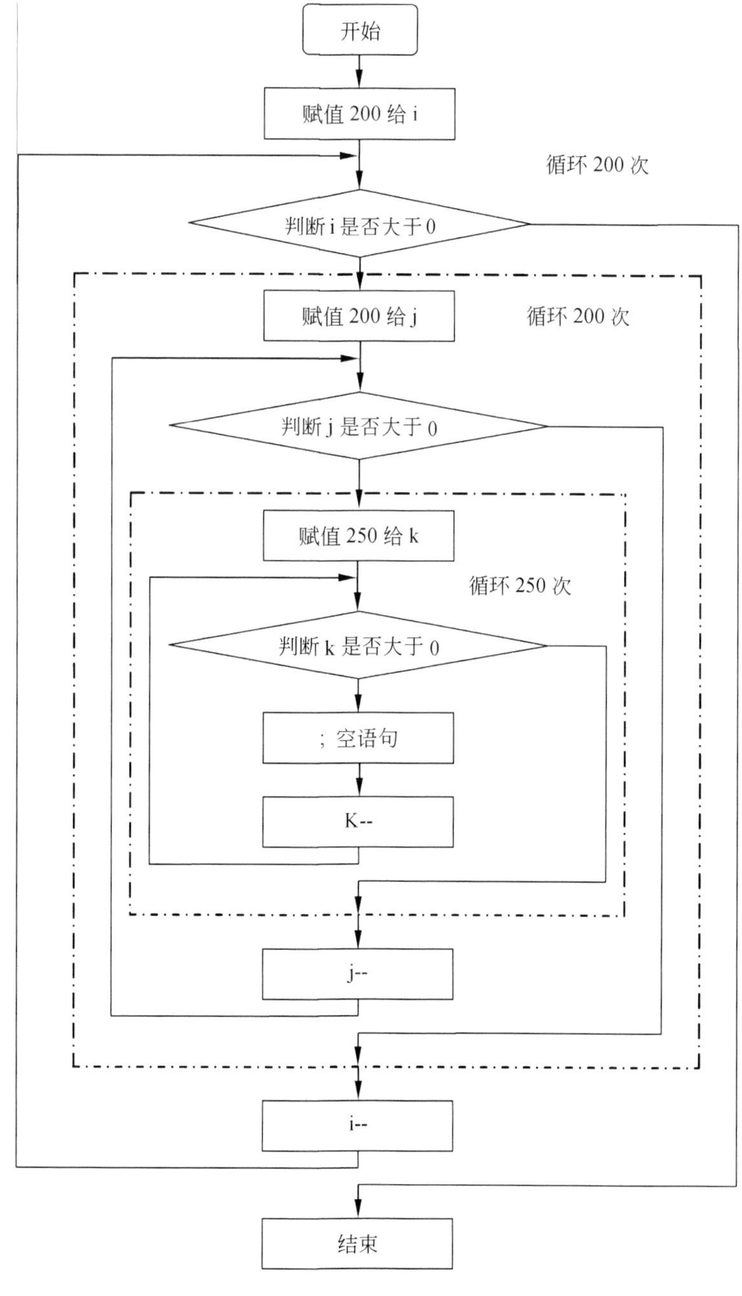

图 4-13　延时流程

2．其他循环语句也可以构成延时子程序

C 语言编写软件延时程序的方法有很多，几乎使用的都是循环语句。

（1）用 while 语句实现延时：

```
Delay()
{
unsigned char i,j
i=20;
while(i)
{
j=255;
while(j)
{
K=250
while(k)
{
k--;
}
j --;
};
 i--;
}
}
```

（2）用 do-while 语句实现延时：

```
Delay()
{
unsigned char i, j, k
i=20;
do
{
j=255;
do{
k=250
do
{
k--;
}
while(k);
j--;
}
while(j);
 i--;
}
while(i);
}
```

3．在Keil中软件仿真C语言延时效果

C 语言执行每条语句的时间不是固定的，需要通过反汇编的方法来计算出每条程序执行的时间，这是非常繁琐的。但在互联网和其他书籍中有许多经验丰富的程序员已经编写好了程序供我们直接调用，学习编程语言就是如此，有些模块化的东西一般是不需要重新编写的。

（1）在 Keil 中软件仿真 C 语言的延时程序。可以打开以前的流水灯项目，通过编译，并且进行设置，设置的方法和汇编语言是一样的，然后进行仿真，如图 4-14 所示。

图 4-14　C 语言流水灯项目仿真界面

（2）将程序执行到 Delay500ms(); 这条语句，如图 4-15 所示，可观察前面程序执行的时间为 0.000393s。有兴趣的读者可以观察反汇编窗口分析程序是如何执行的。

图 4-15　程序执行的时间

（3）执行跳过子程序按钮，让计算机自动执行延时子程序，如图 4-16 所示。

图 4-16　跳过延时子程序

（4）执行完延时子程序后，此时的时间为 2.012998s，如图 4-17 所示，减去前面的 0.000393s，延时程序执行的时间为 2.012605s，那么前面所用的程序名称就错了，我们如何修改程序让它的执行时间为 0.5s，也就是 500ms 呢？

图 4-17　执行延时程序后，程序的执行时间

（5）我们将最高级的循环系数 i 改为 50，也就是最外层的循环次数变为原来的 1/4，观察是否能够实验成功，如图 4-18 和图 4-19 所示。

```
void Delay500ms()    // 延时子函数名字
{

unsigned char i,j,k;
for(i=200;i>0;i--)
for(j=20;j>0;j--)
for(k=250;k>0;k--);
}
```

图 4-18　修改前的延时子程序

```
void Delay500ms()    // 延时子函数名字
{

unsigned char i,j,k;
for(i=50;i>0;i--)
//for(i=200;i>0;i--)    ;延时2s
for(j=20;j>0;j--)
for(k=250;k>0;k--);
}
```

图 4-19　修改后的延时子程序

（6）执行修改后的程序。执行完延时子程序后，如图 4-20 所示。观察程序的执行时间变为了 0.503548s，表明程序修改成功。通过修改，可总结出通过修改最外层的循环系数可以直接修改程序的执行时间。

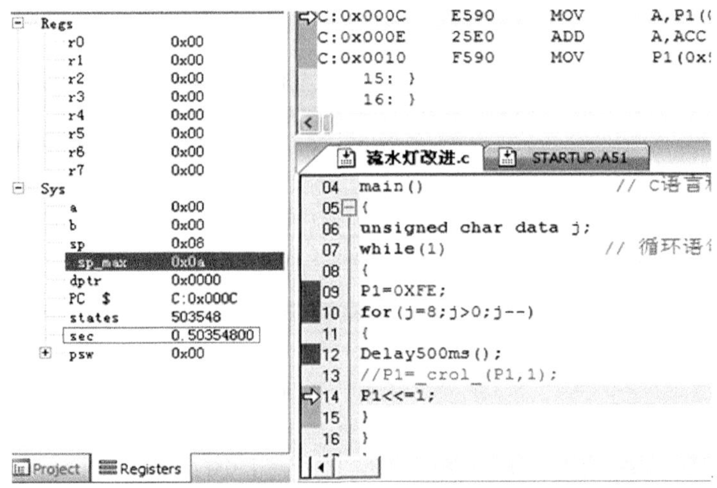

图 4-20　修改程序后的仿真结果

4.2　51 单片机定时器概述

单片机定时的方法有硬件定时、软件定时和可编程定时。硬件定时是由硬件电路构成，本书不再详细介绍。软件定时就是我们上一节所学，主要依靠循环程序进行时间的延迟，软件定时控制精确，但是占用 CPU 的开销，在延时的过程中，无法再进行其他操作。而可编程定时是通过单片机自带的定时器完成，对 CPU 的消耗不大，在本节中将重点介绍单片机的可编程定时器。

4.2.1　51 单片机定时器的功能

传统的 51 单片机共有两个可编程的定时器/计数器，分别称为定时器/计数器 0 和定时器/计数器 1。它们都是 16 位的加法计数结构。

1. 计数功能

该功能是对外部脉冲信号进行计数。51 单片机 P3.4 和 P3.5 的第二功能 T0 和 T1 就是计数脉冲的输入端，如图 4-21 所示。外部输入的脉冲在负跳变，也就是下降沿有效，计 1 次数，计数器寄存器自动加 1。需要注意的是，脉冲频率不能高于晶振频率的 1/24。

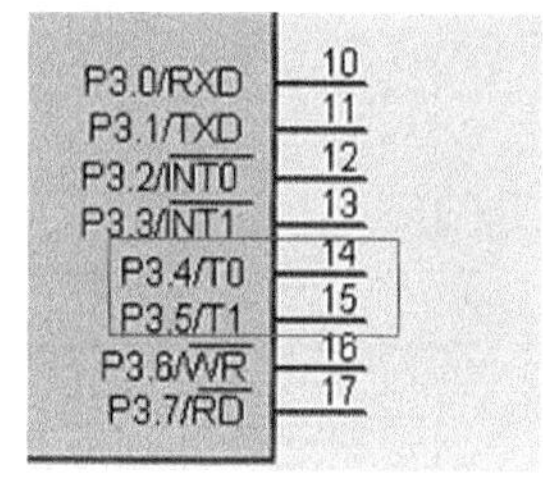

图 4-21　计数信号输入引脚

2. 定时功能

定时功能也是通过计数器的计数来实现的。不过这儿的计数脉冲来自于单片机的内部，每个机器周期产生一个计数脉冲。机器频率是晶振频率的 1/12。如果选用 12MHZ 晶振的话，则计数频率就为 1MHZ。也就是说，如果我们开启定时器，则每过 1μs，计数器就自动加 1，这样就可以根据计数值计算出定时时间了。

4.2.2　定时器/计数器相关寄存器

1. 定时器0数据寄存器

定时器/计数器 0 是 16 位的定时器\计数器，由两个 8 位的数据寄存器构成。TH0 在内部 RAM 高 128 单元的地址为 8CH，TL0 为 8AH，如表 4-2 所示。它们既可以合并为一个使用，又可以单独使用。不管怎样，它们的计数值都是向上递增的，计数一次，它们的值加 1。

表 4-2　定时器/计数器 0 数据寄存器

TH0 8CH								
TL0 8AH								

2．定时器1数据寄存器

定时器/计数器 1 同样也是 16 位的定时器\计数器，由两个 8 位的数据寄存器构成。TH0 在内部 RAM 高 128 单元的地址为 8DH，TL0 为 8BH，如表 4-3 所示。它们既可以合并为一个使用，又可以单独使用。同样，它们的计数值都是向上递增的。

表 4-3　定时器/计数器 1 数据寄存器

TH1 8DH								
TL1 8BH								

不管是定时器 0 还是定时器 1，它们的数据寄存器都不能进行位操作，请大家注意。

3．定时器控制寄存器TCON（88H）

IE1、IT1、IE0、IT0 在上一章已经做了介绍，它们是用于控制外中断的，而前四位 TF1、TR1、TF0、TR0 是用来控制定时器/计数器的，定时器控制器 TCON 各位的定义，如表 4-4 所示。

表 4-4　定时器控制寄存器TCON各位定义

位地址	8FH	8EH	8DH	8CH	8BH	8AH	89H	88H
位符号	TF1	TR1	TF0	TR0	IE1	IT1	IE0	IT0

1）TF0 和 TF1——计数溢出标志位

当计数器计数溢出（计满）时，该位被置为 1。

例如，当定时器 0 作为一个 16 位定时计数器时，也就是 TH0 和 TL0 合并为一个 16 位数据寄存器，当计数达到最大状态 65535 时，如表 4-5 所示，如果再计一个数，就会产生溢出，此时标志位 TF0 被置为 1，而 TH0 和 TL0 都被清零。

表 4-5　16 位定时器数据寄存器满

TH0	1	1	1	1	1	1	1	1
TL0	1	1	1	1	1	1	1	1

当定时器 0 作为一个 8 位定时计数器时，且当前的数据寄存器为 TL0。当计数达到最大状态 255 时，如表 4-6 所示，再计一个数，就会产生溢出，此时标志位 TF0 被置为 1，而 TL0 被清零。

表 4-6　8 位定时器数据寄存器满

TL0	1	1	1	1	1	1	1	1

在这种情况发生后，51 单片机支持两种处理方式。一是查询方式，在这种方式下，判断 TF0 或 TF1，来决定后续的处理，在查询结束后，需要在软件中将此标志位清零，以便下次标记。另一种处理方式为中断处理，当发生计数溢出，程序自动跳转中断服务程序，单片机自动将 TF0 或 TF1 清零，不需要我们干涉。

2）TR1 和 TR0——定时器运行控制位

TR0(TR1)=0，停止定时器/计数器的工作。

TR0(TR1)=1，开启定时器/计数器。

可以对这两个位写入数据来决定定时器/计数器是否开启。

4. 中断允许控制寄存器IE（0A8H）

中断允许控制寄存器的 IE 各位定义，如表 4-7 所示。在第 3 章讲过了 3 个控制位：EA、EX1 和 EX0。

表 4-7　中断允许控制寄存器IE各位定义

位地址	0AFH	0AEH	0ADH	0ACH	0ABH	0AAH	0A9H	0A8H
位符号	EA				ET1	EX1	ET0	EX0

其中 EA 为总的中断允许控制位，ET1 和 ET0 为定时/计数中断控制位。

- ❑ ET1=0，禁止定时/计数 1 中断；ET1=1，允许定时/计数 1 中断。
- ❑ ET0=0，禁止定时/计数 0 中断；ET0=1，允许定时/计数 0 中断。

5. 定时\计数工作方式控制寄存器TMOD（89H）

TMOD 是一个专用寄存器，在 RAM 高 128 单元的地址为 89H。此寄存器用于设定两个定时器/计数器的工作方式，TMOD 不能位写入，只能字节写入数据，如表 4-8 所示。

表 4-8　定时计数工作方式控制寄存器TMOD各位定义

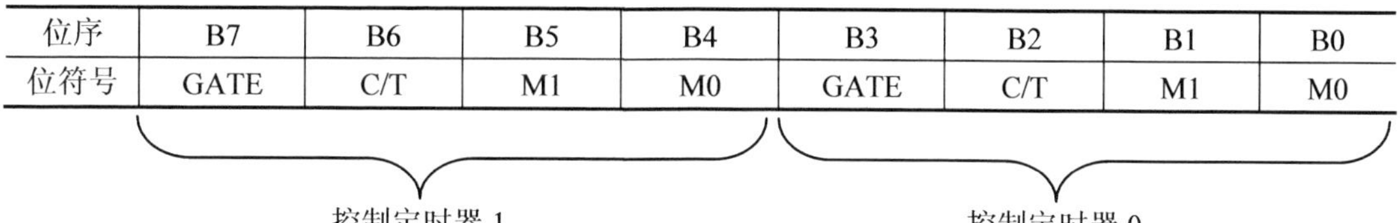

位序	B7	B6	B5	B4	B3	B2	B1	B0
位符号	GATE	C/T	M1	M0	GATE	C/T	M1	M0

从寄存器的位格式可以看出，它的低字节定义定时器/计数器 0，高字节定义定时器/计数器 1。

1）GATE——门控位

GATE=0，运行控制位 TR 来启动定时器。

GATE=1，以外中断请求信号（INT1 或 INT0）启动定时器。

2）C/T——定时方式或计数方式选择位

C/T=0，定时工作方式。

C/T=1，计数工作方式。

3）M1 M0——工作方式选择位

定时器/计数器 0 和 1 有 4 种工作方式，通过写入数据到这两个位进行选择，如表 4-9 所示。

表 4-9　M1、 M0 值对应定时器工作方式

M1	M0	工作方式状态
0	0	工作方式 0
0	1	工作方式 1
1	0	工作方式 2
1	1	工作方式 3

假设我们要将定时器/计数器 0 选为定时工作方式，以控制位 TR 来启动定时器，且工作方式为 0，而定时器/计数器 1 选为计数工作方式，以外中断来启动定时器，且工作方式为 2，设置的方法为如下所示。

用汇编语言：

```
MOV TCON，#11100000B 或是 MOV TCON，#0E0H
```

用 C 语言：

```
TCON=0XE0;
```

4.3 定时工作方式 0

本节就来详细讲述定时方式 0，尽量使用实例让大家了解此种工作方式，在接下来的章节会一一介绍定时器的各个工作方式。同时，会给大家介绍一些汇编语言和 C 语言的指令，定时器的各个工作方式是非常类似的，只要理解一种就会触类旁通。

4.3.1 定时工作方式 0 概述

方式 0 是 13 位计数结构的工作方式，假设当前让定时器/计数器 1 处于工作方式 0，其中计数器由 TH1 的全部 8 位和 TL1 的低 5 位构成，如图 4-22 所示。

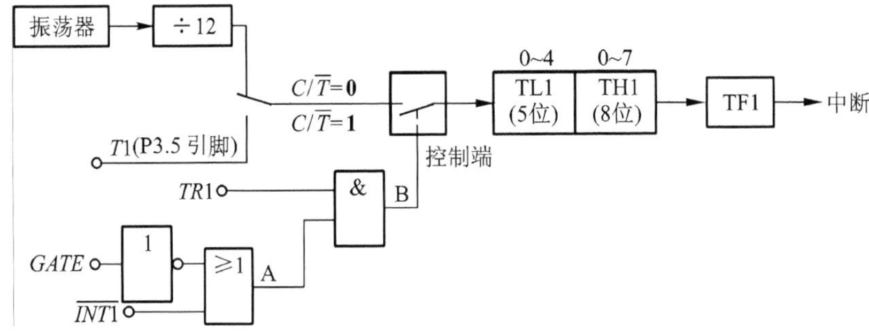

图 4-22 定时工作方式 0 结构图

在定时工作 1，16 位寄存器 TH1 和 TL1 只用 13 位，由 TH1 的 8 位和 TL1 的低 5 位组成。当 TL1 的低 5 位计数溢出时，向 TH1 进位。而 TH1 计数溢出时，则向中断标志位 TF1 进位（即硬件将 TF1 置 1），并请求中断。可通过查询 TF1 是否置“1”或考察中断是否发生来判定定时器 T1 的操作完成与否。

下面的描述以定时/计数器 1 为准，如图 4-22 所示，定时器/计数器 0 工作与之相同。

当 C/T=0 时，为定时工作模式，开关接到振荡器的 12 分频器输出，计数器对机器周期脉冲计数。其定时时间为：（2^{13}–计数初值）×机器周期。

例如，晶振频率为 12MHz，则机器周期为 1μs，则最长的定时时间为（2^{13}–0）×1μs=8191μs

当 C/T=1 时，为计数工作模式，开关与外部引脚 T1（P3.5）接通，计数器对来自外部引脚的输入脉冲计数，当外部信号发生负跳变时计数器自动加 1。

当 GATE=0 时，“或门”输出恒为 1，“与门”的输出信号 K 由 TR1 决定，定时器不受 INT1 输入电平的影响，由 TR1 直接控制定时器的启动和停止。

TR1=1：定时/计数启动。

TR1=0：定时/计数停止。

当 GATE=1 时，“与门”的输出信号 K 由 INT1 输入电平和 TR1 位的状态一起决定，当前仅当 TR1=1 且 INT1=1（高电平）时，计数启动；否则，计数停止。

4.3.2　用定时器方式 0 做方波信号发生器

本节将制作一个方波信号发生器的实例。方波信号就是在间隔一段时间后输出逻辑相反的波形。例如，在某一时刻输入的电平为高电平“1”，过一段时间后，输出为低电平“0”，让这个过程循环执行，就能够产生一个连续的方波脉冲信号了，而这个间隔时间，是通过定时器来设定的。

（1）先在 Proteus 中绘制硬件电路。电路非常简单，就是在原有单片机最小系统上，添加一个示波器，示波器的寻找方法如图 4-23 所示。如图 4-24 所示为示波器的器件符号，这个示波器可以显示 4 路波形。在仪器选择按钮中，除了示波器以外，还有比较常用的电压表、电流表等。

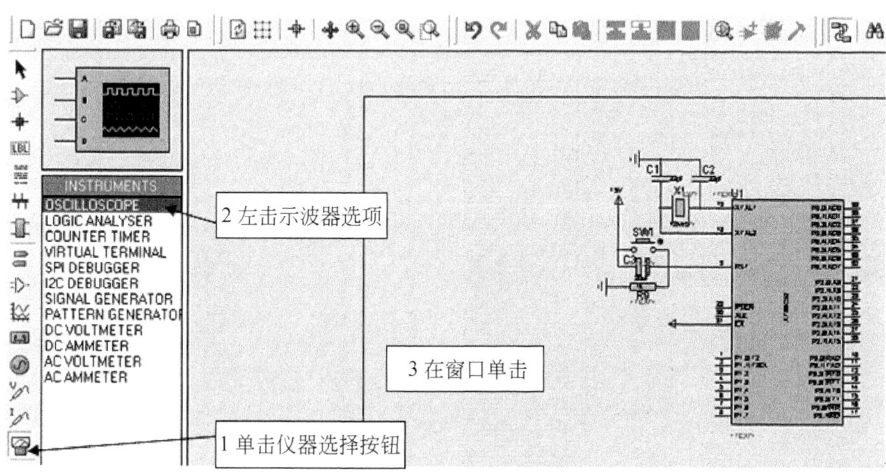

图 4-23　示波器的位置

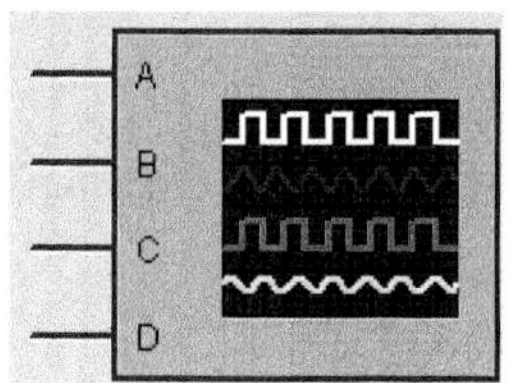

图 4-24　示波器

（2）示波器的使用方法。先来寻找信号源来对示波器进行测试，信号源的寻找方法，如图 4-25 所示。

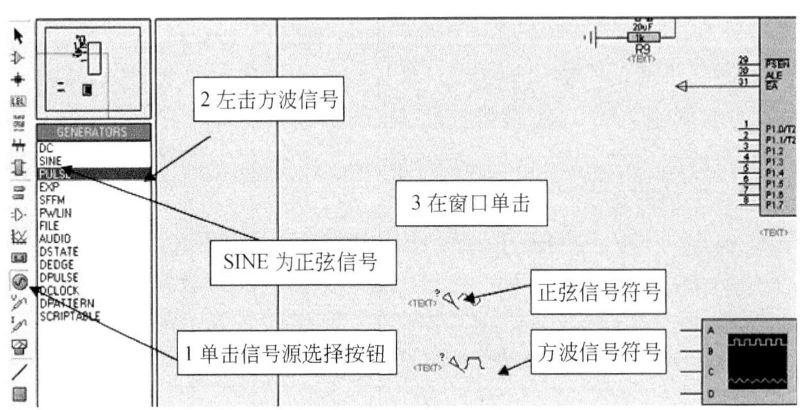

图 4-25　添加信号源

（3）设置信号属性。双击信号源可以设置它们的属性，包括信号的幅度和频率，如图 4-26 和图 4-27 所示。

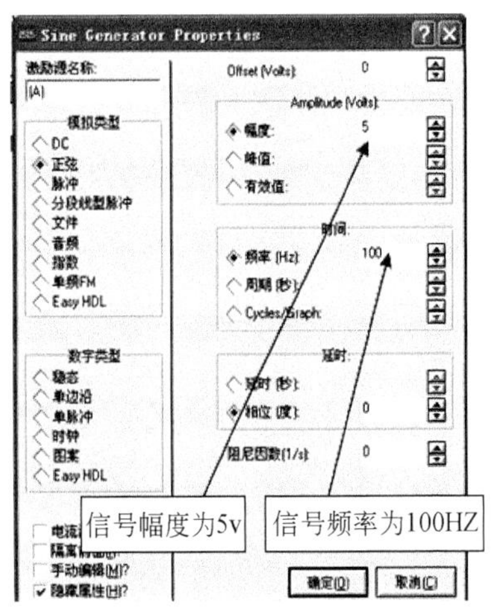

图 4-26　正弦信号属性设置

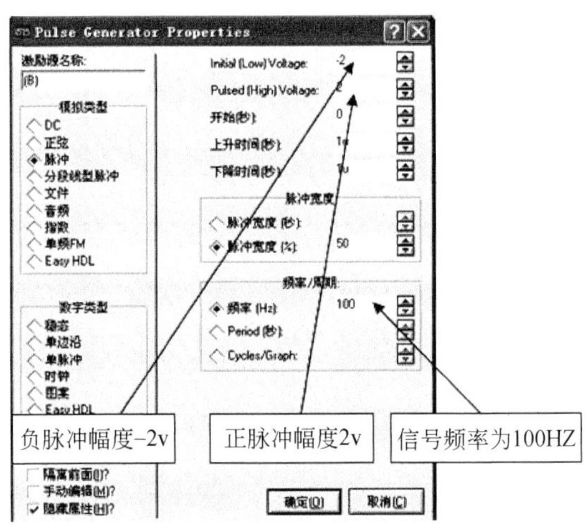

图 4-27　方波信号属性设置

（4）设置完毕，如果此时仿真的话，就会出现错误，如图 4-28 所示。这是因为单片机没有指定可执行程序文件，可以给单片机随便添加一个可执行程序，如前面的流水灯程序就可以。

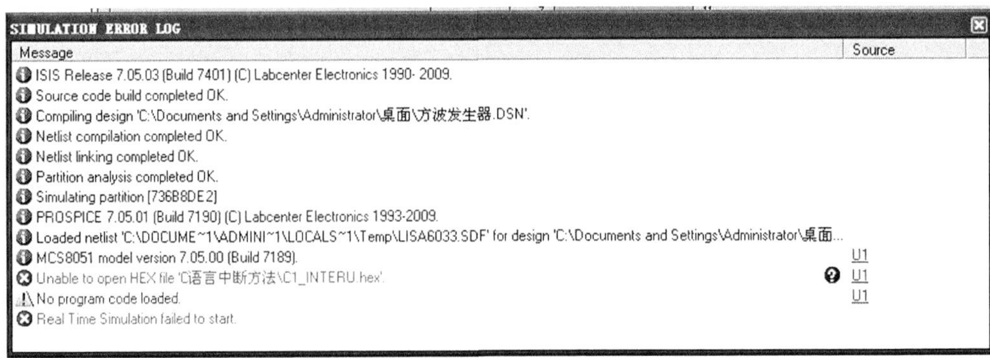

图 4-28　程序报错

（5）添加完程序，再进行仿真，就可以看到如图 4-29 所示的效果图。图中显示了两路波形，一个为正弦信号，另一个为方波信号。注意，示波器的窗口在仿真运行时最好不要关闭，否则下次仿真时，就不会再显示了。

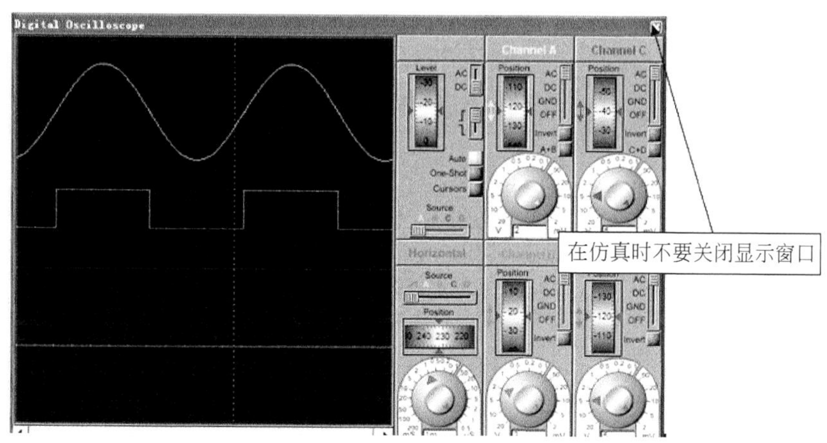

图 4-29　示波器显示波形效果

（6）将 P1.0 口作为方波信号的输出端口，则电路连接如图 4-30 所示。

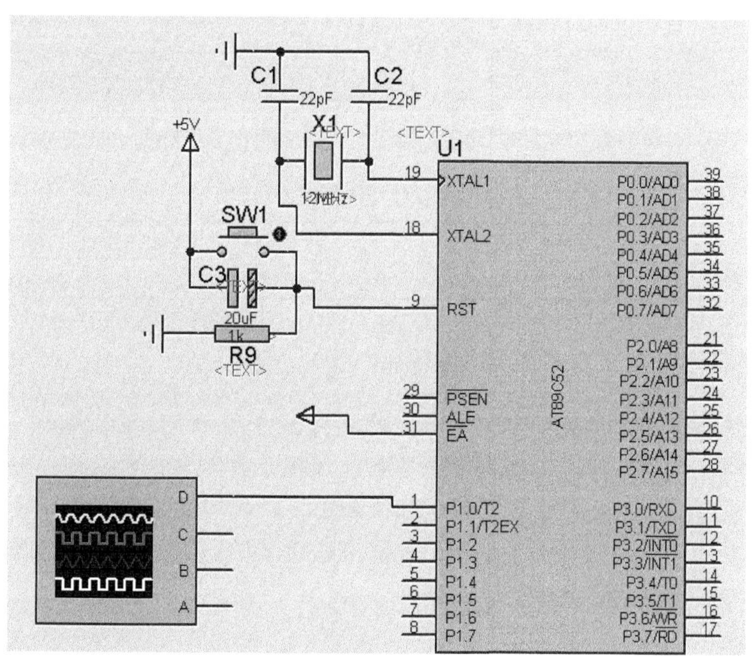

图 4-30　方波信号发生器电路

4.3.3　在工作方式 0 下，利用查询方法实现方波信号发生器

1．定时寄存器设置

1）计数初值设置

想要产生 500μs 周期的方波信号，就需要在 P1.0 每隔 250μs 电平翻转一次，所以定时

时间为 250μs。我们需要给定时数据寄存器赋初值，让它能在要求的时间内溢出，以判断是否翻转 P1.0 的电平。将这个初值设为 X，则：

（2^{13}-X）×1μs=250μs，X=2^{13}-125=7942= 1111100000110B 。因为使用的是定时器 0，所以此数值高 8 位放入 TH0，TH0 的值为 0F8H；低 5 位的值放入 TL0，TL0 的值 06H，如表 4-10 所示。

表 4-10　定时器 0 初值设定

寄存器	位状态								16 进制
TH0	1	1	1	1	1	0	0	0	0F8H
TL0	0	0	0	0	0	1	1	0	06H

2）定时工作方式选择

利用寄存器 TMOD 设定定时/计数工作方式，TMOD 设置的值为 00H。上电复位后，TMOD 的值就是如此，如表 4-11 所示。

表 4-11　TMOD设置

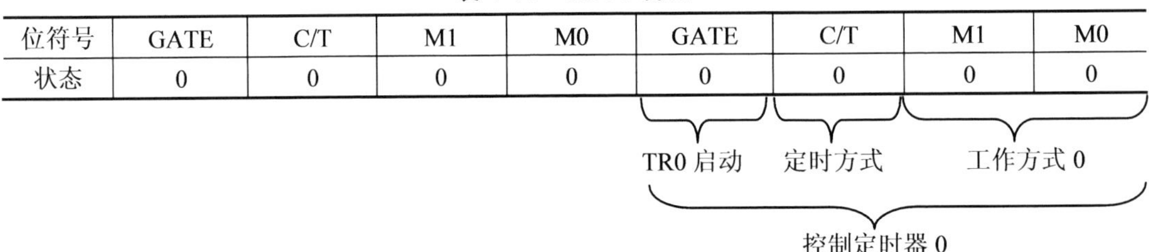

位符号	GATE	C/T	M1	M0	GATE	C/T	M1	M0
状态	0	0	0	0	0	0	0	0

由于我们采用查询方式，所以中断全部关闭，IE 的值为 00H，如表 4-12 所示。

表 4-12　IE设置

位符号	EA				ET1	EX1	ET0	EX0
	0	0	0	0	0	0	0	0

2．汇编语言定时查询方式实现方波输出

汇编语言编写查询方式控制定时器流程图如图 4-31 所示。

通过流程图我们可以看出，在程序中不断地判断计数溢出位的状态，来决定程序的走向，如果计数无溢出，则循环重新查询；如果溢出了，我们需要重新给计数数据寄存器赋值，取反 P1.0,让它发生跳变，产生脉冲。还有非常重要的一点，就是在处理完毕之后必须清零溢出标志位 TF0，以便进行下一次查询。

完整的汇编程序为：

```
ORG 0000h
JMP MAIN
ORG 0030H
MAIN:
MOV  TMOD,#00H ;设置定时模式
MOV  IE,#00H   ;中断全关
MOV TH0,#0F8H  ;定时初值填装
MOV TL0,#06H
SETB TR0       ;开启定时
LOOP:
```

```
JB  TF0,LOOP1
JMP  LOOP
LOOP1:
     MOV TH0,#0F8H ;重新装载计数初值
     MOV TL0,#06H
     CLR TF0       ;清零溢出标志位
     CPL P1.0      ;取反 P1.0
     AJMP LOOP
     END
```

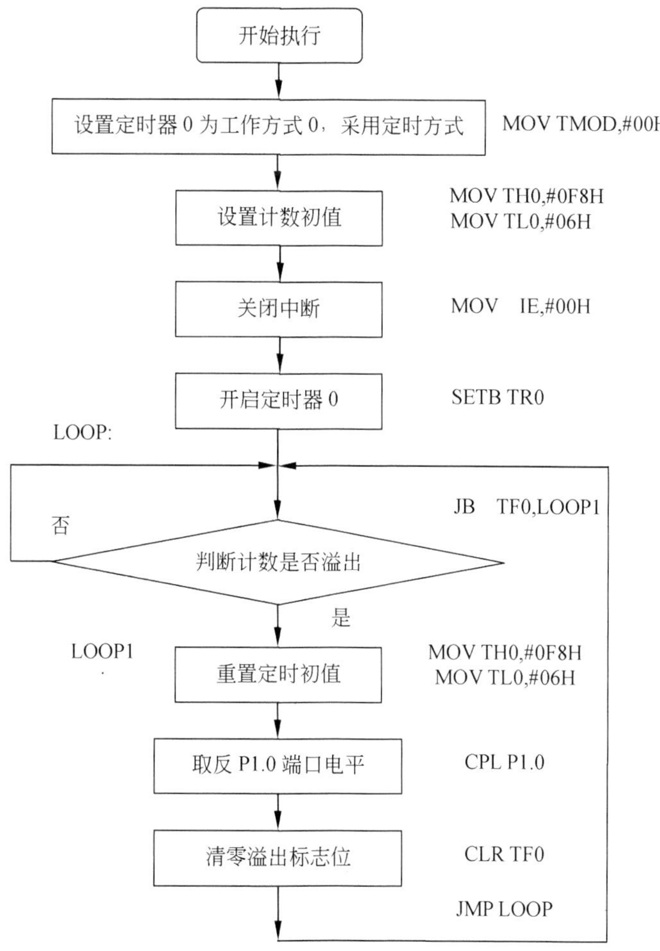

图 4-31　汇编语言编写查询方式控制定时器流程图

3. 利用C语言查询方式来编写方波脉冲输出

C 语言编写查询方式控制定时器流程图，如图 4-32 所示。

从流程图中可以看出，C 语言的编程方法和汇编是一样的，其完整的程序为：

```
#include <at89x52.h>
main()
{
TMOD=0X00;
TH0=0XF8;
TL0=0X06;
IE=0X00;
```

```
TR0=1;
while(1)
 {
if(TF0==1)
    {
    TH0=0XF8;
    TL0=0X06;
    TF0=0;
    P1_0=~P1_0;
    }
  }
}
```

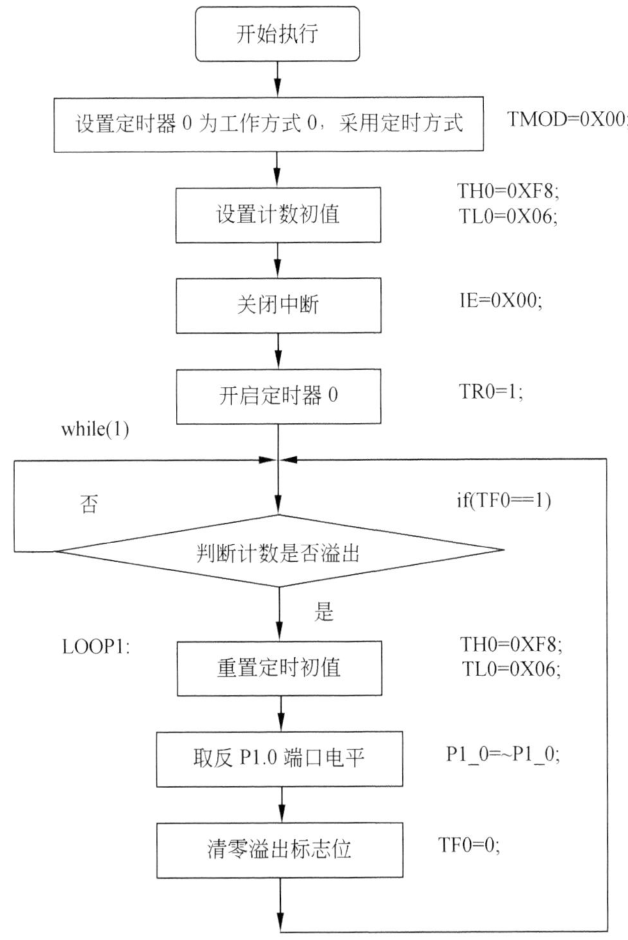

图 4-32　C 语言编写查询方式控制定时器流程图

4．在Proteus中进行仿真

程序编程完毕，我们重新建立一个项目，将程序进行编译，生成可执行程序文件，再放到 Proteus 中进行仿真。

（1）生成可执行程序方法。复习一下生成可执行程序的方法，如图 4-33 所示。设置完毕，再次编译即可生成可执行文件。

（2）给单片机添加完可执行程序后，单击开始仿真按钮，便会自动弹出示波器显示框，如图 4-34 所示。

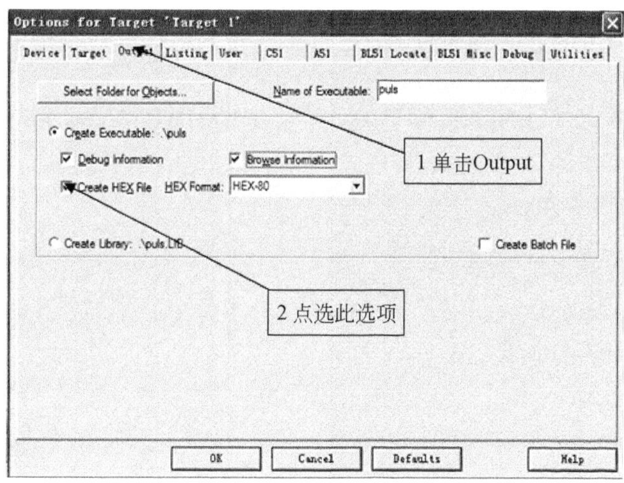

图 4-33　生成可执行程序文件

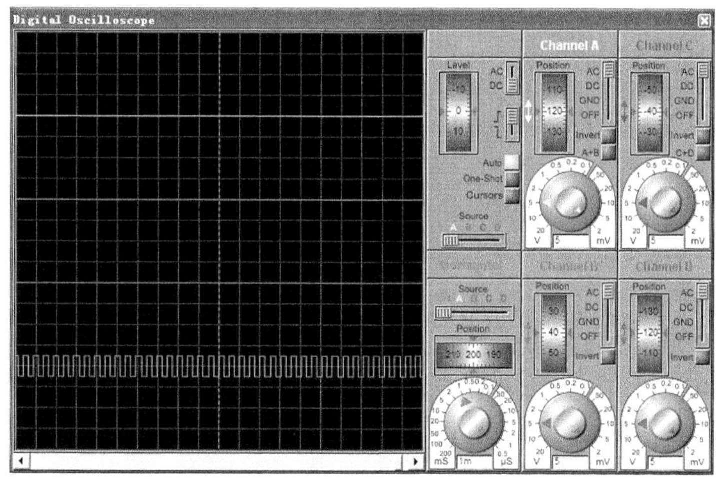

图 4-34　示波器显示波形

（3）如图 4-35 所示为显示效果，但不是很清楚。我们可以调整示波器，在图中，因为选用示波器的通道 D，所以针对通道 D 调整。

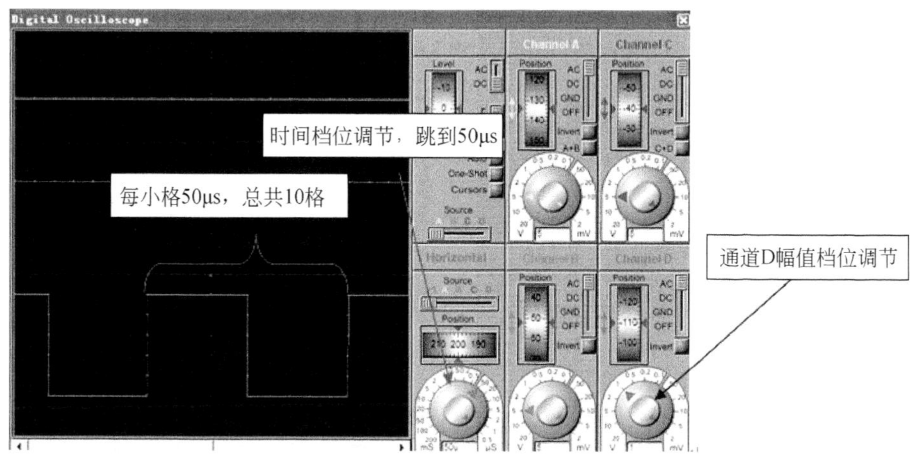

图 4-35　示波器调整

在图中，输出方波信号的周期为 500μs 周期，说明程序编写正确。

4.3.4 汇编语言实现定时器在工作方式 0 的中断控制方法

1. 汇编语言伪指令介绍

1）ORG 汇编起始地址命令

我们在前面的程序中广泛使用了这条伪指令，本命令总是出现在源程序的开始位置，用于规定目标程序的起始地址。

```
ORG 0030H
MAIN:
MOV P1,#0FFH
MOV TMOD,#01000000B
………
```

表示从标号 MAIN 开始的程序在 ROM 中的地址为 0030H。

2）END 汇编终止命令

在汇编语言的最后一行，通常要用到这条语句，表示整个汇编程序结束。如果 END 命令出现在程序中间，则后面的程序就不再执行。

3）EQU 赋值命令

这是我们在本节重点介绍的一条汇编伪命令，让一个数值、地址或表达式用一个符号表示。

例如，temp EQU 32h 是用 temp 这个符号表示数值 32h，但不能用 temp EQU #32h。

还有很多条伪指令我们将在后面介绍。所谓伪指令就是不参与程序执行，不耗费机器时间的指令，在仿真的过程中如果遇到伪指令，可以清楚地看到它们是不参与程序执行的。

正是由于伪指令不耗费机器时间，所以建议大家多多使用。伪指令一般放在程序的最前面。

2. 工作方式0中断程序设计方案

在前一节，利用定时器 0 的定时功能，在工作方式 0 的条件下，使用查询方法实现了一个方波脉冲发生器。在本节，我们利用定时器 1 的计数功能来计算方波脉冲的个数。

(1) 定时器 0 依旧产生 500μs 的方波信号，不过采用的是中断方式来实现。

计数的脉冲就来自于定时器 0 产生的方波信号，如图 4-36 所示为设计方案流程图。

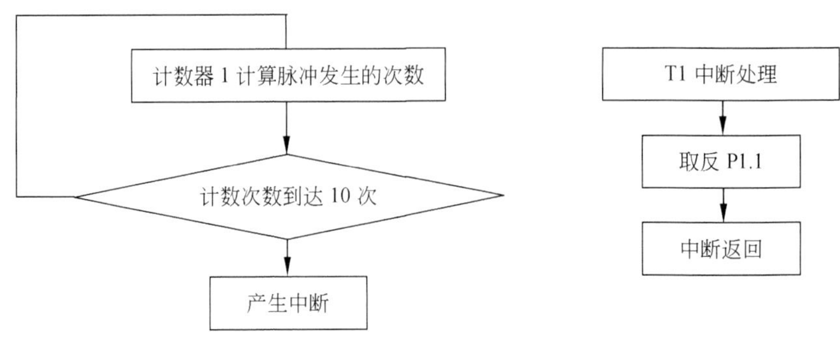

图 4-36 计数器 1 工作流程

（2）通过流程图可以看出，计数器 1 不断地计数定时器 0 产生的脉冲的个数，如果计数次数到 10 次，产生中断后，取反 P1.1，也就是在 P1.1 又制造了一个脉冲信号。从理论上来讲，P1.1 输出的脉冲信号的周期是 10000μs。

电路原理，如图 4-37 所示，使用示波器的通道 C 显示 P1.1 输出电平变化。P1.0 接到了 P3.5，P3.5 为计数器 1 计数脉冲输入端口，表示将 P1.0 产生了脉冲信号输入给计数器 1。

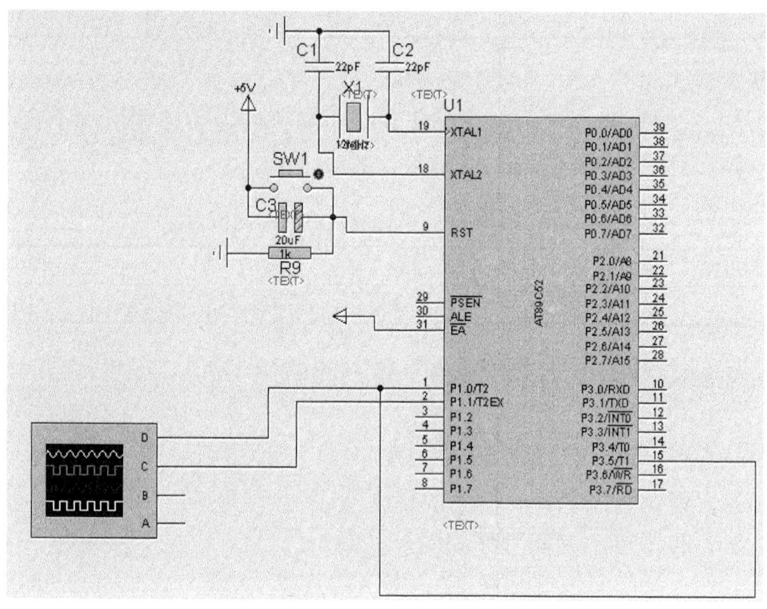

图 4-37　工作方式 0 中断控制流程图

3. 各寄存器设定

1）定时计数工作方式

TMOD 的设置如表 4-13 所示，TMOD 的值为 40H。

表 4-13　TMOD设置方法

位符号	GATE	C/T	M1	M0	GATE	C/T	M1	M0
状态	0	1	0	0	0	0	0	0
	TR1 启动	计数方式	工作方式 0		TR0 启动	定时方式	工作方式 0	
	设置为计数器 1				控制定时器 0			

2）计数器 1 计数初值设定

计数器 1 计数 10 次就中断，我们同样将计数初值设为 X，那么：

2^{13}-X=10，X=8182=1FF6H=1111111110110B，其中高 8 位放入 TH1，TH1 的值为 0FFH；低 5 位的值放入 TL1，TL1 的值为 16H，如表 4-14 所示。

表 4-14　计数器计数初值设定

寄存器	位状态								16 进制
TH1	1	1	1	1	1	1	1	1	0FFH
TL1	0	0	0	1	0	1	1	0	16H

3）中断开关设置

在本例中，需要同时开启定时器/计数器 0、定时器/计数器 1、总中断开关，所以 IE 的值设置为 8AH，如表 4-15 所示。

表 4-15 寄存器IE设置

位符号	EA				ET1	EX1	ET0	EX0
	1	0	0	0	1	0	1	0

4）中断优先权设定

在本次程序会同时使用两组中断，如果两个中断同时发生，那么哪个优先执行呢？现在再介绍一个寄存器——中断优先级控制寄存器 IP。

表 4-16 中断优先级控制寄存器IP各位描述

位地址	0BFH	0BEH	0BDH	0BCH	0BBH	0BAH	0B9H	0B8H
位符号	/	/	/	PS	PT1	PX1	PT0	PX0

51 单片机为我们提供了中断优先级寄存器，在内部 RAM 高 128 单元它的地址为 0B8H。其中：

PS（IP.4），设定串行端口的中断优先次序。

PT1（IP.3），设定时器 / 计时器 1 的优先次序。

PX1（IP.2），设定外部中断 INT1 的优先次序。

PT0（IP.1），设定计时器 0 的优先次序。

PX0（IP.0），设定外部中断 INT0 的优先次序。

上述各位如果设置为 1，则定义为高优先级中断；如果设置为 0 ，则定义为低优先级中断。如果同时有两个或两个以上优先级相同的中断请求时，则由内部按查询优先顺序来确定该响应的中断请求，其优先顺序以由高向低的顺序排列。优先顺序排列是：外中断 0、定时中断 0、外中断 1、定时中断 1、串行中断。

在单片机中，低优先级中断请求不能打断高优先级的中断服务，但高优先级中断请求可以打断低中断优先级的中断服务，从而实现中断嵌套。

在本实例中，我们将 PT1 设置为 1，PT0 设置为 0，表示定时器 1 的中断优先级高于定时器 0。如果当程序执行在定时器 0 中断服务程序中，定时器 1 中断发生，则打断定时器 0 的中断服务程序，当定时器 1 的中断服务程序执行完毕后，再执行中断服务程序 0 的内容，这就实现了中断的嵌套。IP 设置方法如表 4-17 所示。

表 4-17 在实例中IP设置方法

IP 位序号	/	/	/	PS	PT1	PX1	PT0	PX0
位状态	0	0	0	0	1	0	0	0

在本实例中，计数器 1 的优先级是高于定时器 0 的，IP 的值因此被设置为 08H。

4．运用汇编程序编写定时中断

定时器/计数器 0 和定时器/计数器 1 的中断响应地址，如表 4-18 所示。

表 4-18　定时计数中断响应地址

中　断　源	向 量 地 址
定时 / 计数器 0（TF0）	000BH~0012H
定时 / 计数器 1（TF1）	001BH~0022H

程序流程如图 4-38 所示，汇编语言采用中断方法和采用查询方法有些区别。采用查询方法中断溢出标志位 TF1 或 TF0 需要在程序中手动清零，而采用中断方法则是单片机自动清零。将该程序主程序的最后一句设置为死循环，中断就不断地在死循环中发生。

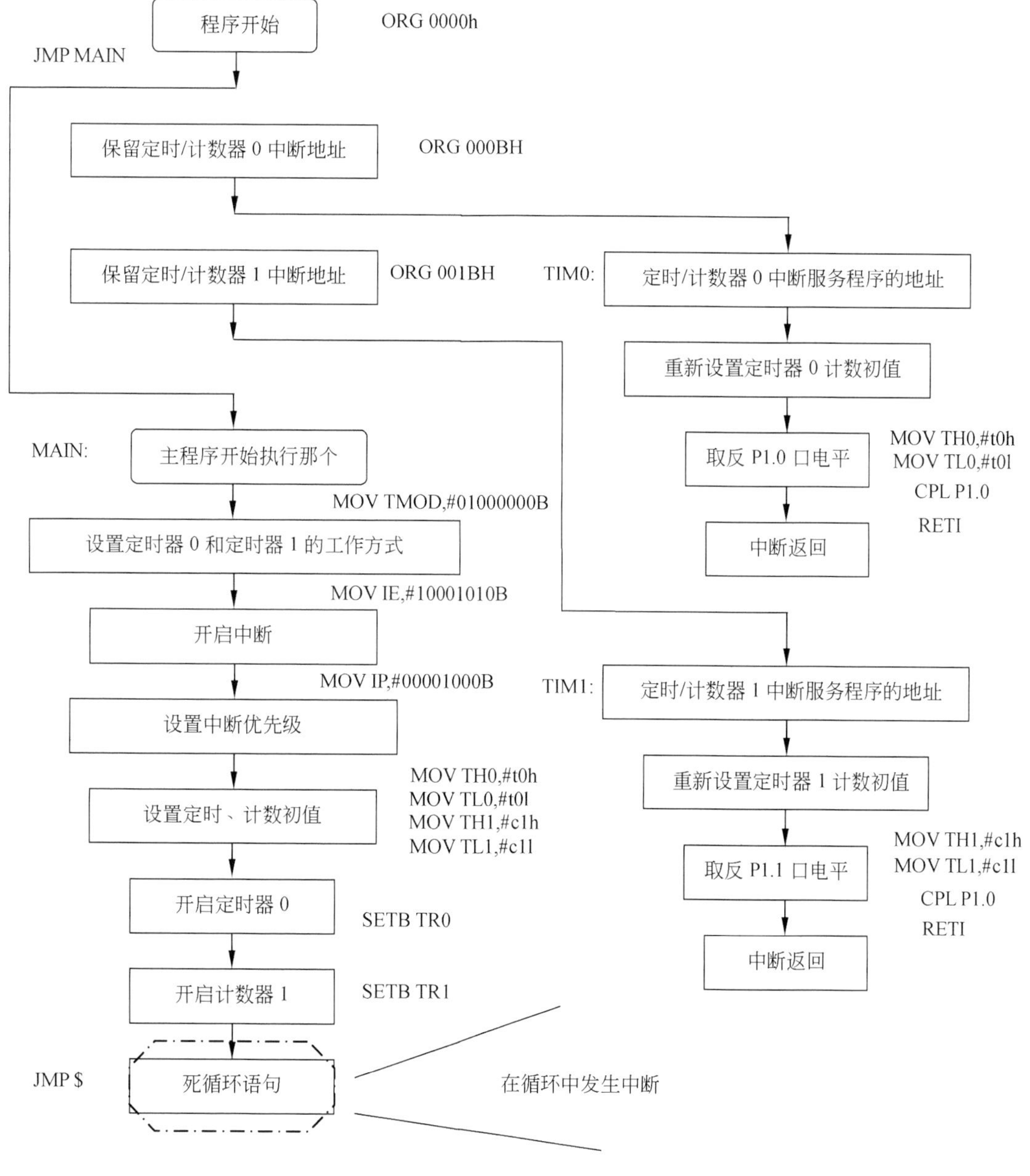

图 4-38　汇编语言中断控制流程图

在主程序最后一行：

```
JMP $
```

表示使程序“原地踏步”，它的执行相当于：

```
HERE: JMP HERE
```

在汇编语言中，以“$”表示 PC 当前的值，程序就在这一句不断地执行，以达到死循环的效果。

完整的汇编程序程序为：

```
t0h  EQU 0F8H
t0l  EQU 16H
c1h EQU 0FFH
c1l EQU 16H
ORG 0000h
JMP MAIN
ORG 000BH
JMP TIM0
ORG 001BH
JMP TIM1
ORG 0030H
MAIN:
     MOV TMOD,#01000000B
     MOV IE,#10001010B
     MOV IP,#00001000B
     MOV TH0,#t0h
     MOV TL0,#t0l

     MOV TH1,#c1h
     MOV TL1,#c1l
     SETB TR0
     SETB TR1
     JMP $
TIM0:
     MOV TH0,#0F8H
     MOV TL0,#16H
     CPL P1.0
     RETI
TIM1:
     MOV TH1,#0FFH
     MOV TL1,#16H
     CPL P1.1
     RETI
     END
```

在程序中使用了汇编伪指令 EQU 定义定时预置值。

```
t0h EQU 0F8H
…………
…………
…………
MOV TH0,#t0h
```

这样的好处是，当在程序中多次使用某一值，当修改这个值的时候，我们没有必要一一修改，只需要修改 EQU 指令的值。例如在此程序中，要修改脉冲输出的频率，直接修改 t0h EQU xxxx（想要设定值）即可，非常方便。

4.3.5 C 语言实现定时器在工作方式 0 的中断控制

1. C语言宏定义

汇编语言有伪指令，而 C 语言有宏定义。它的功能和汇编语言的 EQU 伪指令相似，但是使用却更加灵活。其定义的一般形式为：

```
#define  标识符  字符串
```

其中，“#”表示这是一条预处理命令。凡是以“#”开头的均为预处理命令。“define”为宏定义命令。“标识符”为所定义的宏名。“字符串”可以是常数、表达式、格式串等。

```
#define PI 3.1415926
```

这条宏定义表示用 PI 表示 3.1415926 这个数值。

```
#define M (y*y+3*y)
```

它的作用是指定标识符 M 来代替表达式(y*y+3*y)。在编写源程序时，所有的(y*y+3*y)都由 M 代替。

2. C语言编程

C 语言中断控制流程图，如图 4-39 所示。

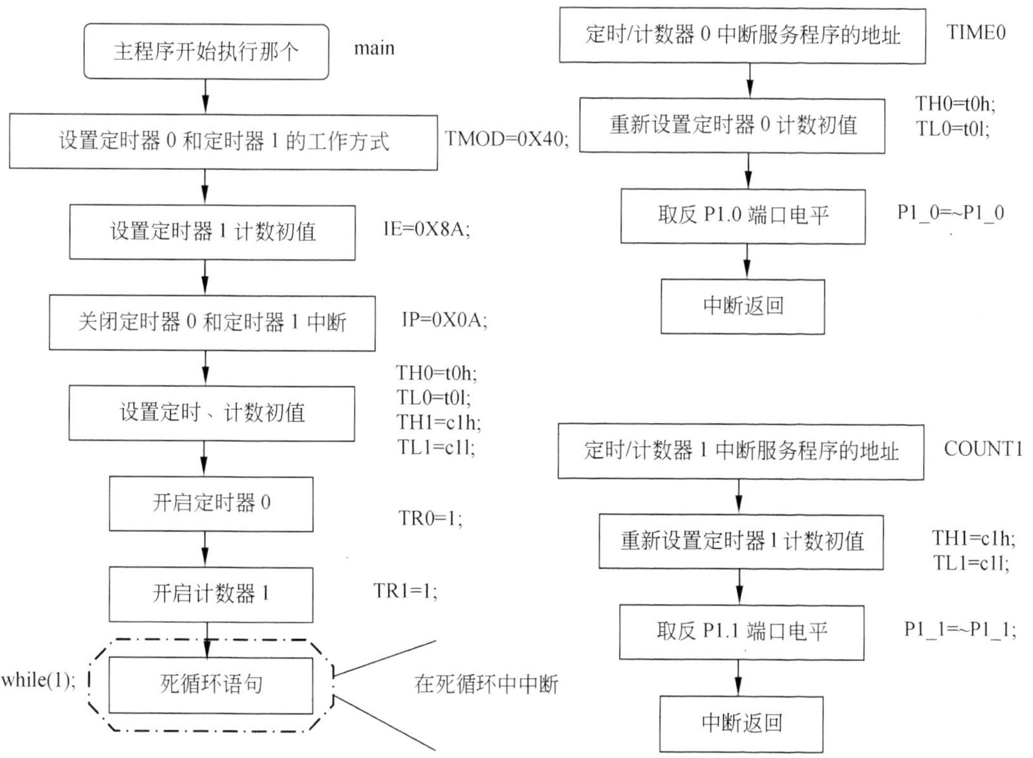

图 4-39 C 语言中断控制流程图

根据流程图，列出完整的 C 语言程序：

```
#define t0h 0xF8
#define t0l 0x06
#define c1h 0xFF
#define c1l 0x16
#include <at89x52.h>
void TIME0 (void);
void COUNT1 (void);
main()
{
TMOD=0X40;
IE=0X8A;
IP=0X0A;
TH0=t0h;
TL0=t0l;
TH1=c1h;
TL1=c1l;
TR0=1;
TR1=1;
while(1);
}
 TIME0 () interrupt 1 using 1
{
 TH0=t0h;
 TL0=t0l;
 P1_0=~P1_0;
}
 COUNT1 () interrupt 3 using 2
{
 TH1=c1h;
 TL1=c1l;
 P1_1=~P1_1;
}
```

在第 3 章我们讲过 C51 编写中断服务程序的方法，定时器/计数器 0 和定时器/计数器 1 的中断序号如表 4-19 所示。

表 4-19　定时器 0 和定时器 1 中断序号

中 断 序 号	对应的中断
1	定时器 0 溢出
3	定时器 1 溢出

在程序中，使用了宏定义“define”，建议大家多多使用这种定义方法，在后续的章节中会经常使用到。

4.3.6　在 Proteus 中仿真中断实例

在 Proteus 中，我们来观察产生的两组方波信号，如图 4-40 所示。其中，通道 D 显示 P1.0 输出波形，通道 B 为 P1.1 输出波形。

在图中可以明显的看到 P1.1 端口输出的波形周期为 10ms，符合我们程序设计的目标。在后面将介绍几种工作方式，采用的都是中断处理的方法。中断处理的方法对程序的响应更快速、及时，因此建议大家多使用中断处理的方法。

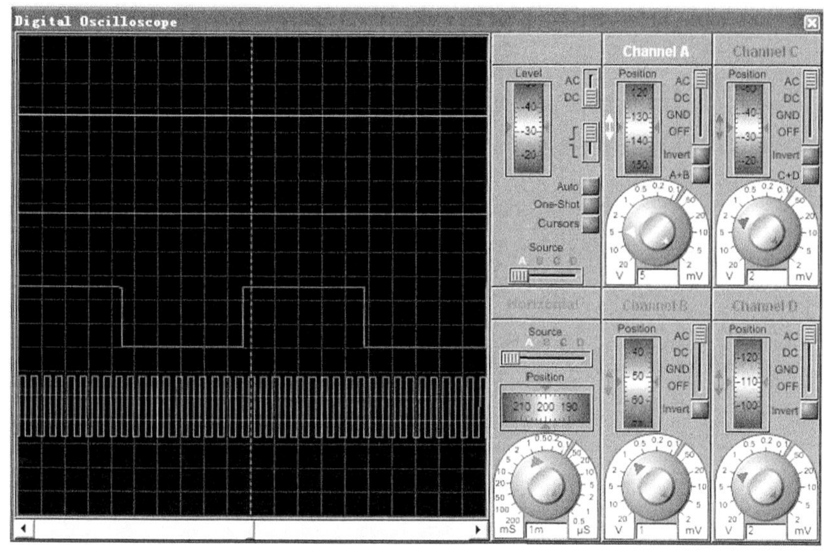

图 4-40　中断控制实例输出波形

4.4　定时工作方式 1

本节我们通过使用定时器定时的方法来实现流水灯的控制。定时工作方式 1 将定时器设置成为 16 位的定时器，这样定时时间更长。利用定时器实现延时的方法叫做可编程定时，可编程定时对单片机内存的消耗很少，在延时过程中，我们可以做其他的工作。而采用软件延时的方法，对单片机的消耗很大，而且在延时过程中，是不可能去处理其他事情的。

4.4.1　定时器工作方式 1 概述

当工作方式控制寄存器控制位 M1、M0=01，定时/计数器所在的工作方式为工作方式 1，假设我们使用定时器 0，则定时数据寄存器就是由 TH0 的全部 8 位和 TL0 的全部 8 位组成。其逻辑电路及工作情况和方式 0 是完全相同的，不同的只是组成计数器的位数。如图 4-41 所示为工作方式 1 定时器的内部逻辑图，在图中选用的是定时器 1，使用定时器 0 的实现效果是一样的。

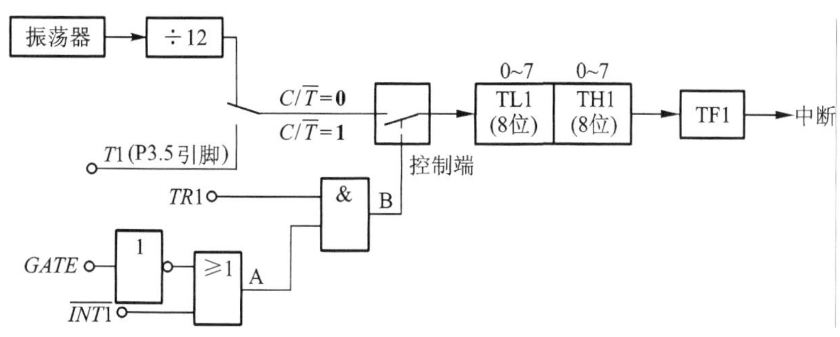

图 4-41　工作方式 1 内部逻辑结构

当处于计数方式时，计数值的范围为 0～2^{16}（65536）。

当采用定时方式时，定时时间的计算为（2^{16}-计数初值）×机器周期。

假设选用的晶振为 12MHZ 时，机器周期为 1μs，则最长的定时时间为（2^{16}-0）×1μs=65536μs≈65.54ms≈0.066s；最小的定时时间为[2^{16}-（2^{16}-1）]×1μs=1μs。

4.4.2 实例设计方案

1. 功能设计

在本节，采用可编程定时的方法实现流水灯功能，采用方式 1 最大的定时时间仅为 65.54ms，而前面我们采用软件延时的流水灯，延时的时间为 1s，这是不可行的。

如果让定时器采取多次定时的方法呢？设置一次定时的时间为 50 ms，让它连续重复 20 次这样的过程，不就可以达到要求了吗？在定时中断中，设置一个计数变量，每发生一次中断，计数变量就自动加 1，直到这个计数变量达到 20，我们置位循环移位标志位。当循环移位标志位为 1 时，此时流水灯循环一次，再将循环移位标志位置 0。重复这样的过程，就能达到流水灯的效果，设计流程如图 4-42 所示。

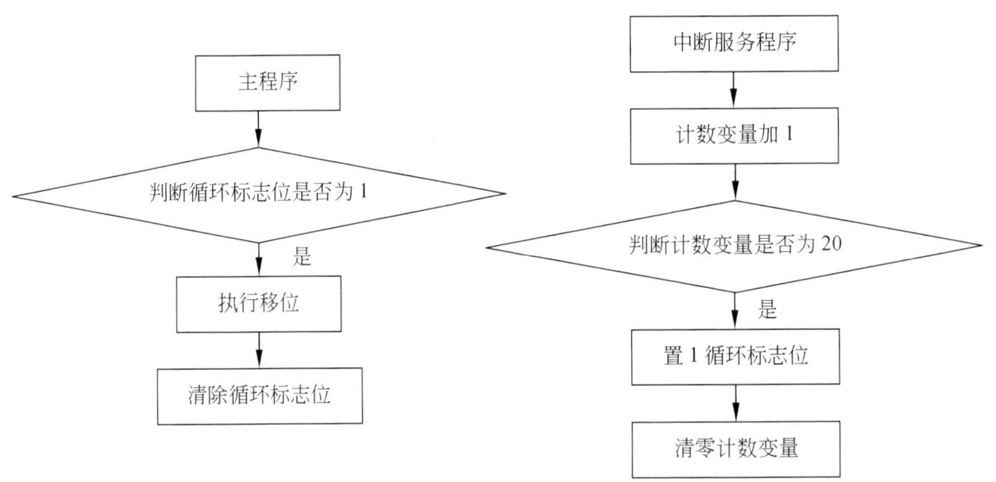

图 4-42 可编程定时设计流程

2. 电路图绘制

如图 4-43 所示，有三部分电路，主要的功能就是让 P0 口输出能指示单片机发生中断的次数。

在图 4-43 中，带“？”小框是电平指示器，可以指示端口电平的状态。由于单片未处于仿真状态，所以显示“?”。

给大家介绍一种接线方法，这种方法比绘制总线更加方便。在图 4-43 中，51 单片机 P0 口、8 个逻辑指示器各个端口，还有 8 个上拉电阻接线端都有一个圆形的小端子，称之为接线端口。在图中接线端口的线序相同，表示它们在实际电路中是相互连接在一起的。采用这种方法绘制电路图，更加清晰，绘制过程更加简单。

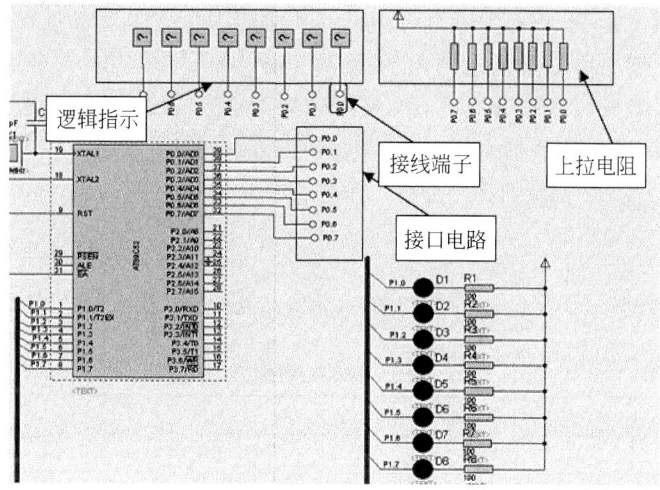

图 4-43　可编程定时流水灯电路图

（1）寻找接线端子。可按如图 4-44 所示的步骤寻找到接线端子。双击接线端子，就可弹出它的属性对话框，在“标号”文本框中输入它的线序即可，如图 4-45 所示。

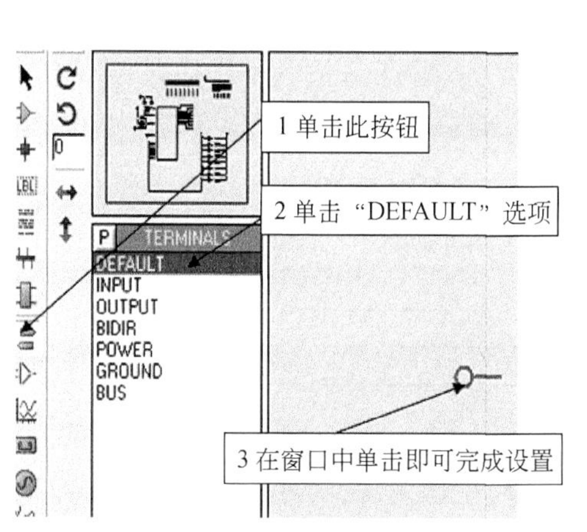

图 4-44　寻找接线端子

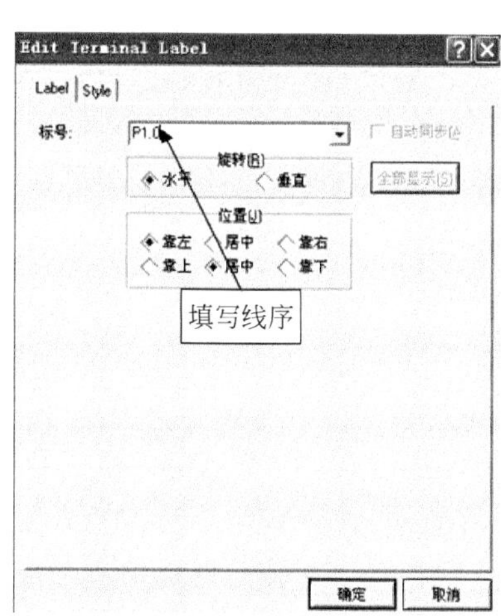

图 4-45　设置接线端子线序

（2）寻找逻辑电平指示器。按图 4-46 所示的步骤，在元件预选框内添加逻辑电平指示器这个元件，寻找的方法和普通元件的寻找方法是一样的。

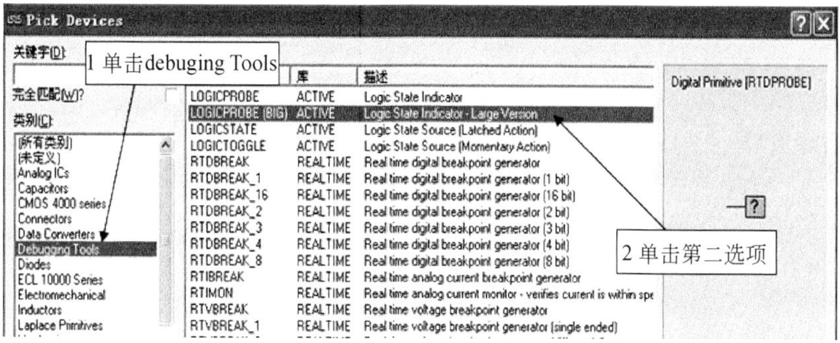

图 4-46　逻辑指示器添加

在电路图 4-43 中，P0 口被加上了上拉电阻。如果 P0 口作为普通 I/O 口的时候，必须添加上拉电阻，否则端口不会输出高电平。

逻辑电平指示器在实际中并不存在，实现效果类似于 LED 小灯，这里选用逻辑电平指示器是为了方便数据的读取。

3. 各寄存器设定

1）定时计数工作方式

TMOD 各位设置，如表 4-20 所示，TMOD 的设置值为 01H。

表 4-20　TMOD设置方法

位符号	GATE	C/T	M1	M0	GATE	C/T	M1	M0
状态	0	0	0	0	0	0	0	1
					TR0 启动	定时方式	工作方式 1	
					控制定时器 0			

2）定时器 0 计数初值设定

想要产生 50ms 定时时间长度，设定时器的初值为 X，同样选用 12MHZ 晶振频率，则 $(2^{16}–X)$ ×1μs=50ms=50000μs，X=2^{16}–125=15536= 3CB0H 。因为使用定时器 0，所以将此数值高 8 位放入 TH0，TH0 的值为 3CH，低 8 位的值放入 TL0，TL0 的值为 0B0H，如表 4-21 所示。

表 4-21　定时器 0 计数初值设定

寄存器	位状态								16 进制
TH0	0	0	1	1	1	1	0	0	3CH
TL0	1	0	1	1	0	0	0	0	0B0H

3）中断开关设置

在本例中，需要同时开启定时器/计数器 0、总中断开关，所以 IE 的值设置为 82H，如表 4-22 所示。

表 4-22　寄存器IE设置

位符号	EA				ET1	EX1	ET0	EX0
	1	0	0	0	0	0	1	0

4.4.3　汇编语言实现可编程定时

1. 新指令介绍

1）数值比较指令

在实现可编程计数需要计算中断的次数，计数次数需要和 20 比较，就需要数值比较指令。

```
CJNE A，#data，rel ;累加器内容和立即数不等转移
```

程序执行过程如图 4-47 所示。

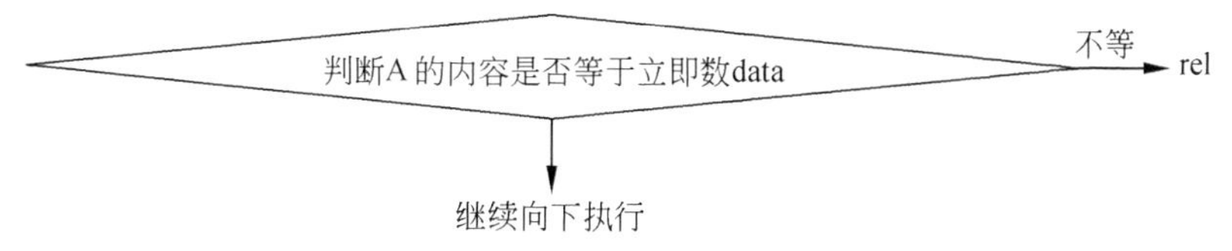

图 4-47　数值比较指令执行过程

通过流程图 4-47 可以看出，如果 A 不等于立即数 data，则跳转至地址 rel。同样的指令还有：

```
CJNE A, direct, rel   ;累加器内容和内部 RAM 直接地址内容不等转移
CJNE Rn, #data, rel   ;R 寄存器与立即数不等转移
```

此条指令不仅能比较两个操作数是否相等，还能比较两个数的大小。

如果操作数相等，则继续向下执行；

如果左边操作数>右边操作数，程序执行跳转，进位标志位 C 被置 0；

如果右边操作数>左边操作数，程序执行跳转，进位标志位 C 被置 1；

在汇编语言中，常常利用此语句来进行数值比较。

2）堆栈操作指令

当程序执行中断服务程序时。在断点处的各个寄存器的数值怎么办呢？我们需要妥善处理这些数据，以便中断结束程序能够返回到中断发生前的状态。

假如在主程序中使用的寄存器在中断中同样使用了，可以在中断服务程序中使用：

```
PUSH 寄存器
……
……
POP 寄存器
```

PUSH 被称为进栈指令，其功能是将寄存器的内容存入堆栈之中。

POP 被称为出栈指令，其功能弹出堆栈的内容。

还有一个重要的寄存器 SP（堆栈指针），读者现在理解堆栈可能还有点困难，在汇编语言编程之前，为了方便堆栈操作，最好将此寄存器的值设置为 30h　MOV SP，#30h，这样设置的原因将在后面的章节给予介绍。

当要对累加器进行堆栈操作时，必须用 ACC，不能用 A：

```
PUSH  ACC
POP  ACC
```

寄存器 Rn 不能使用堆栈操作指令。

2. 汇编语言程序执行流程

流水灯的主题程序还是采用我们第 3 章中使用的移位法，只是延时采用了可编程定时的方法，具体的流程如图 4-48 所示。

在图中，设置 R3 为自定义中断计数变量，R4 为自定义中断指示变量。位变量 20.0 表示移位标志位。在中断服务程序中，判断 R3 是否为 20，如果为 20，表示定时时间到达 1s，

此时移位标志位被置 1，主程序就可以移位一次。

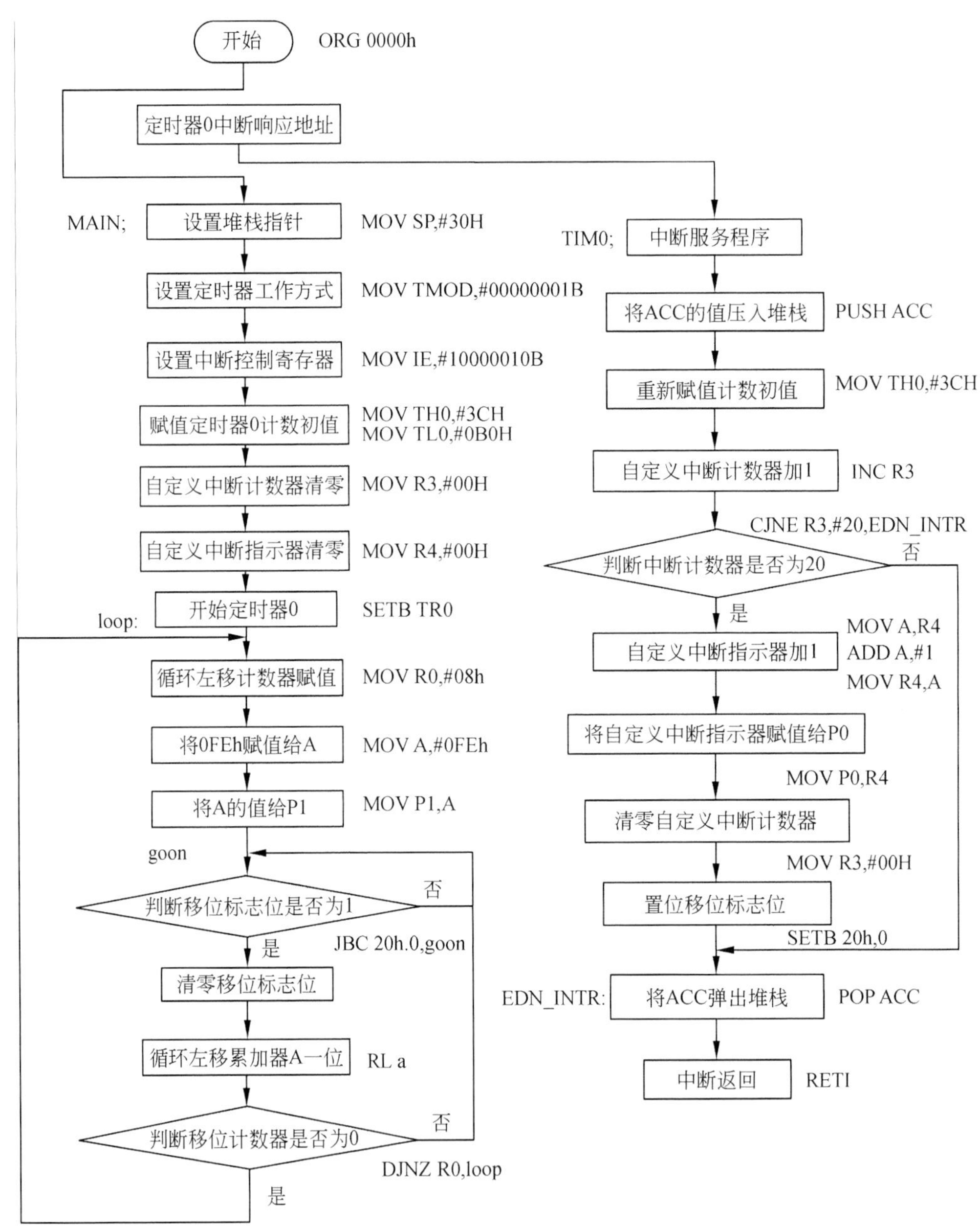

图 4-49　可编程定时流程图

JBC 表示查询并清零位指令。如果移位标志位 1，则执行跳转，并且清零该位。当执行完移位以后，移位标志位重新置 0，等待下一个 1s。

完整的汇编程序为：

```
ORG 0000h
JMP MAIN
ORG 000BH
JMP TIM0
ORG 0030H
```

```
MAIN:
      MOV SP,#30H
      MOV TMOD,#00000001B
      MOV IE,#10000010B
      MOV TH0,#3CH
      MOV TL0,#0B0H
      MOV R3,#00H
      MOV R4,#00H
      SETB TR0
ZHI:   MOV R0,#08h
      MOV A,#0FEh
loop:  MOV P1,A
      JBC 20h.0,goon
      JMP loop
goon:  RL a
      DJNZ R0,loop
      JMP ZHI
TIM0:
      PUSH ACC
      MOV TH0,#3CH
      MOV TL0,#0B0H
      INC R3
      CJNE R3,#20,  EDN_INTR
      MOV A,R4
      ADD A,#1
      MOV R4,A
      MOV P0,R4
      MOV  R3,#00H
      SETB 20h.0
EDN_INTR: POP ACC
     RETI
     END
```

4.4.4　C 语言实现可编程定时

（1）在 C 语言中，并不需要执行压入堆栈指令，大部分操作都是由编译器完成的。但在 C 语言中，也同样有压入堆栈指令。还记得给大家列出 intrins.h 文件中包含的内容有两个子程序，如下所示。

```
extern void      _push_  (unsigned char _sfr);        //压入堆栈，相当于汇编 push
extern void      _pop_   (unsigned char _sfr);        //弹出堆栈，相当于汇编 pop
```

（2）用宏定义来简化数据类型的书写。在 C 语言程序中，常常需要定义不同数据类型的变量，例如：

```
unsigned char iru_count;
```

程序中定义了一个无符号的字符变量，前面的 unsigned char 是 C 语言的关键字，但是书写有些麻烦。使用宏定义的方法可以简化一下，例如：

```
#define uchar unsigned char
uchar iru_count;
```

这段程序表达的意思是，用 uchar 来代替 unsigned char。只要在 C 语言程序前面加上这个宏定义，在程序主题内，就可以直接定义数据为 uchar iru_count，非常方便，读者还可以举一反三，简化其他数据类型的书写。

（3）直接给出 C 语言程序：

```
#include <at89x52.h>
#include<intrins.h>
#define uchar unsigned char
void TIME0 (void);
uchar data iru_count=0;
uchar data iru_indic=0;
bit k=0;
main()
{
uchar data j;
TMOD=0X01;                          //设置定时模式
IE=0X82;                            //开启中断
TH0=0x3c;                           //初值填装
TL0=0xb0;
TR0=1;                              //开启定时器 0
P1=0XFE;
while(1)
{
P1=0XFE;
for(j=8;j>0;)
{
if(k==0)
continue;                           //重新开始执行 while 循环
j=j-1;
P1=_crol_(P1,1);                    //循环左移子程序
k=0;
}
}

 TIME0 () interrupt 1 using 1       //注意中断程序书写格式
{
TH0=0x3c;                           //初值重新填装
TL0=0xb0;
iru_count=iru_count+1;
if(iru_count==20)
{
iru_indic=++iru_indic;
k=1;
P0=iru_indic;
iru_count=0;
}
}
```

在 C 语言程序中，在程序开头我们用宏定义的方式简化了字符型数据变量的书写，我们在程序中声明变量的时候，书写相对来说简单很多。

程序前面定义了 3 个全局变量：中断计数器、中断指示器、中断标志位。这是为方便主程序和中断服务程序共同使用。

4.4.5 Proteus 仿真可编程定时

Proteus 仿真结果，如图 4-49 所示。

在图中，除了流水灯正常的工作以外，逻辑指示器每隔一秒记一次数，图中逻辑指示器的序列为 00001000，说明此时程序已经执行了 8 秒。

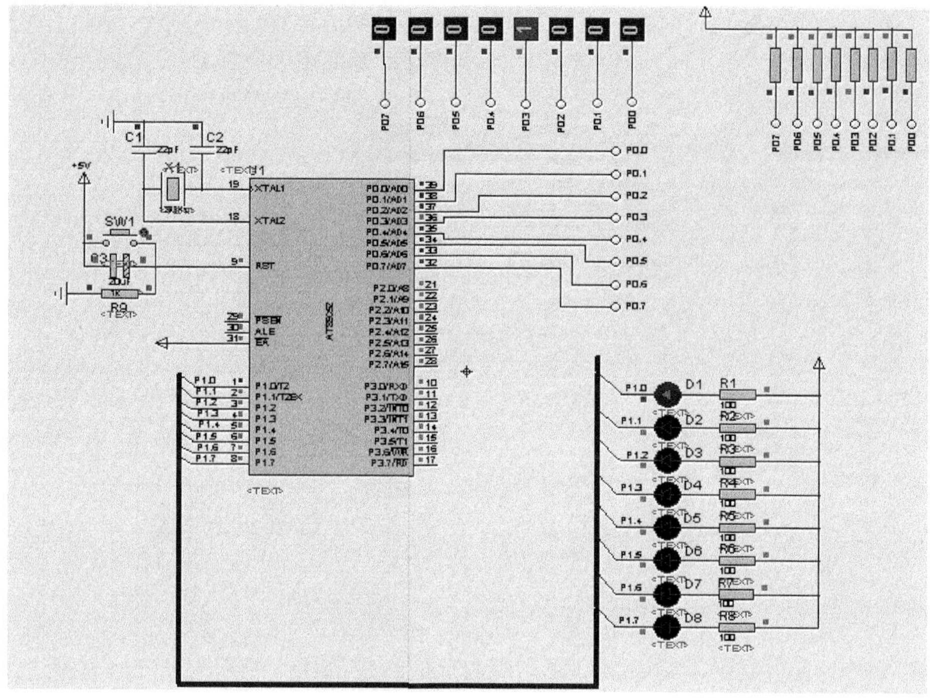

图 4-49　Proteus 仿真结果

4.4.6　软件仿真可编程定时

在 Keil 中也可以仿真定时器，下面来做一次可编程定时的仿真。

(1) 利用汇编语言项目进行软件仿真。在仿真之前，别忘了对项目进行设置，如图 4-50 所示为程序仿真界面。

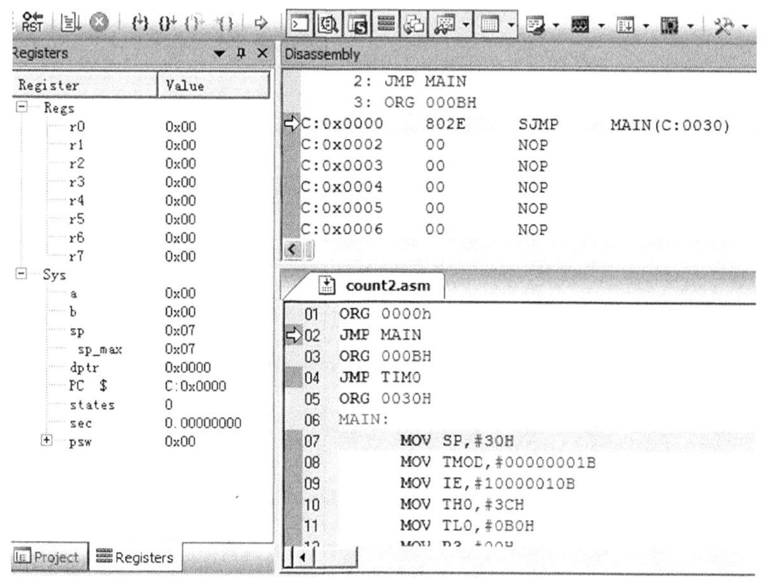

图 4-50　可编程定时汇编语言仿真界面

（2）观察一次中断执行时间，可按如图 4-51 所示的方法操作。这样做是为了观察主程序跳转到中断服务程序的时间，也就是定时溢出标志位溢出的时间。

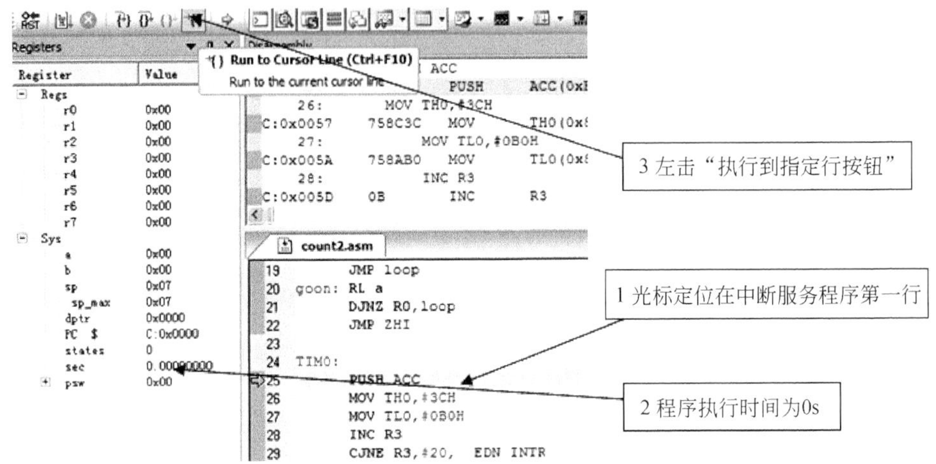

图 4-51　执行运行到中断程序命名

执行完毕以后，如图 4-52 所示，我们观察此时程序的执行时间为 0.05s，也就是 50ms，表示程序执行符合我们的要求。还需要观察累加器 A 的值，此时 A 的值为 0xfe，因为累加器在主程序中是传递给 P1，所以此时 P1 的状态为 0xfe。

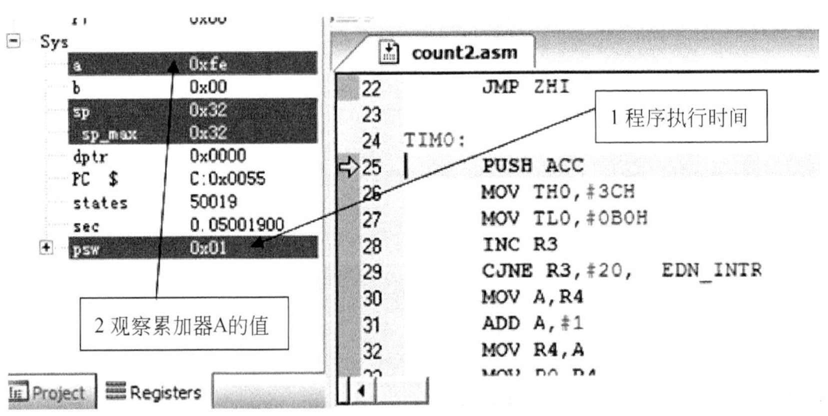

图 4-52　程序执行时间

（3）观察堆栈执行，可按如图 4-53 所示的步骤操作，将程序执行到弹出堆栈指令“POP ACC”。

执行完上述操作如图 4-54 所示。在程序中使用了累加器 A 作为传递变量，这样 A 的值就遭到破坏，在图中我们可以看到 A 的值变为了 0x01。如果中断返回，那么 P1 的流水效果同样也遭到破坏。

但是还有一条指令没有执行，这就是“POP ACC”。单击单步执行按钮，如图 4-55 所示。此时 A 的值又恢复到了 0xfe，这就是堆栈操作指令的用处。

堆栈操作指令是两条，不能只用 POP ACC 或是 PUSH ACC，必须让它们成对出现，否则编译会出错。

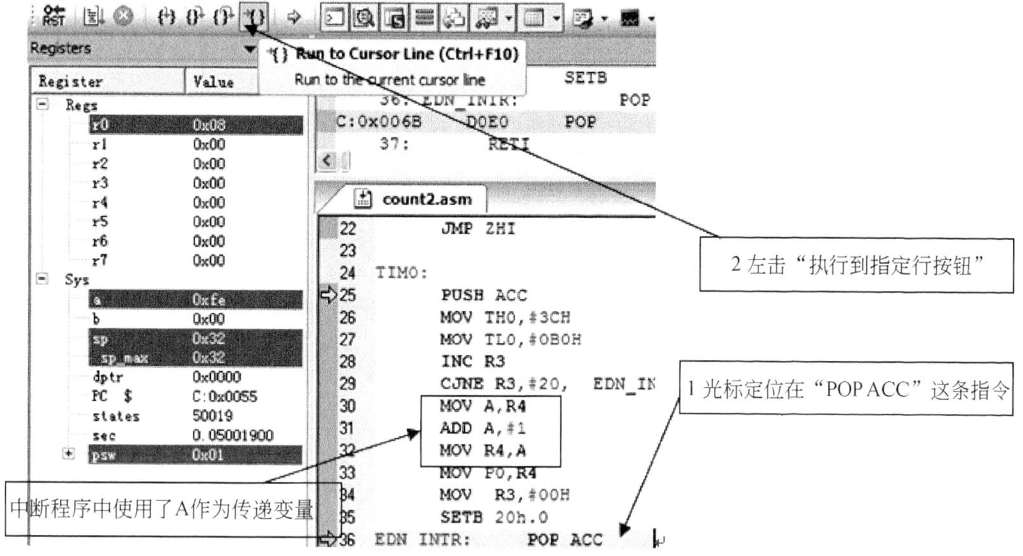

图 4-53　执行中断服务程序

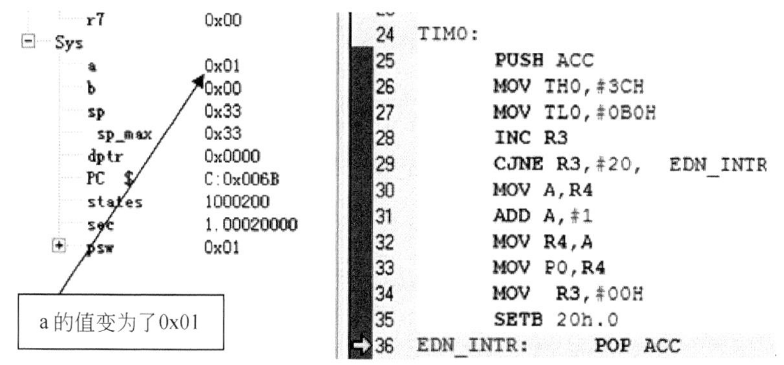

图 4-54　观察累加器 A 的值

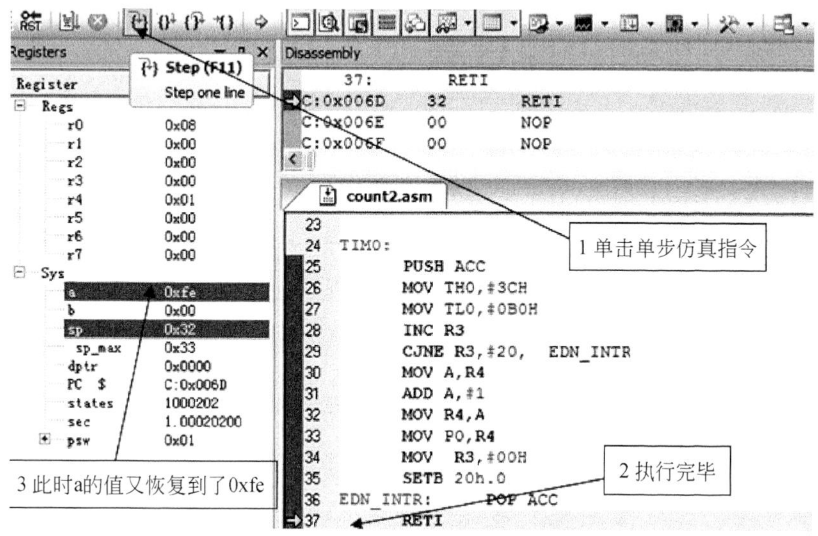

图 4-55　堆栈操作指令执行效果

（4）如图 4-56 所示，我们可以同时添加 P0 口和 P1 口观察窗口，在程序全速执行下，观察它们的变化。

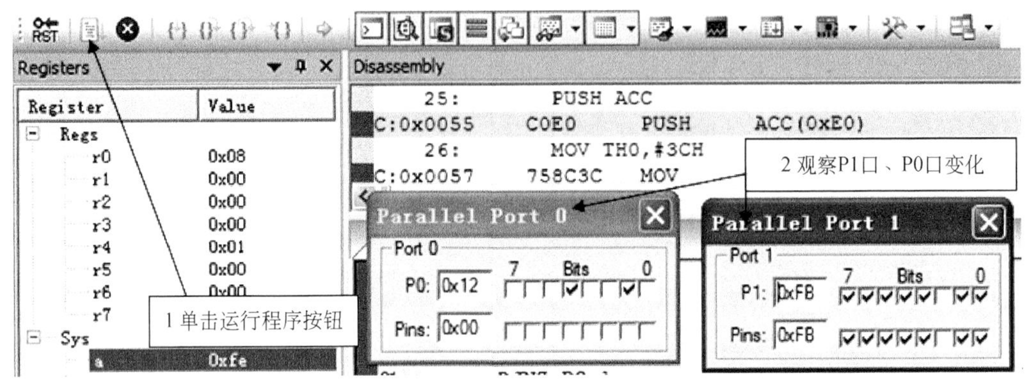

图 4-56　全速运行程序

在全速运行过程中，P1 指示了流水灯执行效果；P0 指示了中断的次数，每加 1，标志定时器执行 20 次定时中断。在图 4-56 中，P0 的值为 12H，用十进制表示为 18，此时程序执行了大概 18s。总共经过的定时溢出中断次数为 18×20=360 次。

4.5　定时工作方式 2

当方式控制位 M1、M0=10 时，此时定时器 0 和 1 分别为 8 位定时器/计数器。在此工作方式下，定时时间比前两种工作方式的定时时间更加精确，在此节主要理解自动重装初值的优点。

4.5.1　定时工作方式 2 概述

如图 4-57 表示为定时/计数器 1 在工作方式 2 下的逻辑图，定时/计数器 0 同样也是如此。TH1 作为常数缓冲器，当 TL1 计数溢出时，在置“1”溢出标志 TF1 的同时，还自动将 TH1 中的初值送至 TL1，使 TL1 从初值开始重新计数。

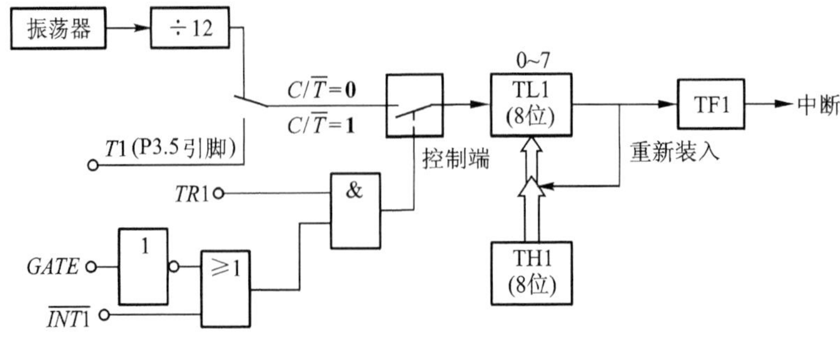

图 4-57　定时工作方式 2 内部逻辑图

方式 0 和方式 1 用于循环重复定时或计数时，在每次计数器溢出后，计数器数据寄存器被清零。若要进行新一轮的计数，就得重新装入计数初值。这样一来不仅造成编程麻烦，而且影响定时精度。而方式 2 具有初值自动装入的功能，避免了这个缺点，可实现精确的定时。

方式 2 只是 8 位计数器，定时时间短、计数范围小。其定时时间为（2^8–初值）×机器周期。若晶振频率为 12MHZ，则最长的定时时间为（28–0）×1μs=256μs =0.256ms。

4.5.2　实例规划

1. 实现功能设想

在本节，我们的目标是同时运用定时器 0 和定时器 1。定时/计数器 0 用的是定时功能，运用定时器 0 制作一个高精度的信号发生器，产生 200μs 的方波信号。而定时/计数器 1 充当一个脉冲计数器的功能，用 P0 和 P2 端口电平指示器来显示脉冲个数。

2. 实例所用电路图

如图 4-58 所示，为本节实例中所运用的电路图。将 P0 口和 P2 口作为逻辑电平指示端口，它们共同合并成一个 16 位的计数指示器，脉冲计数的范围可达 2^{16}=62636 次。在 P1.0 外接了一个示波器，因为会在 P1.0 产生一个方波脉冲信号。

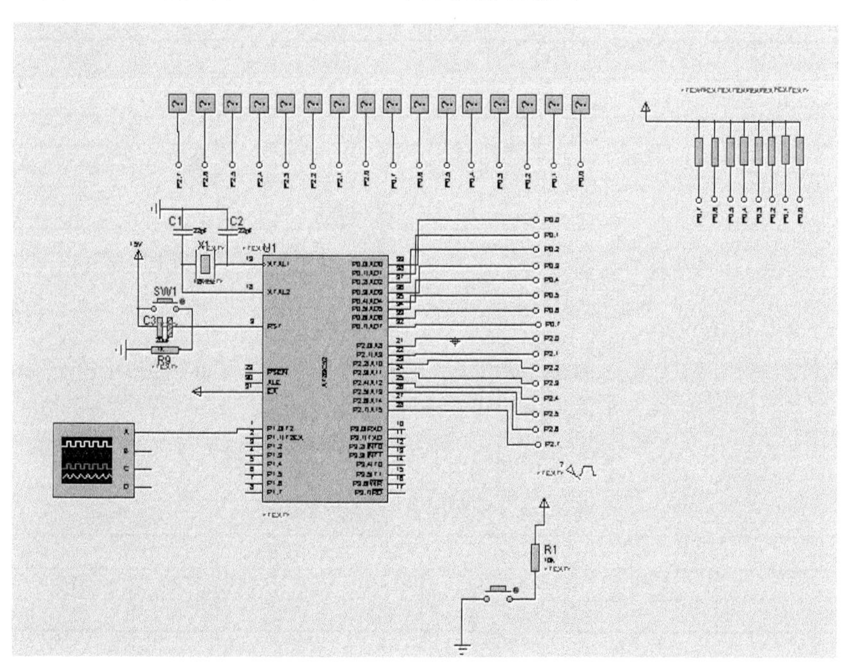

图 4-58　方式 2 所用电路图

在图 4-58 中可看到，P0 口需要接上拉电阻，而 P1 口是不需要接上拉电阻的。在本次实例中，我们会用到计数器来计数脉冲信号，选取了两组脉冲信号，如图 4-59 所示。第一组是 Proteus 中的信号源。第二组是通过按键来制造的脉冲信号，在上一章外中断学习中，曾经用这个电路制造一个下降沿的脉冲，同样计数器也可以识别这样的信号，如图 4-60 所示为各种波形信号寻找方法。

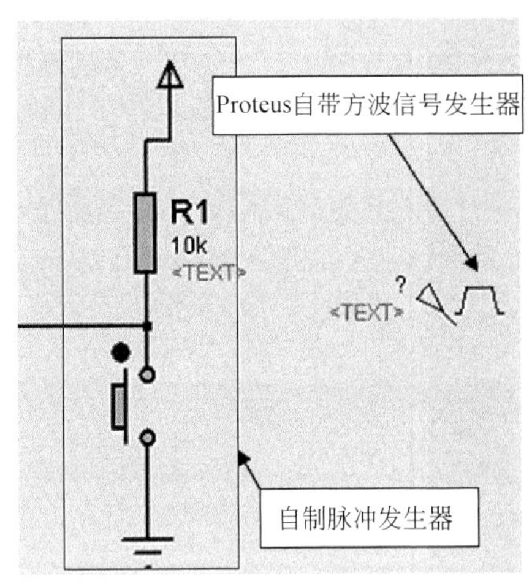

图 4-59　两种信号源

图 4-60　方波脉冲发生器寻找方法

3. 寄存器设置方法

1）定时计数工作方式

TMOD 各位设置如表 4-23 所示，本实例 TMOD 的值设为 62H。

表 4-23　TMOD设置方法

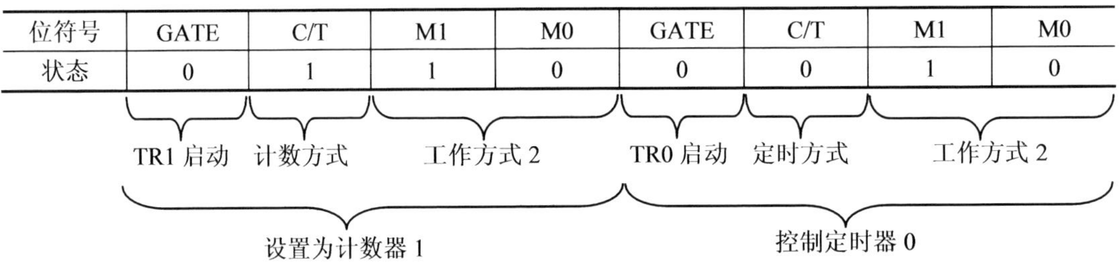

位符号	GATE	C/T	M1	M0	GATE	C/T	M1	M0
状态	0	1	1	0	0	0	1	0
	TR1 启动	计数方式	工作方式 2		TR0 启动	定时方式	工作方式 2	
	设置为计数器 1				控制定时器 0			

2）定时器 0 初值设定

想让单片机 P1.0 输出周期为 200μs 的方波脉冲，则定时器 0 的定时时间为 100μs。使用 12M 晶振，则机器周期为 1μs。我们设计数初值为 X，则：

（2^8–X）×1μs =100μs，X=156=9CH。则 TH0 和 TL0 都设定为 9CH，如表 4-24 所示。

表 4-24　定时器 0 计数初值设定

寄存器	位状态								16 进制
TH0	1	0	0	1	1	1	0	0	9CH
TL0	1	0	0	1	1	1	0	0	9CH

3）计数器 1 计数初值设定

在工作方式 2 之下，计数最大值为 2^8=256，这个计数值不是很大，所以我们将计数初值设定为 0，让它从 0 开始计数，则 TH1 和 TL1 都设定为 00H，如表 4-25 所示。

表 4-25　计数器 1 计数初值设定

寄存器	位状态								16 进制
TH1	0	0	0	0	0	0	0	0	00H
TL1	0	0	0	0	0	0	0	0	00H

4）中断开关设置

在本例中会使用到两个中断，需要同时开启定时/计数器 0、定时/计数器 1 和总中断开关，所以 IE 的值设置为 8AH，如表 4-26 所示。

表 4-26　寄存器IE设置

位符号	EA				ET1	EX1	ET0	EX0
	1	0	0	0	1	0	1	0

5）中断优先权设定

在本例中，设置定时器 0 的优先级和计数器 1 是同级的，所以 IP 的值为 00H，如表 4-27 所示。

表 4-27　寄存器IP设置

IP 位序号	/	/	/	PS	PT1	PX1	PT0	PX0
位状态	0	0	0	0	0	0	0	0

4.5.3　用汇编语言实现目标

工作方式 2 汇编流程图，如图 4-61 所示。在图中，将 TL1 的值直接传送给 P0，当每计一次数时，传送给 P0，通过连接 P0 端口的逻辑电平指示器来直接指示。将 R3 作为自定义的计数器溢出累加器，每次计数器 1 产生溢出中断，R3 就自动加 1。R3 传送给 P2，通过连接 P2 端口的逻辑电平指示器来直接指示。这样 P0 口和 P2 口就能够合并组成一个 16 位的计数器。

在中断服务子程序中，我们并没有重新赋值计数初值，这就是工作方式 2 程序编写的特点。

完整的汇编程序如下所示。

```
ORG 0000h
JMP MAIN
ORG 000BH
JMP TIM0
ORG 001BH
JMP COUT1
ORG 0030H
MAIN:
      MOV P0,#00H
      MOV P2,#00H
      MOV TMOD,#01100010B
      MOV IE,#10001010B
      MOV TH0,#9CH
      MOV TL0,#9CH
      MOV TH1,#00H
      MOV TL0,#00H
      SETB TR0
      SETB TR1
      MOV R3,#00H
loop:  MOV P0,TL1
       MOV P2,R3
      JMP loop
TIM0:
     CPL P1.0
```

```
    RETI
COUT1:
    INC R3
    RETI
    END
```

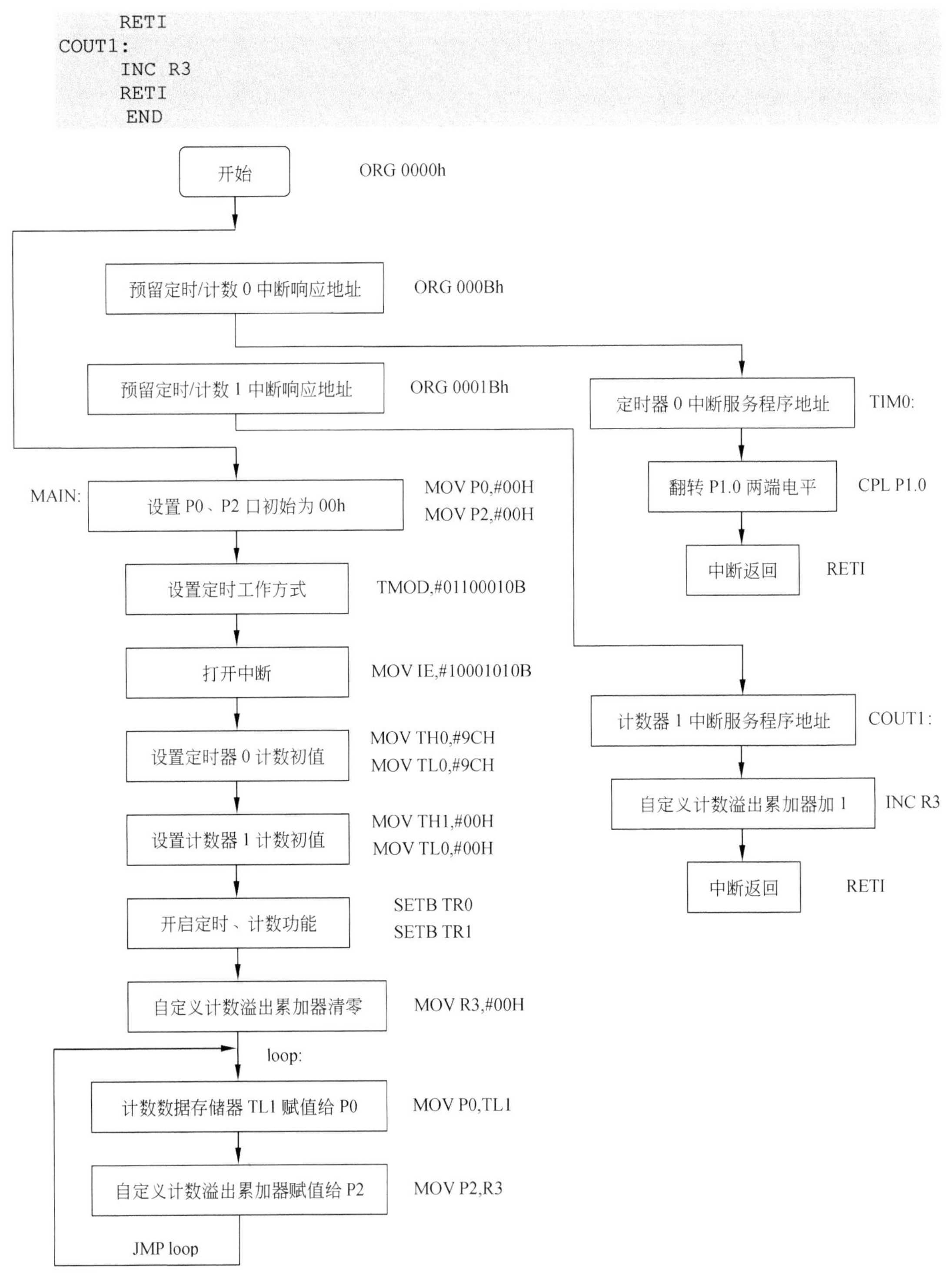

图 4-61　工作方式 2 汇编流程图

4.5.4　用 C 语言实现编程

C 语言流程图，如图 4-62 所示。先定义了一个全局变量 j，用于表示计数溢出的次数，其程序流程和汇编语言都很相似。

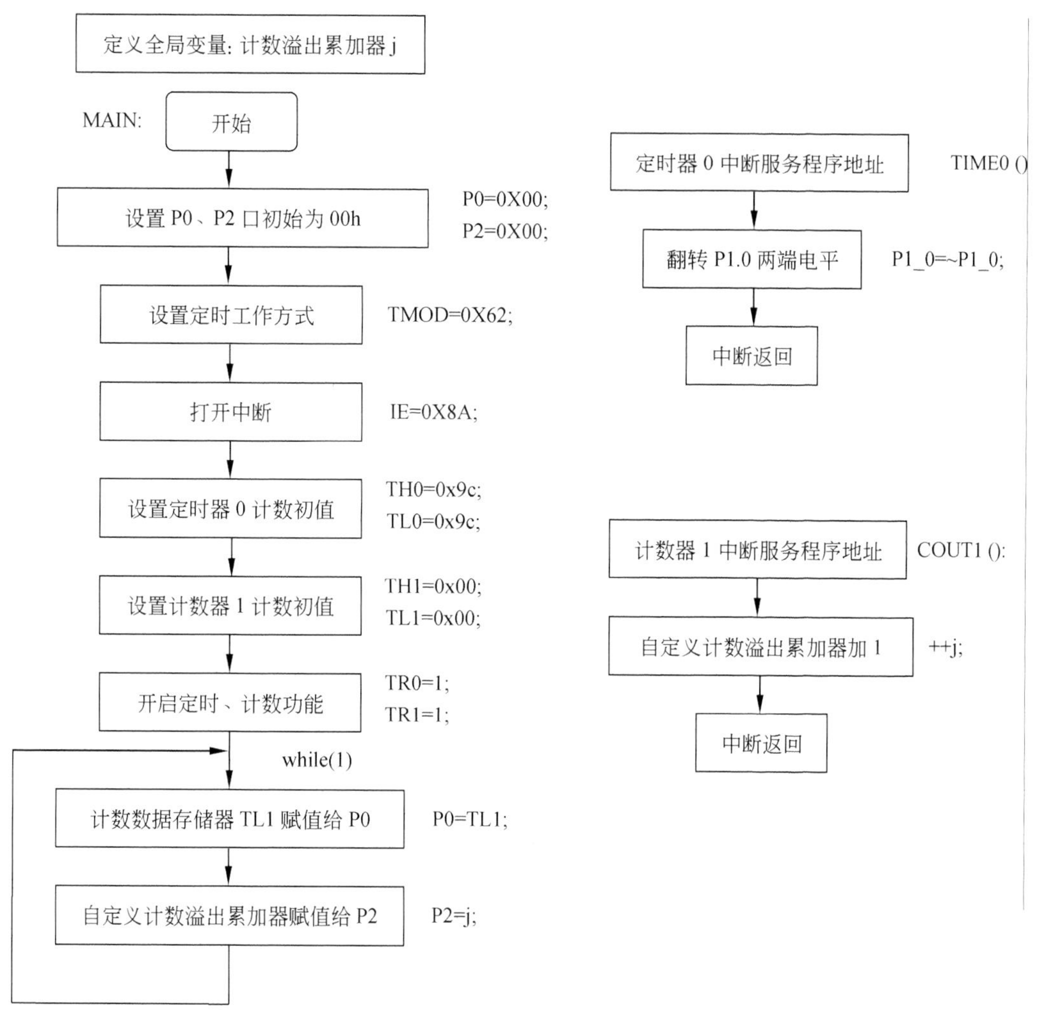

图 4-62　C 语言流程图

完整的 C 语言程序为:

```
#include <at89x52.h>
#include<intrins.h>
void TIME0 (void);
void COUT1 (void);
unsigned char data j=0;
main()
{
P0=0X00;
P2=0X00;
TMOD=0X62;
IE=0X8A;
TH0=0x9c;
TL0=0x9c;
TH1=0x00;
TL1=0x00;
```

```
TR0=1;
TR1=1;
while(1)
{
 P0=TL1;
 P2=j;
}
}
 TIME0 () interrupt 1 using 1
{
  P1_0=~P1_0;
}
 COUT1 () interrupt 3 using 2
{
  ++j;
}
```

4.5.5 在 Proteus 中进行仿真

1. 定时器0脉冲信号观察

开始仿真后，P1.0 输出的波形如图 4-63 所示。我们将频率调整旋钮调至 50μs，可以清楚地看到一个周期脉冲信号占用了 4 格，表示定时器 0 产生的脉冲信号周期为 200μs。

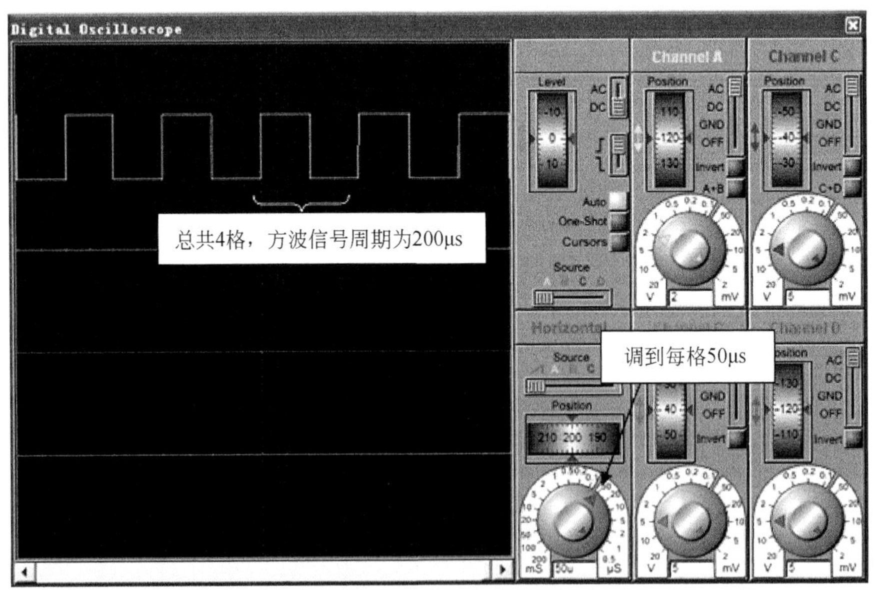

图 4-63 脉冲信号产生器

2. 计数器1计数观测

首先，先将单片机 P3.5(T1)连接到自制脉冲信号发生器，如图 4-64 所示。按一次点动开关，逻辑电平指示器就自动加 1。在图 4-64 中，逻辑电平指示器为 0000000000000100，对应的十六进制数为 04H，十进制数为 4，表示已按了 4 次开关。

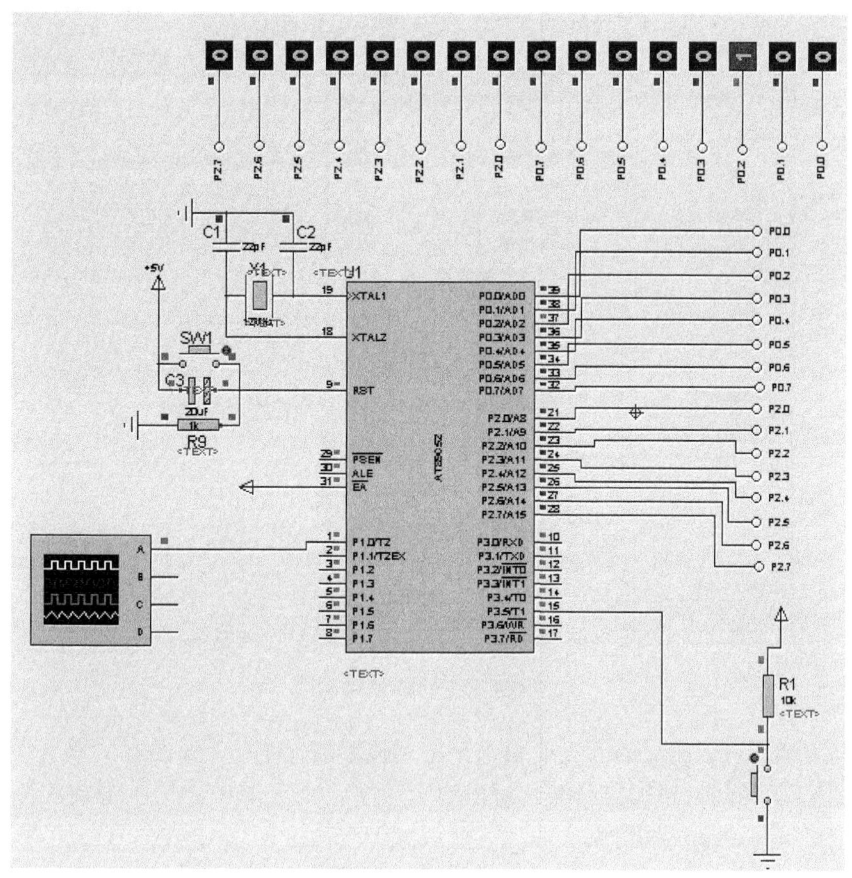

图 4-64　实例计数 1

再将 Proteus 自带的脉冲信号发生器接到单片机 P3.5(T1)，如图 4-65 所示。

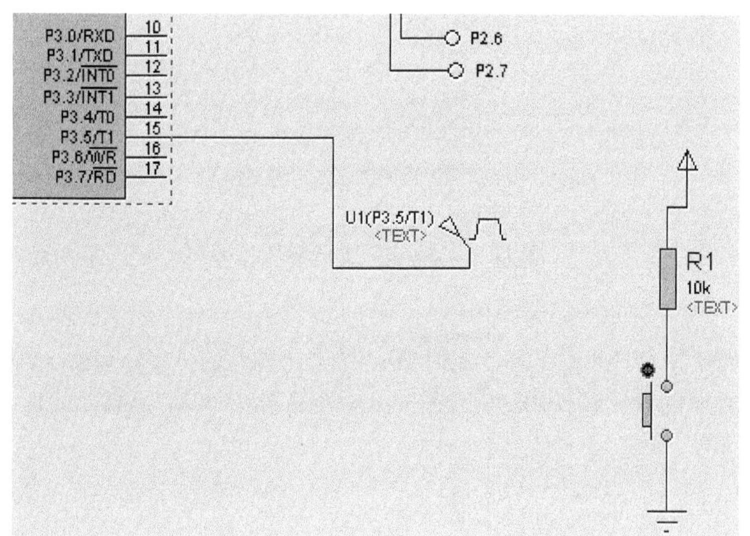

图 4-65　实例计数 2

双击脉冲发生器，打开属性对话框，可按如图 4-66 所示的操作设置脉冲信号的频率和幅值。设置的方波信号频率为 10KHZ，让显示效果更加明显。

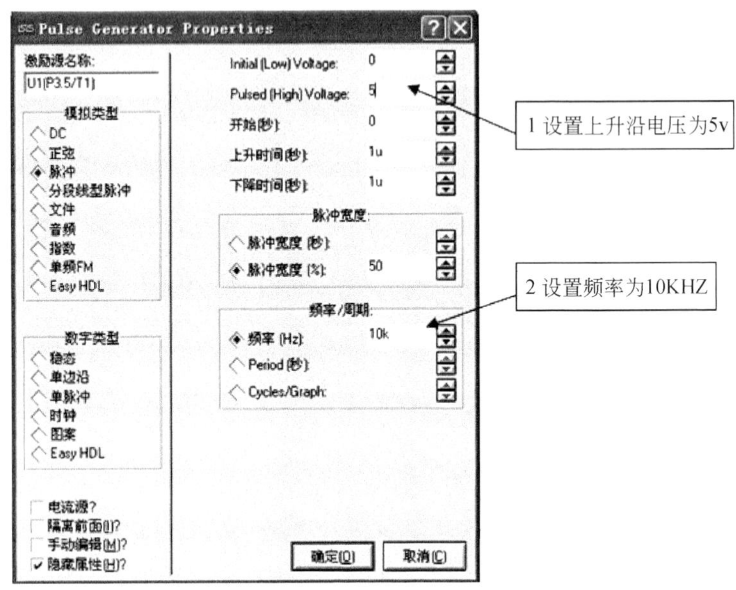

图 4-66　实例计数 3

开始仿真后，可以明显的看见逻辑电平指示值不断地变化，如图 4-67 所示。此时逻辑电平指示的值为 0010011010111100。对应的十六进制数为 26BCH；十进制数为 9916，此时计数器已经计了 9916 个脉冲。

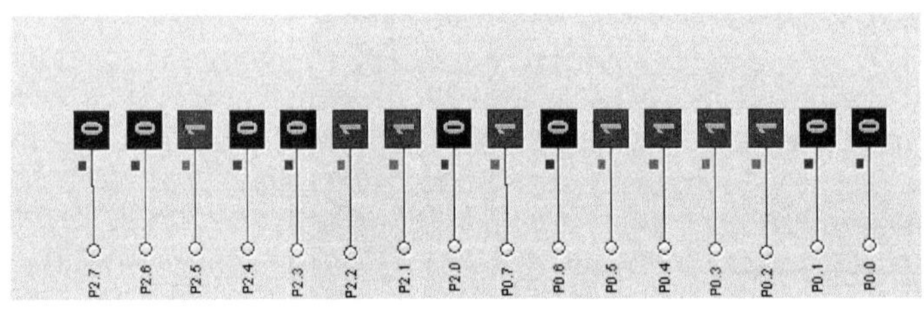

图 4-67　实例计数 4

4.6　定时工作式 3

当方式控制位 M1、M0=11 时，定时器/计数器工作在方式 3。前面 3 种工作方式，对两个定时器/计数器的设置和使用是完全相同的，但工作方式 3，对两个定时器/计数器的设置和使用是不同的。

4.6.1　定时工作方式 3 概述

定时器/计数器 0 在方式 3 时被拆成两个独立的 8 位计数器：TH0 和 TL0。

TL0 使用定时器/计数器 0 的状态控制位 C/T、GATE、TR0、INT0，它既可以工作在定时方式，也可以工作在计数方式。而 TH0 被固定为一个 8 位定时器（不能做外部计数模式），并使用定时器定时/计数 1 的状态控制位 TR1，同时占用定时器 T1 的中断请求源 TF1。此时，定时器 TH0 的启动或停止只受 TR1 控制。TR1=1 时，启动 TH0 的计数；TR1=0 时，停止 TH0 的计数。

如图 4-68 所示，表示 TL0 在工作方式 3 的内部逻辑结构；如图 4-69 所示，表示 TH0 在工作方式 3 的内部逻辑结构。

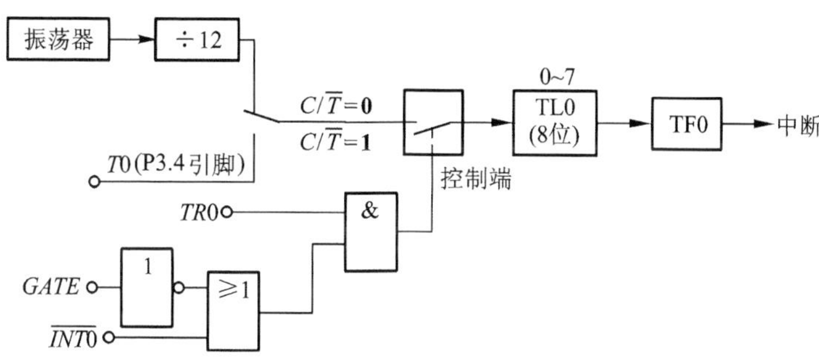

图 4-68　TL0 在工作方式 3 的内部逻辑结构

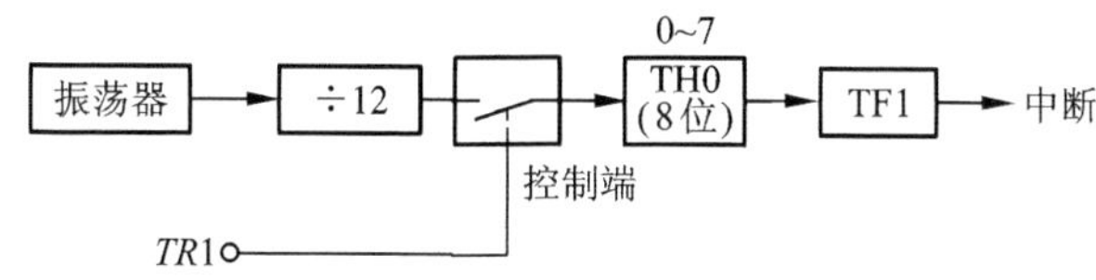

图 4-69　TH0 在工作方式 3 的内部逻辑结构

当定时器/计数器 0 处于方式 3 时，定时器/计数器 1 仍可设置为方式 0、方式 1 和方式 2。但 TR1、TF1 和 T1 的中断源都已被定时器 T0 中的 TH0 占用，所以定时器 T1 仅有控制位 C/T 来决定其工作在定时方式或计数方式。当计数器计满溢出时，不能置位“TF1”，只能将输出送往串口。所以，此时定时器/计数器 1 一般用做串口的波特率发生器，将在介绍串口通信这一章时，再来详细讲解在工作方式 3 下定时器/计数器 1 的设置方法。

4.6.2　实例规划

1．用计数器作为外中断

通过第 3 章的学习，我们知道 51 单片机只有两个外中断，在应用系统中可能会有外中断不够用的情况，这时候计数器往往能充当一个外中断角色。实现的方法非常简单，将定时器/计数器设置为计数模式，将计数初值设定为总计数值，这样再来一次脉冲信号，计数器就会溢出，继而进入中断。假设我们选用 8 位计数器，最大计数值为 255，我们将计数初值设置为 255（FFH），如果此时计数器在运行过程中，一旦遇到一个脉冲信号，计数器马上就会溢出，跳转到中断服务程序处，在中断服务程序中添加我们想要的处理程序，这样就是借计数中断之名产生外部中断之实。

2．电路图绘制

如图 4-70 所示就是此次实例我们所用的电路图。

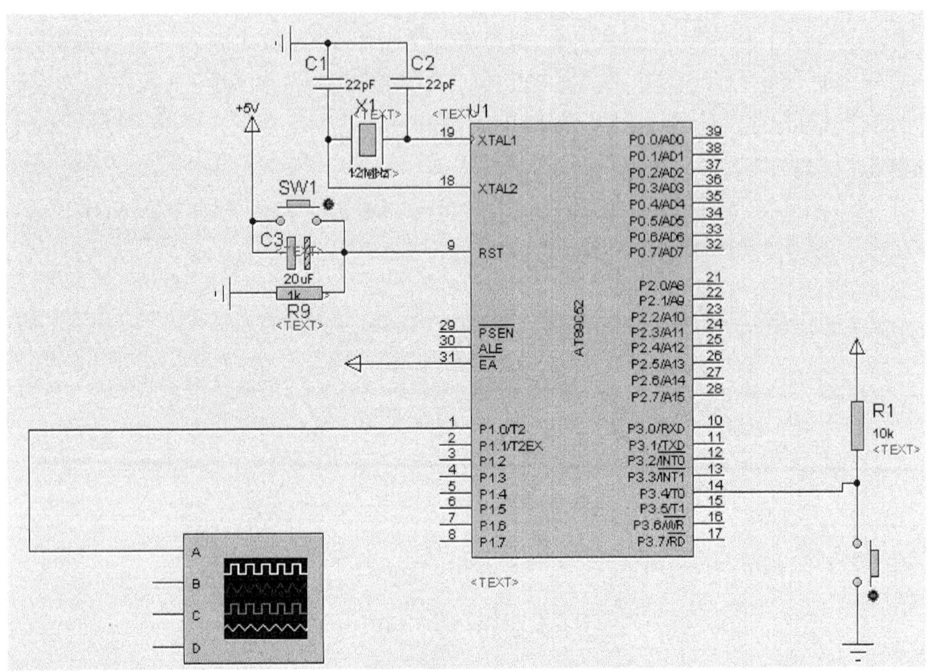

图 4-70　工作方式 3 实例电路

电路图非常简单，实例设计完成的最终目标是：开始运行后，示波器显示一个 200μs 的方波信号，点动一下开关，方波信号消失，重新点动开关，方波重现。

总体来说，是让点动开关来控制脉冲信号产生与否，程序设计流程如图 4-71 所示。

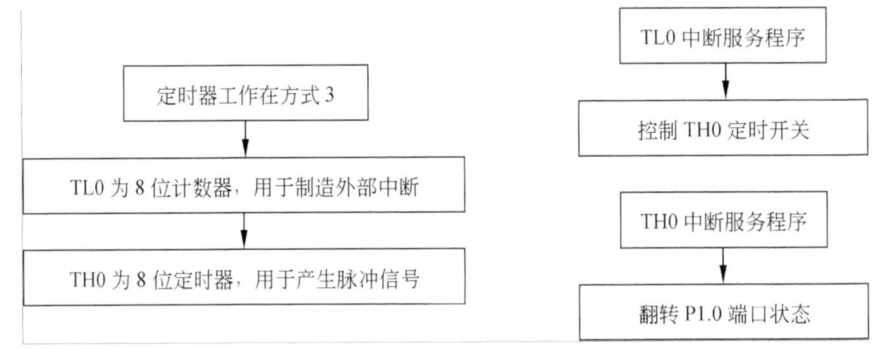

图 4-71　工作方式 3 程序设计方案

图中阐述了功能实现的方法，TL0 作为计数器充当开关的作用，利用计数溢出产生外中断的效果，进入中断后，不断地翻转 TH0 定时器的开关状态，以达到控制效果。

TH0 在工作方式 3 下只能用做定时功能。在本例中，它的作用就是产生一个 200μs 的脉冲信号，产生信号的频率和上一节实例产生的信号频率是一样的。

3. 各个寄存器设定

1）定时计数工作方式

TMOD 各位设置如表 4-28 所示，TMOD 的值设置为 07H。

表 4-28　TMOD设置方法

位符号	GATE	C/T	M1	M0	GATE	C/T	M1	M0
状态	0	0	0	0	0	1	1	1

TR0 启动 TL0　TL0 计数方式　工作方式 3

控制定时器 0

2）TH0 初值设定

想让 P1.0 端口输出周期为 200μs 的方波脉冲，每隔 100μs，P1.0 端口电平就要翻转一次，则定时器 0 的定时时间为 100μs。

使用 12MHZ 晶振，则机器周期为 1μs。设计数初值为 X：

（2^8–X）×1μs =100μs，X=156=9CH。则 TH0 设定为 9CH，如表 4-29 所示。

表 4-29　TH0 计数初值设定

寄存器	位状态								16 进制
TH0	1	0	0	1	1	1	0	0	9CH

3）TL0 初值设定

计数器 TL0 要作为一个外中断，初值就必须为最大计数值，TL0 为 8 位计数器，它的最大计数值为（2^8–1）=255=FFH，所以 TL0 就设置为 0FFH，如表 4-30 所示。

表 4-30　TL0 计数初值设定

寄存器	位状态								16 进制
TL0	1	1	1	1	1	1	1	1	0FFH

4）中断开关设置

在工作方式 3，TH0 占用了定时器/计数器 1 的中断控制位 ET1，需要同时开启计数器 TL0、 定时器 TH0 和总中断开关，所以 IE 的值设置为 8AH，如表 4-31 所示。

表 4-31　寄存器IE设置

位符号	EA				ET1	EX1	ET0	EX0
	1	0	0	0	1	0	1	0

5）中断优先权设定

同样在工作方式 3 下，TH0 占用了定时/计数器 1 的中断优先级控制位 PT1。而在本例中，要求定时器 TH0 的中断优先级高于计数器 TL0，则 IP 的值要设定为 08H，如表 4-32 所示。

表 4-32　在实例中IP设置方法

IP 位序号	/	/	/	PS	PT1	PX1	PT0	PX0
位状态	0	0	0	0	1	0	0	0

4.6.3　用汇编语言实现编程

1．规划流程图

工作方式 3 汇编实例流程图，如图 4-72 所示。可以看到，在方式 3 下 TH0 占用了定时器/计数器 1 的中断服务地址。在编程的时候要格外注意。

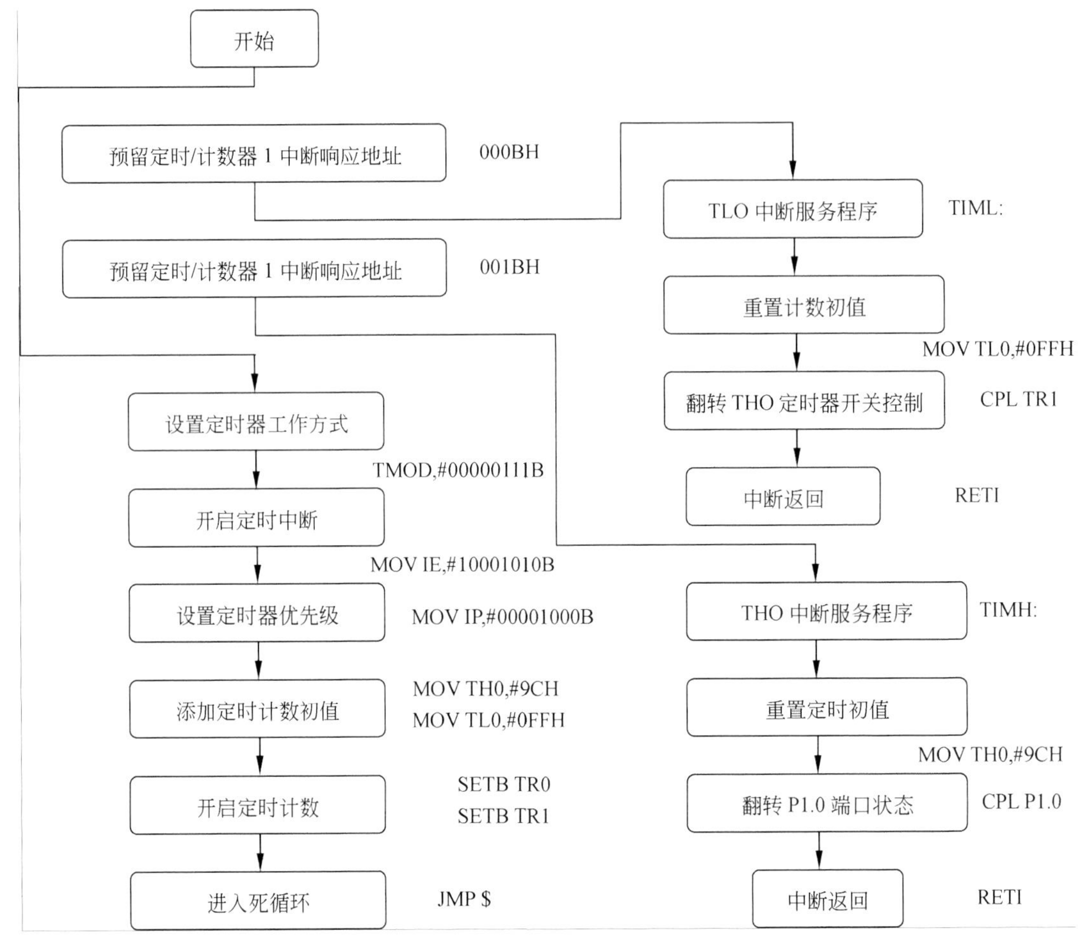

图 4-72　工作方式 3 汇编实例流程图

2. 完整的汇编程序

```
ORG 0000h
JMP MAIN
ORG 000BH
JMP TIML
ORG 001BH
JMP TIMH
ORG 0030H
MAIN:
      MOV TMOD,#00000111B
      MOV IE,#10001010B
      MOV IP,#00001000B
      MOV TH0,#9CH
      MOV TL0,#0FFH
      SETB TR0
      SETB TR1
      JMP $

TIML:
     MOV TL0,#0FFH
```

```
    CPL TR1
    RETI
TIMH:
    MOV TH0,#9CH
    CPL P1.0
    RETI
     END
```

4.6.4 用 C 语言实现编程

（1）C 语言的程序走向和汇编语言很类似，如图 4-73 所示。

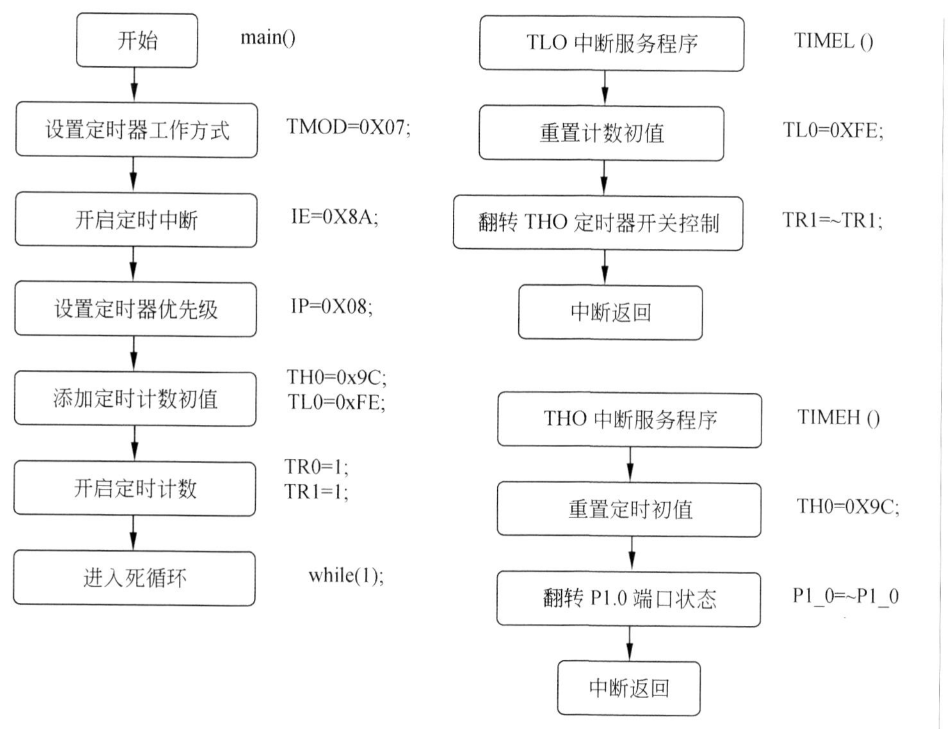

图 4-73　C 程序流程图

（2）完整的 C 语言程序为：

```
#include <at89x52.h>
#include<intrins.h>
void TIMEL (void);
void TIMEH (void);
main()
{
TMOD=0X07;
IE=0X8A;
//IP=0X08;
TH0=0x9C;
TL0=0xFE;
TR0=1;
TR1=1;
while(1);
}
```

```
 TIMEL () interrupt 1 using 1
{
  TL0=0XFE;
  TR1=~TR1;
}
 TIMEH () interrupt 3 using 2
{
  TH0=0X9C;
  P1_0=~P1_0;
}
```

4.6.5 在 Proteus 中进行仿真

1. 仿真方波脉冲发生器

开始仿真后，示波器产生的脉冲信号如图 4-74 所示，程序设计的目标是产生 200μs 的脉冲信号，将频率调整旋钮调至 50μs，可以发现一个周期的信号长度是大于 4 格的，表示产生的信号有误差。为什么会导致误差呢？

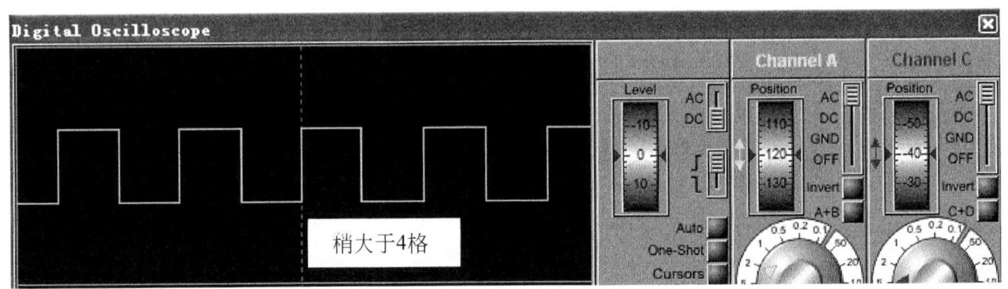

图 4-74　工作方式 3 产生方波信号

如图 4-75 所示是在上一节实例产生的脉冲信号，上一节的实例是工作在方式 2，也就是自动填充初值模式。从图中可以看出，信号非常准确，因为有了自动填充的功能，在中断服务程序中，我们不需要再给定时计数写入初值，这就使定时精度非常高。所以在要求精度较高的场合，建议大家使用定时工作方式 2。

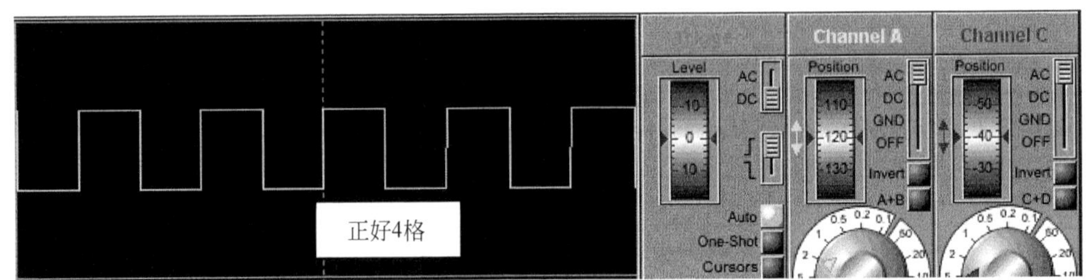

图 4-75　工作方式 2 产生方波信号

2. 用定时器扩展中断仿真

如图 4-76 所示，在仿真过程中，当我们按一次开关后，方波信号消失，再按一次，信号又重新出现，此时引脚 P3.4（T0）相当于一个外中断输入端口。

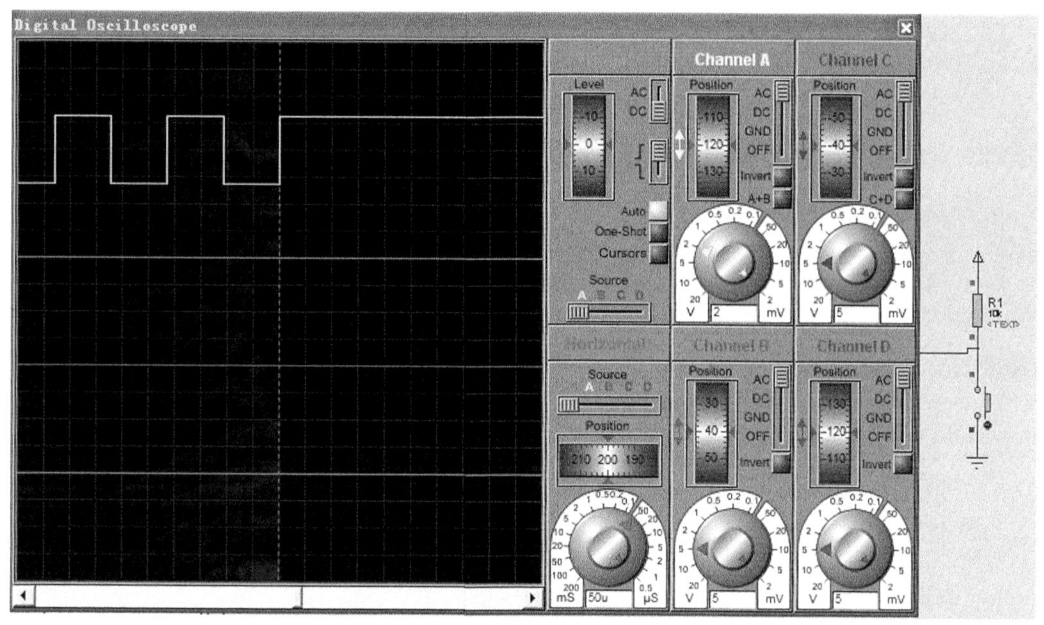

图 4-76　定时器扩展外中断仿真

4.7　习题和实例扩展

1. 填空题

（1）假设单片机选用 6MHZ 的晶振，则机器周期为________。

（2）定时器/计数器 0、定时/计数器 1 的计数信号输入引脚为________。

（3）定时器/计数器 0 数据寄存器为________、________；定时器/计数器 1 数据寄存器为________、________。

（4）定时器/计数器 0、定时器/计数器 1 计数溢出中断标志位为________、________；中断允许控制位为________、________。

（5）定时工作方式 0________为位定时器；工作方式 1________为位定时器；工作方式 2 为________位定时器。

（6）工作方式________可自动装置计数初值。

（7）定时/计数器 0、定时/计数器 1 的中断响应地址为________、________。

（8）在定时工作方式 3，________只能作为一个 8 位的定时器。

2. 判断题

（1）C 语言每条语句和汇编语言每条指令都有特定的执行时间。

（2）常使用循环方式，设计软件延时。

（3）定时工作方式 0，定时/计数器 0 和 1 都为 16 位的。

（4）51 单片机两组定时/计数器可分别工作在不同的工作方式下。

（5）如果采用中断的方式控制定时器 0，则只需启动定时器 0 中断允许控制器 ET0。

（6）定时工作方式 3 下，定时器 1 可以采用中断的控制方式。

（7）利用中断控制，需要保护特定的寄存器。

（8）计数脉冲可以是任意频率。

3. 解答题

（1）简述软件演示和可编程定时各自的优缺点。

（2）为什么使用汇编语言编写的定时程序，定时时间特别精确，而 C 语言却无法实现高精度的软件延时。

（3）叙述 4 种定时工作方式的特点。

（4）定时工作方式 2 下，自动加载计数初值的好处。

（5）定时工作方式 3 下，各个寄存器的使用和配置方法。

（6）汇编语言为什么需要使用堆栈操作指令，C 语言需要对寄存器保护吗？

4. 实例扩展

（1）在 Proteus 中绘制电路图，如图 4-77 所示。

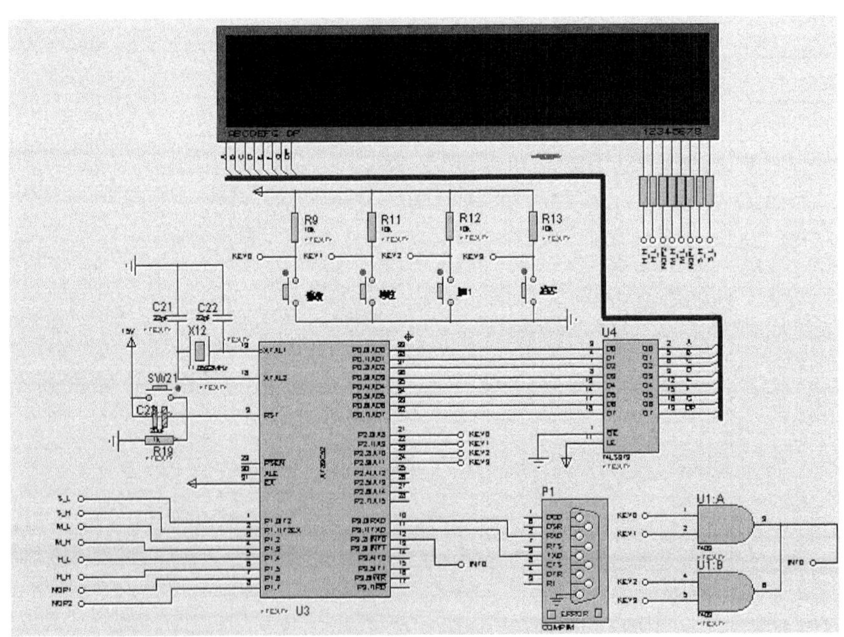

图 4-77　电路图

（2）软件仿真本节所有实例。

（3）假设使用 6MHZ 晶振，分别用汇编语言和 C 语言编写一段延时 500ms 的软件延时程序。

（4）使用可编程定时方案，可使用任意定时工作方式，使用 C 语言或汇编程序编写 50ms 的延时子程序。

（5）思考电子时钟的实现方案。

第 5 章　数码管显示技术

本章来学习数码管显示技术。数码管大家应该都熟悉，在一些仪器、仪表上都能看到数码管的身影。数码管显示是比较容易理解的，掌握了数码管显示技术，我们就能够制作更复杂的实例。本章的重点是了解数码管的动态显示技术，在介绍实例时，会穿插一些 C 语言和汇编语言方面的知识。

5.1　数码管静态显示

数码管的静态显示非常直观，很容易理解。本节就来介绍数码管，同时还会介绍通过汇编语言和 C 语言对单片机内部 RAM 和 ROM 开拓的方法，这部分知识稍微有些难度，只要大家认真地练习，一定会理解的。

5.1.1　数码管介绍

1. 数码管分类

数码管又叫 LED 数码管（LED Segment Displays），是由多个发光二极管封装在一起组成“8”字型的器件，如图 5-1 所示为数码管的外观。引线已在内部连接完成，只需引出它们的各个笔划，公共电极。LED 数码管常用段数一般为 7 段，另加一个小数点。根据 LED 的接法不同分为共阴和共阳两类，如图 5-2 所示为共阳极数码管和共阴极数码管的内部结构。

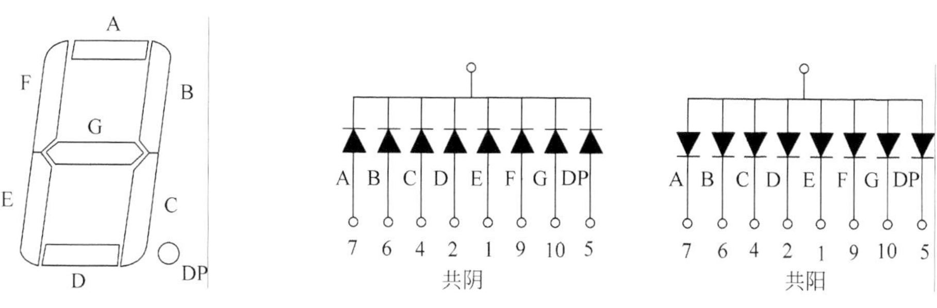

图 5-1　数码管外观　　　　图 5-2　共阳极和共阴极数码管内部结构

所谓共阴极就是把发光二极管的阴极连到一起，使用时公用阴极接低电平。

所谓共阳极就是把发光二极管的阳极连到一起，使用时公用阳极接高电平。

如图 5-3 和图 5-4 所示为在 Proteus 中寻找数码管的方法。图 5-3 所示为 7 段共阳极数码在 Proteus 中的位置；图 5-4 所示为 7 段共阴极数码在 Proteus 中的位置。这两个数码管都没有小数点显示。在 Proteus 中有非常多的数码管，但是很多带小数点的共阳极和共阴极在外观上无法分辨，这是 Proteus 设计的缺陷，所以本书选用不带小数点的数码管来让读者观察显示效果。

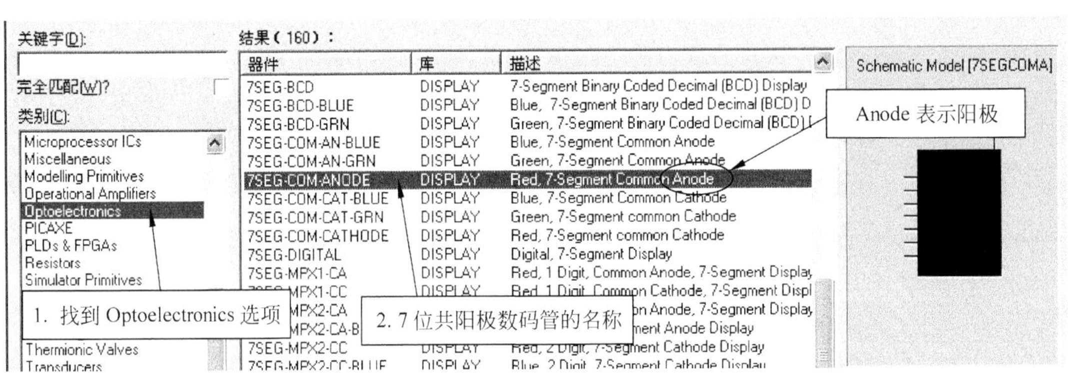

图 5-3　不带小数点共阳极数码管寻找方法

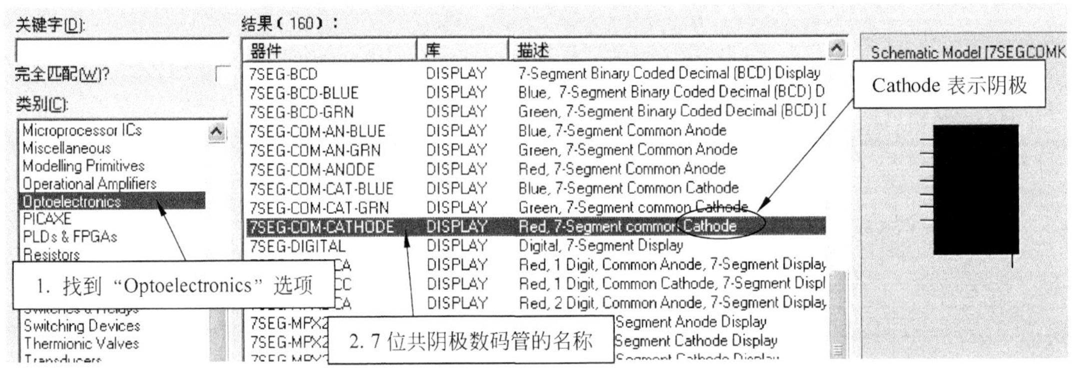

图 5-4　不带小数点共阴极数码管寻找方法

希望大家学习两个英文单词：Anode（共阳）和 Cathode（共阴），在后面章节中要通过这两个单词来分辨共阳极和共阴极数码管。

如图 5-5 和图 5-6 所示为两个不同数码管的连接方式。共阳极数码公共端通过一个限流电阻接电源，在仿真中可以不使用这个电阻，但是实际硬件电路如果不添加限流电阻的话，可能烧坏数码管。共阴极数码管公共端接地，而段选端通过高电平的引入达到显示效果，在图中所有的电阻设置为 100Ω。

2．数码管和单片机的连接

如图 5-7 所示为单片机和数码管的连接方式，在此图中，选用的是共阳极带小数点数码管。在 Proteus 中，只能通过 Anode 和 Cathode 来寻找共阳极或共阴极数码管。

如表 5-1 所示为单片机 P1 口和数码管的连接序列，大部分书籍所介绍的数码管接口方式都是如此。

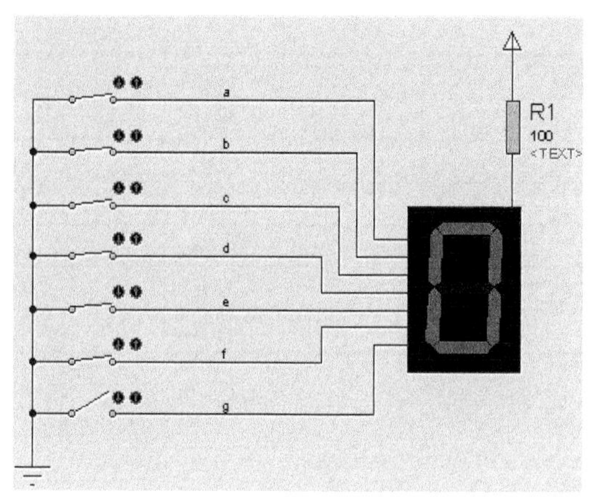

图 5-5　共阳极数码管演示

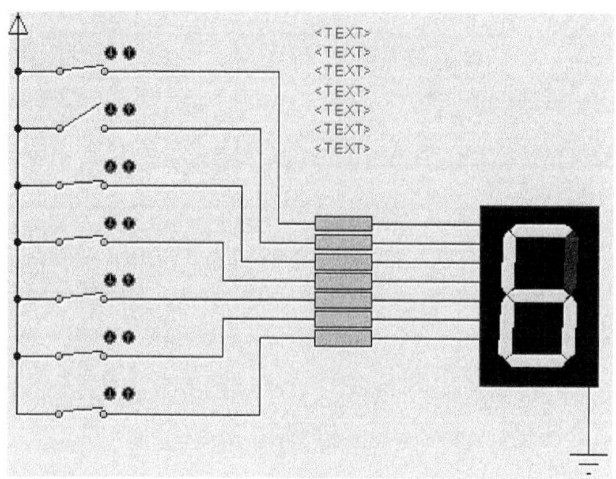

图 5-6　共阴极数码管演示

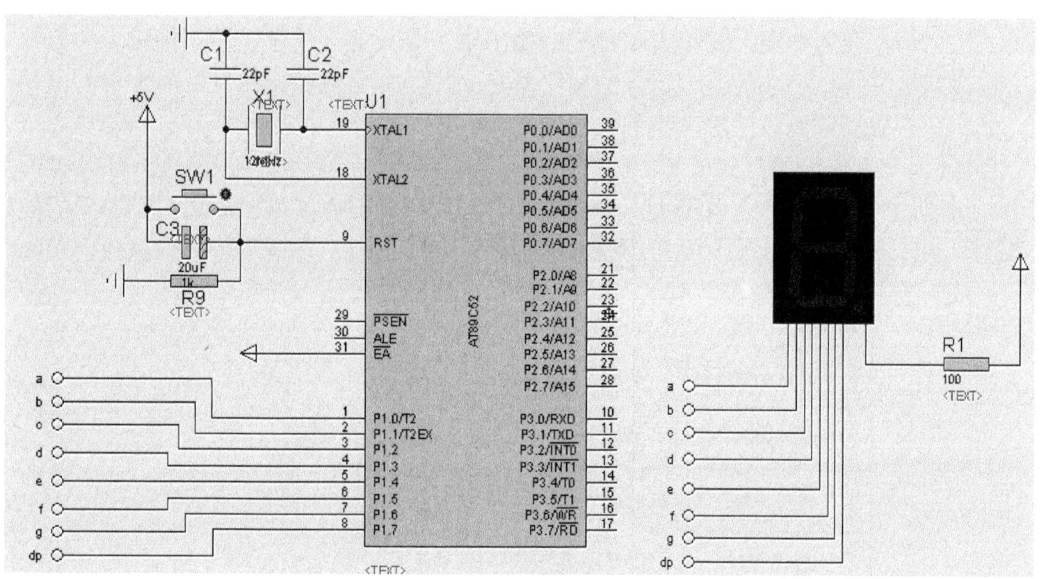

图 5-7　单片机和数码管的连接

表 5-1　数码管和单片机的连接

接口端	P1.7	P1.6	P1.5	P1.4	P1.3	P1.2	P1.1	P1.0
显示段	dp	g	f	e	d	c	b	a

如表 5-2 所示为单片机和数码管连接的数字代码表，表示采用共阳或共阴连接时，P1 端口输出的值。

表 5-2　数码管数字显示码表

显示数值	共阳极代码	共阴极代码
0	C0H	3FH
1	F9H	06H
2	A4H	5BH
3	B0H	4FH

续表

显示数值	共阳极代码	共阴极代码
4	99H	66H
5	92H	6DH
6	82H	7DH
7	F8H	07H
8	80H	7FH
9	90H	6FH

现在给读者布置一个作业，让数码管像流水灯显示的方式一样，每隔一秒显示一个数值，让数码管循环不停地显示数字 0～9。

5.1.2 汇编语言对数据存储器（RAM）的空间的攫取

在上一节布置的作业，相信大家都已经做出来了。大部分读者采用直接赋值的方法，隔一段时间给 P1 口相应的值。这样的程序看起来显得非常臃肿，而且对单片机的消耗很大，其实还有更简单的方法等着我们去发掘。

RAM 内部有连续的存储单元，可以将数码管显示代码依次存储到内部 RAM 连续的空间中，需要的时候一次将之取出来。如图 5-8 所示，假设在内部 RAM 低 128 单元的地址从 30H～39H 开辟一段区域，专门用于存放数码管的段码值。在图中，共阳极数码管的段码值被放入到了这个区域中。

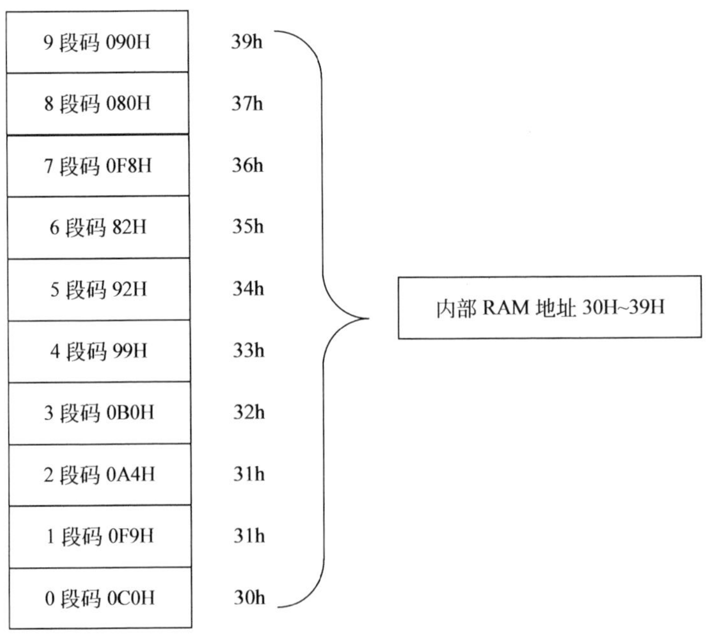

图 5-8 段码值存入 RAM 空间

已将段码值放入 RAM 中了，怎样灵活地将它们取出来呢？这就不得不提 51 单片机中一组特殊的指令组——寄存器间接寻址方式。

在本节介绍 5 条指令：

```
MOV  A,@Ri
MOV  @Ri,A
MOV  @Ri,#data;
MOV  @Ri,direct
MOV  direct, @Ri,
```

和前面所讲数据传输指令最大的区别是用了符号@，在这里 Ri 表示 R0 和 R1。

1．MOV A，@R0这条指令的执行过程

假定 R0 寄存器的内容是 31H，即我们事先用了一条指令 MOV R0,#31H，给 R0 赋了初值。MOV A,@R0 这条指令的执行功能如图 5-9 所示。

在图 5-9 所示中，MOV A,@R0 这条指令的功能是以 R0 寄存器的内容 31H 作为地址，把该地址的内容送给累加器 A。可能刚开始读者会有点绕，不过没关系，在程序中多运用就会很好地理解。

内容	地址
9 段码 090H	39h
8 段码 080H	37h
7 段码 0F8H	36h
6 段码 82H	35h
5 段码 92H	34h
4 段码 99H	33h
3 段码 0B0H	32h
2 段码 0A4H	31h
1 段码 0F9H	31h
0 段码 0C0H	30h

R0: 31H

A: 0A4H

图 5-9　MOV A,@R0 指令叙述

2．MOV @R0，A这条指令的执行过程

同样，R0 的初值为 31H，这次 A 的初值为 5BH，如图 5-10 所示。程序执行后，累加器 A 中的值 5BH 放入了内部 RAM 地址 31H 中。

3．MOV @R0，#0FEH这条指令的执行过程

这条指令是直接将立即数 0FFH 存放到内部 RAM 地址 31H 之中，如图 5-11 所示。

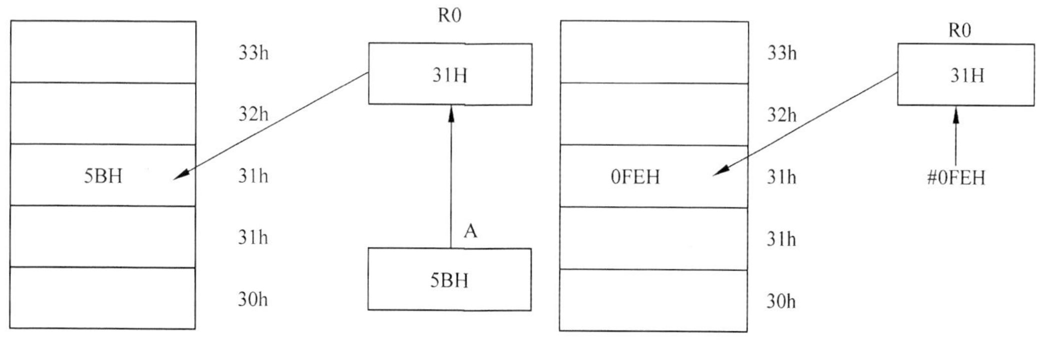

图 5-10　MOV @R0,A 指令叙述　　　图 5-11　MOV @R0,#0FEH 指令叙述

4．MOV @Ri，direct这条指令的执行过程

假设 direct 地址为 40h，而这段地址原来的值为 32h。则这条指令位 MOV @Ri,40h，程序执行过程如图 5-12 所示。

5．MOV direct，@Ri这条指令的执行过程

假设 direct 地址为 40h，而 R0 值为 31h，这条指令位序执行过程如图 5-13 所示。地址 31H 原来的值为 0FEH，通过此指令后，地址 40H 的值也变为 0FEH。

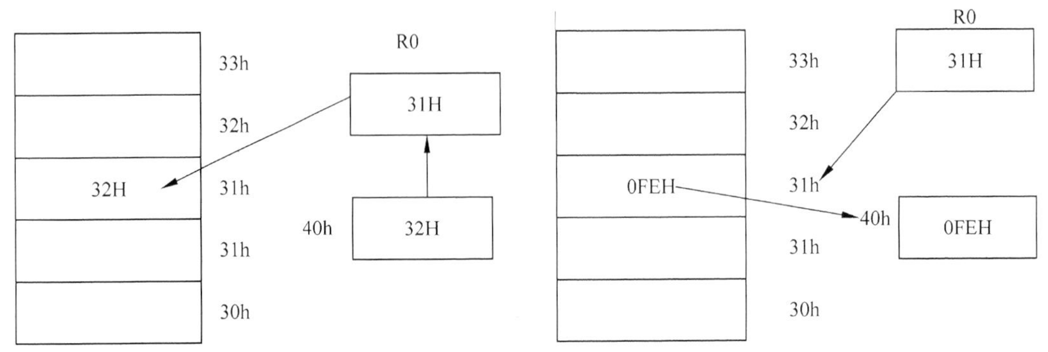

图 5-12　MOV @R0,40h 指令叙述　　图 5-13　MOV 40h, @R0 指令叙述

寄存器间接寻址的操作范围只能在内部 RAM 的 256 个单元。也就是使用间接寻址方式的 R0 或 R1 的取值范围为 0～255 或 0～0FFH。再次强调，使用间接寻址方式的 R 寄存器只能是 R0 或 R1。

6. 汇编语言的加1指令组和减1指令组

在第 4 章我们已经用过了这条指令，在这里再总结一下。

1）加 1 指令组

```
INC A         ; A  ←（A）+1
INC Rn        ; Rn ←（Rn）+1
INC direct    ; direct  ←（direct）+1
INC @Ri       ; （Ri）  ←（（Ri））+1  ;Ri 指向地址的内容自加 1
INC DPTR      ; DPTR  ←（DPTR）+1
```

这些指令可以对累加器、寄存器、内部 RAM 单元，以及数据指针进行加 1 操作。以 INC R0 这条指令来举一个例子吧。

```
MOV R0,#0X30H
INC R0
```

此时的 R0 的值为 0x31。

2）减 1 指令组

```
DEC A           ; A  ←（A）-1
DEC Rn          ; Rn ←（Rn）-1
DEC direct      ; （Ri）  ←（（Ri））-1  ;Ri 指向地址的内容自减 1
DEC @Ri         ; DPTR  ←（DPTR）-1
```

例如：

```
MOV R0,#30H
DEC R0
```

此时 R0 的值为 29h。

7. 内部RAM连续数据的写入和读出

利用汇编语言的这两组指令，就能够对内部 RAM 进行数据存取了。

如图 5-14 所示为将数据依次存入连续的 RAM 空间之中，如果大家学过 C 语言的指针，就会发现在图中右侧 R0 的作用相当于 C 程序的指针，R0 的值加 1，RAM 地址就加 1。

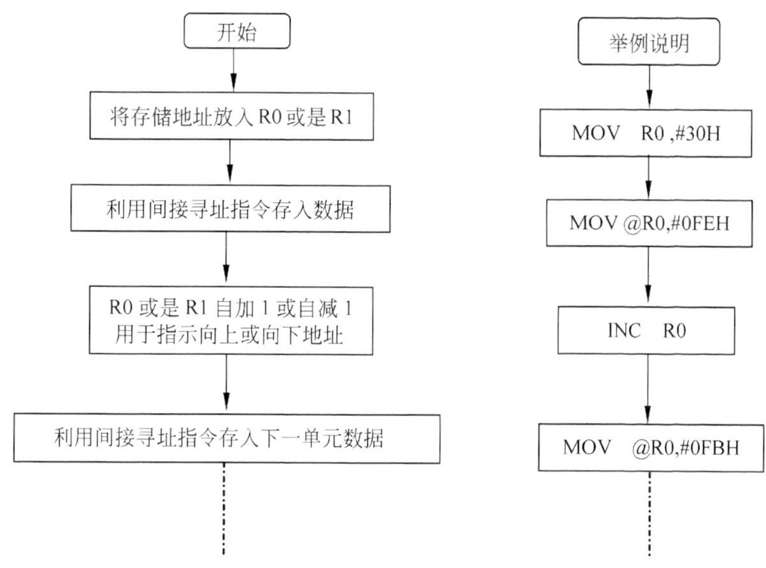

图 5-14　数据连续写入到内部 RAM 之中

8. 将数据从RAM中取出

如图 5-15 所示，将一系列的数据从连续的 RAM 空间中取出。在图中的右侧，设置 R2 为取出数据个数的变量。例如，我们要从内部 RAM 中取出 8 个值，那么就给 R2 赋值 08H，每取出一个字节的数据，R2 值减 1。如果 R2 为 0，取值完毕，这两项操作用 DJNZ 指令一次性完成。

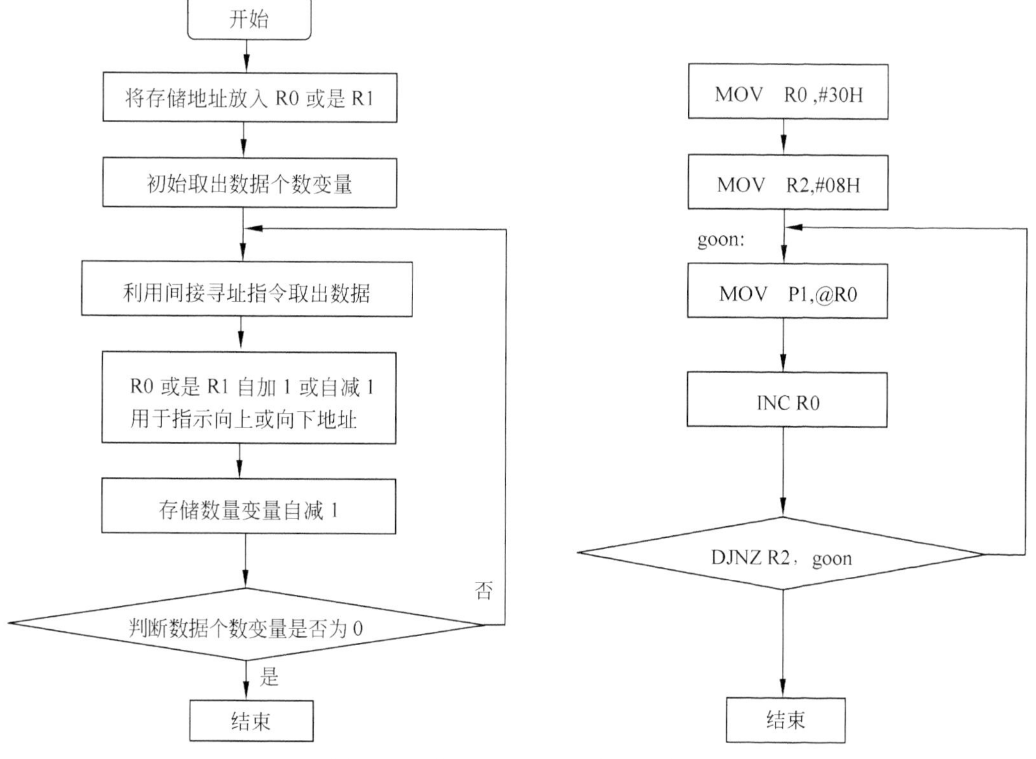

图 5-15　从内部 RAM 连续取出数据

9. 汇编实例验证内部RAM数据存取

用间接寻址的方法实现在上一节给大家布置的作业，让数码管每隔一秒显示一个数值。实现流程如图 5-16 所示，在图中简化了程序存储步骤，重点突出数据的取出。

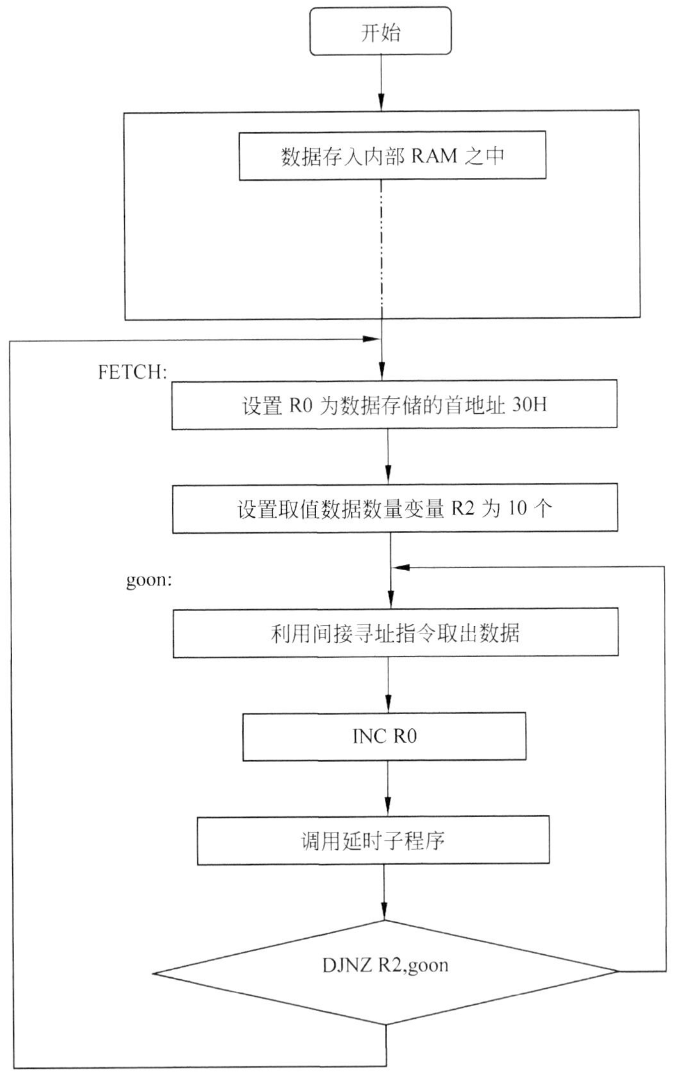

图 5-16　数码管流水程序流程

根据流程图，给出完整的汇编程序：

```
ORG 0000h
JMP  MAIN
ORG 0030h
MAIN:
    MOV P0,#0FFH
STORE:                      ;存储段码数据到 RAM 之中
    MOV R0,#30H             ;存储 RAM 起始地址
    MOV @R0,#0C0H
    INC R0                  ;地址加 1
```

```
    MOV @R0,#0F9H
    INC R0
    MOV @R0,#0A4H
    INC R0
    MOV @R0,#0B0H
    INC R0
    MOV @R0,#99H
    INC R0
    MOV @R0,#92H
    INC R0
    MOV @R0,#82H
    INC R0
    MOV @R0,#0F8H
    INC R0
    MOV @R0,#080H
    INC R0
    MOV @R0,#090H
FETCH:                          ;获取数据
   MOV R0,#30H                  ;起始地址
   MOV R2,#0AH                  ;获取的数据的个数
GOON:
    MOV P1,@R0                  ;取出数据传送给 P1
    INC R0
    CALL DELAY1S
    DJNZ R2,GOON
    MOV P1,#0FFH
    JMP FETCH
DELAY1S:                        ;延时子程序
        MOV R4,#4
LOOP3:  MOV R5,#255
LOOP2:  MOV R6,#245
LOOP1:
        NOP
        NOP
        DJNZ  R6,LOOP1
        DJNZ  R5,LOOP2
        DJNZ  R4,LOOP3
RET
     END
```

10．Proteus中的仿真效果

程序编写好了，就可以在 Proteus 中仿真了，如图 5-17 所示为数码管显示的变化过程，每过一秒，数码管显示变化一次。

图 5-17　数码管流水变化

11．在Keil中仿真

（1）进入仿真状态，如图 5-18 所示为仿真效果。注意，在仿真之前需要对项目进行编译。

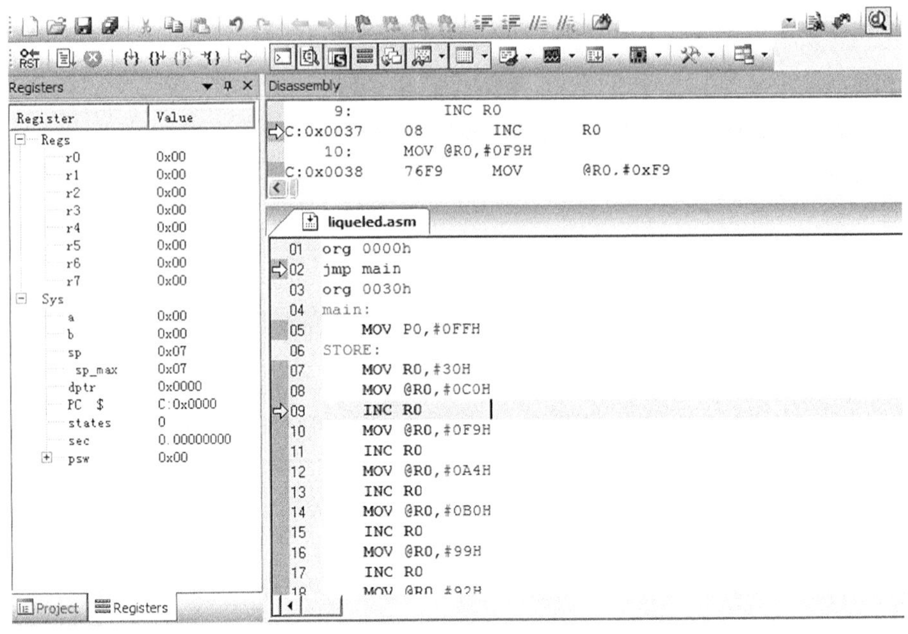

图 5-18　进入仿真状态

（2）查看存储器观察窗口。在仿真界面的右下方的观察窗口，有一栏叫做“Memory 1”的选项，这就是存储器观察窗口，如图 5-19 所示。

如果进入仿真以后，没有存储器观察窗口，可以按照如图 5-20 所示的方法将它调出来。Keil 支持 4 组存储器观察窗口。

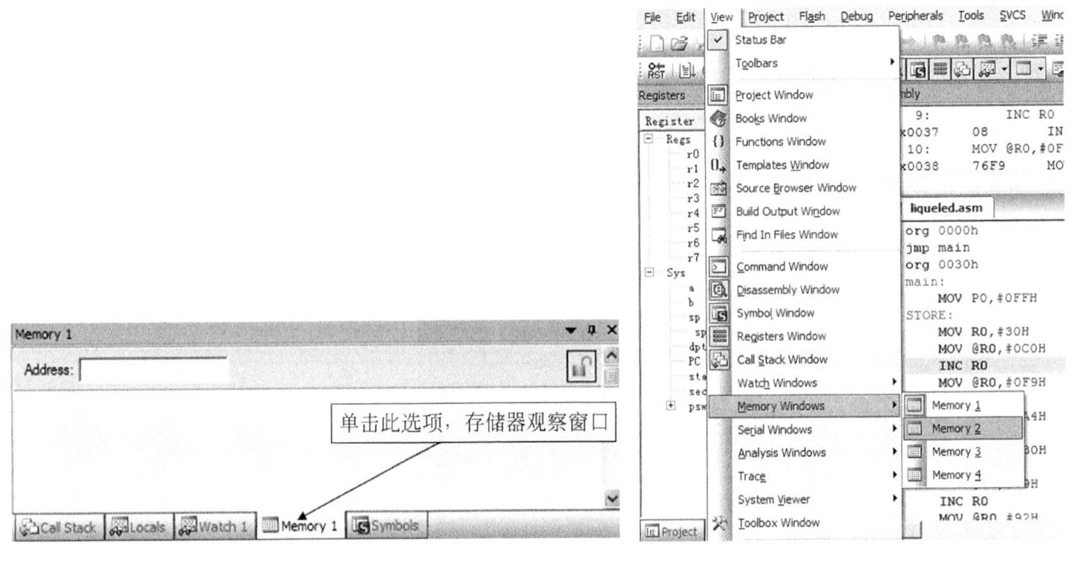

图 5-19　存储器观察窗口　　　　图 5-20　显示存储器观察窗口

存储器窗口中可以显示系统中各种内存中的值。如图 5-21 所示，在地址框输入 D:0X30。其中，D 表示观察的存储器类型为片内数据存储器（RAM），0X30 表示观察的地址为 30h。另外在程序观察窗口中右击鼠标，会显示数据显示格式，在默认情况下，显示的格式为每字节为十六进制，我们也可以按照图上的标志调整为十进制。

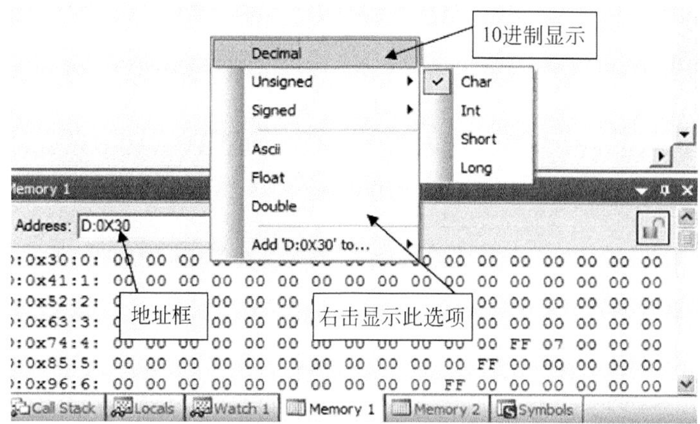

图 5-21　程序观察窗口设置

（3）观察数据存储。当我们单步仿真至如图 5-22 所示的位置，即刚刚执行了语句 MOV @R0,#0C0H，此时观察程序观察窗口的数据变化，数据寄存器地址 30H 的值变为了 C0，表示完成了第一次数据的存储。

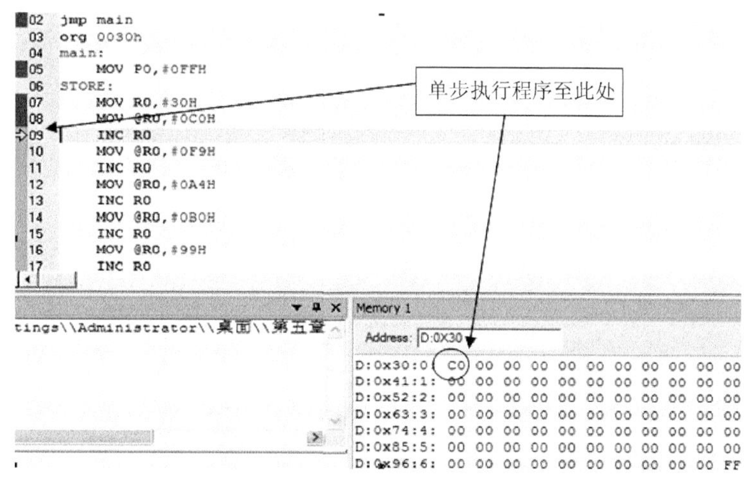

图 5-22　存储第一个值

再来观察一次存储过程，如图 5-23 所示。刚刚执行了语句 MOV @R0,#F9H，此时观察程序数据寄存器地址 31H 的值变为了 F9。

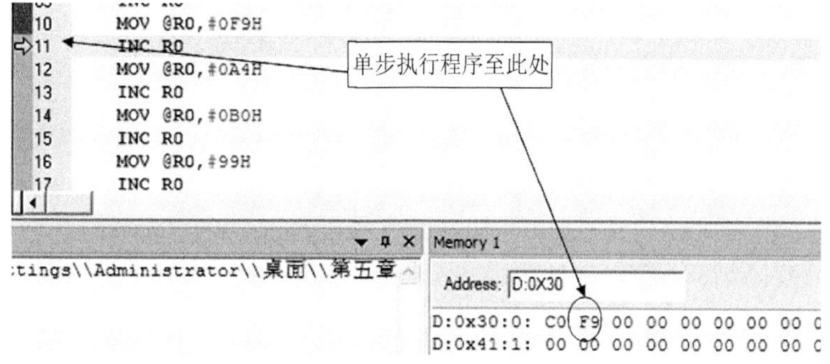

图 5-23　存储第二个值

（4）数据提取。先调出 P1 观察端口，单步执行到如图 5-24 所示的位置，此时的存储器观察窗口已经存入了 10 个数值，这 10 个数值为共阳极数码管显示段码值。

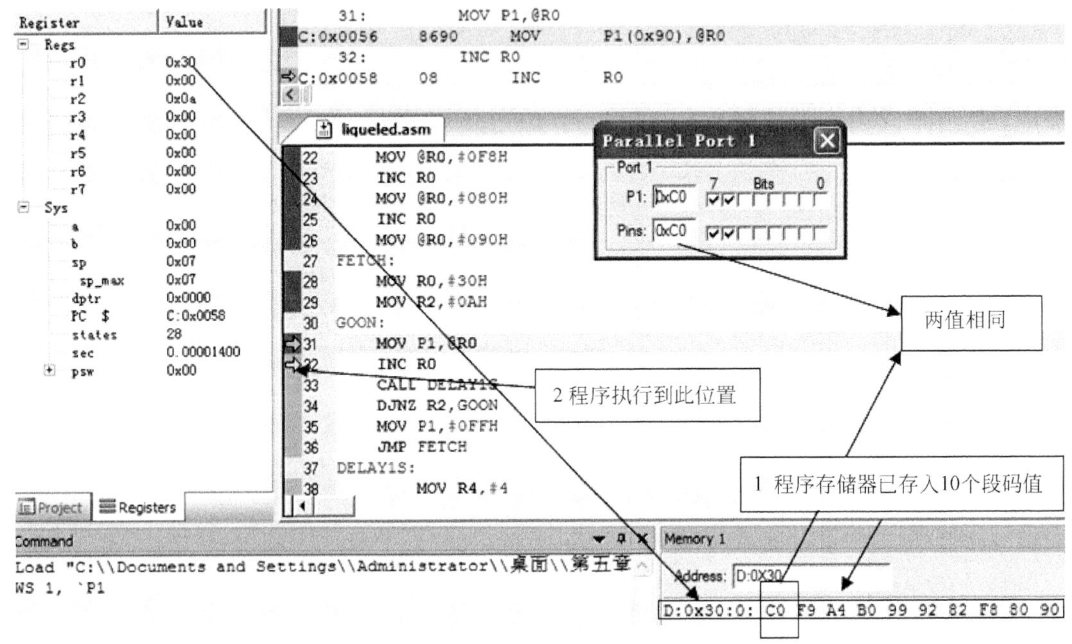

图 5-24　数值的提取

程序刚刚执行完语句 MOV P1,@R0，表示将提取的数值直接给了端口 P1。此时 P1 端口观察窗口的值为 0XC0，这个值为内部 RAM 地址 30H 的值，说明从 RAM 提取数值成功。

（5）在调试中，存储数值可以任意修改。如图 5-25 所示，双击存储值我们可以任意修改已经存入的数值。在图中有个锁定开关，用于选择是否锁定存储数值，锁定后，不能修改数值。

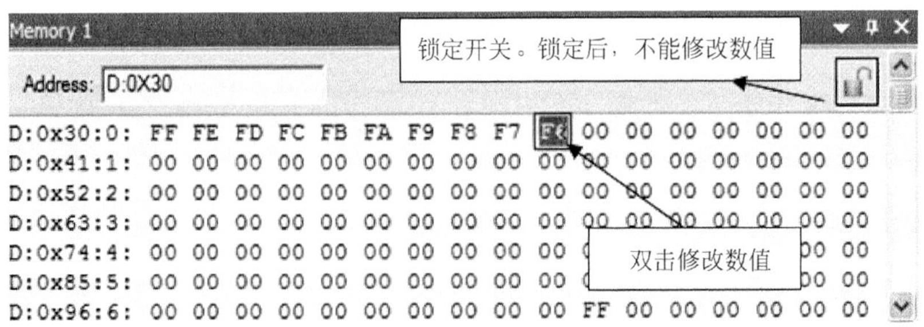

图 5-25　修改存储数值

在存储值被修改后，同样可以被提取出来，如图 5-26 所示。在图中，刚刚执行完“MOV P1,@R0”，R0 的值为 0X32，P1 的值为 0XFD，在存储器观察窗口地址 0X32 的值为 0XFD，这是我们刚刚修改过的。

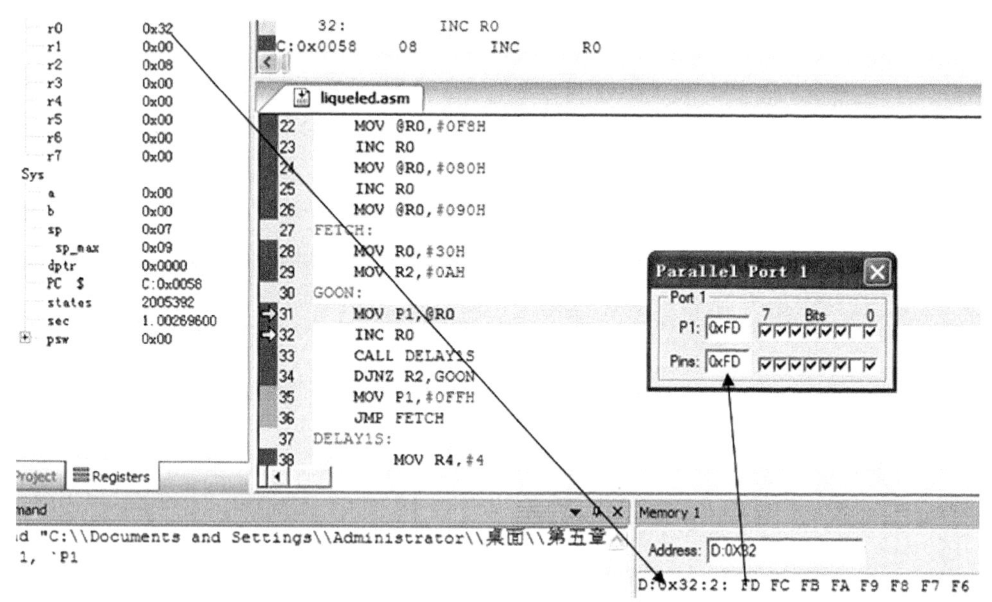

图 5-26　提取修改后的存储数据

5.1.3　利用 C 语言实现对数据存储器（RAM）的存取

C 语言对内部 RAM 存储的方式和汇编语言有所不同，至少在形式上是不相同的。C 语言用数组的方式，显得更加简单。

1. C语言数组的概念

在程序设计中，为了处理方便，把具有相同类型的若干变量按有序的形式组织起来，这些按序排列的同类数据元素的集合称为数组。在 C 语言中，数组属于构造数据类型。一个数组可以分解为多个数组元素。因此按数组元素的类型不同，数组又可分为数值数组、字符数组、指针数组、结构数组等。

一维数组的定义方式为：

```
类型说明符 数组名 [常量表达式];
```

例如：

```
int a[10];            // 说明整型数组 a，有 10 个元素
float b[10],c[20];  // 说明实型数组 b，有 10 个元素，实型数组 c，有 20 个元素
char ch[20];          // 说明字符数组 ch，有 20 个元素
```

方括号中的常量表达式表示数组元素的个数，如 a[5]表示数组 a 有 5 个元素，但是其下标从 0 开始计算，因此 5 个元素分别为 a[0]、a[1]、a[2]、a[3]、a[4]。数组初始化赋值是指在数组定义时给数组元素赋予初值。数组初始化是在编译阶段进行的，这样将减少运行时间，提高效率。

初始化赋值的一般形式为：

```
类型说明符 数组名[常量表达式]={值，值……值};
```

其中，在{ }中的各数据值即为各元素的初值，各值之间用逗号间隔。

例如：

```
char cha[10]={ 0,1,2,3,4,5,6,7,8,9 };
```

2．利用数组表示C51连续的RAM空间

前面我们讲过在 C51 编程中数据的存储类型，而片内 RAM 的存储类型为 DATA。因此指定数组的存储类型为 DATA，就可以在 RAM 连续的空间存入数值。

例如：

```
unsigned char data LED[10]={0xc0,0xF9,0xA4,0xB0,0x99,0x92,0x82,0xF8,0x80,
0x90};
```

3．C语言实现RAM存取

用 C 语言完成内部 RAM 数据的存储会更加简单，流程图如图 5-27 所示。

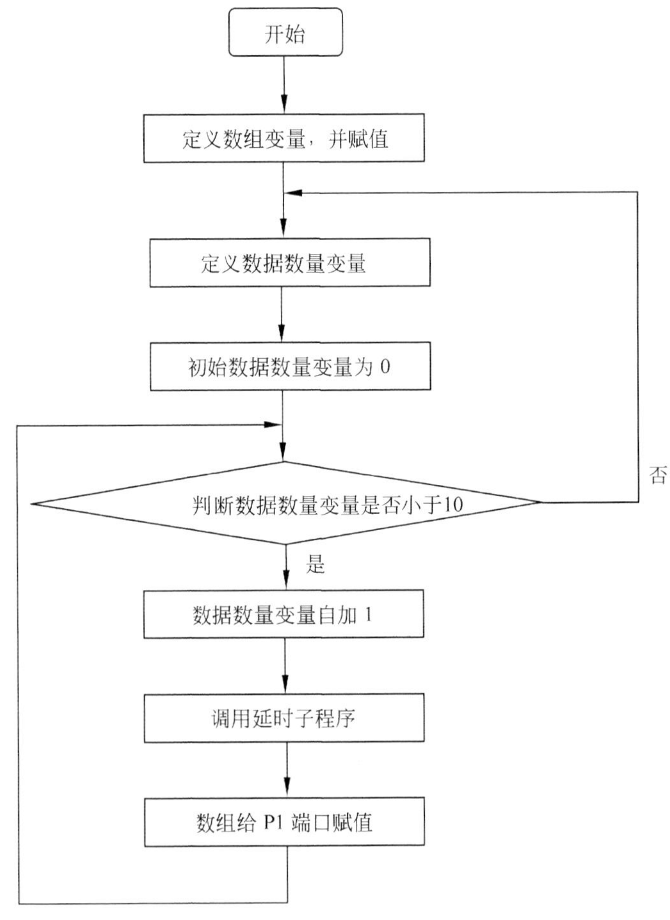

图 5-27　从 RAM 存取数据流程

按照流程图编写出完整的 C 语言程序：

```
#include <at89x52.h>
#include<intrins.h>
```

```
#define uchar  unsigned char
void Delay500ms();        //声明延时子程序
void main()
{
uchar  data  led_data[10];={0xc0,0xF9,0xA4,0xB0,0x99,0x92,0x82,0xF8,0x80,
0x90};                   //数码管段码数据表
uchar data i;
while(1)
{
for(i=0;i<10;i++)   //取出 10 个数据
{
Delay500ms();
P1=led_data[i];      //取出的数据给 P1
}
}
}
void Delay500ms()   //延时子程序
{
unsigned char i,j,k;
for(i=50;i>0;i--)
for(j=20;j>0;j--)
for(k=250;k>0;k--);
}
```

大家可以看到，用 C 语言编写的内部 RAM 的存储和提取程序是比较简单的，在程序声明中就已经完成了存储。在提取的过程中主要使用 for 循环的方式一一提取每个数组元素。此程序的功能和上面讲到的汇编语言的功能是一样的，同样可以在 Proteus 中验证。

4．在Keil中仿真

（1）如图 5-28 所示为 C 语言仿真界面，当鼠标光标靠近数组变量的时候，会自动显现此数组或者变量所在存储器的位置。从图中可以看到，定义的数据 led_data 在 RAM 中的位置为 0x08，因此在程序存储窗口输入 d:0X08。

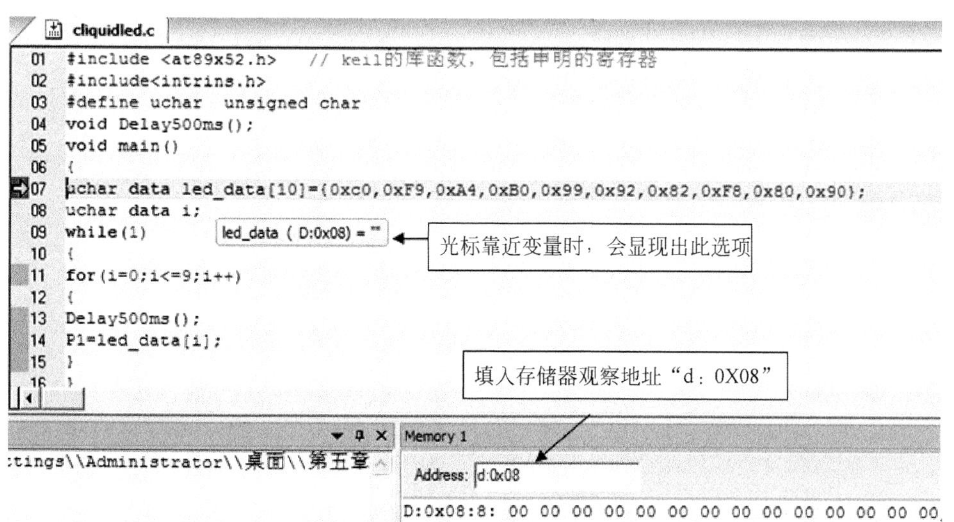

图 5-28　设置观察窗口

（2）单步仿真程序至如图 5-29 所示的位置，因为已经执行完毕 uchar data

led_data[10]={0xc0,0xF9,0xA4,0xB0,0x99,0x92,0x82,0xF8,0x80,0x90}；这个赋值语句，所以可以观察存储器观察窗口的值发生了变化，数码管的显示段码已被存入到以 0X08 为起始地址的 RAM 空间中。

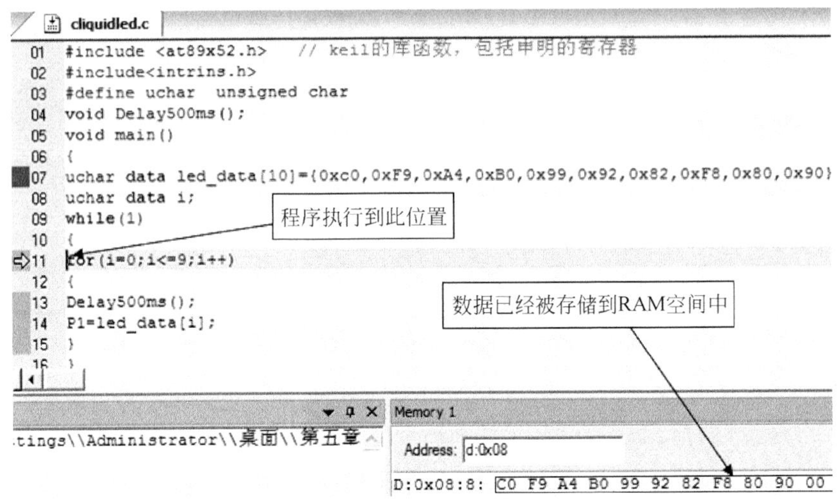

图 5-29　存储数据

还有一种观察的方式，在 Watch 1 窗口直接输入数组名称，如图 5-30 所示。

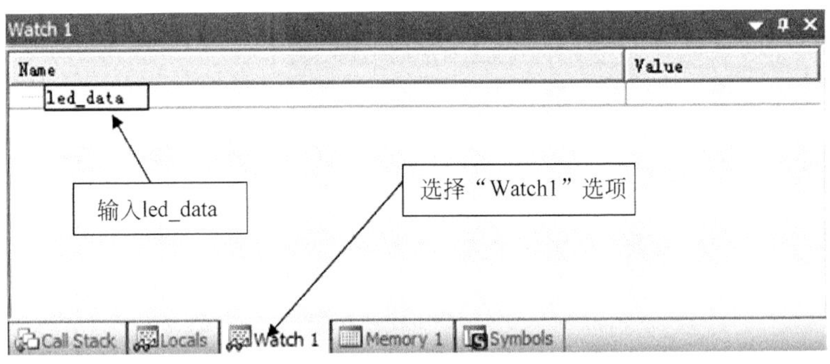

图 5-30　在 Watch 窗口观察存入数据 1

输入数据后，显示效果如图 5-31 所示，点开左侧的“+”展开下拉菜单，如图 5-32 所示，此时可以看到每个数组元素的值。

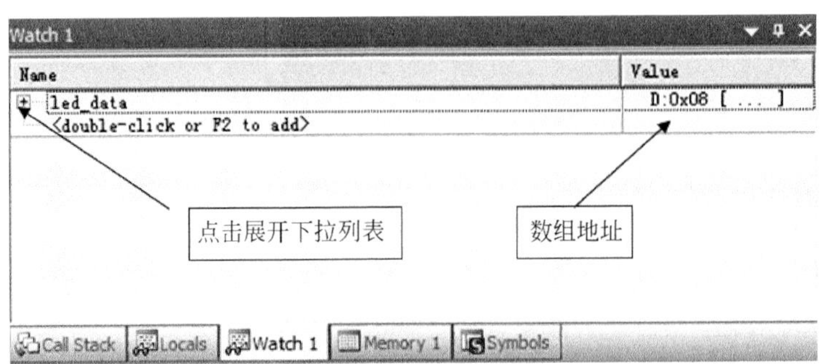

图 5-31　在 Watch 窗口观察存入数据 2

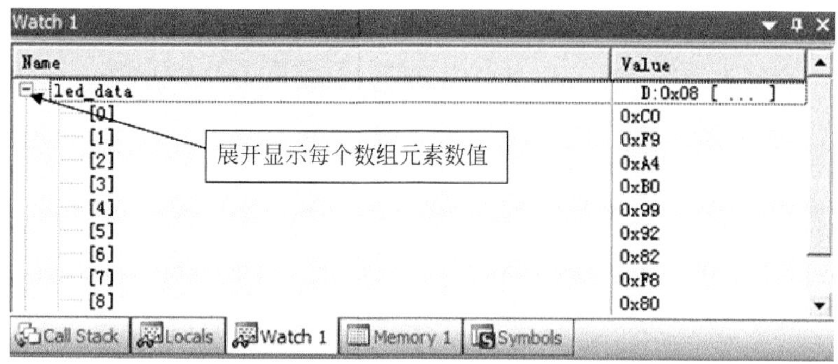

图 5-32　在 Watch 窗口观察存入数据 3

5.1.4　汇编语言对程序存储器（ROM）的开拓

前面的程序是将数码管的段码值放入内部 RAM 之中。数据存储器（RAM）的存储速度虽然非常快，但是 51 单片机内部可供我们使用的数据存储器容量仅为 128 字节。而且数码管的显示段码值是固定的，并不需要改变。我们能不能将这些数据存放在一旦写入就无法改变的程序存储器（ROM）之中呢？

AT89C52 内部的 ROM 容量为 8KB，传统 51 单片机的内部 ROM 容量也达到了 4KB。相比少的可怜的 RAM 容量，这些空间是非常广阔的。

1．程序存储器数据传送指令组

程序存储器既包括内部程序存储器，也包括外部程序存储器，程序存储器可扩展至 64KB。由于对程序存储器只能读而不能写，因此数据传输都是单向的，即从程序存储器中读出数据，并且只能传送给累加器 A。总共有两条指令：

```
MOVC  A, @A+DPTR
MOVC  A, @A+PC
```

我们最常用的是第一条指令，第二条指令很少使用。大家可以看到，这两条指令同样使用了间接寻址的符号@，表示累加器 A 的值加上数据指令 DPTR 的值，将这个值作为地址，将此地址里面的数据传送给 A。

DPTR 在第 2 章简单的介绍过，它是 51 单片机中唯一可供我们使用的 16 位寄存器，因为程序存储器的地址范围可达 2^{16}=65536=10000H，显然像 R0 这类的 8 位寄存器已无法覆盖所有的程序存储器的所有区域，所以使用 16 位寄存器 DPTR 就成为必然的选择。

而程序计数器 PC 主要指示程序走向，我们不能给它赋值，因此 MOVC　A，@A+PC 这条指令的使用就会受到很大的局限性。

程序存储器传送指令的助记符是在 MOV 的后面加 C，“C”是英文 Code（代码）的简写。

2．定义数据表格的伪指令

51 单片机中有两条非常好用的伪指令用于指定程序存储器（ROM）的某一位置，定义一系列常用数据，在程序运行过程中，利用程序存储器数据传送指令取出这些值。这些被定义的常用数据称为数据表格，取出这些数据的过程称为查表操作。

1）DB(Define Byte)定义字节命令

本命令用于定义从指定地址开始,在程序存储器的连续单元中定义多个 8 位字节数据，命令格式：

```
[< 标号：>] DB <8 位数表>
```

举例说明：

```
LED_CODE: DB 0C0H,0F9H,0A4H,0B0H,99H,92H,82H,0F8H,80H,90H
```

此指令表示在程序寄存器地址标号 LED_CODE 的位置定义了 10 个字节数据。

2）DW(Define Word)定义数据字命令

本命令用于从指定地址开始，在程序存储器的连续单元中定义多个 16 位字数据。命令格式：

```
[< 标号：>] DW <16 位数表>
```

存放时，数据字节的高 8 位在前，低 8 位在后。例如：

```
D_ADDR: 0FFEEH,0FFBBH,0AABBH,0AACCH,2344H
```

此指令表示在程序寄存器地址标号 D_ADDR 的位置定义了 5 个 16 位字数据。

3. 查表操作过程

在这里所说的查表操作就是将预先存放在程序存储器里面的数据取出来。具体步骤如图 5-33 所示。

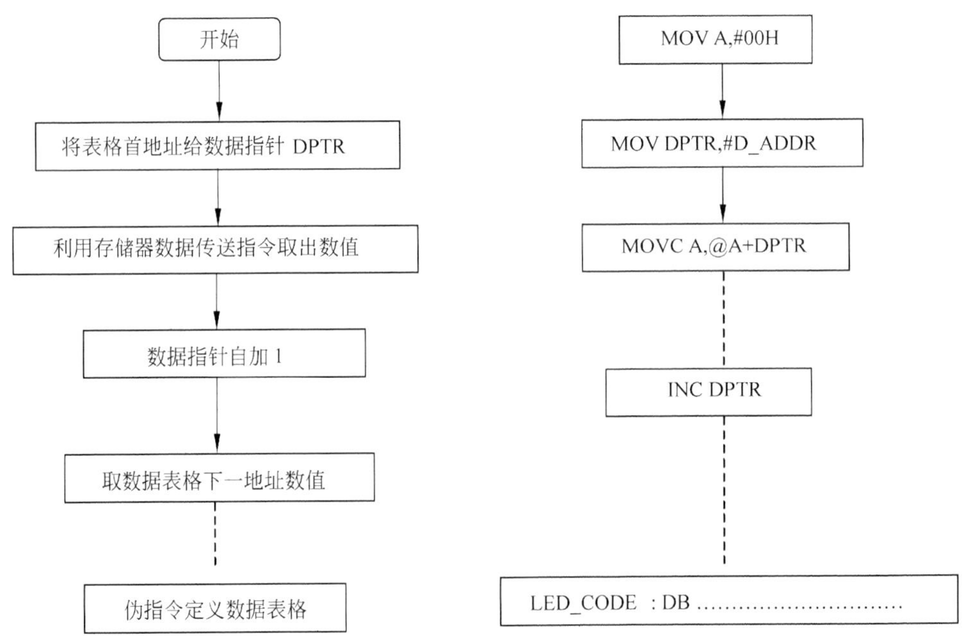

图 5-33 查表操作过程

4．利用查表操作完成流水数码管实例

前面讲的实例是将数据存储在数据存储器（RAM）中，在这里我们可以用查表指令组实现相同的功能。程序流程如图 5-34 所示。

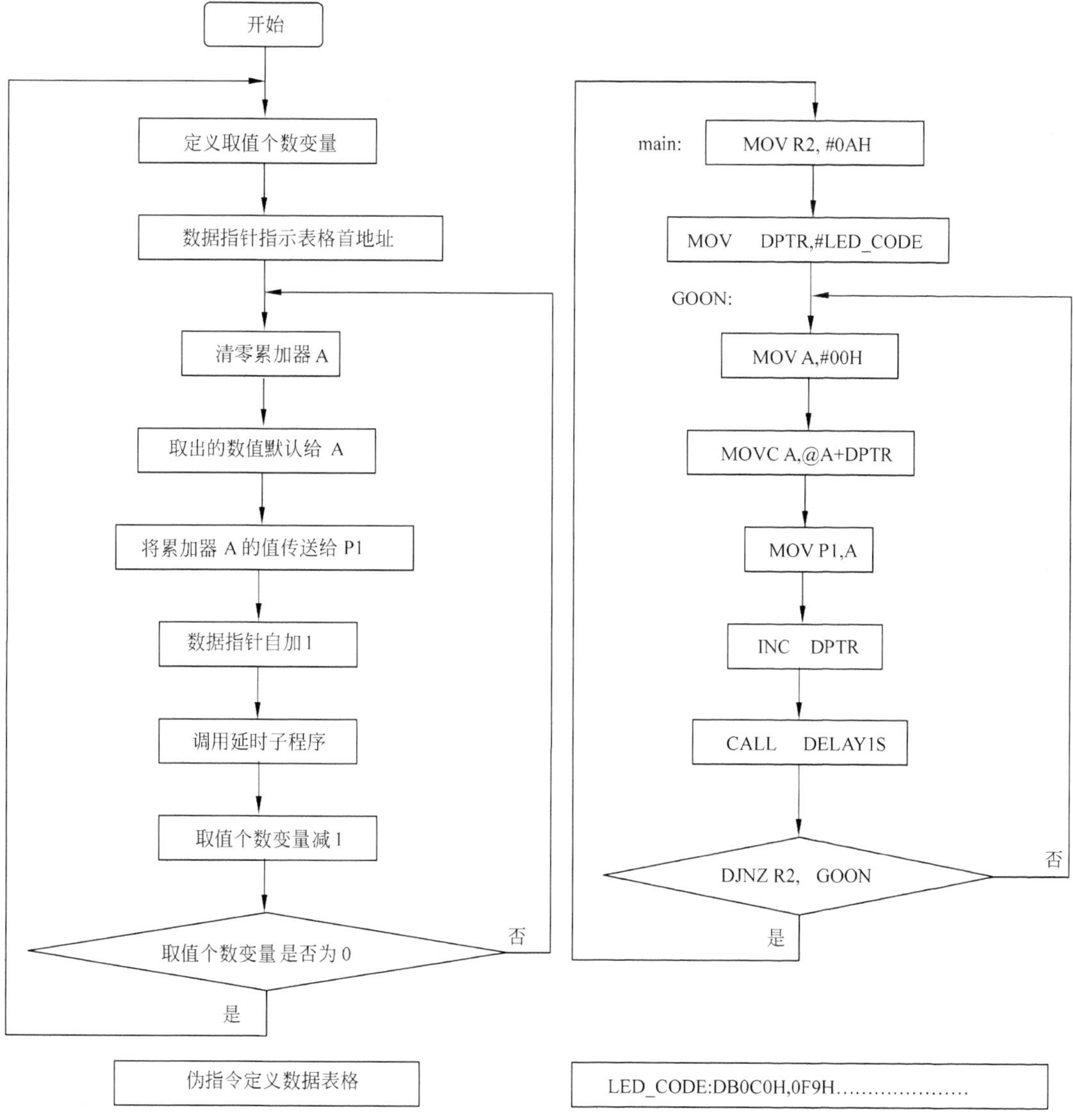

图 5-34　利用查表操作完成实例

在图中，将 R2 设置为取值个数变量，要取出 10 个段码值，所以给 R2 的赋值为 0AH。因为程序存储器传送指令，需要累加器的参与，所以每次执行查表操作前，需要将累加器 A 的值清零。

完整的程序如下：

```
ORG 0000h
JMP main
ORG 0030h
main:
   MOV R2,#0AH              ;存入数据的个数
```

```
    MOV DPTR,#LED_CODE    ;表格地址
GOON:
    MOV A,#00H
      MOVC A,@A+DPTR       ;取出数据 A
      MOV P1,A
       INC  DPTR
      CALL DELAY1S
      DJNZ R2,GOON
      JMP  main
DELAY1S:
         MOV R4,#4
LOOP3:   MOV R5,#255
LOOP2:   MOV R6,#245
LOOP1:
        NOP
        NOP
        DJNZ  R6,LOOP1
        DJNZ  R5,LOOP2
         DJNZ  R4,LOOP3
RET

LED_CODE:DB 0C0H,0F9H,0A4H,0B0H,99H,92H,82H,0F8H,80H,90H
        END
```

在程序中，我们一般将定义字节命令的伪指令放置在程序的最后面，但必须放在 END 的前面。

5. 在Keil中仿真程序存储器的取值

做这一步前，我们可以在 Proteus 中进行一次仿真，观察数码管的变化是否和程序执行的效果一样。

1）观察存储器观察窗口

进入仿真界面后，不要执行任何仿真操作，先来观察数据表格所在的位置，如图 5-35 所示。当将鼠标光标靠近 LED_CODE 编号时，Keil 会自动给我们提示此序号代表的值和它所在的存储器位置等相关信息，这是一个非常好用的提示功能。在图中，可看到数据编号 LED_CODE 所在的位置为：C=0x0050。C 表示程序存储器（ROM），C=0x0050 表示数据表格所在程序存储器的地址为 0x0050。数据表格在程序器的地址是由系统自动分配的，以后的章节会介绍灵活设置数据表格所在存储位置的方法。

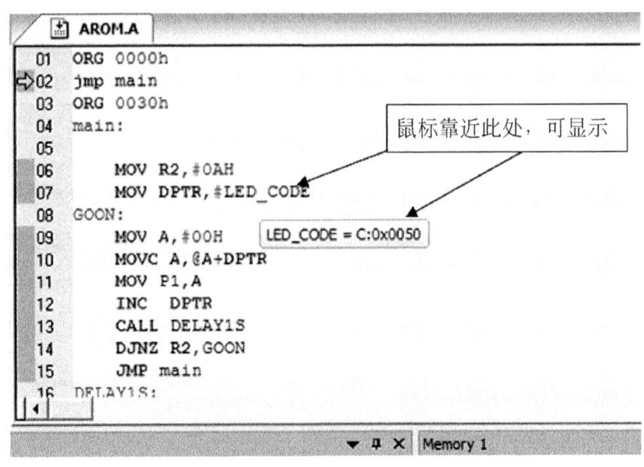

图 5-35　观察数据表格所在位置

在存储器窗口输入 c:0x0050 观察数据表格的内容，如图 5-36 所示。虽然没有对程序执行任何操作，但是数据表格已经建立。因为字节定义指令是伪指令，伪指令在程序执行之前就预先处理的。

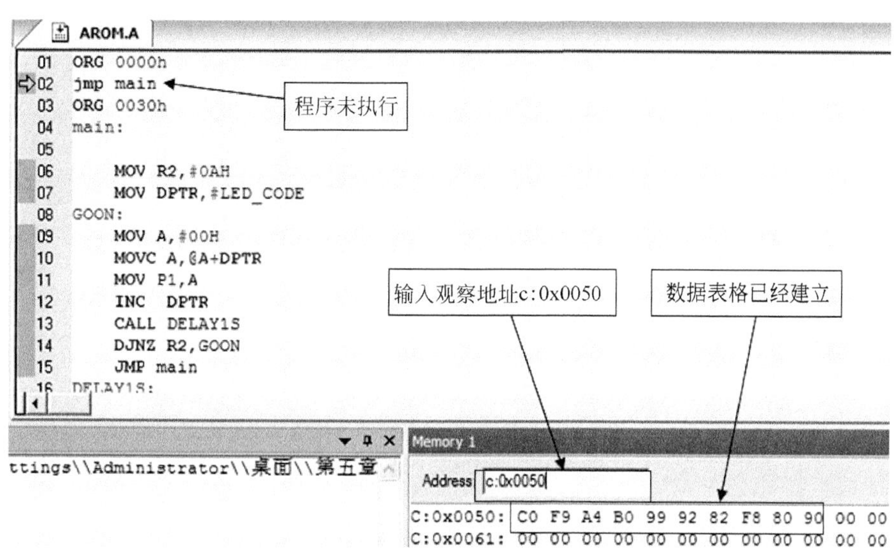

图 5-36　数据表格已建立

2）观察查表过程

预先将 P1 的观察窗口调出来。单步执行至如图 5-37 所示的位置，此时程序执行刚结束：

```
MOVC  A , @A+DPTR
MOV   P1, A
```

即刚刚完成了一步查表操作，此时 P1 的值正好是数据表格第一个值，此时的数据指针 DPTR 的值为 0X0050，即指向程序存储器地址为 50H。

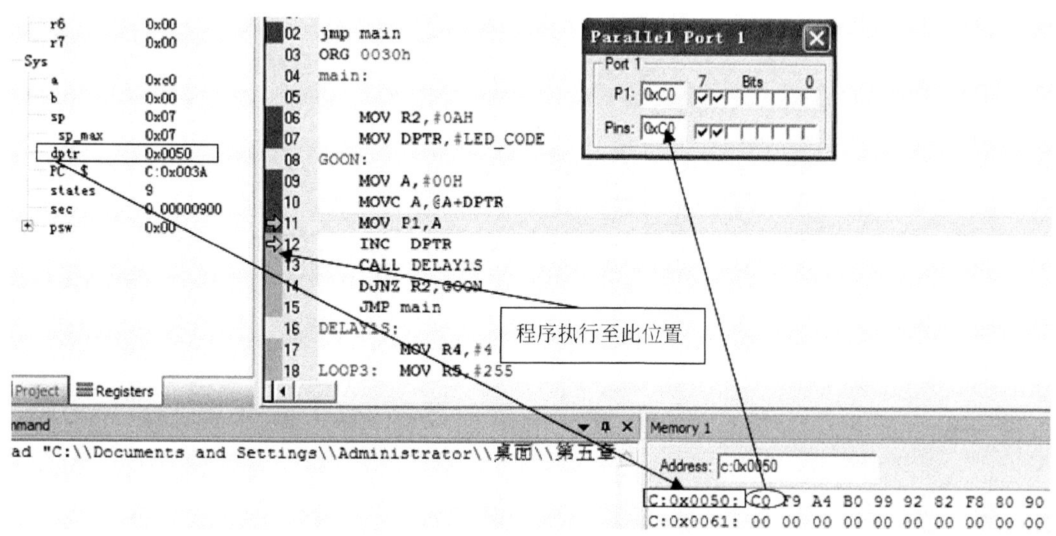

图 5-37　执行一次查表指令

循环执行第二次查表指令，如图 5-38 所示。此时 DPTR 指向地址 0x0051，P1 的值正好为数据表格第二个值。

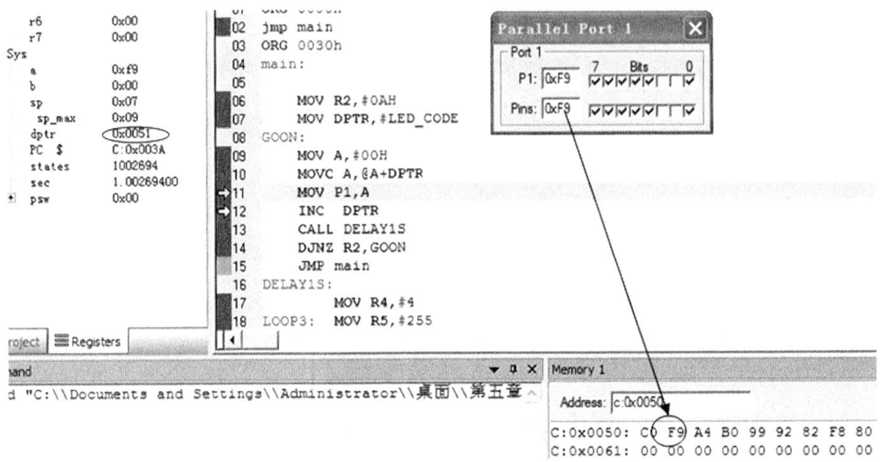

图 5-38 执行第二次查表指令

在调试过程中，我们可以对数据表格的内容进行修改，如图 5-39 所示。实际的硬件系统执行这一步操作是不太可能的，只有在程序调试仿真的过程中才可以执行的，从这点来说，软件仿真给了我们很大的权限来自定义执行程序。

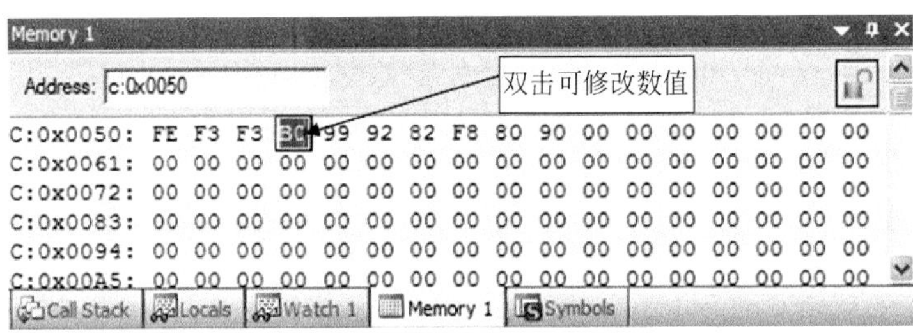

图 5-39 对程序存储器的修改

程序的软件仿真，对于程序的调试成功有着巨大的作用。可以这么说，如果你不会仿真调试，就不能写出优秀、复杂的程序。

5.1.5 C 语言对程序存储器的读取

用 C 语言对程序存储器的读取的方式非常简单，5.1.3 节讲述了 C 语言对数据存储器（RAM）的空间的存取，同时讲述了数组的概念。只需要将原有程序稍做修改就可让它的空间变为 ROM。

```
uchar data led_data[10]={0xc0,0xF9,0xA4,0xB0,0x99,0x92,0x82,0xF8,0x80,
0x90};
```

修改为：

```
uchar code led_code[10]={0xc0,0xF9,0xA4,0xB0,0x99,0x92,0x82,0xF8,0x80,
0x90};
```

将存储数组类型由 data 改为 code，code 表示数据存储的位置在 ROM 空间之中。为了识别方便，数组名称也进行了修改，在程序中调用数组的地方也应该修改为 led_code。

如图 5-40 所示，当鼠标光标靠近数组 led_code 时，就会显示它所在的程序存储器的位置为 C:0x0035。在存储器观察窗口输入地址，就可以看到数据表格已经存储到 ROM 之中了。

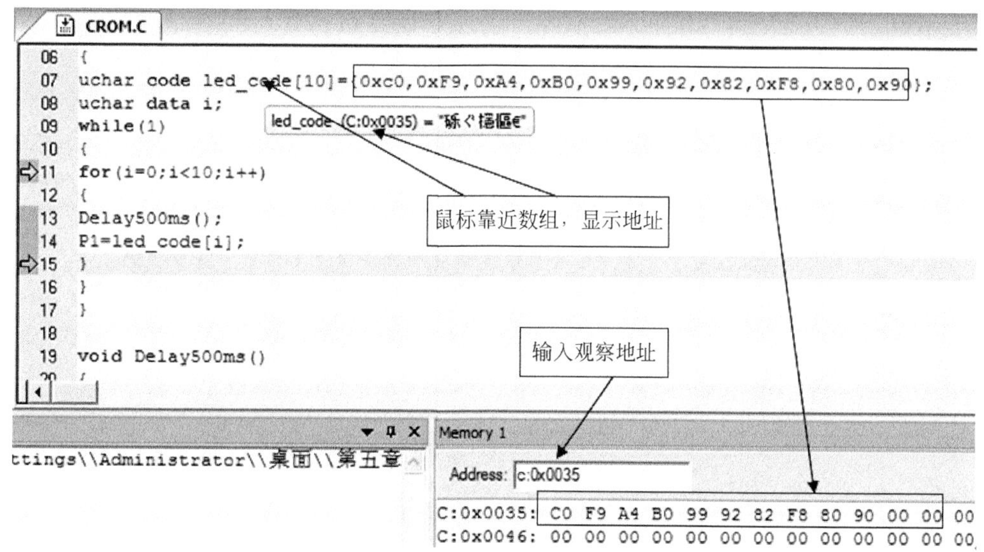

图 5-40　观察变量地址

同样，也可以在观察窗口中观察每个数组元素的数值，如图 5-41 所示。

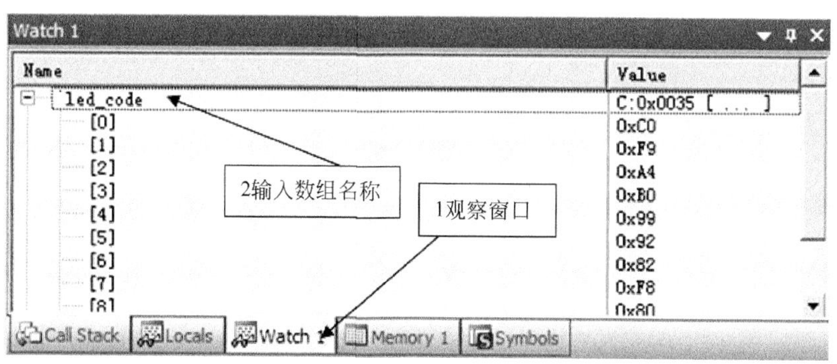

图 5-41　在观察窗口观察数组元素

5.2　数码管动态显示

上一节介绍了用单片机的一组 I/O 端口控制一个数码管。但在一般情况下，仪器是不可能只使用一个数码管的，如果我们想让数字显示的范围更大，就必须使用多个数码管共同显示。此时的 I/O 端口就不太够用了，要解决这个问题就得使用数码管动态显示技术。在本节将重点介绍数码管动态显示程序设计的思路。

5.2.1 动态显示思路

图 5-42 4 位数码管组的外形

1. 数码管组介绍

在多位 LED 显示时，为了简化硬件电路，通常将所有位的段码线相应段并联在一起，如图 5-42 所示。由一个 8 位 I/O 口控制，形成段码线的多路复用，内部的 4 个数码管共用 a～dp 这 8 根数据线。因为里面有 4 个数码管，所以它有 4 个公共端 a～dp，该数码管共有 12 个引脚，如图 5-43 所示便是一个共阴的四位数码管组的内部结构图（共阳的与之对应）。

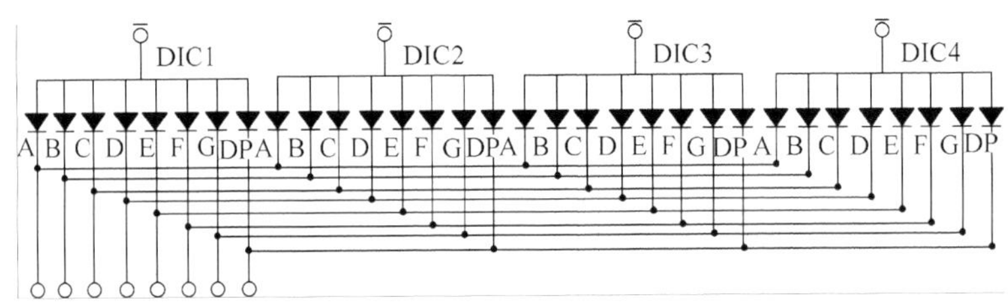

图 5-43 共阴极四位数码管组的内部结构

2. 程序设计思路

选用上述的数码管只能用动态扫描的方式进行显示，即逐个循环点亮各位数码管。这样虽然在任一时刻只有一位数码管被点亮，但是由于人眼具有视觉残留效应，看起来就像是所有的数码管都亮了一样。在动态显示方式中，各 LED 显示器轮流工作，为了防止产生闪烁现象，每个 LED 数码管刷新频率必须大于 25 Hz，即相邻两次点亮的时间间隔要小于 40 ms。

为了实现数码管组的动态扫描，要给数码管显示段码信息。除此之外，由于在同一时间只能有一个数码管显示，还要控制每个数码的公共端，决定当前此数码管显示与否，这个信号称为位控。

所以单片机需要提供两组控制信号：一组为段码，也就是让数码管显示的数值；另一组为决定当前哪只数码管显示位控信号。

5.2.2 用 Proteus 绘制数码管动态显示电路图

1. 寻找所需元件

我们在此实例中使用 8 位数码管，动态数码管的寻找方法，如图 5-44 所示。在 Proteus 中，共阳极数码管和共阴极数码的外形几乎没有区别，所以在寻找的时候只能通过它们的英文标识来识别。

在本实例中，用 P0 口作为段码信号的输出。我们知道 P0 端必须外接上拉电阻，才能输出高电平，在这里我们不再用上拉电阻，直接用 74LS373 做驱动芯片。74LS373 是 8 路锁存器，简单来说就是由 8 个 D 触发器构成的，这是一个非常有用的芯片，在后面的学习中还会经常用到它。如图 5-45 所示为 74373 的寻找方法。在图中，Proteus 提供了许多 74373 芯片，但并不是每个都可以使用，如果此元件没有仿真模型，在仿真时就会报错。

图 5-44　共阳极数码管的寻找方法

图 5-45　寻找 74373（1）

在图 5-45 中，找到的这个器件是不能使用的。继续寻找如图 5-46 所示的器件，显示此器件是可以使用的。在 Proteus 中，并不是所有的元件都可以参与仿真的，只有具有仿真模型的元件才可以。

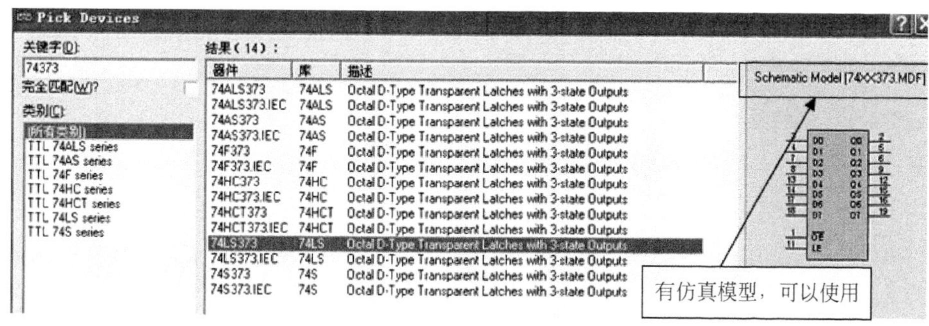

图 5-46　寻找 74373（2）

2. 完成电路图的绘制

如图 5-47 所示，为此实例使用的电路图。电路图的绘制是比较灵活的，大家也可以使用别的方案绘制。

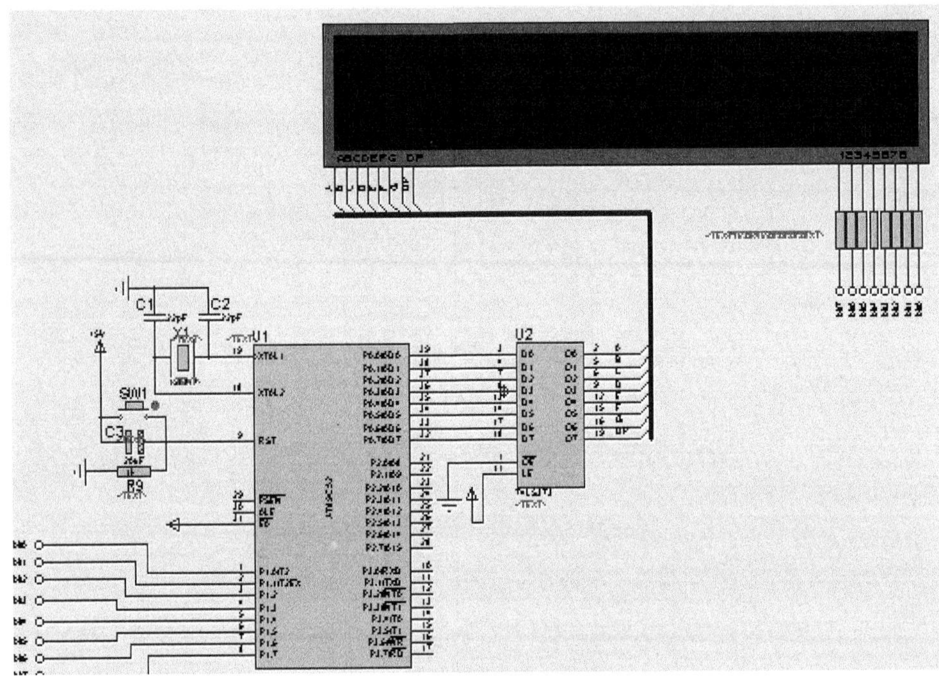

图 5-47　数码管动态显示的完整电路

如图 5-48 所示为段码产生电路，在图中 74LS373 作为驱动芯片，它的引脚 1 和 11 分别接地和电源，这是要保证它处于选通状态。

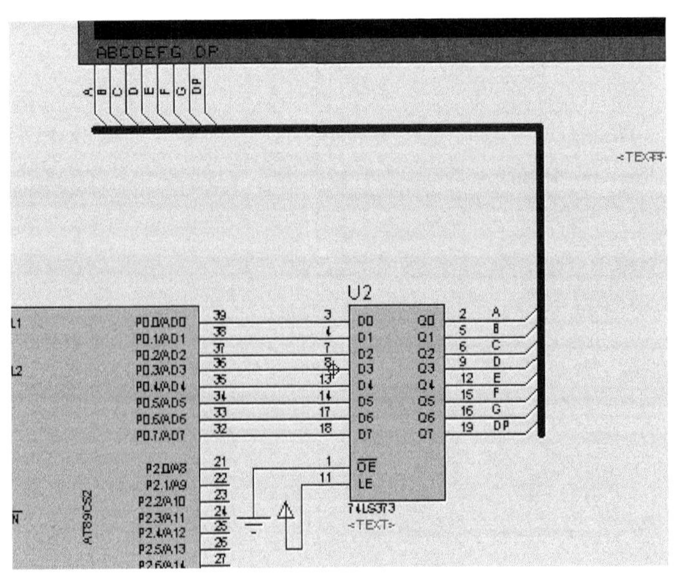

图 5-48　段码信号产生电路

如图 5-49 和图 5-50 所示为位控信号产生电路，图中所用的电阻为限流电阻，它们的值设置为 10Ω，在仿真中可以不添加。

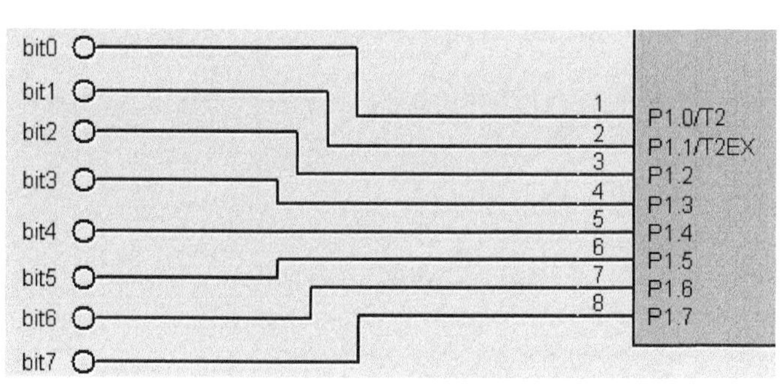

图 5-49　数码管位控信号（1）

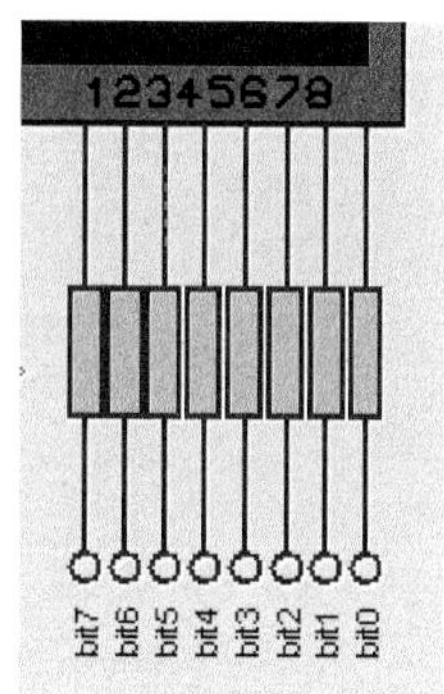

图 5-50　数码管位控信号（2）

5.2.3　汇编语言实现动态显示

1．程序设计思路

（1）建立显示缓存区。为了存放显示的数字，通常在内部 RAM 中开辟区域用于显示缓存区。在本实例中运用了 8 个数码管，就需要开辟 8 个字节的显示缓存区。如表 5-3 所示，将 30H 作为显示缓存区的起始地址。

表 5-3　显示缓存器分配

LED8（bit0）	LED7（bit1）	LED6（bit2）	LED5（bit3）	LED4（bit4）	LED3（bit5）	LED2（bit6）	LED1（bit7）
30H	31H	32H	33H	34H	35H	36H	37H

（2）利用查表操作赋值段码给 P0 口。当然得在 ROM 建立共阳极数码管的段码数据表格，将显示缓存器内的值，加上数据表格的首地址，就可查到给当前数码管显示段码的地址，利用查表指令将此地址的值取出后直接给 P0 口，段码值就此获取。

（3）位控信号的产生。某一时刻只能有一个数码管显示，所以 P1 口某一时刻只能有一个端口为高电平，因为使用的是共阳极数码管。利用循环左移或循环右移指令控制 P1 端口让高电平不断地移动，依次点亮每个数码管。

（4）延时同步。位控制信号和段码值必须同步产生，以便指定某个数码管显示特定的数值，这样的值通过延时程序保持一定的时间，延时以后，下一个数码管的段码信号和位控信号同时产生，这样的过程不断地循环 8 次，也就是让 8 个数码管显示一轮完毕以后，重新赋值，让这样的过程一直延续下去。

2．通过流程图编写汇编程序

如图 5-51 所示为数码管动态显示的汇编流程图，在图中我们将 R2 设置为循环变量。

每执行完一个数码管的显示，要将段码输出端口清零，这样做的目的是为了防止显示相互干扰产生乱码。因为采用了共阳极的数码管，所以清零显示赋值 0FFH 给 P0。

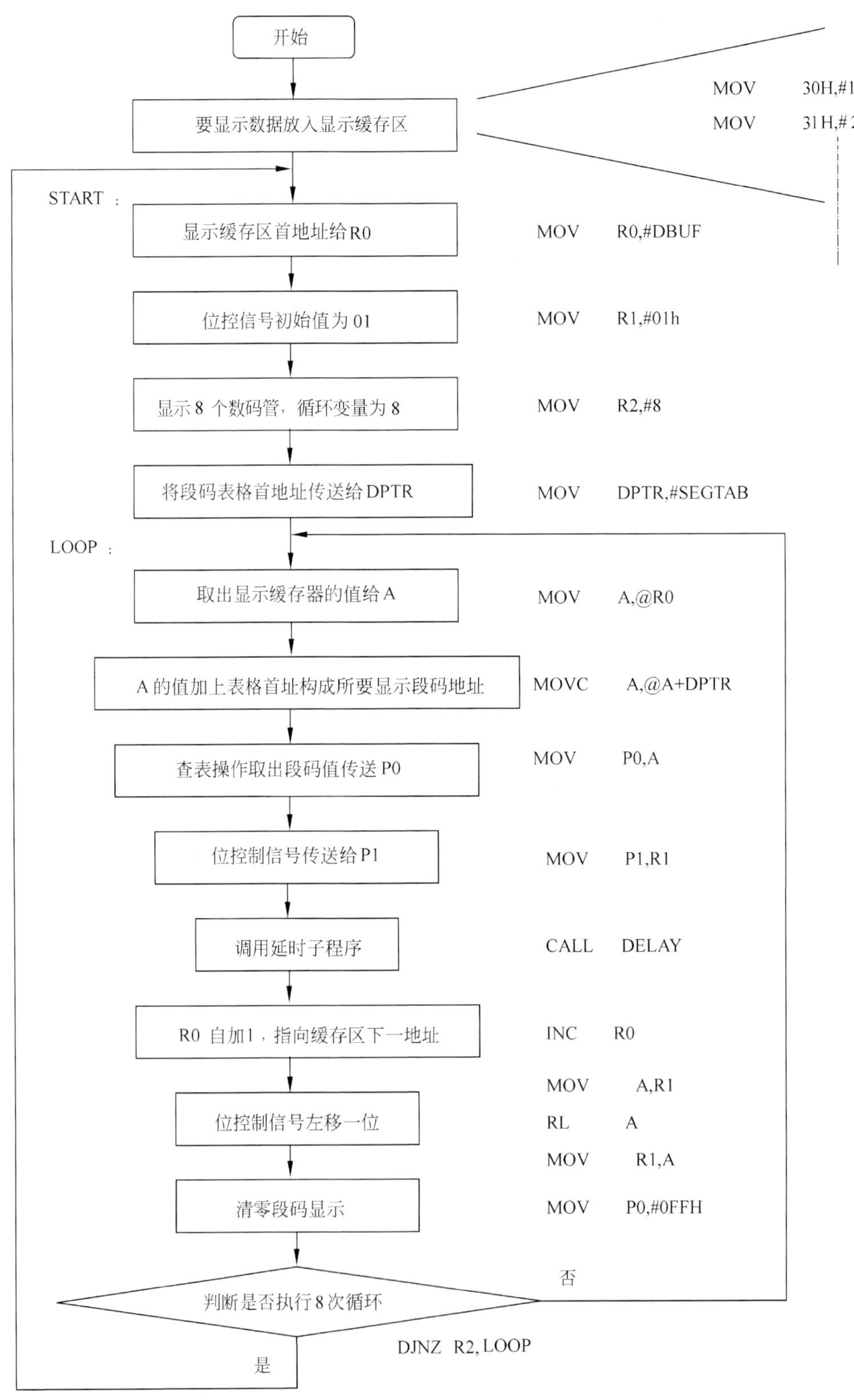

图 5-51 数码管动态显示汇编流程图

完整的汇编程序为：

```
DBUF     EQU      30H                    ;数据表格宏定义
         ORG      0000H
         MOV      30H,#1                 ;要显示的数为 12345678
         MOV      31H,#2
         MOV      32H,#3
         MOV      33H,#4
         MOV      34H,#5
         MOV      35H,#6
         MOV      36H,#7
         MOV      37H,#8
START:   MOV      R0,#DBUF               ;取出数据
         MOV      R1,#01h
         MOV      R2,#8
         MOV      DPTR,#SEGTAB           ;段码表格
LOOP:    MOV      A,@R0
         MOVC     A,@A+DPTR
         MOV      P0,A                   ;段码传送
         MOV      P1,R1                  ;位码传送
         CALL     DELAY
         INC      R0
         MOV      A,R1
         RL       A
         MOV      R1,A
         MOV      P0,#0FFH
         DJNZ     R2, LOOP
         JMP START

SEGTAB: DB 0C0H,0F9H,0A4H,0B0H,99H,92H,82H,0F8H,80H,90H   ;段码表格

DELAY:   MOV      R4,#6H                 ;延时子程序
AA1:     MOV      R5,#0FFH
AA:      DJNZ     R5,AA
         DJNZ     R4,AA1
         RET
DELAY1S:                                 ;延时 1S 子程序
         MOV R4,#4
LOOP3:   MOV R5,#255
LOOP2:   MOV R6,#245
LOOP1:
         NOP
         NOP
         DJNZ  R6,LOOP1
         DJNZ  R5,LOOP2
         DJNZ  R4,LOOP3
RET
         END
```

在程序中有两组延时程序，是为了方便在仿真中观察数码动态显示的原理。

3．在Proteus仿真

如图 5-52 所示为程序在 Proteus 中的仿真效果，显示的数字非常清楚，基本看不出来数码管闪烁。

若我们将程序进行一点修改，修改延时程序为：

```
//  CALL   DELAY
    CALL   DELAY1S   //延时 1S
```

再观察在 Proteus 中数码管的显示效果，如图 5-53 所示。数码管是一位一位地显示，通过这个例子大家应该能理解数码管动态显示的原理。

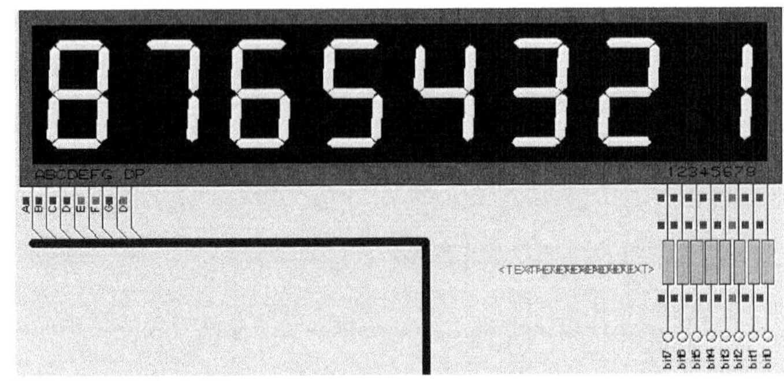

图 5-52　Proteus 中仿真动态显示

图 5-53　延时程序拉长，动态显示效果

5.2.4　C 语言实现动态显示

1. 程序设计

利用 C 语言实现动态显示，使程序语句更加简练，这是因为 C 语言的 for 循环语句的功能非常强大。如图 5-54 所示为 C 语言实现数码管动态显示的流程图。

完整的 C 程序为：

```
#define uchar  unsigned char     //简化变量名书写
#include <at89x52.h>
#include<intrins.h>              //包含循环子程序库文件
void Delay5ms();
main()
{

uchar data i,rl;
uchar data dbuf[8]={1,2,3,4,5,6,7,8};             //要显示的数据
uchar code segta[10]={0xc0,0xF9,0xA4,0xB0,0x99,0x92,0x82,0xF8,0x80,0x90};
//段码表格
while(1)
{
rl=0X01;
for(i=0;i<8;i++)               //循环 8 次
{
P1=rl;                         //位码赋值
P0=segta[dbuf[i]];             //段码赋值
Delay5ms();
rl=_crol_(rl,1);               //位码右移
P0=0XFF;
}
```

```
}
}
void Delay5ms()
{
unsigned char j,k;
for(j=10;j>0;j--)
for(k=250;k>0;k--);
}
```

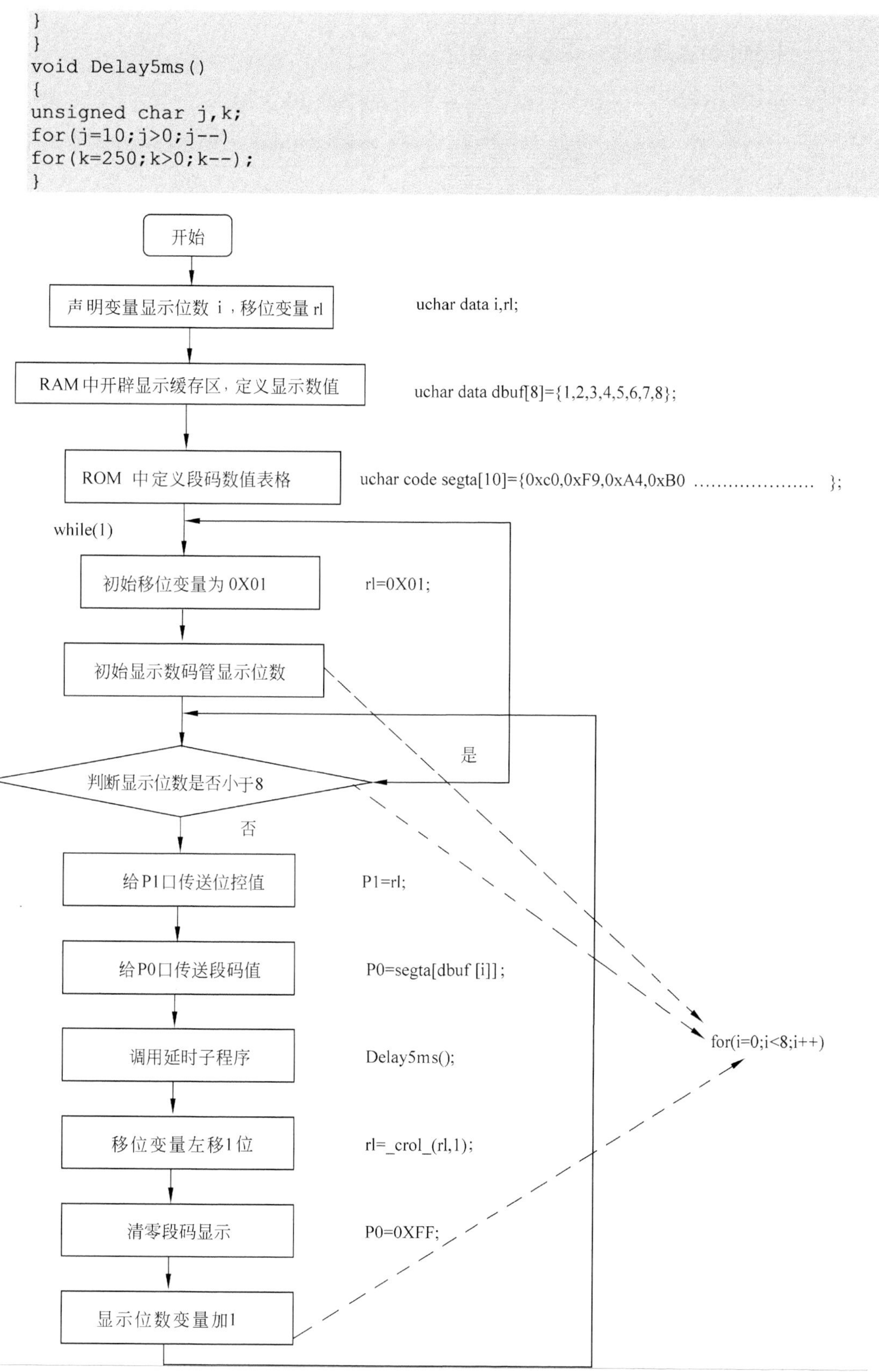

图 5-54　C 语言实现数码管动态显示流程图

2．在Keil中仿真动态显示程序执行情况

（1）观察数组变量。如图 5-55 所示为进入仿真后的程序界面。

```
C_dymanic.c    STARTUP.A51
void Delay5ms();
main()
{

uchar data i,rl;
uchar data dbuf[8]={1,2,3,4,5,6,7,8};
uchar code segta[10]={0xc0,0xF9,0xA4,0xB0,0x99,0x92,0x82,0xF8,0x80,0x90};
while(1)        dbuf ( D:0x0A) = "┌┐└┘|-\a"
{
rl=0X01;
for(i=0;i<8;i++)
{
P1=rl;
P0=segta[dbuf[i]];
Delay5ms();
rl=_crol_(rl,1);
```

图 5-55　程序仿真界面

在程序中建立了两个数组，数组 dbuf 为显示缓存区和预存数据；segta 为段码表格。可以在存储器观察窗口添加这两个数组的地址观察它们的值，如图 5-56 和图 5-57 所示。

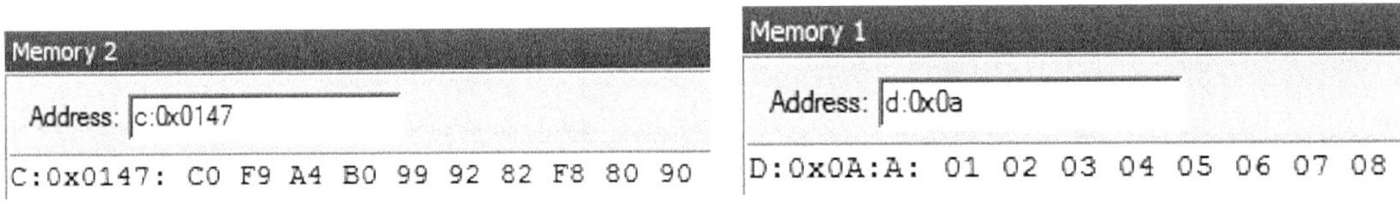

图 5-56　数组 segta 的内容　　　　图 5-57　数组 dbuf 的内容

也可以在观察窗口，同时观察这两个数组每个元素的值，添加的方法如图 5-58 所示。

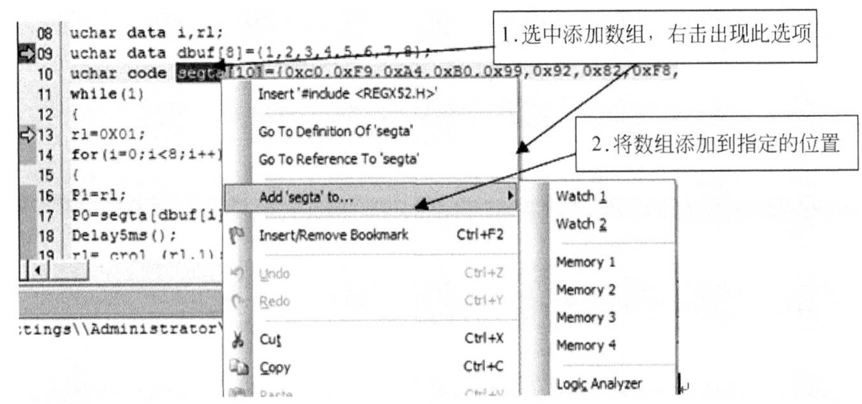

图 5-58　将数组添加到观察窗口（1）

另外在 Locals 窗口，会自动显示在 C 语言中定义的变量或是数组，如图 5-59 所示。在 Locals 窗口中，系统已经添加了在程序中定义的变量和数组。

（2）程序执行到如图 5-60 所示的位置，此时 P0 的值为 0xF9 。此时刚刚执行了语句：

```
P0=segta[dbuf[i]];
```

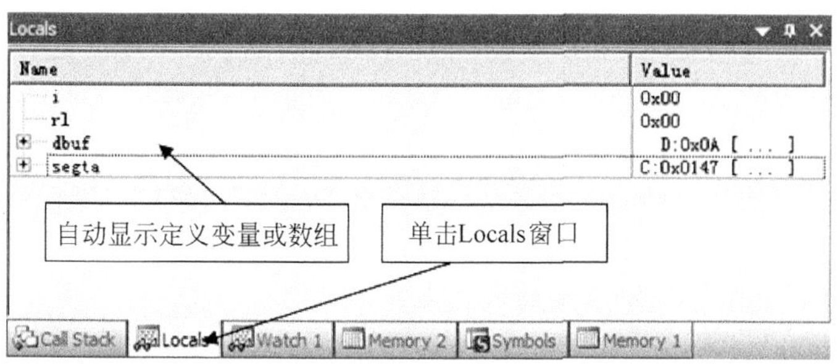

图 5-59　Local 窗口自动显示变量

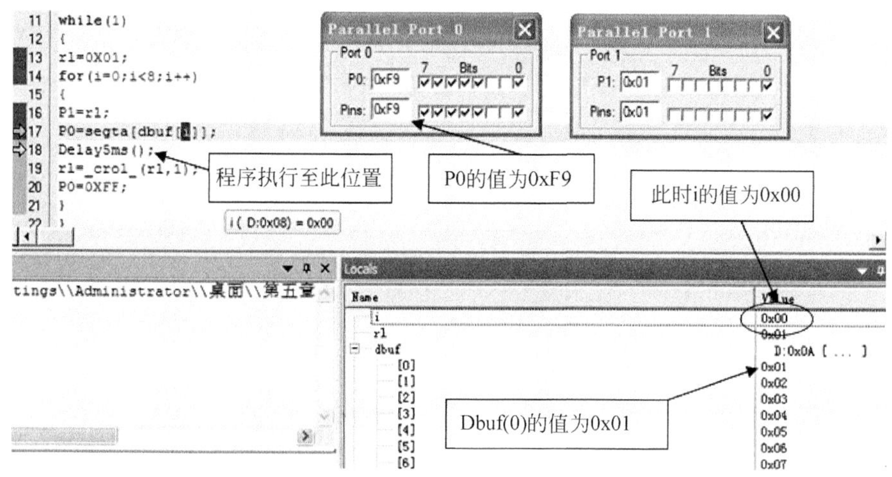

图 5-60　C 语言查表取值过程（1）

这条语句可能不是很好理解，它的执行顺序是先计算出 dbuf[i]所表示的数据。在 Local 窗口中，此时 i 的值为 0x00，那么 dbuf[i]所指向的值为 0x01。

此时 P0=segta[0x01]的值为 0xF9，如图 5-61 所示。所以通过 P0=segta[dbuf[i]];这条语句就完成了一次查表过程。

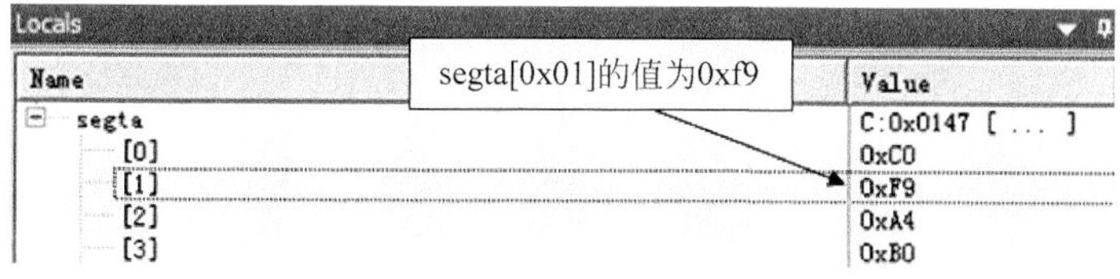

图 5-61　C 语言查表取值过程（2）

5.3　汇编语言实现数码显示计数器

在本节将用汇编语言完成一个计数器的实例，这个实例使用数码管显示脉冲个数。在此实例中，来学习模块化编程的方法，数码管显示将会作为一个子程序被调用，还要学习汇编语言数值运算的一般方法，总之本节的内容非常丰富。

5.3.1 总体规划

1．所用电路图

电路如图 5-62 所示，我们要设计一个计数器，就得有脉冲输入信号。本电路就是在数码管动态显示的基础上添加一组脉冲信号输入。

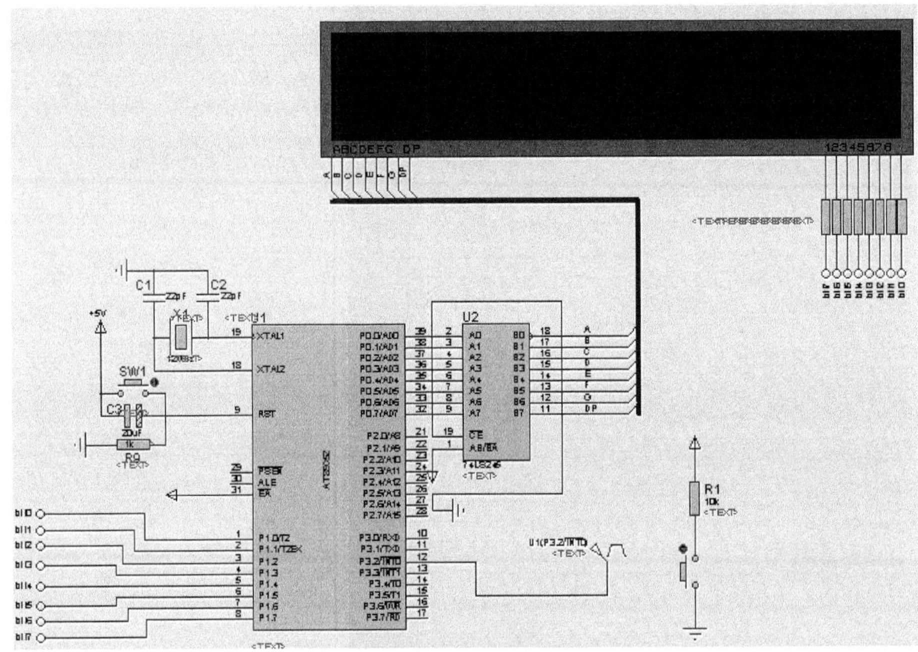

图 5-62　计数器电路图

如图 5-63 所示，依然使用了两组脉冲信号，一组是手动按键输入，另一组是 Proteus 自带的方波脉冲信号发生器。在图中，信号输入到了单片机的 P3.2 端口，P3.2 的第二功能是外中断信号输入端，因此本实例就是通过计数中断的次数来实现脉冲个数的计数。

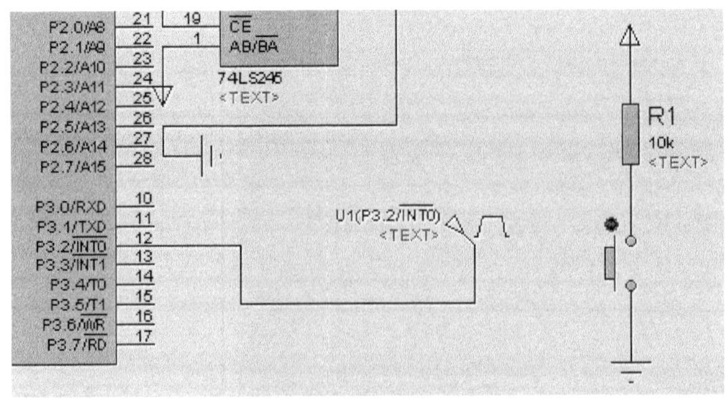

图 5-63　脉冲计数方式

2．初步设定程序流程

1）主程序

主程序的主要功能是进行外中断的初始化，然后反复调用数码管动态显示子程序，如

图 5-64 所示。主程序在不断地循环过程中，等待中断的发生。

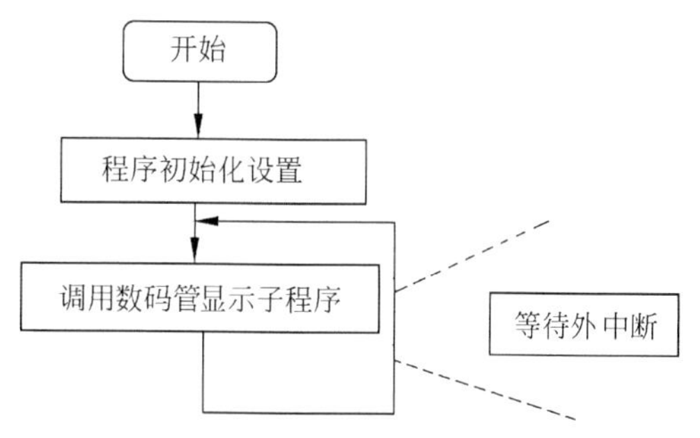

图 5-64　主程序设计思路

2）数码管显示子程序

动态方式主要是在主程序中不断地循环，在本实例中，我们将数码管动态显示程序打包制作成为一个子程序。

3）中断服务程序

使用了外中断，当然得有中断服务程序。本实例中数据处理都是在中断服务程序中完成的，如图 5-65 所示。

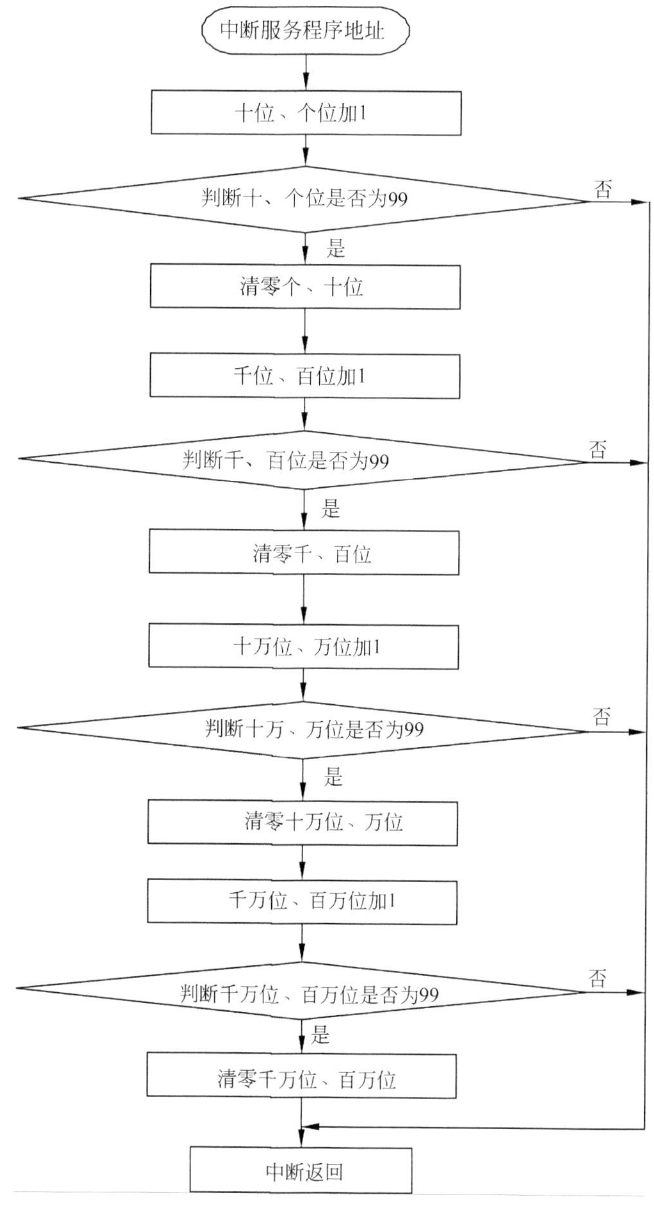

图 5-65　中断服务子程序设计思路

4）双字节加 1 子程序

在图中，我们看到总共 8 位数据被分为 4 个部分处理，如表 5-4 所示。数据缓存器被分配为 4 个部分，这样两个字节被分配为一个部分，需要对这两个字节进行加 1 处理，就要有一个子程序来处理。这个子程序是本实例的学习难点。

表 5-4　数据缓存区分配表

LED8	LED7	LED6	LED5	LED4	LED3	LED2	LED1
30H	31H	32H	33H	34H	35H	36H	37H
个	十	百	千	万	十万	百万	千万
第一部分		第二部分		第三部分		第四部分	

5）清零双字节子程序

需要执行清零两个字节的数据的操作，同样将这步操作独立编写一个子程序。

5.3.2　汇编基础知识扩展——算数运算指令

在编写程序之前，我们需要扩充一点汇编语言的数据运算指令知识。

1. 不带进位的加法指令

```
ADD  A, Rn       ;  例：ADD  A, R7
ADD  A, direct   ;  例：ADD  A, 30h
ADD  A, @Ri      ;  例：ADD  A, @R0
ADD  A, #data    ;  例：ADD  A, #30h
```

上述所有指令的计算结果都放入累加器 A 之中，如果计算结果溢出，也就是超过 255，则进位标志位 CY 置 1。

2. 带进位的加法指令

```
ADDC  A, Rn       ;  例：ADDC  A, R7
ADDC  A, direct   ;  例：ADDC  A, 30h
ADDC  A, @Ri      ;  例：ADDC  A, @R0
ADDC  A, #data    ;  例：ADDC  A, #30h
```

指令的作用都是将 A 中的值和其右面的值相加，并且加上进位标志位 CY 中的值，结果放入 A 中。

3. 带借位减法指令

```
SUBB  A, Rn
SUBB  A, direct
SUBB  A, @Ri
SUBB  A, #data
```

这些指令的功能是从累加器 A 中减去右侧的操作数，以及进位标志位 CY，计算结果会送给累加器 A。

减法运算只有带借位减法指令，而没有不带借位的减法指令。若进行不带借位的减法运算，只需要在执行指令前使用指令：

```
CLR C
```

4．乘法指令

```
MUL  AB
```

这条指令是把累加器 A 和寄存器 B 中的两个 8 位无符号数值相乘，所得的 16 位乘积的低 8 位字节放在 A 中，高 8 位字节放在 B 中。

5．除法指令

```
DIV  AB
```

这两条指令将两个 8 位的无符号的数值进行除法运算，其中被除数放置于累加器 A 中，除数放置于寄存器 B 中，程序执行完毕以后，商存放于 A 中，余数放置于 B 中。

6．十进制调整指令

```
DA  A
```

十进制调整指令是一条专用指令，用于对 BCD 码十进制数加法运算的结果进行修正。有些情况下，执行完加法指令，得到的结果并不是我们想要的结果，需要进行十进制调整。产生的错误是因为我们只用了 BCD 码 16 个中的 10 个，当运算进入没用的编码区时就会导致错误。

7．数据交换指令组

1）整字节交换指令

指令用于累加器 A 进行 8 位数据交换操作。

```
XCH  A, Rn
XHC  A,direct
XCH  A,@Ri
```

2）半字节交换指令

字节单元与累加器 A 进行低 4 位的字节的数据交换。

```
XHCD  A, @Ri
```

3）累加器高低半字节交换指令

```
SWAP  A
```

5.3.3　分模块编写程序

1．加1子程序

加 1 子程序的执行过程如图 5-66 所示。加 1 子程序用于完成两个字节数据的加 1，程序大致可以分以下 3 项内容：

1）两字节合并

汇编语言的加法指令只针对一个字节，所以要将两个字节的数值合并为一个。例如，我们要处理个位和十位这一部分，要将这一个字节分成两个部分，高 4 位用于放置十位，低 4 位用于放置个位，合并完毕后再加 1。

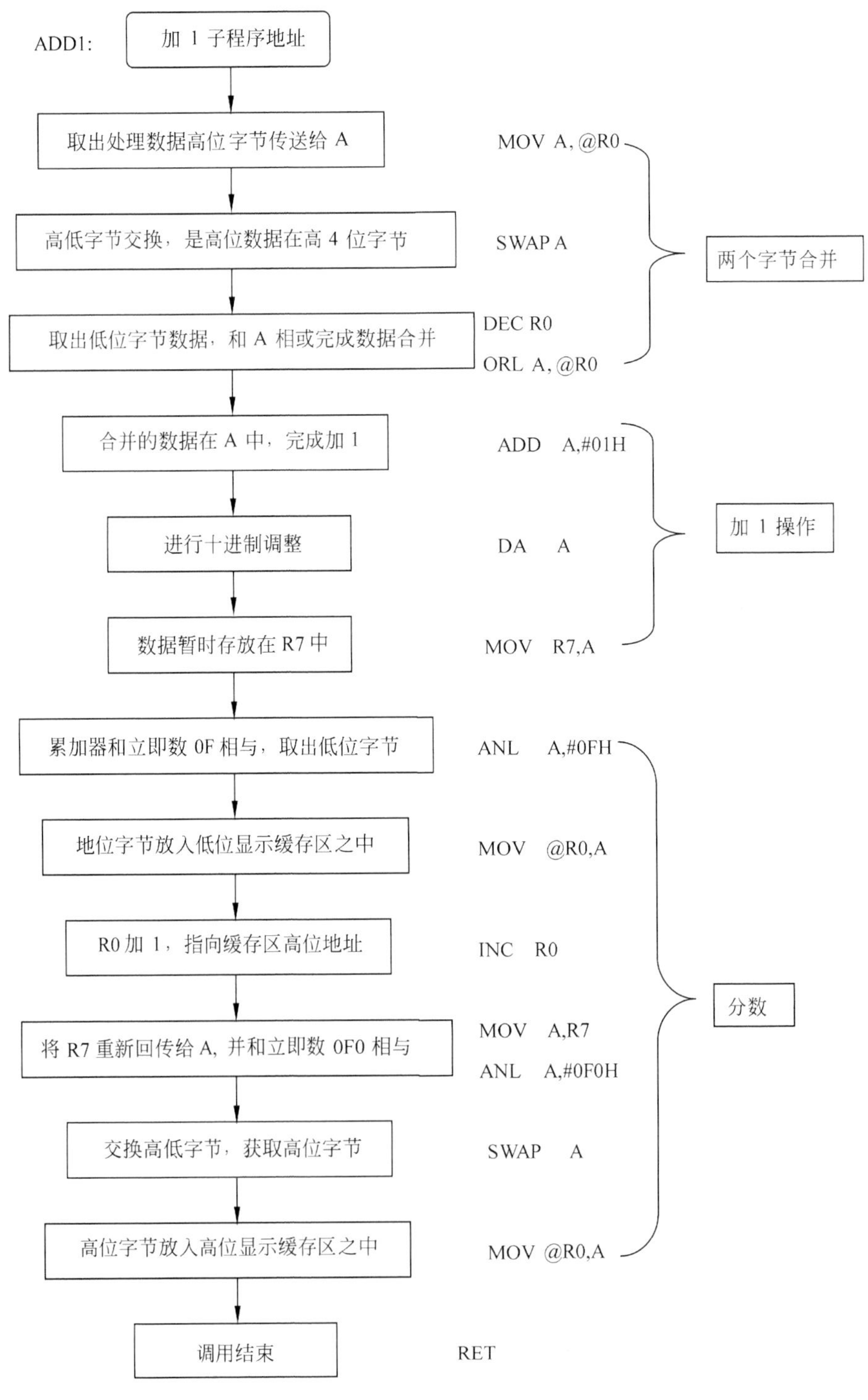

图 5-66　加 1 子程序设计流程

2）加 1 操作

两个字节合并完毕后，就可以执行加 1 指令；注意，加 1 完毕后，进行十进制调整是非常必要的。

3）分数

每个字节显示一位数据，这是数码管动态显示的执行规则。所以要将执行完加 1 的那个字节再拆分为两个字节。

2．清零双字节子程序

在执行计算的过程中，如果某两个字节数据为 99，通过加 1 指令后，除了要向前进一位以外，此两位数据必须清零，所以就涉及清零双字节子程序。清零双字节子程序的设计流程，如图 5-67 所示。

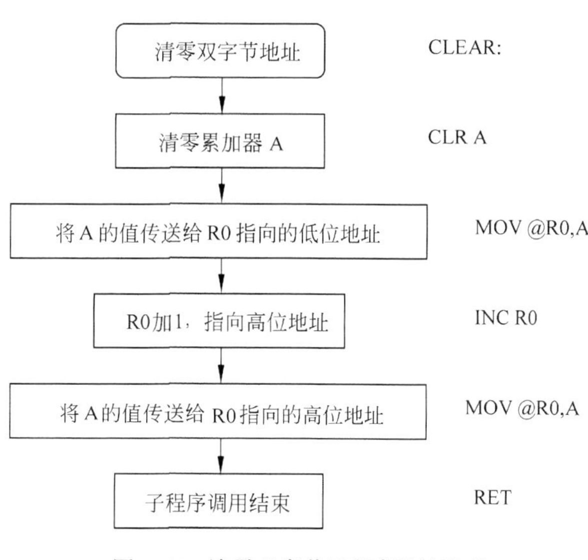

图 5-67　清零双字节子程序设计流程

3．外中断服务程序

图 5-68 所示为外中断服务程序的流程图，所有的计数操作都在外中断服务程序中执行。大致分析一下外中断程序执行过程。

1）断点处理

```
PUSH PSW
PUSH ACC
SETB PSW.3
.................
.................
.................
POP ACC
POP PSW
```

本实例中，不论是在中断服务程序，还是在主程序中，累加器 A 得到了广泛的运用，当执行完中断服务程序返回到主程序后，由于累加器的值遭到中断服务程序的“破坏”，必定会影响主程序的执行。

和累加器一样，R 寄存器也得到了广泛的运用，尤其是 R0。但在汇编语言中，压入堆栈指令不能直接对 R 寄存器压入堆栈。我们可以设置工作寄存器组，在主程序中，所用的工作寄存器组默认为 1，进入中断服务程序后，我们将程序状态字寄存器 PSW 压入堆栈之中，通过执行指令 SETB PSW.3 设置当前的工作寄存器组为 2，中断处理都执行完毕之后，再将 PSW 弹出堆栈，恢复它默认的工作寄存器组。

2）处理溢出操作

```
MOV A,R7
XRL A,#00H
JNZ END_INTERUPT
```

这三条指令判断各组处理数据是否溢出。假设我们当前处理的数据是个位和十位，未调用加 1 子程序之前，它们的值是 99，调用完加 1 子程序后，它们的值就变为了 00，这就说明个位和十位发生了溢出，需要向更高位进位。可能细心的读者留意到了，执行加 1 子程序后，将合并为一个字节的处理数据存放在 R7 之中。通过判断 R7 是否为 0，就能判断向高位进位或是未溢出。在这里我们运用了一个新的方法，就是异或指令：

```
XRL A,#00H
```

大家知道，异或指令的逻辑关系为：相同为 0，不同为 1。汇编语言这条指令是逐位异或的，并将结果传送给 A。所以只有在 A 为 0 的情况下，这条指令输出的结果才为 0，执行完这条语句后，再判断 A 的状态就可以了。

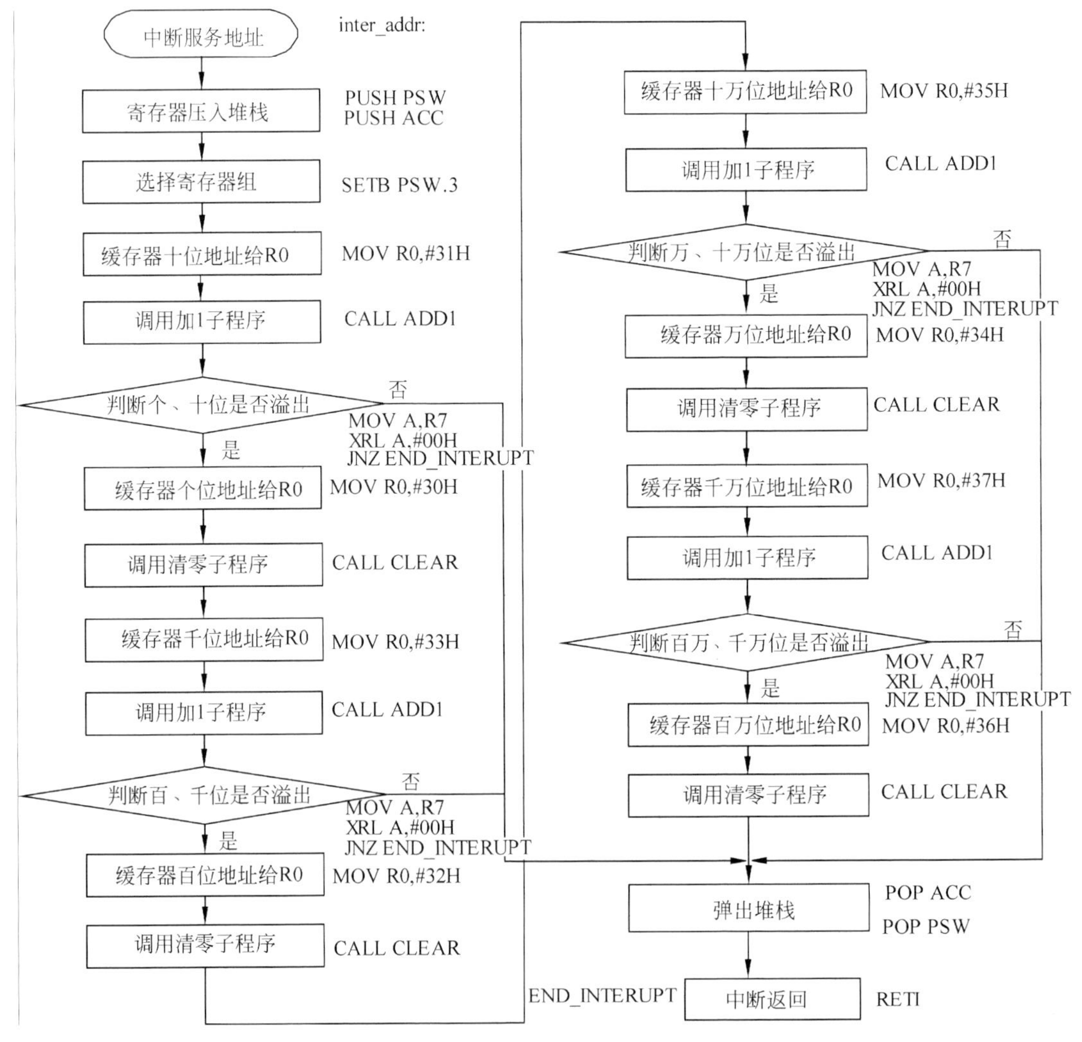

图 5-68　中断服务程序执行流程

4．主程序

主程序设计流程如图 5-69 所示。程序执行相对来说比较简单，只要将中断初始化完毕后，再不断地调用显示子程序即可。

因为在中断服务程序中使用了堆栈操作指令，因此需要设置堆栈指针。前面我们讲过堆栈指针一般设置为 30H，这里的 30H 指的是内部 RAM 的 30H。在本实例中，30H 的单元已经用做了数码管的动态显示缓存区。因此我们不能再将 SP 设置为 30H，为了保证缓存区有足够的空间，我们将 SP 设置在内部 RAM 的 60H。

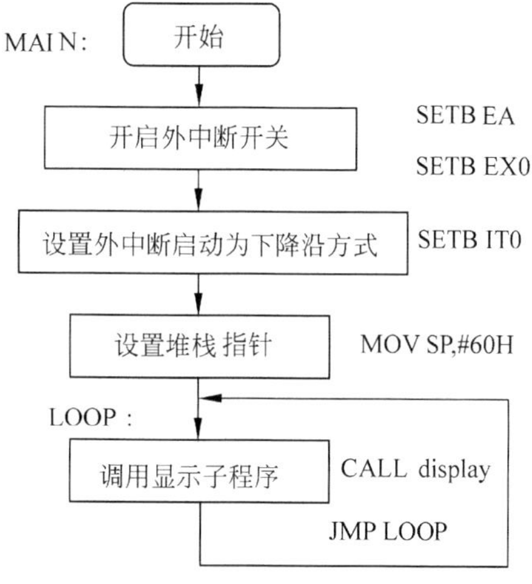

图 5-69　主程序设计流程

5. 显示子程序

在主程序中不断调用的显示子程序，即数码管动态显示程序，就是本章的重点。前面已经介绍了，在这里就不再列出了。

本实例完整的程序如下：

```
DBUF EQU 30H
ORG 0000h
JMP MAIN
org 0013h                        ;外中断响应地址
JMP inter_addr
ORG 0030H
MAIN: SETB EA                    ;开启相应的中断控制位
      SETB EX0
      SETB IT0
      MOV SP,#60H                ;堆栈指针赋值
LOOP:
       call display              ;调用延时子程序
       JMP LOOP

inter_addr:                      ;外中断服务子程序
        PUSH PSW                 ;寄存器压入堆栈
       PUSH ACC
       SETB PSW.3                ;换工作组

        MOV R0,#31H              ;十位显示缓存区
       CALL ADD1                 ;加 1 子程序
       MOV A,R7
       XRL A,#00H
       JNZ END_INTERUPT          ;判断是否溢出
       MOV R0,#30H
       CALL CLEAR

       MOV R0,#33H               ;百位显示缓存区
        CALL ADD1
        MOV A,R7
        XRL A,#00H
        JNZ END_INTERUPT
        MOV R0,#32H
        CALL CLEAR

         MOV R0,#35H             ;万位显示缓存区
         CALL ADD1
```

```
        MOV A,R7
        XRL A,#00H
        JNZ END_INTERUPT
        MOV R0,#34H
        CALL CLEAR

        MOV R0,#37H            ;百万位显示缓存区
        CALL ADD1
        MOV A,R7
        XRL A,#00H
        JNZ END_INTERUPT
        MOV R0,#36H
        CALL CLEAR
END_INTERUPT:
        POP ACC
        POP PSW
RETI

ADD1:                          ;加 1 子程序
      MOV  A,@R0
      SWAP A
      DEC R0
      ORL  A,@R0
      ADD  A,#01H
      DA   A
      MOV  R7,A
      ANL  A,#0FH
      MOV  @R0,A
      INC  R0
      MOV  A,R7
      ANL  A,#0F0H
      SWAP A
      MOV  @R0,A
      RET

CLEAR:
      CLR A
      MOV @R0,A
      INC R0
      MOV @R0,A
      RET
display:
        MOV     R0,#DBUF
        MOV     R1,#01h
        MOV     R2,#8
        MOV     DPTR,#SEGTAB
LOOP2:  MOV     A,@R0
        MOVC    A,@A+DPTR
        MOV     P0,A
        MOV     P1,R1
        CALL    DELAY
        INC     R0
        MOV     A,R1
        RL      A
        MOV     R1,A
        MOV     P0,#0FFH
        DJNZ    R2, LOOP2
        RET

DELAY:  MOV    R4,#05H          ;延时子程序
AA1:    MOV    R5,#0FFH
```

```
AA:     DJNZ      R5,AA
        DJNZ      R4,AA1
        RET
SEGTAB: DB 0C0H,0F9H,0A4H,0B0H,99H,92H,82H,0F8H,80H,90H
END
```

如果大家能理解这个实例程序，说明大家的单片机学习已经上了一个台阶，如果不是很明白，就应该多做练习来巩固加强了。

5.3.4　在 Proteus 中仿真实例

（1）先按照如图 5-70 所示的连接方式进行仿真。

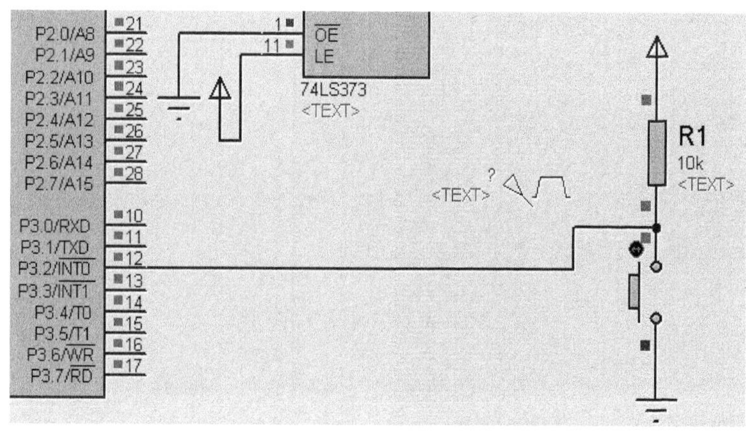

图 5-70　手动制造脉冲

开始仿真后，按一下图中的点动按钮，数码管显示就会增加一位。如图 5-71 所示，表示当前我们已经按了 5 次开关。

图 5-71　观察数码管显示（1）

（2）将信号的输入改为 Proteus 自带的信号发生器，如图 5-72 所示。

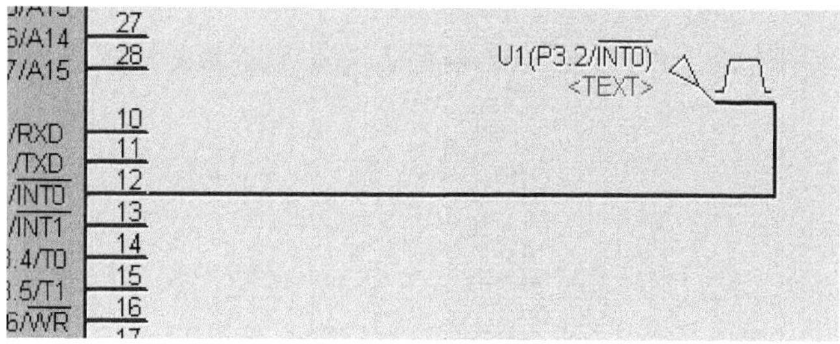

图 5-72　自动脉冲输入

双击信号发生器，弹出一个对话框，如图 5-73 所示，设置它的参数，包括频率和脉冲幅度值等。

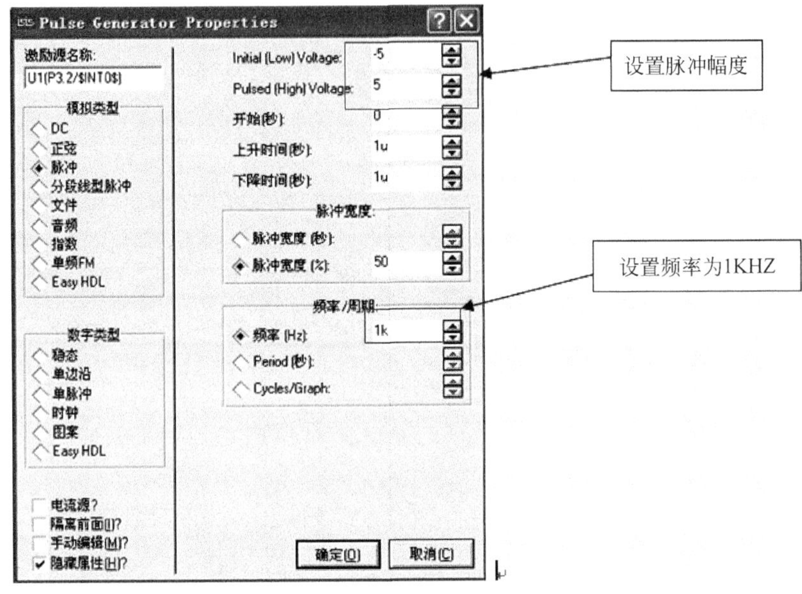

图 5-73　设置脉冲信号发生器

开始仿真后，可以看到此时数码管的变化是非常快的。如图 5-74 所示，此时计数器已经计了 4024 个脉冲信号。

图 5-74　观察数码管显示（2）

5.3.5　在 Keil 中仿真

在本实例中，数据的处理主要是在中断服务程序中进行的。采用软件仿真，无法实现外部触发信号的介入，也就是说我们不能直接进入中断服务程序中。如图 5-75 所示，程序的执行只能在以下两条语句之间徘徊，根本无法进入中断服务程序，好像执行软件仿真没有意义。

```
LOOP: call display
      JMP LOOP
```

但是软件仿真让我们有很大的权限“任意”操作。按照如图 5-76 所示的步骤进行操作，首先将鼠标光标放在中断服务程序处，观察此时的反汇编窗口，可看到中断服务程序在程序计数器的地址为 C:0X003D。

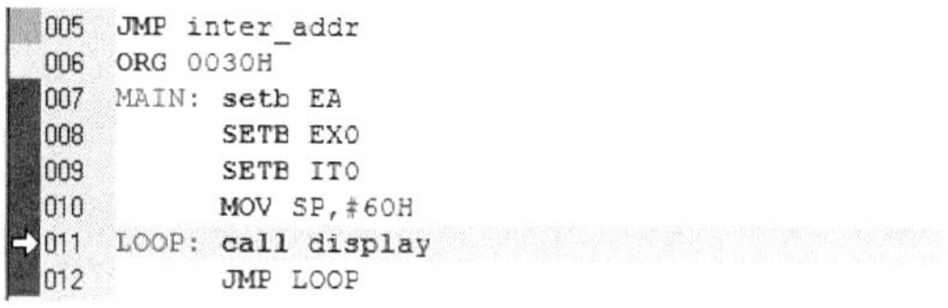

```
        JMP inter_addr
        ORG 0030H
MAIN:   setb EA
        SETB EX0
        SETB IT0
        MOV SP,#60H
LOOP:   call display
        JMP LOOP
```

图 5-75　程序在循环中执行

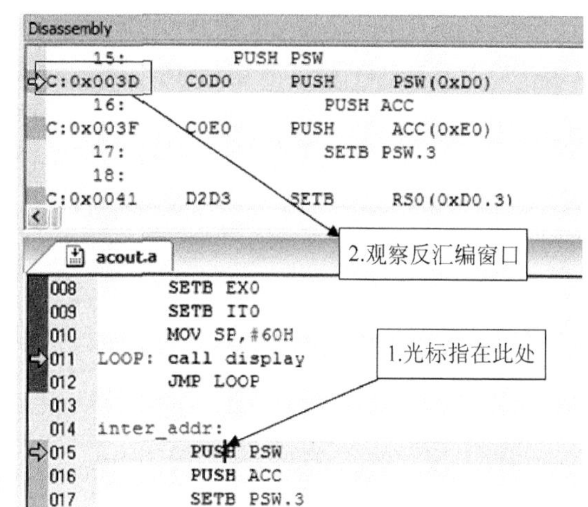

图 5-76　获取中断程序在 ROM 中的地址

按照如图 5-77 所示的步骤操作，将 PC 的值直接修改为 0X003D。此时执行程序的指针就指向了中断服务程序的位置。现在大家应该更能理解程序计数器 PC 的作用了吧，在进行软件仿真的过程中，我们有权限修改它的值。

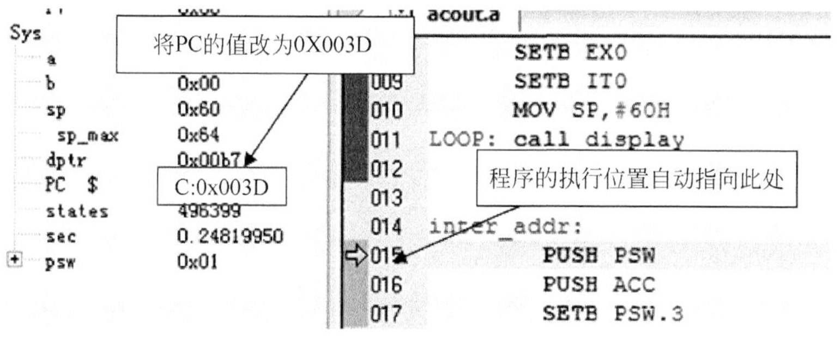

图 5-77　修改 PC 的值

进入了中断服务程序后，将程序执行到如图 5-78 所示的位置，在这个位置要对个位和十位数据进行加 1。个位和十位的显示缓存区为 30H 和 31H，将这两个字节的值都修改为 9。这样做的目的就是为了观测执行完加 1 子程序后这两个字节数值的变化情况。

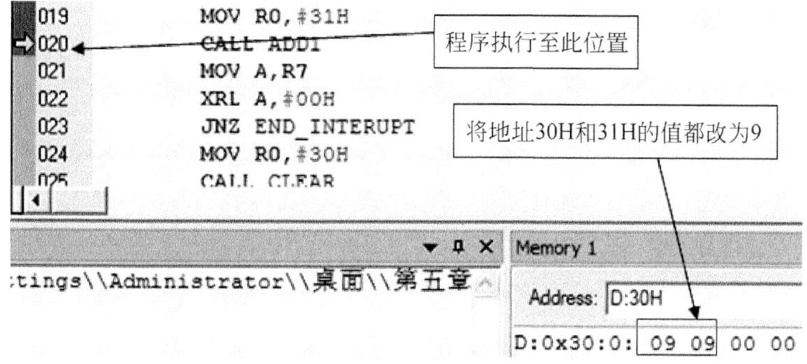

图 5-78　修改个位、十位缓存区的数值

单步执行进入子程序 ADD1 之中，下面的操作大家可以自己观察，如图 5-79 所示。单步仿真“加 1”子程序的每一步，观察程序的执行是不是我们所设想的效果。

执行到如图 5-80 所示的位置，表示此时我们基本执行完毕了“加 1”子程序。观察缓存区 30H 和 31H 的数值都变为了 00，表示个位和十位发生了溢出，需要向高位进位。

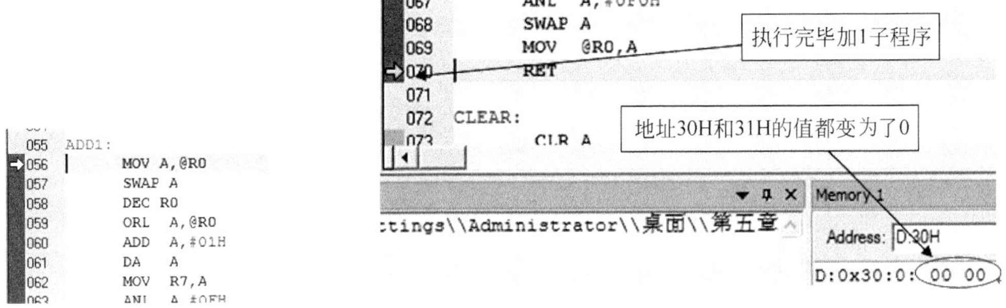

图 5-79　单步执行“加 1”子程序　　　　图 5-80　执行完毕“加 1”子程序

因为个位和十位发生了溢出，所以要向百位进位，如图 5-81 所示。观察百位和千位缓存区的数值变化。

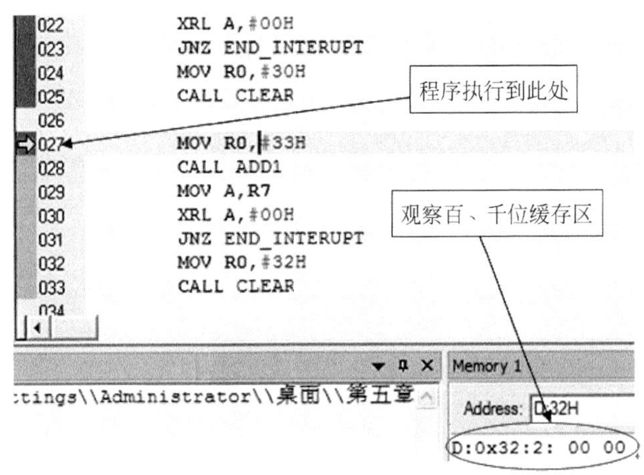

图 5-81　向百位进位

执行完“加 1”指令，如图 5-82 所示，百位缓存区的数值增加了 1。

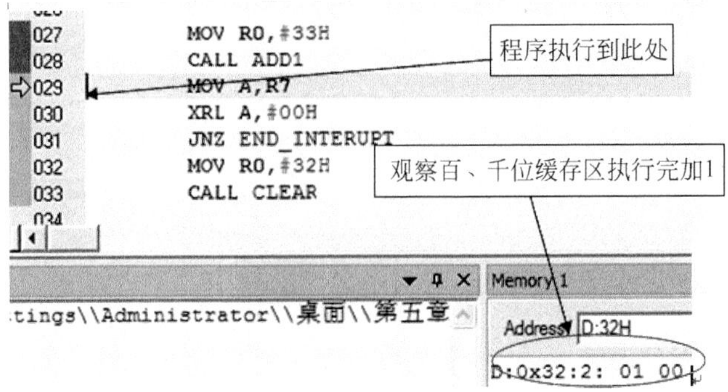

图 5-82　百位、千位加 1

5.4　习题和实例扩展

1. 填空题

（1）数码管分为共________极数码管和共________极数码管。其中共________极公共端接地，共________极公共端接高电平。

（2）在汇编语言中，间接寄存器寻址指令使用的助记符为________。

（3）间接寄存器寻址指令只能使用寄存器________，操作的地址范围为________。

（4）在 C 语言中，指定变量或数据存放位置在内部 RAM 中，使用前置符________；指定位置在 ROM 之中，使用前置符________。

（5）在汇编语言中，利用存储器读取指令，只能将取出的数据存放在寄存器________中。

（6）汇编语言伪指令 DB、DW 用于将定义的数据表格存放在________中。

（7）动态显示，显示缓存区在________中；一般将段码值存放在________中。

（8）执行完汇编指令 MUL AB，运算结果的高 4 位放置在寄存器________中；低 4 位数据存放在寄存器________。

（9）执行汇编指令 DIV AB 前，先将被除数存放在寄存器________中，除数存放在寄存器________中。执行完毕此指令，商存放在寄存器________；余数存放在寄存器________。

（10）想改变当前的寄存器组，应使用汇编指令________；C 语言语句________。

2. 编程题

1）汇编部分：

（1）将立即数 32H，存放到内部 RAM 地址 40H 中。

（2）取出内部 RAM 地址 29H 的数据，并将此数据传送给 P1。

（3）建立一个数据表格，表格内的数据为 1、2、3、4、5。将此表格内的数据取出依次传送给内部 RAM 地址 30H～34H。

2）C 语言部分：

建立两个数据，一个数据在内部 RAM 之中，另外一个在 ROM 中。数据元素为 5 个，分别是 1、2、3、4、5，各取出这两个数据的第二个元素，分别传送给 P1 和 P2。

3. 解答题

（1）简述数码管动态显示的原理，分别列出共阳极和共阴极段码值。

（2）什么情况下，将数据存放在 RAM 之中；什么情况下，将数据存放在 ROM 之中，为什么。

（3）将连续数据存放到 ROM 或 RAM 之中，汇编语言和 C 语言执行过程有什么不同。

（4）叙述数码管动态显示的原理，并写出流程图。

（5）在 Keil 软件仿真中，如何跳转到想要执行的位置。

4．实例扩展

（1）绘制电路图，如图 5-83 所示。

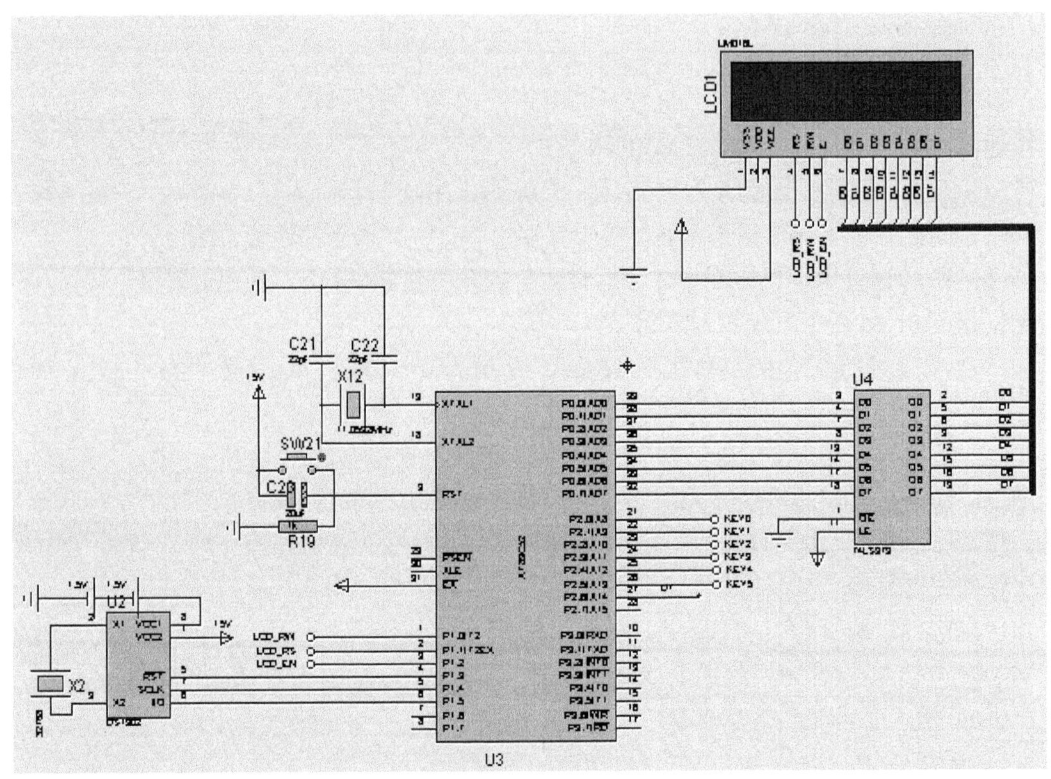

图 5-83　电路图

（2）尝试用别的方法实现数码管动态显示。

（3）本章实例采用 74HC373 作为段信号驱动芯片，读者可以尝试用其他驱动芯片，或是直接给 P0 口添加上拉电阻。

（4）尝试用 C 语言完成本章最后一个实例。

第 6 章　通信利器——串口

在本章将要学习串口通信技术。串口通信广泛运用于现代通信技术。想象一下，我们仅需要很少的端口线就可以在两个终端之间长距离的实现通信，这是一件多么有成就感的事。在本章，主要运用 Proteus 来实现单片机和单片机之间及单片机和电脑之间的通信。如果有条件的话，希望读者运用实际的硬件来实现这一功能。通过本章的学习，读者可以运用串口来发掘 51 单片机更高的潜能。

6.1　一个实例来说明串口通讯

计算机的数据传输共有两种方式：并行数据传送和串行数据传送。何为并行数据传送，什么又是串行数据传送呢？下面我们来看一个例子吧。

6.1.1　新式流水灯

在第 2 章介绍了一个流水灯实例，电路图如图 6-1 所示。在电路图中用了 51 单片机的 8 个 I/O 端口来驱动 8 个 LED 灯来实现最后的功能。51 单片机虽然有 32 个 I/O 端口，但 P0 口和 P2 口通常用做存储器的扩展，而 P3 口的第二功能作为重要的外设端口就更加重要了。可用做纯粹 I/O 端口的就只有 P1 口了。再想添加其他的功能，就得占用其他的 I/O 端口，有没有其他的办法呢？

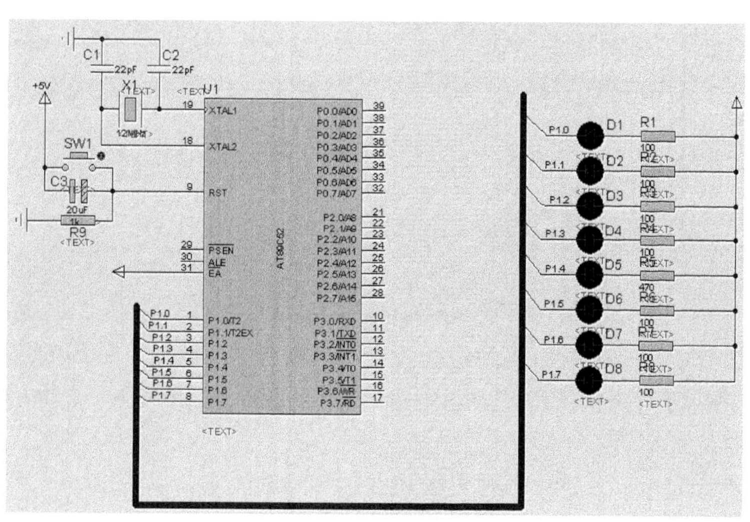

图 6-1　并行驱动流水灯

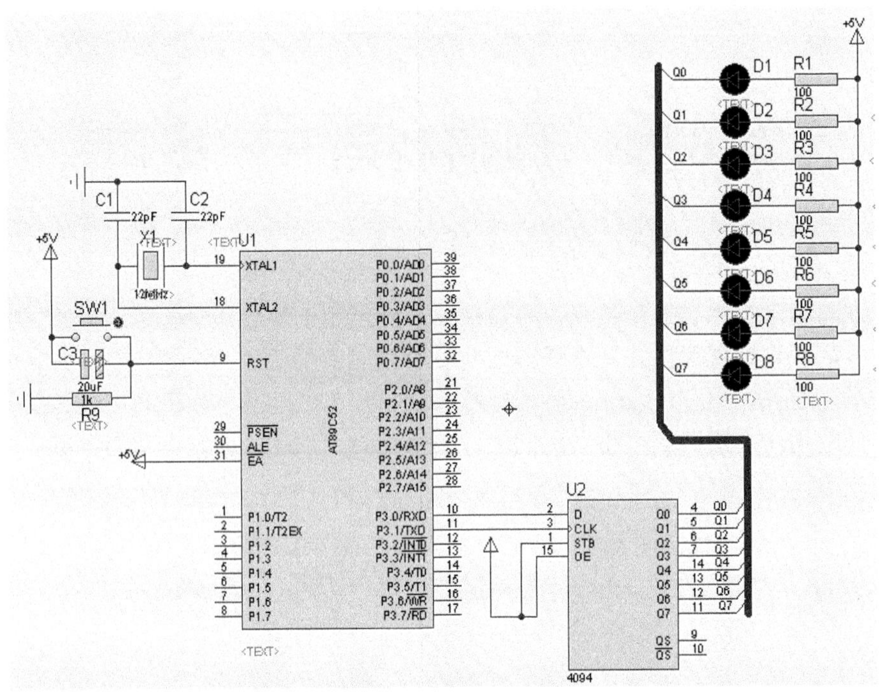

图 6-2　串行驱动流水灯

如图 6-2 所示，同样用 Proteus 所绘制，此实例在本书附带光盘的本章内容中。双击图中的 51 单片机，显示对话框如图 6-3 所示，单击箭头所指的复选框找到程序文件的路径，然后单击“确定”按钮。

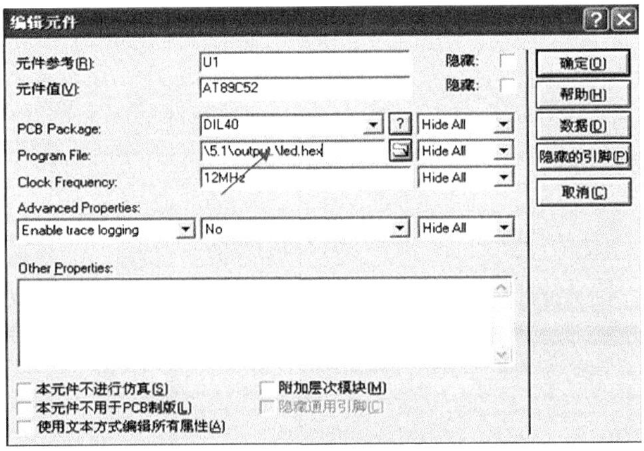

编辑元件
元件参考(R): U1　隐藏:
元件值(V): AT89C52　隐藏:
PCB Package: DIL40　Hide All
Program File: \5.1\output\led.hex　Hide All
Clock Frequency: 12MHz　Hide All
Advanced Properties:
Enable trace logging　No　Hide All
Other Properties:
本元件不进行仿真(S)
本元件不用于PCB制版(L)
使用文本方式编辑所有属性(A)
附加层次模块(M)
隐藏通用引脚(C)
确定(O)
帮助(H)
数据(D)
隐藏的引脚(P)
取消(C)

图 6-3　程序路径选择

单击开始仿真按钮，观察电路的仿真效果，可以看到和图 6-1 一样的流水灯效果。再看图 6-2，只是在原有的电路图的基础上添加了元件 U2（CD4094）。CD4094 是一个 8 位的串入并出的移位寄存器。

从这个例子我们可以分析出串行传输和并行传输的区别。以输出一个字节为例，并行传输一次性同时输出 8 位数据，如图 6-4 所示。而串行输出则是在一个时刻传输 1 位数据，总共传送 8 次，如图 6-5 所示。

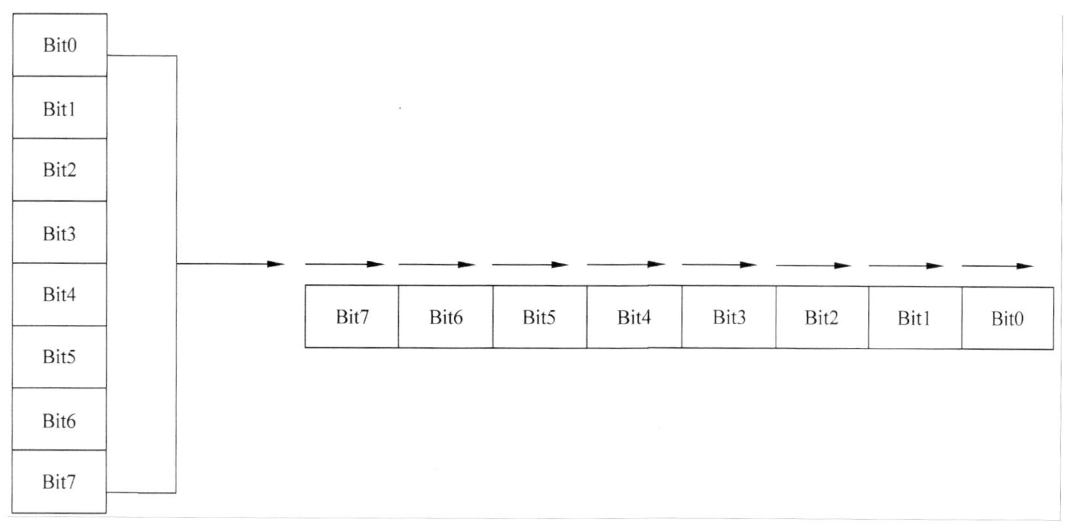

图 6-4　并行信号传输　　　　图 6-5　串行信号传输

并行传输采用多位数据同时传送，传送速率快，但是占用数据线较多，传送成本高。而采用串行传送的方式在本例中虽然多用了一个 CD4094，但是只占用了 51 单片机两个端口，虽然没有并行传送速度快，但是在实际运用中更方便。

6.1.2　串行通信基本概述

串行传输数据是按位顺序进行的，最少只需一根线即可完成。通常计算机和外界的数据传输称为通信，而提到通信就是指串行通信。并行通信除传输成本高外，数据传输的距离常小于 30 米时，只能在计算机内部进行传输数据。而串行通信传输的距离可以从几米到几千公里，而且成本较低。串行通信又分为异步和同步两种方式，单片机的串口采用的是异步通信的方式。

1．异步通信的字符格式

异步通信传输的数据是以帧为单位的，帧是一组数据位。在这一组数据位中既包含传输的核心数据信息，也包含为保障传输质量添加的一些数据位。一帧数据包含的信息如图 6-6 所示。

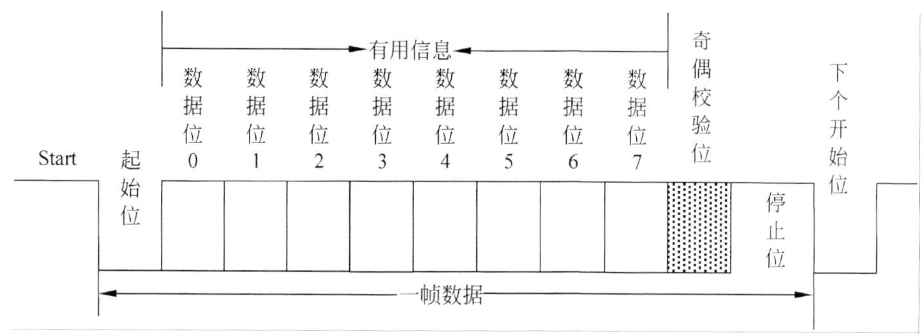

图 6-6　串行数据帧格式

起始位是开始发送的标志，在发送完起始位后才能开始发送数据信息。

数据位就是要发的实体数据信息，在数据位中高位在前，低位在后。在图中我们看到，数据位是八位的，因为我们在本章所举的例子采用了 8 位的传输格式。但在 51 单片机中数据位可以是 5 位、6 位、7 位或 8 位，在 32 位微处理器中数据位可以高达 32 位。

奇偶校验位是用于字符传送的正确性检查，在实际运用之中可以不去设定。

停止位是用于标志一帧数据传送的结束。停止位也不一定是 1 位，可以是 1.5 位或是 2 位。

2．串行通信的数据通路形式

单工形式：通信的双方，一方固定为发送端，而另一方固定为接收端。就像电视机的遥控器，我们按动按钮，发送命令可以控制电视机的开关，而电视无需回传信息。

半双工形式：在某一时刻，其中的一方只能发送，而另一方只能接受。半双工的传输可以使用一根数据线来完成。

全双工形式：全双工的数据传输是双向的，可以同时发送和接收数据。全双工需使用两根数据线。51 单片机的串行接口引脚 P3.0 和 P3.1 的第二功能 RXD、TXD 就是作为全双工串行传输的信号引脚。

3．串行传输的传送单位

串行传送数据的单位是波特率（baud rate），表示每秒传输数据的有效位数。每秒传送一个格式位就是一波特，1 波特=1bps（位/秒），bps（baud per second）是波特率的单位。

6.1.3 RS-232 总线标准

如图 6-7 所示，图中 P1 是简化版的 RS-232 九芯插头座。RS-232 是美国电子工业协会正式公布的串行总线标准，也是目前最常用的串行接口标准。该总线标准定义了 25 条信号线，但目前无论是工业各种仪表还是学校的各种学习应用，图 6-7 中简化的 RS-232 接口有着更广泛的应用。

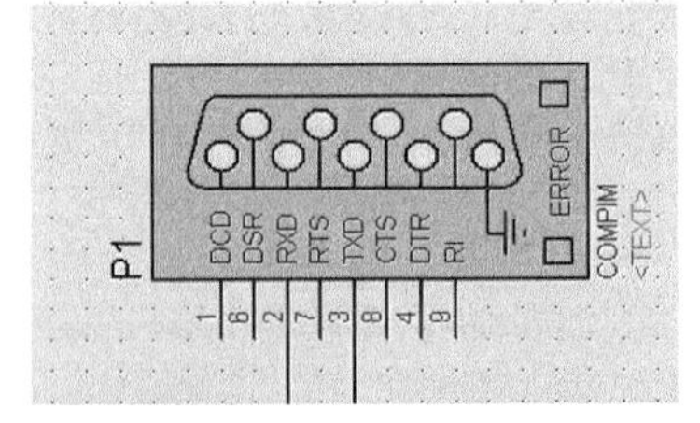

图 6-7　RS-232 九芯插座

简单的讲一下它的各引脚的定义情况，如表 6-1 所示。在图 6-7 中没有显示引脚 5，因为在 Proteus 中，无论是芯片还是其他器件所有引脚的接地点，在 Proteus 中都以默认的方式接地。在实际运用过程中，进行简单的通信一般只对 9 芯插座的 2、3、5 脚进行处理，所以在本书的实例中只用这 3 个接口。对于其他接口的应用，有兴趣的读者，可以查阅其他书籍。

表 6-1　RS-232 九芯插头座各脚定义

引　脚	定　义	引　脚	定　义
1	DCD　载波检测	6	DSR　数据准备号
2	RXD　接受数据	7	RTS　请求发送
3	TXD　发送数据	8	CTS　允许发送
4	DTR　数据中断准备号	9	RI　振铃提示
5	SG　信号地		

1. RS-232的电平规定

简单了解一下不同极性的电压表示逻辑值：–3V～–25V，表示逻辑“1”；+3V～+25V，表示逻辑“0”。

2. RS-232的波特率选择

标准数据传送的波特率有 50、75、110、150、300、600、1200、2400、4800、9600、14400、19200、28800、38400、57600、115200。伴随着单片机工作频率的不断提高，波特率的选择也越来越高，串行传输的速率在不断地增加。

6.1.4　51 单片机串行口以及控制寄存器

串行口寄存器分为两类，一类是数据缓存寄存器，另一类是串行通信控制寄存器。

数据缓存寄存器（SBUF）是一个 8 位的寄存器，它在片内 RAM 的地址位于 99H，主要作为将要发送和刚刚接收的数据的暂时存放点。串行发送时，将要发送的数据存放入此寄存器之中，由系统自动发送出去；当串行接收时，刚刚传来的数据就存放在此寄存器中，并可以从此寄存器中把数据提取出来。

与串行通信相关的控制寄存器有 3 个。

1. 串行控制寄存器SCON

SCON 是 51 单片机可以位寻址的专用寄存器，主要用于串行数据通信的控制。在片内 RAM 的地址位为 98H，位地址为 9FH～98H。串行控制寄存器 SCON 各位描述，如表 6-2 所示。

表 6-2　串行控制寄存器SCON各位描述

位地址	9FH	9EH	9DH	9CH	9BH	9AH	99H	98H
位符号	SM0	SM1	SM2	REN	TB8	RB8	TI	RI

- SM0、SM1——串行口工作方式选择位：此两个数据位其状态组合所对应的工作方式位，如表 6-3 所示。
- SM2——多机通信控制位：在串行通信工作在方式 2 和方式 3 时才可使用此功能。
- REN——数据允许接收位：当设置 REN 为 0 时，串行口不允许接收数据；只有将 REN 置 1 时，才可接收数据。
- TB8——发送数据位 8，在串行工作方式 2 或方式 3 时，TB8 的内容是要发送的第 9 位数据。
- RB8——接收数据位 8，在串行工作方式 2 或方式 3 时，RB8 存放接收到的第 9 位数据。
- TI——发送中断标志位：当串行传送完成一帧数据后，此位由单片机自动置位。即当 TI=1 时，表示一帧数据传送数据完毕，此标志位即可驱动串行中断发生。也可通过软件查询来确定程序走向。
- RI——接收中断标志位：当 51 单片机接收完一帧数据后，此位被单片机自动置 1，即当 RI=1 时，表示接收完毕一帧数据。此位和 TI 一样，既可通过中断来自动控制程序走向，也可通过查询此位状态来判断是否进行下一步处理。

表 6-3　SM0、SM1 状态组合

SM0	SM1	工作方式	SM0	SM1	工作方式
0	0	0	1	0	2
0	1	1	1	1	3

2. 电源控制寄存器PCON

PCON 主要为 51 单片机的电源控制而设置的专用寄存器，此寄存器在片内 RAM 中的地址位为 87H 其内容如表 6-4 所示。

表 6-4　PCON位定义

位序	B7	B6	B5	B4	B3	B2	B1	B0
位符号	SMOD	—	—	—	—	—	—	—

串行传输只用了该寄存器的最高位 SMOD， SMOD 表示串行口波特率的倍增位，当 SMOD=1 时，串行口波特率加倍。在初始状态下，此位为 0。

注意：PCON 不可位寻址。

3. 中断允许寄存器IE

在第 3 章和第 4 章都提到过这个寄存器，这里将这个寄存器的知识补充完整，并再复习一下，IE 各位定义如表 6-5 所示。

表 6-5　IE各位定义

位序	0AFH	0AEH	0ADH	0ACH	0ABH	0AAH	0A9H	0A8H
位符号	EA	—	—	ES	ET1	EX1	ET0	EX0

ES 为串行中断允许位。将 ES 置为 0 时，将禁止串行中断。将 ES 置为 1 时，允许串行中断。

回忆一下，EA 为总中断控制位、ET1 为定时中断 1 控制位、EX1 为外中断 1 控制位、ET0 为定时中断 0 控制位、EX0 为外中断 0 控制位。

6.1.5　51 单片机串行通信工作方式

51 单片机的串口共有 4 种工作方式，4 种工作方式如表 6-6 所示。

表 6-6　串行传输的 4 种方式

SM0　SM1	工作方式	功 能 介 绍	波　特　率
0　　0	方式 0	8 位同步移位寄存器	Fosc（晶振频率）/12
0　　1	方式 1	10 位数据帧格式	可变
1　　0	方式 2	11 位数据帧格式	Fosc/32 或 Fosc/64
1　　1	方式 3	11 位数据帧格式	可变

1．串行工作方式0

我们在本章开始介绍的串口驱动的流水灯的实例（见图 6-2）采用的就是串行工作方式 0。

在方式 0，把串口作为同步移位寄存器使用，这时以 RXD（P3.0）作为数据移位的入口和出口。而 TXD（P3.1）作为移位时钟脉冲。移位数据的发送和接收以 8 位为一组，低位在前高位在后。

使用方式 0 实现数据的移位输入输出时，实际上是把串行口变为并行口使用。串行口作为并行输出口使用时，要有“串入并出”的移位寄存器配合。

在图 6-2 中，CD4094 移出的数据同样经过 RXD 端串行输入，具体由 SCON 寄存器的 REN 位实现。REN=0 时，禁止接收；REN=1 时，允许接收。使用串行工作方式 0 时，移位操作的波特率是固定的，为单片机晶振频率的十二分之一，也就是一个机器周期。如果晶振频率为 12MHZ 时，则波特率为 1000k(bps)，即 1μs 移位一次。

2．串行工作方式1

串行工作方式 1 是真正运用于通信传输的，也是我们本章重点展开学习的内容。串行工作方式 1 数据传输的格式是以 10 位为一帧。包含 1 个起始位、8 个数据位和 1 个停止位。传输信息的格式，如图 6-8 所示。

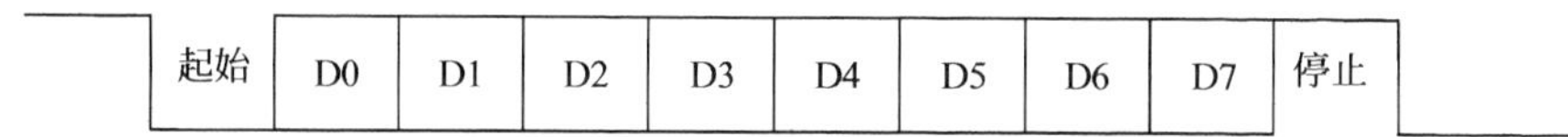

图 6-8　串行工作方式 1 数据格式

串行工作方式 1 的波特率是可以选择的。在第 4 章介绍定时器的时候我们讲到，波特率发生器是以定时器 T1 的计数溢出来决定的。当定时器 1 作为波特率发生器使用时，选择的是定时器工作方式 2，即具有自动加载功能，这样可避免通过程序反复装入初值所引起的误差，使波特率更加稳定。设定时器 1 计数初值为 X，则波特率的计算公式为：

$$波特率=\frac{2^{smod}}{32}\times\frac{Fosc(晶振频率)}{12\times(256-X)}$$

在本章，单片机所用的晶振为 11.0592MHZ。选用这样的晶振，可以得到非常精确的波特率，可以将 11.0592MHZ 带入以上公式测试结果。我们根据经验得到，在晶振选择 11.0592MHZ 时，定时器 1 计数初值 X 所对应的波特率如表 6-7 所示。

表 6-7　波特率所对应的定时器 1 计数初值X

常用波特率	SMOD=0	SMOD=1	常用波特率	SMOD=0	SMOD=1
2400	F4H	E8H	14400	FEH	FCH
4800	FAH	F4H	19200	FFH	FDH
9600	FDH	FAH	57600	不可用	FFH

3．串行工作方式2

串行工作方式 2 数据传输的格式是以 11 位为一帧。包含 1 个起始位、9 个数据位和 1

个停止位。传输信息的格式，如图 6-9 所示。

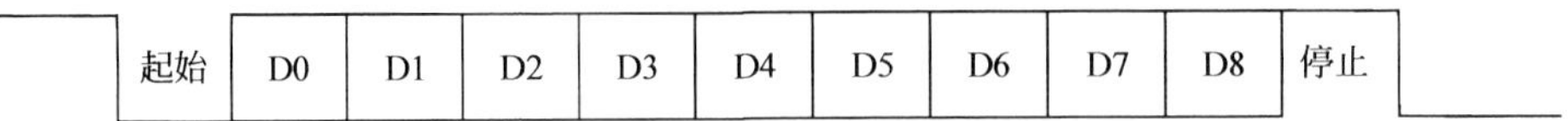

图 6-9　串行工作方式 2 数据格式

在串行工作方式 2，添加了第 9 个数据位 D8，此数据位若发送则预放在寄存器 SCON 的 TB8 位中，若接收到第 9 位数据，则存放在 SCON 的 RB8 位。

串行工作方式 2 的波特率选择：当 SMOD=0 时，波特率为晶振频率的六十四分之一；当 SMOD=1 时，波特率为晶振频率的三十二分之一。

4. 串行工作方式3

串行工作方式 3 也是以 11 位为一帧的数据传输格式，但波特率选择是可变的。串行工作方式 3 的设置方法和串行工作方式 1 相同。

6.1.6　串行工作方式 0 实例详述

1. 串入并出

本章开始所讲的串行方式流水灯实例，就是让单片机串口工作在方式 0。下面来分析一下程序的编程方法，程序流程图如图 6-10 所示。

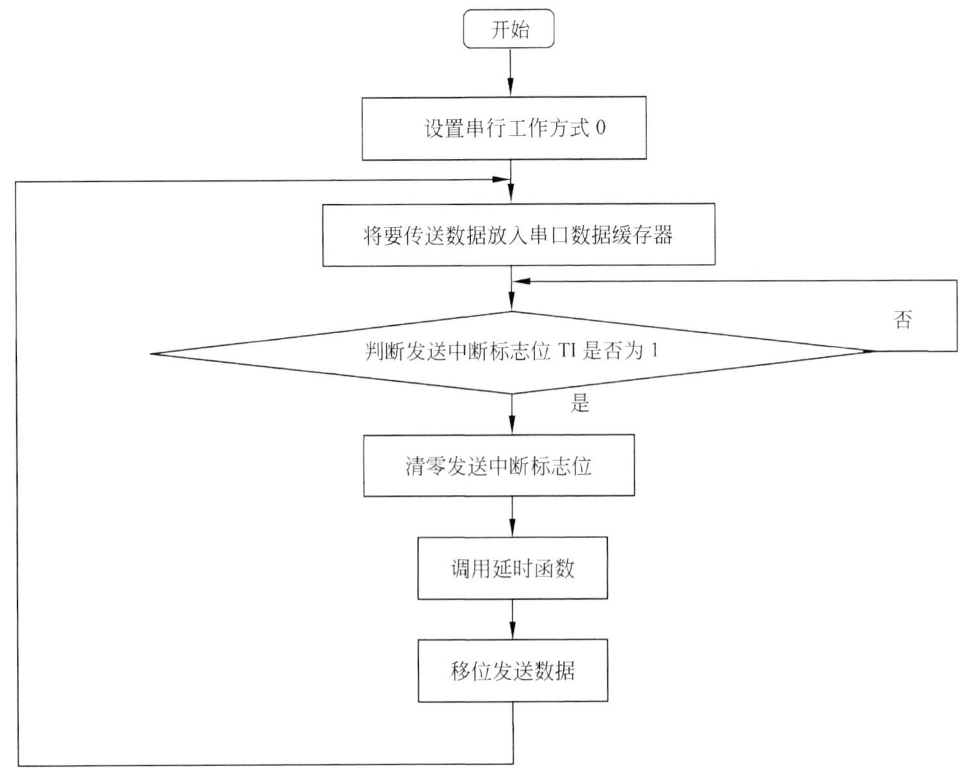

图 6-10　串行驱动流水灯设置流程

如图6-10所示，本实例并没用中断的方法，而是采用查询中断标志位的方式控制程序的走向。当一帧数据发送完毕，发送中断标志位TI被置1，查询完毕之后，一定要将此标志位置0，以便于下一帧的数据的查询。

程序的编写还是比较简单的，下面直接给出汇编程序和C语言程序。在这里没有给出完整的程序，被调用的延时子程序大家都比较熟悉了，在这里就不再列出。C语言的宏定义也没有给出，大家编程的时候，注意添加上。

汇编程序如下：

```
MAIN:
MOV SCON,#00H         ; 设置串行工作方式 0
CLR  ES               ; 关闭串行中断
MOV A,#0FEH
DELR:
MOV SBUF,A
JNB TI,$              ; 判断发送完毕中断标志位
CLR T1                ; 清零发送中断标志位
CALL DELAY1S
RR  A
AJMP DELR
```

C语言程序如下：

```
void main()
{
  uchar j;
  SCON=0X00;
  ES=0;
  j=0xfe;              //串行输出初值
  while(1)
 {
  SBUF=j;
  if(T1==0);           //判断发送完毕中断标志位
  T1=0;                //清零发送中断标志位
  Delay1s();
  j=_crol_(j,1);
 }
}
```

汇编程序和C语言的执行流程还是非常相似的，相信大家都能够理解上面的程序。在这里我们来看一下它们判断中断标志位的语句。

汇编语言采用：

```
JNB TI,$
```

这条语句来判断中断标志位的状态。“$”表示当前语句的程序地址，此句表示如果标志位TI为0，就不停地执行此语句，直至TI为1，才转向下一条语句。

而C语言采用的是：

```
if(T1==0);
```

和汇编语言表达的意思是一致的，如果TI为0，则不停地执行“；”，也就是不停地执行死循环，直至TI为1。

2．并转串输入

1）设计电路图

工作方式 0 不仅可以实现并行输出的功能，还可以实现并行转串输入的功能。同样只需要配合相应的电路，如图 6-11 所示为串转并输出电路图。

图中并行输入的信号传送给芯片 74LS165，转化为串行信号传送给单片机，再由单片机 P2 口的 LED 小灯来指示。

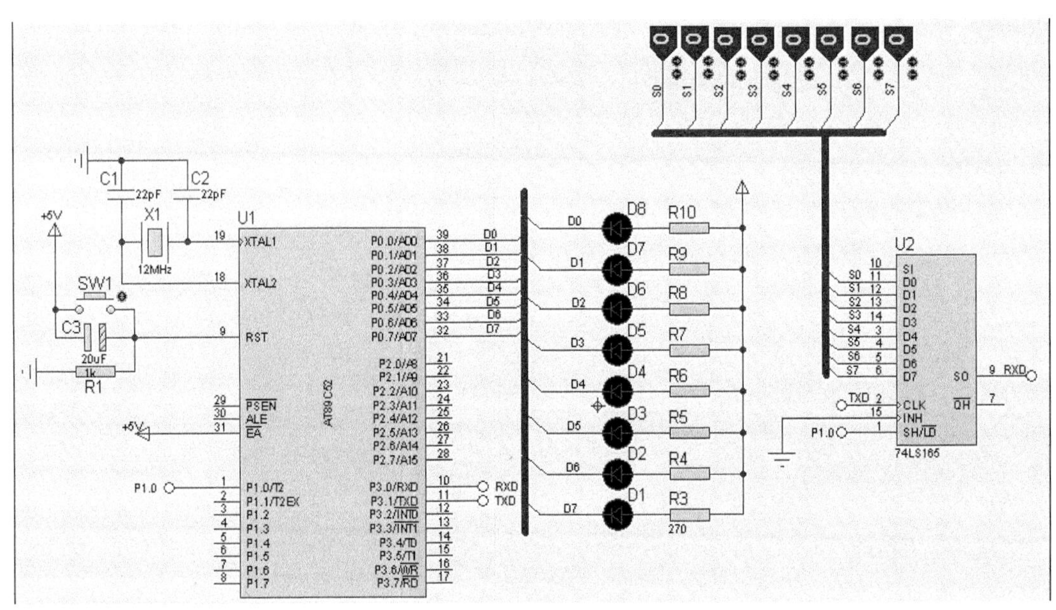

图 6-11　串转并输出实例电路图

本实例使用了一个集成元件 74LS165，如图 6-12 所示。74LS165 是一个 8 位移位寄存器（并行输入，互补串行输出）。引脚 3、4、5、6、11、12、13、14（D0～D7）为该器件的并行输入端。引脚 2（CLK）为时钟输入端接 51 单片机的 P3.1（TXD）。引脚 9（SO）为串行数据输入端接 51 单片机的 P3.0（RXD）。引脚 1（SH/LD）为移位控制/置位控制电平输入端连接到 51 单片机的 P1.0；当移位/置入控制端（SH/LD）为低电平时，并行数据被置入寄存器，而时钟及串行数据均无关，当 SH/L 为高电平时，并行置数功能被禁止。

在 74LS165 的并行输入端接入了电平信号源，如图 6-13 所示。

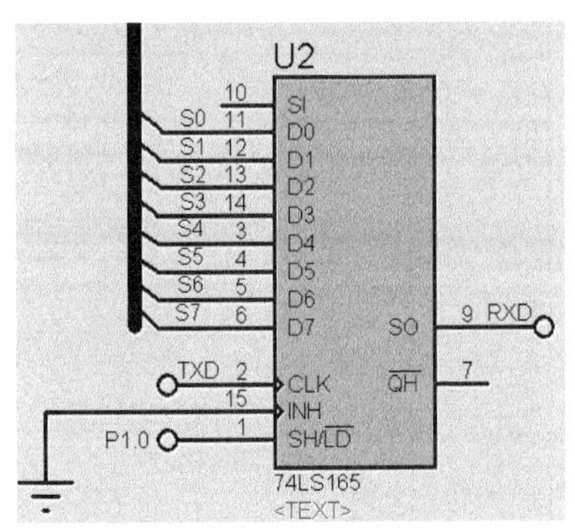

图 6-12　集成元件 74LS165

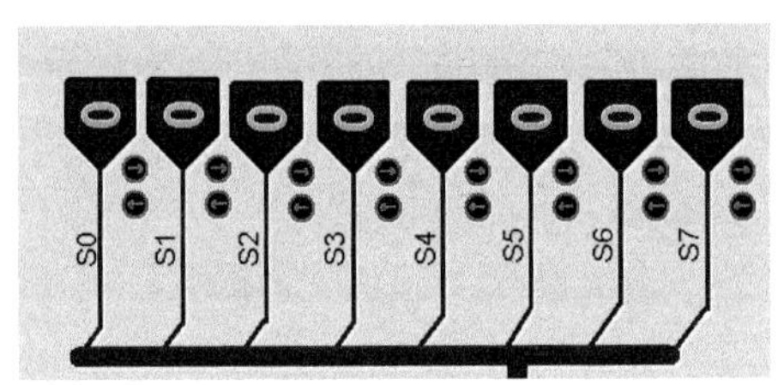

图 6-13　电平信号源的接法

在第 3 章使用了电平指示器，用于指示电平的状态，在本章所使用的电平信号源则是用来输出电平高低的，它的寻找方法如图 6-14 所示。在 Proteus 中，有两种电平发生器，一种是具有锁存功能的，另一种是暂态的，在这里选用带锁存功能的电平信号源。

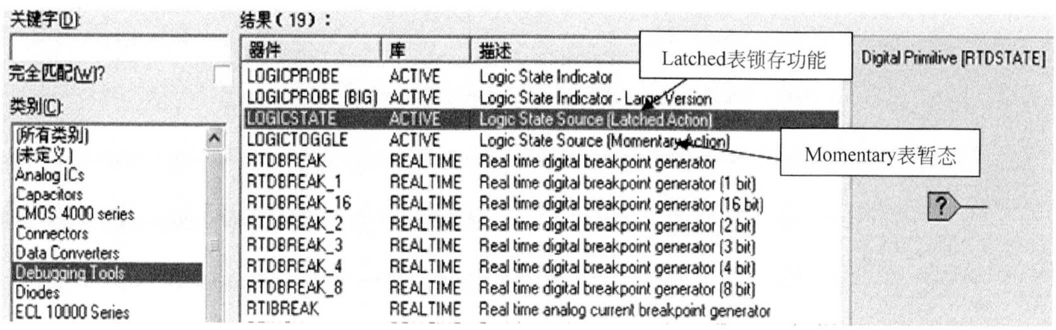

图 6-14　电平信号源的寻找方法

2）程序设计流程

如图 6-15 所示为并转串输入的程序流程图。

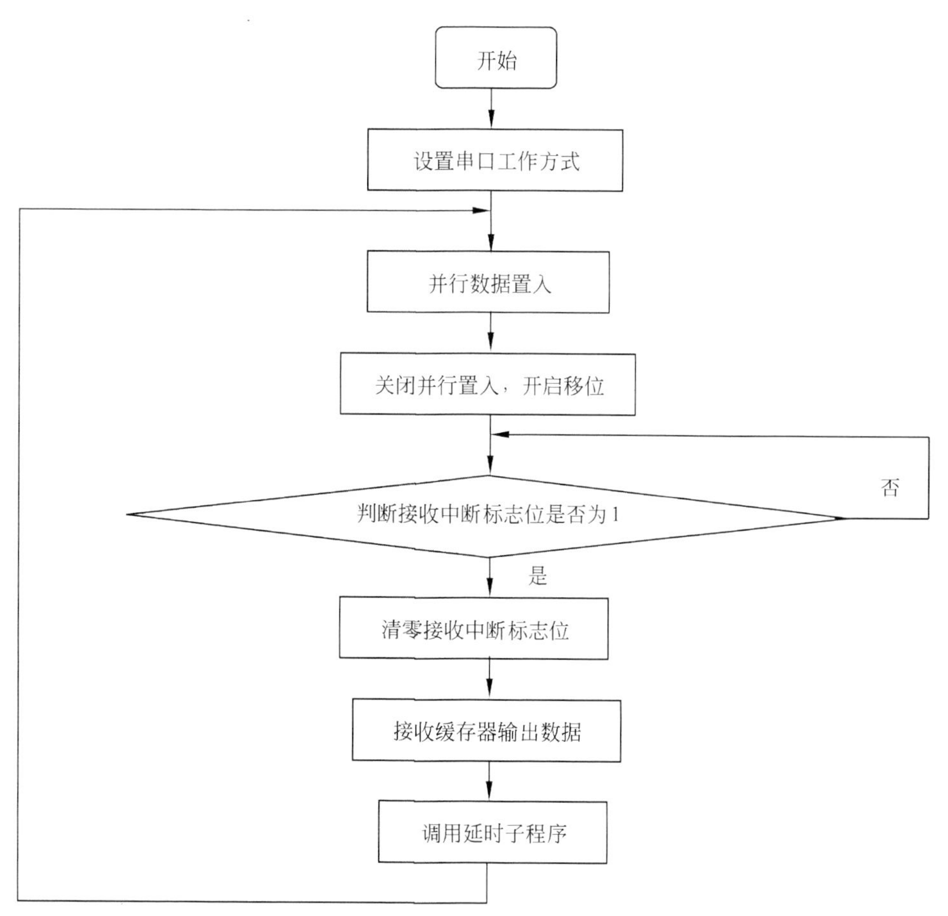

图 6-15　并转串输入程序设计流程

下面同时给出汇编语言和 C 语言。同样只给出程序的主干，在程序里面调用的是一个 0.25s 的延时子程序，读者可自己来编写。

汇编语言程序如下：

```
    ORG 0000H
    MOV SCON,#10H        ;允许串行接收
START:
    CLR P1.0             ;并行数据置入
    SETB P1.0            ;关闭并行置入，开启移位
WAIT:
    JNB  RI,WAIT         ;判断发送完毕中断标志位
    CLR  RI              ;清零发送完毕中断标志位
    MOV  P0, SBUF
    ACALL DELAY          ;调用 0.25s 延时
    SJMP   START
```

C 语言程序如下：

```
void main()
{
 SCON=0X10;                  //允许串行接收
 while(1)
 {
 P1_0=0;                     //并行数据置入
 P1_0=1;                     //关闭并行置入，开启移位
 if(RI==0);                  //判断发送完毕中断标志位
 RI=0;                       //清零发送完毕中断标志位
 P0=SBUF;
 Delay();                    //调用 0.25s 延时
 }
}
```

程序中使用：

```
MOV  SCON,#10H
```

这条语句设置串行工作方式。因为寄存器 SCON 的第 4 位为 REN（允许接收位），在本例中主要是利用串行口来接收数据，所以应该允许接收。

单片机的 P1.0 和 74LS165 的引脚 1（SH/LD）相连。如果 P1.0 为 0 时，将并行数据置入串行输入端。当 P1.0 为 1 时，并行数据置入功能被禁止，74LS165 执行移位。所以使用：

```
P1_0=0;
P1_0=1;
```

这组指令来控制一次状态输出。调用延时子程序是为了让系统有一定的响应时间。

3）在 Proteus 中开始仿真

如图 6-16 所示为实例在 Proteus 的仿真效果。我们可以手动控制电平信号源的输出状态，输入信号一发生改变，接在 P0 口的 LED 小灯就随之指示。

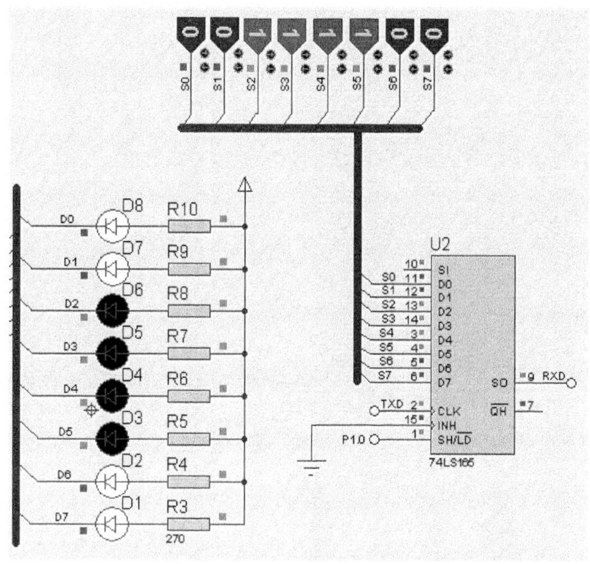

图 6-16　并转串输入实例在 Proteus 的仿真效果

6.2　双 机 通 信

在本节学习一个比较有趣的实例，实现的功能是让两个单片机之间传送数据。程序比较简单，但是此实例的运用是比较广泛的，因为大部分仪器之间的接口都是采用串行传输的方式。

6.2.1　准备电路图

如图 6-17 所示为本节实例所使用的电路图，乍一看是不是有点庞大，还用到了两个单片机。其实此电路是非常简单的，可以将其拆分成两个部分。

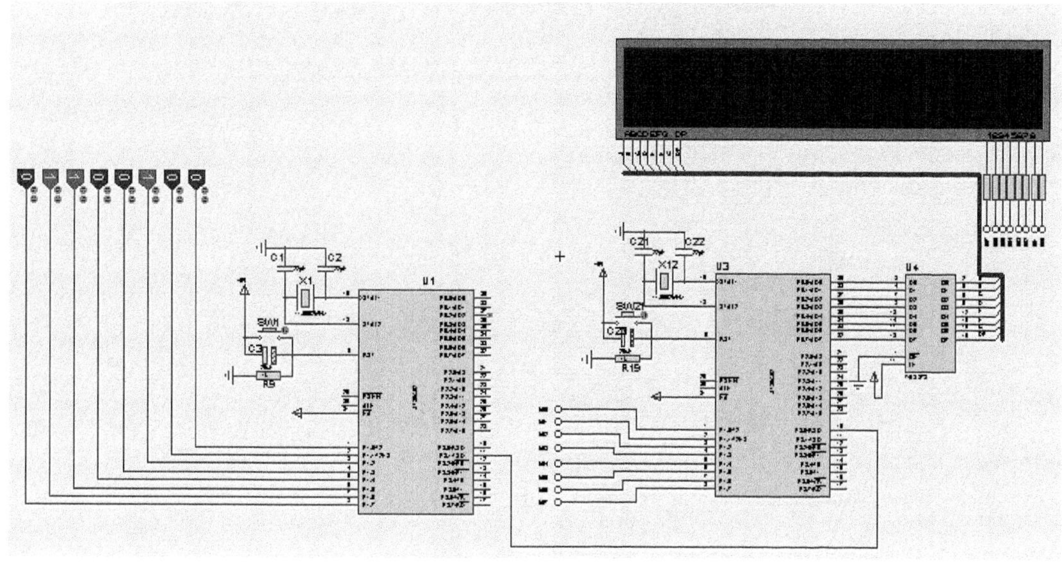

图 6-17　实例总体电路

左半部分为该实例的信号发生部分的电路，如图 6-18 所示。P1 口接上了电平信号源，用于产生不同的字节信号，P3.1（TXD）作为串行输出口被引出。

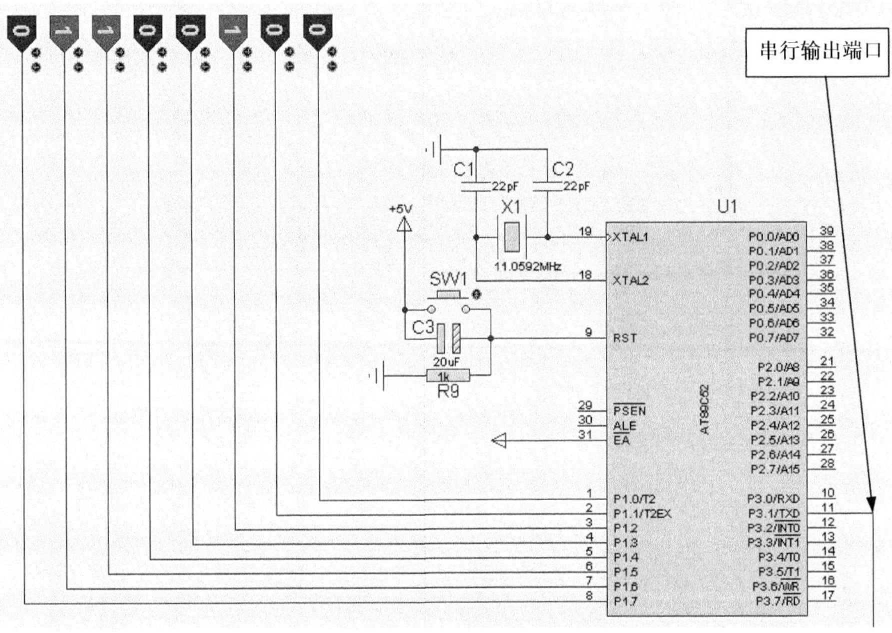

图 6-18　串行输出部分

右半部分为信号接收端的电路，如图 6-19 所示。电路的主体部分是第 5 章所学的数码管动态显示电路。有 8 只数码管，正好可以监视信号输出部分电路单片机 P1 口 8 个端口的状态，单片机的 P3.0（RXD）为串行信号的输入端。

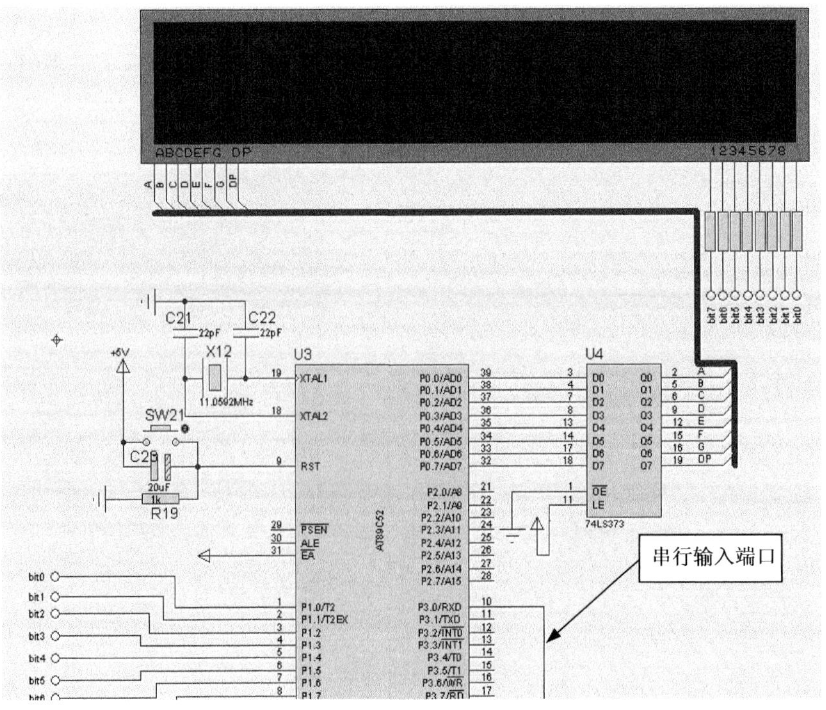

图 6-19　串行输入部分

6.2.2　程序设计方案

电路图中使用了两个单片机，当然得编写两组程序。一组用于串行输出；另一组用于串行输入。下面我们分别讨论各部分程序的设计过程。

1. 串行发送部分的程序设计流程

如图 6-20 所示为串行输出部分的程序设计流程，在本实例中运用中断的方法来控制程序走向。

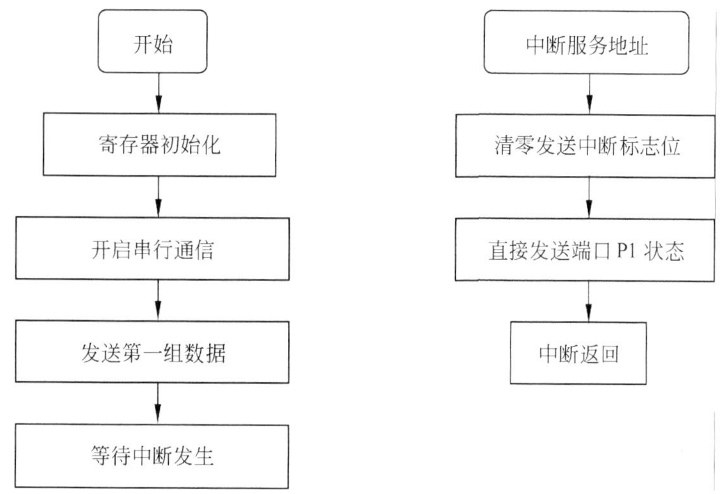

图 6-20　串行输入程序设计流程

需要设置各个寄存器来保障串行工作正常进行。各个寄存器的设置如下所述。

1）串行控制设置

在本实例中，设置让串行口工作在方式 1，即 1 个起始位、8 个数据位和 1 个停止位，波特率可选，所以寄存器 SCON 的设置为 40H，如表 6-8 所示。

表 6-8　寄存器SCON设置

位符号	SM0	SM1	SM2	REN	TB8	RB8	TI	RI
位状态	0	1	0	0	0	0	0	0

寄存器 PCON 的最高位 SMOD 设置为 0，表示波特率不倍增，所以寄存器 PCON 值设为 00H，如表 6-9 所示。

表 6-9　寄存器PCON的设置

位符号	SMOD	—	—	—	—	—	—	—
位状态	0	0	0	0	0	0	0	0

2）定时器寄存器设置

定时器主要是为串行口提供波特率，前面提到波特率发生器使用的是定时器 1，且让定时器处于工作方式 2（自动加载功能），所以定时器工作方式寄存器 TMOD 设置为 20H，如表 6-10 所示。

表 6-10　TMOD设置

位符号	GATE	C/T	M1	M0	GATE	C/T	M1	M0
状态	0	0	1	0	0	0	0	0

在本实例中，我们使用的波特率为 9600 bps，且 SMOD 位设置为 0，按照表 6-7 提供的经验值，我们设置定时器 1 数据寄存器 TH1 和 TL1 的值都为 0FDH，如表 6-11 所示。

表 6-11　定时器 1 数据寄存器设置

TH1	1	1	1	1	1	1	0	1	FDH
TL1	1	1	1	1	1	1	0	1	FDH

3）中断设置

在本实例中，利用中断的控制方式，所以需要开启串行中断开关，如表 6-12 所示。

表 6-12　中断控制寄存器IE设置

位符号	EA	—	—	ES	ET1	EX1	ET0	EX0
位状态	1	0	0	1	0	0	0	0

2. 串行接收部分的程序设计方案

如图 6-21 所示为串行接收程序设计的大致流程，同样采用中断的方式控制程序走向。

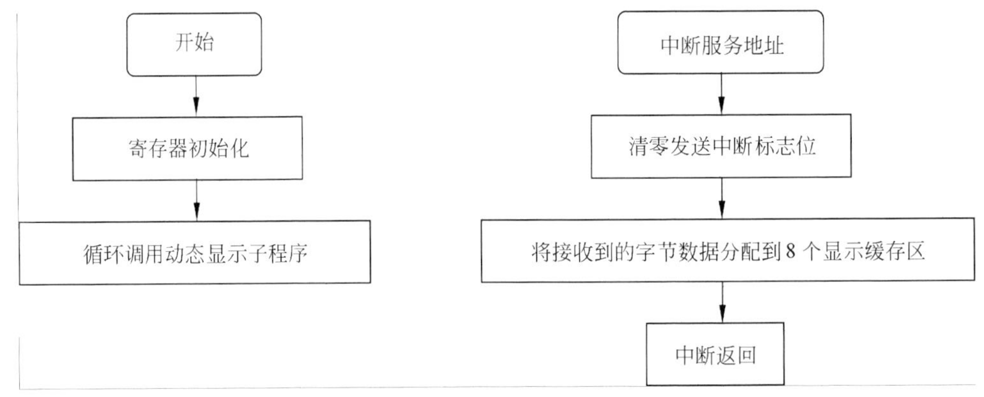

图 6-21　串行接收部分程序流程

如图 6-21 所示，在中断服务程序中，有一步流程是将接收到的字节数据分配到 8 个显示缓存区，这是本实例学习的难点，大家现在可以思考如何实现。

串行接收部分程序寄存器的设置方式同发送方式设置的一样，因为必须使用相同的波特率。但是必须允许寄存器 SCON 的 REN（允许接收位）置 1，所以 SCON 的设置值为 50H，如表 6-13 所示。

表 6-13　寄存器SCON设置

位符号	SM0	SM1	SM2	REN	TB8	RB8	TI	RI
位状态	0	1	0	1	0	0	0	0

6.2.3　汇编语言实现双机通信

1. 串行发送端汇编程序

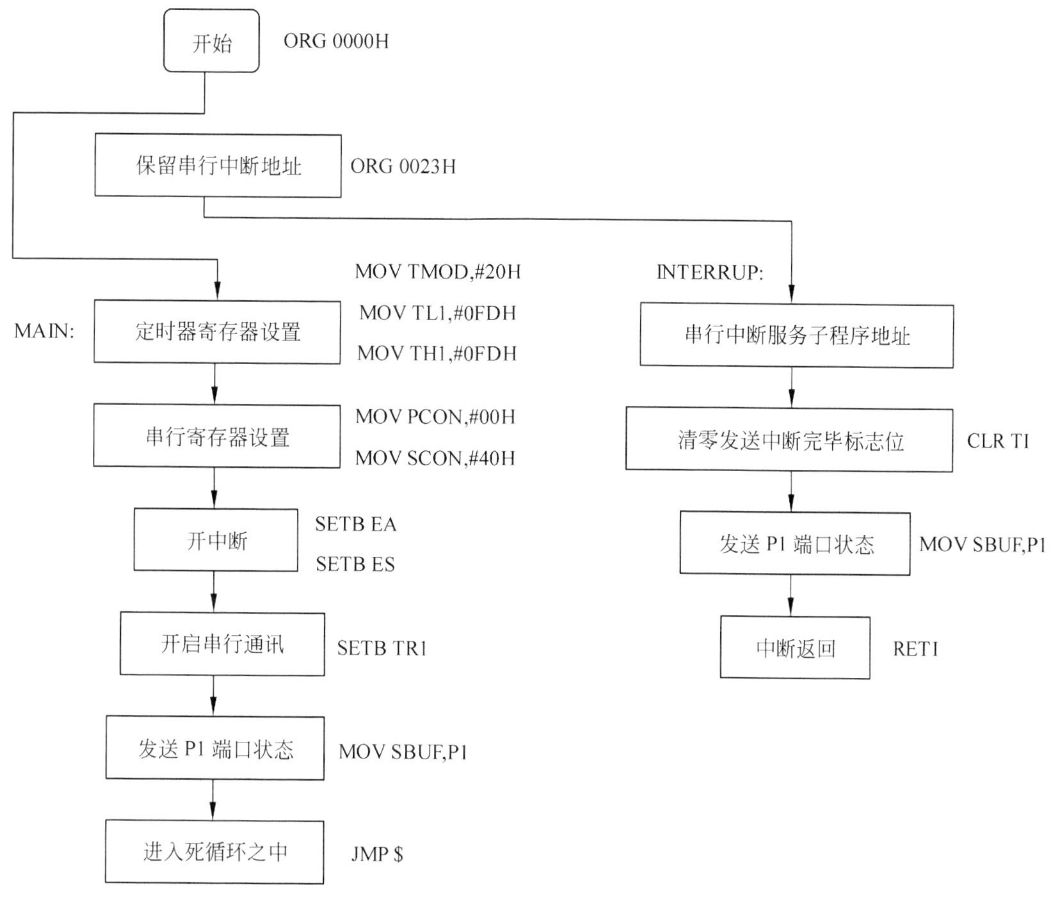

图 6-22　汇编串行发送程序流程

（1）串行中断在程序存储器的响应地址为 0023H。

（2）设置完相应的寄存器后，只需要开启定时器 1，让波特率发生就可以开启串行通信。

（3）直接将数据放置于寄存器 SBUF 中，这个数据就会被发送。

（4）在流程图中，主要的发送任务是在中断服务程序中完成的。发送完一帧数据以后，主程序就进入了死循环之中等待中断发生。一旦发送完毕，程序进入中断，将数据再次传送给 SBUF，让这样的过程重复进行。

（5）发送完毕进入中断服务程序以后，必须将发送中断标志位 TI 清零，以便于下一次的中断。

串行发送端完整的汇编程序如下：

```
ORG 0000H
```

```
JMP MAIN
ORG 0023H
JMP INTERRUP
ORG 0030H
MAIN:
MOV TMOD,#20H          ;设置定时器
MOV TL1,#0FDH          ;初值设定，用于波特率的产生
MOV TH1,#0FDH
MOV PCON,#00H          ;波特率不加倍
MOV SCON,#40H          ;允许接收
SETB EA                ;开启中断
SETB ES
SETB TR1               ;串行传输开始工作
MOV SBUF,P1
JMP $
INTERRUP:              ;中断服务子程序
CLR TI                 ;清零接收
MOV SBUF,P1
RETI
END
```

2．串行接收端汇编程序

下面来分步编写部分程序。

1）将接收到的字节数据分配到 8 个显示缓存区（字节分配子程序）

发送端发送的是单片机 P1 口的数据，也就是说每次发送的是一个字节的数据。我们知道数码管动态显示占用了 8 个显示缓存区，也就是 8 个字节，将一个字节的内容分配到 8 个显示缓存区，就是这个子程序的作用，每次发生中断，都会调用这个子程序，直接将收到的数据进行处理。

我们先来学习两条汇编指令，这两条指令非常简单，判断进位标志位 C 的状态：

```
JC  rel ;如果 C=1,跳转到指定地址“rel”,否则继续向下执行程序
JNC rel ;如果 C=0,跳转到指定地址“rel”,否则继续向下执行程序
```

再来复习一下带进位循环左移和带进位循环右移指令。

```
RRC A ;带进位标志位循环右移
RLC A ;带进位标志位循环左移
```

如图 6-23 所示为接收到的字节数据分配到 8 个显示缓存区子程序的设计流程图。在执行此子程序之前，串口传回的数据已经放入了累加器 A 之中。在图中，首先带位循环右移累加器 A，则传送来的数据的最低位就被放入了进位标志位 C 之中，我们根据 C 的状态，决定放入显示缓存区里面的数值。程序循环 8 次，就不断将传送来一个字节数据的 8 位依次放入了 8 个显示缓存区之中。

这是一个比较经典的并串转换程序，在后面的章节中我们会经常运用同样的思路解决问题。

直接给出此子程序的汇编代码：

```
CONVER:
        MOV R0,#30H
        MOV R1,#08H
CONVER1:
```

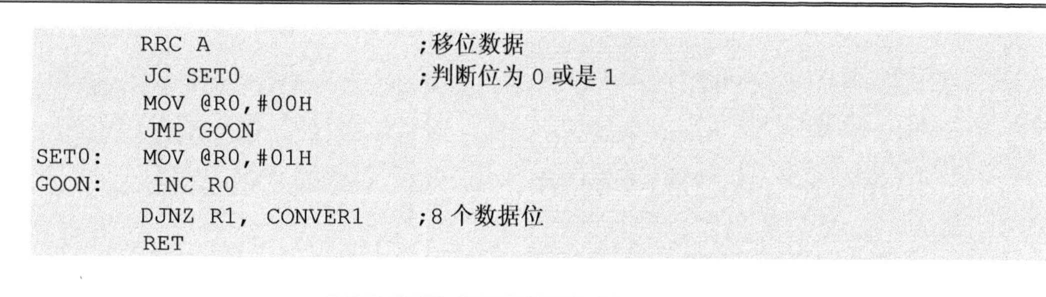

```
        RRC A                     ;移位数据
        JC SET0                   ;判断位为 0 或是 1
        MOV @R0,#00H
        JMP GOON
SET0:   MOV @R0,#01H
GOON:   INC R0
        DJNZ R1, CONVER1          ;8 个数据位
        RET
```

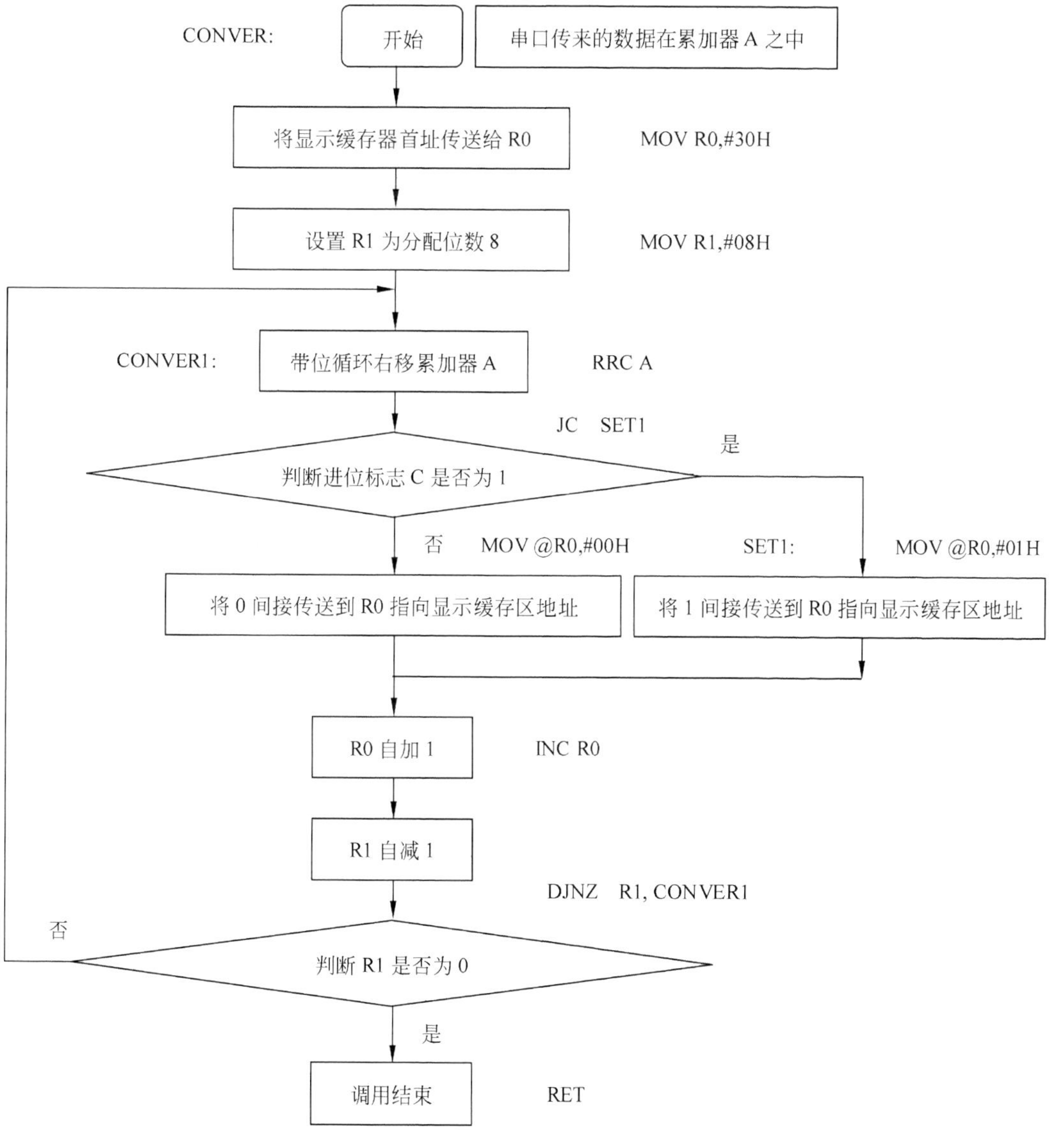

CONVER: 开始　串口传来的数据在累加器 A 之中

将显示缓存器首址传送给 R0　MOV R0,#30H

设置 R1 为分配位数 8　MOV R1,#08H

CONVER1: 带位循环右移累加器 A　RRC A

JC SET1

判断进位标志 C 是否为 1　是

否　MOV @R0,#00H　SET1:　MOV @R0,#01H

将 0 间接传送到 R0 指向显示缓存区地址　将 1 间接传送到 R0 指向显示缓存区地址

R0 自加 1　INC R0

R1 自减 1

DJNZ　R1, CONVER1

否　判断 R1 是否为 0

是

调用结束　RET

图 6-23　数据分配子程序设计流程

2）中断服务子程序

如图 6-24 所示为串行接收中断服务程序的设计流程。在主程序中，不断地调用数码管动态显示子程序，累加器 A 和 R0、R1 使用的频率都很高，进入中断服务子程序后，必须保护这些寄存器的值不被破坏，所以用了堆栈操作指令和重新设置寄存器组指令。

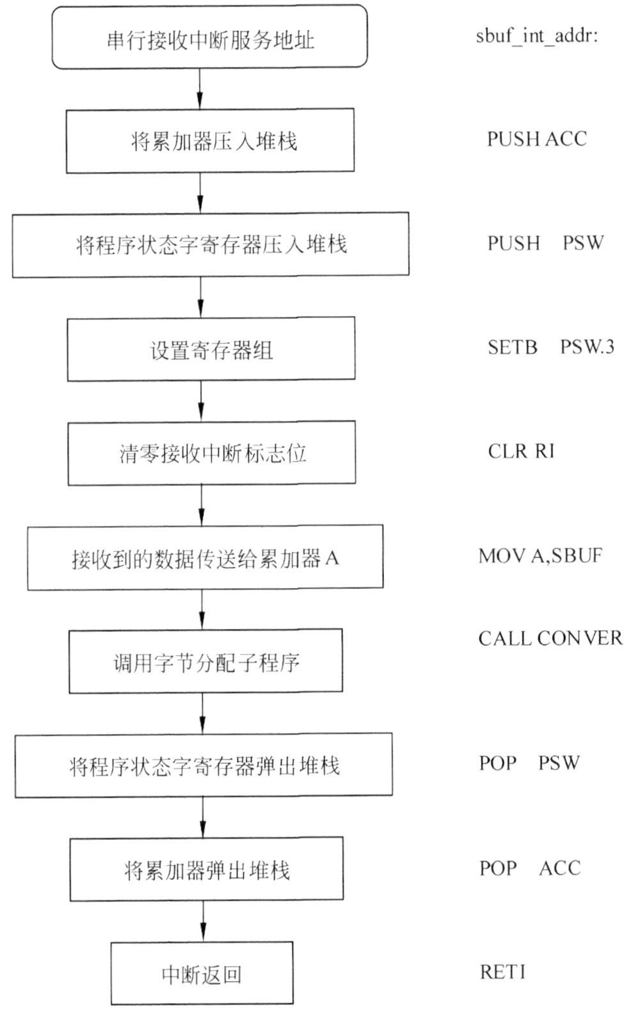

图 6-24 串行接收中断服务程序设计流程

串口接收的数据同样是放置在寄存器 SBUF 之中，只需将这些值取出即可，别忘了清零接收中断标志位 RI。

3）主程序的编写

如图 6-25 所示为串行接收主程序的设计流程。在中断服务程序中，使用了堆栈操作指令，所以主程序中得设置堆栈指针 SP。由于显示缓存区占用了从内部 RAM 地址 30H 开始的 8 个字节，所以将堆栈指针设置为 60H。

6.2.4 C 语言实现双机通信

1. C语言实现串行发送

利用 C 语言实现串行发送的思路和汇编语言没有太大的出入，按照流程一步步实现即可，完整的程序如下：

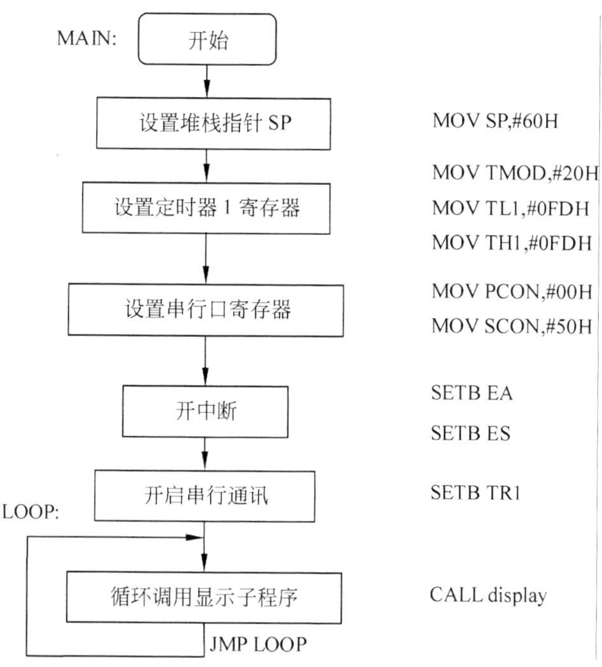

图 6-25　串行接收主程序设计流程

```
#define uchar unsigned char
#include <at89x52.h>
void UARTSEND (void);
MAIN()
{
TMOD=0X20;                  //设置串行工作方式
TL1=0XFD;
TH1=0XFD;
PCON=0X00;
SCON=0X40;
EA=1;
ES=1;
TR1=1;                      //开启串行通信
SBUF=P1;
while(1);
}
void UARTSEND (void) interrupt 4 using 1
                            //串行中断的中断序号为 4，使用的寄存器组为 1
{
TI=0;                       //清零发送完毕中断标志位
SBUF=P1;                    //直接给 SBUF 赋值
}
```

2. C语言实现串行接收

串行接收端完整的 C 语言程序为：

```
#define uchar  unsigned char
#include <at89x52.h>
#include<intrins.h>
void Delay5ms();
void display();
void UART_RECEIVE (void);
```

```
void CONVER();
uchar data TEMP;
uchar data dbuf[8];
uchar code segta[10]={0xc0,0xF9,0xA4,0xB0,0x99,0x92,0x82,0xF8,0x80,0x90};
main()
{
TMOD=0X20;                //设置串行工作方式
TL1=0XFD;
TH1=0XFD;
PCON=0X00;
SCON=0X50;
EA=1;
ES=1;
TR1=1;                    //开启串行通信
while(1)
display();                //循环调用延时子程序
}
void display()            //显示子程序
{
uchar data i,rl;
rl=0X01;
for(i=0;i<8;i++)
{
P1=rl;
P0=segta[dbuf[i]];
Delay5ms();
rl=_crol_(rl,1);
P0=0XFF;
}
void UART_RECEIVE (void) interrupt 4 using 2
                          //串行接收中断序号依然为4，选用寄存器组2
{
RI=0;
TEMP=SBUF;
CONVER();
}

void CONVER()             //字节数据放入8个显示缓存区之中
{
  uchar i,j,k;
  j=TEMP;
  for(i=0;i<8;i++)
  {
   k=j&0x01;
   if(k==0) dbuf[i]=0;
   else    dbuf[i]=1;
   j>>=1;
  }
}
void Delay5ms()           //延时子程序
{
unsigned char j,k;
for(j=5;j>0;j--)
for(k=250;k>0;k--);
}
```

串行接收端的C语言程序较为复杂，下面我们来分析一下。

1）显示子程序

在上一章中我们已经学过了数码管显示计数，也用C语言编写了数码管动态显示程序。

在本节，我们将数码管显示部分独立编写成为一个显示子程序 void display()。

程序大致的流程如上一章所讲，但需要注意的是，需将显示缓存区数组 uchar data dbuf[8]设置为全局变量。因为大部分数据的处理，包括将处理完毕的数据分配到显示缓存区中都是在中断服务子程序中完成的，如果将数据 uchar data dbuf[8]作为一个局部变量只放在显示子程序中显然是不合理的。

而表格数组 uchar code segta[10]只在显示子程序中调用，所以不必作为全局变量。但是在上面的程序中，将它作为一个全局变量是为了观察方便。

2）将接收到的字节数据分配到 8 个显示缓存区（字节分配子程序）

因为 C 语言和汇编语言语法的不同，所以字节分配子程序的编写略有区别。void CONVER()就为字节分配子程序。

如图 6-26 所示，在此子程序中，TEMP 作为一个全局变量，主要用于存放串口传来的

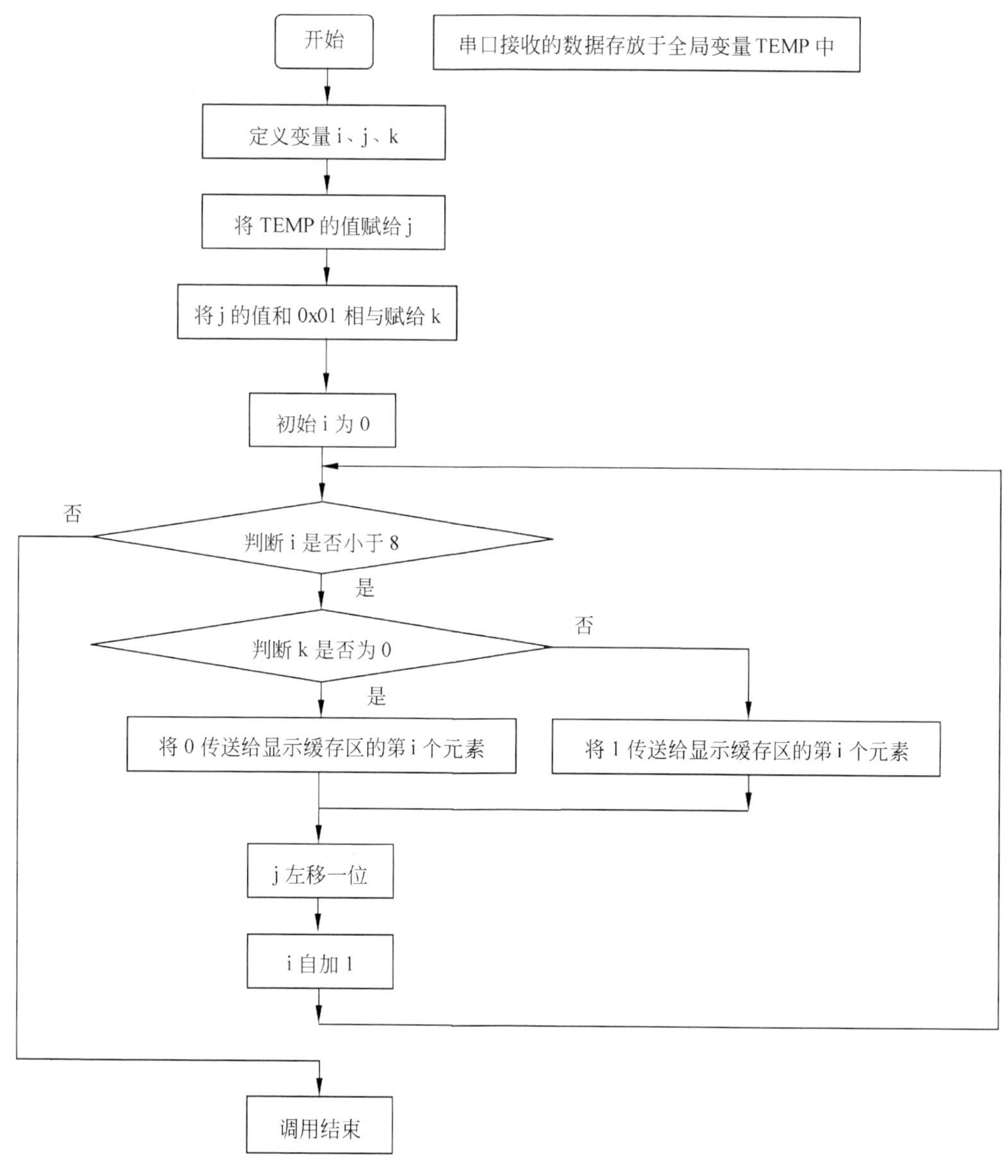

图 6-26　C 语言编写字节分配子程序

数据。i 作为一个计数变量，用于指示转化位数的多少，而 j 用于存放移位的串口数据。移位用于将需要提取的数据位移至最低位，将移位完毕的数据与 0X01 相与传送给变量 k；通过查询 k 的值来判断需要提取的位是 1 还是 0。

3）主程序和中断服务程序

主程序和中断服务程序执行顺序和上面讲的汇编语言基本是一样的，大家按照流程来走就可以了。要注意在中断服务程序的中断序号和使用的寄存器组。

6.2.5　仿真观察双机通信

程序编写完毕后，分别给串行发送和接收端添加相应的可执行文件就可以仿真了，仿真效果如图 6-27 所示。手动选择左侧的电平信号源电平状态，右侧的数码管就显示相应的数值。

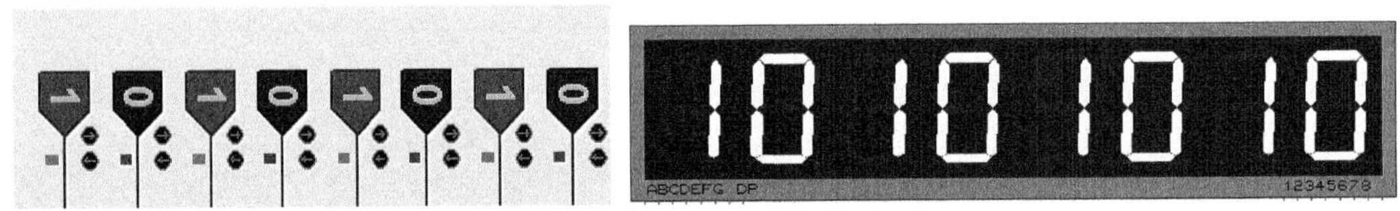

图 6-27　双机通信仿真效果

6.3　单片机和电脑通信

到了本章最核心的一节了，在本节我们将要实现 51 单片机和电脑的通信。可能读者会有疑问，没有实际的硬件电路，如何实现单片机和电脑的互联，如何形象地观察程序的执行效果呢？当然可以，Proteus 强大的仿真功能完全可以满足我们的需求。

6.3.1　硬件电路的实现

如图 6-28 所示为本节实例所用的电路图。如果把这个电路图拆分为几个部分的话，大家可能会更好理解一点。

1．发送信号源

在本节，要实现单片机和电脑的双工通信，既要接收信号也要发送信号。所以将 P2 口的电平状态作为发送信号源，如图 6-29 和图 6-30 所示。在 P2 口连接上电平信号源，这样就可以人为决定 P2 端口的电平了。

2．触发发送

如图 6-31 和图 6-32 所示，在单片机的 P3.2（INT0）连接上自制信号源，前面的章节已讲过这个电路了，相信大家已经猜到我们将用外中断来触发串行信号的发送。实例实现的目的是，开关按下一次，串行发送一次 P2 端口的状态信号。

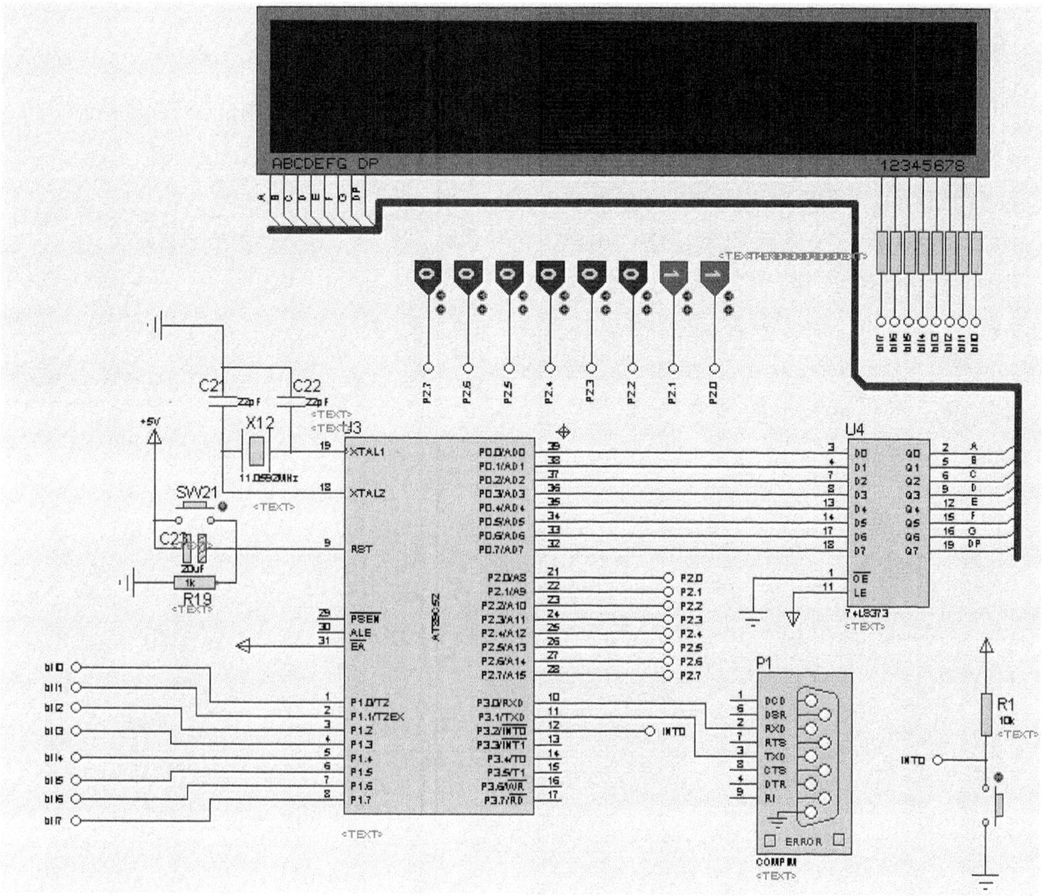

图 6-28　整机电路图

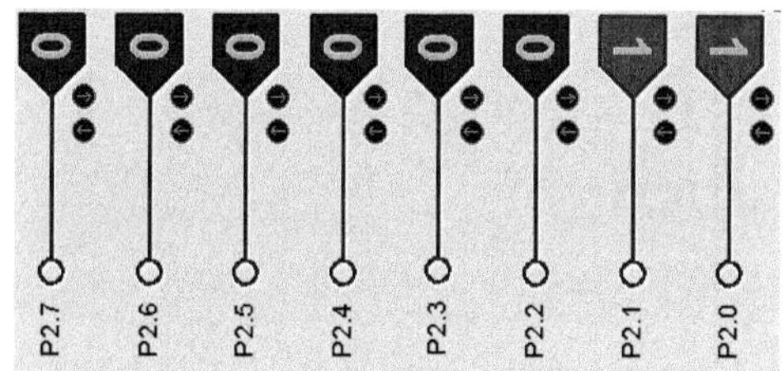

图 6-29　信号源电路（1）

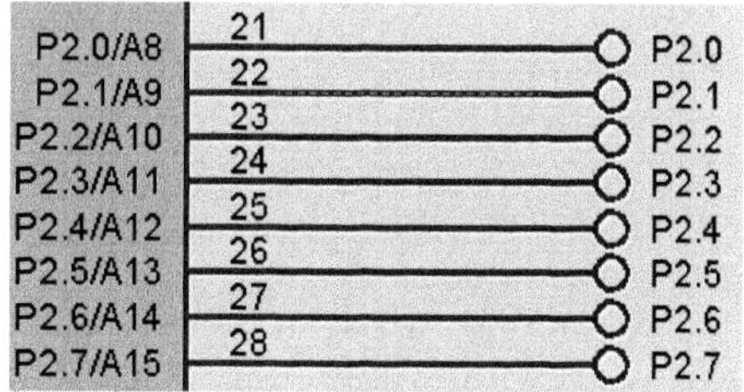

图 6-30　信号源电路（2）

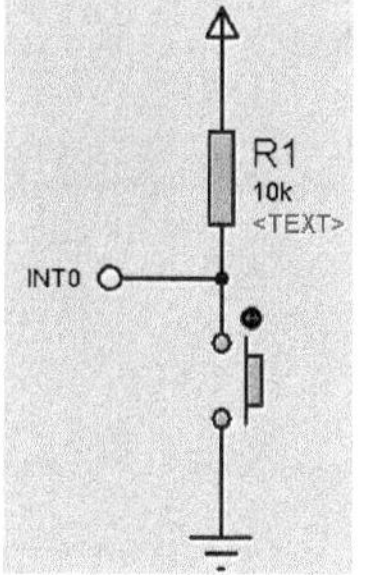

图 6-31　触发控制（1）

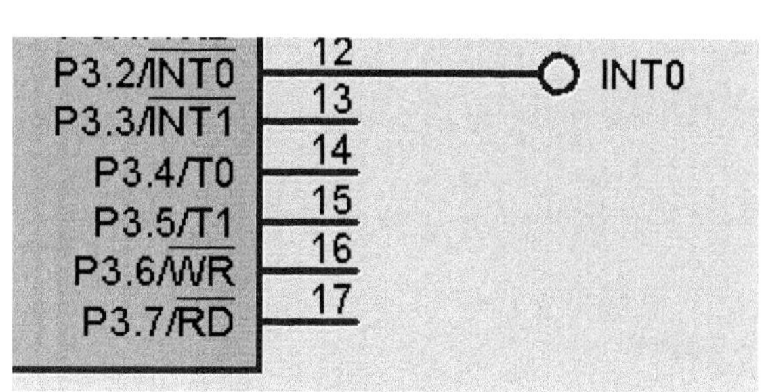

图 6-32　触发控制（2）

3．和电脑的接口

如图 6-33 所示，P1 是前面所讲的 RS-232 9 芯插头座，图中所用的电路为本实例仿真实现电脑和单片机相互通信的接口电路，这个电路可用于仿真，但不能用于实际之中。

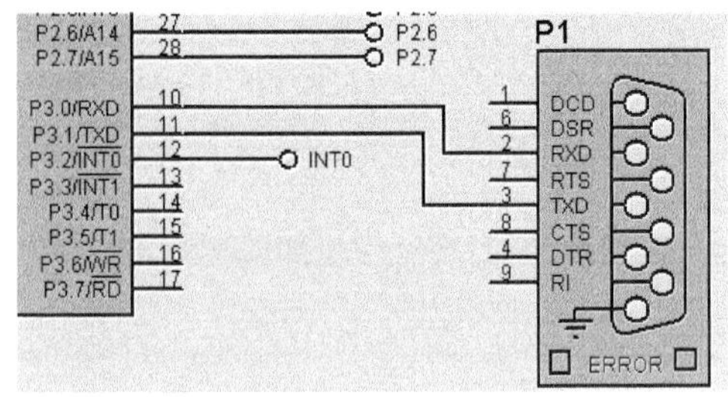

图 6-33　仿真接口电路

如图 6-34 所示为实际的串行接口电路，可以用于实际的硬件连接。芯片 max232 的作用是实现电平转换，将单纯的数据信息转化为 TTL 电平，电路图是芯片厂家给出的，原理便不再赘述。但此电路不能用做仿真，因为在 Proteus 中，P1（9 芯插头座）已经集成了电平转换的功能。

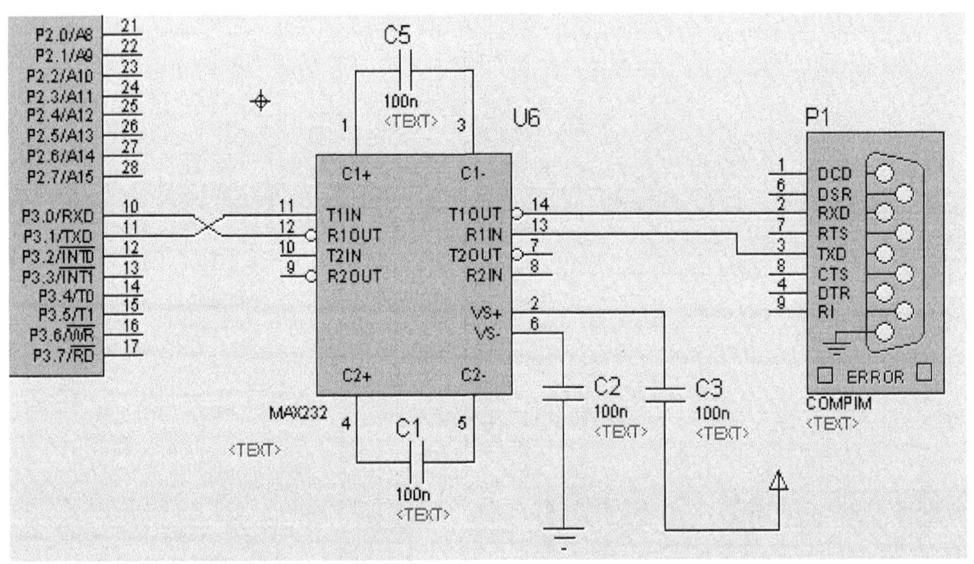

图 6-34　实际的串行接口电路

如图 6-35 所示为在 Proteus 中 P1（9 芯插头座）的寻找方法。

完全匹配(W)?

类别(C):

Analog ICs
Capacitors
CMOS 4000 series
Connectors
Data Converters
Debugging Tools
Diodes
ECL 10000 Series
Electromechanical
Inductors
Laplace Primitives
Mechanics
Memory ICs
Microprocessor ICs
Miscellaneous
Modelling Primitives

器件	库	描述
AERIAL	DEVICE	Antenna symbol
ATAHDD	ACTIVE	ATA/IDE Hard Disk Drive model
BATTERY	DEVICE	Battery (multi-cell)
CELL	DEVICE	Battery (single-cell)
COMPIM	ACTIVE	COM Port Physical Interface model
CRYSTAL	DEVICE	Quartz crystal
FUSE	ACTIVE	Animated Fuse model
FUSE	DEVICE	Generic fuse symbol
IRLINK	OPTO	Behavioural model for SIRC compatible Infra Red link
METER	DEVICE	Analogue voltmeter / ammeter symbol
TORCH_LDR	ACTIVE	Torch and Light Dependent Resistor (ORP-12)
TOUCHPAD	ACTIVE	Interactive Touch Pad
TRAFFIC LIGHTS	ACTIVE	Animated Traffic Lights Module

VSM DLL Model [COMPIM.DLL

DCD DSR RXD RTS TXD CTS DTR RI ERROR

PCB预览:

图 6-35　9 芯插头座的寻找路径

6.3.2　程序设计方案

1．主程序设计流程

如图 6-36 所示，本实例中大部分信息依然都在中断服务程序中完成，主程序的任务是完成各个寄存器的初始化，然后不断地调用数码管显示子程序。

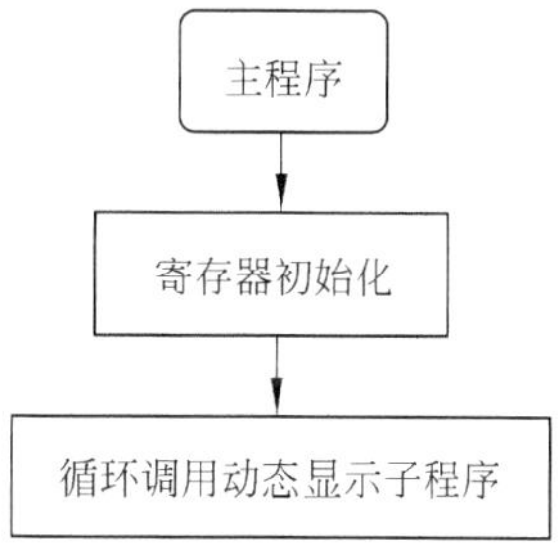

主程序

寄存器初始化

循环调用动态显示子程序

图 6-36　主程序设计流程

2．串行中断服务子程序

如图 6-37 所示，串行通信的数据接收完毕和发送完毕都能触发串行中断。在中断中分别查询各自标志位就可判断是发送导致的中断，还是接收导致的中断。如果是发送导致的中断，直接清零发送中断标志位即可，不需要再做出任何操作，因为信号的发送是由外中断触发的。

本实例的要求是将接收的 4 个字节数据存放入 8 个数码管显示缓存区中，如果是因为串行接收导致的中断，在中断服务子程序中使用这步操作。

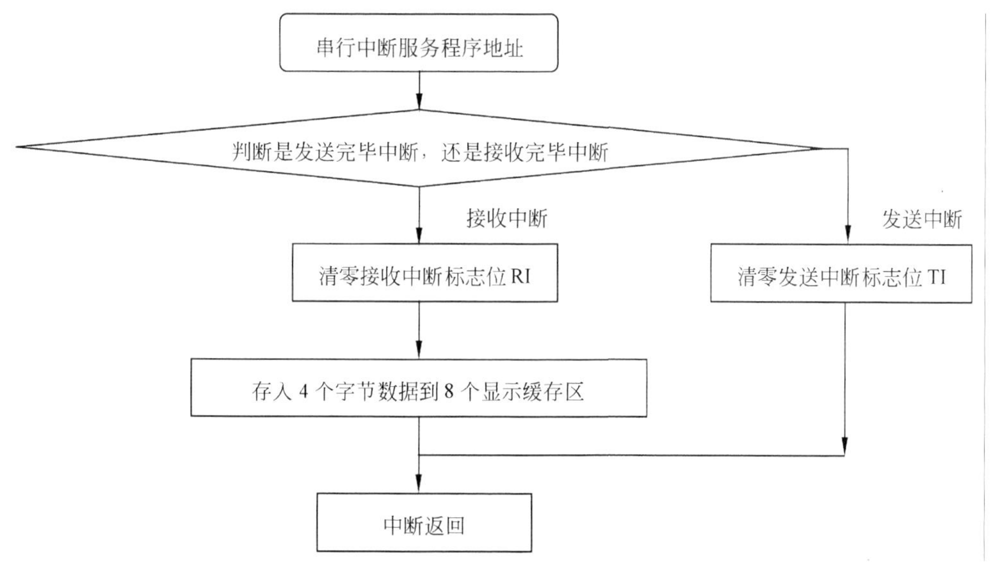

图 6-37　串行中断服务程序设计流程

3．外中断服务子程序

本实例的发送触发任务是由外中断完成的，按下点动开关，就进入了外中断的中断服务程序，如图 6-38 所示。直接将 P2 口的状态传送给串行数据寄存器，这样就完成了发送目标。

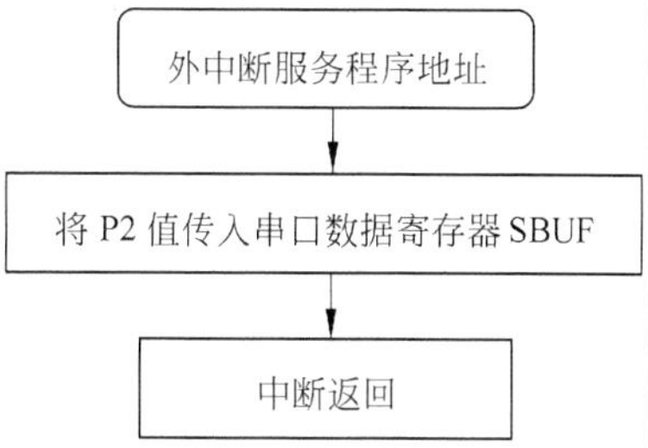

外中断服务程序地址

将 P2 值传入串口数据寄存器 SBUF

中断返回

图 6-38　外中断服务子程序

4．寄存器的初始化设置

（1）本实例波特率依然采用的是 9600，所以定时工作方式寄存器 TMOD 的设置仍为 20H，定时器 1 数据寄存器 TH1 和 TL1 的初值设定仍为 0FDH，电源控制寄存器 PCON 设置为 00H。

（2）在本例中，依然使用串行工作方式 1，且单片机处于全双工的工作状态，需要置 REN 位为 1，所以串行控制寄存器 SCON 设置为 50H，如表 6-14 所示。

表 6-14　SCON设置

位符号	SM0	SM1	SM2	REN	TB8	RB8	TI	RI
位状态	0	1	0	1	0	0	0	0

（3）外中断采用的下降沿触发的方式，所以寄存器 TCON 的 IT0 位应设置为 1，如表 6-15 所示。

表 6-15　TCON设置

位符号	TF1	TR1	TF0	TR0	IE1	IT1	IE0	IT0
位状态	0	0	0	0	0	0	0	1

（4）本实例采用了串行中断和外中断 0，所以中断控制寄存器相应的数据位应该置 1，如表 6-16 所示。

表 6-16　IE设置

位符号	EA	—	—	ES	ET1	EX1	ET0	EX0
位状态	1	0	0	1	0	0	0	1

本实例要求串行中断的优先级要高于外中断 0，所以中断优先级控制寄存器的 PS 位设置为 1，如表 6-17 所示。

表 6-17　IP设置

位符号	/	/	/	PS	PT1	PX1	PT0	PX0
位状态	0	0	0	1	0	0	0	0

6.3.3　汇编语言编写实例程序

1. 外中断0服务子程序

外中断 0 服务子程序最为简单，在程序中直接赋值 P2 给串行数据寄存器 SBUF。

```
inte_addr:
        MOV SBUF,P2            ;发送数据传送给串行数据寄存器
        RETI
```

2. 串行中断服务程序的编写

```
sbuf_int_addr:
        PUSH ACC                  ;保护寄存器状态
        PUSH PSW
        SETB PSW.
        JBC  RI,RECEIVE           ;是否为串行接收中断
        JBC  TI,end_sbuf_int      ;是否为串行发送中断
RECEIVE:
        MOV TEMP2,SBUF            ;获取的数据存入变量 TEMP2 中
        CALL PUT_TO_BUFFER
end_sbuf_int:
```

```
        POP PSW
        POP ACC
        RETI
```

在程序中，使用了 JBC 指令，如果被判断位为 1 即可完成跳转，还可以自动将此标志位清零。程序中依然使用了压入堆栈指令，大家应该在编程的过程中注意对断点的保护。如果判断当前的中断为串行接收导致，也就是收到了一个字节的数据，程序执行：

```
MOV TEMP2,SBUF
CALL PUT_TO_BUFFER
```

将接收到的数据存放于用伪指令自定义的变量 TEMP2 中，并调用子程序 PUT_TO_BUFFER，这个子程序的功能就是将当前接收到的数据放入相应的显示缓存区中。

3. 子函数PUT_TO_BUFFER

如图 6-39 所示为子程序 PUT_TO_BUFFER 的执行流程。接收的数据放在变量 TEMP2，

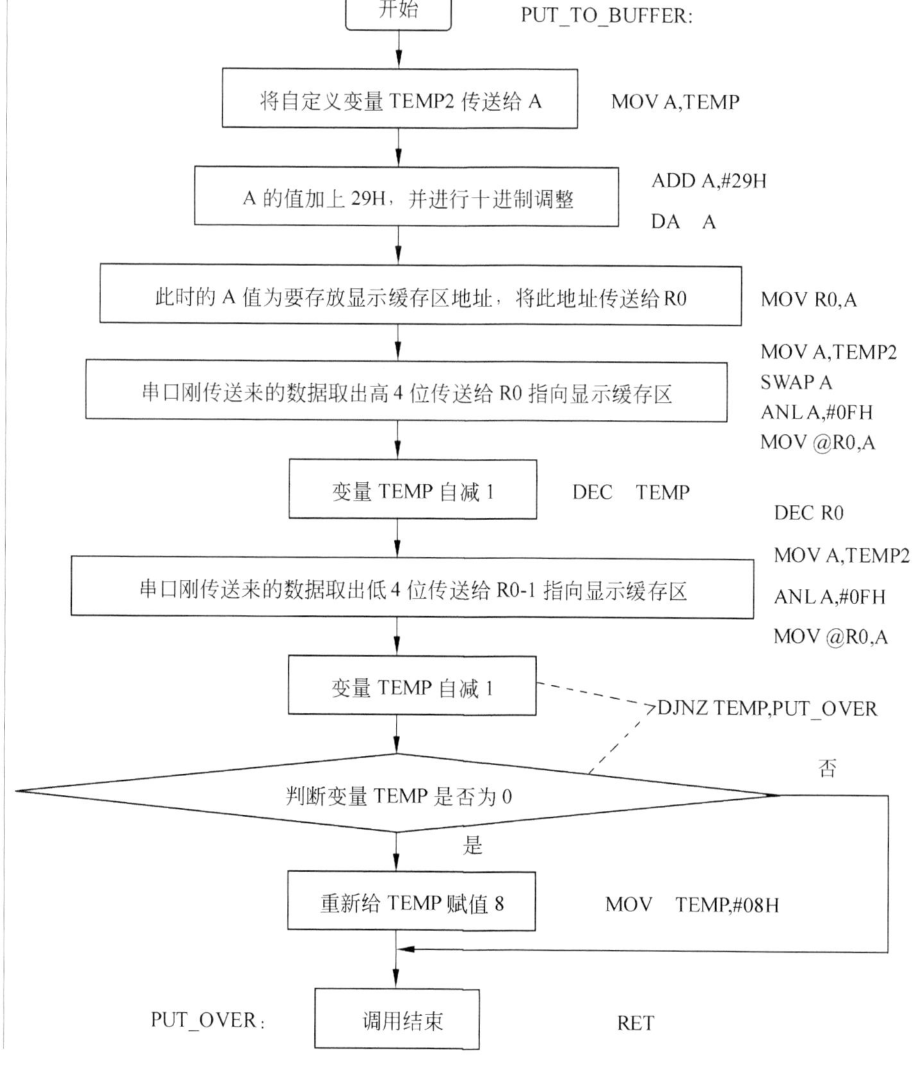

图 6-39　子函数 PUT_TO_BUFFER 执行流程

假设刚刚传来的数据是 37H，要让显示缓存区显示此内容，就需要将此数据拆分成为两个字节的数据，一个显示缓存区字节的内容为 03H，另一个显示缓存区的内容为 07H。

判断转换完毕的数据存放入哪个显示缓存区，是由另外一个自定义的变量 TEMP 决定。TEMP 在主程序中被初始化为 08H。如果第一次执行程序：

```
MOV A,TEMP
ADD A,#29H
DA  A     ;十进制调整指令
MOV R0,A
```

则 R0 的值就变为了 37H。读者可能会有疑问，十六进制 29H 加 08H 应该等于 31H，怎么会是 37H 呢？因为我们使用了十进制调整指令 DA，使计算的结果符合十进制的形式，也就是十进制数 29 加 8 等于 37。大家现在明白十进制调整指令的作用了吧。

R0 的值为 37H，也等于显示缓存区的最高位了，如表 6-18 所示。

表 6-18 显示缓存区

LED8（bit0）	LED7（bit1）	LED6（bit2）	LED5（bit3）	LED4（bit4）	LED3（bit5）	LED2（bit6）	LED1（bit7）
30H	31H	32H	33H	34H	35H	36H	37H

将串行接收数据的高 4 位间接放入缓存区 37H，再将接收数据的低 4 位间接放入缓存区 36H。每一次执行 PUT_TO_BUFFER 子程序，变量 TEMP 减去 2，也就是下一次执行时，放入数据的显示缓存区就会指向 35H，这样执行 4 次，就将 4 个字节的数据放入了 8 个字节的显示缓存区。

在子程序的末端，会有一个判定指令，如果变量 TEMP 为 0，也就是执行完毕了 4 次存放，则重新被赋值为 08H，程序就这样循环往复地执行。

4. 主程序及初始变量

```
DBUF     EQU    30H            ;定义的 3 个变量
TEMP      EQU     45H
TEMP2     EQU     46H
ORG 0000h
JMP MAIN
ORG 0013h                      ;外中断向量地址
 JMP inte_addr
ORG 0023h                      ;串行中断向量地址
JMP sbuf_int_addr
ORG 0030H
MAIN:
        MOV SP,#60H
       MOV TMOD,#20H
      MOV TL1,#0FDH            ;设置定时器，为了波特率的产生
      MOV TH1,#0FDH
       MOV PCON,#00H
       MOV SCON,#50H
       MOV IP  ,#10H
       SETB EA
       SETB ES                 ;开启相应中断
       SETB EX0
       SETB IT0
        SETB TR1               ;开启串行传输
```

```
     MOV  TEMP, #08H
     MOV  TEMP2,#00H
LOOP:  CALL display                ;调用显示子程序
     JMP LOOP
SEGTAB: DB 0C0H,0F9H,0A4H,0B0H,99H,92H,82H,0F8H,80H,90H,88H,83H,0C6H,0A1H,
86H,8EH
```

在程序中，变量 TEMP 和 TEMP2 分别定义在内部 RAM 的 45H 和 46H。在主程序中，运用语句：

```
MOV  TEMP, #08H
MOV  TEMP2,#00H
```

设定这两个自定义寄存器的初值，这样就符合我们上面所进行的分析。

程序最后的语句定义了数码管段选的数据表格。在前面的章节中使用了 10 个数据，这里却使用了 16 个数据，多出的数据是段码“A～F”的段码值，扩展了这些数据，数码管就可以显示十六进制“0～F”16 个数字了，如表 6-19 为扩展段码显示表。

表 6-19　数码管显示扩展段码表

显示数值	实际十进制数	共阳极代码	共阴极代码
A	10	88H	77H
B	11	83H	7CH
C	12	C6H	39H
D	13	A1H	5EH
E	14	86H	79H
F	15	8EH	71H

6.3.4　C 语言实现编程

1. 主程序及初始变量

```
uchar data TEMP,TEMP2,n=8;
uchar data dbuf[8];
uchar code segta[16]={0xc0,0xF9,0xA4,0xB0,0x99,0x92,0x82,0xF8,0x80,0x90,
0X88,0X83,0XC6,0XA1,0X86,
0X8E};                  //共阳极数码管段码数组
main()
{
TMOD=0X20;              //设置定时器寄存器，为了波特率的产生
TL1=0XFD;
TH1=0XFD;
PCON=0X00;
SCON=0X50;
IP=0X10;
EA=1;
ES=1;
EX0=1;
IT0=1;
TR1=1;                  //开启串行中断
while(1)
display();              //调用显示子程序
}
```

程序开头总共定义了 3 个全局变量：TEMP、TEMP2、n。其中，n 被赋值为 8，相信大家已经能猜到它是用于指示将获取的串口数据放入哪个显示缓存区。数码管的段码表格 segta 同样使用了扩展的段码表。

2．串行中断服务子程序

```
void UART () interrupt 4 using 2
{
if(RI==1)
 {
  RI=0;
  TEMP2=SBUF;                ;获取的数据放入 TEMP2 中
  PUT_BUFFER();              ;存入相应的显示缓存区
 }
else
 {
  TI=0;
 }
}
```

程序中使用了 if-else 语句判断是由串行接收引起的中断，还是由串行发送引起的中断。

3．外中断服务子程序

```
void EXTR0 () interrupt 0 using 1
{
  SBUF=P2;
}
```

4．子程序PUT_BUFFER

```
void PUT_BUFFER()
{
 TEMP=TEMP2>>4;
 dbuf[n-1]=TEMP;             //高位数据放入
  n--;
 TEMP=TEMP2&0x0f;
 dbuf[n-1]=TEMP;             //低位数据放入
  n--;
  if(n==0)n=8;
  else    n=n;
}
```

子程序 PUT_BUFFER 就是将接收到的 8 个字节的数据放到 8 个显示缓存区中的功能程序，在这里就不再详细讲述了，希望大家认真分析这段子程序的功能。

6.3.5 实例在 Proteus 中的仿真

程序编写好了，大家都渴望着看到程序的执行效果。仿真之前需要做点准备工作，首先是安装虚拟串口。

1．设置虚拟串口

（1）虚拟串口的功能就是在我们的个人电脑上虚拟出一对或多对串口，如图 6-40 所示为虚拟串口的安装界面。

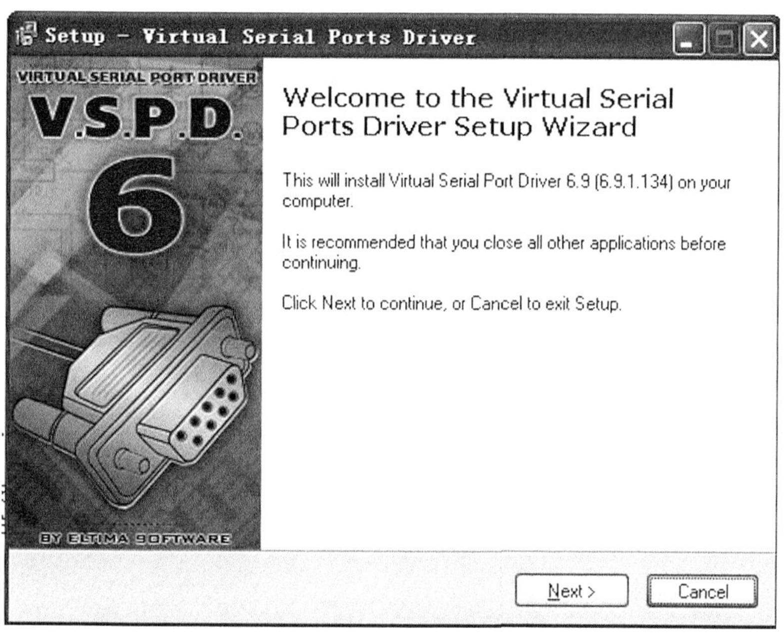

图 6-40　安装虚拟串口

（2）如图 6-41 所示为虚拟串口的工作界面，此时虚拟串口还没有被建立。在图中 COM1 和 COM2 表示此时电脑的物理串口，也就是实实在在的硬件串口，每个电脑的外设不同，所以物理串口的个数也不相同，单击 Add paira 按钮就可以为电脑添加虚拟串口了。

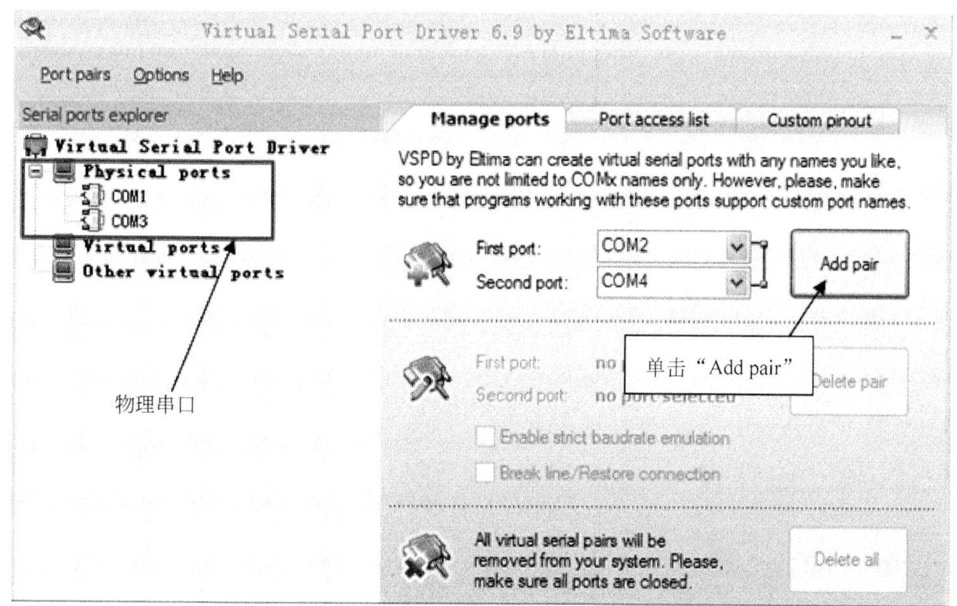

图 6-41　虚拟串口的界面

添加完毕，虚拟串口左侧界面就会多出 COM2 和 COM4，如图 6-42 所示，这两个串口是我们刚刚新添加的虚拟串口，它们是相互连通的。

2. Proteus中设置

打开本实例的电路图，选中前面所讲的串行接口 P1，如图 6-43 所示，双击它，打开它的属性对话框，如图 6-44 所示，设置串口为 COM2，波特率为 9600。

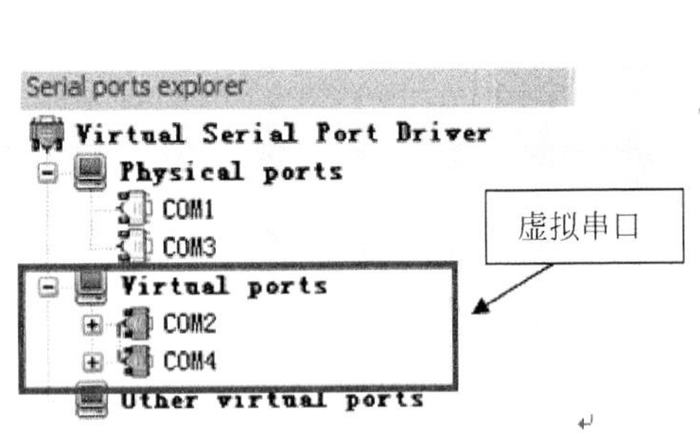

图 6-42 添加完毕虚拟串口

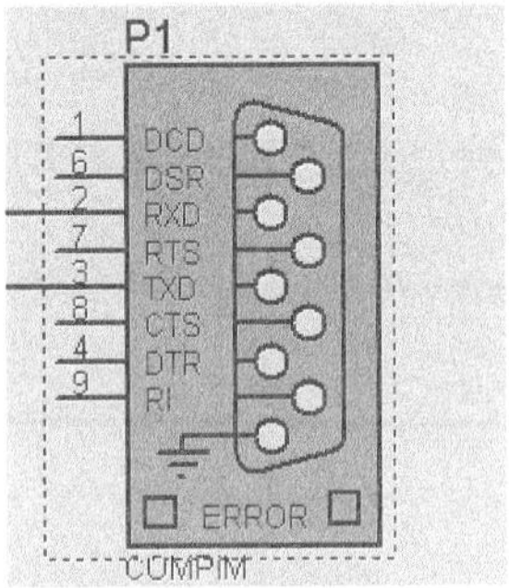

图 6-43 需设置器件 P1

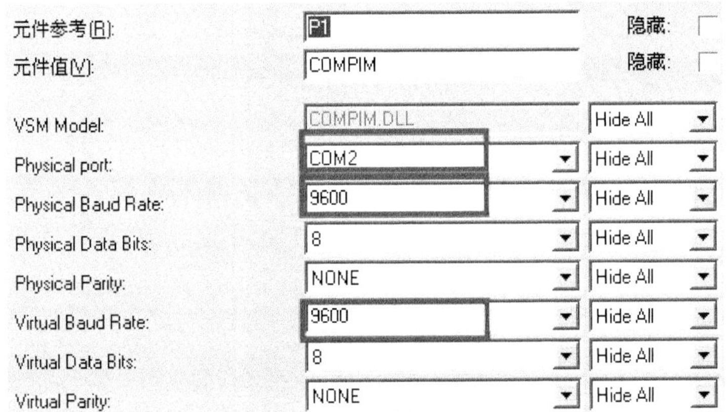

图 6-44 设置串口参数

3. 串口调试助手设置

为了实现相互通信，还需要有个串口调试助手，如图 6-45 所示。本实例中选用了一个较为常用的串口调试助手，当然其他的串口调试助手也可以使用。在图中设置串口编号为 COM4，波特率为 9600，发送接收方式为十六进制。

串口调试助手选用的串口编号为 COM4，Proteus 中 P1 串口编号为 COM2。这两个都是虚拟串口虚拟出来的串行口，且它们两个是处于连通的状态。

4. 开始仿真

所有的设置完毕，单击仿真按钮开始仿真。

（1）先设置单片机 P2 口状态，也就是通过设置电平信号源的状态决定发送信号的状态，如图 6-46 所示。

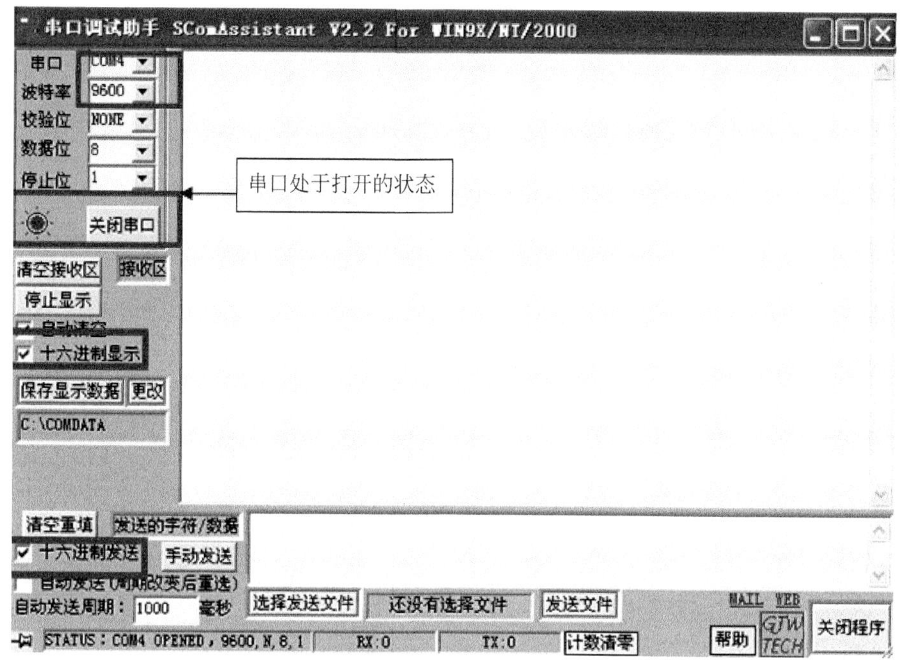

图 6-45　串口调试助手设置

（2）单击自定义信号源点动开关，如图 6-47 所示，表示放送一次数据。

（3）此时观察串口调试助手接收区的数值，如图 6-48 所示。电脑接收到了一个字节的十六进制数据 AF，这个数据表示当前单片机 P2 口的状态，当然大家也可以发送不同的数据来观察。

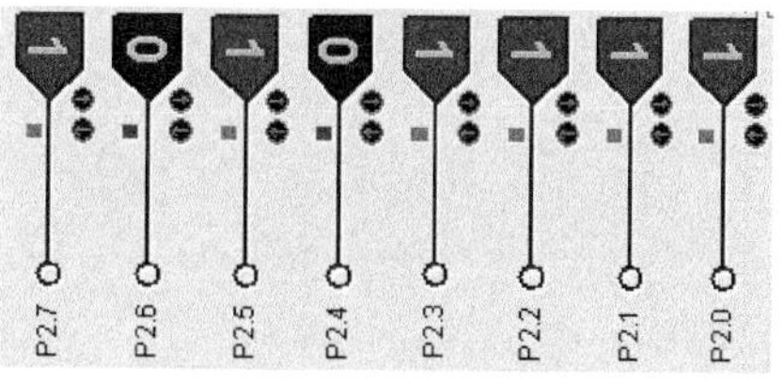

图 6-46　P2 端口设置

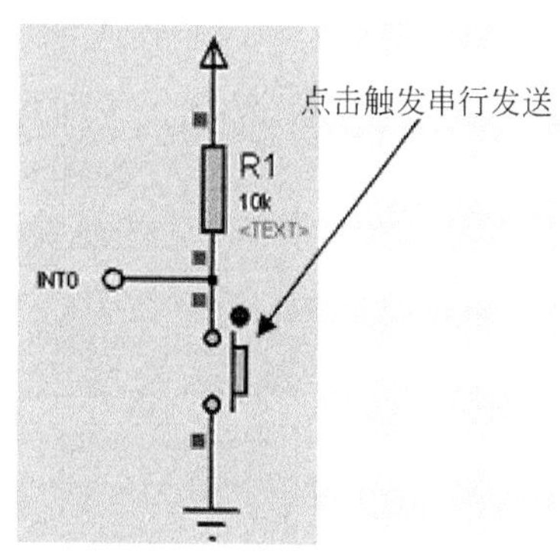

图 6-47　触发发送命令

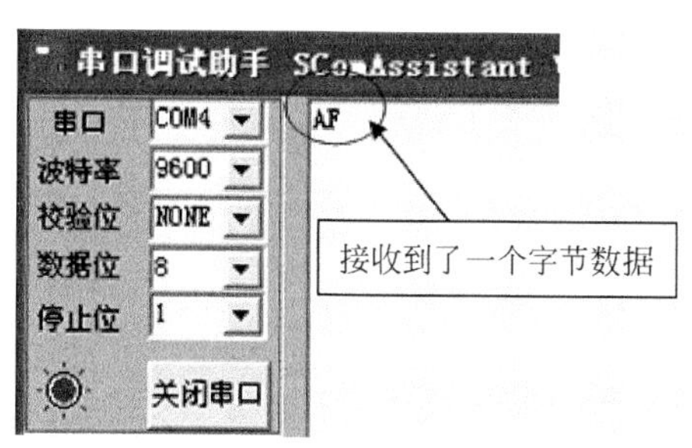

图 6-48　接收到数据

（4）刚刚演示的是串行发送，现在开始串行接收，在串口调试助手发送窗口写入十六进制数据，也就是两位表示一个字节。如图 6-49 所示，发送了 4 个字节，它们分别是 01H、23H、45H、67H；然后点击手动发送按钮，此时观察数码管的状态，如图 6-50 所示，8 个数码管变成了相应的数值。

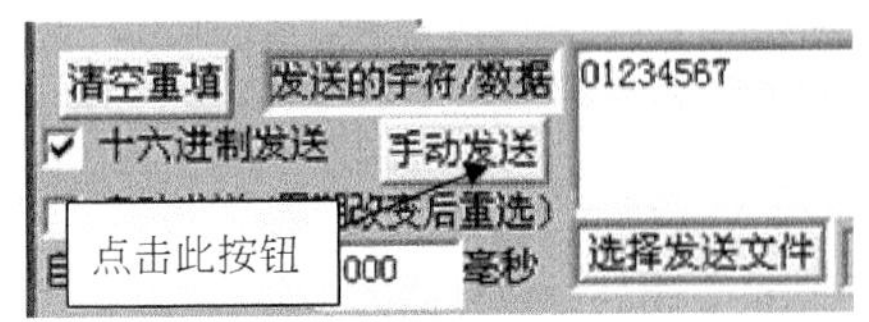

图 6-49　电脑发送数据

图 6-50　数码管显示接收

（5）同样，依然可以发送 A～F 的数值，如图 6-51 所示，我们发送了 3 个字节，它们分别是 0ABH、0CDH、0EFH。发送完毕观察数码管，可以发现数码管显示了同样的数值，如图 6-52 所示。

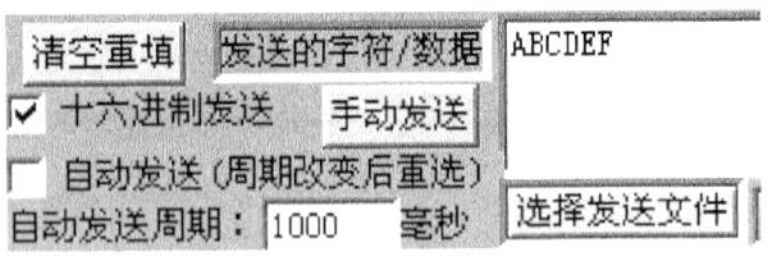

图 6-51　发送 A～F 的数据

图 6-52　数码管显示效果 2

6.4　习题和实例扩展

1. 填空题

（1）串行通信是按________传输的，51 单片机并行传输是按________传输的。

（2）串行传输的速度单位为________，英文简写为________。

（3）在 51 单片机之中，实现串行传输的引脚序号为________、________。对应到 9 芯插头（座），对应第________引脚和第________引脚。

（4）51 单片机有________种串行工作方式。由控制位________、________决定。

（5）串行工作方式 1 传送的一帧数据包含________个起始位、________个数据位、________个停止位。

（6）在串行工作方式________，波特率为晶振频率的三十二分之一，或六十四分之一。

（7）置 1 控制位________，可提高一倍的波特率。

（8）为了更稳定的波特率的产生，一般让定时器 0 处于工作方式________，定时器 1 处于工作方式________。

（9）51 单片机的串行通信中断响应地址为________。串行接收中断标志位为________；串行发送中断标志位为________。

2. 判断题

（1）串行传输数据速度要比并行传输慢。

（2）串行通信一帧数据为 9 位。

（3）51 单片机的串行口为全双工的。

（4）串行传输的波特率是固定的。

（5）串行通信和定时器没有关系。

（6）串行通信必须采用中断模式。

（7）在实际电路中，单片机不需要任何接口电路就可实现和电脑的通信。
（8）虚拟串口软件虚拟出来的两个串口是相互连通的。

3．解答题

（1）串行通信和并行通信各有什么优缺点，它们各自用在什么样的场合。
（2）简述串行传输的一帧数据，包含哪些内容。
（3）串行通信速度的单位是什么，串行通信是如何被驱动的。
（4）列出和串行通信相关的寄存器。
（5）简述单片机串行传输的四种工作模式。
（6）在实际电路中，想要实现电脑和单片机的串行传输，需要怎样的电路。
（7）简述双击通信实现的过程。

4．实例扩展

（1）绘制电路图，如图 6-53 所示。

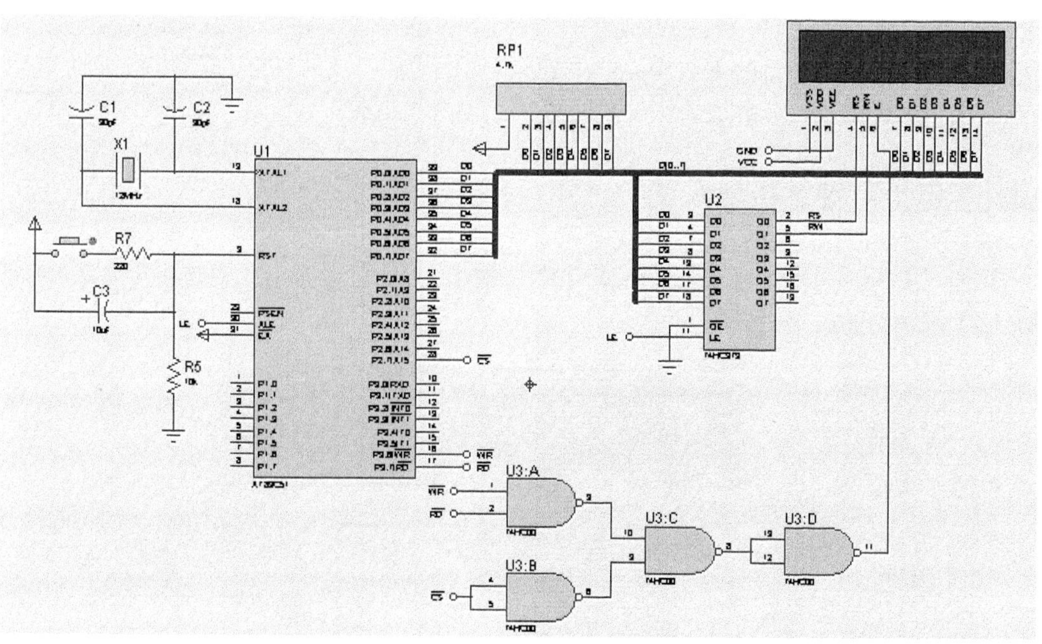

图 6-53　电路图

（2）在串行工作方式 0，使用其他芯片实现串并数据的互转。
（3）使用串行工作方式 2，在 Proteus 中，实现双击通信。
（4）使用串行工作方式 3，在 Proteus 中，实现单片机和电脑相互传输数据。

第 7 章　数字电子时钟的设计

从本章开始，就进入了实例进阶阶段，通过一个个实例制作来巩固前面所学习的基础知识。本章将完成一个电子时钟的设计，前面章节所学的内容已经为电子时钟的设计铺平了道路。我们所要做的就是合理组织规划单片机各个外设协同工作，来完成这个看似简单，实则较为复杂的实例项目。

7.1　电子时钟总体规划

本节就来规划此项目的大致构架。需要读者明确功能实现的目标，理解给出的电路图，将整个电子时钟的项目分解成若干个单元模块，逐个“击破”。

7.1.1　电子时钟整机电路图

如图 7-1 所示为本节电子时钟所使用的电路图，大家可以看出此图是在前面章节所学的基础上添加新的组件完成的。

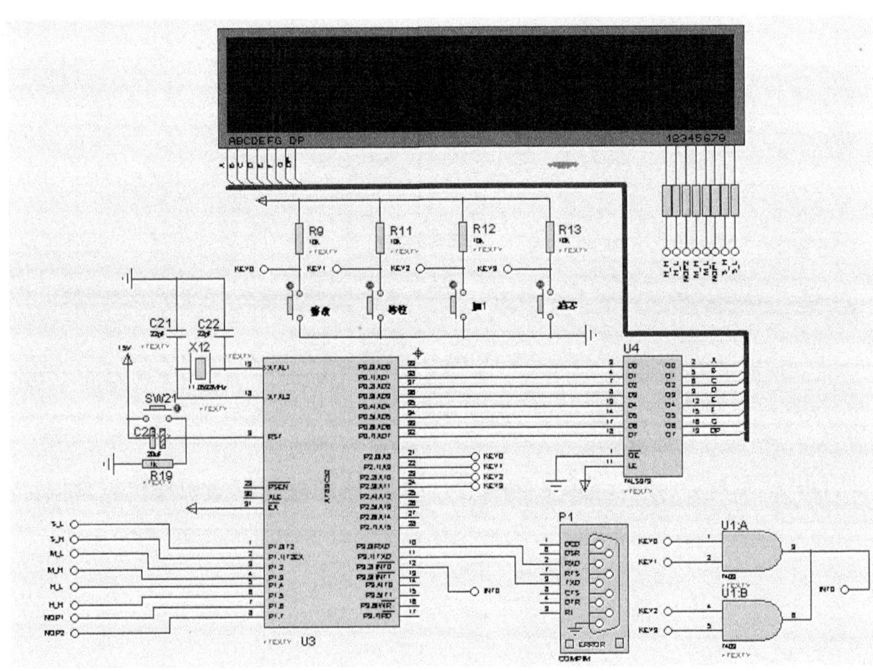

图 7-1　电子时钟整机电路图

如图 7-2 和图 7-3 所示，单片机 P2 口低 4 位添加了 4 个键盘，在常规状态下 P2 低 4 位的状态为高电平，当按任意键之后，相应的端口就变成了低电平，通过查询 P2 端口的状态，就可以知道到底是哪个按键被按下了。

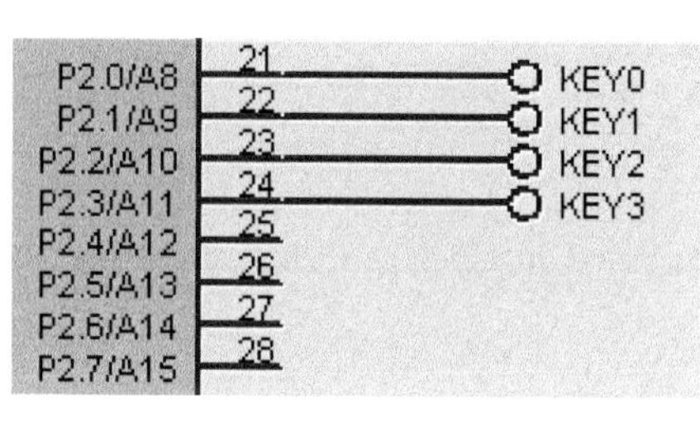

图 7-2　键盘（1）

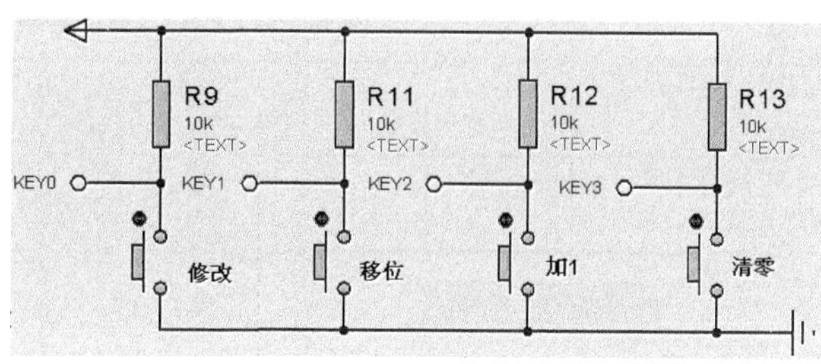

图 7-3　键盘（2）

如图 7-4 和图 7-5 所示，4 个键盘接入与门（7409），与门输出端连接至单片机的 P3.2（INT0），这样任意一个按键被按下都会触发外中断。从这里可以看出，键盘的处理是在外中断 0 服务子程序中完成的。

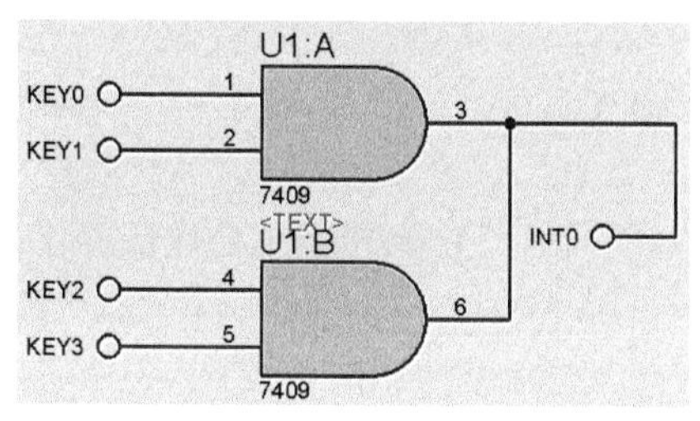

图 7-4　键盘（3）

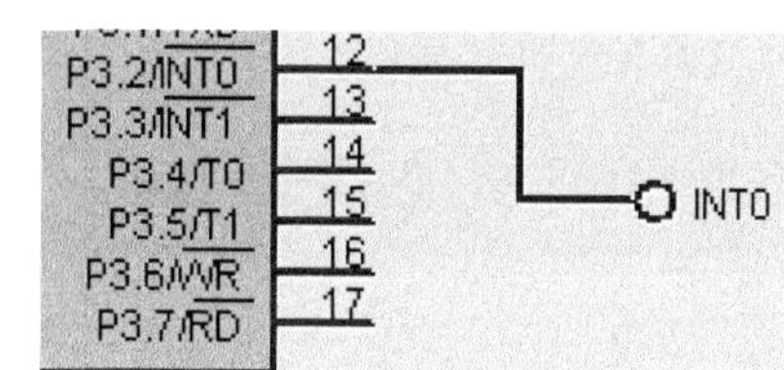

图 7-5　键盘（4）

7.1.2　数码管显示

1．显示格局

如图 7-6 所示为本实例数码管数字显示的格局。从左到右依次的格局为时、分、秒。为了方便观察，两个显示单元之间用一个横杠隔开。

图 7-6　数码管显示格局

这样的话，设置显示缓存单元就要格外注意了，如表 7-1 所示为数码管显示缓存区的划分。

当然，单片机和数码管的位选接口就要做出相应的改变，如图 7-7 和图 7-8 所示。数码管位选接口和单片机 P1 端口不是一一对应的，因为将两个显示横杠的数码管分配到了 P1.6 和 P1.7，这样做的目的是为了编程的方便。

表 7-1　显示缓存区划分

数码管显示单元	横杠 2（NOP2）	横杠 1（NOP1）	小时高位（H_H）	小时低位(H_L)	分高位（M_H）	分低位（M_L）	秒高位（S_H）	秒低位（S_L）
汇编 RAM 缓存分配	37H	36H	35H	34H	33H	32H	31H	30H
C 语言数值元素序号	7	6	5	4	3	2	1	0
P1 口位选引脚接口	P1.7	P1.6	P1.5	P1.4	P1.3	P1.2	P1.1	P1.0

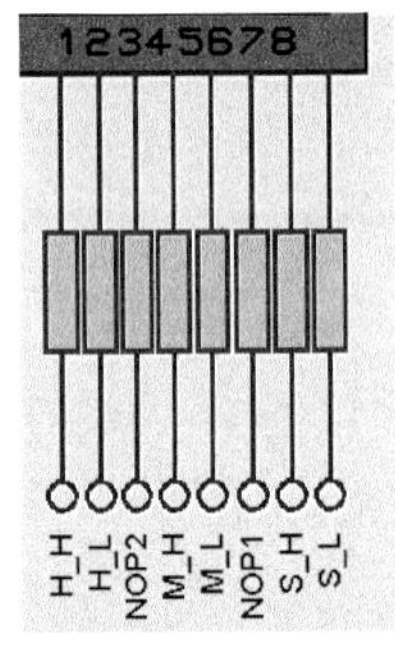

图 7-7　位选接口（1）

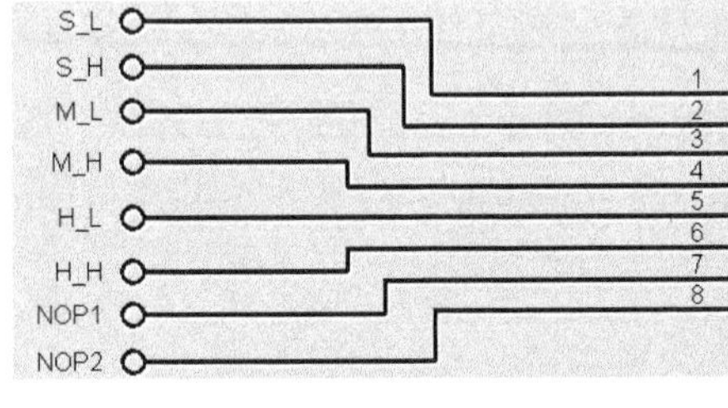

图 7-8　位选接口（2）

显示子程序当然也要进行修改，如图 7-9 和图 7-10 所示。数值 0BFH 是横线显示的段码值。

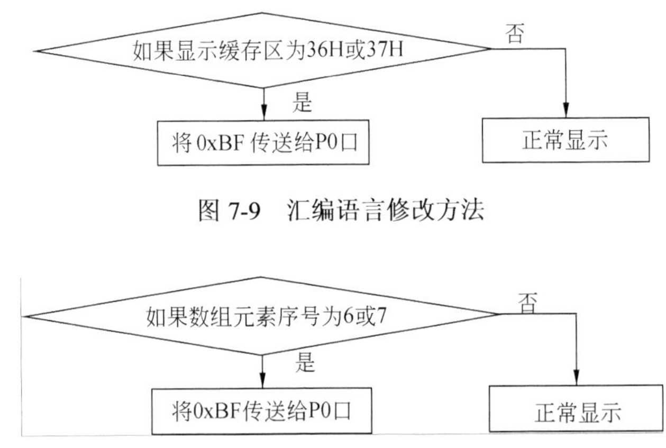

图 7-9　汇编语言修改方法

图 7-10　C 语言修改方法

2．选中闪烁

本节电子时钟实例具有时间调节功能。当按“修改”按键时，秒显示缓存区就会闪烁，表示可以对秒值进行修改。按“移位”按键时，分显示缓存单元就会闪烁，同样可对分值进行修改，依此类推。

想实现“选中闪烁”这个功能同样需要修改数码管显示子程序，如图 7-11 所示。闪烁标志位是由键盘控制的，而 250ms 延时标志位是在延时子程序中控制的。0FFH 则是让数码管全灭的段码显示值。

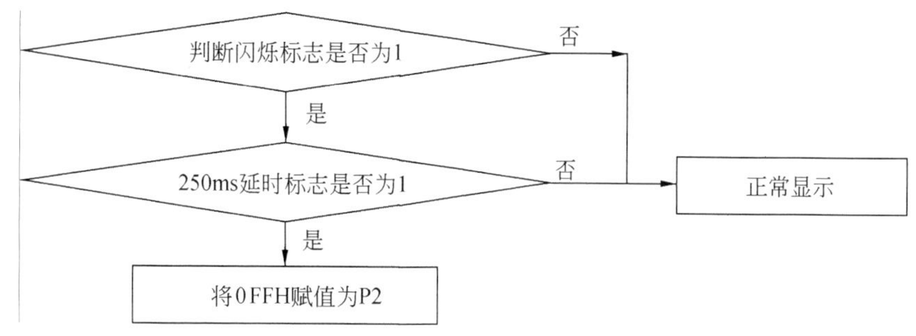

图 7-11　选中闪烁实现方法

7.1.3　串口修改数值

当某一显示单元被选中，也就是处于闪烁状态的时候，我们可以对这个单元的值进行修改。在本实例中，增加了串口模块，如图 7-12 所示，可通过串口输入来改变显示单元的数值。

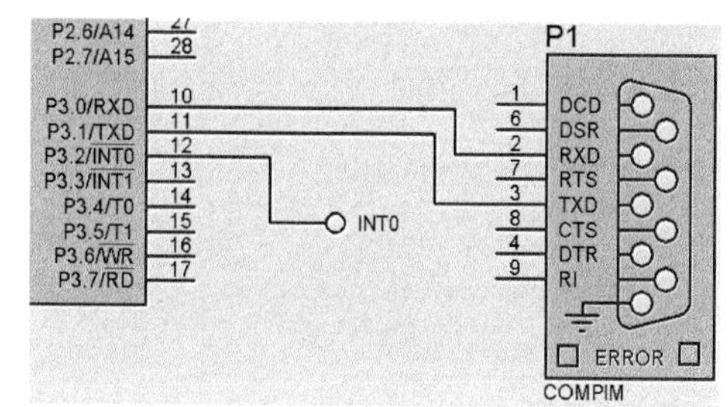

图 7-12　串行接口电路

串行接收同样采用中断的控制方法，程序流程如图 7-13 所示。本实例只使用了串行接收功能，所以只对接收中断做反应。

如果闪烁标志位为 1，则表示有某个显示单元被选中，需要修改，此时接收的数据才能被处理。由于接收的是一个字节的数据，需要将其拆分为两个字节，因为某一显示单元有两个显示缓存区。拆分字节程序实现方法在第 6 章就已经讲过了，大家可以复习一下。

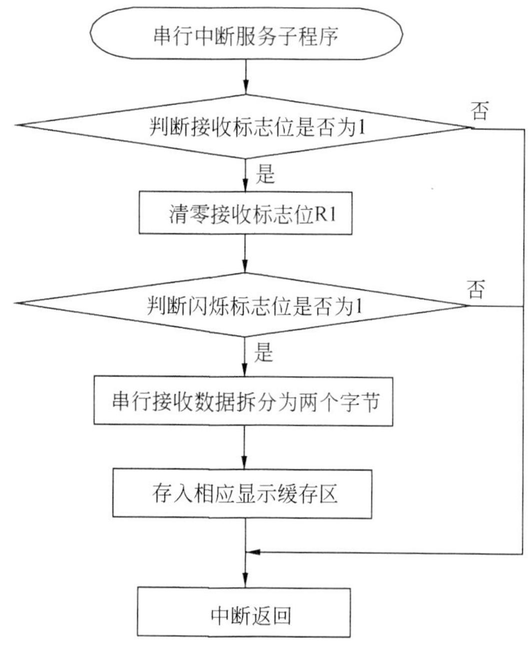

图 7-13　串行接收模块处理流程

7.1.4 时钟工作单元

时钟计时的关键问题是秒的产生，因为秒是最小时钟单元。当选用可编程定时的方式时，也就是使用单片机自带的定时器/计数器进行定时，即使使用工作方式 1，选用 12MHz 晶振，其最大定时时间也只能达到 65.536ms。但我们可将定时时间定为 50ms，让定时器 0 计数溢出 20 次就可得到 1s。

定时器 0 也是处于中断的控制方式，程序流程如图 7-14 所示。设置一个循环计数器，每经历一次中断，它就加 1，当它的值达到 20 的时候，表示时间已经过去了 1s；此时秒值加 1，并清零循环计数器；如果秒值达到 60，则分值加 1，秒值清零，依此类推。

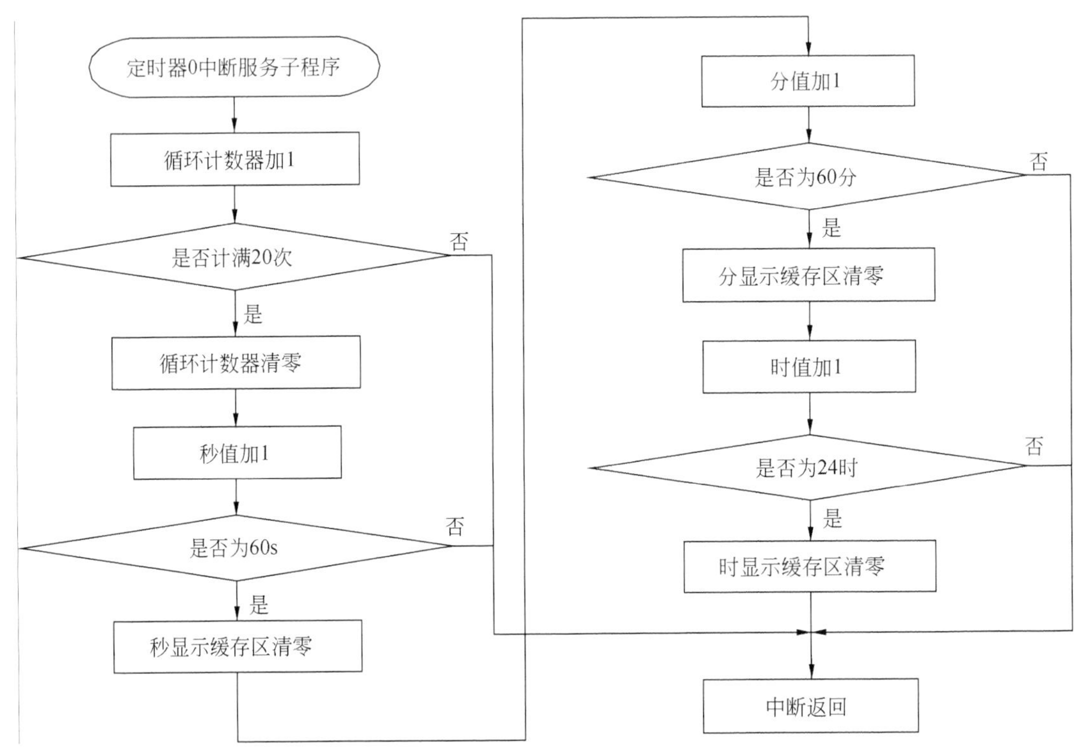

图 7-14 时钟工作单元执行流程

7.1.5 键盘控制

在整机电路图中，有 4 个键盘对应相应的功能。键盘的工作大致分为两个部分，一是键值获取，判断当前情况下哪个按键被按下了；二是执行相应的按键功能，根据键值的内容执行相应的键功能。

1. 键值获取

前面已经讲过，每个按键被按下都会触发外中断 0，所以键处理程序是在外中断 0 服务子程序中执行的，程序执行流程如图 7-15 所示。一旦按键发生，就会直接跳入外中断服务子程序中。通过调用查询键码子程序，就会获取相应的键值，根据键值执行相应的程序。键值 0～3 表示有效键盘按键。键值如果为 4 表示无效按键，不执行任何键功能。

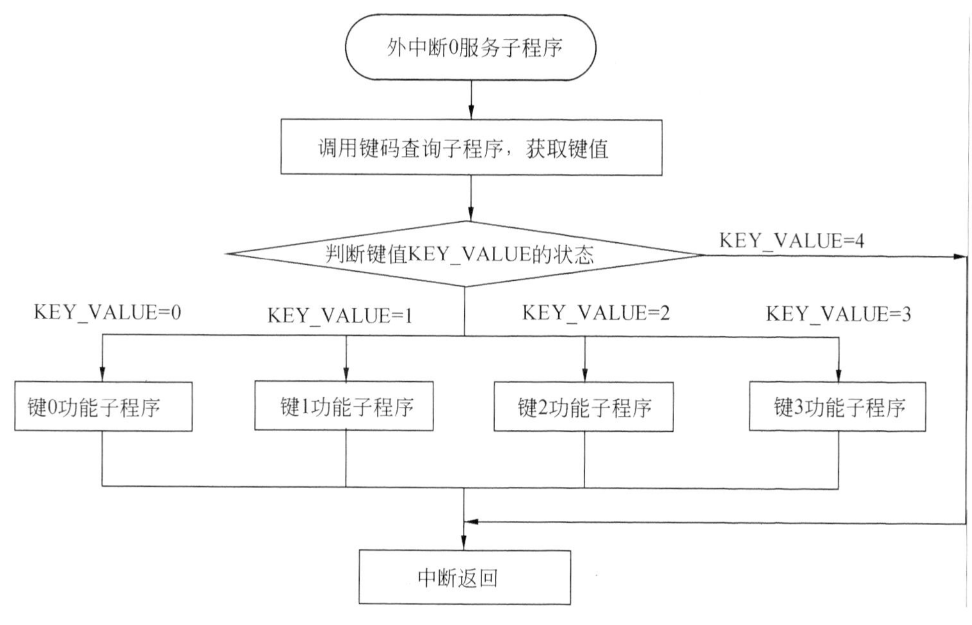

图 7-15　键值获取

2．键0功能子程序

按键 0 的功能是时间修改热键，如果想要对数码管显示值进行修改，按下键 0，此时秒显示缓存区就会闪烁，表示此时可以修改秒值。再按一下键 0，就会取消闪烁，恢复默认状态。如图 7-16 所示为键 0 功能子程序执行流程。

在图中，变量 SHIFT 是一个全局变量，用于指示当前究竟要修改哪个显示单元的数值。初次按下键 0，此变量的数值指向秒显示缓存区。

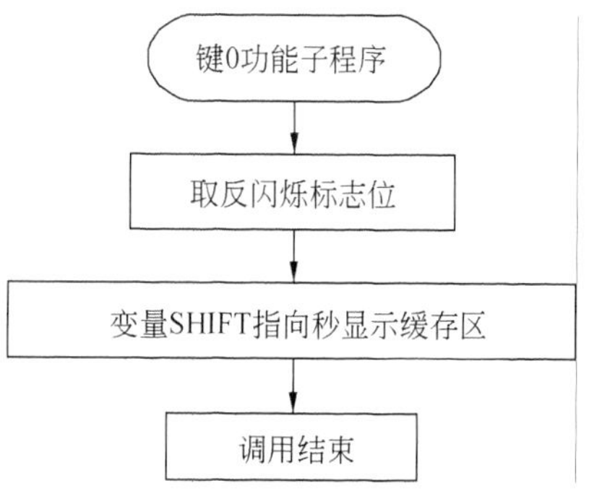

图 7-16　键 0 功能子程序

3．键1功能子程序

按键 1 的功能则是移位修改值。按下键 0 以后，默认情况下是修改秒单元的数值，此时按下键 1，就可以移动闪烁单元。第一次时，修改分单元的数值；再按一次，修改时单元的数值；按下第三次，重新回到秒单元。键 1 功能程序执行流程如图 7-17 所示。

由于每个显示单元有两个字节，所以移位一次，变量 SHIFT 加 2。如果 SHIFT 的值超过了时显示单元的范围，重新将 SHIFT 指向秒显示缓存区。

4．键2功能子程序

按键 2 的功能主要执行数值加 1 的功能，当某个单元显示处于闪烁状态，按下键 2 就可以对这个显示单元的数值执行加 1。键 2 功能执行流程如图 7-18 所示。

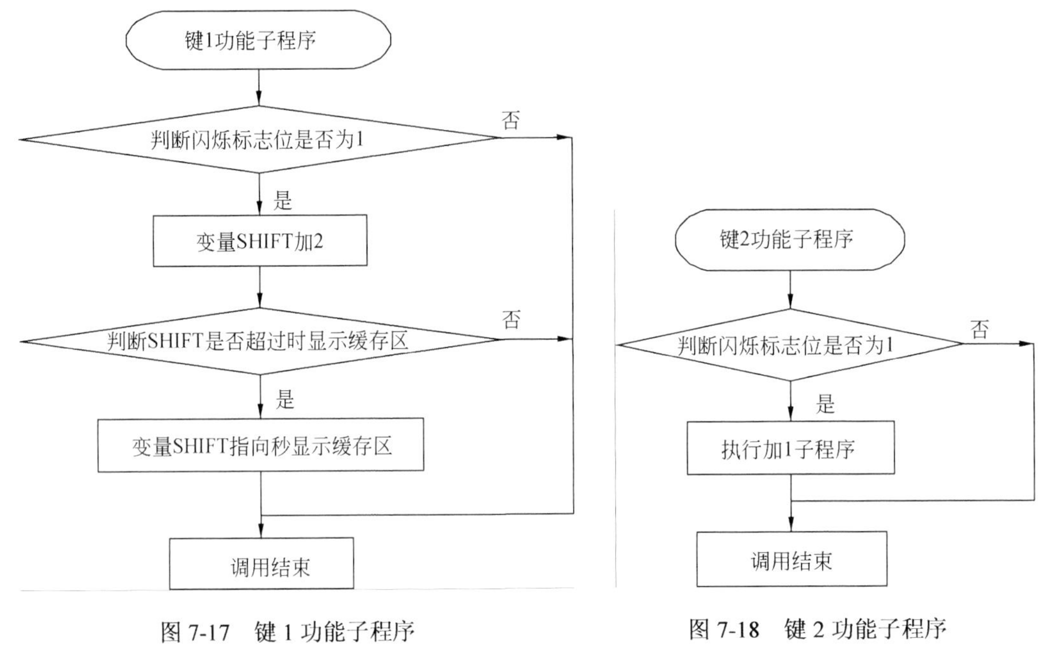

图 7-17　键 1 功能子程序　　　　图 7-18　键 2 功能子程序

流程图中的加 1 子程序，在第 5 章我们已经讲过了。由于每个显示单元有两个字节，需要将两个字节合并后再加 1，再拆分成两个字节，这就是加 1 子程序的执行流程。在后面章节介绍到具体的程序代码时，将予以详述。

5．键3功能子程序

按键 3 的功能是执行清零操作，清零当前闪烁的显示单元数值，执行流程如图 7-19 所示。

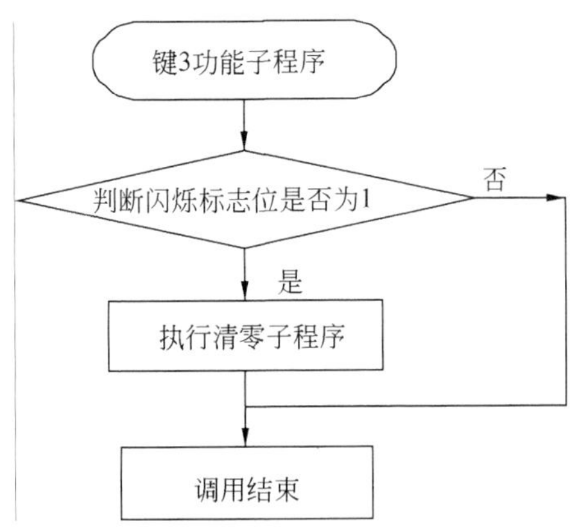

图 7-19　键 3 功能子程序

7.2　键 盘 分 析

键盘对于人机交互的实现具有非常重要的作用，因此本章将键盘实现的方法作为重点来讲述。实现键盘控制的程序和电路有多种方式，本节主要教会大家 I/O 键盘的使用和使用中的注意事项，以及在汇编语言和 C 语言中实现程序分支的方法。

7.2.1　键值获取

1. 按键程序分析

在基于单片机为核心构成的应用系统中，用户输入是必不可少的一部分。输入可以分很多种情况，譬如有的系统支持 PS2 键盘的接口，有的系统输入是基于编码器，有的系统输入是基于串口、USB 或者其他输入通道等。在各种输入途径中，最常用，也是最简单的是基于单个 I/O 端口控制的按键或者由单个键盘按照一定排列构成的矩阵键盘，本章主要讨论的对象是普通 I/O 按键。

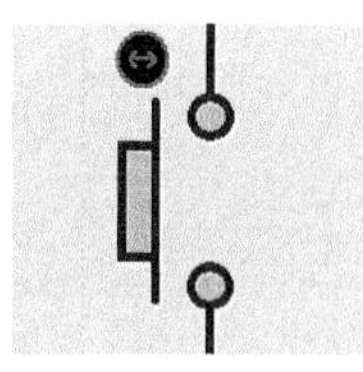

图 7-20　键盘外形

在程序中通过检测连接键盘的 I/O 口电平，即可以知道按键是否被按下，从而做出相应的响应。其实忽略了一个重要的问题，那就是现实中按键被按下时电平的变化状态。我们的结论是基于理想的情况得出来的，如图 7-21 所示的波形变化。

而实际中，由于按键的弹片接触的时候，并不是一接触就紧紧地闭合，它还存在一定的抖动，尽管这个时间非常短暂，但是对于执行时间以微秒为单位的单片机来说它太漫长了。实际的按键变化波形如图 7-22 所示。

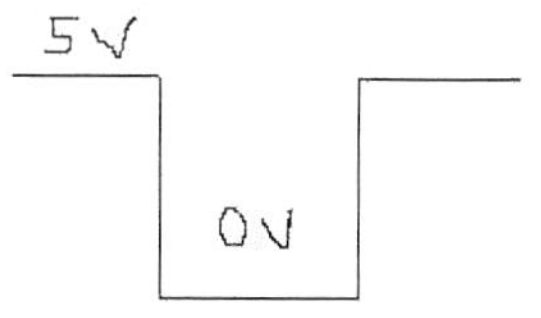

图 7-21　理想按键电平变化

图 7-22　实际按键电平变化

这样便存在一个问题：在检测到按键被按下的时候，由于这种抖动的存在，使得微控制器误以为是按键被多次按下。针对这个问题便提出了软件消除抖动的思想，道理很简单，抖动的时间长度是一定的，只要避开这段抖动时期，检测稳定时的电平就可以了。听起来确实不错，而且实际应用起来效果也还可以，于是，各种书籍和互联网上的例程中，在提到按键检测的时候，总也不忘说到软件消除按键抖动，就出现了类似于下面的程序：

```
While(P2_0==0)                  //如果有键被按下了
{
    Delay20ms();                //先延时 20ms 避开抖动时期
    if(P2_0==0)                 //再次判断是否有键被按下
     {
```

```
    while(P2_0==0);         //确定有键被按下，等待按键被释放
    键功能执行
    }
}
```

这段程序有两个特点，一是调用了 20ms 的延时子程序，这样做是为了避开键盘抖动的时间；二是程序的最后一行 while(P2.0==0)；这条语句是等待按键被释放，按键如果不松开，程序就会陷入死循环中，这样可以确定按键的有效性。

但是在实际运用中，这样的程序应该尽可能的避免。首先让微控制器在这里白白等待了 20 ms 的时间，什么也没干，浪费了程序资源；其次原是为等待按键释放，结果 CPU 一直死死的盯住该按键，其他事情都做不了，这样阻碍了程序的实时性。

考虑到程序的实时性，本实例按键采用中断控制的方式，所有涉及按键的操作都在中断服务子程序中执行。

C 语言外中断 0 控制子程序为：

```
void EXTRN0 () interrupt 0 using 1
{
 KEY_JUDGE();                  //键值获取
 IMPLEMENT_KEY();              //按键执行
}
```

在中断控制子程序中，调用了两个函数。一个是键值获取，执行此程序的目的是计算出到底是哪个按键被按下；另一个是按键执行，根据获取的键值执行相应的键功能程序。

汇编语言外中断服务子程序为：

```
EXTRN_INTR:
       PUSH ACC
        PUSH PSW
        PUSH DPH
        PUSH DPL
        SETB PSW.3
        CLR  PSW.4
        CALL KEY_JUDGE          ;键值获取
        CALL IMPLEMENT_KEY      ;按键执行
        POP DPL
        POP DPH
        POP  PSW
        POP  ACC
        RETI
```

程序执行过程和 C 语言是一样的，都调用了键值获取和按键执行两个子程序。在汇编程序中运用了大量的堆栈操作指令，这是为了更好地保护断点。因为 DPTR（程序指针）是 16 位寄存器，但堆栈操作指令只能用于 8 位寄存器，所以将其分为 DPH 和 DPL 两个寄存器分别予以保护。

2. 本实例键值获取方案

本实例采用外中断控制的方式，将外中断的控制方式设定为脉冲触发的方式。任意按键被触发都会引起中断，在中断子程序中判断 I/O 端口的状态决定到底哪个按键被按下了。

本实例程序不再用 20ms 的延时消抖动时间，大家可能不会想到数码管显示子程序的执行时间就是这个值吧，因此可以调用一次数码管显示子程序代替 20ms 延时子程序。

如图 7-23 所示为本实例键值获取程序的执行流程，在程序中使用了一个中间变量 TEMP 先存入 P2 的值，调用显示子程序后再和此时 P2 端口的值做比较，这样就消除了按键抖动。

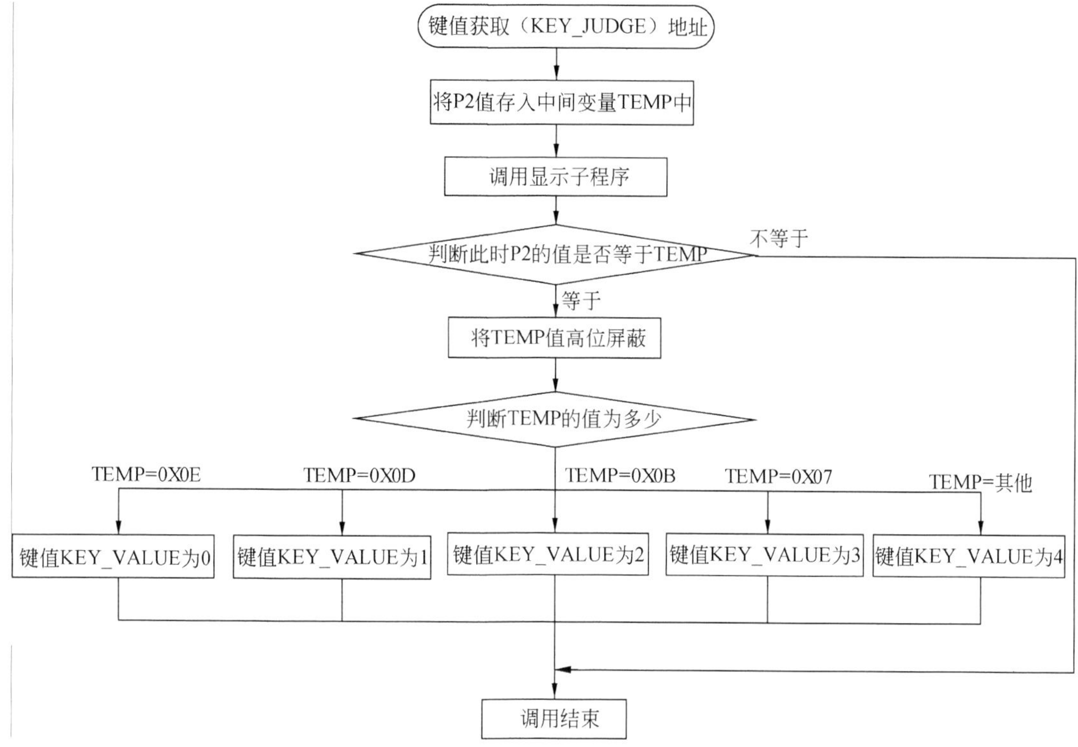

图 7-23　判键流程

4 个按键连接的是 P2 口的低 4 位，所以屏蔽了 TEMP 高 4 位，此时判断 TEMP 的值，就可以判断出到底是哪个按键被按下了。根据 TEMP 的值决定键值 KEY_VALUE 的值，如果存在有效的按键，则 KEY_VALUE 的值为 0～3；如果不存在有效按键，KEY_VALUE 的值为 4。

（1）汇编语言键值获取的程序如下所示。在程序中大量使用了 CJNE 语言逐步判断 TEMP 的值，来确定最后的键值。

```
KEY_JUDGE:
      MOV  TEMP,P2            ;查询 P2 端口的状态
      CALL DISPLAY
      MOV  A,P2
      CJNE A,TEMP,NO_KEY      ;判断按键是否有抖动
      ANL  A,#0FH
      CJNE A,#0EH,NO_KEY0     ;无键按下
      MOV  KEY_VALUE,#00H
      JMP  GETED_KEY          ;键 0 按下
NO_KEY0:
      CJNE A,#0DH,NO_KEY1
      MOV  KEY_VALUE,#01H     ;键 1 按下
      JMP  GETED_KEY
NO_KEY1:
      CJNE A,#0BH,NO_KEY2
```

```
      MOV  KEY_VALUE,#02H    ;键 2 按下
      JMP  GETED_KEY
NO_KEY2:
      CJNE A,#07H,NO_KEY
      MOV  KEY_VALUE,#03H    ;键 3 按下
      JMP  GETED_KEY
NO_KEY:
     MOV KEY_VALUE,#04H
GETED_KEY:
     RET
```

（2）用 C 语言实现键值获取程序，如下所示。

```
void KEY_JUDGE()
{
 uchar TEMP;
 TEMP=P2;
 display();
 if(TEMP==P2)              //两次查询判断是否有抖动
 {
  TEMP&=0X0F;
  switch(TEMP)             //利用 switch 语句，判断键值
  {
   case 0x0e:KEY_VALUE=0X00; break;
   case 0x0d:KEY_VALUE=0X01; break;
   case 0x0b:KEY_VALUE=0X02; break;
   case 0x07:KEY_VALUE=0X03; break;
   default:  KEY_VALUE=0X04; break;
  }
 }
}
```

当然 C 语言也可以利用 if 语句进行逐句判断，但在上面的程序中采用 switch 语句的方法，在实现多条分值时，switch 就会体现出它强大的能力。

通过流程图对应实例程序，相信大家已经能理解 switch 语句的功能了，在这里再做点介绍吧。C 语言提供了一种用于多分支选择的 switch 语句，其一般形式为：

```
switch(表达式){
    case 常量表达式 1:  语句 1; break;
    case 常量表达式 2:  语句 2; break;
    …
    case 常量表达式 n:  语句 n;  break;
    default         :  语句 n+1; break;
    }
```

其语义是：计算表达式的值，并逐个与其后的常量表达式值比较，当表达式的值与某个常量表达式的值相等时即执行其后的语句，不再进行判断，继续执行后面所有 case 后的语句。如表达式的值与所有 case 后的常量表达式均不相同时，则执行 default 后的语句。

在 switch 语句中，“case 常量表达式”只相当于一个语句标号，表达式的值和某标号相等，则转向该标号执行，但不能在执行完该标号的语句后自动跳出整个 switch 语句，所以出现了继续执行后面所有 case 语句的情况。因此需要用到 break 语句跳出 switch 语句。每一条 case 语句之后增加 break 语句，使每一次执行之后均可跳出 switch 语句，从而避免输出不应有的结果。

7.2.2　根据键值执行相应程序

执行完毕键值获取子程序，接下来根据获取的键值决定执行哪个功能键的子程序，用 C 语言和汇编语言实现的方法是不同的，下面将一一讲述。

1．C语言实现方法

用 C 语言实现按键执行的子程序，如下所示。

```
void IMPLEMENT_KEY()
{
 uchar TEMP;
 TEMP=KEY_VALUE;                //两次查询判断是否有抖动
   switch(TEMP)                 //利用 switch 语句，判断键值
  {
   case 0x00:KEY0_FUNCTION(); break;
   case 0x01:KEY1_FUNCTION(); break;
   case 0x02:KEY2_FUNCTION(); break;
   case 0x03:KEY3_FUNCTION(); break;
   default: break ;
  }
  KEY_VALUE=0X04;
}
```

在程序中，将键值 KEY_VALUE 传送给临时变量 TEMP，同样使用 switch 语句分支判断究竟该执行哪组键值功能。执行完毕相应的键功能子程序后，注意给键值 KEY_VALUE 赋值 0X04，这样做的用意是清除按键状态，防止误操作，因为 KEY_VALUE 等于 0X04，表示没有有效按键被按下。

2．汇编语言实现

汇编语言没有非常明显的条件分支操作指令，但是可以通过堆栈操作实现多分支转移，下面为详细的程序：

```
IMPLEMENT_KEY:
       MOV DPTR,#KEY_VECTOR        ;键表格地址
       MOV A,KEY_VALUE
       RL  A
       MOV R0,A
       MOVC A,@A+DPTR
       XCH  A,R0
       INC  A
       MOVC A,@A+DPTR
       MOV DPH,R0
       MOV DPL,A
       MOV A,#00H
       JMP @A+DPTR                 ;跳转至任意键功能
KEY_VECTOR: DW KEY0_ADDR,KEY1_ADDR,KEY2_ADDR,KEY3_ADDR,GO_PROCEED

KEY0_ADDR:                         ;键 0 功能
      CALL KEY0_FUNCTION
       JMP  GO_PROCEED
KEY1_ADDR:                         ;键 1 功能
      CALL KEY1_FUNCTION
```

```
      JMP  GO_PROCEED
KEY2_ADDR:                           ;键 2 功能
     CALL KEY2_FUNCTION
      JMP  GO_PROCEED
KEY3_ADDR:                           ;键 3 功能
     CALL KEY3_FUNCTION
GO_PROCEED:
     MOV KEY_VALUE,#04H
      RET
```

看到这一段程序大家可能感觉有点头疼，它和 C 语言相比要难很多，下面详细分析一下这段程序吧。

（1）先来学习一条新语句：

```
JMP  @A+DPTR ; 变址寻址转移指令
```

这是一条跳转指令，程序跳转的地址是累加器 A 加上 DPTR 值对应的地址。

（2）再来复习一条伪指令：

DW 用于从指定地址开始，连续单元定义多个 16 位的数据字。实际上，由于地址是十六进制的，通常我们可以将分支程序地址定义在用伪指令 DW 指定的数据表格之中。

```
KEY_VECTOR: DW KEY0_ADDR,KEY1_ADDR,KEY2_ADDR,KEY3_ADDR,GO_PROCEED
```

（3）实现多分支转移操作过程。

为了方便分析，假设 KEY_VALUE 的值为 02H，如表 7-2 所示。

```
MOV DPTR,#KEY_VECTOR  ;DPTR 为表格首地址
MOV A,KEY_VALUE       ;KEY_VALUE 为 02H
RL  A                 ;左移一位，相当于数值乘以 2，A 的值变为 4
MOV R0,A              ;R0 的值为 4
MOVC A,@A+DPTR        ;获取数据表格第 4 字节的数据，也就是 KEY2_ADDR 的高位地址给 A
XCH  A,R0             ;将 A 的数据和 R0 互换，A 为 4，R0 的数据为 KEY2_ADDR 的高位地址
INC  A                ;A 的数据变为 5
MOVC A,@A+DPTR        ;获取数据表格第 5 字节的数据，也就是 KEY2_ADDR 的低位地址给 A
MOV DPH,R0            ;KEY2_ADDR 的高位地址给 DPH
MOV DPL,A             ;KEY2_ADDR 的低位地址给 DPL
MOV A,#00H            ;A 为 0
JMP @A+DPTR           ;跳转到地址 KEY2_ADDR
KEY_VECTOR: DW KEY0_ADDR,KEY1_ADDR,KEY2_ADDR,KEY3_ADDR,GO_PROCEED
```

表 7-2　跳转地址表格

<table>
<tr><td rowspan="2">KEY_VECTOR:</td><td>BITE0</td><td>BITE1</td><td>BITE2</td><td>BITE3</td><td>BITE4</td><td>BITE5</td><td>BITE6</td><td>BITE7</td><td>BITE8</td><td>BITE9</td></tr>
<tr><td colspan="2">KEY0_ADDR</td><td colspan="2">KEY1_ADDR</td><td colspan="2">KEY2_ADDR</td><td colspan="2">KEY3_ADDR</td><td colspan="2">GO_PROCEED</td></tr>
</table>

大家也可以假设键值 KEY_VALUE 为其他值，利用上面的计算方法走一遍程序。这个执行步骤是汇编语言特定的多分支转移的常用操作方法，在软件仿真中观察更加明显，大家可以尝试一下。

7.2.3　各按键子程序

1．功能键0子程序

功能键 0 的作用是执行修改时间，汇编程序和 C 程序的执行算法是一致的，请参考本

章 7.1.5 节绘制的流程图来分析下面的程序。

```
void KEY0_FUNCTION()
{
FLASH=~FLASH; //闪烁标志位取反
SHIFT=0;       //秒显示缓存区
}
```

```
KEY0_FUNCTION:
        CPL FLASH    ; 闪烁标志位取反
        MOV SHIFT,#30H ; 秒显示缓存区
        RET
```

C 语言将移位变量 SHIFT 置 0，因为显示缓存区数组的 0 位就是秒显示单元的低位，而在汇编语言中，秒显示单元在 RAM 地址 30H 中。

2．功能键1子程序

键 1 的功能是移位修改单元，同样观察相应的流程图分析键 1 功能子程序。

```
void KEY1_FUNCTION()
{
if(FLASH==1)     //是否要修改
 {
 SHIFT+=2;       //定位至下一修改区域
 if(SHIFT==6)    //判断是否越界
 SHIFT=0;
 }
}
```

```
KEY1_FUNCTION:
        JNB FLASH,NO_SHIFT
        MOV A,SHIFT
        ADD A,#02H  ;定位至下一修改区域
        DA  A
        CJNE A,#36H,NO_ADJUST
        MOV  A,#30H ;重新定位到秒显示区
NO_ADJUST:
        MOV  SHIFT,A
NO_SHIFT:
        RET
```

C 语言的执行算法和汇编是一样的，因为每组显示单元有两个缓存区字节，每次移位直接加 2。如果移位变量 SHIFT 经过加 2 后，超过了时的显示单元，那么重新将秒显示缓存低位传送给 SHIFT。

3．功能键2子程序

键 2 的功能是执行加 1，如果目前有处于闪烁的状态的显示单元，那么执行一次键 2 功能，被闪烁值将加 1 一次，前面的章节已经给出了大致的执行流程图。汇编语言和 C 语言在实现此功能的方式上有所区别，两者的区别主要体现在加 1 子程序的不同。

1）汇编语言实现方式

汇编语言功能键 2 程序为：

```
KEY2_FUNCTION:
        JNB FLASH,NO_ADD    ;判断有要修改的数据
        MOV A,SHIFT
        INC A               ;指向下一显示区域
        MOV R0,A            ;修改缓存区给 R0
        CALL ADD1           ;调用加 1 子程序
NO_ADD:
        RET
```

在此段程序中调用了 ADD1 子程序，这个子程序我们在第 6 章中就已经分析过了。因为 ADD1 子程序先对显示高位缓存区操作，所以在调用之前，先将修改单元的高位传送给 R0，也就是将 SHIFT 加 1 传送给 R0。ADD1 子程序为：

```
ADD1:
      MOV A,@R0
      SWAP A         ;取高位数据
```

```
        DEC R0
        ORL  A,@R0    ;取低位数据
        ADD  A,#01H   ;低位数据加 1
        DA   A        ;十进制调整
        MOV  R7,A     ;运算好单字节数据给 R7
        ANL  A,#0FH   ;高低字节合并
        MOV  @R0,A    ;单字节分裂为两个字节
        INC  R0
        MOV  A,R7
        ANL  A,#0F0H
        SWAP A
        MOV  @R0,A
        RET
```

汇编语言 ADD1 子程序通过间接寻址方式分别取出修改单元高位字节和低位字节，将两个字节合并后加 1，再拆分成两个字节重新返还给两个显示缓存区。

2）C 语言实现方式

C 语言实现键 2 功能程序如下所示。

```
void KEY2_FUNCTION()
{
uchar *TEMP;              //定义中间变量为指针
 if(FLASH==1)             //是否有要修改数据
 {
TEMP=dbuf+SHIFT;          //指向相应的显示缓存区
 ADD1(TEMP);              //执行加 1 子程序
 }
}
```

在上面的程序中，有一个这样定义的变量：

```
uchar *TEMP;
```

这就是传说中的指针变量。在这里使用到指针，是因为 C 语言的 ADD1 子程序的传递函数为指针变量，下面为 C 语言的 ADD1 子程序：

```
uchar ADD1(uchar *str)
{
    uchar TEMP1;
    TEMP1=((*(str+1)&0X0F)*10+(*(str)&0X0F))+1; //双字节合并为一个字节，并加 1
    *(str+1)=TEMP1/10;    //分裂高字节
    *(str)=TEMP1%10;      //分裂低字节
     return TEMP1;        //返回加 1 后的数据
}
```

一看到这段程序，大家可能都无从下手。这段程序的分析过程将在 7.4 节来给大家讲解，现在可以跳过这段程序，不必理会。

4．功能键3子程序

键 3 的功能是清零闪烁单元的内容，每个显示单元有两个字节，清零某个显示单元就需要清零对应的两个显示缓存区。

1）汇编语言实现方法

```
KEY3_FUNCTION:
        JNB FLASH,NO_CLEAR      ;判断是否有修改数据
```

```
    MOV R0,SHIFT                ;指向相应显示缓存区
    CALL CLEAR                  ;调用清零子程序
NO_CLEAR:
    RET
```

在程序中，将移位变量 SHIFT 传送给 R0，就是将要修改单元的低位地址传送给 R0，再调用子程序 CLEAR。它的代码为：

```
CLEAR:
      CLR A
      MOV @R0,A                 ;清零低位显示缓存区
      INC R0
      MOV @R0,A                 ;清零高位显示缓存区
      RET
```

先将 A 清零，再利用间接寻址指令将 A 传送给要修改的两个显示缓存区。

2）C 语言实现方法

```
void KEY3_FUNCTION()
{
 if(FLASH==1)               //判断是否有修改数据
 CLEAR(SHIFT);              //调用清零子程序
}
```

C 语言的功能键程序和汇编语言的设计思路是一样的，主要区别是 CLEAR 子程序，C 语言的 CLEAR 子程序为：

```
void CLEAR(uchar i)
{
    dbuf[i]  =0x00;         //清零低位数据
    dbuf[i+1]=0x00;         //清零高位数据
}
```

在这段子程序中使用了参数传递的方法，在前面的章节中我们没有使用过这种方法。不过大家应该能够分析出参数传递的过程，具体分析将在 7.4 节给出。

7.3　电子时钟其他模块设计

上一节我们主要学习了键盘的程序设计方法，在本节将其他模块的程序设计方案一一给出，难点是如何将各个模块衔接起来，以及变量在各个子程序中的调用。

7.3.1　程序预定义变量

在程序中有许多全局变量，为了分析方便，在此处将它们列出来。

1. 汇编语言预定义的变量及各中断服务子程序地址

```
DBUF        EQU  30H        ;显示缓存区首地址
KEY_VALUE   EQU  40H        ;键值地址
TEMP        EQU  41H        ;用于暂存数据
COUNT       EQU  42H        ;250ms 定时计数
SHIFT       EQU  43H        ;移位变量
```

```
 T0_COUNT   EQU  44H      ;定时器 0 秒计数器
 TEMP2      EQU  45H      ;用于暂存数据
 FLASH      BIT  00H      ;闪烁标志位
 TIME_END   BIT  01H      ;250ms 时间延时标志位
ORG 0000h
JMP MAIN
ORG 0003h
JMP EXTRN_INTR            ;外中断子程序服务地址
ORG 000BH
JMP TIME0                 ;定时器 0 中断服务子程序地址
ORG 0030H
ORG 0023h
JMP SBUF_REC              ;串行中断子程序地址
```

上述程序为预先定义的全局变量，以及中断服务子程序的地址。注意，有些变量我们讲过了，但有些还没有提到，大家先建立一个大致的印象。

在程序中使用了语句：

```
FLASH     BIT  00H
TIME_END  BIT  01H
```

这又是一条汇编语言的伪指令，用于给字符名称赋以位地址，位地址可以是绝对地址，这两条语句就是将位寻址区的 00H 地址（字节地址 20h.0）、01H 地址（字节地址 20h.1）分别用符号 FLASH 和 TIME_END 表示。

当然也可以用符号地址来表示：

```
FLASH     BIT  20h.0
TIME_END  BIT  20h.1
```

2．C语言预定义的变量及各个子程序的声明

```
#define uchar  unsigned char
#include <at89x52.h>
uchar KEY_VALUE;
uchar SHIFT;
uchar COUNT;
uchar ADD_TEMP;
uchar T0_COUNT;
bit   FLASH;
bit   TIME_END;
uchar data dbuf[8];
void DELAY();                       //延时子程序
void display();                     //显示子程序
void EXTRN0 ();                     //外中断服务子程序
void KEY_JUDGE();                   //判断键值子程序
void IMPLEMENT_KEY();               //执行键值子程序
void KEY0_FUNCTION();               //键 0 功能子程序
void KEY1_FUNCTION();               //键 1 功能子程序
void KEY2_FUNCTION();               //键 2 功能子程序
void KEY3_FUNCTION();               //键 3 功能子程序
uchar ADD1(uchar *str);             //加 1 子程序
void  CLEAR(uchar i);               //清零两位缓存区子程序
```

上述的程序为本实例的变量和子程序声明部分，同样使用了语句：

```
bit   FLASH;
bit   TIME_END;
```

定义了两个位变量。和汇编语言的区别是，不能直接观察变量具体在数据存储器的什么位置。在 C 语言中，大家最好对所编写的子程序给予声明。

7.3.2　主程序程序设计

本实例中，主程序完成的任务很简单，首先完成寄存器的初始化，然后循环调用显示子程序，直至中断发生。

1. 设置各寄存器的初始状态

1）外中断控制

外中断 0 采用的下降沿触发的方式，所以寄存器 TCON 的 IT0 位应设置为 1，如表 7-3 所示。

表 7-3　TCON设置方式

位符号	**TF1**	**TR1**	**TF0**	**TR0**	**IE1**	**IT1**	**IE0**	**IT0**
位状态	0	0	0	0	0	0	0	1

2）定时器控制方式

定时工作方式寄存器 TMOD 的设置方法如表 7-4 所示。高 4 位设置为定时工作方式 2（重新加载模式），用于波特率的产生；低 4 位用于秒计时的产生，设置为定时工作方式 1（16 位定时/计数模式），用于 50ms 定时。

表 7-4　TMOD的设置

位符号	**GATE**	**C/T**	**M1**	**M0**	**GATE**	**C/T**	**M1**	**M0**
位状态	0	0	1	0	0	0	0	1

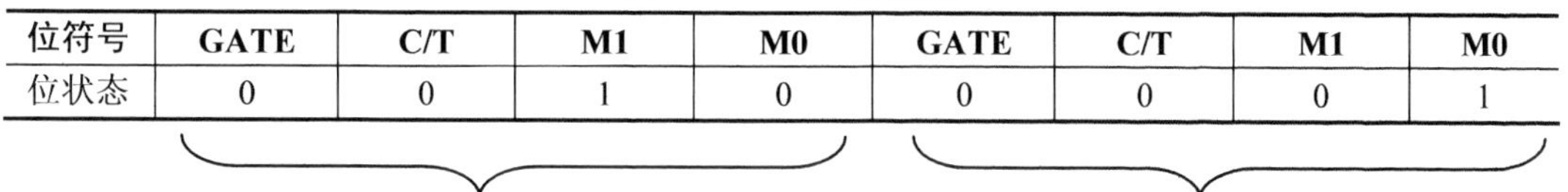

控制定时器 1，用于波特率发生器　　　　控制定时器 0，定时 50ms

使用定时器 0 产生 50ms 的可编程延时，本章实例所选用的晶振为 12MHZ，所以定时器 0 数据寄存器的初值设定计算方法为$(2^{16}-X)\times 1\mu s=50000\mu s$，X=3CB0H，如表 7-5 所示。

表 7-5　定时器 0 初值设定

TH0	**0**	**0**	**1**	**1**	**1**	**1**	**0**	**0**	**3CH**
TL0	1	0	1	1	0	0	0	0	B0H

定时器 1 用于波特率发生器，本章实例所使用的晶振为 12MHZ，这样产生的波特率会存在误差，但是依然可以保证 Proteus 仿真。波特率设置为 9600 bps，定时器 1 计数初值设定如表 7-6 所示。

表 7-6　定时器 1 初值设定

TH1	**1**	**1**	**1**	**1**	**1**	**1**	**0**	**1**	**FDH**
TL1	1	1	1	1	1	1	0	1	FDH

3）串口寄存器设置

在本实例中，设置让串行口工作在方式 1，即 1 个起始位、8 个数据位和 1 个停止位，允许接收，波特率可选，所以寄存器 SCON 的设置为 50H，如表 7-7 所示。

表 7-7 寄存器SCON设置

位符号	SM_0	SM_1	SM_2	REN	TB_8	RB_8	TI	RI
位状态	0	1	0	1	0	0	0	0

寄存器 PCON 的最高位 SMOD 设置为 0，表示波特率不倍增，所以寄存器 PCON 值设置为 00H，如表 7-8 所示。

表 7-8 寄存器PCON的设置

位符号	SMOD	—	—	—	—	—	—	—
位状态	0	0	0	0	0	0	0	0

4）中断寄存器设置

本实例中使用外中断 0、串行中断、定时器 0 中断，分别将中断控制寄存器 IE 的 EA、ES、ET0、EX0 置 1，如表 7-9 所示。

表 7-9 中断控制寄存器IE设置

位符号	EA	—	—	ES	ET1	EX1	ET0	EX0
位状态	1	0	0	1	0	0	1	1

本实例要求定时器 0 的中断优先级最高，串行中断和外中断 0 是平级的，所以寄存器 IP 的设置为 02H，如表 7-10 所示。

表 7-10 寄存器IP设置

位符号	/	/	/	PS	PT1	PX1	PT0	PX0
位状态	0	0	0	0	0	0	1	0

2. 实例主程序

下面同时给出 C 语言和汇编语言编写的主程序。

```
MAIN()
{
 TMOD=0X21;        //定时器初始化
 TH0=0X3C;
 TL0=0XB0;
 TL1=0xFD;
 TH1=0xFD;
 PCON=0x00;
 SCON=0x50;        //串口设定
 IP=0x02           //中断设定
 EA =1;
 EX0=1;
 IT0=1;
 ET0=1;
 ES =1;
TR0=1;
 TR1=1;
 T0_COUNT=20;
 while(1)    //循环调用显示子程序
 display();
}
```

```
MAIN:
      MOV SP,#60H
      MOV TH0,#3CH
      MOV TL0,#0B0H
      MOV TMOD,#21H
      MOV TL1,#0FDH
      MOV TH1,#0FDH
      MOV PCON,#00H
      MOV SCON,#50H
      MOV IP  ,#02H
      SETB EA
      SETB ES
      SETB ET0
      SETB EX0
      SETB IT0
      SETB TR0
      SETB TR1
      CLR  FLASH
      CLR  TIME_END
      MOV  T0_COUNT,#20
LOOP:
      CALL DISPLAY
      JMP  LOOP
```

在程序中，将 TR0 和 TR1 置 1 表示开启定时器 0 和串行传输功能。由于定时器 0 产生 50ms 的延时，初始变量 T0_COUNT 为 20 的目的就是每定时 0 中断发生一次，变量 T0_COUNT 减 1，如果 T0_COUNT 为 0，表示 1 秒钟已过去。

7.3.3　显示子程序

在本实例中，数码管显示程序的功能得到了加强。在本例中增加了闪烁的功能，当需要修改某个单元时，这个单元相应的两个显示管每间隔 500ms 就会闪烁一次。闪烁实现的方式是隔 250ms 正常显示消隐，再过 250ms，重新显示消隐单元。

1. 汇编语言实现数码管显示

```
DISPLAY:
        MOV   R0,#DBUF
        MOV   R1,#01h
        MOV   R2,#8
        MOV   DPTR,#SEGTAB
LOOP2:  CJNE  R0,#36H,GOTO
        MOV   P0,#10111111B          ;缓存单元 36H，显示横杠
        JMP  GOTO3
GOTO:   CJNE R0,#37H,LOOP1
        MOV  P0,#10111111B           ;缓存单元 37H，显示横杠
        JMP  GOTO3
LOOP1:
        JNB FLASH,GOTO2              ;判断是否有修改单元
        JNB TIME_END,GOTO2           ;判断 250ms 是否到
        MOV A,SHIFT
        XRL A,R0
        JNZ FLASH1                   ;判断需要闪烁哪一单元
        MOV P0,#0FFH                 ;消隐显示
        JMP  GOTO3
FLASH1:
        MOV A,SHIFT
        INC A                        ;两个缓存区闪烁显示
        XRL A,R0
        JNZ GOTO2
        MOV P0,#0FFH                 ;消隐显示
        JMP  GOTO3
GOTO2:  MOV A,@R0
        MOVC A,@A+DPTR
        MOV P0,A                     ;正常显示
GOTO3:
        MOV  P1,R1
        CALL DELAY
        INC  R0
        MOV  A,R1
        RL   A
        MOV  R1,A
        MOV  P0,#0FFH
        DJNZ R2, LOOP2
        RET
SEGTAB: DB 0C0H,0F9H,0A4H,0B0H,99H,92H,82H,0F8H,80H,90H  ;数码管段码表格
```

在程序中，R0 存放的数据为显示缓存区的地址，显示缓存区 36H 和 37H 为数码管显示“横杠”的区域，当 R0 的值为 36H 或 37H 时，直接赋值 10111111B（横杠段码）给 P0。

如果标志位 FLASH 为 1 时，表示有显示单元需要闪烁，变量 SHIFT 保存的数据为要修改数据的显示缓存区。利用语句：

```
MOV A,SHIFT
XRL A,R0            ;异或语句，如果两操作数相同，A 就为 0
JNZ FLASH1
```

判断 R0 的值是否和 SHIFT 相等，如果相等就表示要闪烁显示 R0 指向的显示缓存区，因为要显示两个缓存区，所以 R0 同样要和 SHIFT+1 的值进行比较。SHIFT 表示要闪烁单元的地位，SHIFT+1 表示闪烁单元的高位，如果 R0 的值等于这两个值的任意一个，则将 FFH（灭灯段码）赋值给 P0。

在程序中有条语句：

```
JNB TIME_END,GOTO2 ;判断 250ms 是否到
```

TIME_END 表示 250ms 时间标志位，只有它的值为 1 时，表示数码管修改单元处于灯灭的状态，它的控制语句在延时子程序中实现，如下所示。

```
DELAY:   MOV  R4,#05H
AA1:     MOV R5,#0FFH
AA:      DJNZ    R5,AA
         DJNZ    R4,AA1
         JNB FLASH,END_DELAY      ;判断是否有要修改数据
         INC COUNT                ;时间计数变量加 1
         MOV  A,COUNT
         CJNE A,#100,END_DELAY ;250ms 时间到
         MOV COUNT,#00H
         CPL TIME_END
END_DELAY:
         RET
```

这段延时子程序主要用于数码管的动态刷新，它的延时时间为 2.5ms，设置一个变量 COUNT 在执行闪烁模式中计数此延时子程序执行的次数，如果执行次数达到 100 次，表示时间大概过去了 250ms，此时取反标志位 TIME_END。表示每间隔 250ms，TIME_END 发生了翻转，数码管被修改单元就有了“一亮一灭”的效果。

2. C语言实现数码管显示

C 语言实现相应功能的思路和汇编语言是一致的，不过 C 语言更加简练，程序如下所示。

```
void display()
{
uchar data i,rl;
uchar code segta[16]={0xc0,0xF9,0xA4,0xB0,0x99,0x92,0x82,0xF8,0x80,0x90};
rl=0X01;
for(i=0;i<8;i++)
  {
    P1=rl;
    if(i==6) P0=0XBF;                          //缓存区显示横杠
    else if(i==7) P0=0XBF;                     //缓存区显示横杠
```

```
    else if(i==SHIFT&&TIME_END==1&&FLASH==1) P0=0XFF;     //要修改数据高位
    else if(i==(SHIFT+1)&&TIME_END==1&&FLASH==1) P0=0XFF;//要修改数据低位
    else { P0=segta[dbuf[i]]; }          //正常显示
    DELAY();
    rl=_crol_(rl,1);
    P0=0XFF;
  }
}
```

在程序中，局部变量 i 表示当前将要显示哪只数码管，频繁使用 else if 语句判断它处于哪个状态。如果 i 等于 6 或 7 时，显示“横杠”。

```
(i==SHIFT&&TIME_END==1&&FLASH==1) P0=0XBF;
```

这是一条逻辑判断语句，区别于位操作语句“&”，这条语句表达的意思为，只有条件 i==SHIFT、条件 TIME_END==1 和条件 FLASH==1 全部成立时，才执行语句 P0=0XBF。如果任意条件不成立，则执行下一条判定语句。“&&”表示逻辑与，即全 1 出 1，有 0 出 0。

C 语言的延时子程序同汇编语言的执行方法是一致的，如下所示。

```
void DELAY ()
{
unsigned char j,k;
for(j=5;j>0;j--)
for(k=250;k>0;k--);
if(FLASH==1)              //判断是否有修改数据
 {
   COUNT++;
   if(COUNT==100)         //250ms 时间到
   {
    COUNT=0;
   TIME_END=~TIME_END;
   }
 }
}
```

在程序中，使用了两组 if 语句相互嵌套，在分析时注意区别。

7.3.4　定时器控制单元

本节将介绍时钟的核心部分:“时间”的产生。主要处理任务是在定时器 0 中断服务子程序中完成的，这部分内容用汇编语言处理和用 C 语言处理的手段略有区别，下面将一一分析。

1．汇编语言时钟信号产生

```
TIME0:
    PUSH ACC
     PUSH PSW
     PUSH DPH
     PUSH DPL
     SETB PSW.3
     SETB PSW.4
```

```
    MOV  TH0,#3CH         ;重载计数初值
    MOV  TL0,#0B0H        ;重载计数初值
    MOV  A, T0_COUNT
    DEC  A                ;T0_COUNT 自动减 1
    MOV  T0_COUNT,A
    JNZ  END_TIME0
    MOV  T0_COUNT,#20     ;一秒时间到，重新赋值
    MOV  R0,#31H          ;秒高位显示缓存区
    CALL ADD1
    MOV  A,R7
    XRL  A,#60H           ;判断秒值是否达到 60
    JNZ  END_TIME0
    MOV  R0,#30H          ;秒地位显示缓存区
    CALL CLEAR            ;清零操作
    MOV  R0,#33H          ;分高位显示缓存区
    CALL ADD1
    MOV  A,R7
    XRL  A,#60H           ;判断分值是否达到 60
    JNZ  END_TIME0
    MOV  R0,#32H          ;分高位显示缓存区
    CALL CLEAR
    MOV  R0,#35H          ;时高位显示缓存区
    CALL ADD1
    XRL  A,#24H           ;判断小时值是否达到 24
    JNZ  END_TIME0
    MOV  R0,#34H          ;时低位显示缓存区
    CALL CLEAR
END_TIME0:
    POP DPL
    POP DPH
    POP PSW
    POP ACC
    RETI
```

再次强调对断点的保护，如果不使用堆栈操作指令保护断点，程序就会出现意想不到的问题。

由于定时器 0 处在方式 1，工作方式 1 不具有自动装载初值的能力，所以必须给定时器计数器加载计数初值。

变量 T0_COUNT 在主程序中已被初始化为 20，每次执行定时器 0 中断服务子程序就自动减 1，如果 T0_COUNT 的值变为 0，表示时间已经过去了 20×50ms=1s，然后秒显示单元自动加 1。注意，别忘了重新赋值 20 给变量 T0_COUNT。

秒值加 1 是通过加 1 子程序完成的，调用加 1 子程序之前，先将秒显示缓存区高位地址赋值给 R0，加 1 操作就会在秒显示单元中进行。调用完一次加 1 子程序，R7 中存放的是加 1 后的字节数值，此时通过下面的语句判断秒值是否达到了 60。

```
MOV  A,R7
XRL  A,#60H
JNZ  END_TIME0
```

如果没有达到则中断返回，如果达到就执行：

```
MOV  R0,#30H
CALL CLEAR
MOV  R0,#33H
CALL ADD1
```

表示秒显示单元清零，同时分显示单元加 1，分显示单元向时显示单元的进位也是同样的算法。

2．C语言的时钟信号产生

```
void COUNT0 () interrupt 1 using 2
{
uchar TEMP1,*TEMP2;  //TEMP2 为指针变量
 TH0=0X3C;
 TL0=0XB0;
 - -T0_COUNT;
 if(T0_COUNT==0)
 {
  T0_COUNT=20;
  TEMP2=dbuf;
  TEMP1=ADD1(TEMP2);
  if((TEMP1^60)==0)
   {
   CLEAR(0);
   TEMP2=dbuf+2;
   TEMP1=ADD1(TEMP2);
   if((TEMP1^60)==0)
    {
       CLEAR(2);
       TEMP2=dbuf+4;
       TEMP1=ADD1(TEMP2);
        if((TEMP1^24)==0)
        CLEAR(4);
     }
   }
 }
}
```

此程序和汇编语言的设计思路是一致的，但是在程序中定义了指针变量，因为 C 语言的加 1 子程序使用了指针变量作为传递参数。关于指针变量将在 7.4 节，详细分析。

7.3.5　串行修改单元

串口输入修改时钟值的作用也是本实例的一个特色。C 语言和汇编语言的串行中断服务程序如下所示。

```
SBUF_REC:
       PUSH ACC
        PUSH PSW
        CLR  PSW.3
       SETB PSW.4
        JBC  RI,RECEIVE
        JMP  END_SBUF
RECEIVE:
       JNB  FLASH,END_SBUF
        MOV  TEMP2,SBUF
        CALL PUT_TO_BUFFER
END_SBUF:
        POP PSW
        POP ACC
        RETI
```

```
void UART () interrupt 4 using 3
{
  uchar *TEMP;
  if(RI==1)
  {
    RI=0;
   if(FLASH==1)
    {
     TEMP=dbuf+SHIFT;
    PUT_BUFFER(TEMP);
    }
  }
}
```

由于串行输入的是一个字节的数据，需要将其拆分成两个字节对应到显示单元的两个显示缓存区。因此需要调用子程序 PUT_BUFFER。

C 语言串行中断服务子程序中，使用了指针变量，这是因为 C 语言的 PUT_BUFFER 子函数使用了指针变量作为传递参数。C 语言和汇编的 PUT_BUFFER 子程序如下：

```
PUT_TO_BUFFER:
      MOV R0,SHIFT
       MOV A,TEMP2
       ANL A,#0FH
       MOV @R0,A
       INC R0
       MOV A,TEMP2
       SWAP A
       ANL A,#0FH
       MOV @R0,A
PUT_OVER:
       RET
```

```
void PUT_BUFFER(uchar *str)
{
   uchar TEMP1;
    TEMP1=SBUF;
   *(str+1)=TEMP1>>4;
   *(str)=TEMP1&0x0f;
}
```

7.4　C 语言知识扩展

随着学习的深入，大家会慢慢体会到 C 语言在数据处理运算方面的诸多方便之处，以后的章节我们将重点使用 C 语言来完成实例项目。当然对 C 语言知识深入地学习就变得非常重要，本节我们主要讲解在时钟项目中会使用到的函数传递、指针等知识的运用。在实例中学习知识是最方便有效的，希望大家在实例中来理解这些内容。

7.4.1　函数定义的形式

1. 无参函数

之前我们使用的所有子程序都是无参函数，它的形式为：

```
类型标识符 函数名()
   {
   函数主体
   }
```

其中，类型标识符和函数名称为函数头。类型标识符指明了本函数的类型，函数的类型实际上是函数返回值的类型。很多情况下都不要求无参函数有返回值，此时函数类型符可以写为 void。函数名是由用户定义的标识符，函数名后有一个空括号，里面没有任何数值。大括号{}中的内容称为函数体，也就是程序的主体。下面列举一个最常用的无参函数：

```
void Delay5ms()
{
unsigned char j,k;
for(j=5;j>0;j--)
for(k=250;k>0;k--);
}
```

延时函数是前面章节我们常调用的一个子程序，最前面的 void 表示函数没有值返回，函数名称后面的()没有任何参数，这是无参函数的标志。

2. 有参函数

有参函数，顾名思义就是拥有参数的函数，它的形式为：

```
类型标识符 函数名(形式参数)
{
   函数主体
}
```

有参函数比无参函数多了一个内容，即形式参数，简称形参，也就是函数名后面括号内的内容。形式参数可以是一个，也可以是多个，多个形式参数之间用逗号间隔；形式参数可以是各种类型的变量。在进行函数调用时，主调函数将赋予这些形式参数实际的值。形参既然是变量，必须在形参表中给出形参的类型说明。

本章使用的清零子程序就是一个有参函数，如下所示。

```
void CLEAR(uchar i)
{
    dbuf[i]  =0x00;
    dbuf[i+1]=0x00;
}
```

程序中 uchar i 就是形参，形参必须给定类型说明，此函数的形参类型为无符号字符型数据，在键 3 功能子程序中调用了此函数：

```
……
CLEAR(SHIFT);
……
```

将 SHIFT 的值传递给形参 i，SHIFT 称为实参，为要修改单元的显示缓存区。注意，它必须是无符号字符型数据。

形参出现在函数定义中，在整个函数体内都可以使用，离开该函数则不能使用。实参出现在主调函数中，进入被调函数后，实参变量也不能使用。形参和实参的功能是做数据传送，发生函数调用时，主调函数把实参的值传送给被调函数的形参，从而实现主调函数向被调函数的数据传送。

（1）形参变量只有在被调用时才分配内存单元，在调用结束时，即刻释放所分配的内存单元。因此，形参只有在函数内部有效。函数调用结束返回主调函数后，则不能再使用该形参变量。

（2）实参可以是常量、变量、表达式、函数等，无论实参是何种类型的量，在进行函数调用时，它们都必须具有确定的值，以便把这些值传送给形参。因此应预先用赋值、输入等办法使实参获得确定值。

（3）实参和形参在数量、类型、顺序上应严格一致，否则会发生类型不匹配的错误。

（4）函数调用中发生的数据传送是单向的，即只能把实参的值传送给形参，不能把形参的值反向地传送给实参。因此在函数调用过程中，形参的值发生改变，而实参中的值不会变化。

3. 函数的返回值

函数也可以返回数值，这一点非常有用。将子程序处理完毕的数据直接返回给调用者，这个返回的数据就是函数返回值。

想让函数返回数值就得使用 return 语句。return 语句的一般形式为：

```
return 表达式;
或者为:
return (表达式);
```

该语句的功能是计算表达式的值，并返回给主调函数。在函数中允许有多个 return 语句，但每次调用只能有一个 return 语句被执行，因此只能返回一个函数值。

函数值的类型和函数定义中函数的类型应保持一致，如果两者不一致，则以函数类型为准。如果不返回函数值的函数，可以明确定义为“空类型”，类型说明符为 void。

看看本例中使用的加 1 子程序：

```
uchar ADD1(uchar *str)
{
    uchar TEMP1;
……
     return TEMP1;
}
```

程序声明的第一句 uchar ADD1(uchar *str)，其中 uchar 表示函数的返回数值的类型为无符号字符型数据。子程序处理完毕的数据存放在定义的局部变量 TEMP1 中，最后一句将这个结果返回给“调用者”。

在定时 0 中断服务子程序 COUNT0，总共调用了 3 次加 1 子程序，每次调用的形式为：

```
……
TEMP1=ADD1(…);
……
```

这个 TEMP1 是在 COUNT0 重新定义的局部变量，同样是 uchar 类型，加 1 子程序处理完毕的数据传送给局部变量 TEMP1。

7.4.2 指针变量

指针是C语言中广泛使用的一种数据类型。运用指针编程是C语言最主要的风格之一，也是让诸多初学者倍感头疼的一种数据类型。利用指针变量可以很方便地使用数组和字符串，并能像汇编语言一样处理内存地址。C 语言的指针和汇编语言的间接寻址非常相似，通过前面的学习，理解 C 语言指针并不是一件难事。

1. 指针印象

指针变量的一般形式为：

```
类型说明符  *变量名;
```

其中“*”表示这是一个指针变量，变量名即定义的指针变量名，类型说明符表示本指针变量所指向的变量的数据类型。

例如：

```
uchar *TEMP;
```

TEMP 就是一个指针变量，它的值表示某个无符号字符型数据变量的地址，或者说 TEMP 指向一无符号字符型数据变量。

使用语句：

```
TEMP=0x30;
```

赋值 0x30 给指针型变量 TEMP，也就是 TEMP 指向了地址 0x30，假设地址 30H 里面存有数据，指针定义如图 7-24 所示。

在图中，*TEMP 的值指向了地址 30H 的数值 0xFE。可能大家会惊呼这不就是汇编语言的间接寻址指令吗？如图 7-25 所示。

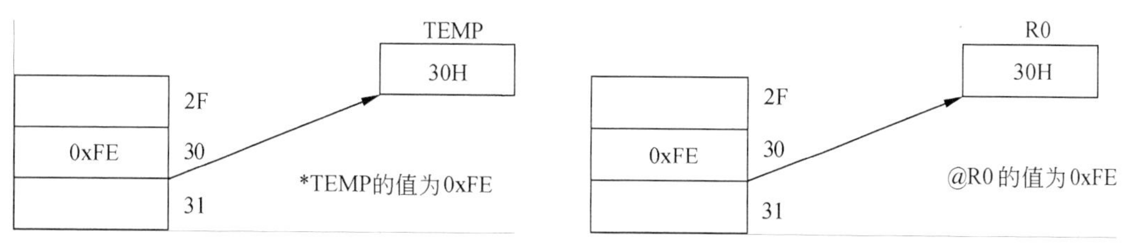

图 7-24　指针定义　　图 7-25　汇编语言间接寻址

汇编语言中的 R0 相当于 C 语言中的 TEMP，而@R0 和*TEMP 表达的是相同的意思。同汇编语言的间接寻址一样，它不仅可以取出数值，还可以存入数据。

例如使用指令：

```
*TEMP=0x78;
```

将数值 0x78 存放到指针变量 TEMP 指向的地址，如图 7-26 所示。

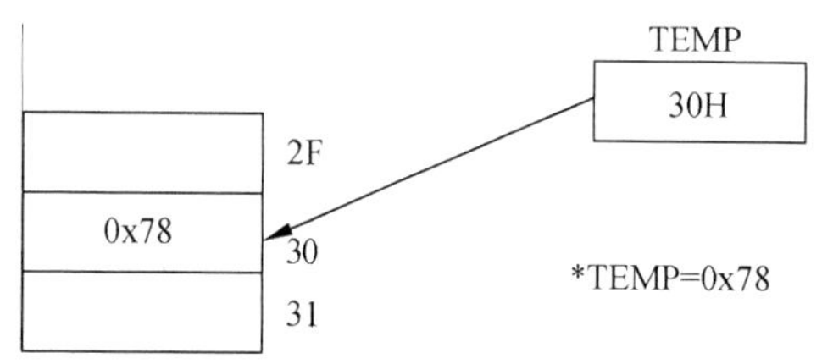

图 7-26　利用指针存储

上面的例子是为了帮助大家理解指针而列举的，实际指针操作还需遵守一定的规则。

2．指针变量的引用及初始化

指针变量同普通变量一样，使用之前不仅要定义说明，而且必须赋予具体的值。指针变量的赋值只能赋予地址，决不能赋予任何其他数据。在 C 语言中，变量的地址是由编译系统分配的，用户不知道变量的具体地址，所以上面的例子不能运用于实际程序之中。

指针变量有两个操作符：

```
&:取地址运算符
```

```
*：指针运算符
```

C 语言中提供了地址运算符&来表示变量的地址，其一般形式为：

```
&变量名;
```

如&a 表示变量 a 的地址，&b 表示变量 b 的地址。

```
uchar a;
uchar *p;
p=&a;
```

这段程序表达的意思是将 a 的地址赋值给指针变量 p，或 p 指向了 a 的地址，指针初始化时还可以使用：

```
uchar a;
uchar *p=&a;
```

上面两段程序是等价的，因为在初始化阶段：

```
uchar *p=&a;  等价于        uchar *p;
                            p=&a;
```

但在程序运行过程中，不能采用

```
*p=&a;
```

因为*p 表示的是一个数值，而不能将地址传输给数值。

3. 指针和数组

一个数组是由连续的一块内存单元组成的。一个数组也是由各个数组元素（下标变量）组成的。每个数组元素按其类型不同占有几个连续的内存单元。一个数组元素的首地址也是指它所占有的几个内存单元的首地址，同时 C 语言规定数据名就是整个数组的地址。

例如，在程序中使用了数组：

```
uchar data dbuf[8];
```

dbuf[0]的地址就是整个数组的地址。

```
uchar *p;        /*定义 p 为指向字符型型变量的指针*/
p=&dbuf[0]       /*首元素地址赋值*/
```

也可以写为：

```
P= dbuf        /*数组名直接赋值*/
```

把 dbuf[0]元素的地址赋给指针变量 p。也就是说，p 指向数组 dbuf 的第 0 号元素，如图 7-27 所示。

C 语言规定，如果指针变量 p 已指向数组中的一个元素，则 p+1 指向同一数组中的下一个元素。

引入指针变量后，就可以用两种方法来访问数组元素了。

如果 p 的初值为&dbuf [0]，则 p+i 和 dbuf+i 同为 dbuf [i]的地址，或者说它们是指向 dbuf 数组的第 i 个元素，如图 7-28 所示。

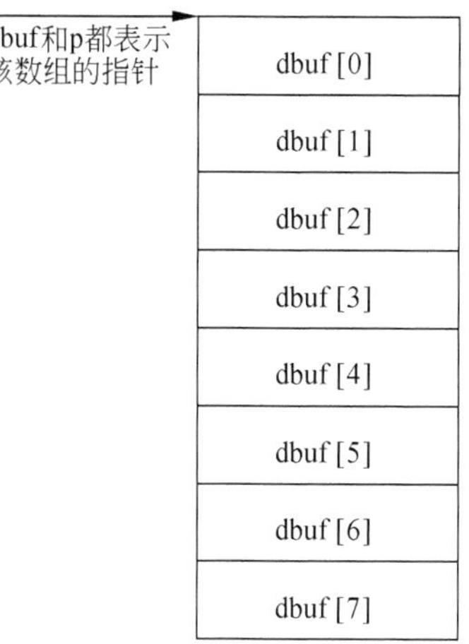

图 7-27　指针指向数组

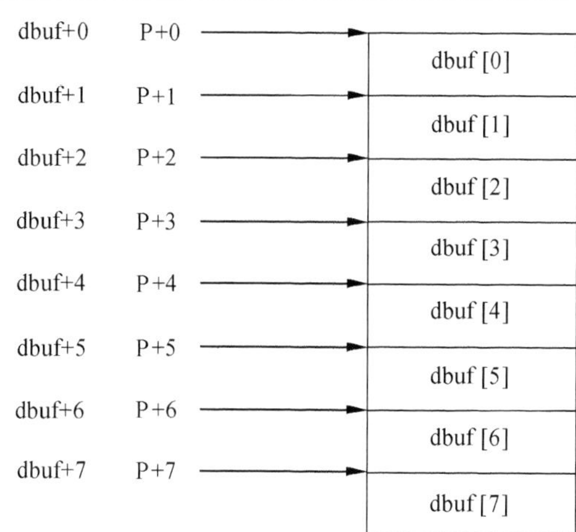

图 7-28　利用指针寻址数组各元素

(p+i)或(dbuf+i)就是 p+i 或 dbuf+i 所指向的数组元素，即 dbuf [i]。例如，*(p+5)或*(dbuf+5)为 dbuf [5]的值。

4．指针作为函数参数

函数的参数不仅可以是整型、实型、字符型等数据，还可以是指针类型。它的作用是将一个变量的地址传送到另一个函数中。看个例子：

```
void PUT_BUFFER(uchar *str)
{
    uchar TEMP1;
    TEMP1=SBUF;
    *(str+1)=TEMP1>>4;    //高位数据放入相应显示缓存区
    *(str)=TEMP1&0x0f;    //低位数据放入相应显示缓存区
}
```

这是在串行中断服务程序 UART ()调用的子程序，它的作用是将串行接收的一个字节数据分成两个字节，并放入相应的显示缓存区。(uchar *str)并不表示要将*str 的值传递，只是用来声明传递的参数是一个指针型的变量。

UART ()函数调用此子程序的形式为：

```
uchar *TEMP;
……
TEMP=dbuf+SHIFT;            //将数组 dbuf[SHIFT]的地址传送给指针变量 TEMP
 PUT_BUFFER(TEMP);          //注意调用的时候不能使用*TEMP
……
```

首先声明一个指针型的变量 TEMP，dbuf 是显示缓存区数组的指针，变量 SHIFT 指示了要执行修改哪个显示缓存区的内容，所以 dbuf+SHIFT 就指向了 dbuf[SHIFT]的地址，同样局部变量 TEMP 也得到这个地址。指针变量 TEMP 在作为实参的时候不能加“*”，因为*TEMP 的值为 TEMP 地址的数值。

PUT_BUFFER 子程序执行的过程为：

```
TEMP1=SBUF;                 //串行数据传送给局部变量 TEMP1
```

```
*(str+1)=TEMP1>>4;      //TEMP 右移 4，表示将串行接收的高 4 位提取
*str=TEMP1&0x0f;        //TEMP 和 0x0f 相与，表示将串行接收的低 4 位提取
```

在子程序调用的过程中，实参指针 TEMP 或 dbuf+SHIFT 传递给了形参变量 str，*str 的值表示数组元素 dbuf[SHIFT]的数值，而*(str+1)表示了数组元素 dbuf[SHIFT+1]的值。

7.4.3 加 1 子程序的分析

实例程序中的加 1 子程序（ADD1）包含了很多知识点，我们通过分析这个子程序来巩固加深对指针的理解。

1. 程序分析

定时器 0 中断服务子程序 COUNT0 调用了 3 次 ADD1 子程序，当执行小时值加 1 操作时，加 1 子程序的调用形式为：

```
uchar TEMP1,*TEMP2;         //声明一个普通变量 TEMP1，一个指针变量 TEMP2
……
TEMP2=dbuf+4;   //数组元素 dbuf[4]的地址（时显示缓存区地址）传送给指针变量 TEMP2
TEMP1=ADD1(TEMP2);          //计算结果返回 TEMP1
if((TEMP1^24)==0)           //判断 TEMP1 的值是否等于 24，或使用语句 if((TEMP1==24)
CLEAR(4);                   //如果小时值达到 24，清零小时显示单元
……
```

再将加 1 子程序给出：

```
uchar ADD1(uchar *str)
{
    uchar TEMP1;
    TEMP1=((*(str+1)&0X0F)*10+(*(str)&0X0F))+1; //两个字节合并，并执行加 1
    *(str+1)=TEMP1/10;                          //取出高位
    *(str)=TEMP1%10;                            //取出低位
     return TEMP1;                              //TEMP1 表示计算结果值
}
```

在加 1 子程序中，C 语言采用的算法和汇编语言是不一样的，因为 C 语言没有十进制调整指令。

首先分析两个字节的合并。假设时显示低位单元 dbuf[4]的原来数值为 0x03，而时显示单元高位 dbuf[5]的值为 0x01，这表示当前的数码管显示的时单元为 13。经过传递：

```
(*(str+1)&0X0F)*10 相当于（dbuf[4+1]  &0X0F)*10，计算结果为 10
(*(str)&0X0F) 相当于（dbuf[4]  &0X0F)，计算结果为 3
TEMP1=10+3+1=14
```

TMEP1 就得到了两个字节合并后加 1 的数值。而接下来的操作就是再次分割：

```
*(str+1)=TEMP1/10;
```

因为字符型数据不能显示小数，所以 14 除以 10 的结果为 1。将 1 传送给*(str+1)，也就是将 1 传送给数组元素 dbuf[4+1]。

```
*(str)=TEMP1%10;
```

%为取余操作，TEMP1%10 计算的结果为 TEMP1/10 后留下的余数 4。这个余数就是要显示的低位数据，通过传递后 dbuf[4]的值就被赋值为 4。

2. 扩展运用

如果在程序中，给定一个数据 unsigned int value=12345678，因为 uchar 的数据类型表达的范围为 0～255，所以使用了长整型，这个数据类型表达的范围可达 0～42949672965。如果想用数码管显示这个如此之长的数据，下面的程序应该会助你一臂之力。

```
unsigned long int data value=12345678;
dbuf[7]=value/10000000;      //取千万位数据
temp = value %10000000;      //余数为百万位以下的数据
dbuf[6]= temp /1000000;
temp = temp %1000000;
dbuf[5]= temp /100000;
temp = temp %100000;
dbuf[4]= temp /10000;
temp = temp %10000;
dbuf[3]= temp /1000;
temp =temp %1000;
dbuf[2]= temp /100;
value=value%100;
dbuf[1]= temp /10;
dbuf[0]= temp %10
```

利用上述的程序，就可以直接将运算获得的数据直接显示出来，而不必一一赋值数组各个元素的值。

7.5　习题和实例扩展

1. 简答题

（1）在本章实例电路中，74HC373 的作用是什么，是否还有其他方案来替代此芯片的功能。

（2）简述本章实例如何实现按键的控制，为什么将按键程序放置在外中断服务子程序之中。

（3）简述本实例数码管动态显示缓存区的划分方案，每个修改单元包括几个显示缓存区。

（4）C 语言和汇编语言实现多程序分支的方法各是什么，两者之间的区别是什么。

（5）在本章实例中，时钟信号是如何产生的，定时器在这个过程中所起的作用是什么。

（6）在 C 语言中，有参函数和无参函数各指的是什么，并举例说明。

（7）简述 C 语言指针变量，如何实现地址和数值的相互转换。

（8）简述指针和数组的关系。

2. 编程及画图题

（1）画出本实例键盘控制流程图。

（2）描述本实例 4 个按键的功能，并画出这 4 个按键功能的简易流程图。

（3）画出 C 语言指针变量实现存取数据和汇编语言间接寻址指令对应的关系。

（4）分别绘制出 C 语言和汇编语言实现多程序分支的方案。

3．实例扩展

（1）绘制电路图，如图 7-29 所示。

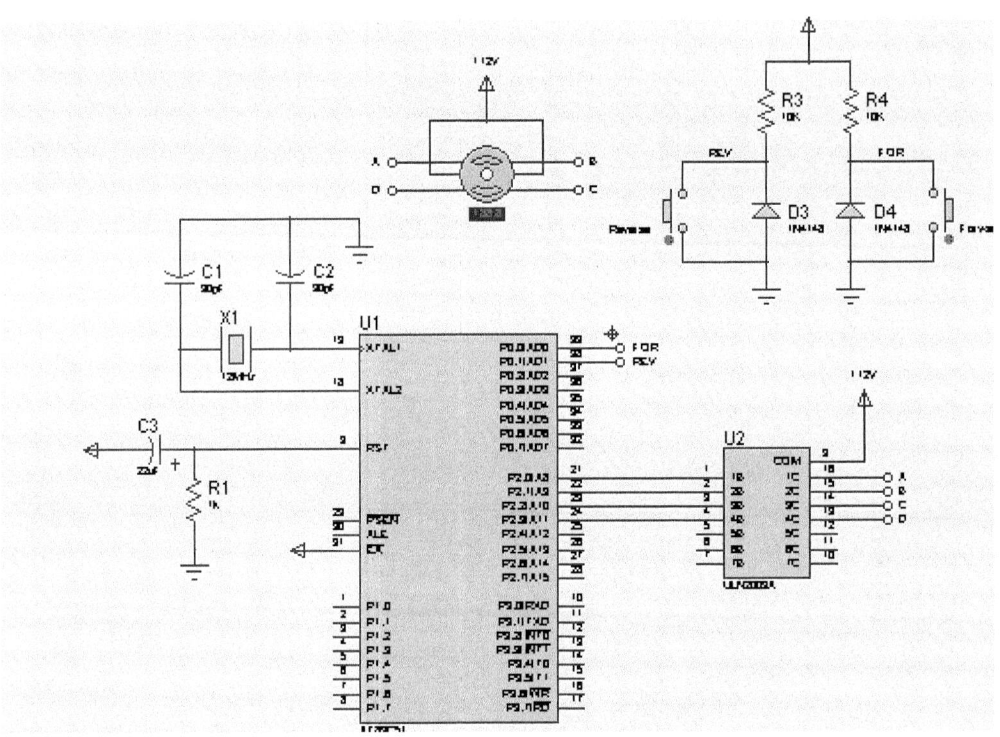

图 7-29　电路图

（2）为本实例添加一个打印热键，实现串口打印时间的功能。

（3）考虑如何将年、月、日这些时间信息添加到本实例中。

（4）参考其他专业 C 语言书籍，加强指针的学习。

第 8 章　更先进的电子时钟

上一章通过数码管来实现了一个电子时钟，相对来说，程序还是比较繁琐的，而且显示的内容非常有限。本章我们来学习一个更先进的电子时钟，显示的媒介将要选用更加简洁漂亮的字符型液晶 1602，时间信号将由外设芯片 DS1302 来提供。这一章的内容非常形象而有趣，大家会学到很多知识。

8.1　字符和 ASCII 码

在学习例程之前，还是有必要了解一下 ASCII 码的概念，前面的学习只是使用数码管显示数字或是特定的几个字母。想要显示特定的字符，如%、&等就必须要知道它们所对应的 ASCII 码。

8.1.1　ASCII 码的概念

ASCII（American Standard Code for Information Interchange）是美国信息交换标准代码，是一种用于信息交换的美国标准代码。7 位字符集广泛用于代表标准美国键盘上的字符或符号，通过将这些字符使用的值标准化，ASCII 码允许计算机和计算机程序交换信息。

简单来说，在计算机中，所有的数据在存储和运算时都要使用二进制数表示，像 a、b、c、d 这样的字母在计算机中存储时也要使用二进制数来表示，而具体用哪个数字表示哪个符号，当然每个人都可以约定自己的一套，但是大家要想互相通信而不造成混乱，就必须使用相同的编码规则，于是美国有关的标准化组织就出台了 ASCII 编码，统一规定了常用字符符号用哪个二进制数来表示。如表 8-1 所示，列出了部分 ASCII 码，全部 ASCII 码值在本书的附录 B 中。

表 8-1　部分ASCII码

显示字符	ASCII 码值			显示字符	ASCII 码值		
	二进制	十进制	十六进制		二进制	十进制	十六进制
/	0010 1111	47	2FH	8	0011 1000	56	38H
0	0011 0000	48	30H	9	0011 1001	57	39H
1	0011 0001	49	31H	:	0011 1010	58	3AH
2	0011 0010	50	32H	;	0011 1011	59	3BH
3	0011 0011	51	33H	<	0011 1100	60	3CH
4	0011 0100	52	34H	=	0011 1101	61	3DH
5	0011 0101	53	35H	>	0011 1110	62	3EH
6	0011 0110	54	36H	?	0011 1111	63	3FH
7	0011 0111	55	37H	@	0100 0000	64	40H

在表中，字符 0 的 ASCII 码值为 48，字符 1 的 ASCII 码值为 48+1，其他的数值依次类推，这样我们就可以方便地将数字转换成 ASCII 码，例如，字符 5 的 ASCII 码就是 5+48。

8.1.2 汇编语言中运用字符

1．单个字符

由于字符的特殊性，无论是汇编语言还是 C 语言，字符都需要特殊的表示。一般来说，单个字符都使用单引号括起来，如‘8’、‘=’、‘+’、‘?’。

使用汇编语言字符可以直接参与数据处理，看下面的程序：

```
MOV R0, #'8'              ;等同于 MOV R0, #38H
MOV R0, #'<'              ;等同于 MOV R0, #3CH
CJNE A,  #'<', ref        ;等同于 CJNE A, #3cH, ref
```

大家不要将字符想象得过于复杂，将其可以理解为十进制、十六进制一样的一种新的数据表达方式。

2．数据表格存入字符串

有些情况下，需要显示多个字符，多个字符在一起就形成了字符串，在汇编语言中字符串可以表示为：

```
DB 'how are you' 或是 DB "how are you"
```

上述语句的作用是将字符存入连续的 ROM 单元，相当于：

```
DB 68H,6fH,77H,20H,61H,72H,65H,20H,79H,6fH,75H
```

大家可以查询对照一下，字符给了 9 个，怎么会出现 11 个十六进制数呢？这是因为空格也是一种字符，它的 ASCII 码值为 20H。

8.1.3 C 语言中表达字符

1．字符和字符串

在 C 语言中，每个字符变量被分配一个字节的内存。字符是以 ASCII 码的形式存放在变量的内存单元之中的。

如字符'?'对应的十六进制 ASCII 码是 3FH，字符'@'对应的十六进制 ASCII 码是 40H，则执行下列的语句：

```
unsigned char a,b;
a='?';
b='@';
```

在 a、b 两个单元内存放 0x3f 和 0x40。

字符串常量是由一对双引号括起的字符序列。例如，“51MCU”、“C51 CODE”、“$ABC”等都是合法的字符串常量。

字符串常量占的内存字节数等于字符串中字节数加 1。增加的一个字节中存放字符‘\0’

（ASCII 码为 0），字符‘\0’为字符串结束的标志。例如：

C	5	1		C	O	D	E	\0

字符‘a’和字符串常量“a”虽然都只有一个字符，但在内存中的情况是不同的。字符‘a’只占用一个字节的空间，而“a”则表示一个字符串，占用了两个字节，多出的字节用于存放‘\0’。

2．字符串和数组

在 C 语言中，通常使用一个字符数组来存放一个字符串。前面介绍字符串常量时，已说明字符串总是以‘\0’作为字符串的结束符。因此，当把一个字符串存入一个数组时，也把结束符‘\0’存入数组，并以此作为该字符串是否结束的标志。有了‘\0’标志后，就不必再用字符数组的长度来决定字符串的长度了。

C 语言允许用字符串的方式对数组做初始化赋值。

例如：

```
unsigned char c[]={'C','5','1',' ','C','O','D','E'};
```

也可写为：

```
unsigned char c[]={"C51 CODE"};
```

或去掉{}写为：

```
unsigned char c[]="C51 CODE";
```

用字符串方式赋值比用字符逐个赋值要多占一个字节，这个多余的字节存放字符串结束标志‘\0’。上面的数组 c 在内存中的实际存放情况为：

C	5	1		C	O	D	E	\0

‘\0’是由 C 编译系统自动加上的。由于采用了‘\0’标志，所以在用字符串赋初值时一般无需指定数组的长度，而由系统自行处理。

3．字符串和指针

前面讲过了指针和数组的关系，同样字符串也可以和指针建立关系。在 C 语言中，可以用两种方法访问一个字符串，如图 8-1 所示。

用字符数组存放一个字符串，然后输出该字符串：

```
unsigned char string[]="I love China!";
```

用字符串指针指向一个字符串：

```
unsigned char *string="I love China!";
```

字符串指针变量的定义说明与指向字符变量的指针变量说明是相同的。在上例中，首先定义 string 是一个字符指针变量，然后把字符串的首地址赋值给 string。字符串名字 string 就是该数组的指针。

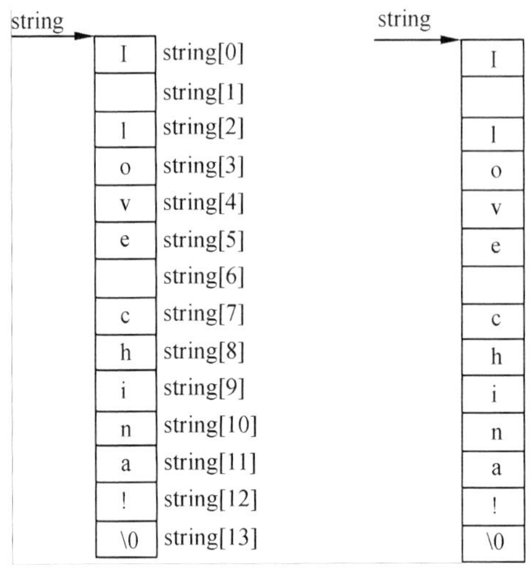

图 8-1　字符串变量分配例图

8.1.4　串行口输出字符

本节来学习一个实例——串行口输出字符串。第 6 章使用串行口只能输出十六进制数，本实例利用串行输出内容更加丰富的字符串。

如图 8-2 所示为本实例所用电路，使用电平信号源来控制 P2 口的状态，使用点动开关来控制字符串输出。按一次开关，串行口输出一次 P2 端口的状态。

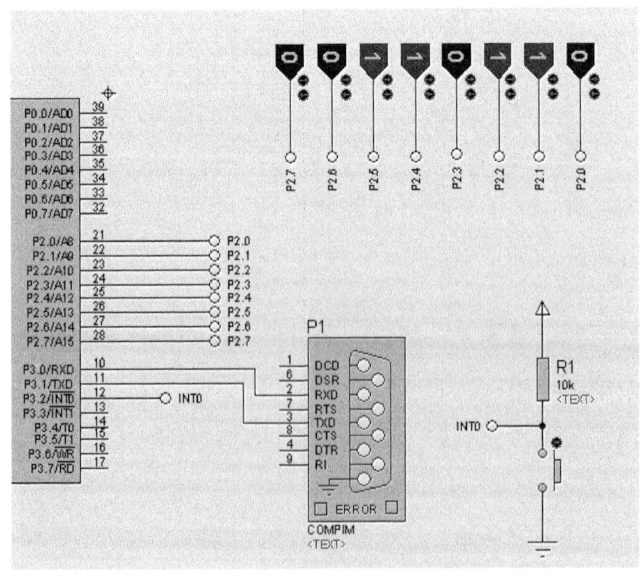

图 8-2　串行输出字符电路

在进行本次实例之前，确保电脑中已经安装了虚拟串口，具体的设置方法请参考第 6 章。因为本实例输出的数据为字符型，所以串口调试助手输出的方式不再采用十六进制，设置的方法如图 8-3 所示。

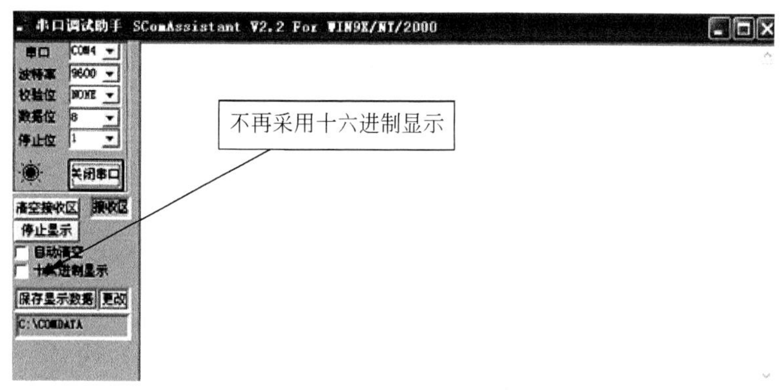

图 8-3　串行调试助手设置方法

1. 本实例汇编语言和C语言的主程序

如下为本实例汇编语言的初始定义及主程序。主程序的主要作用为寄存器的设置，本实例中串行通信不再采用中断处理的方式。点动开关的控制依然采用外中断 0 来实现，程序的大部分数据处理在外中断 0 中断服务子程序中。

如下为用汇编语言编写的主程序部分：

```
ORG 0000h
JMP MAIN
ORG 0013h
JMP inte_addr                    ;外中断 0 服务程序地址
ORG 0023h
MAIN:
     MOV SP, #60H
     MOV TMOD,#20H               ;定时器 1 工作方式 2
     MOV TL1,#0FDH               ;设置波特率为 9600
     MOV TH1,#0FDH
     MOV SCON,#50H               ;串行工作方式 1，允许接收
     SETB EA                     ;开启中断
     SETB EX0                    ;开启外中断 0
     SETB IT0                    ;设置外中断 0 为脉冲触发方式
    SETB TR1                     ;开启串行通信
    JMP $
```

如下为本实例的 C 语言主程序及各子程序声明：

```
#define uchar  unsigned char
#include <at89x52.h>
void EXTR0();
void SEND_STRING(uchar *BUFFER);
main()
{
TMOD=0X20;                  //定时器 1 工作方式 2
TL1=0XFD;                   //设置波特率为 9600
TH1=0XFD;
PCON=0X00;
SCON=0X50;                  //串行工作方式 1，允许接收
EA=1;                       //开启中断
EX0=1;                      //开启外中断 0
IT0=1;                      //设置外中断 0 为脉冲触发方式
```

```
TR1=1;          //开启串行通信
while(1);
}
```

2. 外中断服务子程序

1）汇编语言实现方式

下面的程序为本实例所使用的汇编语言外中断 0 服务子程序。首先调用一个子程序 SEND_STRING，此子程序的功能是串行发送一个字符串。接着将 P2 端口的状态拆分为两个字节，并转换为字符形式。数字转换为字符就是将数字直接加上十进制数 48 即可，注意，要进行十进制调整。

```
inte_addr:
        CALL SEND_STRING     ;调用字符串发送子程序
        MOV  A,P2
        PUSH ACC             ;暂时保存累加器状态
        SWAP A
        ANL  A,#0FH          ;提取高位字节
        ADD  A,#48           ;转换为字符
        DA   A               ;十进制调整
        MOV  SBUF,A          ;串行发送高位数据
        JNB  TI,$            ;等待发送完毕
        CLR  TI              ;清零中断标志位
        POP  ACC             ;弹出保存数据
        ANL  A,#0FH          ;取出低位数据
        ADD  A,#48           ;转换为字符
        DA   A
        MOV  SBUF,A          ;串行发送低位数据
        JNB  TI,$
        CLR  TI
        RETI
```

在本实例中，串行发送没有采用中断的方式，直接将要发送的数据传送给寄存器 SBUF，然后等待发送中断标志位 TI 被置 1。如果 TI 已为 1，表示发送完毕，清零 T1，这个过程完成了一个字节的发送。

2）C 语言实现方式

C 语言实现数据处理方式和汇编语言有一定的区别，如下为 C 语言外中断 0 服务子程序的代码：

```
void EXTR0 () interrupt 0 using 1
{
   uchar TEMP;                                  //定义中间变量
   uchar code *buff="Input String:";           //利用指针方式定义一个字符串
   SEND_STRING(buff);                           //调用字符串发送子程序
   TEMP=P2;
   TEMP=((TEMP&0xf0)>>4)*10 + (TEMP&0x0F); //将十六进制数转换为十进制数
   SBUF=TEMP/10 + '0';                          //串行发送转化为字符的高位数据
   while(!TI);                                  //等待发送完毕
   TI=0;
   SBUF=TEMP%10 + '0';                          //串行发送转化为字符的低位数据
   while(!TI);
```

```
  TI=0;
}
```

C 语言没有十进制转换指令，所以采用语句：

```
TEMP=((TEMP&0xf0)>>4)*10 + (TEMP&0x0F);
```

将十六进制转化为十进制数据，这段语句在上一章就已经学过了，转换的过程大致为将高位数据移至低位乘以 10，并加上低位数据。

程序中使用了语句：

```
SBUF=TEMP/10 + '0';
```

因为字符‘0’的十进制 ASCII 码为 48，所以这段程序相当于：

```
SBUF=TEMP/10 +48;
```

3. 字符串发送子程序

1）汇编语言实现字符串发送

下面的程序为汇编语言字符串发送子程序：

```
SEND_STRING:
        MOV dptr,#string
START:
        MOV A,#00H
        MOVC A,@A+DPTR          ;查表，获取发送数据
        JZ  END_STRING          ;判断查表取出的数据是否为 0，如果为 0，跳出子程序
        MOV SBUF,A
        JNB  TI,$
        CLR  TI
        INC  DPTR
        JMP  START
END_STRING:
        RET
string:db "Output string:",0 ;要发送的数据表格，最后一个字节 0 为字符串的结尾标志
```

在程序中，先将要发送的数据存入数据表格之中，数据表格最后一个字节采用存入了数字 0，而非字符，这样做的目的是作为字符串的结尾，相当于 C 语言中的‘\0’，在取表操作中，如果取出的数据为 0，表示字符串数据发送完毕。

2）C 语言实现字符串发送

下面的程序为 C 语言字符串发送子程序：

```
void SEND_STRING(uchar *BUFFER)//字符串指针作为传递数据
{
  uchar TEMP,i=0;
  while(1)
  {
   TEMP=BUFFER[i];
   i++;
   if(TEMP=='\0') break;                //判断字符串是否为最后一位
   SBUF=TEMP;
   while (!TI);
   TI=0;
  }
```

它的调用过程为：

```
uchar code *buff="Input String:";   //利用指针方式定义一个字符串
SEND_STRING(buff);                  //调用字符串发送子程序
```

4．实例仿真

开始仿真以后，按一次开关，如图 8-4 所示，串口调试助手显示窗口会打印字符串“Input String:”，并输出 P2 端口的状态。当然 P2 端口的状态可以使用电平信号源来控制。

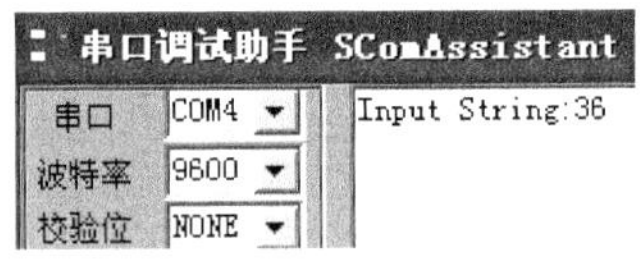

图 8-4　串行输出字符效果

8.2　字符型液晶 1602

液晶显示要比数码管显示的运用更加广泛，我们的手机和笔记本电脑的显示屏幕使用的都是液晶。本节介绍一个比较简单的液晶显示模块 1602，这种新的显示方式不仅可以显示数字，还可以显示各种字符，使用它，可以实现更强大的信息交互。

8.2.1　字符液晶 1602 简介

1．1602庐山面目

字符液晶 1602 在单片机的学习过程中是比较常见的，如图 8-5 所示为它的实物外形，因为它可以显示两行，且每行可以显示 16 个字符，所以称之为 1602 液晶。

图 8-5　字符液晶 1602 外形

在 Proteus 中，液晶 1602 的寻找路径如图 8-6 所示。另外在 Proteus 中，还提供了许多其他类型的液晶，有兴趣的话读者可以看一下。

关键字(D):
完全匹配(W)?
类别(C):
Miscellaneous
Modelling Primitives
Operational Amplifiers
Optoelectronics
PICAXE
PLDs & FPGAs
Resistors

结果（160）：

器件	库	描述
LGM12641BS1R	DISPLAY	128x64 Graphical LCD with KS0108 controlle
LM016L	DISPLAY	16x2 Alphanumeric LCD
LM017L	DISPLAY	32x2 Alphanumeric LCD
LM018L	DISPLAY	40x2 Alphanumeric LCD
LM020L	DISPLAY	16x1 Alphanumeric LCD
LM032L	DISPLAY	20x2 Alphanumeric LCD
LM041L	DISPLAY	16x4 Alphanumeric LCD
LM044L	DISPLAY	20x4 Alphanumeric LCD
LM3228	DISPLAY	128x64 Graphical LCD
LM3229	DISPLAY	240x128 Graphical LCD

VSM DLL Model [LCDALPHA]

图 8-6　1602 液晶寻找路径

如图 8-7 所示为 1602 液晶的一个程序演示。通过这个演示我们可以看到，它几乎可以显示所有的字符，确实比数码管强大得多。

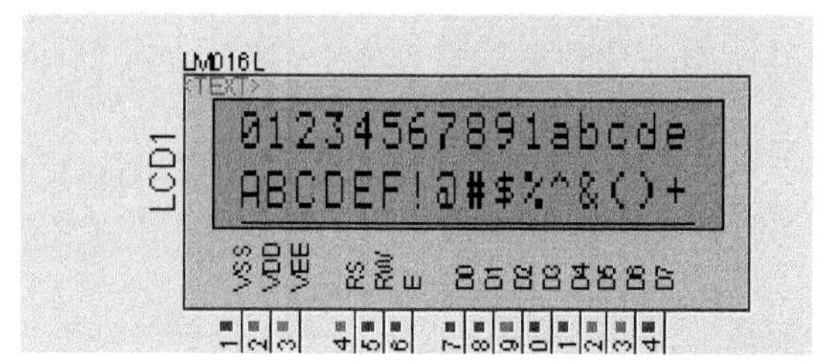

图 8-7　1602 液晶在 Proteus 中的仿真示例

2．字符液晶1602内部结构及引脚介绍

如图 8-8 所示为 1602 液晶的封装轮廓，中间的显示区域正好分为两行，每行有 16 个阴影显示区域。

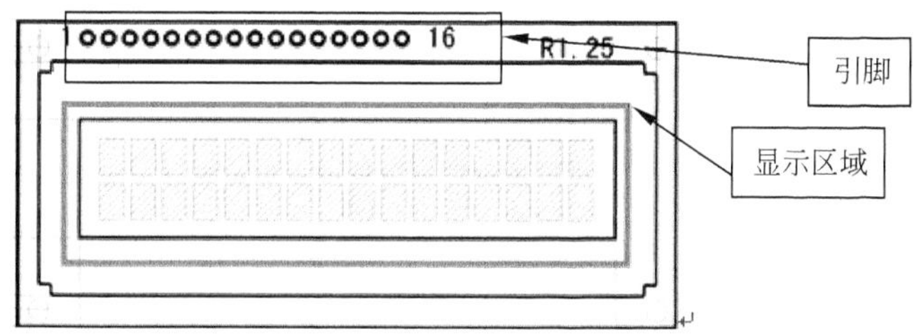

图 8-8　1602 液晶封装模型

标准的 1602 液晶总共有 16 个引脚，它的各引脚说明如表 8-2 所示。

表 8-2　1602 液晶引脚说明

引脚编号	引脚符号	引脚说明	引脚编号	引脚符号	引脚说明
1	VSS	电源地	9	D2	数据信号 2
2	VDD	电源正极	10	D3	数据信号 3
3	VL	液晶显示偏压	11	D4	数据信号 4
4	RS	数据/命令选择	12	D5	数据信号 5
5	R/W	读/写命令选择	13	D6	数据信号 6
6	E	使能信号	14	D7	数据信号 7
7	D0	数据信号 0	15	BLA	背光正极
8	D1	数据信号 1	16	BLK	背光负极

如图 8-9 所示为 1602 液晶可以显示的字符，几乎包含了最常用的字符，一些希腊、日文字符也可以在液晶中显示出来。

3．液晶1602和单片机的连接

图 8-10 所示为液晶 1602 和单片机的整机连接方式。在图 8-11 所示中，单片机的 P0 口依然是信号传输端口，74373 同前面所讲实例一样作为信号驱动芯片，将放大的信号传输给液晶的 8 个数据信号端。

液晶的驱动主要依靠单片机给液晶发送命令或数据，但单片机需要查询液晶是否处于“忙碌状态”，如图 8-12 和图 8-13 所示。51 单片机的端口 P2.6 和液晶的引脚 14（D7）相连，通过查询端口 P2.6 的状态来观察液晶是否处于忙碌状态。

	0	@	P	`	p		ー	タ	ミ	α	p
!	1	A	Q	a	q	。	ア	チ	ム	ä	q
"	2	B	R	b	r	「	イ	ツ	メ	β	θ
#	3	C	S	c	s	」	ウ	テ	モ	ε	∞
$	4	D	T	d	t	、	エ	ト	ヤ	μ	Ω
%	5	E	U	e	u	・	オ	ナ	ユ	σ	ü
&	6	F	V	f	v	ヲ	カ	ニ	ヨ	ρ	Σ
'	7	G	W	g	w	ァ	キ	ヌ	ラ	g	π
(	8	H	X	h	x	ィ	ク	ネ	リ	√	x̄
)	9	I	Y	i	y	ゥ	ケ	ノ	ル	⁻¹	y
*	:	J	Z	j	z	ェ	コ	ハ	レ	j	千
+	;	K	[	k	{	ォ	サ	ヒ	ロ	ˣ	万
,	<	L	¥	l	|	ャ	シ	フ	ワ	¢	円
-	=	M	]	m	}	ュ	ス	ヘ	ン	₤	÷
.	>	N	^	n	→	ョ	セ	ホ	゛	ñ	
/	?	O	_	o	←	ッ	ソ	マ	゜	ö	█

图 8-9　1602 液晶可显示字符

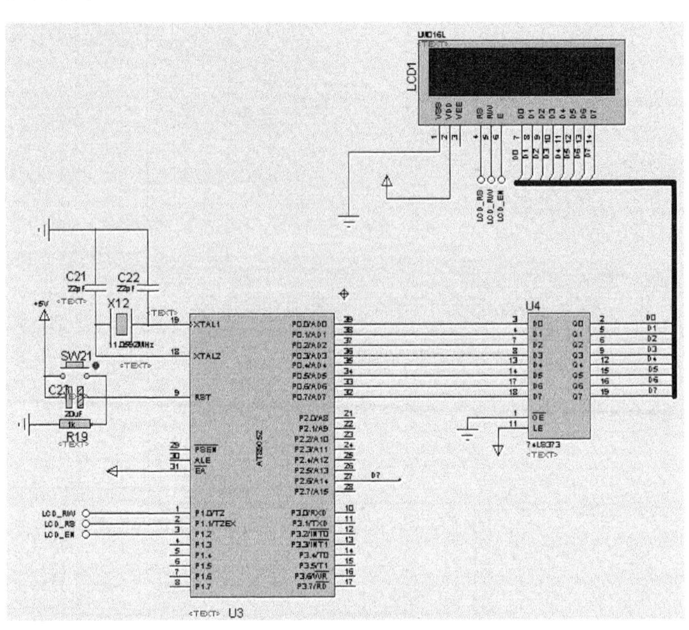

图 8-10　整机接口

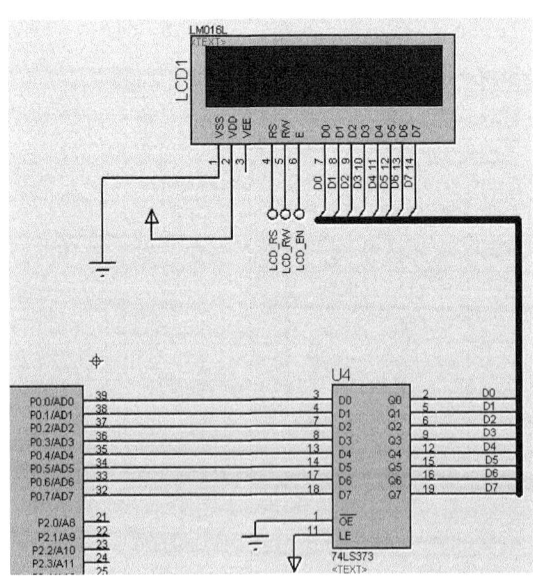

图 8-11　信号接口

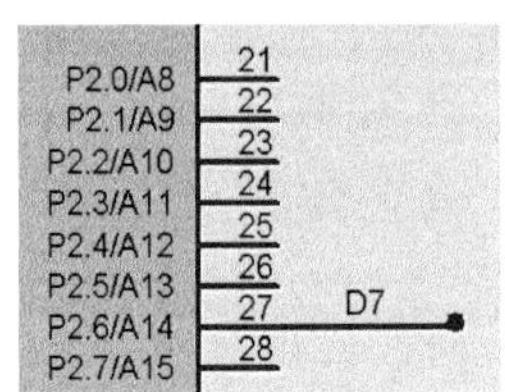

图 8-12　忙碌查询信号输入

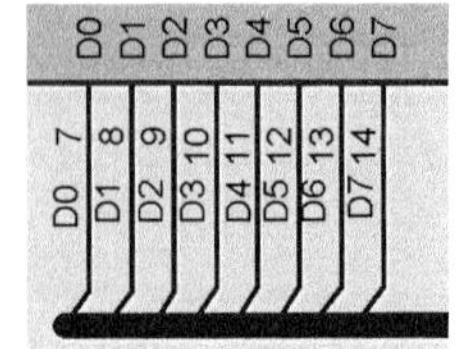

图 8-13　忙碌查询信号由液晶 D7 提供

单片机对液晶的控制信号有 3 个，如图 8-14 和图 8-15 所示。信号 LCD_RW、LCD_RS 和 LCD_EN 由单片机 P1.0、P1.1、P1.2 提供，3 个控制信号输出不同的状态对应对液晶不同的操作。

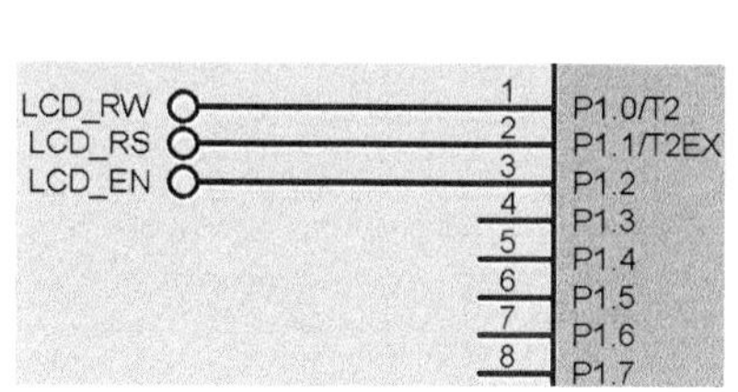

图 8-14　控制信号接口 1

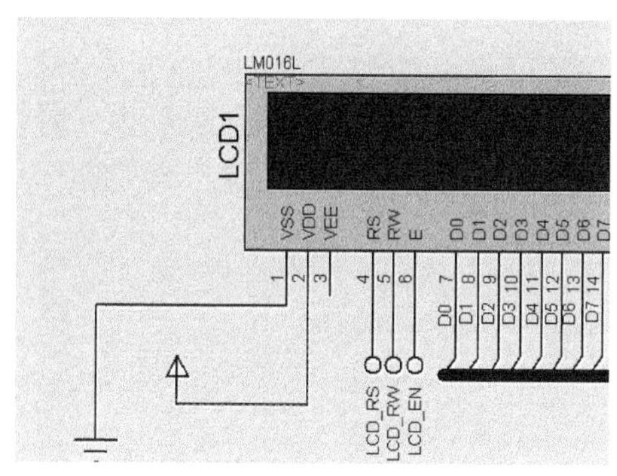

图 8-15　控制信号接口 2

在 Proteus 仿真中，背光调节无法起到作用，所以在 Proteus 中的仿真模型没有液晶背光的两个引脚，至于液晶第 3 脚可以不去处理。

8.2.2　在编程中学习液晶驱动

1. 宏定义及液晶基本操作时序

在电路图中，已将单片机的端口进行分配，有的用于信号传输，有的用于控制信号，将这些引脚宏定义为直观的名称，可以使程序更加清晰。

1）汇编语言的宏定义

```
LCD_DATA    EQU  P0        ;P0 为单片机数据输出端
LCD_BUSY    BIT  P2.6      ;P2.6 为单片机查询液晶“忙碌”输入端
LCD_RW      BIT  P1.0      ;P1.0 为单片机读、写控制输出端
LCD_RS      BIT  P1.1      ;P1.1 为单片机数据、指令控制输出端
LCD_EN      BIT  P1.2      ;P1.2 为单片机使能信号输出端
```

2）C 语言宏定义

```
#define LCD_DATA  P0
#define LCD_BUSY  P2_6
#define LCD_RW    P1_0
#define LCD_RS    P1_1
#define LCD_EN    P1_2
```

3）1602 液晶基本控制时序

单片机对 1602 液晶的控制方式有 4 种，分别是读指令、写指令、读数据、写数据。最常用的是写指令和写数据，读数据基本不使用。

- 读状态：RS=0，RW=1，EN 高电平；液晶输出：D0～D7=状态字
- 写指令：RS=0，RW=0，EN 下跳脉冲；单片机输出：D0～D7=指令代码
- 读数据：RS=1，RW=1，EN 高电平；液晶输出：D0～D7=数据
- 写数据：RS=1，RW=0，EN 下跳脉冲；单片机输出：D0～D7=写入数据

2．读状态驱动程序

对 1602 液晶读写操作之前必须进行读写检测操作，也就是对液晶的“忙碌”查询，判断液晶的 13 脚（D7）的状态是否为 0，如果 D7 的状态不为 0，则继续查询。不为 0，表示液晶不处于忙碌状态，可以开始下面的操作。

“忙碌”查询属于读状态的一种，所以按照液晶的读状态时序来进行编程。

1）汇编语言实现“忙碌”查询操作

```
LCD_CHECK_BUSY:
          NOP
BUSY:     CLR   LCD_EN                ;清零状态
          CLR   LCD_RS
          SETB  LCD_RW                ;读状态
          MOV   LCD_DATA,#0ffH        ;初始数据
          SETB  LCD_EN                ;使能控制
          JB    LCD_BUSY, BUSY        ;查询忙碌信号
          CLR   LCD_EN
          RET
```

2）C 语言实现“忙碌”查询操作

```
void LCD_CHECK_BUSY(void)
{
  while(1)
   {
    LCD_EN=0;             //清零状态
    LCD_RS=0;             //读状态
    LCD_RW=1;
    LCD_DATA=0xff;        //初始数据
    LCD_EN=1;
    if(!LCD_BUSY)break;  //查询忙碌信号
   }
  LCD_EN=0;
}
```

3．写指令驱动程序

液晶 1602 官方提供了许多液晶执行命令，通过这些命令就可以控制液晶实现一些特殊的功能，别忘了对液晶读写之前执行“忙碌”查询操作。

1）汇编语言写命令驱动

```
LCD_WRITE_INSRTRU:
          CALL LCD_CHECK_BUSY     ;检测忙碌
          CLR  LCD_RS
          CLR  LCD_RW
          MOV  LCD_DATA,R7        ;命令字先放置在 R7 之中
          SETB  LCD_EN
          CLR   LCD_EN            ;下跳沿
          RET
```

R7 作为传递函数，调用此函数之前将命令字先放入 R7 之中。

有一个常用的函数叫做清屏函数，用来将所有显示的数字全部清零，这个函数也是液晶写命令的一个子函数。程序执行过程是将命令字 01H 写入液晶。

```
LCD_CLR:
        CALL LCD_CHECK_BUSY     ;检查忙碌
        CLR  LCD_RS
        CLR  LCD_RW
        MOV  LCD_DATA,#01h      ;清屏命令字为 01h
        SETB LCD_EN
        CLR  LCD_EN
        RET
```

1602 液晶可以实现很多种操作，如光标的显示或闪烁、屏幕的移位方式等。实现这些功能都有相应的命令字来控制，下面就用汇编语言宏定义的方式列举一部分命令字，大家可以在实例中探索这些命令的用途。

```
LCD_GO_HOME                 EQU     02H     ;AC=0，光标、画面回 HOME 位
LCD_AC_AUTO_INCREMENT       EQU     06H     ;数据读、写操作后，AC 自动增一
 LCD_AC_AUTO_DECREASE       EQU     04H     ;数据读、写操作后，AC 自动减一
 LCD_MOVE_ENABLE            EQU     05H     ;数据读、写操作，画面平移
 LCD_MOVE_DISENABLE         EQU     04H     ;数据读、写操作，画面不动
;设置显示、光标及闪烁开、关
 LCD_DISPLAY_ON             EQU     0CH     ;显示开
 LCD_DISPLAY_OFF            EQU     08H     ;显示关
LCD_CURSOR_ON               EQU     0AH     ;光标显示
LCD_CURSOR_OFF              EQU     08H     ;光标不显示
LCD_CURSOR_BLINK_ON         EQU     09H     ;光标闪烁
LCD_CURSOR_BLINK_OFF        EQU     08H     ;光标不闪烁
;光标、画面移动，不影响 DDRAM
LCD_LEFT_MOVE               EQU     18H     ;LCD 显示左移一位
LCD_RIGHT_MOVE              EQU     1CH     ;LCD 显示右移一位
LCD_CURSOR_LEFT_MOVE        EQU     10H     ;光标左移一位
LCD_CURSOR_RIGHT_MOVE       EQU     14H     ;光标右移一位
;工作方式设置
LCD_DISPLAY_DOUBLE_LINE     EQU     38H     ;两行显示
LCD_DISPLAY_SINGLE_LINE     EQU     30H     ;单行显示
```

2）C 语言宏定义的方式

```
#define LCD_GO_HOME                 0x02        //AC=0,光标、画面回 HOME 位
#define LCD_AC_AUTO_INCREMENT       0x06        //数据读、写操作后，AC 自动增一
#define LCD_AC_AUTO_DECREASE        0x04        //数据读、写操作后，AC 自动减一
#define LCD_MOVE_ENABLE             0x05        //数据读、写操作，画面平移
#define LCD_MOVE_DISENABLE          0x04        //数据读、写操作，画面不动
//设置显示、光标及闪烁开、关
#define LCD_DISPLAY_ON              0x0C        //显示开
#define LCD_DISPLAY_OFF             0x08        //显示关
#define LCD_CURSOR_ON               0x0A        //光标显示
#define LCD_CURSOR_OFF              0x08        //光标不显示
#define LCD_CURSOR_BLINK_ON         0x09        //光标闪烁
#define LCD_CURSOR_BLINK_OFF        0x08        //光标不闪烁
//光标、画面移动，不影响 DDRAM
#define LCD_LEFT_MOVE               0x18        //LCD 显示左移一位
#define LCD_RIGHT_MOVE              0x1C        //LCD 显示右移一位
#define LCD_CURSOR_LEFT_MOVE        0x10        //光标左移一位
#define LCD_CURSOR_RIGHT_MOVE       0x14        //光标右移一位
#define LCD_AC_AUTO_INCREMENT       0x06        //数据读、写操作后，AC 自动增一
```

```
#define LCD_AC_AUTO_DECREASE        0x04        //数据读、写操作后，AC 自动减一
#define LCD_MOVE_ENABLE             0x05        //数据读、写操作，画面平移
#define LCD_MOVE_DISENABLE          0x04        //数据读、写操作，画面不动
//设置显示、光标及闪烁开、关
#define LCD_DISPLAY_ON              0x0C        //显示开
#define LCD_DISPLAY_OFF             0x08        //显示关
#define LCD_CURSOR_ON               0x0A        //光标显示
#define LCD_CURSOR_OFF              0x08        //光标不显示
#define LCD_CURSOR_BLINK_ON         0x09        //光标闪烁
#define LCD_CURSOR_BLINK_OFF        0x08        //光标不闪烁
//光标、画面移动，不影响 DDRAM
#define LCD_LEFT_MOVE               0x18        //LCD 显示左移一位
#define LCD_RIGHT_MOVE              0x1C        //LCD 显示右移一位
#define LCD_CURSOR_LEFT_MOVE        0x10        //光标左移一位
#define LCD_CURSOR_RIGHT_MOVE       0x14        //光标右移一位
//工作方式设置
#define LCD_DISPLAY_DOUBLE_LINE     0x38        //两行显示
#define LCD_DISPLAY_SINGLE_LINE     0x30        //单行显示
```

C 语言的清屏子程序为：

```
void LCD_CLR(void)
 {
  LCD_CHECK_BUSY();                             //忙碌状态查询
  LCD_RS=0;
  LCD_RW=0;
  LCD_DATA=1;                                   //清屏命令字为 01h
  LCD_EN=1;
  LCD_EN=0;
 }
```

C 语言的命令写入驱动子程序为：

```
void LCD_WRITE_INSRTRU(uchar LCD_instruction)
 {
  LCD_CHECK_BUSY();
  LCD_RS=0;
  LCD_RW=0;
  LCD_DATA=LCD_instruction;                     //命令字写入
  LCD_EN=1;
  LCD_EN=0;
 }
```

4. 写数据驱动函数

给液晶写入的数据是液晶直接显示的内容，单片机每次只可以给液晶写入一个字节的数据，也就是让液晶显示一个字符的内容。

1）汇编语言写数据子程序

```
LCD_WRITE_DATA:
         CALL LCD_CHECK_BUSY
         SETB LCD_RS
         CLR  LCD_RW
          MOV  LCD_DATA,R7                      ;数据写入
          SETB LCD_EN
          CLR  LCD_EN
          RET
```

在程序中，R7 作为传递函数，传递的是写入液晶的字符，调用时将写入数据放入 R7 之中。

2）C 语言写数据子程序

```
void LCD_WRITE_DATA(uchar LCD_data)
{
 LCD_CHECK_BUSY();
 LCD_RS=1;
 LCD_RW=0;
 LCD_DATA=LCD_data;              //数据写入
 LCD_EN=1;
 LCD_EN=0;
}
```

LCD_data 作为形参变量传递的是写入液晶的数据。

8.2.3　液晶显示其他接口函数

1．字符显示位置子程序

如图 8-16 所示为字符型液晶内部自带控制器，总共 80 个显示缓存区，1602 液晶只占用了其中的 32 个，第一行第一个显示位置的地址为 00H，最后一个显示位置的地址为 0FH；第二行第一个字符的地址为 40H，最后一个字符的地址为 4FH。

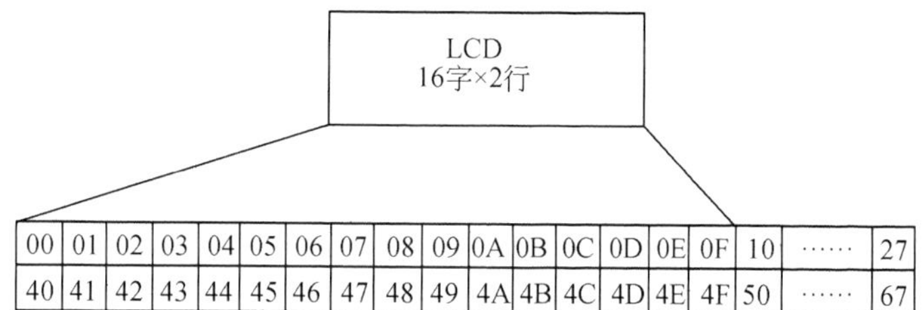

图 8-16　液晶控制寄存器的内部缓存器分配图

可以在液晶的任意位置显示字符，这就需要给液晶发送显示位置命令字，设置显示位置的命令字的格式为：

指令码	功能
80H+地址（0～0fh,40h～4fh）	设置显示位置

汇编语言设置显示位置子程序为：

```
LCD_SET_POSITION:
        MOV A,R7
        ADD A,#80h             ;指令码为 80H+地址
        MOV R7,A
        CALL LCD_WRITE_INSRTRU
        RET
```

调用子程序之前将地址码传送给 R7。

C 语言的设置显示位置子程序为：

```
void LCD_SET_POSITION(unsigned char position)
```

```
{
  LCD_WRITE_INSRTRU(0x80+position);  //指令码为 80H+地址
}
```

形参 position 为地址码。

2. 显示字符串

上一节编写的写入数据子程序，只能是写入单个字符，要想显示字符串还得重新编写一个字符串显示子程序。

1）用汇编语言实现字符串的输入

```
LCD_PRINT_STR:
NO_OVER:
          CLR  A
          MOVC A, @A+DPTR        ;字符串在数据表格之中
          MOV  R7,A
          CALL LCD_WRITE_DATA
          INC  DPTR
          JNZ  NO_OVER           ;判断是否到达字符串最后一个字符
          RET
```

本子程序假设字符串存放于 ROM 空间的数据表格之中，且最后一个表格数字为 0，调用的格式例如：

```
          MOV  DPTR ,#SHOW
          CALL LCD_PRINT_STR
          ……
          ……
SHOW:     db 'hellow123',00
```

DPTR 为传递函数，传递的是数据表格的地址。

2）用 C 语言实现字符串的输入

```
void LCD_PRINT_STR(uchar *lcd_string)  //使用指针进行数据传递
{
  uchar i,TEMP;
  i=0;
  while(1)
  {
   TEMP=lcd_string[i];                 //依次取出显示数据
   LCD_WRITE_DATA(TEMP);
   i++;
   if(TEMP=='\0')                      //判断是否到达字符串最后一个字符
   break;
  }
}
```

调用的格式举例说明：

```
LCD_PRINT_STR("hellow123");
```

3. 液晶初始化

1）汇编语言实现液晶初始化

```
LCD_INITIAL:
```

```
        MOV  R7,#(LCD_AC_AUTO_INCREMENT|LCD_MOVE_DISENABLE)
                                                       ;字符自动前移命令
          CALL LCD_WRITE_INSRTRU
          MOV  R7,#(LCD_DISPLAY_ON|LCD_CURSOR_ON)  ;液晶显示开，光标消隐命令
          CALL LCD_WRITE_INSRTRU
          MOV  R7,#(LCD_DISPLAY_DOUBLE_LINE)       ;双行显示
          CALL LCD_WRITE_INSRTRU
          CALL LCD_CLR
          RET
```

在程序中使用了#(LCD_AC_AUTO_INCREMENT|LCD_MOVE_DISENABLE)，大家可能会感到疑惑，汇编语言为什么会使用 C 语言的逻辑运算符呢？这是 Keil 公司为了方便程序的编写，提前将 LCD_AC_AUTO_INCREMENT|LCD_MOVE_DISENABLE 的值计算出来，因为不占用程序的开销，所以也可称之为伪指令。

2）C 语言实现液晶初始化

```
void LCD_INITIAL(void)
{
  LCD_WRITE_INSRTRU(LCD_AC_AUTO_INCREMENT|LCD_MOVE_DISENABLE);
                                                   //字符自动前移命令
  LCD_WRITE_INSRTRU(LCD_DISPLAY_ON|LCD_CURSOR_OFF);//液晶显示开，光标消隐命令
  LCD_WRITE_INSRTRU(LCD_DISPLAY_DOUBLE_LINE);      //双行显示
  LCD_CLR();
}
```

4．演示液晶显示效果

1）汇编语言的主函数

```
MAIN:  CALL LCD_INITIAL
       MOV  R7,#40H               ;显示位置定位为第二行第一个字符位置
       CALL LCD_SET_POSITION
       MOV  DPTR ,#SHOW           ;字符串表格赋值
       CALL LCD_PRINT_STR         ;显示字符串子程序
       JMP $
SHOW:   db 'hellow123',00         ;要显示的字符
```

2）C 语言的主函数

```
MAIN()
{
   LCD_INITIAL();
   LCD_SET_POSITION(0x40);       //显示位置定位为第二行第一个字符位置
   LCD_PRINT_STR("hellow123"); //显示字符串子程序
   while(1);
}
```

这两段程序的目的是实现一个字符串的显示，它们的显示效果如图 8-17 所示。

图 8-17　实例演示效果

8.3 时钟模块研究

DS1302 是 DALLAS 公司推出的涓流充电时钟芯片（RTC），内含有一个实时时钟日历和 31 字节静态 RAM，通过简单的串行接口与单片机进行通信，为实时时钟/日历电路提供秒、分、时、日、日期、月、年的信息。DS1302 与单片机之间是串行通信的方式，只需要 3 根线即可完成信息传输，非常方便。

8.3.1 DS1302 介绍

DS1302 时钟芯片包含一个实时时钟/日历和 31 字节的静态 RAM。通过简单的串行接口与微处理器通信，这个实时时钟/日历不仅提供年、月、日、时、分、秒信息，且对于少于 31 天的月份，月末会自动调整，还有闰年校正。由于有一个 AM/PM（上午/下午）指示器，时钟可以工作在 12 小时制或者 24 小时制，如图 8-18 所示为 DS1302 外形及封装。

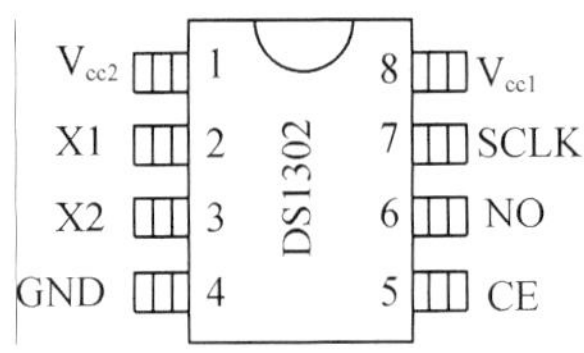

图 8-18　DS1302 外形

1. DS1302的管脚介绍

（1）VCC2 为双供电配置中的主电源供应管脚。VCC1 连接到备用电源，在主电源失效时保持时间和日期数据，DS1302 工作于 VCC1 和 VCC2 中的较大者，当 VCC2 比 VCC1 高 0.2V 时，VCC2 给 DS1302 供电；当 VCC1 比 VCC2 高时，VCC1 给 DS1302 供电。

（2）X1、X2 与标准的 32.768kHz 石英晶体相连接，保障时钟能够正常工作。也可以用外部的 32.768kHz 的信号源驱动。

（3）GND 为电源地。

（4）CE 在有的数据资料为 RST（复位），只有此引脚的电平为高时，才能正常地读写数据。

（5）I/O 为串行传输数据口，通过此接口单片机可以读写数据。

（6）SCLK 为串行时钟输入口，单片机提供的时钟信号由此引脚传送给 DS1302。

（7）VCC1 为备用电池接口，在主电源不能提供能量的时候，备用电源可以保障内部时钟正常的工作，以保障时间的准确连续。在实际电路中，一般配置一个纽扣电池作为备用电源。

2. 接口电路

DS1302 只需要三根线：CE（使能信号）、I/O（数据线）、SCLK（串行时钟）就可以和单片机建立起串行通信，如图 8-19 所示为 DS1302 官方提供的接口电路。

在本章实现在 1602 液晶上面显示时间，如图 8-20 所示为在 Proteus 中实例的仿真电路图。

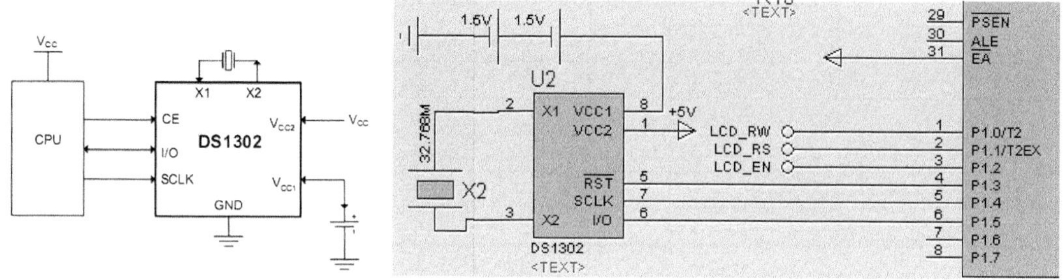

图 8-19　官方提供 DS1302 接口电路　　　　图 8-20　DS1302 在 Proteus 中的连接图

在图中，两个 1.5V 电池串联和 VCC1 相连，这两个电池在 Proteus 中的寻找路径，如图 8-21 所示。

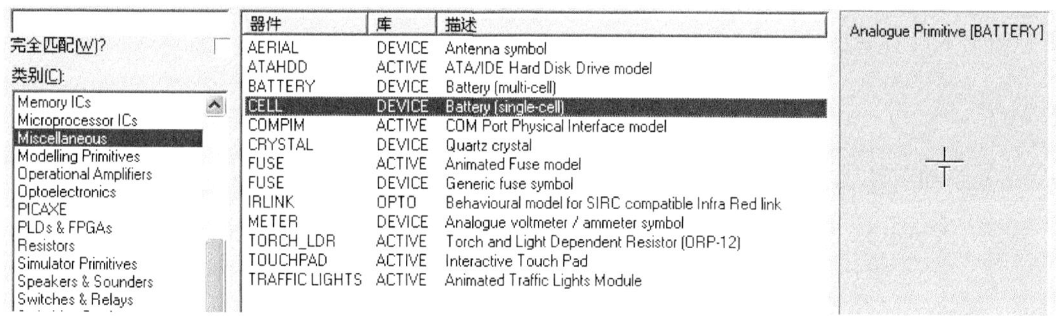

图 8-21　电池的寻找方法

8.3.2　DS1302 控制方式

1．命令字

单片机对 DS1302 的操作，首先需要写入一个字节的命令，这个字节常被称为命令字，命令字的格式如图 8-22 所示。

7	6	5	4	3	2	1	0
1	RAM / $\overline{CK}$	A4	A3	A2	A1	A0	RD / $\overline{WR}$

图 8-22　命令字格式

命令字的最高位 bit7 必须是‘1’，如果是‘0’，写入将被禁止。

bit6 为 DS1302 内部 RAM 或是时钟寄存器控制端。由于 DS1302 内部集成有 31 字节的 RAM，当 bit6（RAM/CK）为 1 时，可以读写这些 RAM；当 bit6 为 0 时，控制正常的时钟寄存器。

bit5～bit1（A4～A0）为地址控制端，输入不同的地址值，可以控制不同的时钟寄存器或 RAM 空间，如表 8-3 所示为各个时钟寄存器的地址。

表 8-3　时钟寄存器地址范围

地址控制端	A4	A3	A2	A1	A0
秒寄存器	0	0	0	0	0
分寄存器	0	0	0	0	1
时寄存器	0	0	0	1	0
日寄存器	0	0	0	1	1
月寄存器	0	0	1	0	0
星期寄存器	0	0	1	0	1
年寄存器	0	0	1	1	0

最低位 bit0（RD/WR）指定单片机（控制器）对 DS1302 是读取数据，还是写入数据。如果是读取 DS1302 的数据，则置此位为 1，如果是写入数据给 DS1302，则设置该位为 0。

2. 数据/命令的写入和数据读取

对 DS1302 的操作大致分为两种，一种是数据写入，另一种是数据的读取，如图 8-23 所示为写入数据时序逻辑图。

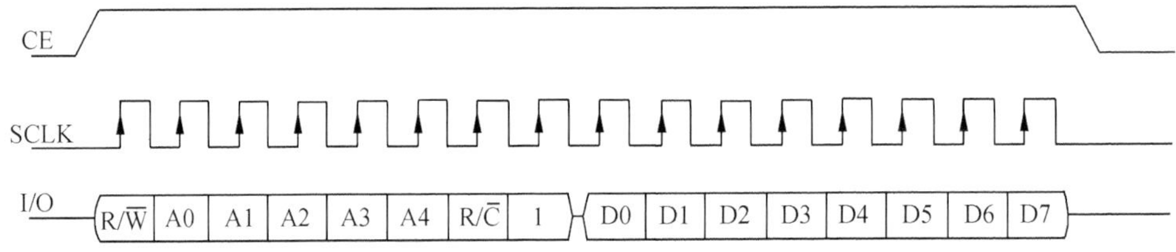

图 8-23　写入数据时序图

写入的数据分为两个字节，第一个字节为命令字，后一个字节为要写入实际数据，在写入过程中 CE 必须始终保持高电平。SCLK 为时钟输出端，每一次上升沿，写入一位数据。

如图 8-24 所示为单字节数据读取时序逻辑图，单片机读取 DS1302 一个字节的数据。虽然是字节读取，但单片机同样需要写入命令字，前面的一个字节为写入 DS1302 的命令字，后一个字节为从 DS1302 读取的数据。在读取过程中，CE 也是保持高电平，SCLK 为上升沿，写入命令字；SCLK 每一次下降沿，读取一位数据。

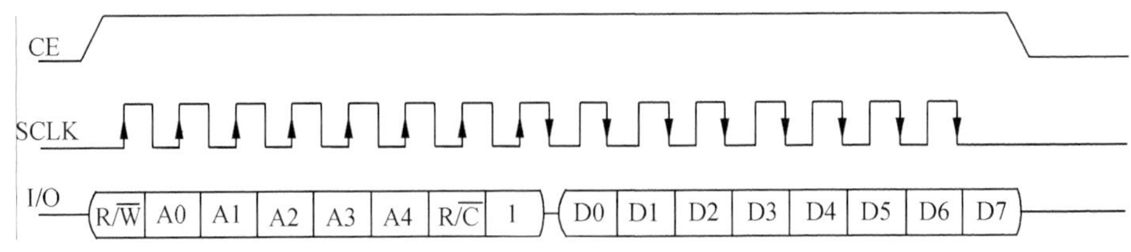

图 8-24　数据读取时序图

3. 读写数据的格式

如表 8-4 所示为时钟寄存器数据读写的格式。

表 8-4　读或写数据的格式

时钟寄存器	读命令字	写命令字	BIT7	BIT6	BIT5	BIT4	BIT3	BIT2	BIT1	BIT0	数据范围
秒寄存器	81H	80H	CH	秒高位			秒低位				00～59
分寄存器	83H	82H		分高位			分低位				00～59
时寄存器	85H	84H	1(12)	0	AM(0) PM(1)	时高位	时低位				1～12/0～24
			0(24)		时高位						
日期寄存器	87H	86H	0	0	日期高位		日期低位				1～31
月寄存器	89H	88H	0	0	0	月高位	月低位				1～12
星期寄存器	8BH	8AH	0	0	0	0	0	星期值			1～7
年寄存器	8DH	8CH	年高位				年低位				00～99
写保护寄存器	8FH	8EH	WP	0	0	0	0	0	0	0	

无论是数据的读还是写，单片机都需要写入命令字到 DS1302。时钟寄存器命令字的值，读写命令字只是差在最后一位为 0 还是 1。

在表中，BIT7～BIT0 为时钟寄存器写入或读出的数据，它采用的是 BCD 码的格式，即四位二进制数表示一位十进制数。例如，分的数值范围为 00～59，BIT6～BIT4 这 3 位就可以表示 0～5，而 BIT3～BIT0 这 4 位就可以表示 0～9。

在表中还列举了一些特殊的数据控制或标志位，下面将一一讲述。

1）时钟暂停标志控制位

秒寄存器的 BIT7（CH）被定义为时钟暂停标志，当此位置 1 时，时钟振荡器暂停，也就是时钟停止计时；此位为 0 时，正常工作。

2）小时 12-24 工作方式控制位

时寄存器的 BIT7 是 12-24 模式选择位。该位为‘1’时，选择了 12 小时制，为‘0’时，选择了 24 小时制。

3）AM（上午）-PM（下午）标志位

在 12 小时模式下，时寄存器的 BIT5 为 PM/AM 标志位，如果此标志位当前为 0，表示上午时间；如果为 1，表示下午时间。

4）写保护位

在表 8-4 的最后一行，有一个写保护寄存器，BIT6～BIT0 被强制为 0 且读取时总是读 0，BIT7（WP）是写保护位。任何对时钟或 RAM 的写操作以前，位 7 必须为 0。写保护位为高时，禁止任何寄存器的写操作。初始加电状态未定义，因此，在试图写器件之前必须清除 WP 位。

8.3.3　时钟程序编写

1．预定义引脚及时钟寄存器

预先宏定义管脚名称和寄存器地址，能让我们更方便地编写程序。

1）汇编语言对时钟引脚及寄存器的宏定义

```
DS1302_RST      BIT P1.3    ;CE 引脚
DS1302_CLK      BIT P1.4
DS1302_IO       BIT P1.5
```

```
DS1302_SECOND   EQU  80H     ;写秒地址
DS1302_MINUTE   EQU  82H     ;写分地址
DS1302_HOUR     EQU  84H     ;写时地址
DS1302_WEEK     EQU  8AH     ;写星期地址
DS1302_DAY      EQU  86H     ;写日地址
DS1302_MONTH    EQU  88H     ;写月地址
DS1302_YEAR     EQU  8CH     ;写年地址
```

2）C 语言对时钟引脚及寄存器的宏定义

```
#define DS1302_RST               P1_3
#define DS1302_CLK               P1_4
#define DS1302_IO                P1_5
#define DS1302_SECOND            0X80
#define DS1302_MINUTE            0X82
#define DS1302_HOUR              0X84
#define DS1302_WEEK              0X8A
#define DS1302_DAY               0X86
#define DS1302_MONTH             0X88
#define DS1302_YEAR              0X8C
```

2．单片机对DS1302的8位数据写入

对 DS1302 的命令字写入或实现寄存器数据的写入都需要使用这个子程序。

1）汇编语言实现编程

```
WRITE_BYTE_TO_DS1302:
         MOV  A, R7             ;R7 为将要写入的字节数据
         MOV  R2,#08H           ;传送 8 次
WLOOP:   MOV  C,ACC.0           ;从低位开始传送数据
         MOV  DS1302_IO,C       ;C 作为中间变量，传递每位数据
         SETB DS1302_CLK
         NOP
         CLR  DS1302_CLK        ;边沿触发
         RR   A                 ;数据移位
         DJNZ  R2,WLOOP
         RET
```

在调用这个子程序之前，将要写入的数据传送给 R7。

2）C 语言实现编程方式

```
void WRITE_BYTE_TO_DS1302(uchar BYTE)   //实时时钟写入一字节
{
   uchar TEMP,i;
   TEMP = BYTE;
   for(i=8; i>0; i--)  ; 传送 8 位数据
   {
       if(TEMP&0x01)   DS1302_IO=1; //经过移位后，传送的数据在 TEMP 最低位
       else            DS1302_IO=0;   //判断 TEMP 最低位，决定写入数据是 0 还是 1
      DS1302_CLK = 1;
       DS1302_CLK = 0; 边沿触发
       TEMP = TEMP >> 1;               //数据移位
   }
}
```

BYTE 作为形参变量在调用时被赋值为写入的数据。

3．单片机对DS1302的8位数据的读入

想让时钟显示时间数据，就需要读取 DS1302 时钟寄存器的数据。和写入 8 位数据子程序一样，读入 8 位子程序是最基本的驱动函数。

1）汇编语言实现 8 位数据读入

```
READ_BYTE_FROM_DS1302:
        MOV  R2,#08H           ;需要读出 8 位数据
R_LOOP: RR   A                 ;移位数据
        MOV  C, DS1302_IO      ;数据端的数值先传送给 C
        MOV  ACC.7,C           ;数据先存入 A 最低位，通过移位不断向高位移动
        SETB DS1302_CLK
        NOP
        CLR  DS1302_CLK
        DJNZ  R2,R_LOOP
        RET
```

调用完此子程序后，读取的数据放在累加器 A 中。

2）C 语言实现方式

```
uchar READ_BYTE_FROM_DS1302(void)
{
    uchar i,TEMP;
    for(i=0; i<8; i++)                   //读取 8 位数据
    {
     if(DS1302_IO) TEMP|=1<<i;           //判断数据端的数值
      else         TEMP|=0<<i;           //根据判断结果，决定 TEMP 的数值
      DS1302_CLK = 1
     DS1302_CLK = 0
    }
    return(TEMP);
}
```

在程序中使用了 TEMP|=1<<i，它们执行过程相当于：

```
TEMP2=1
TEMP2<<=i
TEMP1|=TEMP2
```

4．对DS1302数据写入

对 DS1302 的字节写入，正如前面所讲分为两个步骤：一是命令字的写入，二是数据的写入。

1）汇编语言实现方式

```
WRITE_DATE_TO_DS1302:
          CLR DS1302_RST
          NOP
          CLR DS1302_CLK
          NOP
          SETB DS1302_RST              ;CE 引脚在发送过称中保持高电平
          CALL WRITE_BYTE_TO_DS1302    ;R7 已放入了命令字
          NOP
          MOV  A ,R6                   ;R6 为写入数据
          MOV  R7,A
```

```
        CALL WRITE_BYTE_TO_DS1302
        NOP
        SETB DS1302_CLK
        CLR  DS1302_RST
        RET
```

在调用此子程序之前，给 R7 赋值为命令字数据，给 R6 赋值为要写入的数据。

2）C 语言实现方式

```
void WRITE_DATE_TO_DS1302(uchar ADDR, uchar DTAE)
 {
   DS1302_RST = 0;
   DS1302_CLK = 0;
   DS1302_RST = 1;                        //CE 引脚在发送过程中保持高电平
   WRITE_BYTE_TO_DS1302(ADDR);            //命令字
   WRITE_BYTE_TO_DS1302(DTAE);            //数据
   DS1302_CLK = 1;
   DS1302_RST = 0;
}
```

形参变量 ADDR 为命令字数据，DATE 为要写入的实际数据。

5．对DS1302的数据读入

读取 DS1302 时钟寄存器的数据，首先得写入的命令字，然后才能读取数据。

1）汇编语言实现方式

```
READ_DATE_FROM_DS1302:
        CLR  DS1302_RST
        NOP
        CLR  DS1302_CLK
        NOP
        SETB DS1302_RST          ;CE 引脚在数据传输过程中保持高电平
        MOV  A ,R7               ;命令字放在 R7 之中
        ORL  A,#01h              ;和 01H 相或，表示对 DS1302 的操作方式为读方式
        MOV  R7,A
        CALL WRITE_BYTE_TO_DS1302
        CALL READ_BYTE_FROM_DS1302     ;读取的数据放在累加器 A 之中
        SETB DS1302_CLK
        CLR  DS1302_RST
        RET
```

调用此子程序之前将命令字放入 R7 之中。

在宏定义中，定义的命令字是写方式的，变为读方式的命令字只需将写方式命令字和 01H 相或即可，当然也可以在宏定义中直接将读方式命令字定义出来。

2）C 语言实现方式

```
uchar READ_DATE_FROM_DS1302(uchar ADDR)
    uchar DATE;
    DS1302_RST = 0;
    DS1302_CLK = 0;
    DS1302_RST = 1;
    WRITE_BYTE_TO_DS1302(ADDR|0x01);         //读命令
    DATE = READ_BYTE_FROM_DS1302();          //读数据
    DS1302_CLK = 1;
    DS1302_RST = 0;
```

```
    return(DATE);
}
```

6. 写保护子程序

在程序中，我们可以将程序设定为写保护，只能对 DS1302 读取数据，而不能写入数据。

1）汇编实现方式

```
DS1302_SETProtect:
          JC    PROTECT             ;C为调用前写入，如果C为1，写保护有效
          MOV   R7,#8Eh             ;84H为写保护寄存器地址
          MOV   R6,#00h             ;关闭写保护
          CALL  WRITE_DATE_TO_DS1302
          JMP   NO_PROTECT
PROTECT:    MOV  R7,#8Eh
          MOV   R6,#10h             ;开启写保护
          CALL  WRITE_DATE_TO_DS1302
          RET
```

在调用此子程序之前，给进位标志位 C 写入数值。

2）C 语言实现方式

```
void DS1302_SETProtect(bit FLAG)
{
    if(FLAG)
       WRITE_DATE_TO_DS1302(0x8E,0x10);    //写保护开启
    else
       WRITE_DATE_TO_DS1302(0x8E,0x00);    //写保护关闭
}
```

7. 设置时间

在写保护无效的情况下，可以对时钟寄存器写入数据，写入的数据是 BCD 码格式的，也就是高 4 位数据表示十位，低四位数据表示个位。

1）汇编语言实现方式

```
DS1302_SETTIME:
        CLR  C  ;取消写保护
        CALL DS1302_SETProtect
        CALL WRITE_DATE_TO_DS1302 ;R7预存为命令字（地址）,R6预存为写入数据
        RET
```

调用此子程序之前，分别将 R7、R6 存入相应的数据。R6 存放的为 BCD 码格式的写入数据，R7 为命令字（地址）。

2）C 语言实现方式

```
void DS1302_SETTIME(uchar ADDR, uchar VALUE)
{
    DS1302_SETProtect(0);             //取消写保护
    WRITE_DATE_TO_DS1302(ADDR, VALUE);
}
```

8. 获取时间

获取时间子程序，是将时间数据从 DS1302 中取出，进行处理后，放入相应的存储空

间，方便 LCD 显示。

1）汇编语言实现方式

取时间子函数：

```
DS1302_GetTIME:
        MOV  R0,#TIME_BUFF          ;TIME_BUFF为时间获取缓存区地址
GET_HOUR:
          MOV  R7,#DS1302_HOUR      ;小时地址
          CALL READ_DATE_FROM_DS1302
          PUSH ACC
          SWAP A
          ANL  A,#0FH               ;获取时高位数据
          ADD  A,#48                ;数据转换为字符
          DA   A                    ;十进制调整
          MOV  @R0,A                ;存入数据至相应的空间
          INC  R0                   ;指向下一个存储空间
          POP  ACC
          ANL  A,#0FH               ;存入低位数据
          ADD  A,#48
          DA   A
          MOV  @R0,A
          INC  R0
          MOV  A,#':'               ;存入间隔符号“：”
          MOV  @r0,a
          INC  R0
GET_MINUTE:
          MOV  R7,#DS1302_MINUTE    ;分钟地址
          CALL READ_DATE_FROM_DS1302
          PUSH ACC
          SWAP A
          ANL  A,#0FH
          ADD  A,#48
          DA   A
          MOV  @R0,A
          INC  R0
          POP  ACC
          ANL  A,#0FH
          ADD  A,#48
          DA   A
          MOV  @R0,A
          INC  R0
          MOV  A,#':'
          MOV  @r0,a
          INC  R0
GET_SECOND:
          MOV  R7,#DS1302_SECOND ;秒地址
          CALL READ_DATE_FROM_DS1302
          PUSH ACC
          SWAP A
          ANL  A,#0FH
          ADD  A,#48
          DA   A
          MOV  @R0,A
          INC  R0
          POP  ACC
          ANL  A,#0FH
          ADD  A,#48
          DA   A
```

```
        MOV  @R0,A
        INC  R0
        MOV  A,#00H
        MOV  @R0,A
        RET
```

取日期子函数：

```
DS1302_GetDATE:
          MOV  R0,#DATE_BUFF          ;DATE_BUFF 为日期获取缓存区地址
GET_YEAR:
          MOV  R7,#DS1302_YEAR        ;年寄存器地址
          CALL READ_DATE_FROM_DS1302
          PUSH ACC
          SWAP A
          ANL  A,#0FH
          ADD  A,#48
          DA   A
          MOV  @R0,A
          INC  R0
          POP  ACC
          ANL  A,#0FH
          ADD  A,#48
          DA   A
          MOV  @R0,A
          INC  R0
       MOV  A,#'-'                    ;插入间隔符号“-”
          MOV  @r0,a
          INC  R0
GET_MONTH:
          MOV  R7,#DS1302_MONTH       ;月寄存器地址
          CALL READ_DATE_FROM_DS1302
          PUSH ACC
          SWAP A
          ANL  A,#0FH
          ADD  A,#48
          DA   A
          MOV  @R0,A
          INC  R0
          POP  ACC
          ANL  A,#0FH
          ADD  A,#48
          DA   A
          MOV  @R0,A
          INC  R0
          MOV  A,#'-'
          MOV  @r0,a
          INC  R0
GET_DAY:
          MOV  R7,#DS1302_DAY   ;日寄存器地址
          CALL READ_DATE_FROM_DS1302
          PUSH ACC
          SWAP A
          ANL  A,#0FH
          ADD  A,#48
          DA   A
          MOV  @R0,A
          INC  R0
          POP  ACC
          ANL  A,#0FH
```

```
        ADD  A,#48
        DA   A
        MOV  @R0,A
        INC  R0
        MOV  A,#00H
        MOV  @R0,A
        RET
```

2）C 语言实现方式

取时间子程序：

```
void DS1302_GetTIME(uchar *TIME) ; TIME 为时间存储空间指针
{
  uchar TEMP;
  TEMP=READ_DATE_FROM_DS1302(DS1302_HOUR);       //获取时数据
  TEMP=((TEMP&0x70)>>4)*10 + (TEMP&0x0F);       //BCD 转化为十进制
  *TIME=TEMP/10 + '0';                          //取高位，并存储
  *(TIME+1)=TEMP%10 + '0';                      //取低位，存储入下一单元
  *(TIME+2) = ':' ;                             //插入间隔符号“：”
  TEMP=READ_DATE_FROM_DS1302(DS1302_MINUTE);    //获取分数据
  TEMP=((TEMP&0x70)>>4)*10 + (TEMP&0x0F);
  *(TIME+3)=TEMP/10 + '0';
  *(TIME+4)=TEMP%10 + '0';
  *(TIME+5) = ':';
  TEMP=READ_DATE_FROM_DS1302(DS1302_SECOND);    //获取秒数据
  TEMP=((TEMP&0x70)>>4)*10 + (TEMP&0x0F);
  *(TIME+6)=TEMP/10 + '0';
  *(TIME+7)=TEMP%10 + '0';
  *(TIME+8)='\0';
}
```

取日期子程序：

```
void DS1302_GetDATE(uchar *DAT)                 //DAT 为日期存储空间指针
{
  uchar TEMP;
  TEMP=READ_DATE_FROM_DS1302(DS1302_YEAR);      //获取年数据
  TEMP=((TEMP&0x70)>>4)*10 + (TEMP&0x0F);
  DAT[0]=TEMP/10 + '0';
  DAT[1]=TEMP%10 + '0';
  DAT[2] = '-';
  TEMP=READ_DATE_FROM_DS1302(DS1302_MONTH);     //获取月数据
  TEMP=((TEMP&0x70)>>4)*10 + (TEMP&0x0F);
  DAT[3]=TEMP/10 + '0';
  DAT[4]=TEMP%10 + '0';
  DAT[5] = '-';
  TEMP=READ_DATE_FROM_DS1302(DS1302_DAY);       //获取天数据
  TEMP=((TEMP&0x70)>>4)*10 + (TEMP&0x0F);
  DAT[6]=TEMP/10 + '0';
  DAT[7]=TEMP%10 + '0';
  DAT[8]='\0';
}
```

9．时间程序初始化

DS1302 秒寄存器最高位为时钟暂停位（CH），如果此位为 1，时钟就会停止。所以初始工作就是清零时钟控制位，并清零秒初始数值。

1）汇编语言实现方式

```
Initial_DS1302:
        MOV  R7,#DS1302_SECOND
        CALL READ_DATE_FROM_DS1302          ;读取秒数值
          CJNE A,#80h,Valid                 ;判断时钟暂停位是否为 1
          MOV  R7,DS1302_SECOND
          MOV  R6,#00H
          CALL DS1302_SETTIME               ;清零秒寄存器
Valid:     RET
```

2）C 语言实现方式

```
void Initial_DS1302()
{
     uchar Second=READ_DATE_FROM_DS1302(DS1302_SECOND);
     if(Second&0x80)
      DS1302_SETTIME(DS1302_SECOND,0);
}
```

10. 主程序调用时间函数的过程

在主程序中，调用时间函数在字符液晶 1602 中显示是程序实现的最终目的。

1）汇编语言实现的方式

```
TIME_BUFF  EQU 60H                  ;时间显示 RAM 地址
DATE_BUFF  EQU 70H                  ;日期显示 RAM 地址
      ORG 0000H
      JMP MAIN
      ORG 0100H
MAIN:
      CALL LCD_INITIAL              ;LCD 初始化
RE:    CALL Initial_DS1302          ;DS1302 初始化
       MOV  R7,#00H
       CALL LCD_SET_POSITION        ;显示位置在第一行第一个字符位置
       MOV  DPTR ,#SHOW
       CALL  LCD_PRINT_STR          ;显示字符串“TIME：”
       MOV  R7,#40H
       CALL LCD_SET_POSITION        ;显示位置在第二行第一个字符位置
       MOV  DPTR ,#SHOW2            ;显示字符串“DATE：”
       CALL LCD_PRINT_STR
REP_PRINT:
       MOV  R7,#05H
       CALL LCD_SET_POSITION        ;时间显示位置在第一行第六个字符位置
       CALL DS1302_GetTIME          ;获取时间
        MOV  R0, #TIME_BUFF         ;时间数据缓存区
       CALL LCD_PRINT_BUFFER        ;LCD 显示时间
       MOV  R7,#45H                 ;时间显示位置在第二行第六个字符位置
       CALL LCD_SET_POSITION
       CALL DS1302_GetDATE          ;获取日期
        MOV  R0, #DATE_BUFF         ;日期数据缓存区
       CALL LCD_PRINT_BUFFER        ;显示日期
       LJMP REP_PRINT               ;循环显示时间和日期
SHOW:   db 'TIME:',00               ;显示字符串表格 1
SHOW2:  db 'DATE:',00               ;显示字符串表格 2
```

2）C 语言实现方式

```
uchar data TIME_BUFF[9];            //全局变量时间存储数组
uchar data DATE_BUFF[9];            //全局变量日期存储数组
MAIN()
{
   LCD_INITIAL();
   Initial_DS1302();
   LCD_SET_POSITION(0x00);
   LCD_PRINT_STR("TIME:");          //显示字符串“TIME:”
   LCD_SET_POSITION(0x40);
   LCD_PRINT_STR("DATE:");          //显示字符串“DATE:”
   while(1)                         //循环显示时间和日期
   {
     LCD_SET_POSITION(0x05);
     DS1302_GetTIME(TIME_BUFF);
     LCD_PRINT_BUFFER(TIME_BUFF);
     LCD_SET_POSITION(0x45);
     DS1302_GetDATE(DATE_BUFF);
     LCD_PRINT_BUFFER(DATE_BUFF);
   }
}
```

3）观察仿真效果

在 Proteus 中的仿真效果，如图 8-25 所示。显示当前的时间为 10 点 14 分 15 秒，当前的日期为 2013 年 2 月 1 日。

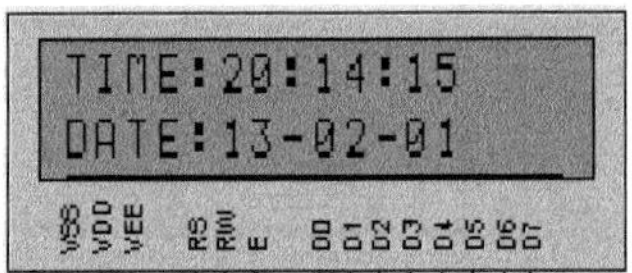

图 8-25　时钟仿真效果

这个时间正是编写本书时的时间，在没有调整时间的情况下，为什么时间会如此准确呢？这是 Proteus 对 DS1302 仿真模型的默认设置，双击仿真图中的 DS1302，弹出它的属性界面，如图 8-26 所示。系统默认 DS1302 时钟寄存器内部的数值为当前本电脑的时间，清除勾选项，再次进行仿真，效果如图 8-27 所示，时钟从 0 开始计时。

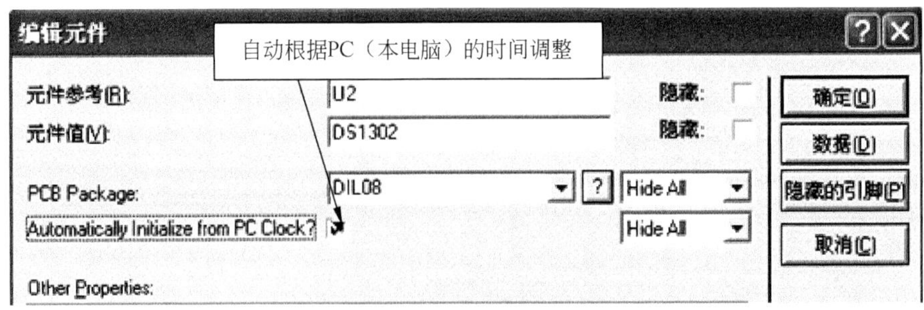

图 8-26　DS1302 属性设置

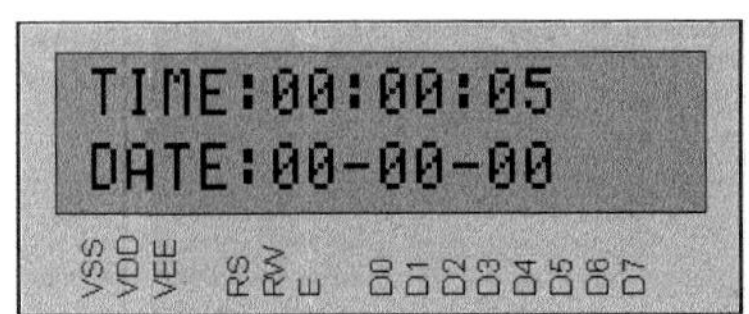

图 8-27　时钟仿真效果 2

上一章用数码管制作的时钟，具有时间调整功能，建议大家为本章的时钟也添加时间调节功能。

8.4　文件的分割管理

前面我们编写程序是在一个单独的 C 文件或是 ASM 文件下完成的。如果遇到比较大的程序，项目的管理和维护就会非常麻烦，就如本章的这个实例，如果放在一个文件下，程序的长度就会超过 200 行，将一个项目分割为几个文件存放会非常方便，本节就来学习这个实用的技巧。

8.4.1　C 项目的分割方法

网上有好多例程都将一个 C 项目分割为多个文件，文件分割后让各个文件建立联系的法宝就是 H 文件。H 文件就是后缀名为 h 的文件，它的新建和添加方式同 C 文件是一样的，如图 8-28 和图 8-29 所示。

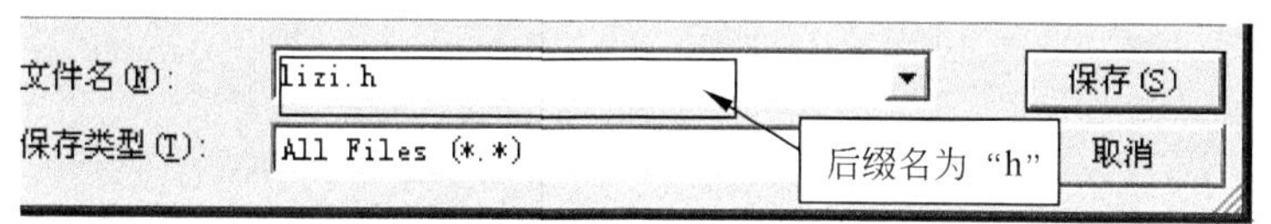

图 8-28　H 文件的保存

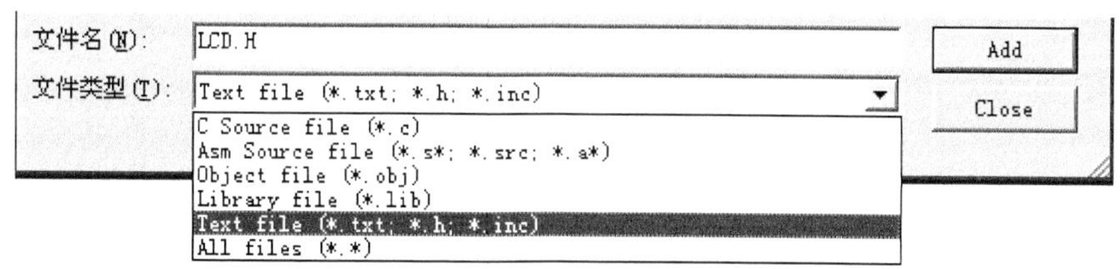

图 8-29　H 文件的添加

H 文件是不参与程序编译的，它的作用是存放宏定义、定义程序中的全局变量、对子程序的声明等。在本书，最常用的 H 文件就是 AT89X51.H，它包含了对 51 单片机所有资源的声明。下面我们将本章实例进行分割，看看这个 H 文件到底起什么作用。

可以将本实例分为三个模块：第一是液晶显示（LCD）模块；第二是时钟（DS1302）运行模块；第三是主程序（MAIN）模块。前两个为子模块在主程序中被调用，所以就将程序分割为三个部分。

1．LCD.H文件

先来为 LCD 编写它的 H 文件：

```
#define LCD_DATA P0                          //LCD 的数据口
#define LCD_BUSY P2_6                        //LCD 忙信号位
```

```
#define LCD_RW   P1_0                          //LCD 读写控制
#define LCD_RS   P1_1                          //LCD 寄存器选择
#define LCD_EN   P1_2                          //LCD 使能信号
#define LCD_GO_HOME                    0x02    //AC=0,光标、画面回 HOME 位
//输入方式设置
#define LCD_AC_AUTO_INCREMENT          0x06    //数据读、写操作后，AC 自动增一
#define LCD_AC_AUTO_DECREASE           0x04    //数据读、写操作后，AC 自动减一
#define LCD_MOVE_ENABLE                0x05    //数据读、写操作，画面平移
#define LCD_MOVE_DISENABLE             0x04    //数据读、写操作，画面不动
//设置显示、光标及闪烁开、关
#define LCD_DISPLAY_ON                 0x0C    //显示开
#define LCD_DISPLAY_OFF                0x08    //显示关
#define LCD_CURSOR_ON                  0x0A    //光标显示
#define LCD_CURSOR_OFF                 0x08    //光标不显示
#define LCD_CURSOR_BLINK_ON            0x09    //光标闪烁
#define LCD_CURSOR_BLINK_OFF           0x08    //光标不闪烁
//光标、画面移动，不影响 DDRAM
#define LCD_LEFT_MOVE                  0x18    //LCD 显示左移一位
#define LCD_RIGHT_MOVE                 0x1C    //LCD 显示右移一位
#define LCD_CURSOR_LEFT_MOVE           0x10    //光标左移一位
#define LCD_CURSOR_RIGHT_MOVE          0x14    //光标右移一位
//工作方式设置
#define LCD_DISPLAY_DOUBLE_LINE        0x38    //两行显示
#define LCD_DISPLAY_SINGLE_LINE        0x30    //单行显示
void LCD_CHECK_BUSY(void);
void LCD_CLR(void);
void LCD_WRITE_INSRTRU(uchar LCD_instruction);
void LCD_WRITE_DATA(uchar LCD_data);
void LCD_SET_POSITION(unsigned char position);
void LCD_PRINT_STR(uchar *lcd_string);
void LCD_INITIAL(void);
```

在 LCD.H 文件中，列出了所有和液晶相关宏定义，并对液晶所有的驱动程序进行了声明。

2. DS1302.H文件

此文件为时钟模块的 H 文件：

```
#define DS1302_RST             P1_3
#define DS1302_CLK             P1_4
#define DS1302_IO              P1_5
#define DS1302_SECOND          0X80
#define DS1302_MINUTE          0X82
#define DS1302_HOUR            0X84
#define DS1302_WEEK            0X8A
#define DS1302_DAY             0X86
#define DS1302_MONTH           0X88
#define DS1302_YEAR            0X8C
void  WRITE_BYTE_TO_DS1302(uchar BYTE);
uchar READ_BYTE_FROM_DS1302(void);
void  WRITE_DATE_TO_DS1302(uchar ADDR, uchar DTAE);
uchar READ_DATE_FROM_DS1302(uchar ADDR);
void  DS1302_SETProtect(bit FLAG);
void  DS1302_SETTIME(uchar ADDR, uchar VALUE) ;
void  DS1302_GetTIME(uchar *TIME);
```

```
void  DS1302_GetDATE(uchar *DAT);
void  Initial_DS1302();
```

3．include.h文件

可以为整个项目制作一个 H 文件，这个文件包含了两个子模块的 H 文件，宏定义了无符号定义的简化格式，还包含了 51 单片机的头文件。此文件的内容为：

```
#define uchar    unsigned char
#include<AT89X51.H>
#include<LCD.H>
#include<DS1302.H>
```

4．LCD.C文件

LCD.C 是液晶模块的主体程序，由于所有的引脚宏定义和命令宏定义被放入了 LCD.H 中，而 LCD.H 被封装在 INCLUDE.H 文件中，所以直接使用包含文件 INCLUDE.H。

下面为 LCD.C 部分程序，其他部分大家可自己添加：

```
#include"INCLUDE.H"
void LCD_CHECK_BUSY(void)
{
 while(1)
  {
   LCD_EN=0;
   LCD_RS=0;
   LCD_RW=1;
   LCD_DATA=0xff;
   LCD_EN=1;
   if(!LCD_BUSY) break;
  }
 LCD_EN=0;
}
………………………
………………………
………………………
```

5．DS1302.C文件

同样 DS1302.C 现在只需要包含相关的子程序，所以应包含头文件#include "INCLUDE.H"。

下面为 DS1302.C 部分程序，其他部分大家可自己添加：

```
#include"INCLUDE.H"
void WRITE_BYTE_TO_DS1302(uchar BYTE)
{
    uchar TEMP,i;
    TEMP = BYTE;
    for(i=8; i>0; i--)
    {
       if (TEMP&0x01)  DS1302_IO=1;
       else            DS1302_IO=0;
          DS1302_CLK = 1;
          DS1302_CLK = 0;
          TEMP = TEMP >> 1;
    }
}
```

```
..................................
..................................
..................................
```

6. MAIN.C文件

如下为主项目模块的全部代码，如果不经过文件分割，很难想象整个文档下的代码有多长。现在的项目就会非常容易查阅和修改。

```
#include"INCLUDE.H"
uchar data TIME_BUFF[9];
uchar data DATE_BUFF[9];
MAIN()
{
  LCD_INITIAL();
  Initial_DS1302();
  LCD_SET_POSITION(0x00);
  LCD_PRINT_STR("TIME:");
  LCD_SET_POSITION(0x40);
  LCD_PRINT_STR("DATE:");
  while(1)
  {
    LCD_SET_POSITION(0x05);
    DS1302_GetTIME(TIME_BUFF);
    LCD_PRINT_STR(TIME_BUFF);
    LCD_SET_POSITION(0x45);
    DS1302_GetDATE(DATE_BUFF);
    LCD_PRINT_STR(DATE_BUFF);
  }
}
```

8.4.2 汇编语言分割方式

互联网上很少有介绍汇编语言文件分割的文档，要想对汇编语言进行分割，就必须对它所有的伪指令有一定的了解，但它的伪指令实在太多了，本书不打算去一一讲解。对汇编语言分割有固定的模式，就将本章实例进行分割来做演示吧。

同样，将本章汇编语言实例分为 3 个模块：液晶显示（LCD）模块、时间控制（DS1302）模块、主程序（MAIN）模块。

首先定义一个 ASM 文件，将所有预定义的变量放置到这个文件之中，这个文件叫做 DEF.ASM。

1. DEFS.ASM 文件

在 DEFS.ASM 定义了所有预定义的内容，包含 LCD 和 DS1302 管脚及命令的定义。注意，程序的最后几行定义了程序段，这是一条伪指令，具体的含义在后面的章节将会讲述，现在记住添加这几句程序即可。注意，在程序的最后一句不能添加 END。

```
;********************LCD 管脚定义************************************
 LCD_DATA EQU P0
 LCD_BUSY BIT p2.6
 LCD_RW   BIT P1.0
 LCD_RS   BIT P1.1
 LCD_EN   BIT P1.2
```

```
;*******************LCD 指令预定义**********************************
 LCD_GO_HOME                 EQU       0x02   ;AC=0，光标、画面回 HOME 位
 ;输入方式设置
 LCD_AC_AUTO_INCREMENT       EQU       06H    ;数据读、写操作后，AC 自动增一
 LCD_AC_AUTO_DECREASE        EQU       04H    ;数据读、写操作后，AC 自动减一
 LCD_MOVE_ENABLE             EQU       05H    ;数据读、写操作，画面平移
 LCD_MOVE_DISENABLE          EQU       04H    ;数据读、写操作，画面不动
;设置显示、光标及闪烁开、关
 LCD_DISPLAY_ON              EQU       0CH    ;显示开
 LCD_DISPLAY_OFF             EQU       08H    ;显示关
LCD_CURSOR_ON                EQU       0AH    ;光标显示
LCD_CURSOR_OFF               EQU       08H    ;光标不显示
LCD_CURSOR_BLINK_ON          EQU       09H    ;光标闪烁
LCD_CURSOR_BLINK_OFF         EQU       08H    ;光标不闪烁
;光标、画面移动，不影响 DDRAM
LCD_LEFT_MOVE                EQU       18H    ;LCD 显示左移一位
LCD_RIGHT_MOVE               EQU       1CH    ;LCD 显示右移一位
LCD_CURSOR_LEFT_MOVE         EQU       10H    ;光标左移一位
LCD_CURSOR_RIGHT_MOVE        EQU       14H    ;光标右移一位
;工作方式设置
LCD_DISPLAY_DOUBLE_LINE      EQU       38H    ;两行显示
LCD_DISPLAY_SINGLE_LINE      EQU       30H    ;单行显示
 ;**********************DS1302 预定义************************
 DS1302_RST             BIT         P1.3
 DS1302_CLK             BIT         P1.4
 DS1302_IO              BIT         P1.5
 DS1302_SECOND          EQU         80H
 DS1302_MINUTE          EQU         82H
 DS1302_HOUR            EQU         84H
 DS1302_WEEK            EQU         8AH
 DS1302_DAY             EQU         86H
 DS1302_MONTH           EQU         88H
 DS1302_YEAR            EQU         8CH
;************************时间、日期存放位置***************************
TIME_BUFF               EQU         60H
DATE_BUFF               EQU         70H
;**************************程序段************************
code_area    segment code  ; 定义程序段
        rseg    code_area
```

2. MAIN.ASM

（1）汇编语言也有自己的文件包含命令：$include（文件名）。

（2）主函数中调用了 LCD 模块和 DS1302 模块的子程序，被调用的这些子程序都要声明，汇编语言声明程序段的格式为 extrn code（函数名）。

（3）前面我们使用伪指令 ORG 0000H 表示程序开始执行的位置，在这里就不能再使用这条伪指令了，应该换为 CSEG AT 0000H。

完整的主函数为：

```
$include(DEFS.asm)
extrn code(LCD_INITIAL,LCD_SET_POSITION,LCD_PRINT_STR,DS1302_GetTIME)
                                                  ;声明 LCD 全局变量
extrn code(LCD_PRINT_BUFFER,DS1302_GetDATE)      ;声明 DS1302 全局变量
```

```
        CSEG AT 0000H                           ;程序开始执行位置，不再使用 ORG 0000H
        JMP MAIN
        ORG 0100H
MAIN:    MOV  P2,#0FFH
        CALL LCD_INITIAL
RE:     CALL Initial_DS1302
        MOV  R7,#00H
        CALL LCD_SET_POSITION
        MOV  DPTR ,#SHOW
          CALL LCD_PRINT_STR
          MOV  R7,#40H
          CALL LCD_SET_POSITION
          MOV  DPTR ,#SHOW2
          CALL LCD_PRINT_STR
REP_PRINT:
          MOV  R7,#05H
          CALL LCD_SET_POSITION
          CALL DS1302_GetTIME
           MOV  R0, #TIME_BUFF
          CALL LCD_PRINT_BUFFER
          MOV  R7,#45H
          CALL LCD_SET_POSITION
          CALL DS1302_GetDATE
           MOV  R0, #DATE_BUFF
          CALL LCD_PRINT_BUFFER
          LJMP REP_PRINT
SHOW:  db 'TIME:',00
SHOW2: db 'DATE:',00
END
```

3．LCD.ASM文件

LCD.ASM 包含了全部液晶的接口函数，它的预定义程序都在文件 DEFS.ASM 中，所以在程序中直接使用$include(DEFS.asm)。

有些函数是作为全局函数，也就是被其他文件调用的函数，这些函数需要使用伪指令 PUBLIC 声明。

```
$include(DEFS.asm)
;*****************************************************************
LCD_CHECK_BUSY:
          NOP
BUSY:      CLR  LCD_EN
          CLR  LCD_RS
          SETB LCD_RW
          MOV  LCD_DATA,#0ffH
          SETB LCD_EN
          JB  LCD_BUSY, BUSY
          CLR  LCD_EN
          RET
;*****************************************************************
LCD_CLR:
          CALL LCD_CHECK_BUSY
          CLR  LCD_RS
          CLR  LCD_RW
          MOV  LCD_DATA,#01h
          SETB LCD_EN
          CLR  LCD_EN
          RET
;*****************************************************************
```

```
LCD_WRITE_INSRTRU:
        CALL LCD_CHECK_BUSY
        CLR  LCD_RS
        CLR  LCD_RW
        MOV  LCD_DATA,R7
        SETB LCD_EN
        CLR  LCD_EN
        RET
;*****************************************************************
LCD_WRITE_DATA:
        CALL LCD_CHECK_BUSY
        SETB LCD_RS
        CLR  LCD_RW
        MOV  LCD_DATA,R7
        SETB LCD_EN
        CLR  LCD_EN
        RET
;*****************************************************************
PUBLIC  LCD_SET_POSITION   ;声明 LCD_SET_POSITION 为全局函数
LCD_SET_POSITION:
        MOV A,R7
        ADD A,#80h
        MOV R7,A
        CALL LCD_WRITE_INSRTRU
        RET
;*****************************************************************
PUBLIC  LCD_PRINT_STR     ;声明 LCD_PRINT_STR 为全局函数
LCD_PRINT_STR:
NO_OVER:  CLR  A
        MOVC A, @A+DPTR
        MOV  R7,A
        CALL LCD_WRITE_DATA
        INC  DPTR
        JNZ  NO_OVER
        RET
;*********************************************************************
PUBLIC  LCD_PRINT_BUFFER  ;声明 LCD_PRINT_BUFFER 为全局函数
LCD_PRINT_BUFFER:
NO_OVER2:
         MOV  A, @R0
         MOV  R7,A
         CALL LCD_WRITE_DATA
         INC  R0
         JNZ  NO_OVER2
         RET
;*****************************************************************
PUBLIC  LCD_INITIAL     ;声明 LCD_INITIAL 为全局函数
LCD_INITIAL:
         MOV  R7,#(LCD_AC_AUTO_INCREMENT|LCD_MOVE_DISENABLE)
         CALL LCD_WRITE_INSRTRU
         MOV  R7,#(LCD_DISPLAY_ON|LCD_CURSOR_OFF)
         CALL LCD_WRITE_INSRTRU
         MOV  R7,#(LCD_DISPLAY_DOUBLE_LINE)
          CALL LCD_WRITE_INSRTRU
          CALL LCD_CLR
          RET
;*****************************************************************
END
```

4．DS1302.ASM

和 LCD.ASM 文件一样，需要使用 PUBLIC 伪指令对被主程序调用的子程序进行全局声明，完整的程序为：

```
$include(DEFS.asm)
WRITE_BYTE_TO_DS1302:
        MOV  A, R7
        MOV  R2,#08H
WLOOP:   MOV  C,ACC.0
        MOV  DS1302_IO,C
        SETB DS1302_CLK
        NOP
        CLR  DS1302_CLK
        RR   A
        DJNZ r2,WLOOP
        RET
;**********************************************************
READ_BYTE_FROM_DS1302:
       MOV  R2,#08H
R_LOOP:  RR   A
       MOV  C, DS1302_IO
       MOV  ACC.7,c
       SETB DS1302_CLK
       NOP
       CLR  DS1302_CLK
       DJNZ r2,R_LOOP
       RET
;**********************************************************
WRITE_DATE_TO_DS1302:
       CLR DS1302_RST
       NOP
       CLR DS1302_CLK
       NOP
       SETB DS1302_RST
       CALL WRITE_BYTE_TO_DS1302
       NOP
       MOV  A ,R6
       MOV  R7,A
       CALL WRITE_BYTE_TO_DS1302
       NOP
       SETB DS1302_CLK
       CLR  DS1302_RST
       RET
;**********************************************************
READ_DATE_FROM_DS1302:
        CLR  DS1302_RST
        NOP
        CLR  DS1302_CLK
        NOP
        SETB DS1302_RST
        MOV  A ,R7
        ORL  A,#01h
        MOV  R7,A
        CALL WRITE_BYTE_TO_DS1302
        CALL READ_BYTE_FROM_DS1302
        SETB DS1302_CLK
        CLR  DS1302_RST
        RET
```

```
;****************************************************************
DS1302_SETProtect:
         JC   PROTECT
         MOV  R7,#8Eh
         MOV  R6,#00h
         CALL WRITE_DATE_TO_DS1302
         JMP  NO_PROTECT
PROTECT:   MOV  R7,#8Eh
         MOV  R6,#10h
         CALL WRITE_DATE_TO_DS1302
NO_PROTECT:
        RET
;****************************************************************
DS1302_SETTIME:
         CLR  C
         CALL DS1302_SETProtect
         CALL WRITE_DATE_TO_DS1302
        RET
;****************************************************************
PUBLIC  DS1302_GetTIME  ; 声明 DS1302_GetTIME 为全局函数
DS1302_GetTIME:
          MOV  R0,#TIME_BUFF
GET_HOUR:
          MOV  R7,#DS1302_HOUR
          CALL READ_DATE_FROM_DS1302
          PUSH ACC
          SWAP A
          ANL  A,#0FH
          ADD  A,#48
          DA   A
          MOV  @R0,A
          INC  R0
          POP  ACC
          ANL  A,#0FH
          ADD  A,#48
          DA   A
          MOV  @R0,A
          INC  R0
          MOV  A,#':'
          MOV  @r0,a
          INC  R0
GET_MINUTE:
          MOV  R7,#DS1302_MINUTE
          CALL READ_DATE_FROM_DS1302
          PUSH ACC
          SWAP A
          ANL  A,#0FH
          ADD  A,#48
          DA   A
          MOV  @R0,A
          INC  R0
          POP  ACC
          ANL  A,#0FH
          ADD  A,#48
          DA   A
          MOV  @R0,A
          INC  R0
          MOV  A,#':'
          MOV  @r0,a
          INC  R0
GET_SECOND:
```

```
            MOV  R7,#DS1302_SECOND
            CALL READ_DATE_FROM_DS1302
            PUSH ACC
            SWAP A
            ANL  A,#0FH
            ADD  A,#48
            DA   A
            MOV  @R0,A
            INC  R0
            POP  ACC
            ANL  A,#0FH
            ADD  A,#48
            DA   A
            MOV  @R0,A
            INC  R0
            MOV  A,#00H
            MOV  @R0,A
            RET
;*****************************************************************
PUBLIC  DS1302_GetDATE     ; 声明 DS1302_GetTIME 为全局函数
DS1302_GetDATE:
        MOV  R0,#DATE_BUFF
GET_YEAR:
            MOV  R7,#DS1302_YEAR
            CALL READ_DATE_FROM_DS1302
            PUSH ACC
            SWAP A
            ANL  A,#0FH
            ADD  A,#48
            DA   A
            MOV  @R0,A
            INC  R0
            POP  ACC
            ANL  A,#0FH
            ADD  A,#48
            DA   A
            MOV  @R0,A
            INC  R0
            MOV  A,#'-'
            MOV  @r0,a
            INC  R0
GET_MONTH:
            MOV  R7,#DS1302_MONTH
            CALL READ_DATE_FROM_DS1302
            PUSH ACC
            SWAP A
            ANL  A,#0FH
            ADD  A,#48
            DA   A
            MOV  @R0,A
            INC  R0
            POP  ACC
            ANL  A,#0FH
            ADD  A,#48
            DA   A
            MOV  @R0,A
            INC  R0
            MOV  A,#'-'
            MOV  @r0,a
            INC  R0
GET_DAY:
```

```
        MOV  R7,#DS1302_DAY
        CALL READ_DATE_FROM_DS1302
        PUSH ACC
        SWAP A
        ANL  A,#0FH
        ADD  A,#48
        DA   A
        MOV  @R0,A
        INC  R0
        POP  ACC
        ANL  A,#0FH
        ADD  A,#48
        DA   A
        MOV  @R0,A
        INC  R0
        MOV  A,#00H
        MOV  @R0,A
        RET
;**************************************************************
PUBLIC Initial_DS1302:               ;声明为 Initial_DS1302 为全局变量
        MOV  R7,#DS1302_SECOND
        CALL READ_DATE_FROM_DS1302
        CJNE A,#80h,Valid
        MOV  R7,DS1302_SECOND
        MOV  R6,#00H
        CALL DS1302_SETTIME
Valid:   RET
;**************************************************************
END
```

8.5　习题和实例扩展

1. 填空题

（1）字符‘&’的十六进制 ASCII 码为_____。字符‘@’的十六进制 ASCII 码为_____。

（2）十进制数字 1 转换为字符‘1’，需要执行的操作为______。

（3）汇编语言伪指令定义的字符串表格 DB“1 A 34656”，转换为十六进制表达方式为__________。

（4）将 C 语言字符串 str=“12334444”，转换为字符数组 str2=[________________]。

（5）字符串名称可表达为该数组的_______。

（6）字符液晶 1602，可显示_____行，每行显示_____个字符。

（7）单片机对 1602 液晶的四种控制方式为_______、_______、_______、________。

（8）DS1302 和单片机的接口方式为_____。

（9）DS1302 拥有______字节的内部 RAM 可供用户使用。

2. 判断题

（1）ASCII 码是一种新的数据类型。

（2）字符数组和字符串是同一种概念。

（3）字符串名称为字符串的指针。

（4）单片机对字符液晶 1602 的驱动，只能让其显示单个字符。

（5）对液晶的操作，必须进行忙碌信号查询。

（6）DS1302 内部只能提供时间信号。

（7）在 C 语言中，H 文件不参与程序项目的编译。

3．简答题

（1）简要说明字符和数字的关系。

（2）分别说明 C 语言和汇编语言运用字符串的方式。

（3）说明字符串和字符数组的关系。

（4）简要说明字符液晶 1602 四种基本操作方式，以及如何利用单片机驱动液晶显示一个字符、一个字符串。

（5）简要说明单片机对 DS1302 驱动的方式。

4．实例和扩展

（1）绘制电路图，如图 8-30 所示。

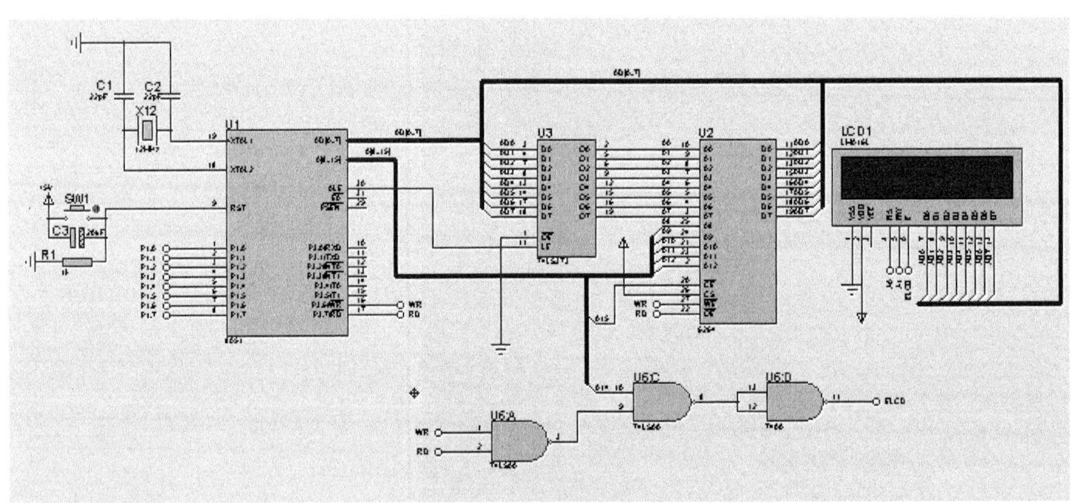

图 8-30　电路图

（2）为本章电子时钟实例添加按键修改、串行打印功能。

第 9 章　51 单片机外设扩展

当单片机内部资源不能满足项目的需要时，外设扩展就成为最有效的措施。所谓外设扩展就是存储器的扩展、中断的扩展，以及 I/O 口的扩展等。不过现在更高级的微控制器（ARM 芯片、DSP 芯片系列等）通常具有非常丰富的外设，因此学习本章应该采取辩证的态度。就 51 单片机来说，学习外设的扩展方法还是很有意义的。

9.1　外部数据存储器的扩展

51 单片机只有 256 个字节的内部数据存储器，且高 128 位已被特殊寄存器所占有，如果遇到大的项目这些存储空间很有可能不能满足需要。51 单片机的指令组中有专门对外部数据寄存器存取的指令，在本节我们就来学习静态数据存储器扩展的原理和方法。

9.1.1　数据存储芯片介绍

1．存储芯片概述

常用的静态数据存储器（RAM）种类非常多，相关书籍常常将 6116、6264、62256 等芯片系列作为讲述对象，本书也不例外。如图 9-1 和图 9-2 所示为日立公司生产 6264 芯片的两种封装形式。

图 9-1　6264 贴片封装

图 9-2　6264 直插封装

Proteus 也为我们提供了丰富的存储芯片，存储芯片的寻找方法如图 9-3 所示。在类别“Memory ICs”中都是存储芯片，在右边列出的结果中可以找到 6116、6264、62256 等系列的芯片。

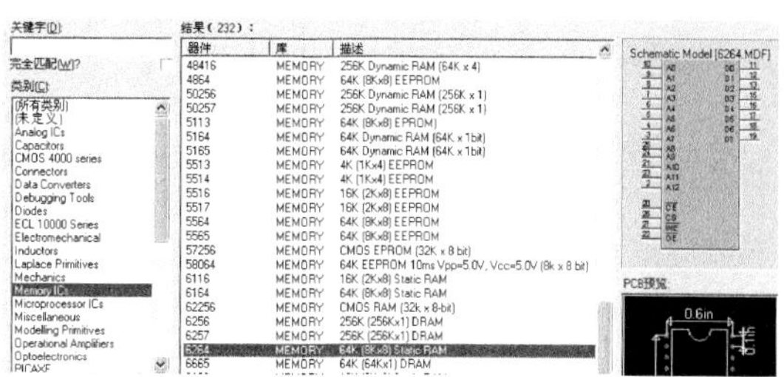

图 9-3　Proteus 中寻找 RAM 芯片

这些芯片为什么要这样命名呢？前面的 62 和 61 是芯片的系别，不需要理会。关键是后面的数字表达了芯片的存储容量。如图 9-3 所示，6116 表示 8×2KB，表示数据的存取格式为 8 位，也就是 1 字节，存储空间为 2k 字节。如表 9-1 所示，列出了这 3 种芯片的存储容量和对应引脚。

表 9-1　3 种存储芯片内存关系

芯　　片	6116（2KB×8）	6264（8KB×8）	62256（32KB×8）
总引脚数	24	28	28
数据总线数	8	8	8
地址总线数	11（A0～A10）	13（A0～A12）	15（A0～A14）
寻找范围	0～2^{11}–1(0～2047)	0～2^{12}–1（0～8191）	0～2^{15}–1（32767）

从表 9-1 中能够了解这 3 种芯片引脚和存储容量的关系。地址总线越多，寻址范围就越广，所以存储容量就越大。如图 9-4 所示为 3 种存储芯片在 Proteus 中的图示，它们的地址总线数目是不同的，但是数据总线都是 8 根，也就是对数据的存储或者取出都是按字节进行的。

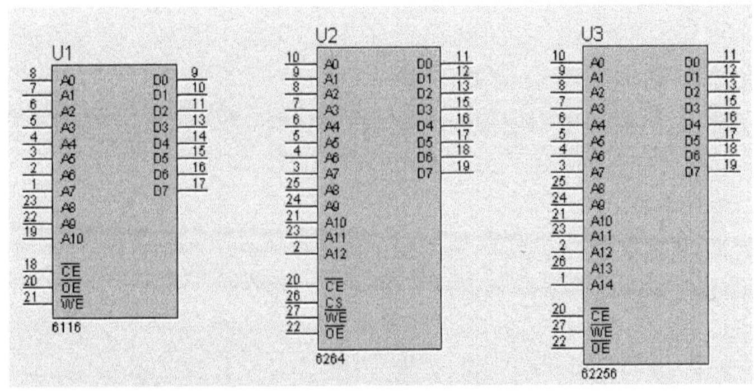

图 9-4　3 种存储芯片图示

2. 存储芯片和单片机的接口电路

将单片机和存储芯片组合起来需要接口电路来完成，接口电路原理如图 9-5 所示。单片机给存储芯片发送地址信号，所以地址信号是单向的；数据总线是双向的，因为它既要进行数据写入，又要进行读出；控制总线是单片机发送给存储器用于控制数据的同步进行，所以它也是单向的。

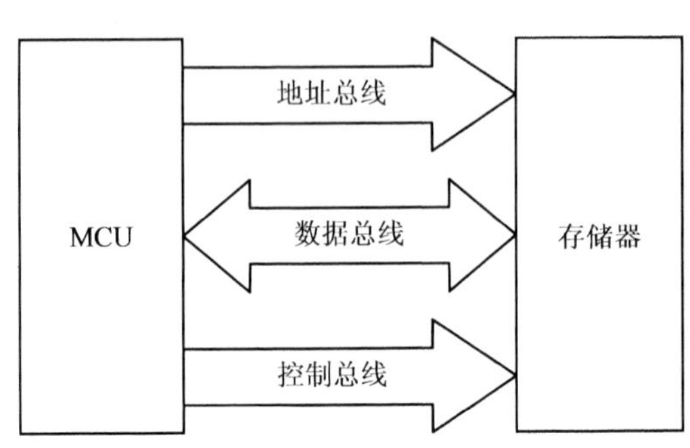

图 9-5　存储芯片接口原理图

地址总线和数据总线都已讲过了，那么控制总线又是哪几根线呢？本节我们将 6264 作为参考芯片进行分析，如图 9-6 所示。

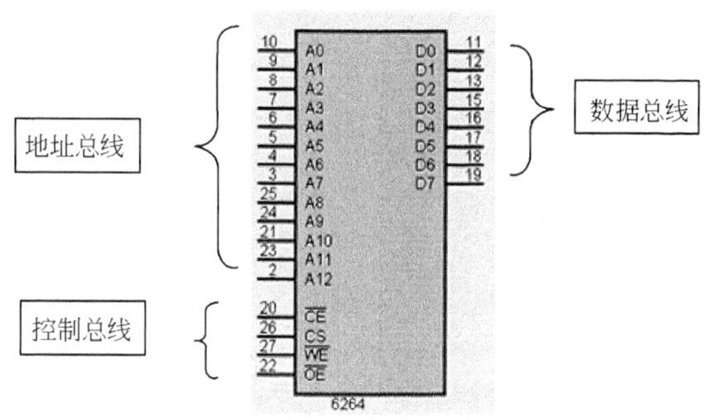

图 9-6　6264 各组总线

CE、CS、WE、OE 为控制总线，具体介绍如下所述。

（1）CS（chip enable）：片选信号 2，在读/写方式时为高电平。

（2）CE（chip enable）：片选信号 1，在读/写方式时为低电平。

（3）WE（write enable）：写入允许信号，低电平有效。

（4）OE（output enable）：读出允许信号，低电平有效。

四组控制总线组合就可以对存储器进行不同的控制，如表 9-2 所示，在表中“X”表示不定状态，即 1 或是 0。

表 9-2　6264 控制信号对应表

控制方式	CE	CS	OE	WE	数据总线状态
数据读取	0	1	0	1	输出
数据写入	0	1	X	0	输入
非选	1	X	X	X	高阻态
非选	X	0	X	X	高阻态
输出禁止	0	1	1	1	高阻态

如图 9-7 所示为外部 RAM 扩展整机电路图，看起来比较复杂，实际上是比较容易理解的，下面将一步一步分析这个电路图。

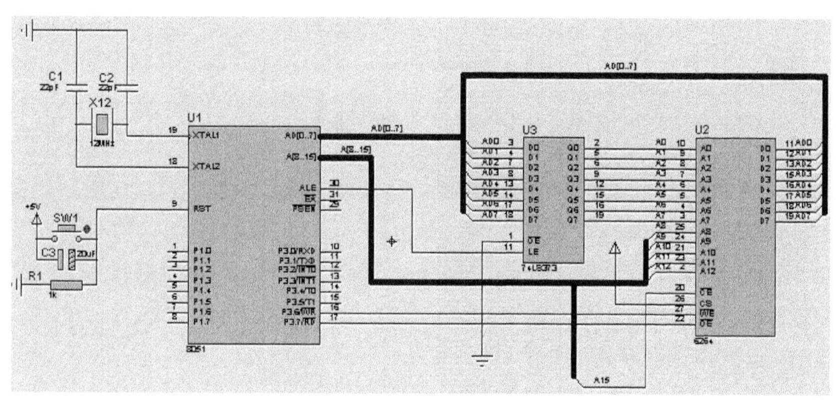

图 9-7　RAM 扩展整机电路

本章实例，需要在 Proteus 中将选用总线形式的 51 单片机，这不是一种新的单片机，而是 Proteus 公司为了方便总线的连接，将 51 单片机的 P0 口和 P2 口用总线的方式呈现出来。图 9-7 为单片机外观，在 Proteus 中寻找这类单片机的方法如图 9-8 所示。

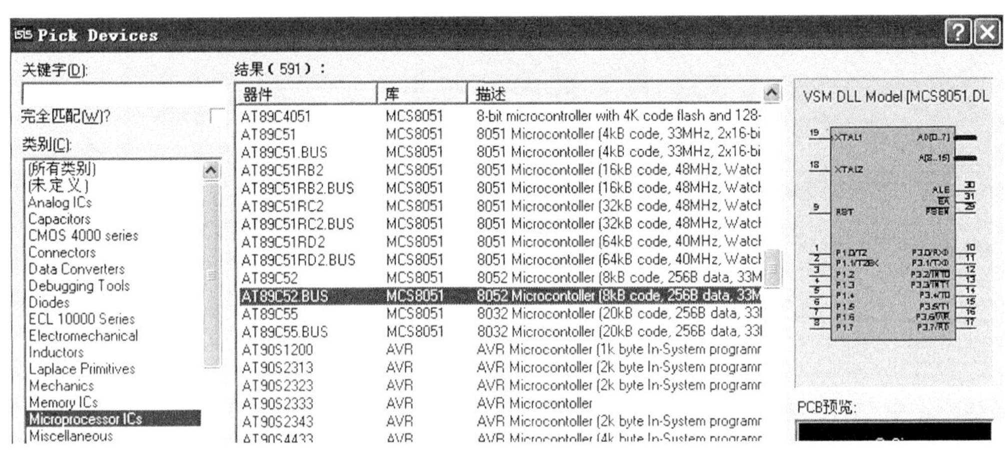

图 9-8　总线型单片机寻找方法

9.1.2　外扩 RAM 分析

第 1 章所学的单片机引脚结构是，P0 口除了运用普通 I/O 功能，最重要的功能是作为单片机的地址和数据线。当 P0 口作为地址和数据总线时，P2 口为系统提供高位地址总线。简单来说，就是 P0 口和 P2 口组合组成了 16 位地址总线提供寻址；而 P0 又兼作为数据总线传输数据。大家可能会有疑惑，P0 口怎么会“身兼数职”呢？这就得依靠单片机第 30 引脚（ALE）来协助完成。

1．P0地址/数据方式

ALE 引脚的作用是地址锁存信号的产生，第 1 章也提到了 ALE 引脚输出的是六分之一晶体频率的正脉冲波，如图 9-9 所示。

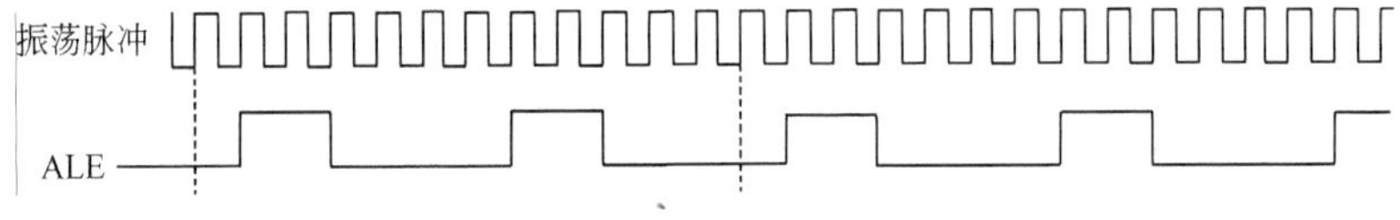

图 9-9　ALE 输出和晶振脉冲的关系

在实例电路中，ALE 和芯片 74LS373 第 11 引脚相连接，如图 9-10 所示。前面章节中的例子主要将 74LS373 作为驱动芯片，第 11 引脚（LE）通常和高电平相连接。如果此引脚和高电平相连接，74LS373 将处于选通状态，输出口 Q0～Q7 能够反映输入口 D0～D7 的状态；如果 LE 引脚接地的话，输出口 Q0～Q7 的状态不能反映输入口的状态，而是前一段时间当 LE 处于高电平的状态。

所以 74LS373 第 11 引脚(LE)又被称为锁存端。当单片机的 ALE 引脚接到了 74LS373 的 LE 引脚，大家可以想象会有什么情况发生。当 ALE 的状态为高时，P0 口提供的低位地址信号直接给 6264 的低位地址线，但这一过程不会太长，ALE 的状态马上就会转为低电平，由于 74LS373 的锁存功能，地址信号已经被锁存到了 74LS373 中，可以继续给 6264 提供地址信号，因此 P0 口就没必要是地址信号，可以用它来当做数据输入端或输出端，既可读取 6264 的数据，又可给 6264 输入数据，这样 P0 就充当了地址和数据的双重总线。

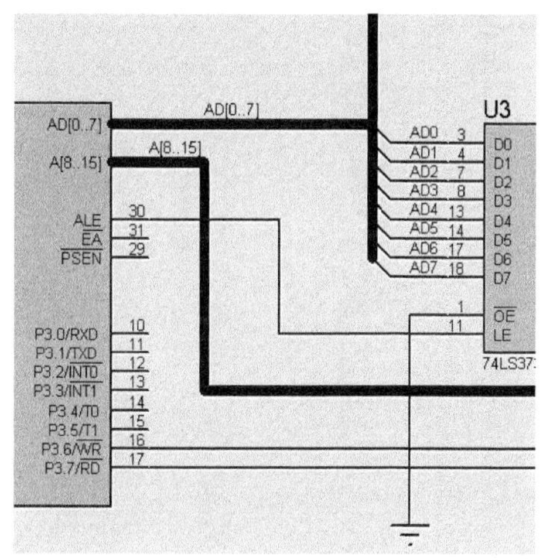

图 9-10　ALE 信号引脚的连接

另外 74LS373 的引脚 1（OE）是使能信号，只有当次引脚为 0 时，74LS373 才处于工作状态；如果它为高电平时，74LS373 的输出将处于高阻态。

2. 总线连接方式

P0 口作为低位地址和数据线连接的方式如图 9-11 所示。U2（6264）的 D0～D7 为数据线也和总线 AD[0..7]相连，AD 总线就是单片机的 P0 口，其中 A 表示地址（Address），D 表示数据（Date）。

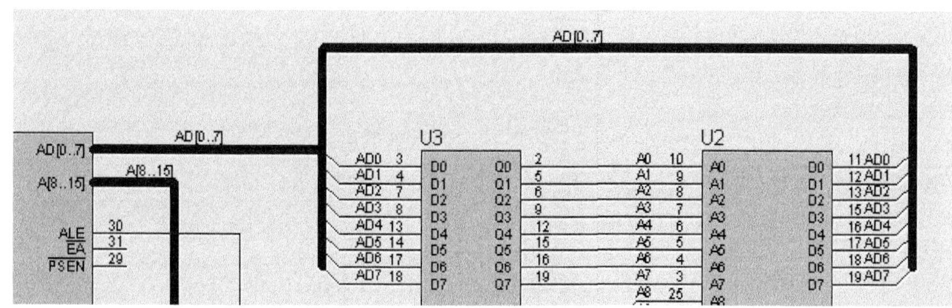

图 9-11　P0 口连接方法

总线必须添加线序，这样系统才能识别。如图 9-11 所示，总线上的 AD[0..7]为线序。线序添加的方法如图 9-12 所示。

高位地址线和控制线的连接方法如图 9-13 所示，总线 A[8..15]也就是单片机的 P2 脚。6264 总共有 13 根地址线：低位 8 根，高位 5 根，所以 6264 高位地址只占用了地址线 A8～A12。

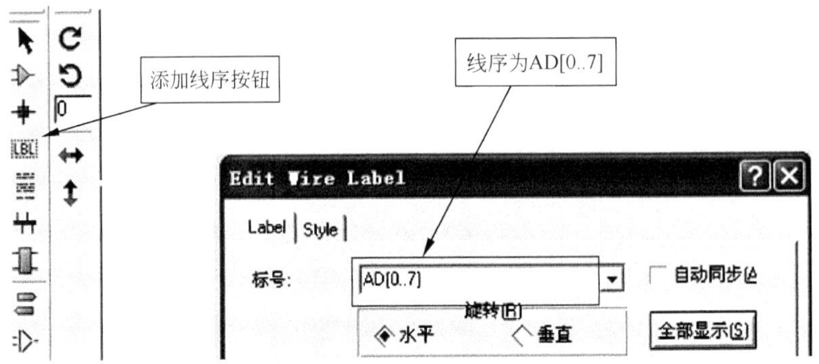

图 9-12　线序添加

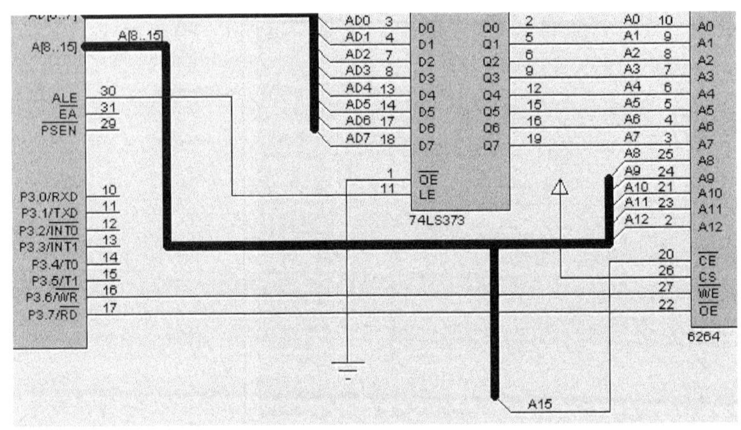

图 9-13　高位地址和控制总线连接方式

6264 总共有 4 根控制线，其中 WE 和 OE 分别为写选通和读选通信号引脚，分别和单片机 WR 和 RD 引脚相连。

CS 为片选信号 2，直接接高电平，让其使能。CE 为片选信号 1，在这里和高位地址总线的 A15 相连，这样做是为了限定对 6264 的地址选通范围，本实例单片机对 6264 的寻找范围，如表 9-3 所示。

表 9-3　扩展存储器寻址范围

A15～A12	A11～A8	A7～A4	A3～A0	～	A15～A12	A11～A8	A7～A4	A3～A0
0 x x 0	0 0 0 0	0 0 0 0	0 0 0 0		0 x x 1	1 1 1 1	1 1 1 1	1 1 1 1

6264 自身的寻址范围为 0000h～1fffh（8k）。而本实例中，地址总线 A15 为选通信号，所以必须为 0。而 A14、A13 既可为 0，又可为 1，所以对 6264 的寻址范围为 0000h～7fffh。

9.1.3　外部设备数据传送指令

1．汇编语言指令

对外部 RAM 单元只能使用间接寻址的方式，可以分别使用 DPTR、R0 或 R1 做间接寄存器，因此相应的指令有以下两组。

1）使用 DPTR 进行间接寻址

```
MOVX  A,@DPTR
MOVX  @DPTR,A
```

因为 DPTR 是 16 位地址指针，因此该指令的寻址范围可达 64K。

2）使用 R0 或 R1 进行间接寻址

```
MOVX  A,@R0 或 MOVX  A,@R1
MOVX  @R0,A 或 MOVX  @R1,A
```

由于 R0 或 R1 是 8 位数据寄存器，因此指令的寻址范围为外部数据存储器的 256 个单元。

外部 RAM 数据传送指令与内部 RAM 数据传送比较，在指令助记符中增加了“X”，“X”代表外部。当使用外部 RAM 传送指令：

```
MOVX  @DPTR,A
MOVX  @R0,A
```

对外部存储器写入数据时，单片机的 P3.6（WR）为 0，在图 9-13 中，WR 同 6264 的 WE 相连，这样做间接对 RAM 实现了片选。

当使用指令：

```
MOVX  A,@DPTR
MOVX  A,@R0
```

读取外部 RAM 的数据时，单片机的 P3.7（RD）置 0，在图 9-13 中，RD 同 6264 的 OE 相连。同样，在指令操作过程中，间接对外部设备实现了片选。

2. C语言实现对外部设备的存取方式

C51 对外部 RAM 的读取是非常简单的，Keil 为我们提供了一个库文件 ABSACC.H。在这个库文件里面有我们所需要的宏定义子程序，调用相应的子程序就可实现我们的目的。如下代码为 ABSACC.H 的内容：

```
/*----------------------------------------------------------------------
ABSACC.H

Direct access to 8051, extended 8051 and Philips 80C51MX memory areas.
Copyright (c) 1988-2002 Keil Elektronik GmbH and Keil Software, Inc.
All rights reserved.
---------------------------------------------------------------------*/

#ifndef __ABSACC_H__
#define __ABSACC_H__

#define CBYTE ((unsigned char volatile code  *) 0)
#define DBYTE ((unsigned char volatile data  *) 0)
#define PBYTE ((unsigned char volatile pdata *) 0)
#define XBYTE ((unsigned char volatile xdata *) 0)
#define CWORD ((unsigned int volatile code  *) 0)
#define DWORD ((unsigned int volatile data  *) 0)
#define PWORD ((unsigned int volatile pdata *) 0)
#define XWORD ((unsigned int volatile xdata *) 0)
```

```
#ifdef __CX51__
#define FVAR(object, addr)   (*((object volatile far *) (addr)))
#define FARRAY(object, base)  ((object volatile far *) (base))
#define FCVAR(object, addr)   (*((object const far *) (addr)))
#define FCARRAY(object, base) ((object const far *) (base))
#else
#define FVAR(object, addr)    (*((object volatile far *) ((addr)+0x10000L)))
#define FCVAR(object, addr)   (*((object const far *) ((addr)+0x810000L)))
#define FARRAY(object, base)  ((object volatile far *) ((base)+0x10000L))
#define FCARRAY(object, base) ((object const far *) ((base)+0x810000L))
#endif
#endif
```

这段程序我们仅需要关注 6 个宏定义子程序： CBYTE、DBYTE、XBYTE、CWORD、DWORD、XWORD。

这 6 个关键子程序又叫绝对存储区访问宏。利用它们就可以方便地从不同程序段的特定地址获取数据，或者写入数据到特定地址之中。

1）XBYTE、XWORD

XBYTE 宏允许访问 8051 外部 RAM 区的单个字节。例如：

```
unsigned char rval;
rval = XBYTE[0x0002];   //读外部地址 0x0002 的单元数据
XBYTE[0x002] = 57;      //将 57 传送到外部地址 0x002 的单元
```

XWORD 宏允许访问 8051 外部 RAM 区的单个字。例如：

```
unsigned int ral;
rval = XWORD[0x0002]; //读取外部地址 0x0002、0x0003 的数据
XWORD[0x002] = 0x2345; //将 0x45 传送到外部地址 0x002，将 0x23 传送到外部地址 0x003
```

2）DBYTE、DWORD

DBYTE 宏允许访问 8051 内部 RAM 区的单个字节。例如：

```
unsigned char rval;
rval = XBYTE[0x02];     //读内部 RAM 地址 0x02 的数据
DBYTE[0x02] = 57;       //将 57 传送到内部 RAM 地址 0x02 的单元
```

DWORD 宏允许访问 8051 内部 RAM 区的单个字。例如：

```
unsigned int ral;
rval = DWORD[0x02];     //读取内部 RAM 地址 0x02、0x03 的数据
DWORD[0x002] = 0x2345;
            //将 0x45 传送到内部 RAM 地址 0x02，将 0x23 传送到内部 RAM 地址 0x03
```

3）CBYTE、CWORD

CBYTE 宏允许访问 8051 程序（code）存储区的单个字节。例如：

```
unsigned char rval;
rval = CBYTE[0x0002];   //读程序存储器（code）地址 0x0002 的数据
```

对程序存储器只能读取，不能写入。

CWORD 宏允许访问 8051 程序（code）存储区的每个字。例如：

```
unsigned int ral;
rval = CWORD[0x0002];   //读程序存储器（code）0x0002、0x0003 的数据
```

在调用这些宏程序时，必须使用宏包含文件：

```
#include <ABSACC.H>
```

9.1.4　用实例验证对外部 RAM 的存取过程

在图 9-7 所示的基础上，为 P1 每个端口添加上电平指示器，如图 9-14 所示。如图 9-15 所示为实例程序的执行流程。

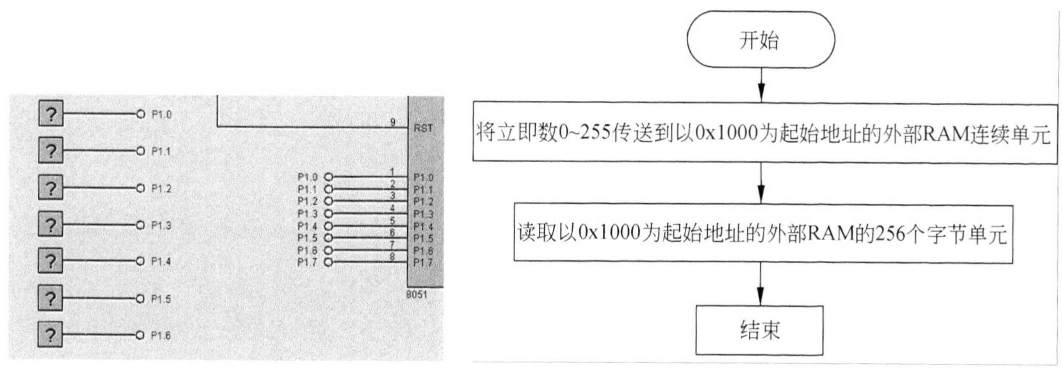

图 9-14　实例电路　　　　图 9-15　程序流程

1. 汇编语言实现外部RAM的读取

```
ORG 0000H
JMP MAIN
ORG 0030H
MAIN:
STORE:          ;写入数据
MOV R3,#255
    MOV A,#00H
MOV DPTR,#1000H
STORE_LOOP:
    MOVX @DPTR,A
    INC A
    INC DPTR
    DJNZ R3,STORE_LOOP
    MOV R3,#255
    MOV DPTR,#1000H
FETCH_LOOP:     ;读取数据
     MOVX A,@DPTR
     MOV  P1,A
     INC  DPTR
     CALL DELAY1S
     DJNZ R3,FETCH_LOOP
     JMP  MAIN
```

程序中需要调用延时子程序，但在上面的程序中并没有给出，请大家自行编写。每次获取外部 RAM 的数据都传送给 P1。在 Proteus 仿真中，程序的执行结果就像简单的流水灯，通过电平指示器，就能够验证存入外部 RAM 的数据是否符合我们的要求。

2. C语言实现方式

```
#include <at89x52.h>
#include <ABSACC.H>  //注意添加此头文件
#define uchar unsigned char
void Delay1s();
main()
{
 uchar i;
 for(i=0;i<255;i++)
 {
   XBYTE[0x1000+i]=i;
 }
  for(i=0;i<255;i++)
 {
   P1=XBYTE[0x1000+i];
   Delay1s();
 }
}
```

和汇编语言相比，C 语言实现程序更加方便。使用一条宏指令 XBYTE 就实现了用汇编语言数条代码才能完成的操作。如果大家有兴趣在软件仿真观察这条宏指令的反汇编代码，就会发现它的实现过程和上述用汇编的代码是很相似的。事实上，Keil 公司就是将这几条汇编语言封装为宏指令 XBYTE 的。

3. 软件仿真观察外部RAM存取

本节来对外部 RAM 读取的 C 语言程序进行仿真，观察对外部 RAM 的存取。如图 9-16 所示，程序已进入了仿真界面，可先将 P1 口观察窗口调出来。

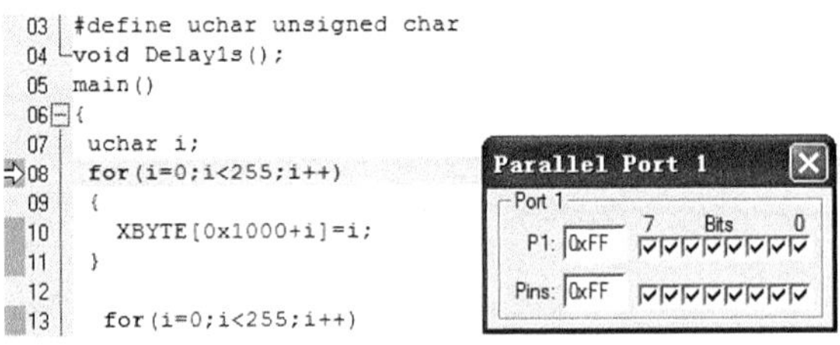

图 9-16　进入仿真界面

在存储器观察区，同样可以观察外部 RAM 的存储区域的数值。如图 9-17 所示，在存储器观察窗口输入“X:0x1000”，X 表示外部 RAM 存储区，0x1000 表示要观察的地址。

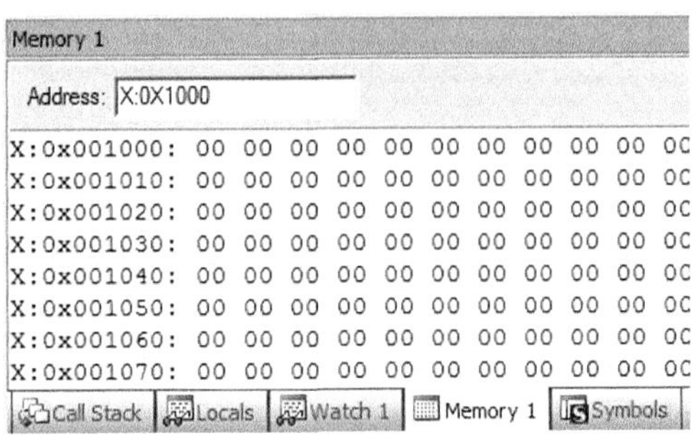

图 9-17　存储器观察窗口

执行到如图 9-18 所示的位置，表示已将数据存储到了外部 RAM 之中，此时的 P1 状态已能够反映外部 RAM 存储的数据。再观察存储器观察窗口，如图 9-19 所示。此时的外部 RAM 起始地址 0x1000 的连续单元已存入了 255 个数据。

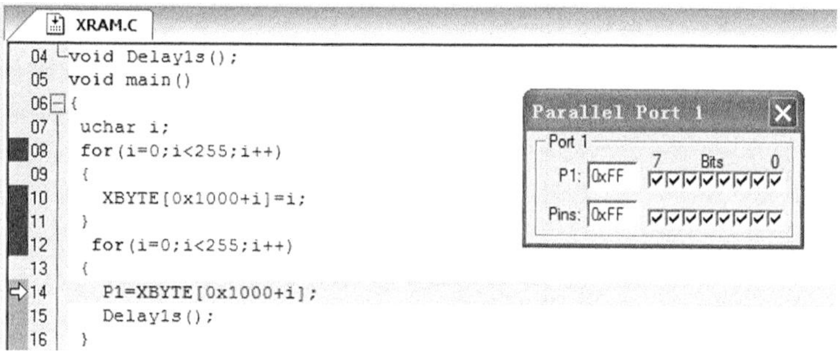

```
void Delay1s();
void main()
{
  uchar i;
  for(i=0;i<255;i++)
  {
    XBYTE[0x1000+i]=i;
  }
   for(i=0;i<255;i++)
  {
    P1=XBYTE[0x1000+i];
    Delay1s();
  }
```

图 9-18　执行程序到指定位置

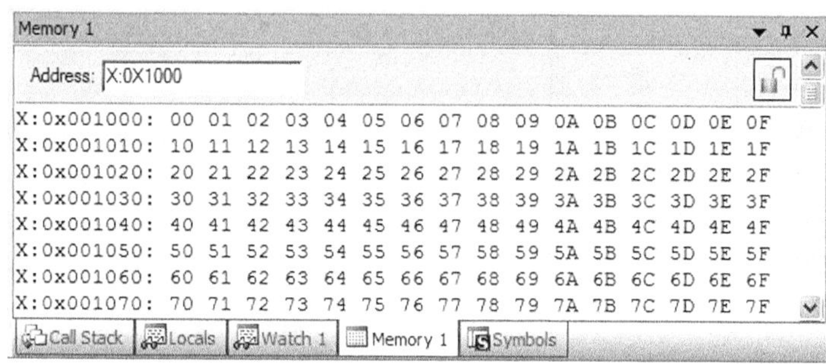

图 9-19　存储器观察窗口的变化数值

9.2　LCD 的扩展

上一节为单片机扩展了外部 RAM，但是占据了 16 个 I/O 口，大家可能会认为这样太不值得了。学习外扩 RAM 其实是学习单片机扩充外设的思想，外部扩展不止是扩展存储器。在上一节所需的电路的基础上，巧妙设计可以实现更多资源的扩展。本节就来学习另外一种单片机和字符液晶 1602 的连接方式和控制方法，这种控制方法就是总线控制。

9.2.1　实现总线控制 LCD 的电路分析

如图 9-20 所示为总线控制 LCD 的电路图，此电路是在上一节所学的外扩 RAM 电路中添加新的元件实现的，没有再去占用单片机的其他 I/O 口。本节我们来分析该电路的实现方法。

先来复习上一章所学的液晶 1602 的知识，如表 9-4 所示为单片机对 1602 液晶的控制方式。

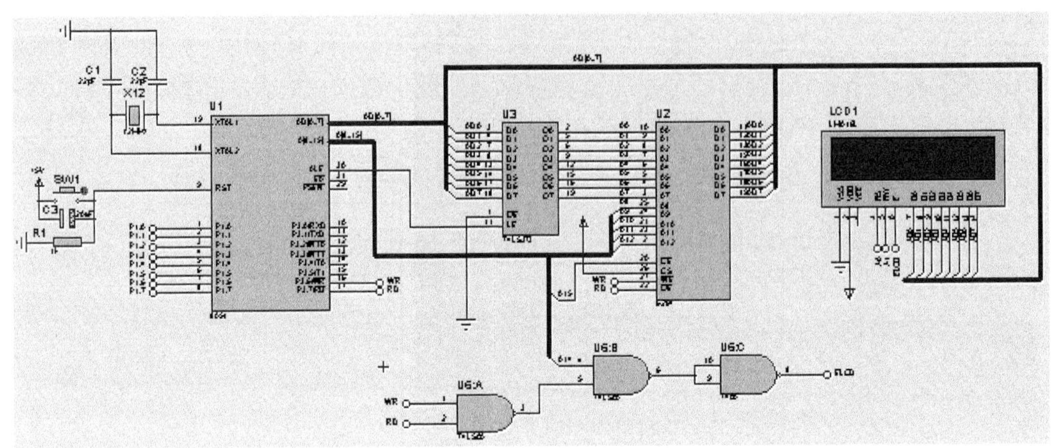

图 9-20　总线控制 LCD 电路

表 9-4　LCD1602 控制方式

LCD 控制方式	RS	RW	E	D0～D7
读状态	0	1	高电平触发	读状态字
写指令	0	0	下降沿触发	写命令
读数据	1	1	高电平触发	读数据
写数据	1	0	下降沿触发	写数据

在表 9-4 中，D0～D7 为数据输入和输出，也可称之为数据总线；E 为液晶的片选信号；RS、RW 的 4 种组合方式实现了对液晶不同模式的控制，那么如果采用外部扩展的思想来考虑问题，是否可以称之为 4 种地址对应 4 种模式呢？

如图 9-21 所示为采用总线控制的液晶连接方式，液晶的 D0～D7 连接至单片机的数据总线 AD0～AD7。RS、RW 连接至地址总线为 A0 和 A1，如图 9-22 所示。

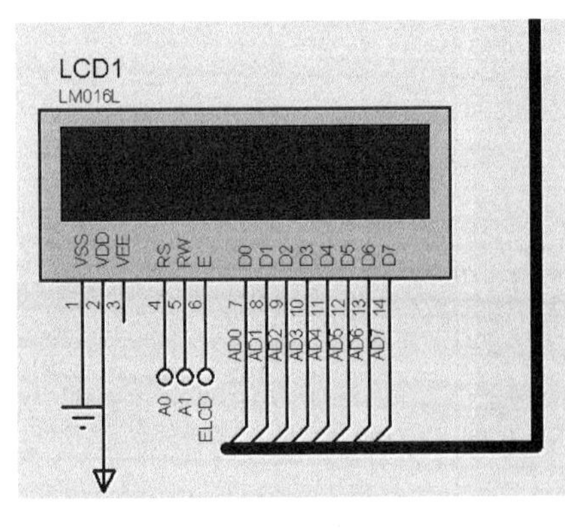

图 9-21　液晶连接方式

图 9-22　地址总线和数据总线

液晶的 E 端连接到的线序标号为 ELCD，这条控制线由如图 9-23 所示的组合逻辑电路实现的。电路中使用了 3 个与非门，74LS00 有 4 组与非门，在本电路中使用了 3 组，大家可以分析一下这个电路是如何实现控制的。

如表 9-5 所示为液晶片选信号产生的逻辑关系。

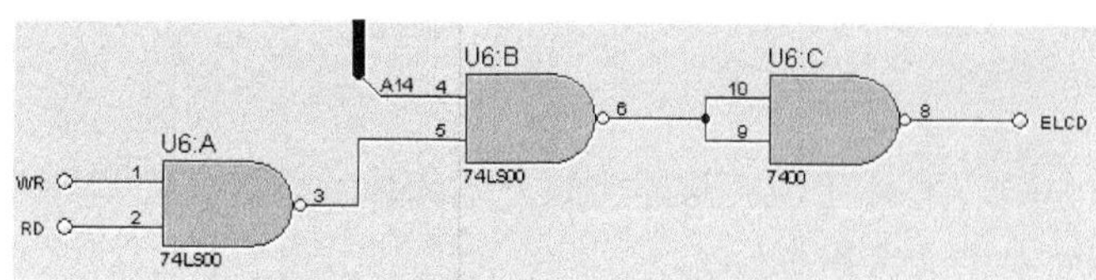

图 9-23　液晶片选信号产生方式

表 9-5　LCD片选信号控制方式

WR	RD	A14	ELCD
0	1	0	0
0	1	1	1
1	0	0	0
1	0	1	1
1	1	0	0
1	1	1	0

WR、RD 为单片机对外部设备的读写控制信号，在没有外部设备读写的情况下，它们的状态都为高电平。在同一时间内，它们的状态不可能都为低电平，因为单片机不可能同时存在读写的情况。对液晶的控制存在读和写的方式，WR、RD 为 0、1 时写入数据或命令，为 1、0 时读取 LCD 的状态或数据；单片机的高位地址线 A14 为地址控制信号，只有为高电平时，才能实现对 LCD 的片选，单片机高位地址线 A15 为 6264 的片选信号，所以 A15 必须为 1。A13 没有连接任何引脚，所以既可为 0，也可为 1。LCD 的地址选择范围为 0C000H～0FFFFH，如表 9-6 所示。

表 9-6　LCD地址范围

A15～A12	A11～A8	A7～A4	A3～A0	～	A15～A12	A11～A8	A7～A4	A3～A0
11 x 0	0 0 0 0	0 0 0 0	0 0 0 0		11 x 1	1 1 1 1	1 1 1 1	1 1 1 1

单片机对 LCD 的控制方式有 4 种，这 4 种由地址总线 A0、A1 决定，对 LCD 的 4 种控制方式的地址范围如表 9-7 所示。

表 9-7　对LCD不同控制方式地址范围

LCD 控制方式	A15～A12	A11～A8	A7～A4	A3～A0
读状态	11xx	xxxx	xxxx	xx01
写指令	11xx	xxxx	xxxx	xx00
读数据	11xx	xxxx	xxxx	xx10
写数据	11xx	xxxx	xxxx	xx11

9.2.2　汇编语言实现编程方式

本节采用总线控制的方法实现对 LCD 的控制，因此就需要重新编写 LCD 的驱动程序。在本实例中，LCD 和 RAM 芯片 6264 同为外部设备，所以同样可以采用外部存储器存取指令 MOVX。

1. 地址选定

在上一节已经分析过了对 LCD 四种控制方式的地址范围，在程序中指定一种地址就可以了，如下为地址宏定义伪指令：

```
LCD_CMD_WR      EQU     0C000H          ;写指令地址
LCD_DATA_WR     EQU     0C001H          ;写数据地址
LCD_BUSY_RD     EQU     0C002H          ;忙信号检查地址（读状态）
LCD_DATA_RD     EQU     0C003H          ;读数据地址
```

对液晶状态的读取主要体现在查询忙碌信号，所以在以上程序注释中，将读状态地址称为忙信号查询地址。

2. 忙信号检查子程序

液晶忙碌信号的查询方式，在上一章我们已经有过了详细的学习。大致过程为判断液晶最高数据位的状态，如果为 1，表示液晶处于忙碌状态，需要等待跳出忙碌状态才能进行后续的操作。程序代码如下所示。

```
LCD_CHECK_BUSY:
      MOV  DPTR,#LCD_BUSY_RD       ;忙信号检查地址
BUSY:
      MOVX  A, @DPTR               ;外部控制
      JB     ACC.7,BUSY
      RET
```

程序的执行过程非常的简单，只需采用外部寻址指令，取出相应数据即可。

3. 写指令子程序

写指令前需要查询忙碌信号，在调用程序前，将命令存放于 R7 中。程序代码如下所示。

```
LCD_WRITE_INSRTRU:
      CALL LCD_CHECK_BUSY          ;忙信号检查地址
      MOV  A,R7
      MOV  DPTR,#LCD_CMD_WR        ;写指令地址
      MOVX @DPTR,A
      RET
```

程序执行的过程是将指令写入外部地址的过程。

4. 写数据子程序

写数据和写指令一样，调用之前都必须有查询忙碌子程序。程序代码如下所示。

```
LCD_WRITE_DATA:
      CALL LCD_CHECK_BUSY
      MOV  A,R7
      MOV  DPTR,#LCD_DATA_WR       ;写地址
      MOVX @DPTR,A                 ;写入显示数据
      RET
```

5. 字符串打印子程序

和上一章所讲述的字符串打印子程序的执行过程基本一致，调用前将数据表格的首地址传送给 DPTR，通过查表指令一一取出数据，并调用 LCD 写数据子程序。但是在本章使用外部设备存取指令，会频繁使用 DPTR 和累加器 A，每一次调用写数据子程序，DPTR 的数值就会遭到破坏，无法再指定数据表格，所以需要在程序中做好堆栈保护工作。程序代码如下所示。

```
LCD_PRINT_STR:
NO_OVER:
      CLR  A
      MOVC A, @A+DPTR
MOV  R7,A
      PUSH DPL   ;保护 DPTR
      PUSH DPH
      PUSH ACC   ;保护 ACC
      CALL LCD_WRITE_DATA
      POP  ACC
      POP  DPH   ;弹出 DPTR
      POP  DPL
      INC  DPTR  ;弹出 ACC
      JNZ  NO_OVER
     RET
```

在调用子程序前，将字符串表格地址存放入 DPTR。

以上给出的 5 个子程序为 LCD 的驱动子程序，它们的调用过程和上一章所讲的过程是一样的，在这里就不再叙述了，请大家自行使用或参考本书附带光盘中的例程。

9.2.3　C 语言实现编程方法

1. 地址宏定义

```
#define LCD_CMD_WR      0x0c000      //写指令地址
#define LCD_DATA_WR     0x0c001      //写数据地址
#define LCD_BUSY_RD     0x0c002      //忙信号检查地址（读状态）
#define LCD_DATA_RD     0x0c003      //读数据地址
```

2. 忙信号检查子程序

```
void LCD_CHECK_BUSY(void)
 {
  uchar TEMP;
  while(1)
  {
   TEMP=XBYTE[LCD_BUSY_RD];      //忙信号检查
   TEMP&=0X80;
   if(TEMP==0) break;
  }
}
```

3. 写指令子程序

```
void LCD_WRITE_INSRTRU(uchar LCD_instruction)
```

```
{
  LCD_CHECK_BUSY();
  XBYTE[LCD_CMD_WR]=LCD_instruction;    //写命令
}
```

4. 写数据子程序

```
  void LCD_WRITE_DATA(uchar LCD_data)
{
  LCD_CHECK_BUSY();
  XBYTE[LCD_DATA_WR]=LCD_data;          //写入数据
}
```

9.3 更多外设的扩展方法

前两节我们为单片机扩展了 LCD 和 RAM 两个外设，其实单片机扩展外设的数量可以更多。在本节将会讲述实现更多外设扩展的思路，同时在这个思路的指引下，将为单片机扩展两组键盘。希望大家在掌握好前两节内容的基础上，再来学习本节的内容。

9.3.1 实现多个外设扩展的电路实现方法

通过前两节的学习我们知道，对 RAM 芯片 6264 片选使用的是高位地址线 A15，对 LCD 的片选信号为 A14，因为外部 RAM（6264）占用了地址线 A0～A12，只剩下了 A13 一根地址线用来选通一个外部设备。这个问题可以通过使用一个芯片得到解决，这就是译码器。译码器的种类很多，本章就使用 74LS138（3—8 译码器），这是一个常用的芯片，它在 Proteus 中的位置如图 9-24 所示。

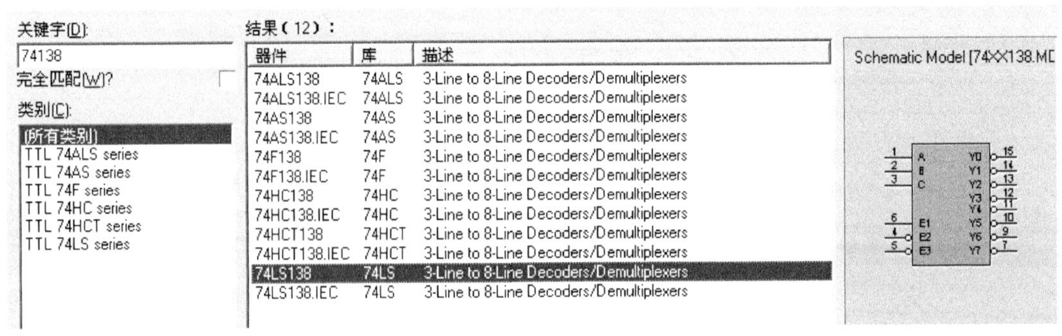

图 9-24　74LS138 在 Proteus 中的位置

如表 9-8 所示为 74LS138 的逻辑功能表，引脚 4（E2）、5（E3）、6（E1）为芯片片选信号，只有当 E1 为高电平、E2 和 E3 为低电平时，74LS138 译码功能才能实现，如果片选信号有一个不成立，则 74LS138 输出 Y0～Y7 为高电平。

如表 9-8 所示，74LS138 输出引脚 Y0～Y7 为低电平有效，译码信号输入引脚（A、B、C）输出的 8 种逻辑关系对应相应的输出值。如图 9-25 所示为 74LS138 在 Proteus 中的演示电路。在图中，当 A 为高电平、B 和 C 都为低电平时，输出引脚 Y6 为低电平，其他输出引脚为高电平。

表 9-8　74138 的逻辑功能表

输入引脚						译码输出引脚							
片选引脚			译码输入引脚										
E1	E2	E3	C	B	A	Y0	Y1	Y2	Y3	Y4	Y5	Y6	Y7
1	0	0	0	0	0	0	1	1	1	1	1	1	1
1	0	0	0	0	1	1	0	1	1	1	1	1	1
1	0	0	0	1	0	1	1	0	1	1	1	1	1
1	0	0	0	1	1	1	1	1	0	1	1	1	1
1	0	0	1	0	0	1	1	1	1	0	1	1	1
1	0	0	1	0	1	1	1	1	1	1	0	1	1
1	0	0	1	1	0	1	1	1	1	1	1	0	1
1	0	0	1	1	1	1	1	1	1	1	1	1	0

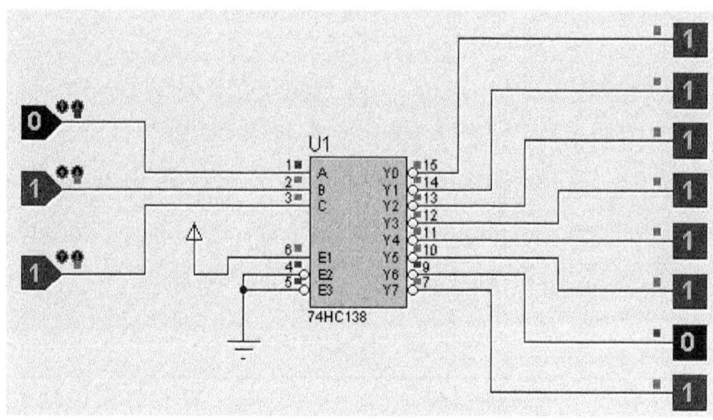

图 9-25　74LS138 演示电路

如图 9-26 所示为本节实例所使用的电路图，在上一节的电路图的基础上添加了两组键盘。

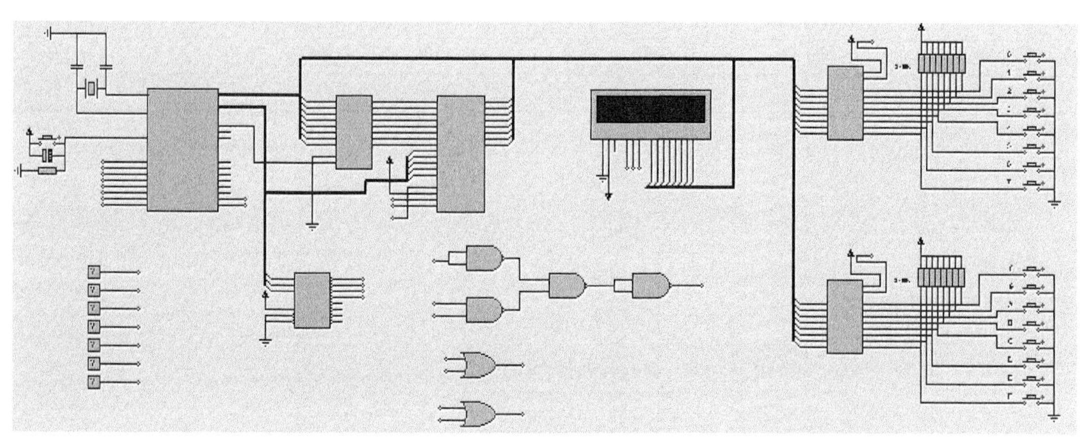

图 9-26　多外设扩展电路

1. 译码单元

如图 9-27 所示为本实例电路的地址译码电路，采用的正是刚刚讲过的 74LS138。译码输入端（A、B、C）接入单片机的高位地址线 A13～A15。74LS138 输出端接了 4 个接线端子，XRAM 为 6264 片选输入；LCD_PORT 为液晶 1602 片选信号；KEY_PORT1 为键盘组 1 片选信号；KEY_PORT2 为键盘组 2 片选信号。

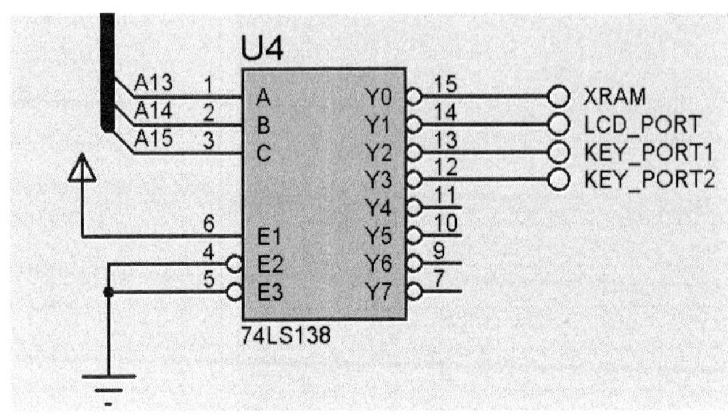

图 9-27　地址译码电路

在图中，使用了 4 个输出引脚，还有 4 个输出引脚我们没有使用。输出引脚中 Y4、Y5、Y6 可以用来扩展其他外设。由于 A13～A15 都为高电平时，Y7 为低电平，而没有任何地址选通的情况下，A13～A15 为高电平，所以 Y7 不能作为片选信号。该电路有 7 个外部片选端口，这一点还是非常可观的。

通过电路，可分析出每个外设的选通地址，如表 9-9 所示。

表 9-9　各外设地址

外设名称	A15～A13 状态	选通引脚	外设地址范围
6264	000	Y0	0000 0000 0000 0000B～0001 1111 1111 1111B
LCD1602	001	Y1	0010 0000 0000 0000B～0101 1111 1111 1111B
键盘组 1	010	Y2	0100 0000 0000 0000B～0101 1111 1111 1111B
键盘组 2	011	Y3	0110 0000 0000 0000B～0111 1111 1111 1111B
未使用 1	100	Y4	1000 0000 0000 0000B～1001 1111 1111 1111B
未使用 2	101	Y5	1010 0000 0000 0000B～1011 1111 1111 1111B
未使用 3	110	Y6	1100 0000 0000 0000B～1101 1111 1111 1111B

2. 外部RAM片选信号

如图 9-28 所示为 6264 控制端口电路，由于片选端 OE 为低电平触发，所以直接使用译码器输出端 Y0 提供片选信号即可。6264 具有 8K 的存储容量，则对它的寻址地址范围为 0000H～1FFFH。

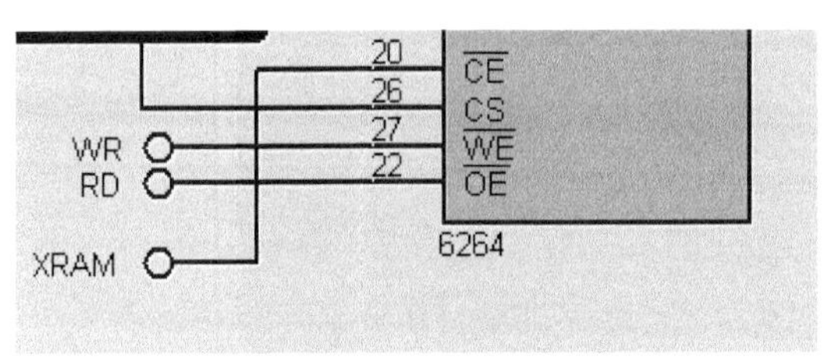

图 9-28　6264 控制端接口电路

3. LCD1602片选信号

对 LCD1602 的控制方式同上一节基本一致，如图 9-29 和图 9-30 所示。RS、RW 还是接到地址信号 A0、A1，只不过片选信号 ELCD 的实现方式和上一节所讲略有不同，LCD1602 的 E 端为下降沿触发，常态为低电平。上一节电路由地址线 A14 直接供给，而译码器 Y2 输出为低电平片选，所以接入了一个由 U6：B（与非门）组成的非门，再和单片机读写信号线 WR、RD 配合共同实现片选。

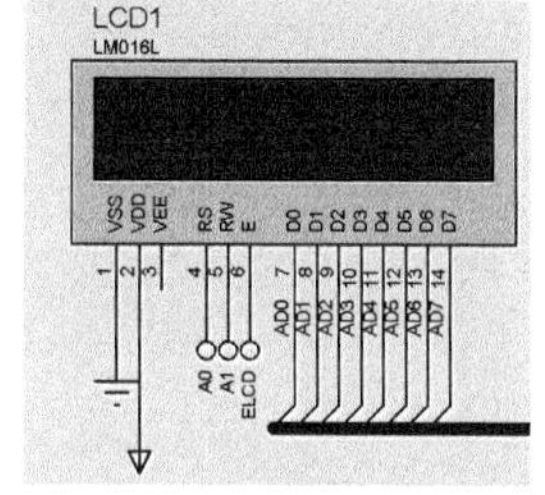

图 9-29　LCD 控制端

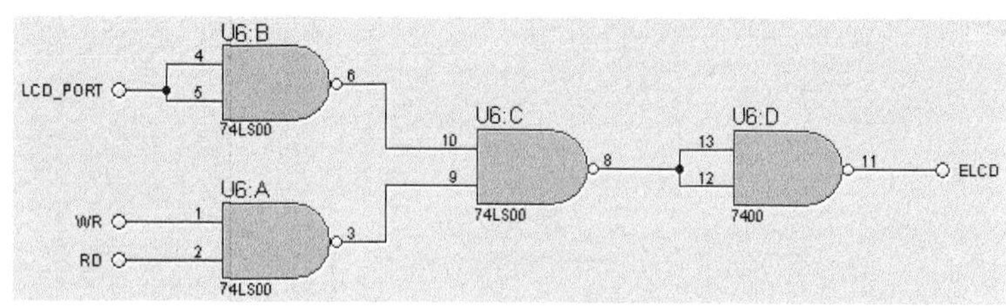

图 9-30　LCD 片选逻辑电路

74138 译码器输出口 Y1 和单片机读写控制线 WR、RD 的关系如表 9-10 所示。

表 9-10　LCD1602 片选逻辑表

WR	RD	Y1	ELCD
0	1	1	0
0	1	0	1
1	0	1	0
1	0	0	1
1	1	1	0
1	1	0	0

如表 9-11 所示为对 LCD 控制方式的地址，在表中 x 表示数值，既可为 0，也可为 1，实际控制可以任意选择。

表 9-11　LCD地址控制范围

LCD 控制方式	A15～A12	A11～A8	A7～A4	A3～A0
读状态	001x	xxxx	xxxx	xx01
写指令	001x	xxxx	xxxx	xx00
读数据	001x	xxxx	xxxx	xx10
写数据	001x	xxxx	xxxx	xx11

4. 键盘组1片选信号

如图 9-31 和图 9-32 所示为键盘组 1 的电路实现方式。电路中使用 74373 作为驱动芯片，而不用地址锁存的功能，因为地址锁存引脚 LE 已被接高电平。74373 的输出端 Q0～Q7 接到单片机的数据总线，只有当 OE 端为低电平时，才能获取输入端 D0～D7 的信号，如果 OE 为高电平，通道就会被阻塞。D0～D7 的常态为高电平，因为它们接入了上拉电阻，如果某一按键被按下，则这一通道就会被拉低为低电平。如果此时单片机读取信号，这个被拉低的位数就会非常显眼。

图 9-32 所示为键盘 1 的片选逻辑电路，74138 输出端 Y2（线序为 KEY_PORT1）和单片机读选通端 RD 共同接入或门（74LS32 构成），即只有当两组信号都为低时，输出 KEY_ADDR1 才为低。因为对键盘的控制只有读取，所以用两组信号共同控制非常得当。

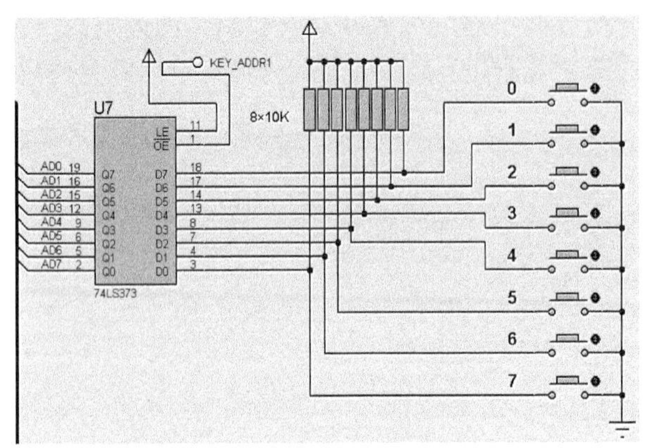

图 9-31 键盘组 1 实现电路

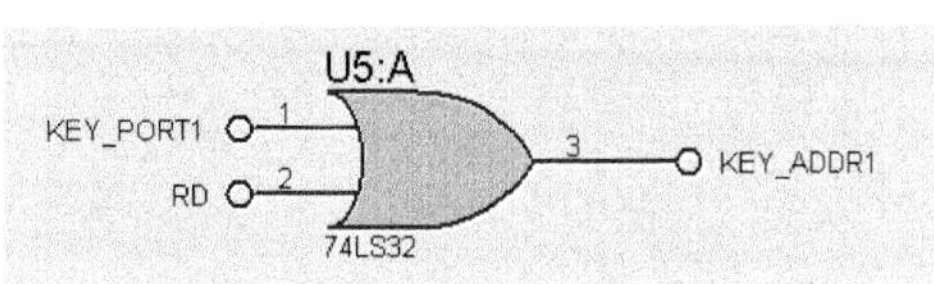

图 9-32 键盘组 1 片选控制电路

键盘组 1 的寻址地址为 010x xxxx xxxx xxxxb。

5. 键盘组2片选信号

键盘组 2 和键盘组 1 的电路实现方式一模一样，只不过片选地址不同而已，实现电路如图 9-33 和图 9-34 所示。

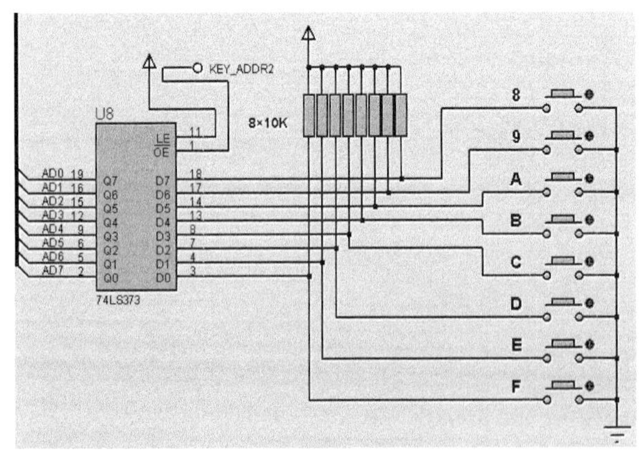

图 9-33 键盘组 2 实现电路

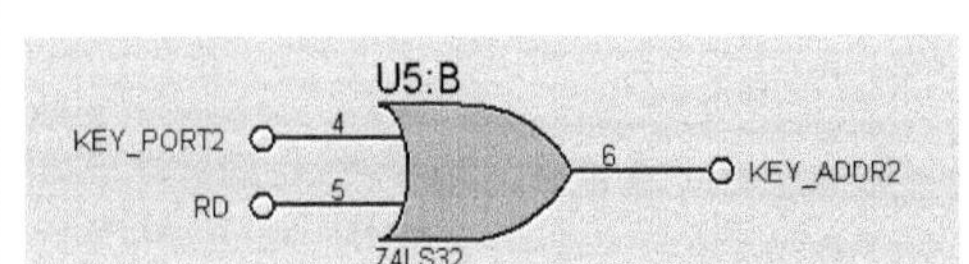

图 9-34 键盘组 2 片选控制电路

键盘组 2 的寻址地址为 011x xxxx xxxx xxxxb。

9.3.2 综合运用外设实例

在上一节，我们分析了电路的实现方式，给出了每个外部设备的地址，本节就该为编程做准备了。首先明确一下实例将要实现的目标：电路拥有 16 个键盘，键盘的编号为 0～f，按下一个键，在 LCD1602 上显示该键盘的键码；再次按另外按键时，在 1602 下一显示位置继续打印键码值；打印完毕 16 个键值后，再次按下键盘，从 1602 起始位置重新开始打印。

1．键盘控制实现思路

键盘控制电路思路非常简单，循环读取键盘组 1 和键盘组 2 的地址，读取数据位为 0 的字节即可，如表 9-12 所示为每个按键的键码对应键值位。

表 9-12　键盘码值

键　　码	'0'	'1'	'2'	'3'	'4'	'5'	'6'	'7'
KEY1_VALUE	BIT0	BIT1	BIT2	BIT3	BIT4	BIT5	BIT6	BIT7
键码	'8'	'9'	'A'	'B'	'C'	'D'	'E'	'F'
KEY2_VALUE	BIT0	BIT1	BIT2	BIT3	BIT4	BIT5	BIT6	BIT7

要想让获取的键值稳定，消除抖动功能是必须配置的，本次实例使用一种新的按键处理方式：定时中断控制。

只有通过不断地查询键盘地址才能获取准确的键值。如果将这一过程放到主程序中，一方面消耗程序资源；另一方面不利于新模块的扩展，因为对时间的掌握不是很准确。

如果将这一过程放入定时中断中，这些问题将会得到很好的解决。设定定时时间，每间隔一段时间，通过中断查询键码，实现方法如图 9-35 所示。在图中，设置消除抖动位的目的，是为获取一个比较值，这个比较值放在键预存寄存器之中。当前获取的键值和前一时段的比较值相比较，如果相同，表示键值准确；如果不同，则表示出现误按情况。

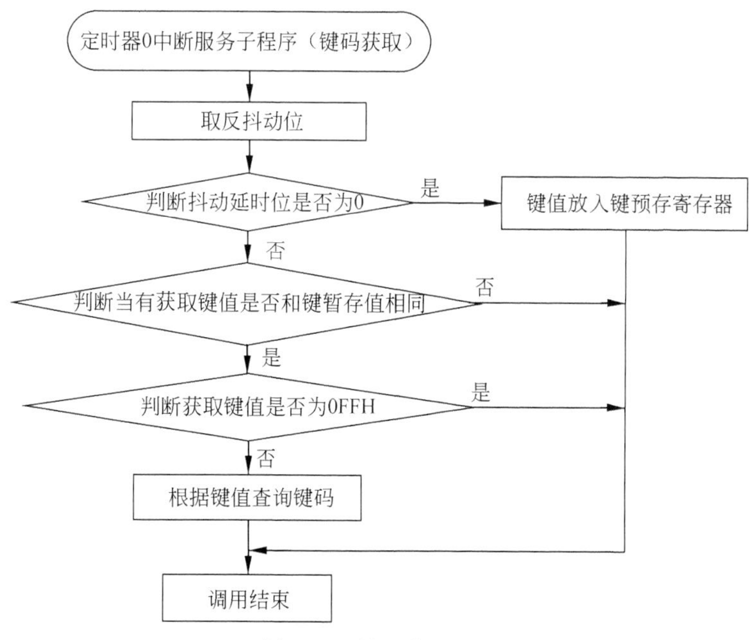

图 9-35　键码获取流程

判断键值是否为 0FFH，是为了判定是否有键被按下，本文所定义的键值为通过读取外部键盘所获取的值，如果这个值不为 0FFH，则表示有按键被按下。

键码是每个按键的编号，如表 9-12 所表示每个键盘所对应的键码值，通过键值转换为键码并不是什么难事。

2. 液晶显示实现方法

本节主要分析的是如何在 LCD1602 上不断地打印键码。先定义一个显示缓存区（汇编语言）或显示数组（C 语言），将获取的键码依次放入这个显示缓存区或数组中，然后调用显示字符串子程序即可，具体的执行过程如图 9-36 所示。

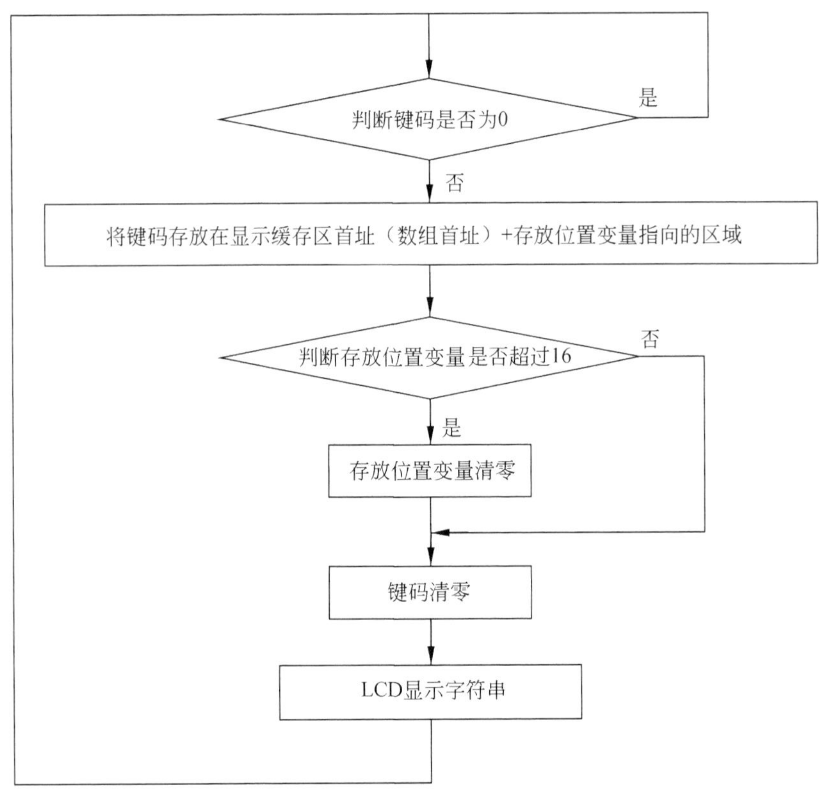

图 9-36　LCD 显示键码执行流程图

键码为 0 表示没有按键被按下，所以重新执行查询，存放位置变量是事先定义好的用于指定字符存放的位置，如果存放位置变量超过了 16，则重新被置 0。将字符依次放入显示缓存区（数组），那么就构成了一个字符串，将字符串打印出来就完成了目标。

键码存放完毕，必须将其清理，因为 LCD 显示键码这一过程是在主程序中完成的，如果键码不清零，则会连续执行字符填充过程。

9.3.3　汇编语言实现实例要求

上一节，已经理清了编程思路，本节就利用汇编语言来实现这一目标。由于 LCD 的驱动子程序及控制命令，在前面已讲过了，所以以下列出的程序代码将不包含这一部分内容。

1. 宏定义变量及缓存区

先定义变量宏，便于编程时明确思路，宏定义代码如下所示。

```
; LCD 地址控制方式地址
LCD_CMD_WR     EQU   2000H           ;命令写
LCD_DATA_WR    EQU   2001H           ;数据写
LCD_BUSY_RD    EQU   2002H           ;忙状态读
LCD_DATA_RD    EQU   2003H           ;数据读
; 键盘寻址地址
KEY_ADDR1         EQU   4000H        ;键 1 寻址地址
KEY_ADDR2         EQU   6000H        ;键 2 寻址地址
; 预定义寄存器、缓存区、标志位
VIB_FLAG           BIT   20H.0       ;抖动标志位
TEMP_KEY_VALUE1    DATA  30H         ;键 1 预存寄存器
TEMP_KEY_VALUE2    DATA  31H         ;键 1 预存寄存器
GETED_KEY_VALUE    DATA  33H         ;键寄存器
PUT_CNT            DATA  34H         ;显示缓存区首地址
```

2．主程序

主程序包含了各个寄存器的初始化，以及上一节所讲的液晶显示字符过程，程序代码如下所示。

```
 ORG 0000H
        JMP MAIN
        ORG 000BH
        JMP TIME0                    ;定义器 0 中断服务程序
        ORG 0100H
MAIN:
        MOV  TH0,#00H
        MOV  TL0,#00H                ;定时器 0 初值设定
        MOV  TMOD,#01H               ;定时工作方式设定
        SETB EA
        ETB ET0                      ;开定时器 0 中断
        SETB TR0                     ;启动定时器
        CLR   VIB_FLAG               ;清零消抖动标志位
        MOV  PUT_CNT,#40H            ;字符存储位置寄存器
        CALL  LCD_INITIAL            ;初始化 LCD
        MOV  R7,#00H
        CALL  LCD_SET_POSITION       ;设定显示位置
        MOV  DPTR,#SHOW
        CALL  LCD_PRINT_STR          ;先显示一组字符串
loop:
        MOV  R3,GETED_KEY_VALUE
        CJNE R3,#00H,KEY_ENFORCE     ;判断键码是否为 0
        JMP  LOOP
KEY_ENFORCE:
        MOV  GETED_KEY_VALUE,#00H
        MOV  A,R3
        MOV  R1,PUT_CNT
        MOV  @R1,A
        INC  R1
        CJNE R1,#4FH,COMPA           ;判断显示位置变量是否越界
COMPA:   JC   NO_FILL
        MOV  R1,#40H                 ;越界重新赋值
NO_FILL:  MOV  PUT_CNT,R1

        MOV  R7,#40H                 ;打印键码字符串过程
        CALL  LCD_SET_POSITION
```

```
        MOV  R2,#00
        MOV  R0,#KEY_STRING
GOON:
        MOV  A,@R0
        MOV  R7,A
        CALL LCD_WRITE_DATA
        INC  R2
        INC  R0
        CJNE R2,#0FH,GOON
        JMP  LOOP
SHOW:   db 'KEY_TEST:',00                ;提示字符串
```

本实例定时器设置的工作方式为方式 1（16 位定时器），定时初值为 0000H，本实例晶振使用的是 12MHz，则定时器定时时间约为 66ms。

程序中键码位置寄存器设定为 40H，这样做的原因是我们将要在液晶第二行显示键码字符串，第二行位置命令为 40H，这样可以和液晶位置相协调一致。

打印键码字符串过程是将字符串依次从缓存区取出，再调用 LCD 写数据命令。总共显示的数据位数有 16 位，超过 16 位，将从起始位置重新开始打印。

3．定时器0中断服务子程序（键码获取）

每过 66ms，进入定时器 0 中断服务子程序，也就进入了判键过程，程序代码如下所示。

```
TIME0:
        MOV  TH0,#00H
        MOV  TL0,#00H                     ;重新添装定时初值
        CPL   VIB_FLAG                    ;取反消抖动标志位
        JB   VIB_FLAG,CHECK_VIB           ;判断消抖动状态

        MOV  DPTR,#KEY_ADDR1              ;存入键值到键预存寄存器
        MOVX A,@DPTR
        MOV  TEMP_KEY_VALUE1,A
        MOV  DPTR,#KEY_ADDR2
        MOVX A,@DPTR
        MOV  TEMP_KEY_VALUE2,A
        JMP  END_T0
CHECK_VIB:                                ;判断当前键值和 65ms 前数值是否相同
        MOV  DPTR,#KEY_ADDR2
        MOVX A,@DPTR
        CJNE A,TEMP_KEY_VALUE2,GIVE_UP_KEY
        MOV  DPTR,#KEY_ADDR1
        MOVX A,@DPTR
        CJNE A,TEMP_KEY_VALUE1,GIVE_UP_KEY
        CJNE A,#0FFH,EXIT_KEY1
        JMP  GET_KEY2
EXIT_KEY1:                                ;键值转换为键码过程
        MOV  R0,#'0'
        JNB  ACC.0, KEY_FOUND
        MOV  R0,#'1'
        JNB  ACC.1, KEY_FOUND
        MOV  R0,#'2'
        JNB  ACC.2, KEY_FOUND
        MOV  R0,#'3'
        JNB  ACC.3, KEY_FOUND
        MOV  R0,#'4'
        JNB  ACC.4, KEY_FOUND
        MOV  R0,#'5'
```

```
        JNB  ACC.5, KEY_FOUND
        MOV  R0,#'6'
        JNB  ACC.6, KEY_FOUND
        MOV  R0,#'7'
        JNB  ACC.7, KEY_FOUND
GET_KEY2:
        MOV  DPTR,#KEY_ADDR2        ;另一地址键盘
        MOVX A,@DPTR
        CJNE A,#0FFH,EXIT_KEY2
        JMP  GIVE_UP_KEY
EXIT_KEY2:
        MOV  R0,#'8'
        JNB  ACC.0, KEY_FOUND
        MOV  R0,#'9'
        JNB  ACC.1, KEY_FOUND
        MOV  R0,#'A'
        JNB  ACC.2, KEY_FOUND
        MOV  R0,#'B'
        JNB  ACC.3, KEY_FOUND
        MOV  R0,#'C'
        JNB  ACC.4, KEY_FOUND
        MOV  R0,#'D'
        JNB  ACC.5, KEY_FOUND
        MOV  R0,#'E'
        JNB  ACC.6, KEY_FOUND
        MOV  R0,#'F'
        JNB  ACC.7, KEY_FOUND
GIVE_UP_KEY:
        MOV  R0,#00H
        JMP  END_T0
KEY_FOUND:
        MOV  GETED_KEY_VALUE,R0        ;键码放入键码寄存器
END_T0:
        RETI
```

9.3.4　C 语言实现实例目标

使用 C 语言实现的过程要比汇编语言简单，但是它们的执行过程是相似的。

1. 宏定义变量

```
/******************简化字符类型书写******************/
#define uchar   unsigned char
#define uint    unsigned int
/******************LCD 各控制方式地址*****************/
#define LCD_CMD_WR     0x2000
#define LCD_DATA_WR    0x2001
#define LCD_BUSY_RD    0x2002
#define LCD_DATA_RD    0x2003
/*******************键盘寻址地址*******************/
#define KEY_ADDR1      0x4000
#define KEY_ADDR2      0x6000
/*******************预定义全局变量********************/
bit  VIB_FLAG;                        //消抖动标志位
uchar data TEMP_KEY_VALUE1;           //预存键值 1 寄存器
uchar data TEMP_KEY_VALUE2;           //预存键值 2 寄存器
```

```
uchar data GETED_KEY_VALUE;           //键码寄存器
uchar data PUT_CNT;                   //显示位置寄存器
uchar data KEY_STRING[17];            //键码显示数据
```

2. 主程序

```
MAIN()
 {
  TH0=0X00;
  TL0=0X00;
  TMOD=0X01;
  EA=1;
  ET0=1;
  TR0=1;
  VIB_FLAG=0;
  LCD_INITIAL();
  LCD_SET_POSITION(0x00);
  LCD_PRINT_STR("hellowsucess");          //显示提示信息
  while(1)
  {
    if(GETED_KEY_VALUE==0) continue;      //如果键码为 0，重新开始执行 while 语句
    KEY_STRING[PUT_CNT]=GETED_KEY_VALUE;//键码放入显示位置寄存器指向的数组位置
    KEY_STRING[16]='\0';                  //字符串结束标志
     GETED_KEY_VALUE=0;                   //清零键码
    PUT_CNT++;
     if(PUT_CNT==16) PUT_CNT=0;           //判断显示区域是否越界
    LCD_SET_POSITION(0x40);
    LCD_PRINT_STR(KEY_STRING);            //显示键码字符串
  }
 }
```

3. 定时器0中断服务程序（键码获取）

```
void TIME0() interrupt 1 using 1
{
  uint  temp3;                            //定义一个 16 位的变量
  TH0=0X00;
  TL0=0X00;
  VIB_FLAG=~VIB_FLAG;
  if(VIB_FLAG==1)                         //判断消抖动表示位的状态
  {
   TEMP_KEY_VALUE1=XBYTE[KEY_ADDR1];      //键值放入键缓存寄存器之中
   TEMP_KEY_VALUE2=XBYTE[KEY_ADDR2];
  }
  else
  {
  if(XBYTE[KEY_ADDR1]!=TEMP_KEY_VALUE1)  return;  //判断键值是否为 0
  else if(XBYTE[KEY_ADDR2]!=TEMP_KEY_VALUE2) return;
  else
   {
    temp3=KEY2FOUND();                    //键值合并为一个字（16 位数据）
    temp3|=KEY1FOUND();
     switch(temp3)                        //根据 16 位键值，获取键码
     {
      case 0xfffe: GETED_KEY_VALUE='0'; break;
      case 0xfffd: GETED_KEY_VALUE='1'; break;
```

```
    case 0xfffb: GETED_KEY_VALUE='2'; break;
    case 0xfff7: GETED_KEY_VALUE='3'; break;
    case 0xffef: GETED_KEY_VALUE='4'; break;
    case 0xffdf: GETED_KEY_VALUE='5'; break;
    case 0xffbf: GETED_KEY_VALUE='6'; break;
    case 0xff7f: GETED_KEY_VALUE='7'; break;
   case 0xfeff: GETED_KEY_VALUE='8'; break;
    case 0xfdff: GETED_KEY_VALUE='9'; break;
    case 0xfbff: GETED_KEY_VALUE='A'; break;
    case 0xf7ff: GETED_KEY_VALUE='B'; break;
    case 0xefff: GETED_KEY_VALUE='C'; break;
    case 0xdfff: GETED_KEY_VALUE='D'; break;
   case 0xbfff:  GETED_KEY_VALUE='E'; break;
    case 0x7fff: GETED_KEY_VALUE='F'; break;
    default:        GETED_KEY_VALUE=0;   break;
   }
  }
 }
}
/******************键 2 值转换*************************/
uint KEY2FOUND(void)
{
 uint TEMP;                    //定义一个 16 位数据变量
 TEMP=XBYTE[KEY_ADDR2];
 TEMP<<=8;                     //键 2 值放到子类型数据类型高位
 return TEMP;
}
/***************** 键 1 值转换**************************/
uint KEY1FOUND()
{
 uint TEMP;
 TEMP=XBYTE[KEY_ADDR1];
 return TEMP;
}
```

在本实例中，有两组键盘，每组 8 位，也就存在两个键值。在上面程序中，将这两个键值合并位一个 16 位的键值。合并的过程为如下所述。

（1）调用子程序 KEY1FOUND，在子程序中先定义一个 16 位数据变量，获取键 1 值放入这个变量之中，随着调用结束，这个值将会返回给被调用者。

（2）调用子程序 KEY2FOUND，同样在子程序中先定义一个 16 位数据变量，获取键 2 值放入并左移 8 位，这样做的目的就是将键值 2 放入变量的高位，随着调用结束，这个值也会返回给被调用者。

（3）执行以下语句，就完成了键值的合并：

```
uint temp3
temp3=KEY2FOUND();
emp3|=KEY1FOUND();
```

键值转化为键码时执行 switch 语言实现，程序的过程大家应该能分析出来。

4. Proteus仿真

如图 9-37 所示为本实例在 Proteus 中的仿真效果，LCD1602 第二行为随机按下按键而显示的值。

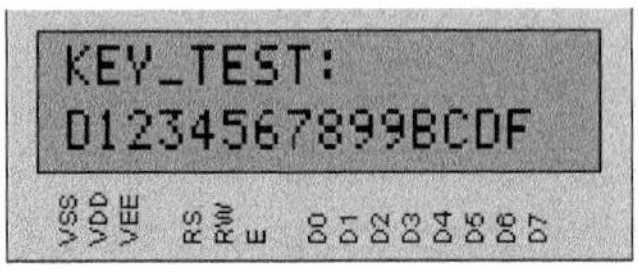

图 9-37　实例最终仿真效果

9.4　习题和实例扩展

1. 填空题

（1）51 单片机内部 RAM 的容量为______。可扩展外部 RAM_______。

（2）存储芯片 6264 存储容量为_______的静态 RAM，它的地址总线有______根，数据总线有______根。

（3）在 51 单片机中，P0 口可作为普通 I/O 端口，还可作为_______、_______。P2 口还可作为地址总线的_____。

（4）ALE 输出______晶振频率的脉冲波，它的作用是______。

（5）芯片 74373 的第 11 引脚（LE）为高电平时，此时芯片的作用是_______；为低电平时，此芯片的作用是_______。

（6）汇编语言实现外部数据的写入的指令为______。如果从外部设备读取一个字节数据，使用 C 语言的库函数______。

（7）单片机对液晶的控制除了直接端口驱动外，还可使用的方案为______控制。

（8）当读取外部 RAM 数据时，单片机引脚______为低电平；当写入数据到外部 RAM 时，单片机引脚_____为低电平。

（9）74138 为_______输入，______输出地址译码器。

（10）在本章实例，如图 9-26 所示，最多可以扩展_______个外部设备。

2. 简答题

（1）许多人认为对于现在的单片机来说，外设扩展已没有必要，你怎么认为。

（2）单片机和外部 RAM 的连接，需要哪几组总线的控制。存储器容量和地址总线的关系是怎样的。

（3）分别阐述 C 语言和汇编语言对外部设备存取数据的语句，分析它们两者的关系。

（4）列举 C 语言常用的实现各种存储器读取数据的宏定义库函数。

（5）简述 74373 是如何实现数据锁存的。

（6）简述 74138 是如何实现地址译码的。

（7）简述总线控制字符液晶 1602 和用 I/O 端口直接控制方案的区别。

3. 实例扩展

（1）绘制电路图，如图 9-38 所示。

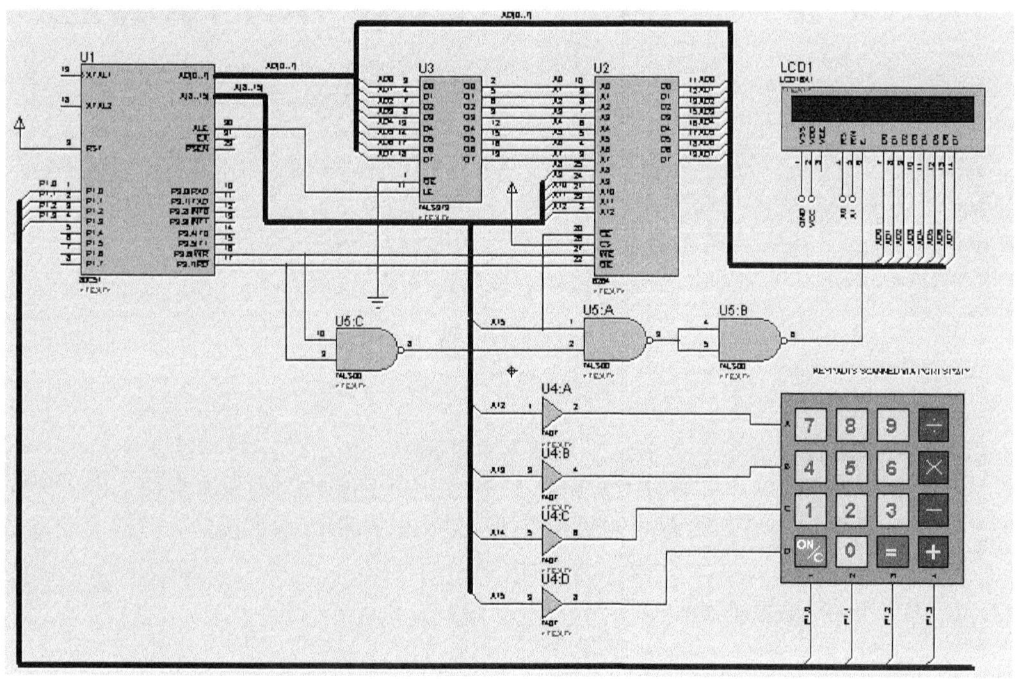

图 9-38　电路图

（2）本章实例为单片机扩展了 8K 字节的外部 RAM，考虑为单片机扩展 32K 字节外部 RAM（使用 62256）。

（3）尝试绘制单片机实现外部数据读取和写入的时序图，参考图 9-11。

（4）在图 9-26 的基础上，利用外部设备控制的思想，添加一组 8 位数码管动态显示电路，写出程序设计的方案。

第 10 章　点阵液晶 LCD 和矩阵键盘

前面两章学习了字符液晶 1602，字符液晶几乎可以显示所有常用的字符和数字。但想要显示一个不规则符号或一幅自定义的图案，它就无能为力了。所以本章介绍一种可以丰富图案的新液晶—12864 点阵型液晶，以及单片机系统常用的矩阵键盘。

10.1　点阵液晶 12864

所谓点阵液晶是以像素点为单位来显示内容的液晶，所有的字符或图案都是由一个个小点构成的。本节将以单片机学习中常用的 128*64 点阵液晶作为模板来介绍。和字符液晶 1602 一样，点阵液晶也有直接驱动方式和总线驱动方式两种，本章只学习直接驱动方法。

10.1.1　12864 液晶概述

点阵液晶的显示单位为像素点，每幅图案由多个像素点组成。12864 液晶就是由它的像素点的个数得名的。它总共有 128 行，每行有 64 个像素点，也就是说它总共有 8192 个像素点。这个显示水平不能算清晰的，现在的手机和数码相机的显示屏幕像素已达到了十万级，甚至百万级。不过单片机学习从 12864 型液晶开始，还是比较合理的。如图 10-1 和图 10-2 所示为 12864 液晶的实物图。

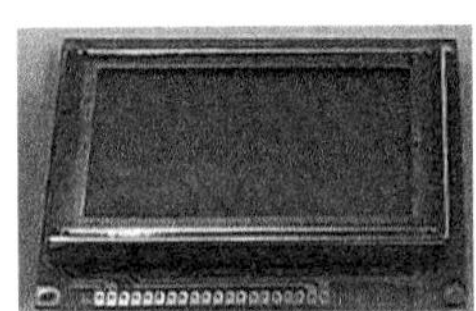

图 10-1　12864 正面

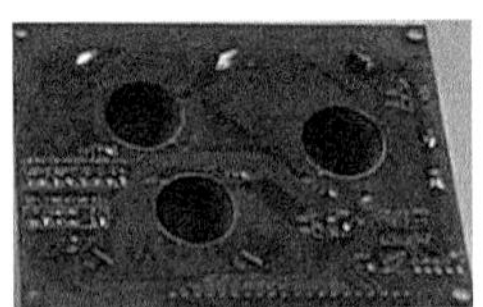

图 10-2　12864 液晶背面

Proteus 给我们提供了多种点阵液晶，单 12864 液晶就有多个种类，如图 10-3 所示为 12864 点阵液晶的寻找方法。

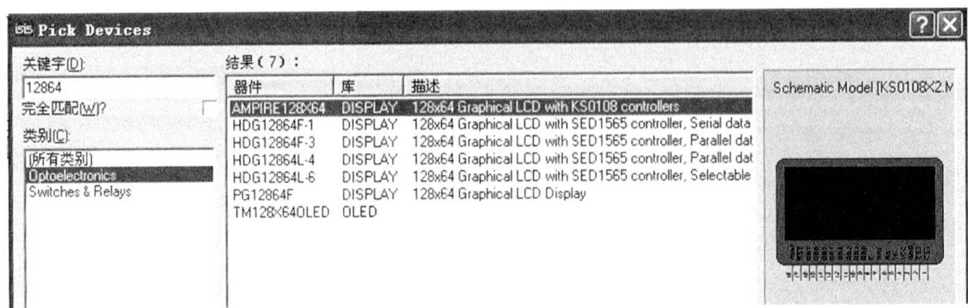

图 10-3　12864 点阵液晶寻找方法

如图 10-4 和图 10-5 所示为 Proteus 提供的两种 12864 液晶，除了外形的不同，这两种液晶最大的区别是采用了不同的 LCD 控制器。我们不对 LCD 控制器做过多研究，只需了解不同的 LCD 驱动器，它的驱动电路和驱动程序是不同的，因此这两种液晶不能采用同样的程序来驱动，在使用点阵液晶之时，一定要阅读它的数据手册，明确它的使用方法。

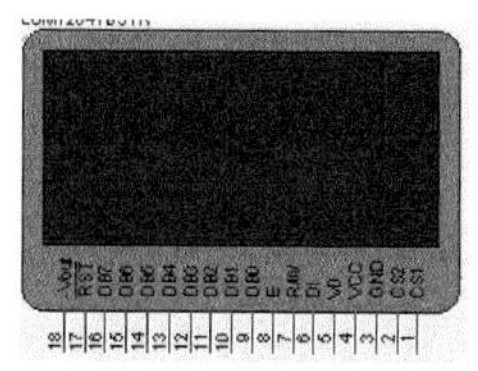

图 10-4　采用 KS0108 驱动器的 12864 液晶

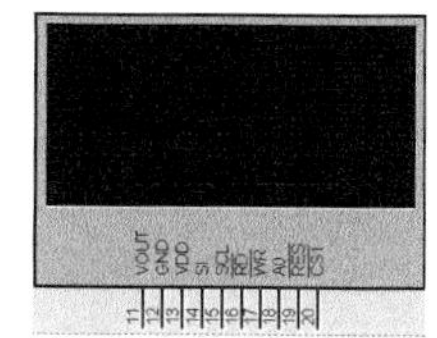

图 10-5　采用 SED1565 驱动的 12864 液晶

1. 12864液晶引脚分配

在本章将要使用以 KS0108 为 LCD 驱动的 12864 液晶，它的引脚分配如表 10-1 所示。

表 10-1　12864 液晶引脚分配

引脚号	引脚名称	使能方式	功能介绍
1	CS1	高电平	左半屏片选信号
2	CS2	高电平	右半屏片选信号
3	GND	接地	接地端
4	VCC	接电源	电源端
5	VO	0~-10V 变化	背光调节
6	DI	高或低电平	数据命令选择端。如果为高，DB0~DB7 为数据；如果为低，DB0~DB7 为命令
7	RW	高或低电平	读写控制信号，如果为高，对液晶读控制；如果为低，对液晶写控制
8	E	下降沿	使能信号
9~16	DB0~DB7		数据总线，传送数据或命令
17	RST	低电平	低电平复位
18	-Vout		输出-10V 电压

在表中，RW 和 E 引脚的使用方法同 1602 是一样的。DI 相当于 1602 的 RS 引脚。DB0~DB7 也和 1602 数据总线一样。RST 复位引脚为低电平使能，在实际电路中直接接高电平即可。

VO 为背光调节输入引脚，通过-Vout 和 VCC 接入的可调电阻共同完成背光亮度调节。在 Proteus 仿真中，背光调节是无法仿真出来的，但在后续的电路图中，背光调节电路也会给出。

引脚 CS1、CS2 是由 LCD 控制器 KS0108 决定的。如图 10-6 所示，12864 液晶由两组 KS0108 共同驱动。在图中，12864 被划分为 64×64 两个部分，每一部分由一片 KS0108 驱动芯片驱动，两组芯片不能同时使能，因此将 CS1、CS2 作为这两组驱动器的片选信号。也就是说，12864 液晶两部分不能同时显示，在某一时段，只能一半屏显示，而另外一半消隐，下一时段互换。当然这个间隔时间是非常短的，而肉眼认为左右两边是一起显示的。

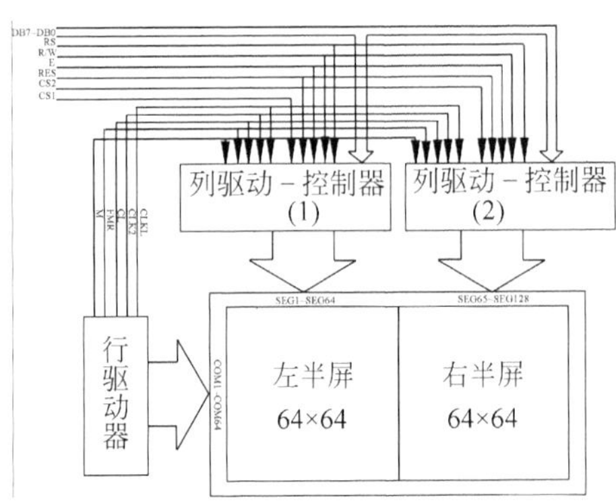

图 10-6　12864 液晶内部控制方式

如图 10-7 所示为由单片机驱动点阵液晶 12864 的接口电路，同字符液晶 1602 有很多相似的地方，P0 口作为数据总线，通过 74373 的驱动传送给 12864 液晶的 DB0～DB7。

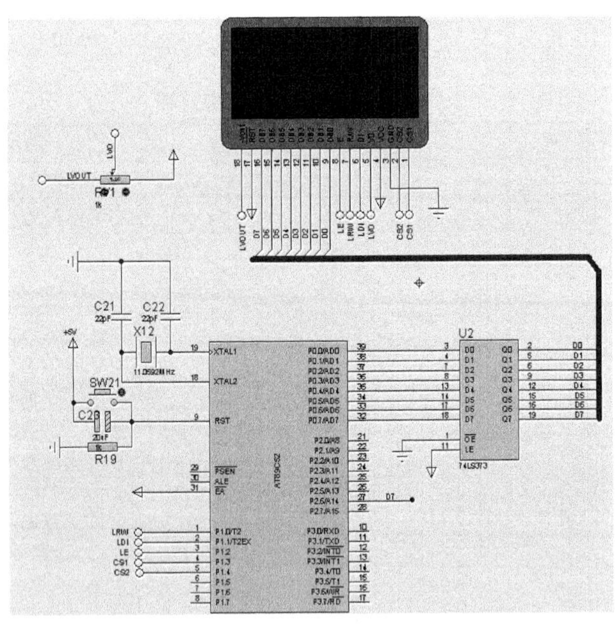

图 10-7　单片机同 12864 液晶的接口电路

如图 10-8 和图 10-9 所示，12864 液晶的 5 个控制端接入单片机的 P1.0～P1.4，比 1602 多出的两个为左右屏控制信号 CS1、CS2；此外 RST 接高电平，让液晶复位信号处于不工作状态。

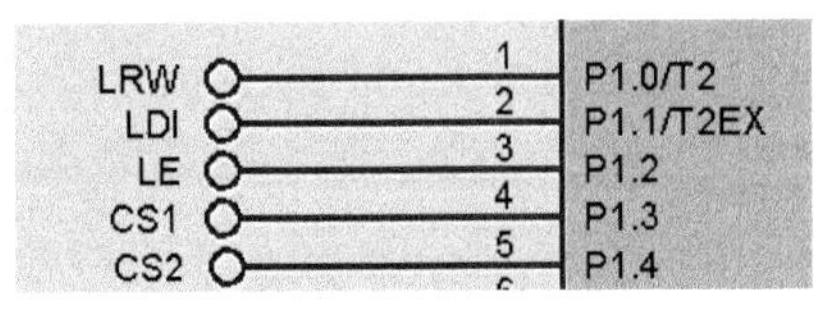

图 10-8　液晶控制信号 1

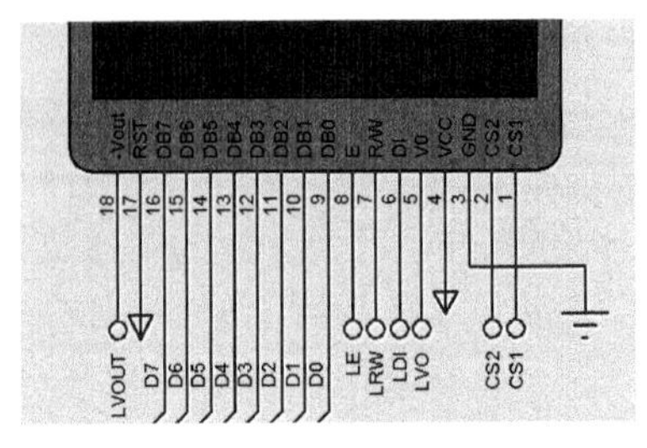

图 10-9　液晶控制信号 2

2．12864液晶命令方式

液晶显示模块（KS0108B 及其兼容控制驱动器）的指令系统比较简单，总共只有 7 种，单片机对液晶的控制主要依靠控制线 RW、DI 和数据总线 DB0～DB7 共同决定。

1）显示开/关指令

表 10-2　显示开/关命令

RW	DI	DB7	DB6	DB5	DB4	DB3	DB2	DB1	DB0
0	0	0	0	1	1	1	1	1	1/0

如表 10-2 所示，当 RW 为低电平，DI 为高电平时，表示此时为写命令模式，DB0～DB7 为要写入命令。当 DB0＝1 时，LCD 显示指定内容；DB0＝0 时，关闭显示。

2）显示起始行（ROW）设置命令

想让显示的内容指定为特定行就得使用如表 10-3 所示的命令。

表 10-3　显示起始行（ROW）设置命令

RW	DI	DB7	DB6	DB5	DB4	DB3	DB2	DB1	DB0
0	0	1	1	显示起始行（0~63）					

当 RW 为低电平、DI 为高电平时，表示写入液晶命令，DB7 和 DB6 必须为 1，DB0～DB5 为要指定的行。12864 液晶总共有 64 行，对应 DB0～DB5 的表达范围为 0～63（2^5–1）。

3）页（PAGE）设置命令

12864 液晶有页的概念。液晶有 64 行，每 8 行为一页，总共 8 页，通过如表 10-4 所示的命令可以指定显示起始所在页。

表 10-4　页（PAGE）设置命令

RW	DI	DB7	DB6	DB5	DB4	DB3	DB2	DB1	DB0
0	0	1	0	1	1	1	页号（0~7）		

在表中，DB3～DB7 为特定的格式，DB2～DB0 用于设置页数，12864 液晶总共有 8 页，对应 DB0～DB2 的表达范围为 0～7（2^3–1）。

4）列地址（Y Address）设定命令

不仅可以设定行地址，也可以设定列地址，如表 10-5 所示。

表 10-5　列地址（Y Address）设定命令

RW	DI	DB7	DB6	DB5	DB4	DB3	DB2	DB1	DB0
0	0	0	1	显示起始列（0~63）					

DB7 为 0、DB6 为 1 这是设置此命令的特殊格式，DB0～DB5 的列表达范围为 0～63。可能大家会问 12864 不是有 128 列吗，列命令的表达范围为何为 0～63 呢？

因为本实例的 12864 液晶使用了两组 KS0108 驱动器，所以当设定列命令时，要指定两组片选信号 CS2 和 CS1。当使用 CS1=1、CS2=0 时，发送列命令指定为左半屏列地址；当使用 CS1=0、CS2=1 时，发送列命令指定为右半屏列地址。

5）读状态指令

同字符液晶 1602 一样，读写数据或命令之前，需要查询液晶驱动器是否处于忙碌状态，如表 10-6 所示为读状态命令数据格式。

表 10-6　读状态格式

RW	DI	DB7	DB6	DB5	DB4	DB3	DB2	DB1	DB0
1	0	BUSY	0	ON/OFF	REST	0	0	0	0

当 RW 为 1、DI 为 0 时，表示对液晶读命令，此时 DB7、DB5、DB4 表达了此时液晶的状态，它们分别如下。

- BUSY（DB7）：1-内部在工作，0-正常状态。
- ON/OFF（DB5）：1-显示关闭，0-显示打开。
- REST（DB4)：1-复位状态，0-正常状态。

在对液晶显示模块操作之前要查询 BUSY 状态，以确定是否可以对液晶显示模块进行操作。

6）写数据命令

写数据是写入显示的数据，指令格式如表 10-7 所示。

表 10-7　写数据格式

RW	DI	DB7	DB6	DB5	DB4	DB3	DB2	DB1	DB0
0	1	写入的数据							

DB0～DB7 为所写入的数据。单片机对液晶每次写入一个字节的数据。

7）读数据命令

可以读当前液晶显示的数据，指令格式如表 10-8 所示。

表 10-8　读数据格式

RW	DI	DB7	DB6	DB5	DB4	DB3	DB2	DB1	DB0
1	1	读取的数据							

RW 为 1、DI 为 1 时表示读取数据，此时单片机读取数据总线 DB0～DB7 的数据就是当前液晶显示的数据。

读、写数据指令每执行完一次读、写操作，列地址就自动增一。单片机不会在同一地址连续写入数据，写完当前地址后，再读写的数据就会指定到下一列。

10.1.2　12864 直接控制方式底层驱动程序

同字符液晶 1602 一样，对 12864 液晶的驱动有两种方式：直接驱动和总线驱动。本节将介绍直接驱动程序，可参考如图 10-7 所示的电路。

1．宏定义命令和端口

先将部分端口和命令用宏定义的方式给出，便于有清晰的编程条理。

1）汇编语言宏定义端口程序

```
E               EQU  P1.2    ;使能信号端口
RW              EQU  P1.0    ;读、写控制信号端口
DI              EQU  P1.1    ;数据、命令选择端口
```

```
CS1             EQU  P1.3    ;左端片选信号
CS2             EQU  P1.4    ;右端片选信号
LCDPORT         EQU  P0      ;数据总线
BUSYSTATUS      EQU  P2.6    ;忙信号查询端口
LCDSTARTROW     EQU  0C0H    ;起始行命令
LCDPAGE         EQU  0B8H    ;页命令
LCDLINE         EQU  40H     ;列命令
```

在程序中，P2.6 作为忙信号查询端口，因为数据总线 D7 和 P2.6 相连，如图 10-10 和图 10-11 所示。这样在查询忙信号的过程中，直接查询 P2.6 的状态即可。

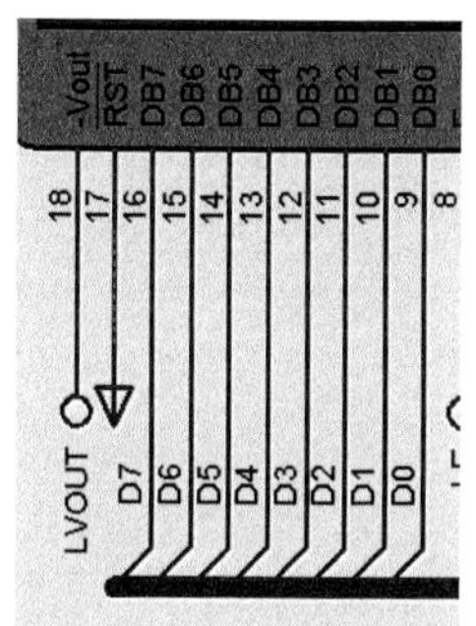

图 10-10　忙信号端口 1

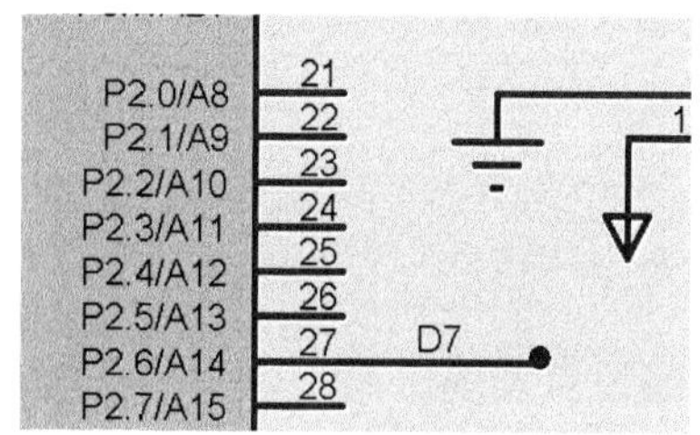

图 10-11　忙信号端口 2

起始行命令、页命令、列命令设定的值表示为 0 行、0 页、0 列。在编程时，我们只需将这些预定义命令和要设定的数值相或即可。

2）C 语言实现宏定义命令和端口指令

程序实现如下所示。

```
#define     E    P1_2                        //使能信号端口
#define     RW   P1_0                        //读、写控制信号端口
#define     DI   P1_1                        //数据、命令选择端口
#define     CS1             P1_3             //左端片选信号
#define     CS2             P1_4             //右端片选信号
#define     LCDPORT         P0               //数据总线
#define     BUSYSTATUS      P2_6             //忙信号查询端口
#define     LCDSTARTROW     0xC0             //起始行指令
#define     LCDPAGE         0xB8             //页指令
#define     LCDLINE         0x40             //列指令
```

2. 忙信号查询子程序

和字符液晶 1602 查询忙碌信号的方式基本是一样，设定对液晶读命令方式，读取 D7 的状态就可知液晶是否处于忙碌状态。在本实例中 D7 和 P2.6 相连，所以查询 P2.6 的状态即可。

1）汇编语言查询忙状态子程序

```
LCD_CHECK_BUSY:
        NOP
BUSY:   CLR  E
        CLR  DI                ;命令方式
        SETB RW                ;写方式
        MOV  LCDPORT,#0FFH
        SETB E
```

```
        JB   BUSYSTATUS, BUSY   ;查询忙碌状态位
        CLR  E
        RET
```

2）C 语言实现忙信号查询子程序

```
void LCD_CHECK_BUSY(void)
{
 while(1)
  {
   E=0;
   DI=0;
   RW=1;
   LCDPORT=0xff;
   E=1;
   if(!BUSYSTATUS) break;    //查询忙碌状态位
   }
   E=0;
}
```

3. 写命令子程序

1）汇编语言实现命令写入

```
LCD_WRITE_INSRTRU:
          CALL LCD_CHECK_BUSY    ;忙碌查询
          CLR  DI                ;命令模式
          CLR  RW                ;写方式
          MOV  LCDPORT,R7
          SETB E
          CLR  E                 ;下降沿
          RET
```

在写入命令之前，必须执行忙碌信号查询子程序，在调用此子程序之前需要将命令字放在 R7 之中。

2）C 语言实现命令写入

```
 void LCD_WRITE_INSRTRU(uchar LCD_instruction)      //写指令到 LCD
 {
  LCDPORT=0xFF;
  DI=0;                      //命令模式
  RW=0;                      //写模式
  LCDPORT=LCD_instruction;
  E=1;
  E=0;
 }
```

LCD_instruction 为形式参数，传输的为命令字。

4. 写数据子程序

1）汇编语言实现数据写入

```
LCD_WRITE_DATA:
          CALL LCD_CHECK_BUSY        ;忙碌查询
          SETB DI                    ;数据模式
          CLR  RW                    ;写模式
          MOV  LCDPORT,R7
```

```
            SETB E
            CLR  E
            RET
```

调用此子程序之前将写入数据放入 R7 之中。

2）C 语言实现数据写入

```
void LCD_WRITE_DATA(uchar LCD_data)        //输出一个字节数据到 LCD
{
 LCD_CHECK_BUSY();                         //忙碌查询
 DI=1;                                     //数据模式
 RW=0;                                     //写模式
 LCDPORT=LCD_data;
 E=1;
 E=0;
}
```

LCD_data 为形式参数，传输的为将要写入液晶的数据。

10.1.3　12864 点阵液晶接口函数

上一节讲述了对 12864 液晶底层驱动程序，除了底层程序外，还需编写应用程序，通过这些程序能够直接完成一个字符、一个汉字，或一个图形的绘制。编写这些程序之前，需要了解点阵液晶的绘图原理。

1. 点阵液晶绘图原理

前面已经讲过了，一个图形或字符的显示是由数个点同时点亮共同完成的，单片机对 12864 点阵液晶写入的驱动程序，一次数据的写入为一个字节数据（8 位），点阵液晶的一个点对应一位数据，一次数据写入完成了 8 个点的控制，即使一个最简单的图形用 8 个点也是难以表示的，所以写入多个字节才能完成一幅图形的绘制。

靠人力去控制一个字符或图形的点亮点数和点亮位置是非常困难的，必须依靠特定的软件来帮助我们来完成这项过程。在本书中采用的是一款叫做字模 3 的取字模软件，它的图标如图 10-12 所示，打开界面如图 10-13 所示。

图 10-12　字模 3 取模软件

图 10-13　字模 3 软件打开界面

这是一款非常强大的取模软件，可以将字符、图形、汉字转为多种形式的字模编码格式，以 C 语言数组或汇编语言数据表格给出。

下面简单介绍一下这款软件的使用方法。

1）字符或图形输入

如图 10-14 所示，左侧给出了大致的取模步骤。在“字符输入”文本框中，输入想要转换的汉字或字符。

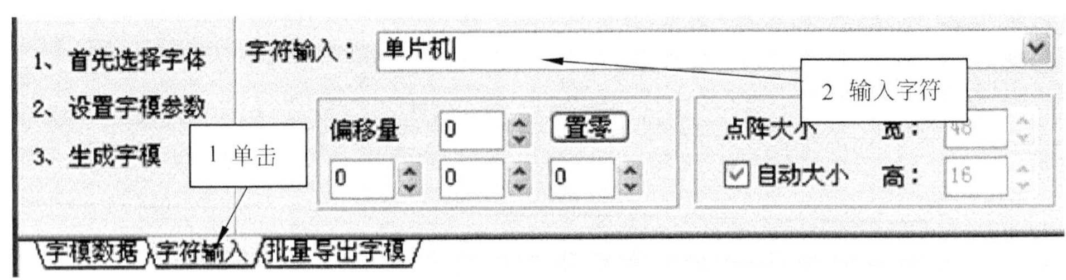

图 10-14　字符输入

如图 10-15 所示，软件会直接将图形在液晶的预览模式和像素自动显示出来，“单片机”这三个字的像素为 48×16，列占用了 48 点，行占用了 16 点。如果对图像的大小不满意，可以对字体和字号做出设置，设置界面如图 10-16 所示。

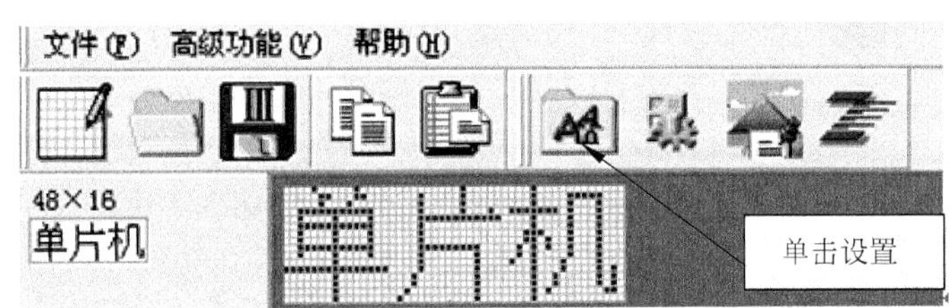

图 10-15　显示预览

如图 10-16 所示，将字体设置为黑体，字形设置为粗斜体，大小设置为 26，完成设置后的效果如图 10-17 所示，不仅显示效果变了，像素点也改变了。

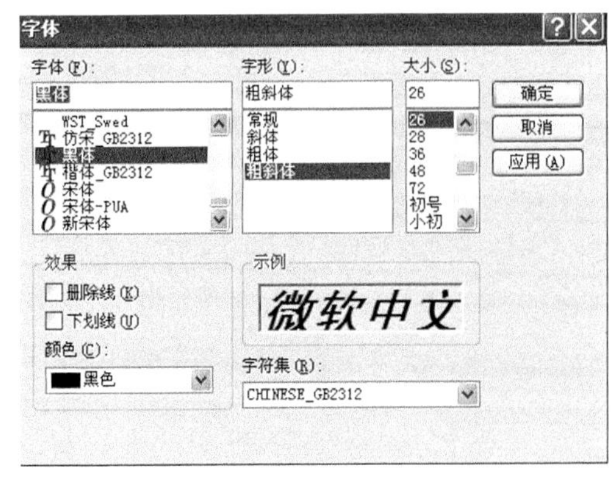

图 10-16　字体修改

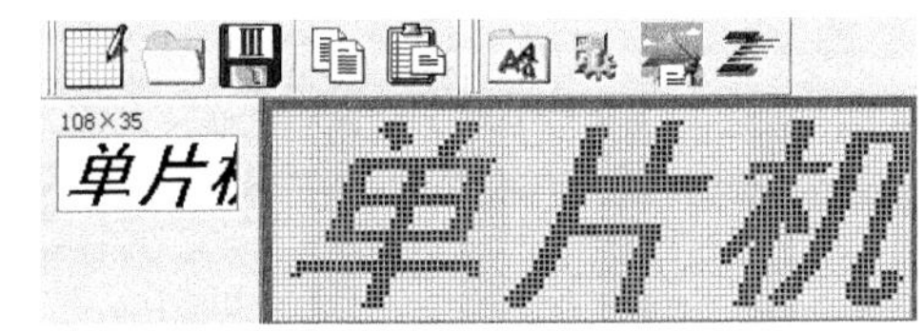

图 10-17　修改效果

除了字符或数字，还可以直接导入图形，但导入的图形最好是非常简单、像素非常低的。如图 10-18 和图 10-19 所示。

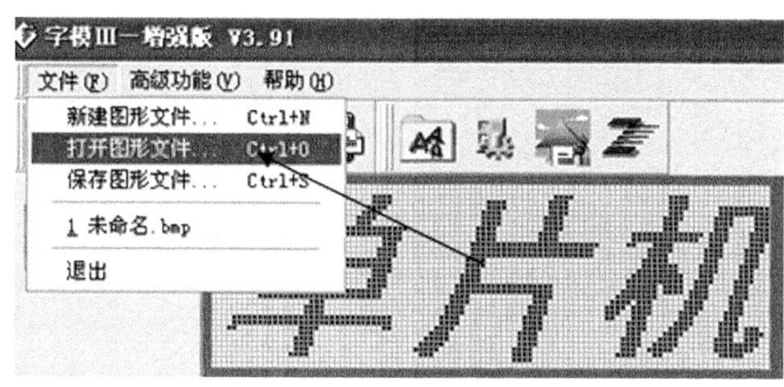

图 10-18　导入图形 1

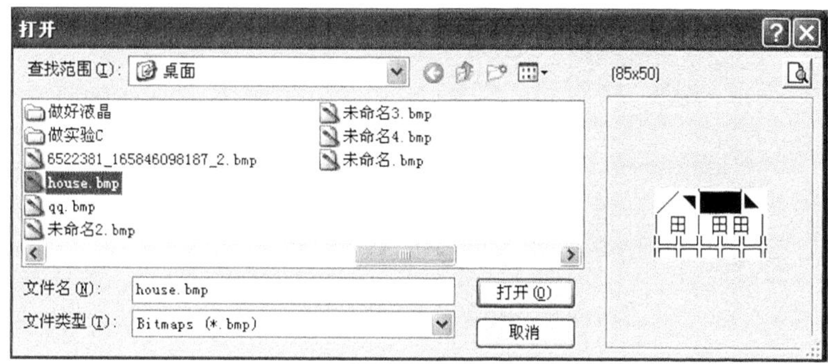

图 10-19　导入图形 2

如图 10-19 所示，导入的图形必须是 bmp 格式，文件尽量小，导入字模 3 后的显示效果如图 10-20 所示，该图像的像素为 85×50。

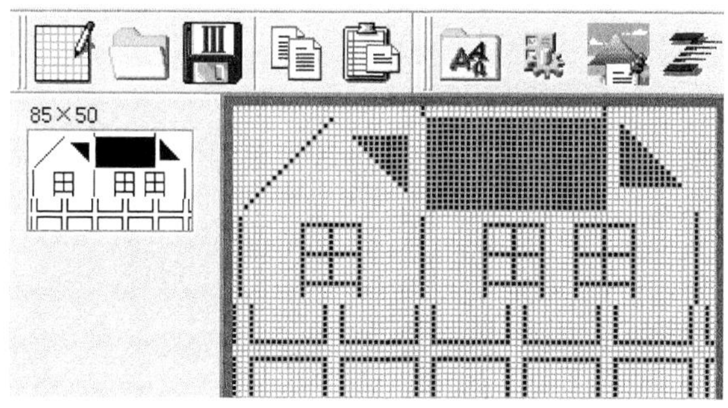

图 10-20　导入图形 3

2）字模设置

在形成字模之前，还需进行一步设置，如图 10-21 所示，打开设置菜单栏。

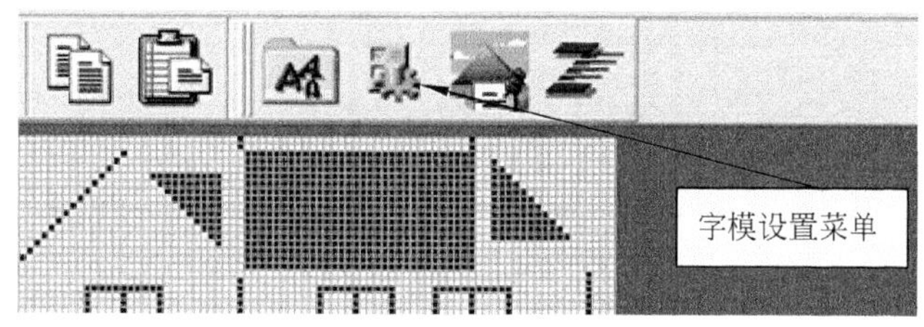

图 10-21　打开字模设置菜单

在字模参数设置中有三个大的选项，分别是常规设置、字模格式、图形设置。如图 10-22 所示为常规设置选项，选择精简模式即可。字模 3 软件考虑非常全面，勾选“字模数组自动命名”选项，如果使用 C 语言，则可生成自动的数据名。

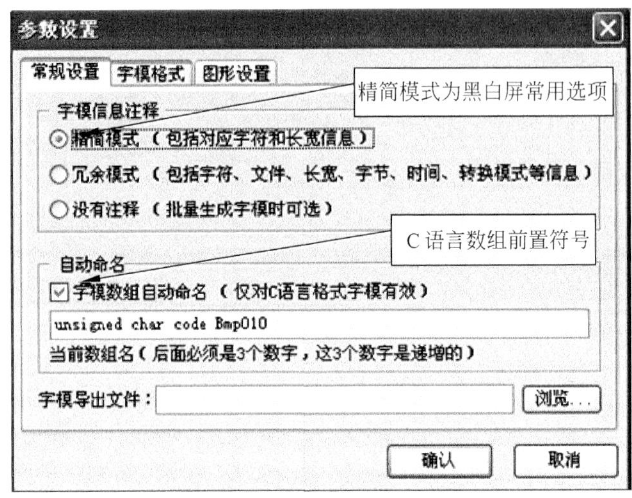

图 10-22　常规模式设置

图 10-23 所示为字模格式设置菜单。在菜单中，可以设置生成字模的格式是 C 语言格式，还是汇编格式。同时可以设置字模格式，我们所用的液晶使用的字模格式为纵向取模，字节倒序。稍后将介绍这几种取模格式的区别。

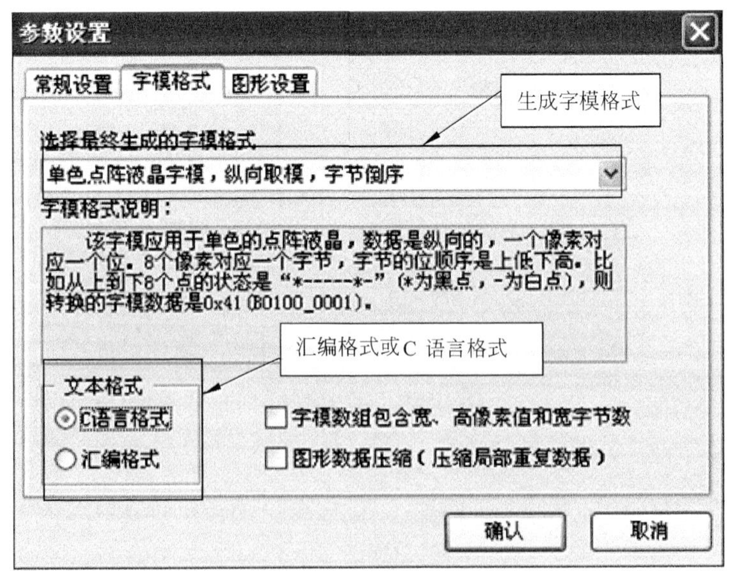

图 10-23　字模格式菜单选项

如图 10-24 所示为图形设置菜单，在菜单中可以重新修改图形或字符的像素。

3）生成字模

单击如图 10-25 所示的菜单，在软件下方的字模输出窗口马上就会生成选定图形或字符的字模，如图 10-26 所示。

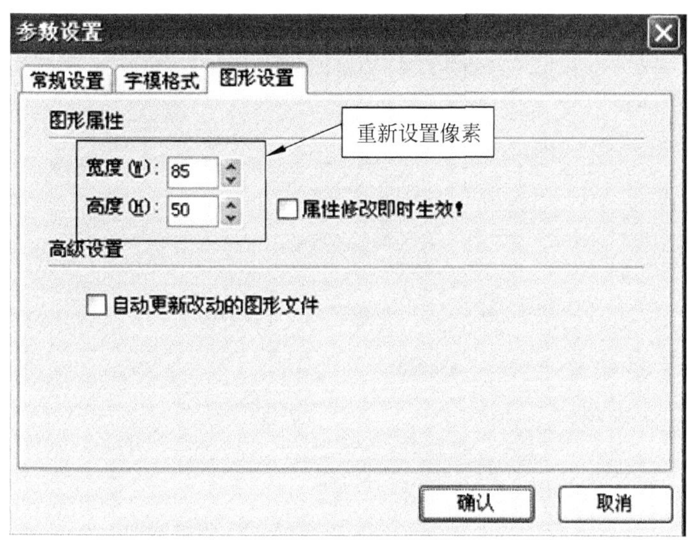

图 10-24　图形设置菜单

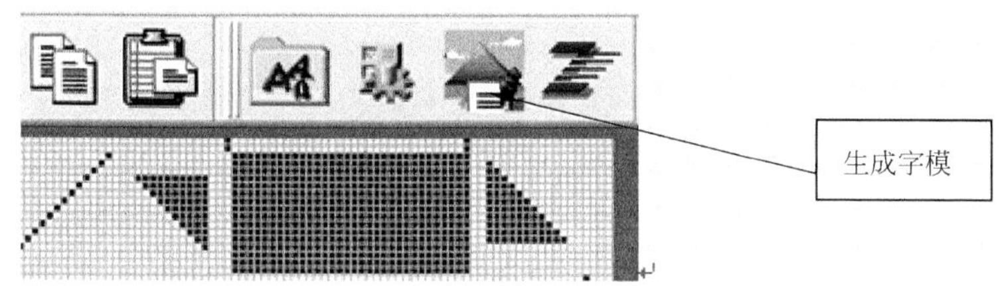

图 10-25　字模生成菜单

如图 10-26 所示为上面的图形的字模数据，在注释中已给出了它的详细信息。如果我们在字模格式菜单中选择汇编语言，那么生成的字模数据如图 10-27 所示。

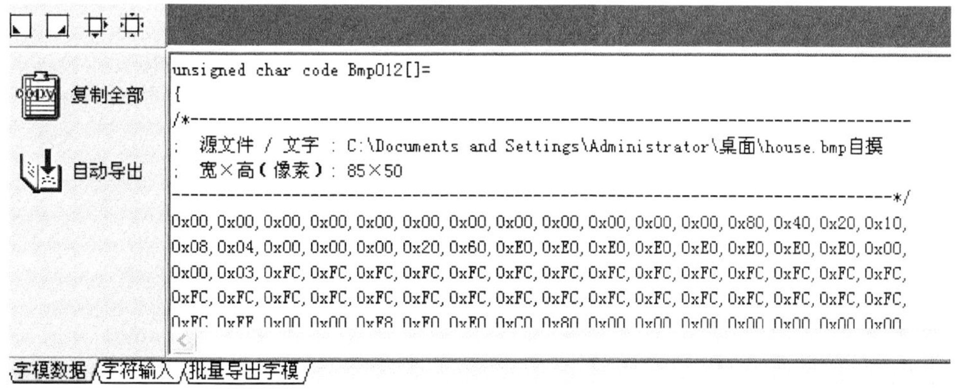


```
unsigned char code Bmp012[]=
{
/*------------------------------------------------------------------------------
;  源文件 / 文字 : C:\Documents and Settings\Administrator\桌面\house.bmp自摸
;  宽×高(像素): 85×50
------------------------------------------------------------------------------*/
0x00,0x00,0x00,0x00,0x00,0x00,0x00,0x00,0x00,0x00,0x00,0x00,0x80,0x40,0x20,0x10,
0x08,0x04,0x00,0x00,0x00,0x20,0x60,0xE0,0xE0,0xE0,0xE0,0xE0,0xE0,0xE0,0xE0,0x00,
0x00,0x03,0xFC,0xFC,0xFC,0xFC,0xFC,0xFC,0xFC,0xFC,0xFC,0xFC,0xFC,0xFC,0xFC,0xFC,
0xFC,0xFC,0xFC,0xFC,0xFC,0xFC,0xFC,0xFC,0xFC,0xFC,0xFC,0xFC,0xFC,0xFC,0xFC,0xFC,
```

图 10-26　C 语言字模格式

4）字模格式的选取

本实例液晶我们选用字模格式为纵向取模，字节倒序。单色液晶还有其他 3 种常用的取模格式，如图 10-28 所示，它们分别是横向取模，字节正序；横向取模，字节倒序；纵向取模，字节正序。取模格式表达的意思为一个字节写入液晶的位置。

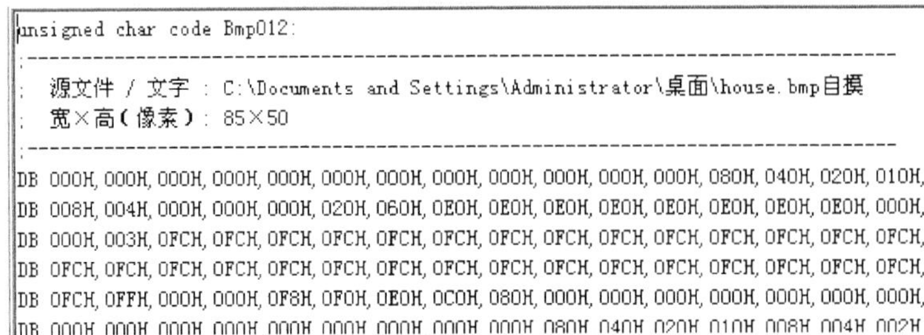

```
unsigned char code Bmp012:
;-------------------------------------------------------------------------------
;   源文件 / 文字 : C:\Documents and Settings\Administrator\桌面\house.bmp自摸
;   宽×高(像素): 85×50
;-------------------------------------------------------------------------------
DB 000H, 000H, 000H, 000H, 000H, 000H, 000H, 000H, 000H, 000H, 000H, 000H, 080H, 040H, 020H, 010H,
DB 008H, 004H, 000H, 000H, 000H, 020H, 060H, 0E0H, 0E0H, 0E0H, 0E0H, 0E0H, 0E0H, 0E0H, 0E0H, 000H,
DB 000H, 003H, 0FCH, 0FCH, 0FCH, 0FCH, 0FCH, 0FCH, 0FCH, 0FCH, 0FCH, 0FCH, 0FCH, 0FCH, 0FCH, 0FCH,
DB 0FCH, 0FCH, 0FCH, 0FCH, 0FCH, 0FCH, 0FCH, 0FCH, 0FCH, 0FCH, 0FCH, 0FCH, 0FCH, 0FCH, 0FCH, 0FCH,
DB 0FCH, 0FFH, 000H, 000H, 0F8H, 0F0H, 0E0H, 0C0H, 080H, 000H, 000H, 000H, 000H, 000H, 000H, 000H,
DB 000H 000H 000H 000H 000H 000H 000H 000H 000H 080H 040H 020H 010H 008H 004H 002H
```

图 10-27　汇编语言字模格式

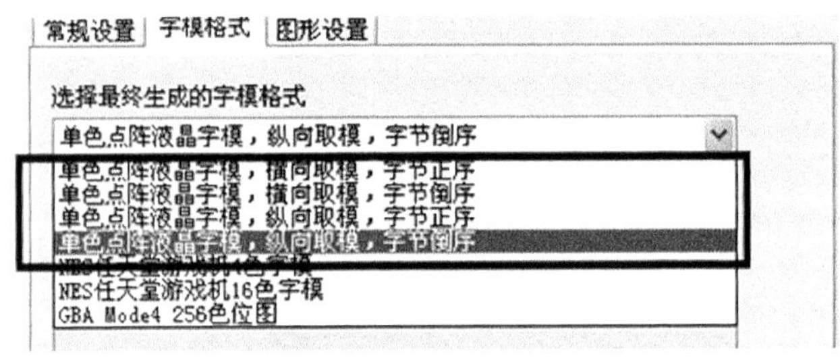

图 10-28　常用取模格式

纵向取模，字节倒序的取模方式为：数据是纵向的，一个像素对应一个位，8 个像素对应一个字节，字节的位顺序是上低下高，如图 10-29 所示。

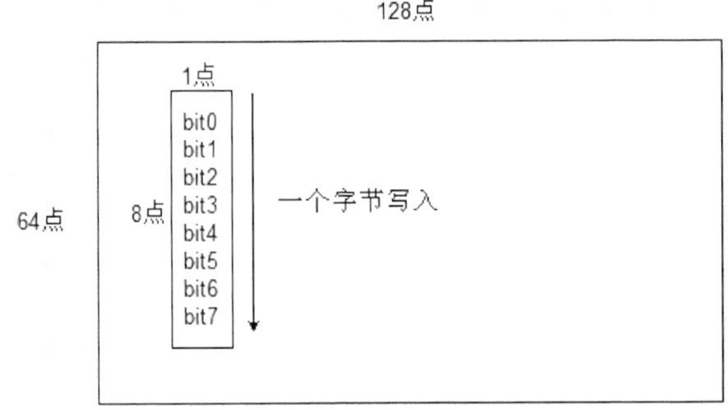

图 10-29　纵向取模，字节倒序取模方式

纵向取模，字节正序的取模方式为：数据是纵向的，一个像素对应一个位，8 个像素对应一个字节，字节的位顺序是上高下低，如图 10-30 所示。

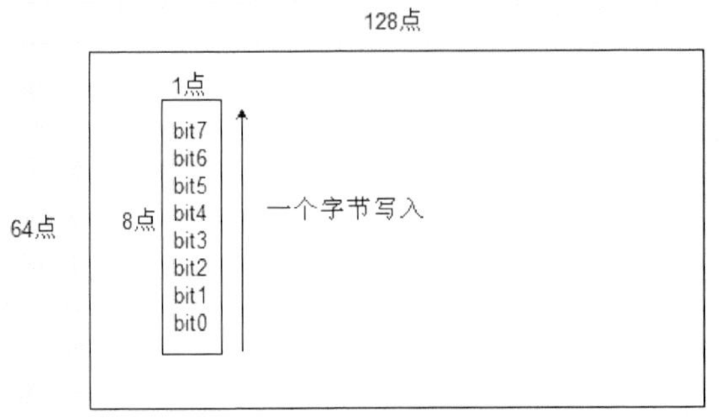

图 10-30　纵向取模，字节正序取模方式

横向取模，字节正序的取模方式为：一个像素对应一个位，8 个像素对应一个字节，字节的位顺序是左高右低，如图 10-31 所示。

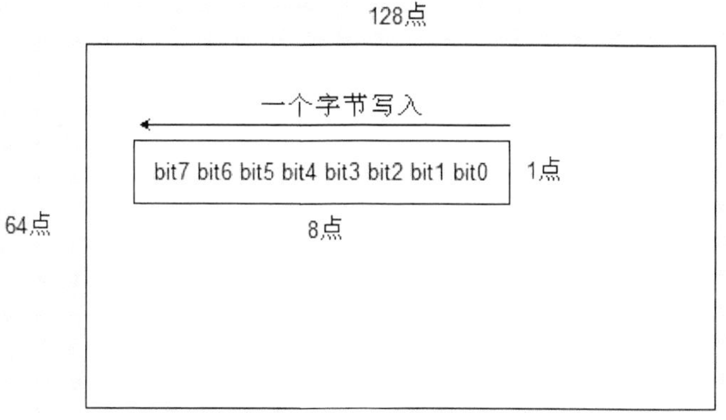

图 10-31　横向取模，字节正序的取模方法

横向取模，字节倒序的取模方式为：一个像素对应一个位，8 个像素对应一个字节，字节的位顺序是左低右高，如图 10-32 所示。

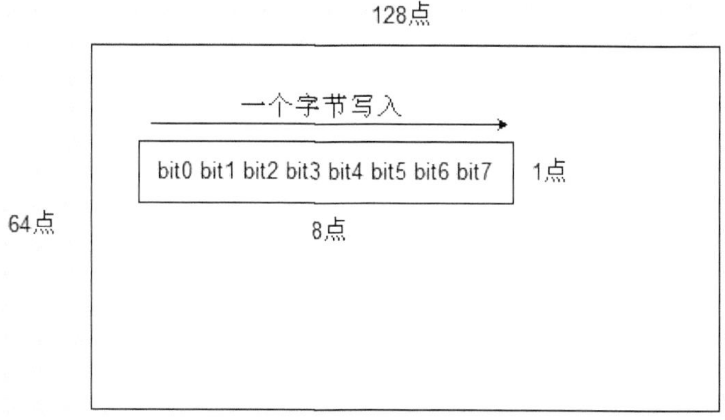

图 10-32　横向取模，字节倒序的取模方法

不同的液晶驱动器必须选用不同的取模方式，使用液晶编写程序前，应该认真查阅数据手册，确定好方案。

2．在8×128的格子里显示自定义内容子程序（页写入子程序）

先来编写一个基本的绘图子程序，一个字节写入可以显示 8 行 1 列图形。前面已讲过了 12864 液晶列分为 8 页，每页 8 列，所以这个子程序实现的功能为一次写入一个页的数据。

1）实现方案

由于本实例使用的液晶使用了两组 KS0108 控制器，各控制左右半屏的显示，在编程时应该考虑这个重要的问题。在编程中还应该考虑函数所使用的参数，包括显示的起始页、起始列、显示图形的宽度、字模参数的地址。程序设计流程如图 10-33 所示。

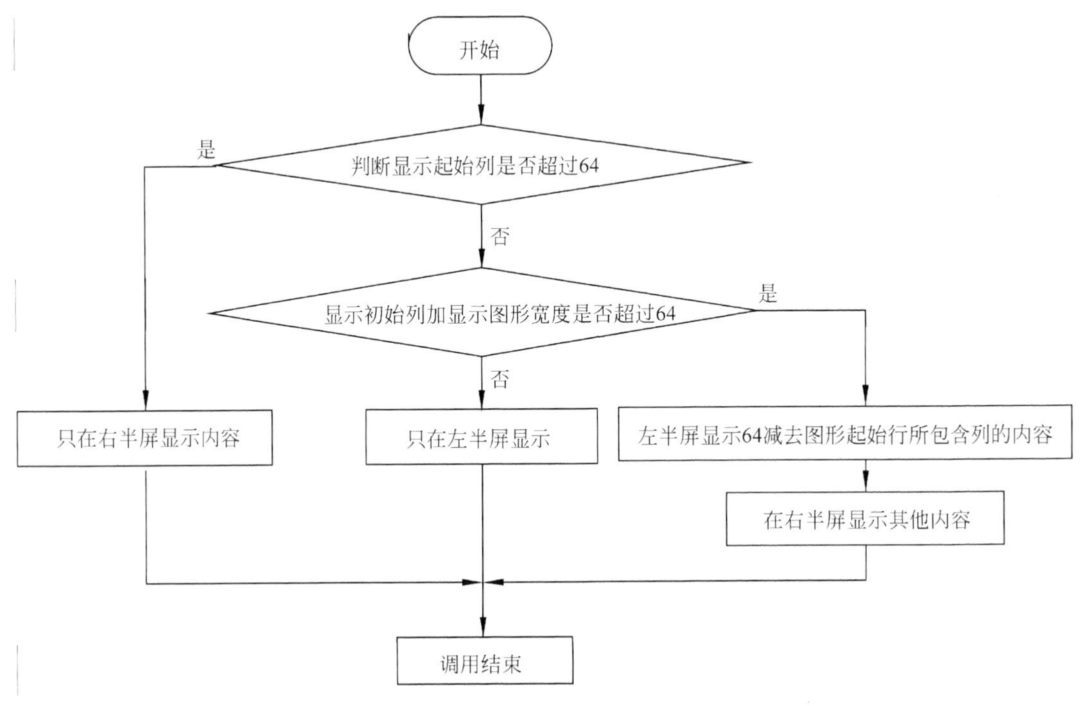

图 10-33 页写入子程序流程图

2）C 语言实现方式

编程之前确定函数中所要传递的参数，在程序中，ucPage 表示写入数据的起始页，范围为 0～7；ucLine 表示显示起始列，范围为 0～127；ucWidth 表示自定义显示图形的宽度，范围为 0～127；ucaRow 表示字模数据的指针（数据首地址），在调用此子程序之前确定显示内容的字模，并以数组形式给出。完整的页写入 C 程序为：

```
void ShowCustomRow(uchar ucPage,unchar ucLine,uchar ucWidth,uchar *ucaRow)
{
    uchar ucCount;                      //用于指针偏移
    if(ucLine<64)                       //判断起始列的位置是否超过了 64
    {
        CS1=1;
        CS2=0;                          //左屏使能
        LCD_WRITE_INSRTRU(LCDPAGE+ucPage);          //写入页位置命令
        LCD_WRITE_INSRTRU(LCDLINE+ucLine);          //写入列位置命令
        if((ucLine+ucWidth)<64)         //判断起始列加图像宽度是否超过 64
            {
            for(ucCount=0;ucCount<ucWidth;ucCount++)
            //所有内容都在左半屏之中
            LCD_WRITE_DATA(*(ucaRow+ucCount));
            }
        else                    //有一部分内容在右半屏中
            {
            for(ucCount=0;ucCount<64-ucLine;ucCount++)
            //左半屏显示 64 减去图形起始列包含行
                LCD_WRITE_DATA(*(ucaRow+ucCount));

            CS1=0;
            CS2=1;              //右半屏使能
```

```
            LCD_WRITE_INSRTRU(LCDPAGE+ucPage);          //写入页位置
            LCD_WRITE_INSRTRU(LCDLINE);                  //右半屏起始行
            for(ucCount=64-ucLine;ucCount<ucWidth;ucCount++)
            //显示右半屏其他的内容
                LCD_WRITE_DATA(*(ucaRow+ucCount));
            }
        }
    else   //所有内容都在右半屏之中
        {
        CS1=0;
        CS2=1;                                          //右半屏使能
        LCD_WRITE_INSRTRU(LCDPAGE+ucPage);              //写入页地址
        LCD_WRITE_INSRTRU(LCDLINE+ucLine-64);//行减去 64，表示右半屏的起始列
        for(ucCount=0;ucCount<ucWidth;ucCount++)
            LCD_WRITE_INSRTRU(*(ucaRow+ucCount));
        }
}
```

对照图 10-33，大家认真分析一下这段程序吧。

在程序中，LCDPAGE、LCDLINE 都是前一节宏定义的变量，分别表示第 0 页、第 0 行的命令字。在程序中调用：

```
LCD_WRITE_INSRTRU(LCDPAGE+ucPage);
```

正好指定了调用者指向的页。

3）汇编语言实现方式

汇编语言同样需要指定函数中使用的传递参数。在程序中，R6 传递的为图形起始页；R5 传递的为图形所在列；R4 传递的为显示图形的宽度；DPTR 为字模数据的首地址。

完整的汇编程序为：

```
ShowCustomRow:
        CJNE R5,#64,COMP1
COMP1:  JNC  GOTOCS2                     ;判断显示图形初始列是否大于 64
        SETB CS1
        CLR  CS2                         ;左半屏使能
         MOV  A,R6
        ADD  A,#LCDPAGE
        MOV  R7,A                        ;起始页加指定页
        CALL LCD_WRITE_INSRTRU           ;发送页命令

         MOV  A,R5
         ADD  A,#LCDLINE                 ;起始列加指定列
         MOV  R7,A
         CALL LCD_WRITE_INSRTRU          ;发送列命令

         MOV  A,R5
         ADD  A ,R4
         CJNE A,#64,COMP2                ;判读起始列加图形宽度是否大于 64
         JMP COUTINUE
COMP2:   JNC  OUT_RANGE
COUTINUE:
 PUSH DPH                                ;所有显示都在左半屏之中
         PUSH DPL
         MOV  A,R4
         MOV  R3,A                       ;R3 为传输字节的数目（图形宽度）
```

```
REPEAT1:
        MOV  A,#00H
        MOVC A,@A+DPTR
        MOV  R7,A
        CALL LCD_WRITE_DATA
        INC  DPTR
        DJNZ R3,REPEAT1
        POP  DPL
        POP  DPH
        LJMP END_SHOW                ;写入完毕
OUT_RANGE:                           ;在左半屏和右半屏都有内容
        MOV A,#64
        SUBB A,R5
        MOV R3,A                     ;R3 为左半屏所要显示的内容（64 减去起始列）
        PUSH DPH                     ;字模地址保存
        PUSH DPL
REPEAT2:
        MOV   A,#00H
        MOVC  A,@A+DPTR
        MOV  R7,A
        CALL LCD_WRITE_DATA
        INC  DPTR
        DJNZ R3,REPEAT2
                                     ;在右半屏显示其他内容的数据
        CLR  CS1
        SETB CS2                     ;使能右侧 LCD 驱动器
        MOV  A,R6
        ADD  A,#LCDPAGE
        MOV  R7,A
        CALL LCD_WRITE_INSRTRU       ;页命令输入
        MOV  R7,#LCDLINE
        CALL LCD_WRITE_INSRTRU       ;列命令输入
        MOV  A,#64
        SUBB  A,R5
        MOV  R3,A
        MOV  A,R4
        SUBB  A,R3
        MOV  R3,A                    ;R3 为写入右半屏的字节数
REPEAT3:
        MOV  A,#00H
        MOVC A,@A+DPTR
        MOV  R7,A
        CALL LCD_WRITE_DATA
        INC  DPTR
        DJNZ R3,REPEAT3
        POP  DPL                     ;恢复左半屏未写完的字模地址
        POP  DPH
        LJMP END_SHOW                ;写入完毕，调用结束
GOTOCS2:                             ;所有内容都在右半屏之中
      CLR  CS1
        SETB CS2                     ;使能右半屏 LCD 驱动器
        MOV  A,R6
        ADD  A,#LCDPAGE
        MOV  R7,A
        CALL LCD_WRITE_INSRTRU       ;写入页命令

        MOV  A,R5
        ADD  A,#LCDLINE
        SUBB A,#64
```

```
        MOV  R7,A                        ;右半屏的列命令为起始列减去 64
        CALL LCD_WRITE_INSRTRU

        PUSH DPH
        PUSH DPL
        MOV  A,R4
        MOV  R3,A                        ;R3 为写入右半屏的字节数
REPEAT4:
        MOV  A,#00H
        MOVC A,@A+DPTR
        MOV  R7,A
        CALL LCD_WRITE_DATA
        INC  DPTR
        DJNZ R3,REPEAT4
        POP  DPL
        POP  DPH
END_SHOW:
       RET
```

相比 C 语言，用汇编语言来实现更加复杂和烦琐，因为字模数据都存放在程序存储器的数据表格之中，就必须用到寄存器 DPTR。对寄存器 DPTR 的数据保护在程序编写前就必须考虑清楚，尤其是左右半屏都有数据的操作。

3. 液晶任意位置显示16×8像素的字符数据

点阵液晶常常使用 16×8 像素的 ASCII 码，表示占用 16 行每行 8 个像素点。这样 12864 液晶就正好能显示 4 行，每行 16 个字符。

1）编程思路

这个程序可以调用两次页写入子程序，完成一页写入宽度为 8 个像素点的数据，下一页同样写入宽度为 8 个像素点的数据，如图 10-34 所示。

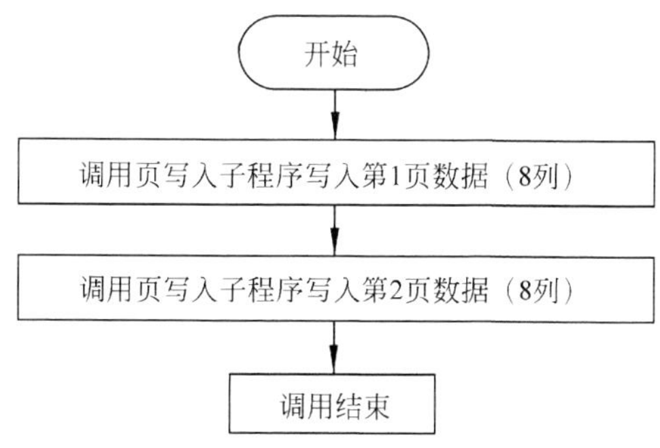

图 10-34　16×8 像素字符显示流程

2）C 语言实现方法

程序执行非常简单，需要指定 3 个传递参数：ucPage 为指定字符显示初始页；ucLine 为指定字符显示初始列；ucaChinMap 为字模指针（字模数组地址）。完整的 C 代码为：

```
void ShowOneChar(unsigned char ucPage,unsigned char ucLine,unsigned char
*ucaCharMap)
{
    ShowCustomRow(ucPage,ucLine,8,ucaCharMap);          //写入第一页数据
    ShowCustomRow(ucPage+1,ucLine,8,ucaCharMap+8);      //写入第二页数据
}
```

在程序中，调用的页写入子程序将图形宽度固定为 8 即可。16×8 的数组需要写入 16 个字节的数据，每页写入 8 个，所以第二页的字模地址为 ucaCharMap+8。

3）汇编语言实现方式

汇编语言同样需要指定传递参数：R6 为指定字符显示初始页；R5 为指定字符显示初始列；DPTR 为字模指针。完整的汇编代码为：

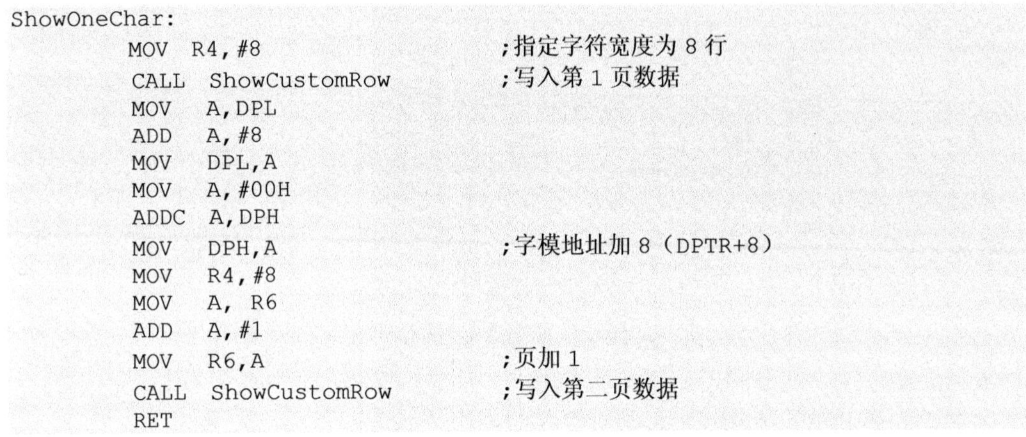

```
ShowOneChar:
        MOV  R4,#8                    ;指定字符宽度为 8 行
        CALL  ShowCustomRow           ;写入第 1 页数据
        MOV   A,DPL
        ADD   A,#8
        MOV   DPL,A
        MOV   A,#00H
        ADDC  A,DPH
        MOV   DPH,A                   ;字模地址加 8（DPTR+8）
        MOV   R4,#8
        MOV   A, R6
        ADD   A,#1
        MOV   R6,A                    ;页加 1
        CALL  ShowCustomRow           ;写入第二页数据
        RET
```

在程序中使用了代码：

```
        MOV   A,DPL
        ADD   A,#8  ; DPL+8
        MOV   DPL,A
        MOV   A,#00H            ;累加器 A 清零
        ADDC  A,DPH             ;DPH 加进位标志位
        MOV   DPH,A             ;字模地址加 8（DPTR+8）
```

这是对 DPTR 执行加法运算。因为 DPTR 为 16 位寄存器，执行加法运算可能存在低 8 位向高 8 位进位的情况，在编程的时候一定要注意到这一点。

4．液晶任意位置显示16×16像素的汉字

点阵液晶经常使用 16×16 像素的汉字，每个汉字总共占用 16×16 像素点，这样，12864 液晶就正好能显示 4 行，每行 8 个汉字。

1）编程思路

这个程序可以调用两次页写入子程序，完成一页写入宽度为 16 个像素点的数据，下一页同样写入宽度为 16 个像素点的数据，如图 10-35 所示。

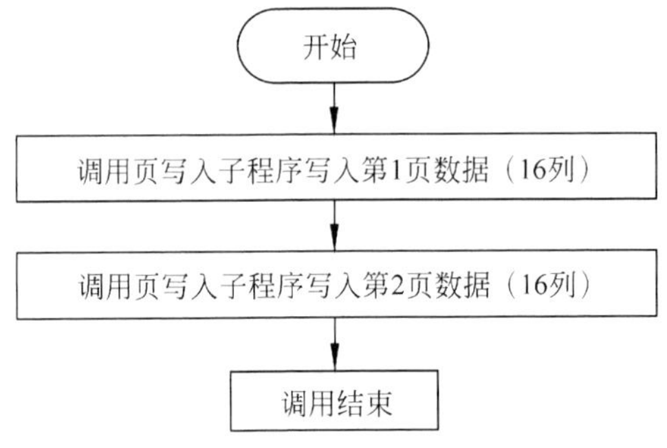

图 10-35　16×16 像素汉字显示流程

2）C 语言实现方法

和 16×8 字符显示方式几乎是一样的，需要指定 3 个传递参数：ucPage 为指定字符显示初始页；ucLine 为指定字符显示初始列；ucaChinMap 为字模指针（字模数组地址）。完整的代码为：

```
void ShowOneChin(unsigned char ucPage,unsigned char ucLine,unsigned char
*ucaChinMap)
{
    ShowCustomRow(ucPage,ucLine,16,ucaChinMap);          //写入第一页数据
    ShowCustomRow(ucPage+1,ucLine,16,ucaChinMap+16);    //写入第二页数据
}
```

在程序中，调用的页写入子程序将图形宽度固定为 16 即可。16×16 的数组需要写入 16 个字节的数据，每页写入 16 个，所以第二页的字模地址为 ucaCharMap+16。

3）汇编语言实现方式

传递代码：R6 为指定字符显示初始页；R5 为指定字符显示初始列；DPTR 为字模指针。完整的程序为：

```
ShowOneChin:
        MOV    R4,#16     ;指定汉字宽度为 16 行
        CALL   ShowCustomRow
        MOV    A,DPL
        ADD    A,#16
        MOV    DPL,A
        MOV    A,#00H
        ADDC   A,DPH
        MOV    DPH,A      ;字模地址加 16（DPTR+16）
        MOV    R4,#16
        MOV    A, R6
        ADD    A,#1
        MOV    R6,A       ;页加 1
        CALL   ShowCustomRow
        RET
```

4．显示自定义像素图形

编写此程序是为了能在液晶屏幕上显示自定义的图形，图形像素最小为 8×1，最大为 64×128。调用此程序前，必须明确图形的高度，也就是该图形占用了多少列或多少页，因为需要重复调用页写入子程序。

1）C 语言实现方法

实现此子程序传递的参数除了 ucPage、ucLine、ucaGraph 外，还有 ucHigh，这个参数用于指定图形的高度。完整的程序为：

```
void ShowGraph(unsigned char ucPage,unsigned char ucLine,unsigned char
ucWidth,unsigned char ucHigh,unsigned char * ucaGraph)
{
    unsigned char ucCount;
    for(ucCount=0;ucCount<ucHigh;ucCount++)
ShowCustomRow(ucPage+ucCount,ucLine,ucWidth,ucaGraph+ucCount*ucWidth);
}
```

程序中指定了一个计数器 ucCount，用于计数高度值，配合 for 语句依次完成每页数据

的写入。

2）汇编语言实现方法

传递的参数：R6 为图形起始页，R5 为起始列，R4 为图形宽度，R2 为图形高度，DPTR 为字模地址。完整的程序为：

```
ShowGraph:
LOOP:
        CALL  ShowCustomRow      ;显示一页数据
        MOV   A,DPL
        ADD   A,R4               ;图形显示宽度加字模地址
        MOV   DPL,A
        MOV   A,#00H
        ADDC  A,DPH
        MOV   DPH,A
        DJNZ  R2,LOOP            ;R2 为图形高度
        RET
```

在程序的开头执行一次：

```
CALL  ShowCustomRow
```

表示显示一页数据，每次调用完这个子程序，字模地址都会加上图形宽度，这样就指向了下一页的地址。R2 为图形所占用的页数，使用 DJNZ 指令自动减 1，当 R2 为 0 时，图像显示完毕。

10.1.4 实例显示成果

前面两节分别完成了 12864 液晶底层驱动和应用接口函数的编写，本节将通过调用这些程序来演示 12864 液晶的显示效果。

除了编写主程序外，还得将显示内容的字模取出来。

1. 12864液晶演示C主程序

```
/*---------------------字模----------------------*/
unsigned char code str5[]=
{
/*-------------------------------------------------------
;  源文件 / 文字 : 5
;  宽×高（像素）: 8×16
-----------------------------------------------------*/
0x00,0x00,0x70,0x48,0xC8,0x88,0x00,0x00,0x00,0x10,0x10,0x20,0x10,0x0F,0
x00,0x00,
};
unsigned char code str1[]=
{
/*-----------------------------------------------------
;  源文件 / 文字 : 1
;  宽×高（像素）: 8×16
-----------------------------------------------------*/
0x00,0x00,0x10,0xF8,0x00,0x00,0x00,0x00,0x00,0x00,0x00,0x1F,0x10,0x00,0
x00,0x00,
};
unsigned char code dan[]=
```

```
{
/*------------------------------------------------------------
;  源文件 / 文字 : 单
;  宽×高（像素）: 16×16
-----------------------------------------------------*/
0x00,0x00,0x00,0xF0,0x11,0x56,0x50,0xF0,0xAC,0xAB,0x88,0xF8,0x00,0x00,0
x00,0x00,
0x00,0x08,0x08,0x0B,0x09,0x09,0x09,0x7F,0x04,0x04,0x04,0x04,0x04,0x04,0
x00,0x00,
};
unsigned char code pian[]=
{
/*-------------------------------------------------------
;  源文件 / 文字 : 片
;  宽×高（像素）: 16×16
----------------------------------------------*/
0x00,0x00,0x00,0x00,0xFE,0x40,0x40,0x40,0x3F,0x20,0x20,0x20,0x20,0x00,0
x00,0x00,
0x00,0x40,0x30,0x0C,0x03,0x02,0x02,0x01,0x01,0x7F,0x00,0x00,0x00,0x00,0
x00,0x00,
};
unsigned char code ji[]=
{
/*-----------------------------------------------
;  源文件 / 文字 : 机
;  宽×高（像素）: 16×16
---------------------------------------------------*/
0x00,0x20,0xA0,0xFF,0x50,0x90,0x00,0xFC,0x04,0x02,0xFE,0x00,0x00,0x00,0
x00,0x00,
0x08,0x06,0x01,0x7F,0x00,0x41,0x38,0x07,0x00,0x00,0x1F,0x20,0x20,0x20,0
x3C,0x00,
};
unsigned char code house[]=
{
/*--------------------------------------------------------
;  源文件 / 文字 : house.bmp
;  宽×高（像素）: 85×50
-----------------------------------------------------*/
0x00,0x00,0x00,0x00,0x00,0x00,0x00,0x00,0x00,0x00,0x00,0x00,0x80,0x40,0
x20,0x10,
0x08,0x04,0x00,0x00,0x00,0x20,0x60,0xE0,0xE0,0xE0,0xE0,0xE0,0xE0,0xE0,0
xE0,0x00,
0x00,0x03,0xFC,0xFC,0xFC,0xFC,0xFC,0xFC,0xFC,0xFC,0xFC,0xFC,0xFC,0xFC,0
xFC,0xFC,
0xFC,0xFC,0xFC,0xFC,0xFC,0xFC,0xFC,0xFC,0xFC,0xFC,0xFC,0xFC,0xFC,0xFC,0
xFC,0xFC,
0xFC,0xFF,0x00,0x00,0xF8,0xF0,0xE0,0xC0,0x80,0x00,0x00,0x00,0x00,0x00,0
x00,0x00,
0x00,0x00,0x00,0x00,0x00,0x00,0x00,0x00,0x00,0x80,0x40,0x20,0x10,0x08,0
x04,0x02,
0x01,0x00,0x00,0x00,0x00,0x00,0x00,0x00,0x00,0x00,0x00,0x00,0x00,0x01,0
x03,0x07,
0x0F,0x1F,0x3F,0x7F,0x00,0x00,0x00,0xFF,0xFF,0xFF,0xFF,0xFF,0xFF,0xFF,0
xFF,0xFF,
0xFF,0xFF,0xFF,0xFF,0xFF,0xFF,0xFF,0xFF,0xFF,0xFF,0xFF,0xFF,0xFF,0xFF,0
xFF,0xFF,
0xFF,0xFF,0xFF,0xFF,0xFF,0xFF,0xFF,0x00,0x00,0x3F,0x3F,0x3F,0x3F,0x3F,0
x3F,0x3E,
0x3C,0x38,0x30,0x20,0x00,0x00,0x00,0x00,0x00,0x00,0x00,0xF8,0x02,0x01,0
```

```
x00,0x00,
0x00,0x00,0x00,0x00,0x00,0x00,0xF0,0x10,0x10,0x10,0x10,0xF0,0x10,0x10,0
x10,0x10,
0xF0,0x00,0x00,0x00,0x00,0x00,0x00,0x00,0x00,0x00,0x00,0xF8,0x03,0x03,0
x03,0x03,
0x03,0x03,0x03,0x03,0x03,0x03,0xF3,0x13,0x13,0x13,0x13,0xF3,0x13,0x13,0
x13,0x13,
0xF3,0x03,0x03,0x03,0x03,0x03,0xF3,0x13,0x13,0x13,0x13,0xF3,0x10,0x10,0
x10,0x10,
0xF0,0x00,0x00,0x00,0x00,0x00,0x00,0x00,0x00,0x00,0x00,0xFC,0x00,0x00,0
x00,0x00,
0xFF,0x00,0x00,0x00,0x00,0x00,0x00,0x00,0x00,0x00,0x00,0xFF,0x42,0x42,0
x42,0x42,
0x7F,0x42,0x42,0x42,0x42,0xFF,0x00,0x00,0x00,0x00,0x00,0x00,0x00,0x00,0
x00,0x00,
0xFF,0x00,0x00,0x00,0x00,0x00,0x00,0x00,0x00,0x00,0x00,0xFF,0x42,0x42,0
x42,0x42,
0x7F,0x42,0x42,0x42,0x42,0xFF,0x00,0x00,0x00,0x00,0x00,0xFF,0x42,0x42,0
x42,0x42,
0x7F,0x42,0x42,0x42,0x42,0xFF,0x00,0x00,0x00,0x00,0x00,0x00,0x00,0x00,0
x00,0x00,
0xFF,0x00,0x00,0x00,0xFC,0x01,0x00,0xFC,0x00,0x00,0x00,0x00,0x00,0x00,0
x00,0x00,
0x01,0x00,0x00,0x00,0xFC,0x00,0x00,0xFC,0x00,0x00,0x01,0x00,0x00,0x00,0
x00,0x00,
0x00,0x00,0x00,0x00,0xFC,0x01,0x00,0xFC,0x00,0x00,0x00,0x00,0x00,0x00,0
x00,0x00,
0x01,0x00,0x00,0x00,0xFC,0x00,0x00,0xFC,0x00,0x00,0x01,0x00,0x00,0x00,0
x00,0x00,
0x01,0x00,0x00,0x00,0xFC,0x00,0x00,0xFC,0x00,0x00,0x01,0x00,0x00,0x00,0
x00,0x00,
0x00,0x00,0x00,0x00,0xFC,0x03,0x00,0xFC,0x00,0xF9,0x00,0x00,0xF9,0x09,0
x09,0x09,
0x09,0x09,0x09,0x09,0x09,0x09,0x09,0x09,0x09,0xF9,0x00,0x00,0xF9,0x09,0
x09,0x09,
0x09,0x09,0x09,0x09,0x09,0x09,0x09,0x09,0x09,0xF9,0x00,0x00,0xF9,0x09,0
x09,0x09,
0x09,0x09,0x09,0x09,0x09,0x09,0x09,0x09,0x09,0xF9,0x00,0x00,0xF9,0x09,0
x09,0x09,
0x09,0x09,0x09,0x09,0x09,0x09,0x09,0x09,0x09,0xF9,0x00,0x00,0xF9,0x09,0
x09,0x09,
0x09,0x09,0x09,0x09,0x09,0x09,0x09,0x09,0x09,0xF9,0x00,0x00,0xF9,0x09,0
x03,0x00,
0x00,0x03,0x00,0x00,0x00,0x00,0x00,0x00,0x00,0x00,0x00,0x00,0x00,0x00,0
x03,0x00,
0x00,0x03,0x00,0x00,0x00,0x00,0x00,0x00,0x00,0x00,0x00,0x00,0x00,0x00,0
x03,0x00,
0x00,0x03,0x00,0x00,0x00,0x00,0x00,0x00,0x00,0x00,0x00,0x00,0x00,0x00,0
x03,0x00,
0x00,0x03,0x00,0x00,0x00,0x00,0x00,0x00,0x00,0x00,0x00,0x00,0x00,0x00,0
x03,0x00,
0x00,0x03,0x00,0x00,0x00,0x00,0x00,0x00,0x00,0x00,0x00,0x00,0x00,0x00,0
x03,0x00,
0x00,0x03,0x00,
};
void main(void)
{
    ShowOneChar(0,30,str5);      //显示字符“5”
    ShowOneChar(0,38,str1);      //显示字符“1”
    ShowOneChin(0,46,dan);       //;显示汉字“单”
    ShowOneChin(0,46+16,pian);  //显示汉字“片”
```

```
    ShowOneChin(0,46+32,ji);     //显示汉字“机”
ShowGraph(2,10,85,6,house);     //显示一幅图形
    while(1);
}
```

上面的程序只给了显示的字模和主程序，其他程序请大家自己添加。

2. 12864液晶演示汇编主程序

```
;---------------------主程序-----------------------
MAIN:       MOV  R6,#0
            MOV  R5,#30
            MOV  DPTR,#str5  ;显示字符“5”
            CALL ShowOneChar
            MOV  R6,#0
            MOV  R5,#38
            MOV  DPTR,#str1  ;显示字符“1”
            CALL ShowOneChar
            MOV  R6,#0
            MOV  R5,#46
            MOV  DPTR,#dan  ;显示汉字“单”
            CALL ShowOneChin
            MOV  R6,#0
            MOV  R5,#62
            MOV  DPTR,#pian  ;显示汉字“片”
            CALL ShowOneChin
            MOV  R6,#0
            MOV  R5,#78
            MOV  DPTR,#ji     ;显示汉字“机”
            CALL ShowOneChin
            MOV  R6,#2
            MOV  R5,#10
            MOV  R4,#85
            MOV  R2,#6
            MOV  DPTR,#house ;显示一幅图形
            CALL ShowGraph
            JMP $
;---------------------字模表格--------------------
str5:                          ; 字符“5”
DB
000H,000H,070H,048H,0C8H,088H,000H,000H,000H,010H,010H,020H,010H,00FH,0
00H,000H
str1:                          ; 字符“1”
DB
000H,000H,010H,0F8H,000H,000H,000H,000H,000H,000H,010H,01FH,010H,000H,0
00H,000H
dan:                           ; 汉字“单”
DB
000H,000H,000H,0F0H,011H,056H,050H,0F0H,0ACH,0ABH,088H,0F8H,000H,000H,0
00H,000H
DB
000H,008H,008H,00BH,009H,009H,009H,07FH,004H,004H,004H,004H,004H,004H,0
00H,000H
pian:                          ; 汉字“片”
DB
000H,000H,000H,000H,0FEH,040H,040H,040H,03FH,020H,020H,020H,020H,000H,0
00H,000H
DB
000H,040H,030H,00CH,003H,002H,002H,001H,001H,07FH,000H,000H,000H,000H,0
```

```
00H,000H
ji:                                   ;汉字“机”
DB
000H,020H,0A0H,0FFH,050H,090H,000H,0FCH,004H,002H,0FEH,000H,000H,000H,0
00H,000H
DB
008H,006H,001H,07FH,000H,041H,038H,007H,000H,000H,01FH,020H,020H,020H,0
3CH,000H
house:                                ;图形 house
DB
000H,000H,000H,000H,000H,000H,000H,000H,000H,000H,000H,000H,080H,040H,0
20H,010H
DB
008H,004H,000H,000H,000H,020H,060H,0E0H,0E0H,0E0H,0E0H,0E0H,0E0H,0E0H,0
E0H,000H
DB
000H,003H,0FCH,0FCH,0FCH,0FCH,0FCH,0FCH,0FCH,0FCH,0FCH,0FCH,0FCH,0FCH,0
FCH,0FCH
DB
0FCH,0FCH,0FCH,0FCH,0FCH,0FCH,0FCH,0FCH,0FCH,0FCH,0FCH,0FCH,0FCH,0FCH,0
FCH,0FCH
DB
0FCH,0FFH,000H,000H,0F8H,0F0H,0E0H,0C0H,080H,000H,000H,000H,000H,000H,0
00H,000H
DB
000H,000H,000H,000H,000H,000H,000H,000H,000H,080H,040H,020H,010H,008H,0
04H,002H
DB
001H,000H,000H,000H,000H,000H,000H,000H,000H,000H,000H,000H,000H,001H,0
03H,007H
DB
00FH,01FH,03FH,07FH,000H,000H,000H,0FFH,0FFH,0FFH,0FFH,0FFH,0FFH,0FFH,0
FFH,0FFH
DB
0FFH,0FFH,0FFH,0FFH,0FFH,0FFH,0FFH,0FFH,0FFH,0FFH,0FFH,0FFH,0FFH,0FFH,0
FFH,0FFH
DB
0FFH,0FFH,0FFH,0FFH,0FFH,0FFH,0FFH,000H,000H,03FH,03FH,03FH,03FH,03FH,0
3FH,03EH
DB
03CH,038H,030H,020H,000H,000H,000H,000H,000H,000H,000H,0F8H,002H,001H,0
00H,000H
DB
000H,000H,000H,000H,000H,000H,0F0H,010H,010H,010H,010H,0F0H,010H,010H,0
10H,010H
DB
0F0H,000H,000H,000H,000H,000H,000H,000H,000H,000H,000H,0F8H,003H,003H,0
03H,003H
DB
003H,003H,003H,003H,003H,003H,0F3H,013H,013H,013H,013H,0F3H,013H,013H,0
13H,013H
DB
0F3H,003H,003H,003H,003H,003H,0F3H,013H,013H,013H,013H,0F3H,010H,010H,0
10H,010H
DB
0F0H,000H,000H,000H,000H,000H,000H,000H,000H,000H,000H,0FCH,000H,000H,0
00H,000H
DB
0FFH,000H,000H,000H,000H,000H,000H,000H,000H,000H,000H,0FFH,042H,042H,0
42H,042H
DB
```

```
07FH,042H,042H,042H,042H,0FFH,000H,000H,000H,000H,000H,000H,000H,000H,0
00H,000H
DB
0FFH,000H,000H,000H,000H,000H,000H,000H,000H,000H,000H,0FFH,042H,042H,0
42H,042H
DB
07FH,042H,042H,042H,042H,0FFH,000H,000H,000H,000H,000H,0FFH,042H,042H,0
42H,042H
DB
07FH,042H,042H,042H,042H,0FFH,000H,000H,000H,000H,000H,000H,000H,000H,0
00H,000H
DB
0FFH,000H,000H,000H,0FCH,001H,000H,0FCH,000H,000H,000H,000H,000H,000H,0
00H,000H
DB
001H,000H,000H,000H,0FCH,000H,000H,0FCH,000H,000H,001H,000H,000H,000H,0
00H,000H
DB
000H,000H,000H,000H,0FCH,001H,000H,0FCH,000H,000H,000H,000H,000H,000H,0
00H,000H
DB
001H,000H,000H,000H,0FCH,000H,000H,0FCH,000H,000H,001H,000H,000H,000H,0
00H,000H
DB
001H,000H,000H,000H,0FCH,000H,000H,0FCH,000H,000H,001H,000H,000H,000H,0
00H,000H
DB
000H,000H,000H,000H,0FCH,003H,000H,0FCH,000H,0F9H,000H,000H,0F9H,009H,0
09H,009H
DB
009H,009H,009H,009H,009H,009H,009H,009H,009H,0F9H,000H,000H,0F9H,009H,0
09H,009H
DB
009H,009H,009H,009H,009H,009H,009H,009H,009H,0F9H,000H,000H,0F9H,009H,0
09H,009H
DB
009H,009H,009H,009H,009H,009H,009H,009H,009H,0F9H,000H,000H,0F9H,009H,0
09H,009H
DB
009H,009H,009H,009H,009H,009H,009H,009H,009H,0F9H,000H,000H,0F9H,009H,0
09H,009H
DB
009H,009H,009H,009H,009H,009H,009H,009H,009H,0F9H,000H,000H,0F9H,009H,0
03H,000H
DB
000H,003H,000H,000H,000H,000H,000H,000H,000H,000H,000H,000H,000H,000H,0
03H,000H
DB
000H,003H,000H,000H,000H,000H,000H,000H,000H,000H,000H,000H,000H,000H,0
03H,000H
DB
000H,003H,000H,000H,000H,000H,000H,000H,000H,000H,000H,000H,000H,000H,0
03H,000H
DB
000H,003H,000H,000H,000H,000H,000H,000H,000H,000H,000H,000H,000H,000H,0
03H,000H
DB
000H,003H,000H,000H,000H,000H,000H,000H,000H,000H,000H,000H,000H,000H,0
```

```
03H,000H
DB 000H,003H,000H
```

3. Proteus中仿真效果

如图 10-36 所示为该实例在 Proteus 中的仿真效果，大家也可以自定义一些图形、字符亲自验证。

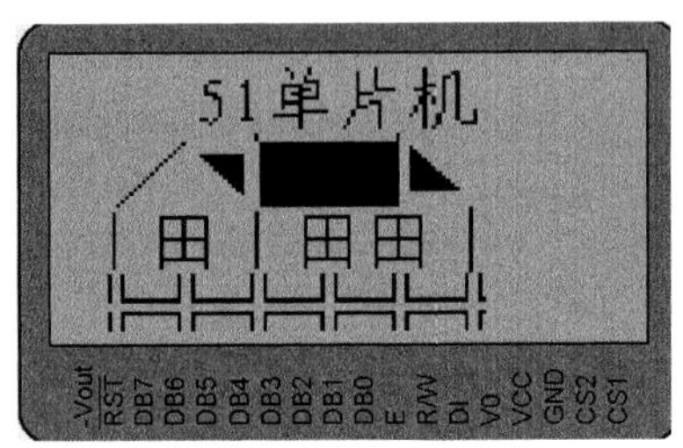

图 10-36 实例演示效果

10.2 矩阵键盘

如果不使用外部扩展，单片机的 I/O 口是非常有限的，可用做按键的 I/O 端口就更少了，因此本节将介绍矩阵键盘。矩阵键盘有很广泛的用途，许多单片机的书籍，甚至微机课程都将矩阵键盘作为讲授的一个内容。本节应该重点掌握矩阵键盘的原理和编程思路。

10.2.1 矩阵键盘的电路图及实现原理

1. 矩阵键盘电路

如图 10-37 所示为矩阵键盘电路图，电路图中总共有 16 只键盘，分为 4 行，每行有 4 只键盘，因此该电路又被称为 4×4 矩阵键盘。所有键盘左侧端子连接构成 KA、KB、KC、KD，称之为行线，所有的键盘右侧端子连接构成 K1、K2、K3、K4，称之为列线。行线、列线的定义比较随意，不必拘泥于本节所讲的形式，这样命名是为了分析方便。

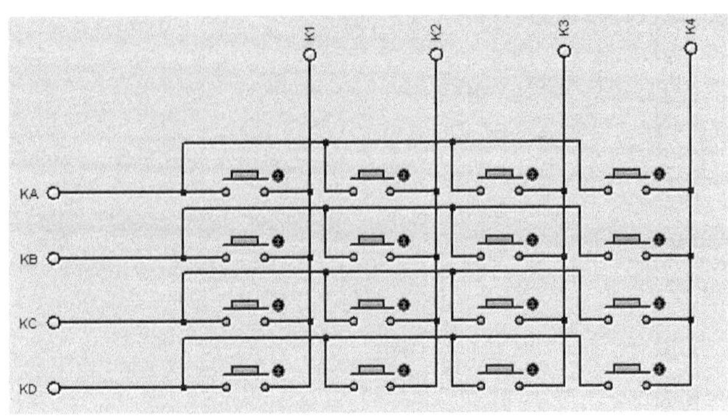

图 10-37 矩阵键盘电路图

在图 10-37 中，虽然有 16 个键盘，但只是用了 8 个端口，这就是矩阵键盘的最大好处。在本节实例中，这 8 个端口和单片机的 P3 口相连，如图 10-38 所示。P3 口有非常重要的第二功能，但本实例中 12864 液晶占用了 P0 口和 P1 口，所以只能利用 P3 口进行分析。

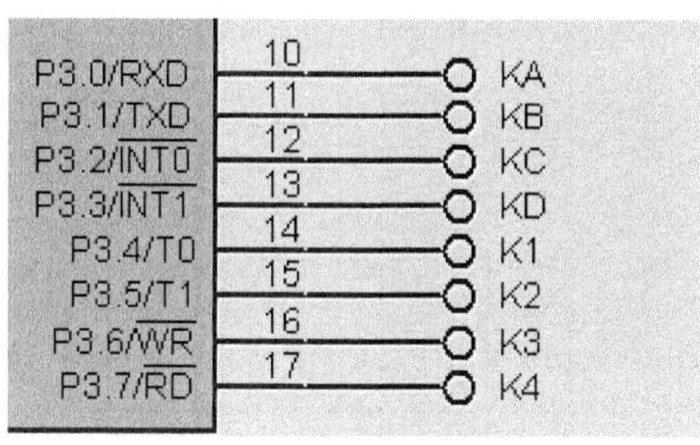

图 10-38　矩阵键盘连接端口

2．矩阵键盘判键方法

矩阵键盘虽然利用率高，但是软件设计却比普通 I/O 键盘复杂。矩阵键盘判键常用扫描法，下面来介绍实现方法。

1）确定输入口和输出口

矩阵键盘有一组输入口，一组输出口。如果将 4 根列线设置为输入口，则其他 4 根行线就为输出口。本实例将 KA、KB、KC、KD（行线）作为输出口，将 K1、K2、K3、K4（列线）作为输入口。对应到单片机 P3 口，高 4 位为输入口，低 4 位为输出口。

2）判断是否有键被按下

首先给 P3 口赋初值为 0F0H，则 KA、KB、KC、KD 为低电平，K1、K2、K3、K4 为高电平。如果没有键被按下，则 P3 口会始终保持这个状态，如果有键被按下的话，则这种状态就会被打破。如图 10-39 所示，假设第一行上的第二只键盘被按下，则 K2 就会被拉低，由于 K2 是作为输入口，则单片机的 P3 口就不再为 0F0H，因此可以判断有键被按下。

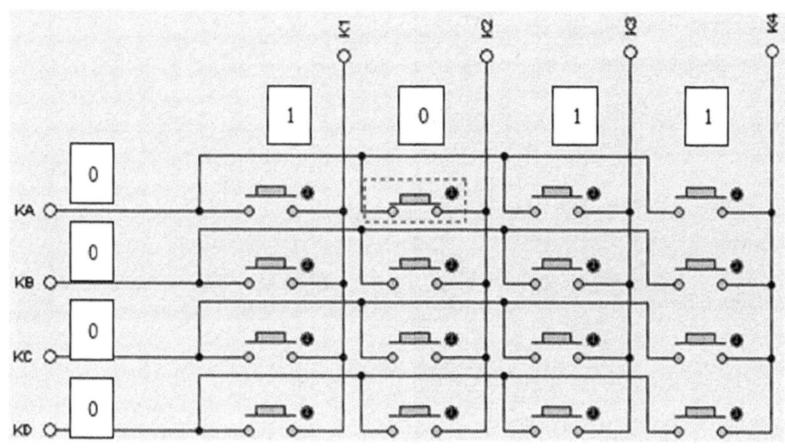

图 10-39　判断是否有键被按下

3）判断哪个按键被按下

使用逐行扫描，确定哪个按键被按下。扫描的方法为让输出口（KA~KD）依次输出 0111、1011、1101、1110，此时观察输入口 K1~K4 的状态。如图 10-40 所示，当 KA~KD 输出 1110 时，输入口状态就不会为全高，因为第四行有键盘被按下。依次查询可发现 K1 为低电平，所以此时被按下的按键为第四行的第一个按键。

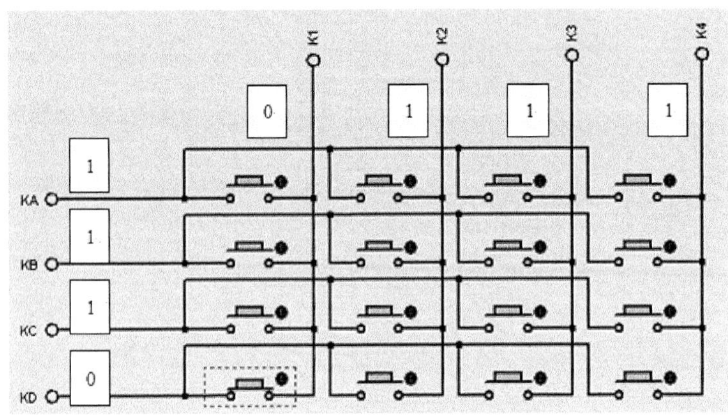

图 10-40　扫描判键

这就是利用扫描法查询键盘的步骤，这个分析过程只是告诉大家矩阵键盘判键的一般方法，但程序的实现方式却有很多种，大家可以考虑如何编写这个过程。

10.2.2　矩阵键盘判键程序

上一节讲述了矩阵键盘判键的思路，本节将介绍程序的编写。编写矩阵键盘还是需要一定的技巧的，编程之前先确定每个按键的键值，也就是这个按键所代表的数值，如图 10-41 所示为本实例为每个按键设置的键值。

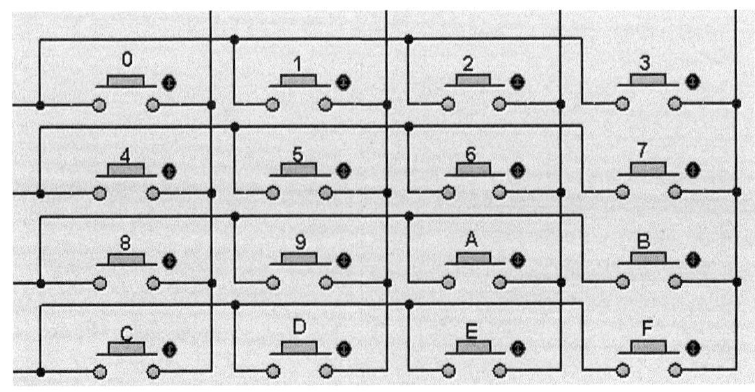

图 10-41　键盘编码图

矩阵键盘程序的流程如图 10-42 所示，P3 口左移一位，表示换扫描值，此时行值加 4，表示换到下一行，行与行直接的差值为 4。如果行值为 16，表示完成了 4 次扫描，且没有键盘被按下，直接将 0FF 赋给键值寄存器，并直接跳出。

在行扫描的过程中，依次查询每个键输入端口的状态，这样就可确定是哪个按键被按下了。当前扫描行的行值，加上输入口对应的列值，就为该键盘的键值。

图 10-42　矩阵键盘程序流程

1. 汇编语言实现判键过程

完整程序如下：

```
keyscan:
  MOV P3,#0F0H              ;P3 口初始输出
  NOP
  NOP
  MOV  A,P3                 ;读取 P3 口状态
  CJNE A,#0F0H,goon1
  LJMP no_key               ;无键被按下
goon1:                      ;有键被按下
  CALL DELAY1S              ;延时消抖动
  MOV  A,P3                 ;继续判断
  CJNE A,#0F0H,goon2
  LJMP no_key
goon2:
```

```
  MOV  R2,#0FEH              ;扫描初值
  mov  r4,#00h               ;行数初值
began_scan:
  MOV  P3,R2                 ;开始扫描
  NOP
  NOP
  MOV  A,P3
  JB   ACC.4,SECOND_L        ;判断第一列是否有键被按下
  MOV  A,#00H
  JMP  SOLVE
SECOND_L:
  JB   ACC.5,THIRD_L         ;判断第二列是否有键被按下
  MOV  A,#01H
  JMP  SOLVE
THIRD_L:
  JB   ACC.6,FORTH_L         ;判断第三列是否有键被按下
  MOV A,#02H
  JMP  SOLVE
FORTH_L:
   JB   ACC.7,NEXT_SCAN      ;无键，换扫描行
   MOV  A,#03H
SOLVE:                       ;有键被按下
   ADD  A,R4                 ;R4 为列数据，A 为行值
   MOV  KEY_VALUE,A
   JMP  OVER
NEXT_SCAN:
   MOV  A,R2
   RL   A                    ;换扫描行
   MOV  R2,A
   MOV  A,R4
   ADD  A,#4                 ;每次换扫描行，列值加 4
   MOV  R4,A
   CJNE R4,#16,began_scan
no_key:
   MOV KEY_VALUE,#0FFH       ;无键被按下
OVER:
    RET
```

2. C语言实现判键程序

用C语言实现方式和汇编语言一致，只不过C语言表达的方式不像汇编语言那样直观，大家可以分析一下下面程序，在这里就不再讲述了。

矩阵键盘C语言完整程序为：

```
uchar keyscan()
{
uchar i=0,j=0;
P3=0xf0;
if(((~P3) & 0xf0)!=0)
{
 delay();
  if(((~P3) & 0xf0)!=0)
  {
    P3=0xfe;
    while(((~P3) & 0x0f)!=0)
   {
      if(((~P3) & 0xf0)!=0)
      {
```

```
      switch((~P3) & 0xf0)
        {
        case 0x10:
        j=0;break;
        case 0x20:
        j=1;break;
        case 0x40:
        j=2;break;
        case 0x80:
        j=3;break;
        }
       while(((~P3) & 0xf0)!=0);
      return(i+j);
    }
    else
    {
     P3=P3<<1;
     i=i+4;
    }
  }
 }
}
return(0XFF);
}
```

10.2.3　矩阵键盘在 12864 液晶上的演示

本节将介绍的实例同时用到 12864 液晶和矩阵键盘，实例实现的目标为在液晶上显示所按键盘的键值，如图 10-43 所示为本实例的电路图。

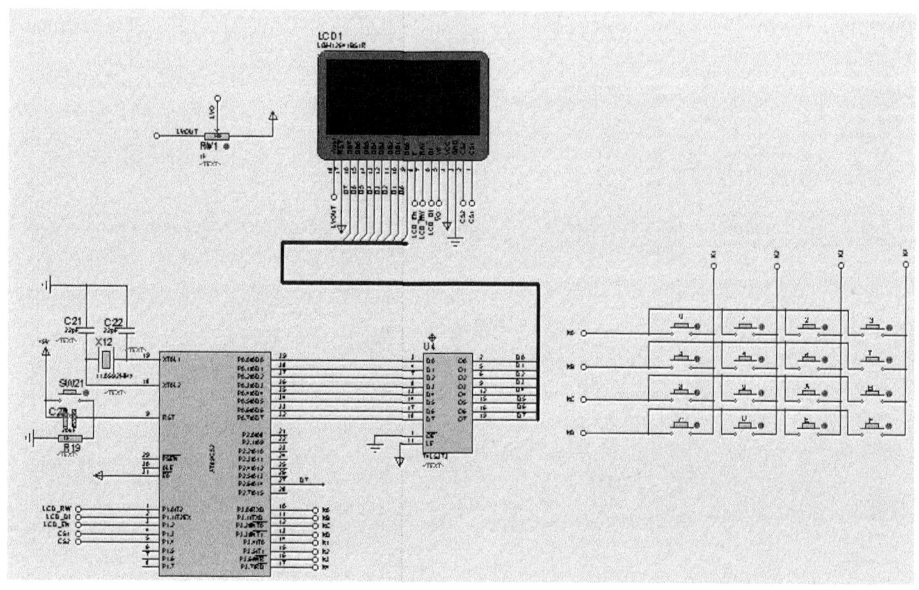

图 10-43　按键显示实例电路图

本实例实现的目标为在液晶上从起始第一行开始连续显示所按键值（8×16 像素），如果一页被填满，就换下一页，如果整个液晶屏幕都被填满，就重新从第一页的第一行开始打印键值。程序设计流程如图 10-44 所示。

在图中设定了一个行计数器，一个页计数器，因为调用 12864 液晶字符显示子程序需要行地址、页地址、字模地址，字模地址由键值查表所得，编程过程还得考虑行计数器和页计数器是否超过范围。行计数器不能超过 128，而页计数器不能超过 8。

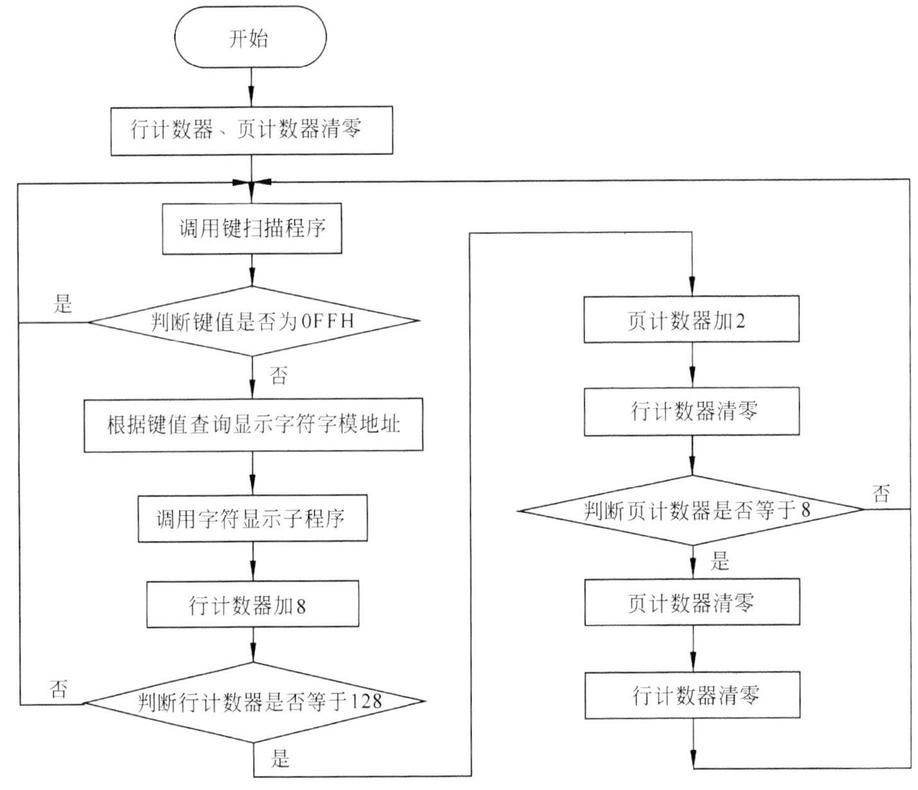

图 10-44　键字符打印流程图

1. 汇编语言实现方法

图 10-44 是一个循环的程序流程，因此将这一过程在主程序中实现。完整汇编程序为：

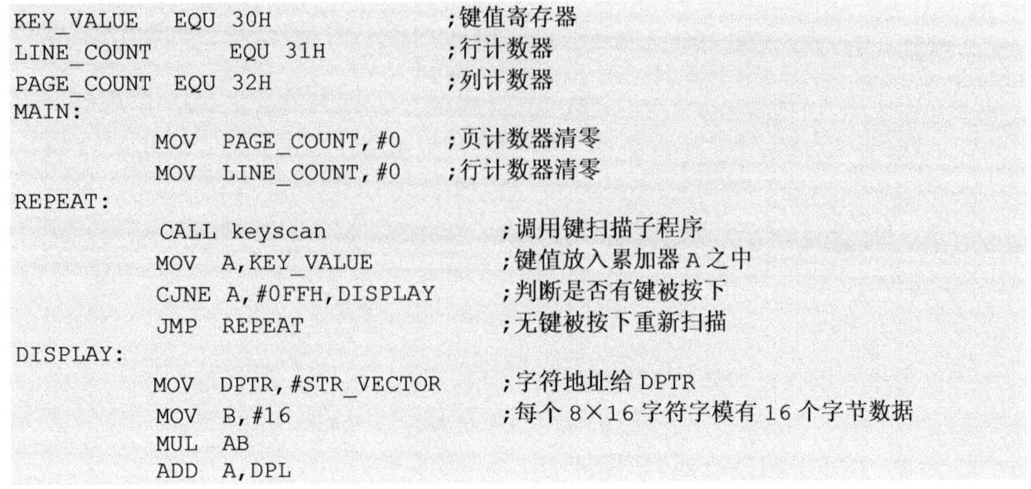

```
KEY_VALUE   EQU 30H             ;键值寄存器
LINE_COUNT      EQU 31H         ;行计数器
PAGE_COUNT  EQU 32H             ;列计数器
MAIN:
          MOV  PAGE_COUNT,#0    ;页计数器清零
          MOV  LINE_COUNT,#0    ;行计数器清零
REPEAT:
          CALL keyscan                ;调用键扫描子程序
          MOV  A,KEY_VALUE            ;键值放入累加器 A 之中
          CJNE A,#0FFH,DISPLAY        ;判断是否有键被按下
          JMP  REPEAT                 ;无键被按下重新扫描
DISPLAY:
          MOV  DPTR,#STR_VECTOR       ;字符地址给 DPTR
          MOV  B,#16                  ;每个 8×16 字符字模有 16 个字节数据
          MUL  AB
          ADD  A,DPL
```

```
        MOV  DPL,A
        MOV  A,#00H
        ADDC A,DPH
        MOV  DPH,A                  ;DPTR+键值×16
        MOV  R6,PAGE_COUNT
        MOV  R5,LINE_COUNT
        CALL ShowOneChar            ;调用字符显示子程序
        MOV  A,LINE_COUNT
        ADD  A,#8
        MOV  LINE_COUNT,A           ;每个字符占用 8 行
        CJNE A,#128,REPEAT          ;判断行计数器是否达到 128
        MOV  LINE_COUNT,#0
        MOV  A,PAGE_COUNT
        ADD  A,#2                   ;每个字符占用 2 页
        MOV  PAGE_COUNT,A
        CJNE A,#8,REPEAT            ;判断页计数器是否达到 8
        MOV  LINE_COUNT,#0
        MOV  PAGE_COUNT,#0
        JMP  REPEAT                 ;循环
;****************************************
STR_VECTOR:                         ;字模地址
STR_0:
DB
000H,0E0H,010H,008H,008H,010H,0E0H,000H,000H,00FH,010H,020H,020H,010H,0
0FH,000H
STR_1:
DB
000H,010H,010H,0F8H,000H,000H,000H,000H,000H,020H,020H,03FH,020H,020H,0
00H,000H
STR_2:
DB
000H,070H,008H,008H,008H,088H,070H,000H,000H,030H,028H,024H,022H,021H,0
30H,000H
STR_3:
DB
000H,030H,008H,088H,088H,048H,030H,000H,000H,018H,020H,020H,020H,011H,0
0EH,000H
STR_4:
DB
000H,000H,0C0H,020H,010H,0F8H,000H,000H,000H,007H,004H,024H,024H,03FH,0
24H,000H
STR_5:
DB
000H,0F8H,008H,088H,088H,008H,008H,000H,000H,019H,021H,020H,020H,011H,0
0EH,000H
STR_6:
DB
000H,0E0H,010H,088H,088H,018H,000H,000H,000H,00FH,011H,020H,020H,011H,0
0EH,000H
STR_7:
DB
000H,038H,008H,008H,0C8H,038H,008H,000H,000H,000H,000H,03FH,000H,000H,0
00H,000H
STR_8:
DB
000H,070H,088H,008H,008H,088H,070H,000H,000H,01CH,022H,021H,021H,022H,0
1CH,000H
STR_9:
DB
000H,0E0H,010H,008H,008H,010H,0E0H,000H,000H,000H,031H,022H,022H,011H,0
```

```
0FH,000H
STR_A:
DB
000H,000H,0C0H,038H,0E0H,000H,000H,000H,020H,03CH,023H,002H,002H,027H,0
38H,020H
STR_B:
DB
008H,0F8H,088H,088H,088H,070H,000H,000H,020H,03FH,020H,020H,020H,011H,0
0EH,000H
STR_C:
DB
0C0H,030H,008H,008H,008H,008H,038H,000H,007H,018H,020H,020H,020H,010H,0
08H,000H
STR_D:
DB
008H,0F8H,008H,008H,008H,010H,0E0H,000H,020H,03FH,020H,020H,020H,010H,0
0FH,000H
STR_E:
DB
008H,0F8H,088H,088H,0E8H,008H,010H,000H,020H,03FH,020H,020H,023H,020H,0
18H,000H
STR_F:
DB
008H,0F8H,088H,088H,0E8H,008H,010H,000H,020H,03FH,020H,000H,003H,000H,0
00H,000H
```

2. C语言实现方法

C 语言实现程序代码如下所示。

```
/***************字模地址**************/
unsigned char code STR_NUM[]=
{
0x00,0xE0,0x10,0x08,0x08,0x10,0xE0,0x00,0x00,0x0F,0x10,0x20,0x20,0x10,0
x0F,0x00,  //0
0x00,0x10,0x10,0xF8,0x00,0x00,0x00,0x00,0x00,0x20,0x20,0x3F,0x20,0x20,0
x00,0x00,  //1
0x00,0x70,0x08,0x08,0x08,0x88,0x70,0x00,0x00,0x30,0x28,0x24,0x22,0x21,0
x30,0x00,  //2
0x00,0x30,0x08,0x88,0x88,0x48,0x30,0x00,0x00,0x18,0x20,0x20,0x20,0x11,0
x0E,0x00,  //3
0x00,0x00,0xC0,0x20,0x10,0xF8,0x00,0x00,0x00,0x07,0x04,0x24,0x24,0x3F,0
x24,0x00,  //4
0x00,0xF8,0x08,0x88,0x88,0x08,0x08,0x00,0x00,0x19,0x21,0x20,0x20,0x11,0
x0E,0x00,  //5
0x00,0xE0,0x10,0x88,0x88,0x18,0x00,0x00,0x00,0x0F,0x11,0x20,0x20,0x11,0
x0E,0x00,  //6
0x00,0x38,0x08,0x08,0xC8,0x38,0x08,0x00,0x00,0x00,0x00,0x3F,0x00,0x00,0
x00,0x00,  //7
0x00,0x70,0x88,0x08,0x08,0x88,0x70,0x00,0x00,0x1C,0x22,0x21,0x21,0x22,0
x1C,0x00,  //8
0x00,0xE0,0x10,0x08,0x08,0x10,0xE0,0x00,0x00,0x00,0x31,0x22,0x22,0x11,0
x0F,0x00,  //9
0x00,0x00,0xC0,0x38,0xE0,0x00,0x00,0x00,0x20,0x3C,0x23,0x02,0x02,0x27,0
x38,0x20,  //A
0x08,0xF8,0x88,0x88,0x88,0x70,0x00,0x00,0x20,0x3F,0x20,0x20,0x20,0x11,0
x0E,0x00,  //B
0xC0,0x30,0x08,0x08,0x08,0x08,0x38,0x00,0x07,0x18,0x20,0x20,0x20,0x10,0
x08,0x00,  //C
0x08,0xF8,0x08,0x08,0x08,0x10,0xE0,0x00,0x20,0x3F,0x20,0x20,0x20,0x10,0
x0F,0x00,  //D
```

```
0x08,0xF8,0x88,0x88,0xE8,0x08,0x10,0x00,0x20,0x3F,0x20,0x20,0x23,0x20,0
x18,0x00,  //E
0x08,0xF8,0x88,0x88,0xE8,0x08,0x10,0x00,0x20,0x3F,0x20,0x00,0x03,0x00,0
x00,0x00       //F
};
/************************************/
void main(void)
{
    uchar i,j,key;          //i:页计数器; j:行计数器; key:键值寄存器
   i=0;
    j=0;
   while(1)
    {
    key=keyscan();
    if(key==0xff) continue;          //判断是否有键被按下，如没有，就继续循环
    ShowOneChar(i,j,STR_NUM+key*16);          //调用字符显示子程序
    key=0xff;
    j+=8;
    if(j==128)           //判断是否达到 128 行
     {
      j=0;
      i+=2;
      if(i==8)           //判断是否达到 8 页
       {
       i=0;
       j=0;
       }
     }
   }
}
```

C 语言中的页计数器、行计数器、键值寄存器都使用了局部变量，这样更方便。

3．在Proteus中仿真效果

如图 10-45 所示为本实例在 Proteus 中的仿真效果，每按下一个按键，液晶屏幕就会显示一个字符。

图 10-45　Proteus 仿真实例

10.3　习题和实例扩展

1．简答题

（1）点阵液晶和字符液晶有什么区别，点阵液晶 12864 总共有多少个像素点。

（2）在本章实例中，点阵液晶 12864 采用的是哪种驱动器，简要说明单片机对其驱动的方法。

（3）列举单片机对 12864 点阵液晶实现驱动的 7 种模式。

（4）点阵液晶和字符液晶在程序编写方面有什么异同。

（5）详细说明字模软件取模的 4 种格式，并说出本章实例采用的是哪种取模方式。

（6）简述本章矩阵键盘实例实现扫描判键的方法。

2．实例扩展

（1）绘制电路图，如图 10-46 所示。

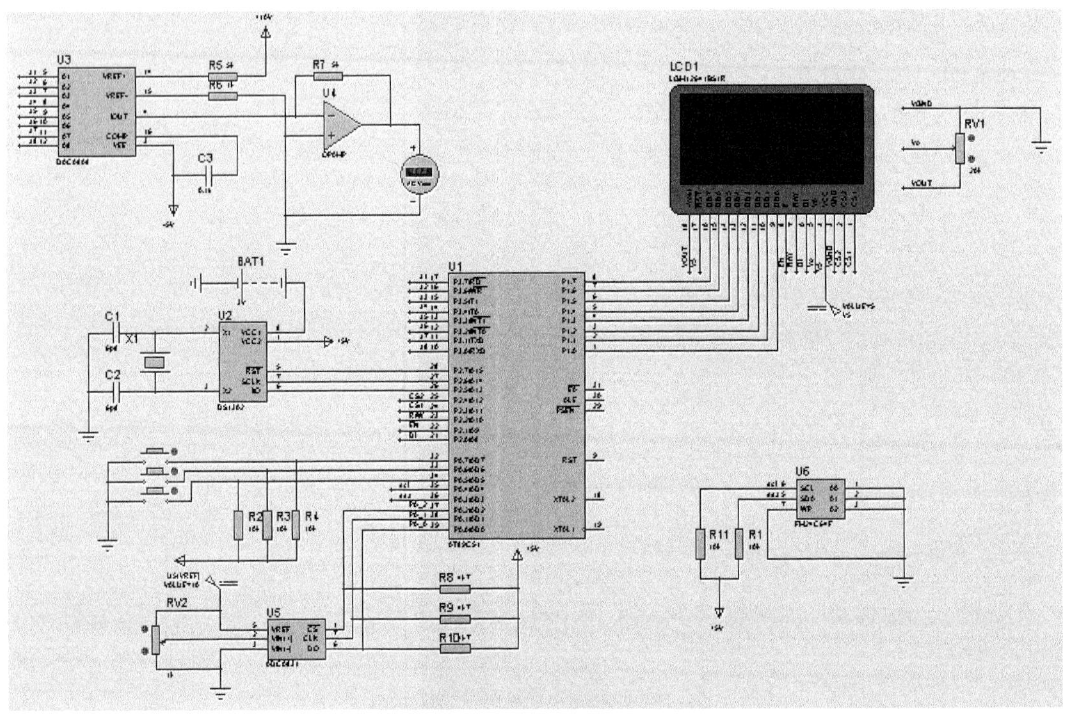

图 10-46　电路图

（2）使用另外一种 12864 点阵液晶（驱动器为 SED1565），在互联网上查询它的数据手册，尝试相应的电路图，编写驱动程序。

（3）本实例采用了 I/O 口直接控制液晶的方式，是否可以使用总线控制的方式，请考虑编程的方式。

（4）熟练掌握字模软件的使用。

（5）详细分析本章矩阵键盘 C 语言代码，并绘制出详细的程序流程图。

（6）考虑是否有新的思路实现矩阵键盘。

第 11 章　计算器程序分析与设计

本章将完成一个计算器程序实例，不能说是设计计算器，因为一个计算器涉及的东西很多，不可能在程序中一一讲到。Proteus 提供了两个 51 单片机计算器的实例及程序，我们就来借鉴这两个实例，编写出自己的实例。本章除了讲解实例程序之外，还会介绍很多基础知识，包括扩充汇编语言的伪指令、C 语言的库函数等。

11.1　汇编语言知识补充

还有几条汇编语言指令我们还没有讲到，但在程序中我们已经使用过了，本章来做一个复习总结，另外再介绍汇编语言的伪指令。当然讲解这些程序主要为了我们的计算器实例的分析，同时也会对我们日后的学习带来帮助。

11.1.1　汇编语言执行跳转指令

在前面的实例中，我们常常使用指令 JMP 来完成无条件跳转，但有些时候这条指令就不能再用了。因为它的跳转范围是 8 位的，也就是说跳转的范围只能在 PC+256 之内，假如当前的 PC 值为 0100H，执行跳转后 PC 的值最大为 0200H，这一过程在软件仿真中可以看到。如果在程序编写的过程中，使用 JMP 指令跳转到它不能到达的地址，Keil 编译器的报错信息为“Target Out of Range”。

1）长跳转指令

```
LJMP  addr16
```

使用这条长跳转指令就能完全杜绝上面的编译错误信息。因为它的调转范围是 16 位的，大家知道 PC 是一个 16 位的寄存器，使用这条指令就意味着可以跳转到程序的任何地方。

2）绝对跳转指令

```
AJMP  addr11
```

这条指令的跳转范围是 11 位的，它的跳转范围在 PC+2048 之内。

可能大家有疑问了，既然 LJMP 指令可以调转到程序的任何地方，为什么还要使用 JMP、AJMP 这类指令呢？因为它们对程序的消耗是不同的，LJMP 虽然跳转的范围广，但是它是两个字节指令，而 JMP 指令是一个字节的，相比而言，LJMP 指令对单片机的消耗比较大。因此建议大家在能使用 JMP 的情况下，尽量使用 JMP 指令。

11.1.2 汇编语言伪指令扩充

前面章节介绍了多条伪指令，使用伪指令是不消耗单片机资源的，合理利用伪指令可以帮助我们更方便、快捷地编写出程序，51 单片机的伪指令还有很多，在本节将介绍一些常用的。

1. 基本运算操作

汇编语言可以像 C 语言一样进行数据运算，不需要在程序执行中使用自带的数据运算指令。使用的方法和 C 语言的运算符是相同的，如表 11-1 所示为在 ADD 运算指令中使用这些运算符的方法。

表 11-1 数据运算符

运算符	实现功能	在 ADD 指令中使用范例
+	加操作	ADD A，#23+36
-	减操作	ADD A，#60H-2EH
*	乘操作	ADD A，#20H*03H
/	除操作	ADD A，#30/23
SHR	右移	ADD A，#6 SHR 3
SHL	左移	ADD A，#6 SHL 2
AND	位与操作	ADD A，#03H AND 10000101B
OR	位或操作	ADD A，#03H OR 00110000B
XOR	异或操作	ADD A，#03H XOR 36H
NOT	非操作	ADD A， #NOT 45H
HIGH	高字节分离	ADD A， #HIGH 05E2H
LOW	低字节分离	ADD A， #LOW 77F0H

寄存器是不能参与这些数据运算符的，只能是立即数之间或被宏定义的立即数之间。使用这些运算符伪指令是非常方便的，例如我们对定时器进行初值设定：

```
        MOV  TH0, #HIGH(65536-50000)          ;高位设置
        MOV  TL0, #LOW (65536-50000)          ;低位设置
```

假设此时单片机的晶振频率为 12MHZ，要设置一个 50ms 的可编程定时，且使用的是定时方式 1，上面的指令就是一种实现方法，这两条指令相当于：

```
        MOV  TH0, #3CH          ;高位设置
        MOV  TL0, #0B0H         ;低位设置
```

使用运算符伪指令系统就直接将数值计算出来了，我们不必再去计算。

2. 程序段

如果遇到比较大的项目，可以将不同的代码放入不同的内存段中。51 系列的处理器的结构，把内存分成 5 个独立的内存段，即代码段（段名 CSEG）、数据段（段名 DSEG）、外部数据段（段名 XSEG）、位段（段名 BSEG）和绝对选择段（ISEG）。

1）代码段 CSEG

CSEG 表示程序段，或称 ROM 段，表示将代码放入指定的程序存储器的空间。
格式：CSEG [AT 绝对地址表达式]
举例：

```
CSEG AT 0000H  ;表示程序代码从地址 0000H 开始
```

2）数据段 DSEG
DSEG 表示内部数据段，或称 RAM 段，它的范围为片内 RAM 低 128 单元。
格式：DSEG [AT 绝对地址表达式]
举例：

```
DSEG   AT  40H     ;表示从数据存储器地址 40H 开始
Date1: DS  10      ;地址标号 Date1 保留 10 个存储单元
```

3）外部数据段 XSEG
XSEG 表示内部数据段，或称 XRAM 段，它的范围为片外 RAM 全部空间。
格式：XSEG [AT 绝对地址表达式]
举例：

```
XSEG    AT 0100H            ; 表示从外部数据存储器地址 0100H 开始
XDATE1: DS  10              ;地址标号 XDATE1 保留 10 个存储单元
```

4）位段 BSEG
BSEG 特指内部 RAM 地址 20H~2FH 这一片的位寻址区（位地址 00h~80h）。

```
格式：BSEG [AT 绝对地址表达式]
```

举例：

```
BSEG    AT 20H.0      ;从位地址 20H.0 开始
FLAG:    DBIT  1      ;标号 FLAG 保留一个位单元
```

5）绝对选择段 ISEG
功能：绝对地址低位（内部 RAM 间接寻址单元）。

```
格式：  ISEG [AT 绝对地址表达式]
```

举例：

```
ISEG    AT 80H        ;从绝对地址 80 开始
stack:    ds 56       ;从地址标号 stack 的绝对地址开始保留 56 个存储单元
```

3. 定义段和应用段

1）SEGMENT
功能：SEGMENT 指令用来声明一个再定位段和一个可选的再定位类型。
格式：

```
段名称  SEGMENT 段类型（再定位类型）
```

段类型是指段所在的储存器空间类型，可用的段类型有 CODE、XDATA、DATA、IDATA 和 BIT。

例如：

```
FLAG      SEGMENT  BIT      ;位段
PONITER   SEGMENT  IDATA    ;绝对选择段
```

2）RSEG

功能：再定位段选择指令为 RSEG，用于选择一个已在前面定义过段作为当前段。

```
格式：RSEG 段名
```

段名必须是在前面声明过的段。

例如：

```
CODES SEGMENT CODE                  ;定义一个 CODE 段
BSEG AT 60H
RSEG CODES                          ;选择 CODES 段作为当前段
```

4. 外部函数的声明及调用

和 C 语言一样，汇编语言可以在不同的文本中编辑。一个文件的函数可以调用其他文本的函数或被其他文本调用，这就涉及了函数的全局声明、外部调用伪指令。

1）PUBLIC

功能：声明可被其他模块使用的公共函数名，也就是将此函数定义为全局函数。

格式：

```
PUBLIC 符号 [符号，符号[，••••••]
PUBLIC 后可跟多个函数名，用逗号隔开。每个函数名都必须是在模块内定义过的
```

例如：

```
PUBLIC INTER，_OUTER                ;定义两个全局函数
INTER:                              ;函数 INTER 标号
......................
_OUTER:                             ;函数_OUTER 标号
......................
```

2）EXTRN

功能：EXTRN 与 PUBLIC 是配套使用的，要调用其他模块的函数，就必须先在模块前声明。

格式：

```
EXTRN 段类型（符号，符号••••••）
```

例如：

```
EXTRN  CODE (INTER, _OUTER)     ;声明其他文件中的外部函数
......................
Call INTER
......................
Call _OUTER
```

3）INCLUDE

功能：利用此伪指令可将一个源文件插入到当前源文件中一起汇编，最终成为一个完

整的源程序。和 C 语言的宏引用#include 是非常相似的。

格式：

```
#INCLUDE(文件名.asm)
```

例如：

```
#INCLUDE(DEF.asm)                ;包含文件 DEF.ASM
```

11.2　C 语言库函数介绍

C 语言之所以比汇编语言使用得更广泛，除了因为它易学、可移植性好以外，最重要的是它有非常丰富的库函数。用非常复杂的汇编语言实现的功能也许用一个简单的 C 语言库函数就能完成。本节我们一起学习 C51 的库函数。学习了这些库函数，大家才能理解 C 语言的强大。

11.2.1　C51 库函数简介

C51 库为我们提供了超过 100 个可用在程序中的预定义函数和宏。库所提供函数包括字符串和缓冲区操作、数据转换、浮点算术等，调用这些库函数能使软件开发更加容易。这些库在 Keil 安装目录 KEIL\C51\INC 下，如图 11-1 所示。后缀名为 h 的文件为各个库函数头文件。

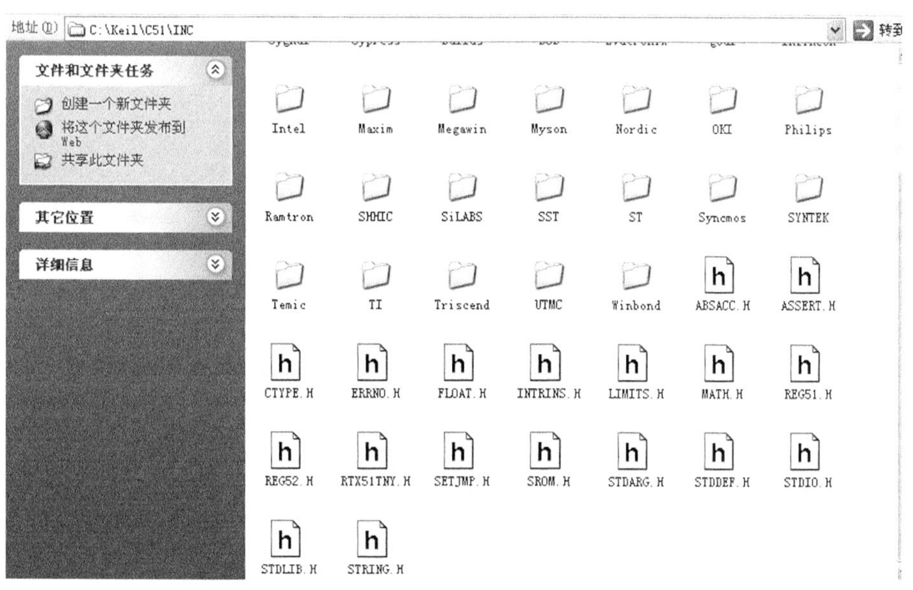

图 11-1　库函数路径

Keil 提供了多个常用库文件，最常用的分别是 ABSACC.H、ASSERT.H、CTYPE.H、INTRINS.H、MATH.H、SETJMP.H、STDARG.H、STDDEF.H、STDIO.H、STDLIB.H、STRING.H 等。其中一些库函数在前面的章节都介绍过了，本节来作一次总结。

（1）ABSACC.H 文件包含允许直接访问 8051 不同存储区的宏定义，内部包含的函数如表 11-2 所示。

表 11-2　ABSACC.H内部包含函数

CBYTE	FARRAY	PBYTE	CWORD
FCARRAY	PWORD	DBYTE	FCVAR
XBYTE	DWORD	FVAR	XWORD

我们已经学过了 CBYTE、CWORD、DBYTE、XBYTE、DWORD、XWORD 这些库函数，利用这几个函数可以对各种存储区域的指定地址进行读或写。

（2）ASSERT.H 文件定义 assert 宏可以用来建立程序的测试条。

（3）CTYPE.H 文件包含对 ASCII 字符分类和字符转换的程序，内部函数如表 11-3 所示。

表 11-3　CTYPE.H文件包含函数

isalnum	isprint	toint	isalpha
ispunct	tolower	iscntrl	isspace
_tolower	isdigit	isupper	toupper
isgraph	isxdigit	_toupper	islower
toascii			

（4）INTRINS.H 文件包含指示编译器产生嵌入固有代码的程序的原型，内部函数如表 11-4 所示。

表 11-4　INTRINS.H包含库函数

_chkfloat	_irol_	_lror_	_crol_
iror	_nop_	_cror_	lrol_
testbit			

在本书的第 3 章也已经介绍过了这个库，并使用了库函数_cror_（字节循环右移）和_crol_（字节循环左移）。

（5）MATH.H 文件包含所有浮点数运算的程序的原型和一些数学函数。该库的所有函数如表 11-5 所示。

表 11-5　MATH.H包含的库函数

abs	exp	modf	acos
fabs	pow	asin	floor
sin	atan	fmod	sinh
atan2	fprestore	sqrt	cabs
fpsave	tan	ceil	labs
tanh	cos	log	cosh
log10			

（6）SETJMP.H 包含文件定义 jmp_buf 类型，以及 setjmp 和 longjmp 程序的原型，相当于汇编语言的 JMP 和 LJMP 指令。

（7）STDARG.H 包含文件定义了可变长度参数列表函数的参数，包括 va_arg、 va_end

va_start、va_list。

（8）STDDEF.H 包含文件定义 offsetof 宏可以用来确定结构成员的偏移。

（9）STDIO.H 文件包含流 I/O 程序的原型和定义，所包含子程序如表 11-6 所示。

表 11-6　STDIO.H包含子程序

getchar	putchar	sscanf	_getkey
puts	ungetchar	_cror_	lrol_
testbit	gets	scanf	vprintf
printf	sprintf	vsprintf	

（10）STDLIB.H 文件包含类型转换和存储区分配程序的原型和定义，该文件包含子程序如表 11-7 所示。

表 11-7　STDLIB.H包含子程序

atof	init_mempool	strtod	atoi
malloc	strtol	atol	lrol_
rand	strtoul	calloc	realloc
free	srand		

（11）STRING.H 文件包含了字符串和缓冲区操作程序的原型，该文件所包含子程序如表 11-8 所示。

表 11-8　STRING.H 文件包含子程序

memccpy	strchr	strncpy	memchr
strcmp	strpbrk	memcmp	strcpy
memmove	memcpy	strlen	strrpbrk
memset	strncat	strcat	strncmp
strspn			

11.2.2　典型库函数介绍

上一节介绍了 C51 所包含的库文件，本节将对一些常用的库函数进行详细讲解。下面就以函数的功能分类对库函数进行分析。

1. 缓冲区操作

缓冲区操作程序用在存储缓冲区，一个数据缓存区类似于一个数组，数组的元素以字节为单位，类似于字符串。但是缓冲区不是用“/0”字符结束。对缓存区操作的库函数如表 11-9 所示。

表 11-9　缓存区操作

库函数名称	功 能 说 明
memccpy	从一个缓冲区复制数据字节到另一个缓冲区，直到一个指定的字符或字符数
memchr	返回一个缓冲区中指定字符第一次出现的位置指针
memcmp	比较两个不同缓冲区给定数目的字符
memcpy	从一个缓冲区复制指定数目的数据到另一个缓冲
memmove	从一个缓冲区复制指定数目的数据到另一个缓冲
memset	初始化一个缓冲区的指定数目的数据字节为指定的字符

这些函数原型在 STRING.H 包含文件中。用 memcpy 举个例子吧：

```
uchar k[5]={10,20,30,40,50};        //定义字符数组，并复制数据
uchar n[10];                        //声明一个空数组
memcpy(n,k,3);
```

程序执行结果：

```
n[10]= {10,20,30}
```

2. 字符转换和分类

很多情况下，需要将字符转换为 ASCII 码，或将大写字符转换为小写字符，使用如表 11-10 所示的函数可以解决这些问题。

表 11-10　字符转换和分类函数表

库函数名称	功 能 说 明
toascii	转换一个字符为一个 ASCII 码
toint	转换一个十六进制数为一个十进制数
tolower	测试一个字符，如果是大写则转换成小写
_tolower	无条件转换一个字符为小写
toupper	测试一个字符，如果是大写则转换成小写
_toupper	无条件转换一个字符为大写

所有的函数原型在包含文件 CTYPE.H 中，使用_toupper 举个例子：

```
char Sa='a';
char A;
A=_toupper(Sa);       //大写转换
```

程序执行结果为：

```
A='A'
```

3. 数据转换

使用字符液晶 1602 只能显示字符，这意味着我们还需将运算完的数据转换为字符串，幸运的是，C51 库函数包含这类型的函数。如表 11-11 所示为对数据转换的库函数。

表 11-11　数据转换库函数

库函数名称	功 能 说 明
abs	取一个整数类型的绝对值
atof	转换一个字符串为一个 float（浮点型）
atoi	转换一个字符串为一个 int（整型）
atol	转换一个字符串为一个 long（长整型）
cabs	取一个字符类型的绝对值
labs	取一个 long 类型的绝对值
strtod	一个字符串转换成一个 float

大多数的函数原型在 STDLIB.H 中。Abs、cabs、labs 函数的原型在 MATH.H 中。使用 atof 举个例子：

```
uchar str[10]="123.345";
float f;
f=atof(str);  //字符串转浮点数
```

计算结果：

```
f=123.345
```

4．数学运算

数学运算最能够体现出 C 语言的优势。除了各种运算符，库函数还为我们提供了功能强大的数学库函数，如表 11-12 所示。

表 11-12　数学运算库函数

库函数名称	功 能 说 明
acos	反余弦
asin	反正弦
atan	反正切
atan2	分数的反正切
ceil	取整
cos	余弦
cosh	双曲余弦
exp	指数函数
fabs	取绝对值
floor	小于等于指定数的最大整数
fmod	浮点数余数
log	自然对数
log10	常用对数
modf	取出整数和小数部分
pow	幂
rand	随机数
sin	正弦函数
sinh	双曲正弦
srand	初始化随机数发生器
sqrt	平方根
tan	正切函数
tanh	双曲正切
chkfloat	检查 float 数的状态
crol	unsigned char（无符号字符型）类型变量向左循环位移
cror	unsigned char 变量向右循环位移
irol	unsigned int（无符号整型）类型变量向左循环位移
iror	unsigned int 类型变量向右循环位移
lrol	一个 unsigned long（无符号长整型）向左循环位移
lror	一个 unsigned long 向右循环位移

以上多数函数原型在包含文件 MATH.H 中，chkfloat、_crol、_cror、_irol、_iror、_lrol 和_lror_函数的原型在 INTRINS.H 中。使用 sqrt 举个例子：

```
float value=400;
float result;
```

```
result=sqrt(value);
```

程序执行结果为：

```
result=20;
```

5. 流输入和输出程序

学过C语言的读者应该对函数printf会非常熟悉，它的功能是在电脑屏幕中打印字符，C51也有这个函数，只不过它将要打印的数据直接输出到串口之中。这类型的库函数如表11-13所示。

表11-13 流输入、输出库程序

库函数名称	功 能 说 明
getchar	用_getkey 和 putchar 程序读和显示一个字符
_getkey	用串口读一个字符
gets	用 getchar 程序读和显示一个字符串
printf	用 putchar 程序写格式化数据
putchar	用串口写一个字符
scanf	用 getchar 程序读格式化数据
sprintf	写格式化数据到一个字符串
ungetchar	把一个字符放回到 getchar 输入缓冲区
vprintf	用 putchar 函数写格式化数据
vsprintf	写格式化数据到一个字符

上述这些函数原型包含在stdio.h之中，printf函数是将数据打印到串口上，而sprintf函数是将数据打印到字符串里，使用它来举个例子：

```
float k=11323.32;              //声明一个浮点数
uchar str[10];                 //声明一个字符数组
sprintf(str,"%7.2f",k);        //将k以浮点的形式传给字符数组str
```

程序执行结果：

```
str="11322.32"
```

这是一个典型的浮点数转换为字符串的例子，sprintf中"%7.2f"表示字符串的长度为7位，小数点的位数为两位。当然，这个数值可以随便定义，f表示转换的为浮点型。从表11-14可以得出结论：使用sprintf函数可以将任何数据类型转换为字符串型。

表11-14 数据类型输出格式符

格式字符	意 义
d	以十进制形式输出带符号整数（正数不输出符号）
o	以八进制形式输出无符号整数（不输出前缀0）
x,X	以十六进制形式输出无符号整数（不输出前缀Ox）
u	以十进制形式输出无符号整数
f	以小数形式输出单、双精度实数
e,E	以指数形式输出单、双精度实数
g,G	以%f或%e中较短的输出宽度输出单、双精度实数
c	输出单个字符
s	输出字符串

流输入和输出程序允许从串口或一个用户定义的 I/O 口读和写数据。默认的_getkey 和 putchar 函数用串口读和写字符。如果想要使用已有的_getkey 和 putchar 函数，必须首先初始化 51 单片机串口。如果串口没有正确设置，则库函数不起作用。

6. 字符串操作程序

前面讲过了对缓存区，也就是对数组的操作库函数、字符串和数组是存在区别的，同样也有对字符串操作的库函数，如表 11-15 所示。

表 11-15　字符串操作库函数

库函数名称	功 能 说 明
strcat	连接两个字符串
strchr	返回一个字符串中指定字符第一次出现的位置指针
strcmp	比较两个字符串
strcpy	拷贝一个字符串到另一个字符串
strcspn	返回一个字符串中和第二个字符串的任何字符匹配的第一个字符的索引
strlen	字符串长度
strncat	从一个字符串连接指定数目的字符到另一个字符串
strncmp	比较两个字符串中指定数目的字符
strncpy	从一个字符串拷贝指定数目的字符到另一个字符串
strpbrk	返回一个字符串中和第二个字符串的任何字符匹配的第一个字符的指针
strpos	返回一个指定字符在一个字符串中第一次出现的索引
strrpbrk	返回一个字符串中和第二个字符串的任何字符匹配的最后一个字符的指针
strrpos	返回一个指定字符在一个字符串中最后出现的索引
strspn	返回一个字符串中和第二个字符串中的任何字符不匹配的第一个字符索引
strstr	返回一个字符串中和另一个子字符串一样的指针

字符串程序作为函数运行，其原型在 STRING.H 中。注意字符串库函数和缓存区库函数的区别，字符串库函数是以 NULL 作为结尾标识的。

11.3　Proteus 自带计算器分析（汇编语言编写）

Proteus 为我们提供了多个 51 单片机的实例，在 Proteus 的安装路径 SAMPLES\VSM for 8051 文件夹里面我们可以看到这几个实例，如图 11-2 所示。文件夹 8051 Calculator 为使用汇编语言编写的计算器实例，文件夹 C51 Calculatotor 为用 C 语言实现的计算器实例。而本节将分析用汇编语言编写的计算器，这一节内容比较复杂，请大家认真体会。

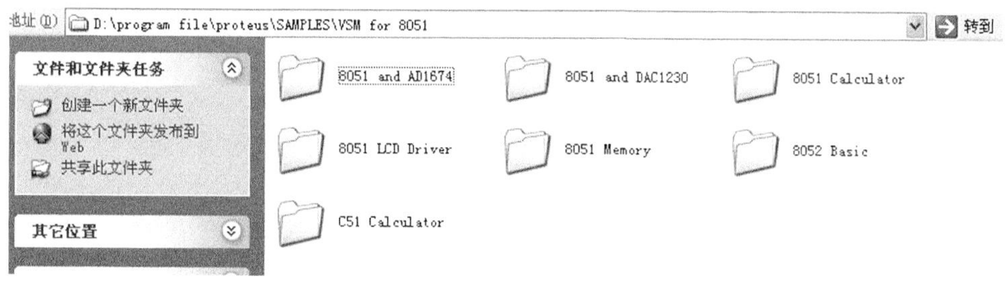

图 11-2　Proteus 演示实例路径

11.3.1 实例电路分析

如图 11-3 所示为用汇编语言编写的计算器实例电路图，Proteus 用这个实例向我们展示了一个基于 51 单片机的计算器，此电路演示了字符型液晶、矩阵键盘、外部存储器等使用方法。这些外部模块在此前的章节中我们都学过了，计算器实例等同于综合利用。

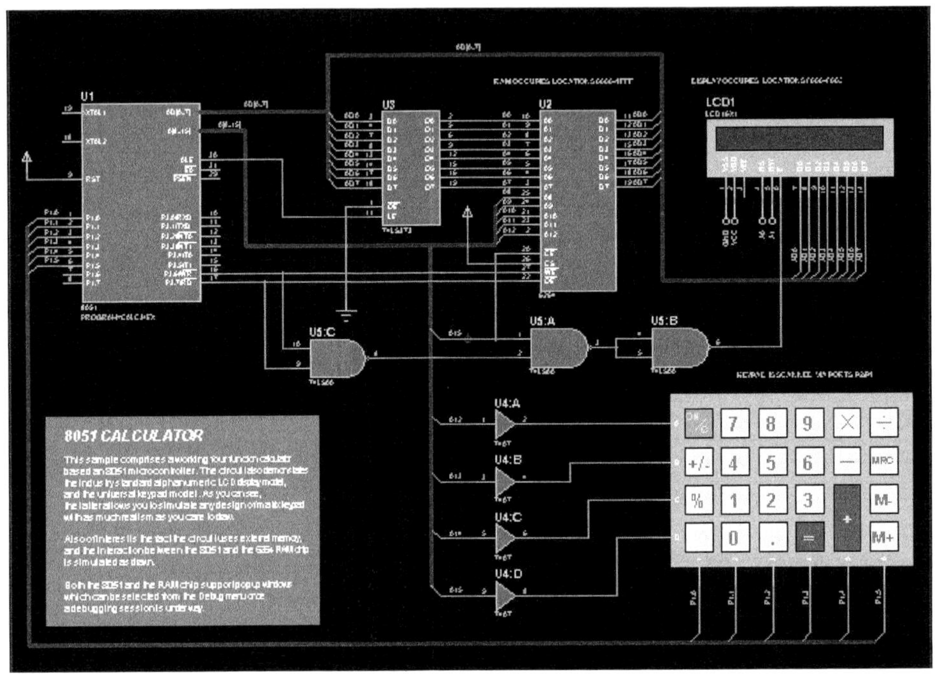

图 11-3　Proteus 自带计算器电路

1. 矩阵键盘部分

本实例使用了一个被固化的矩阵键盘，如图 11-4 所示。这种键盘和我们上一章学习的矩阵键盘的内部电路是一致的，它和图 11-5 所示的键盘是一样的，它们都是 4×6 的矩阵键盘。

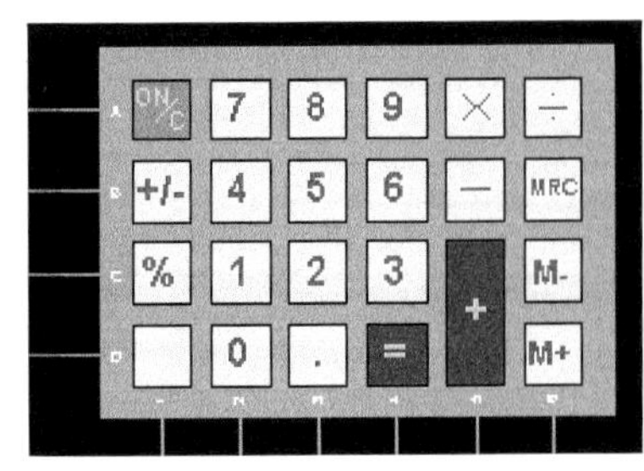

图 11-4　固化矩阵键盘

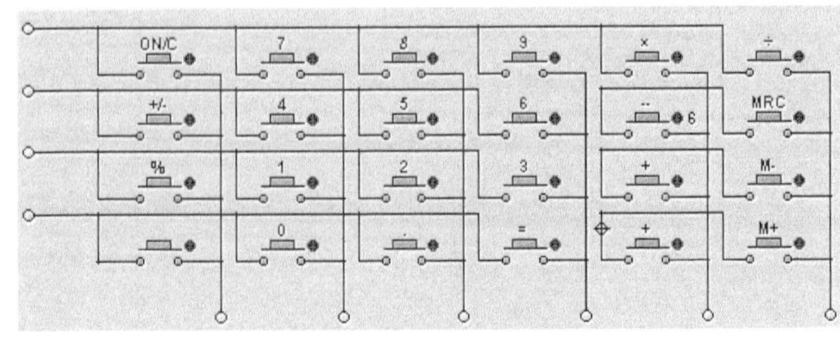

图 11-5　手绘矩阵键盘

Proteus 中还提供了其他几种矩阵键盘，它们的寻找路径如图 11-6 所示。

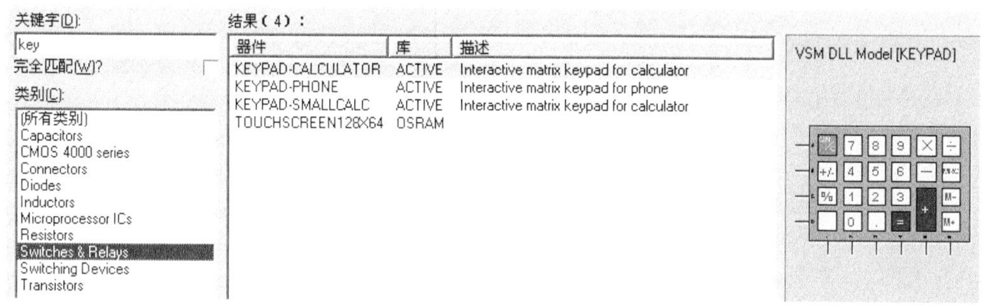

图 11-6　矩阵键盘寻找路径

如果大家不想手动绘制矩阵键盘，可以使用 Proteus 自带的 3 种矩阵键盘，如图 11-7 所示。

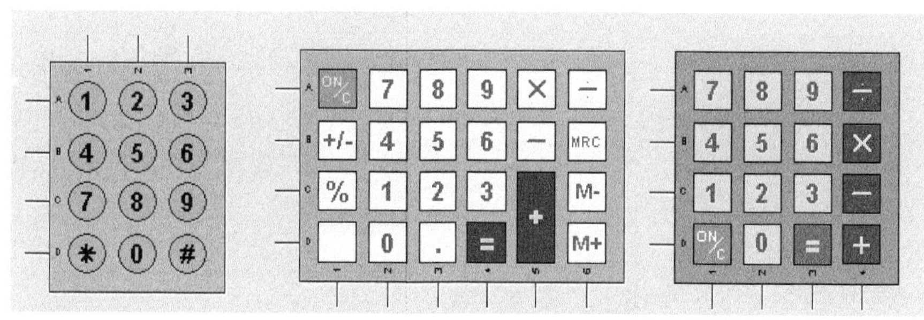

图 11-7　Proteus 自带固化键盘

2．外部RAM

计算器的运算过程需要用到很多中间变量，内部 RAM 的容量可能不够，所以本实例扩展外部 RAM 芯片 6464，如图 11-8 所示。这个电路和我们以前所学的外部扩展方法基本是一致的，地址总线 A15 作为片选信号和 6264 的 CE 端相连，只有当 A15 为低电平时，单片机才能读取外部 RAM 数值，所以对外部 RAM 的寻址范围为 0000H～1FFFH，这个范围正是 6464 的总容量（8KB）。

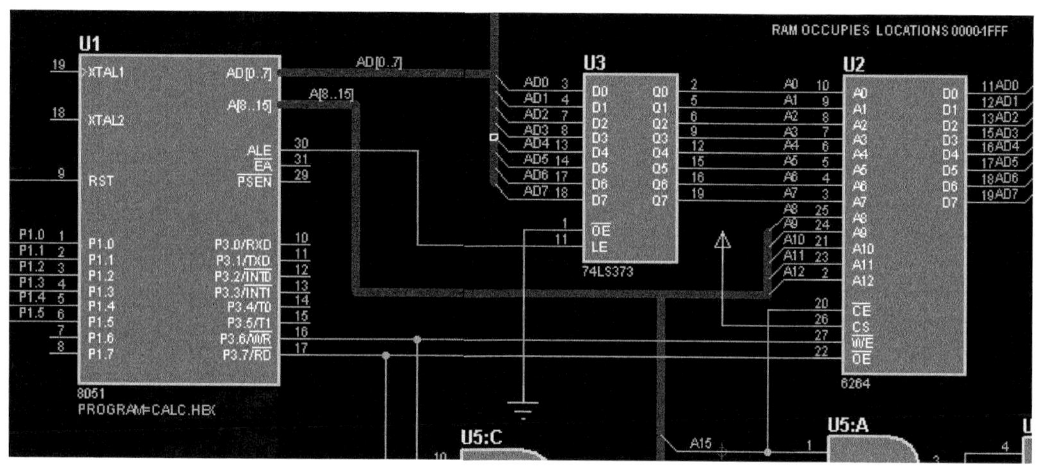

图 11-8　外部 RAM 连接电路

3. 字符液晶1601

这个实例使用的是字符液晶 1601，该液晶只能显示一行，最多显示 16 个字符，它的时序和指令格式和 1602 完全相同。如图 11-9 所示为液晶的数据信号连接，如图 11-10 所示为该液晶的片选信号连接端口。

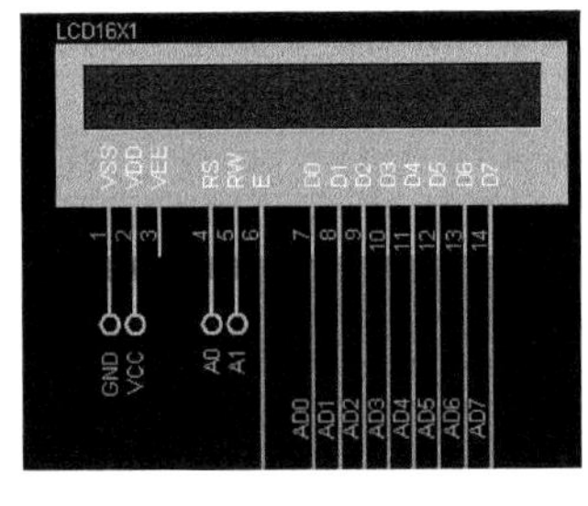

图 11-9　液晶数据信号连接端口

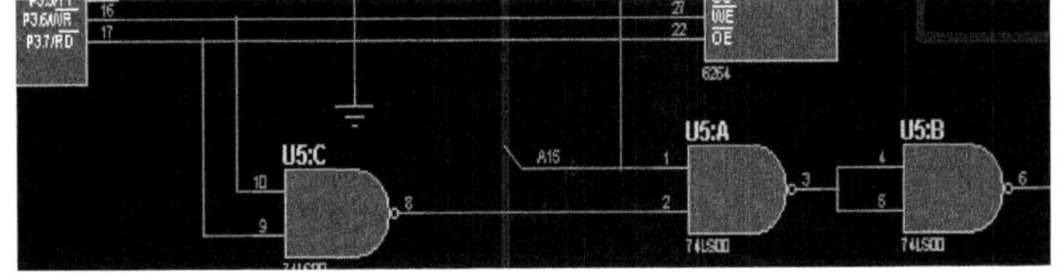

图 11-10　液晶控制片选端口

如图 11-10 所示，地址总线 A15 和 WR、RD 通过 3 个与非门接入液晶的片选控制端口 E。只有当 A15 为低电平时，才能对液晶进行控制。低位地址线 A0、A1 和液晶端口 RS、RW 相连，和 1602 一样，这样连接用来控制液晶的数据/命令、读/写方式。

11.3.2　外设模块程序分析

上一节分析了计算器实例电路，本节将分析外设电路的程序实现方式，如矩阵键盘、LCD 等驱动程序，这些程序和我们前面章节所介绍的大同小异，因此本节也相当于复习。

首先声明一下，Proteus 公司为我们提供的汇编计算器项目并不是在 keil 下编译完成的，因此大家爱直接将 3 个源代码拖入自己建立的项目中，编译将不会成功，因为需要对这些代码进行修改，请参考本书附带光盘提供的项目文件。

1. 矩阵键盘模块代码

```
; 宏定义功能键和扫描值
;Keycodes returned for function keys:
ON       equ     1
SGN      equ 2
PCT      equ 3
SQR      equ 4
MRC      equ 5
MADD         equ 6
MSUB         equ 7
KEY_ROW1     equ 0EFh
KEY_ROW2     equ 0DFh
KEY_ROW3     equ 0BFh
KEY_ROW4     equ 07Fh
keyflags     equ 040h
;Data tables for returned row bits  键码表格
keycodes:
db  ON,  '7','8','9', '*', '/'
        db  SGN, '4','5','6', '-', MRC
        db  PCT, '1','2','3', 0,   MSUB
        db  SQR, '0','.','=', '+', MADD
```

```
; 键码查询子程序
;-------------------------------------------------------------------
; KEYSCAN - Function to return current keypad state in A.
;-----------------------------------------------------------------
keyscan:    push DPH
        push DPL
        mov R0,#keyflags          ; R0 addresses the key toggle bytes
        mov R1,#KEY_ROW1          ; R1 address the keyboard row address
        mov R2,#4                 ; R2 counts rows
ksrow:  mov P2,R1                 ; Set row address to port P2
        nop
        mov A,P1                  ; Read column data from port P1
        mov R3,#6                 ; R3 counts keys per row
        anl A,#3Fh
ks0:        rrc A                 ; Move next bit into carry
        mov R4,A                  ; R4 preserves the row data
        jc ks1                    ; Jump if key not pressed
        mov A,@R0                 ; Test if key already pressed
        mov @R0,#1                ; Flag pressed anyway
        jz ksnew                  ; Jump if key newly pressed
        jmp ks2
ks1:        mov @R0,#0            ; Flag key as not pressed
ks2:        inc R0                ; Loop for next key in this row
        mov A,R4
        djnz R3,ks0
        mov A,R1                  ; Jiggle R1 to address next row
        rl A
        mov R1,A
        djnz R2,ksrow
        clr A                     ; Return zero - no (new) key press.
        jmp ksend
ksnew:      mov DPTR,#keycodes  ; We've found a new key since last time:
        mov A,R0                  ; The key flag address (ordinal) is in R0
        clr C
        subb A,#keyflags
        movc A,@A+DPTR
        mov digitcode,A ; digitcode now holds the ascii value of the key in
(in hex)
ksend:      mov P2,#0FFh
        pop DPL
        pop DPH
        ret
```

2. LCD1601驱动子程序

```
;*********************************************
;**** LCD Display Routines ****
;*************************
; LCD 宏定义
;LCD Registers addresses    LCD 命令控制方式
LCD_CMD_WR   equ 00h
LCD_DATA_WR equ 01h
LCD_BUSY_RD equ 02h
LCD_DATA_RD equ 03h
LCD_PAGE        equ 80h
;LCD Commands                LCD 命令字
LCD_CLS             equ     1
LCD_HOME            equ     2
LCD_SETMODE         equ     4
LCD_SETVISIBLE      equ     8
```

```
LCD_SHIFT           equ     16
LCD_SETFUNCTION     equ     32
LCD_SETCGADDR       equ     64
LCD_SETDDADDR       equ     128
;Sub routine to write null terminated string at DPTR in program ram. 显示
RAM 中的字符串
wrstr:  mov P2,#LCD_PAGE
        mov R0,#LCD_DATA_WR
wrstr1:   clr A
        movc A,@A+DPTR
        jz wrstr2
        movx @R0,A
        call wtbusy
        inc DPTR
        jmp wrstr1
wrstr2: ret
;Sub routine to write null terminated string at DPTR in program ram.
;显示 ROM 中的字符串
wrstrslow:
mov P2,#LCD_PAGE
        mov R0,#LCD_DATA_WR
wrstr1s:    clr A
        movc A,@A+DPTR
        jz wrstr2s
        movx @R0,A
        call wtbusy
        inc DPTR
        push DPL
        push DPH
        mov DPTR,#20
        call wtms
        pop DPH
        pop DPL
        jmp wrstr1s
wrstr2s:    ret
;Sub routine to write command: 写命令
wrcmd:  mov P2,#LCD_PAGE
        mov R0,#LCD_CMD_WR
        movx @R0,A
        jmp wtbusy
;Sub routine to write character: 写数据
wrdata:  mov P2,#LCD_PAGE
        mov R0,#LCD_DATA_WR
        movx @R0,A
;Subroutine to wait for busy clear 忙碌查询
wtbusy:     mov R1,#LCD_BUSY_RD
        movx A,@r1
        jb ACC.7,wtbusy
        ret
;Wait for number of seconds in A  延时写入字符串（液晶间隔数秒显示一个字符）
wtsec:  push ACC
        call wtms
        pop ACC
        dec A
        jnz wtsec
        ret
;Wait for number of milliseconds in DPTR   ;定时写入字符
wtms:    xrl DPL,#0FFh          ;Can't do DEC DPTR, so do the loop by forming
2's complement
        xrl DPH,#0FFh           ;and incrementing instead.
```

```
        inc DPTR
wtms1:  mov TL0,#09Ch           ;100 ticks before overflow
        mov TH0,#0FFh
        mov TMOD,#1             ;Timer 0 mode 1
        setb TCON.4             ;Timer 0 runs
wtms2:   jnb TCON.5,wtms2
           clr TCON.4                 ;Timer 0 stops
           clr TCON.5
           inc DPTR
           mov A,DPL
           orl A,DPH
           jnz wtms1
           ret
```

本章的重点是研究计算器的实现方法，对于这些底层程序我们不再过多讲述了。这些底层程序虽和前面所讲的有些区别，但是相对来说还是比较简单的，请大家自行分析。

11.3.3　程序分配布局

请打开本书附带光盘提供的本实例的项目文件，如图 11-11 所示。在项目中有 3 个汇编文件，这 3 个文件各自的作用是什么呢？本节将详细介绍。从这 3 个文件中，能够了解本章第一节所学的伪指令的具体用途。

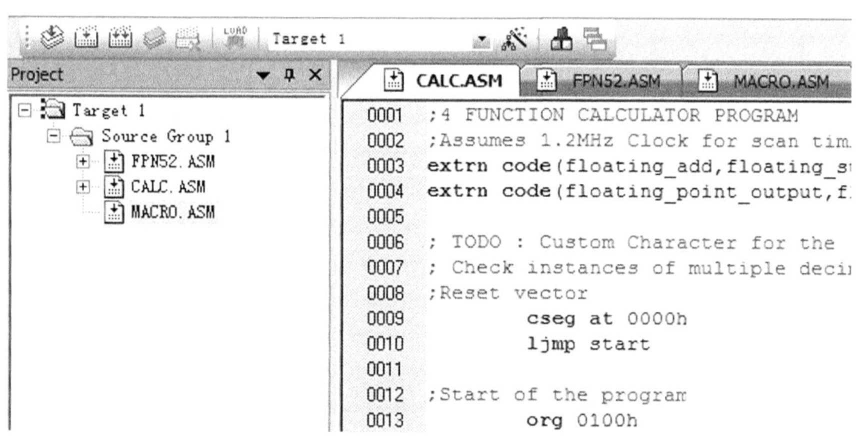

图 11-11　汇编语言计算器项目文件

（1）FPN52.H 提供了计算器浮点运算库，类似于 C 语言的库函数，但远没有 C 语言的库函数强大。逐句理解这段程序的每段语言是不明智的，因为这个库函数是经过由众多的工程师使用验证过的，我们所要了解的是它包含了哪几种子程序，以及如何去调用这些子程序。

下面的代码为 FPN52.H 开始的几段，从中能了解到这个“库文件”包含了哪几个运算子程序。

```
FP_BASE     EQU $
    ;**********************************************;
    ; The floating point entry points and jump table;
    ;**********************************************
    AJMP    FLOATING_ADD      ;浮点加
    AJMP    FLOATING_SUB      ;浮点减
```

```
    AJMP    FLOATING_COMP       ;浮点比较
    AJMP    FLOATING_MUL        ;浮点乘
    AJMP    FLOATING_DIV        ;浮点除
    AJMP    HEXSCAN             ;浮点扫描（判断十六进制数是否为浮点数）
    AJMP    FLOATING_POINT_INPUT                          ;浮点输入
    AJMP    FLOATING_POINT_OUTPUT                         ;浮点输出
    AJMP    CONVERT_BINARY_TO_ASCII_STRING       ;二进制转为 ASCII 码
    AJMP    CONVERT_ASCII_STRING_TO_BINARY       ;ASCII 码转为二进制
    AJMP    MULNUM10                ;乘以数字 10
    AJMP    HEXOUT                  ;16 进制输出
; the remaining jump to routines were extracted from basic52
; by me to make the floating point software stand alone
    AJMP    PUSHR2R0                ; INTEGER to FLOAT              ;整型转浮点型
    AJMP    IFIX                    ; FLOAT to INTEGER              ;浮点转整型
    AJMP    PUSHAS                  ; PUSH R2:R0 TO ARGUMENT        ;压栈处理
    AJMP    POPAS                   ; POP ARGUMENT TO R3:R1         ;出栈
    AJMP    MOVAS                   ; COPY ARGUMENT                 ;复制操作数
    AJMP    AINT                    ; INT FUNCTION
    AJMP    PUSHC                   ; PUSH ARG IN DPTR TO STACK
;$EJECT
......................
```

在以上程序中，FP_BASE 为基址，整段程序由数个子程序构成，每个子程序都有一个相对的跳转指令 AJMP。通过基址和运算子程序的编号，就可跳转到该子程序的正式代码部分。

下面的代码为浮点运算减的代码部分：

```
Public  FLOATING_SUB
FLOATING_SUB:
    MOV P2,#ARG_STACK_PAGE
    MOV R0,ARG_STACK
    DEC R0                  ;POINT TO SIGN
    MOVX    A,@R0           ;READ SIGN
    CPL ACC.0
    MOVX    @R0,A
Public  FLOATING_ADD
FLOATING_ADD:
    ACALL   MDES1               ;R7=TOS EXP, R6=TOS-1 EXP, R4=TOS SIGN
                                ;R3=TOS-1 SIGN, OPERATION IS R1 # R0
    MOV A,R7                    ;GET TOS EXPONENT
    JZ  POP_AND_EXIT            ;IF TOS=0 THEN POP AND EXIT
    CJNE    R6,#0,LOAD1         ;CLEAR CARRY EXIT IF ZERO
SWAP_AND_EXIT:                  ; Swap external args and return
    ACALL   LOAD_POINTERS
    MOV R7,#FP_NUMBER_SIZE
SE1:
    MOVX    A,@R0               ;SWAP THE ARGUMENTS
    MOVX    @R1,A
    DEC R0
    DEC R1
    DJNZ    R7,SE1
POP_AND_EXIT:
    MOV A,ARG_STACK     ;POP THE STACK
    ADD A,#FP_NUMBER_SIZE
    MOV ARG_STACK,A
    CLR A
    RET
```

虽然是一个减运算，但却涉及了非常复杂的代码，运算的步骤大致为将第二个操作数取负，再和第一个操作数相加，FLOATING_ADD 为浮点加运算子程序。程序之所以会如此复杂，是因为此程序进行的运算是浮点形式，也就是操作数的取值范围为±1.175494E-38～±3.402823E+38。

注意，浮点运算减、浮点运算加都使用了声明符号 Public，因为这些子程序都要被主程序运算部分调用，所以要声明为全局函数。

```
Public  FLOATING_SUB
Public  FLOATING_ADD
```

（2）MACRO.ASM 用于宏定义所有的变量，代码如下所示。

```
;$EJECT
;**************************************
; The following values MUST be provided by the user
;************************************************
ARG_STACK_PAGE  EQU 01h ;External memory page for arg stack
ARG_STACK    EQU 24H     ;ARGUMENT STACK POINTER
FORMAT       EQU 25H     ;LOCATION OF OUTPUT FORMAT BYTE
;OUTPUT      EQU R5OUT   ;CALL LOCATION TO OUTPUT A CHARACTER in R5
CONVT        EQU 0048H   ;String addr TO CONVERT NUMBERS
INTGRC       BIT 26H.1   ;BIT SET IF INTEGER ERROR
ADD_IN       BIT 26H.3   ;DCMPXZ IN BASIC BACKAGE
ZSURP        BIT 26H.6   ;ZERO SUPRESSION FOR HEX PRINT
;***********************************************
; The following equates are used internally
;*************************************************
FP_NUMBER_SIZE  EQU 6
DIGIT        EQU FP_NUMBER_SIZE-2
R0B0         EQU 0
R1B0         EQU 1
UNDERFLOW    EQU 0
OVERFLOW     EQU 1
ZERO         EQU 2
ZERO_DIVIDE EQU 3
;************************************************
;$EJECT
;*****************************************
;$EJECT
    ;************************************
    ; The following internal locations are used by the math pack
    ; ordering is important and the FP_DIGITS must be bit
    ; addressable
    ;**********************************
FP_STATUS    EQU 28H            ;NOT used data pointer me
FP_TEMP      EQU FP_STATUS+1    ;NOT USED
FP_CARRY     EQU FP_STATUS+2    ;USED FOR BITS
FP_DIG12     EQU FP_CARRY+1
FP_DIG34     EQU FP_CARRY+2
FP_DIG56     EQU FP_CARRY+3
FP_DIG78     EQU FP_CARRY+4
FP_SIGN      EQU FP_CARRY+5
FP_EXP       EQU FP_CARRY+6
MSIGN        BIT FP_SIGN.0
XSIGN        BIT FP_CARRY.0
FOUND_RADIX BIT FP_CARRY.1
FIRST_RADIX BIT FP_CARRY.2
DONE_LOAD    BIT FP_CARRY.3
```

```
FP_NIB1      EQU FP_DIG12
FP_NIB2      EQU FP_NIB1+1
FP_NIB3      EQU FP_NIB1+2
FP_NIB4      EQU FP_NIB1+3
FP_NIB5      EQU FP_NIB1+4
FP_NIB6      EQU FP_NIB1+5
FP_NIB7      EQU FP_NIB1+6
FP_NIB8      EQU FP_NIB1+7
FP_ACCX      EQU FP_NIB1+8
FP_ACCC      EQU FP_NIB1+9
FP_ACC1      EQU FP_NIB1+10
FP_ACC2      EQU FP_NIB1+11
FP_ACC3      EQU FP_NIB1+12
FP_ACC4      EQU FP_NIB1+13
FP_ACC5      EQU FP_NIB1+14
FP_ACC6      EQU FP_NIB1+15
FP_ACC7      EQU FP_NIB1+16
FP_ACC8      EQU FP_NIB1+17
FP_ACCS      EQU FP_NIB1+18
;$EJECT
 code_area    segment code
              rseg   code_area
```

上面这段代码主要定义了浮点运算的各个变量及标志位，这段程序同样不需要理解，只需观察最后两个对段定义 segment 及再定位段指令 rseg。code_area 为定义的一个段名，段位置在程序存储器中。MACRO.ASM 作为变量定义代码被其他两个汇编文件所调用，使用：

```
rseg   code_area
```

就指明将两个汇编文件中的代码都存在段 code_area 之中，注意该文件最后一句不能存在伪指令 END，如果添加 END，程序执行就会在此被中断。

（3）CALC.ASM 为计算器的运算主体，除了包括矩阵键盘、LCD 的驱动程序，还包括计算器的执行运算部分。

① 主程序部分：

```
extrn code(floating_add,floating_sub,floating_mul,floating_div)
;声明外部变量
extrn code(floating_point_output,floating_point_input,floating_comp)
;Reset vector
        cseg at 0000h                ;从程序存储器 0000 开始，代替 ORG 0000H
        ljmp start
;Start of the program
        org 0100h
start:  mov A,#030h                   ;1 line, 8 bits 设置 LCD 显示方式
        call wrcmd
        mov A,#LCD_SETVISIBLE + 4
        call wrcmd
        mov A,#LCD_SETDDADDR+15;Start at right hand side of the display
        call wrcmd
        mov A,#LCD_SETMODE + 3 ;Automatic Increment - Display shift left.
        call wrcmd
        mov 025h,#00h          ;Set output mode (floating point).
        call boundsbuffer      ;Initialise the bounds buffer - used for
error checking.
        mov mode,#4       ;Initialise  the  constant  buffer  to  100.
Primarily used for % ops.
```

```
        mov digitcode,#031h      ;初始化计算器操作数
        call storedigit
        mov digitcode,#030h
        call storedigit
        mov digitcode,#030h
        call storedigit
        mov status,#00h         ; variable used to determine the first key press
after an operation.
        mov bufferctr,#00h
        mov opcounter,#00h
        mov decimalcnt,#00h
        call waitkey             ;等待按键响应
```

单片机复位后，就从该段程序开始执行，使用伪指令：

```
cseg at 0000h
```

就指定了指令从此处开始执行，程序执行的功能是完成整个计算器的初始化，包括 LCD 的显示方式、各个自定义寄存器的初始数值等。

② 按键执行子程序是在主程序中被调用的最后一句 waitkey，它的执行代码如下所示。

```
waitkey:push DPH                ; Preserve DPTR
        push DPL
        call initialize         ; Initialise the keybuffer and the LCD
display screen.
wk_keyscan:     call keyscan    ; Wait for key press
        jnz wk_wrchar           ; Handle a pressed key
        push DPH                ; don't allow DPTR to be changed
        push DPL
        mov DPTR,#10            ; Time delay to wait
        call wtms               ; Wait set time
        pop DPL
        pop DPH
        jmp wk_keyscan          ; Check again
wk_wrchar: call keytest         ; Test the type of key pressed
        mov R5,opcodeflag
        cjne R5,#0,wk_ophandle  ; Test whether key pressed is a digit or an
operator.
;*DIGIT PRESS*:
        call statuscheck        ; Determine whether this is the first digit
pressed since an op press.
        call storedigit         ; Store the digit and inc bufferctr along
the buffer.
        call bufferoutput       ; Output the number to the LCD display.
        jmp wk_keyscan          ; loop back to scan for next entry.
;*OPERATOR PRESS*:
wk_ophandle:    call getmode    ; Determine at which buffer the DPTR
addresses.
        call handleop           ; Deal with the operator logic.
        jmp wk_keyscan          ; loop back and start again.
wk_done:   pop DPL              ; Restore DPTR
        pop DPH
        ret
```

在这段程序中，不断地调用前面学过的子程序 keyscan，如果没有键被按下，就重新调用此程序；如果有键被按下，则判断键盘的状态，并做相应的处理。

③ 资源分配。

程序中同时使用了内部 RAM 和外部 RAM 的资源。在下面的程序中，不同的变量在

不同的代码段之中，分别使用 XSEG、DSEG、CSEG 伪指令指定了各个变量或字符串的代码段地址。

```
XSEG
;**** BUFFERS *****
KEYBUFFER:      ds 10        ; General I/O buffer.
OLDNUMBUFFER:   ds 10        ; Holds the previous number ( used for repeat
operations)
MEMORYBUFFER:   ds 10        ; Holds the number in memory
HUNDREDBUFF :   ds 5         ; Holds the constant number 100
BOUNDBUFFER:    ds 10        ; Holds 99999999 and is signed so both upper and
lower bounds can be checked.
TEMPBUFFER:     ds 25        ; Holds the operation result until compared with
boundsbuffer.
DSEG AT 060h                 ; Data memory.
equalsflag:     ds 1         ; Flag for the equals operator.
memopflag:      ds 1         ; Flag for memory operations.
arithopflag:    ds 1         ; Flag for arithmetic operations.
pctopflag:      ds 1         ; Flag for the percentage operator.
memocc:    ds 1              ; Flag whether there is a value in the memory
buffer
errorflag:      ds 1         ; Flag an error.
signflag:       ds 1         ; Boolean for the sign of the number ( default
to +ve )
status:         ds 1         ; Flag the type of key pressed ( operator or
digit ).
;***** VARIABLES *****
opcodehex:      ds 1         ; Store the operation type.
oldopcode :     ds 1         ; As above - must be able to store the last
operation as well as the current
                             ;one for cancel command and consecutive operator
presses.
opcodeflag:     ds 1
bufferctr:      ds 1         ; A counter ( incremented along the buffer on
storing a digit ).
opcounter:      ds 1         ; Count the number of operations since a ( total )
Cancel.
digitcode:      ds 1         ; Holds the ascii value of the key pressed.
mode:           ds 1         ; Determines at which buffer the DTPR addresses.
memcounter:     ds 1         ; Stores the length of the number currently in
the memorybuffer
copyfrom:       ds 1         ; Used to copy the contents of one buffer into
another buffer
copyto:         ds 1         ; As above.
localvar:       ds 1         ; Local variable
decimalcnt:     ds 1         ; Counter for decimal points - don't allow more
than 1 to be inputed per number.
stroffset:      ds 1         ; Holds the offset of a string ( for centering
purposes ).
strlength:      ds 1         ; Holds the length of the string.
CSEG                         ; Return to code segment.
CHAR_SPACE  equ 0FEh
errorstr: db 'Error!'
      db 0
string1:
db "YOU'RE JOKING!"
      db 0
CGC1:   db 010001b           ; Memory only.
    db 011011b
    db 010101b
```

```
    db 000000b
    db 000000b
    db 000000b
    db 000000b
    db 000000b
CGC2:   db 010001b                  ; Memory and error.
    db 011011b
    db 010101b
    db 011111b
    db 010000b
    db 011110b
    db 010000b
    db 011111b
CGC3:   db 000000b                  ; Error only.
    db 000000b
    db 000000b
    db 011111b
    db 010000b
    db 011111b
    db 010000b
    db 011111b
```

程序的执行我们就分析到此，总的来说程序是比较复杂的，有兴趣的读者可以深入地分析一下，但建议大家不要在这段代码上耗费大量的时间。

11.3.4 编译信息观察及程序总结

编译完毕项目，在输出窗口可以观察所编写程序占用的单片机资源的情况，如图 11-12 所示。

```
Build target 'Target 1'
linking...
Program Size: data=30.0 xdata=70 code=4326
creating hex file from "CALC"...
"CALC" - 0 Error(s), 0 Warning(s).
```

图 11-12　编译代码信息

在图中，阴影部分为计算器实例（汇编语言编写）可执行代码的信息。data=30.0 表示占用了 30 个字节的内部 RAM; Xdata=70 表示使用 70 个字节的外部 RAM 空间; code=4326 表示该程序占用程序存储器的空间为 4326 字节，大约 4.3KB 的 ROM 空间。

11.4　C 语言计算器分析和改进

在 Proteus 提供的实例中，还有一个用 C51 编写的计算器，本章学习的重点就是对这个实例进行改进。因为这个计算器实现的功能比较有限。C 语言具有非常丰富的库函数，只要进行简单的修改，此计算器就可以实现更加强大的功能。

11.4.1 Proteus 提供的计算器分析

1. 项目文件

Proteus 提供的计算器的路径，如图 11-13 所示。Proteus 公司已为我们建好了项目，直接打开项目文件就可编译程序文件。

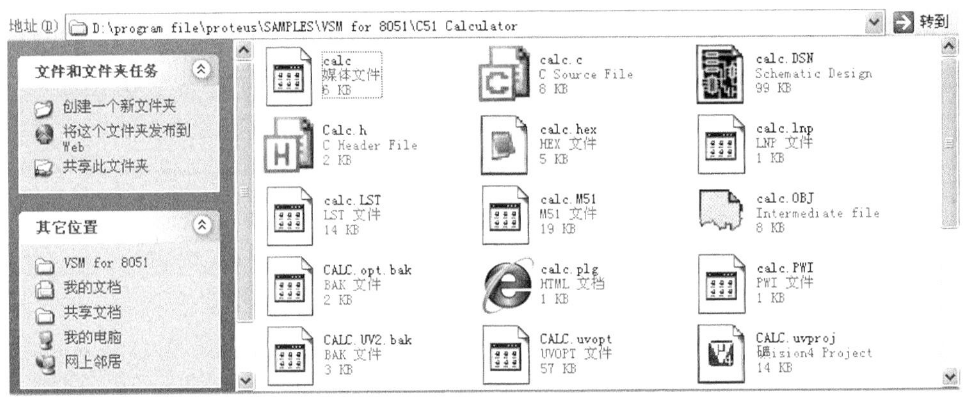

图 11-13　C51 计算器路径

打开 calc.DSN 文件，我们就可看到整个实例的电路，如图 11-14 所示。和上一节的电路图是一致的，只不过键盘的数量由 24 个变成了 16 个。左侧的自述文件介绍此示例是一个整型计算器，尽管 Keil C51 具有完整的浮点运算库，但 Keil 限制版不能编译超过 2KB 的代码，所以此示例只能被作为一个支持整型运算的计算器。

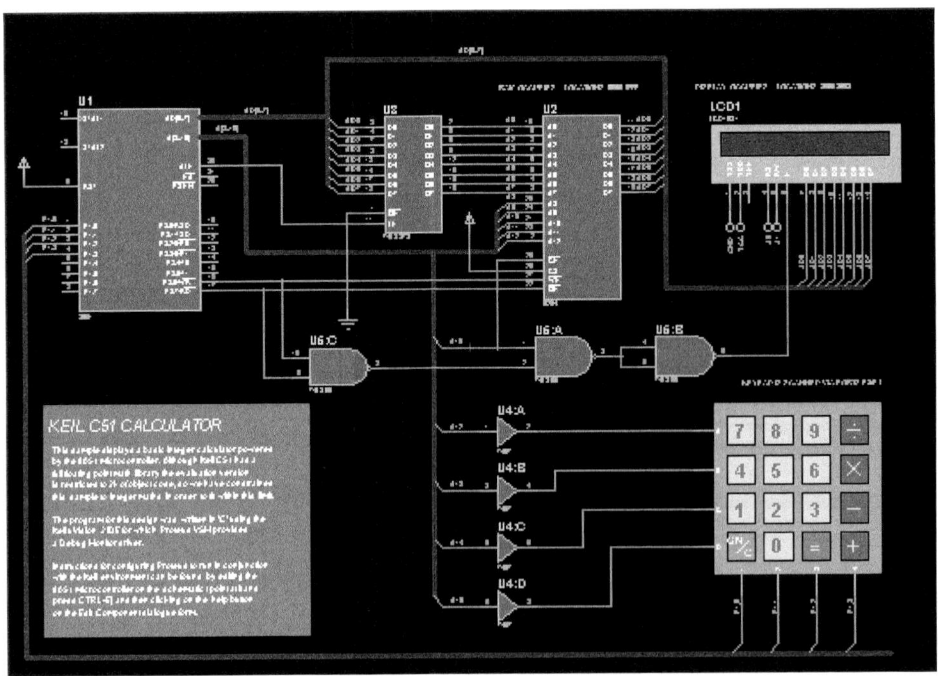

图 11-14　Proteus 计算器实例电路图（C51 编写）

打开该实例的项目文件，如图 11-15 所示。可以将其进行编译，它的编译输出信息如图 11-16 所示，生成的代码（code）数量为 1740，果然没有超过 2K（2048）字节。

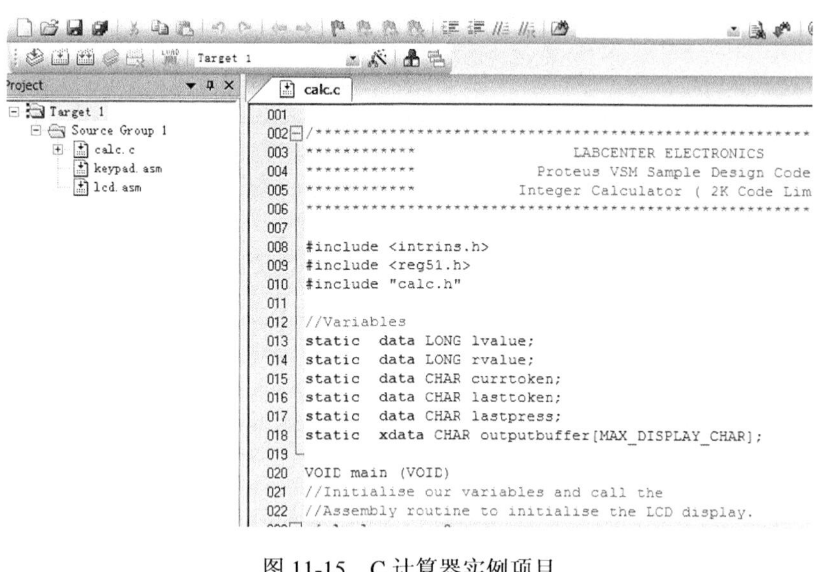

图 11-15　C 计算器实例项目

```
Build target 'Target 1'
linking...
Program Size: data=55.0 xdata=18 code=1740
creating hex file from "calc"...
"calc" - 0 Error(s), 0 Warning(s).
```

图 11-16　C 计算器实例编译输出信息

2. 整型和浮点型

简单来说，整型就是整数，浮点型就是带小数点的数值。如表 11-16 所示为 C51 支持的所有数据类型。

表 11-16　C51 支持的数据类型

数 据 类 型	位　数	占用字节	数 值 范 围
signed char（带符号字符型）	8	1	-128～128
usnigned char（无符号字符型）	8	1	0～255
enum（枚举型）	8 或 16	1 或 2	-128～127 或-32768～32767
signed short（有符号短整型）	16	2	-32768～32767
usnigned short（无符号短整型）	16	2	0～65535
signed int（有符号整型）	16	2	-32768～32767
unsigned int（无符号整型）	16	2	0～65535
signed long（有符号长整型）	32	4	-2147483648+2147483647
unsigned long（无符号长整型）	32	4	0～4294967295
float（浮点型）	32	4	±1.175494E-38～±3.402823E+38
Bit（位型）（C51 专属）	1		0 或 1
Sbit（特殊位型）（C51 专属）	1		0 或 1
Sfr（8 位特殊功能寄存器）（C51 专属）	8	1	0～255
sfr16（16 位特殊功能寄存器）（C51 专属）	16	2	0～65535

在表中，整型数据分为短整型、整型、长整型 3 种，每种又分为带符号整型和不带符号整型。带符号型数据可以表示负数。占用 4 个字节的长整型也不能表示带小数点的数。用 C 语言编写的计算器实例不能对浮点数据进行运算。

在表 11-16 中，虽然浮点型只占用了 4 个字节，浮点型的数据表达的范围为±1.175494E-38～±3.402823E+38，这个数据域是非常广的。本节就将这个整型计算器改造为一个浮点型计算器。

3．项目文件目录

当大家打开这个 C51 计算器项目时，可能会比较惊讶项目中出现了汇编文件，如图 11-17 所示。严格意义来说，这个项目是用汇编语言和 C 语言混合编写的。不过汇编语言在这个项目充当的只是底层函数，如 LCD 和矩阵键盘的底层驱动，而 C 语言充当主运算单元的角色。

为什么 Proteus 要用混编程序呢，两个字：省力。因为矩阵键盘底层程序、LCD 驱动程序在汇编计算器实例中已编写成功，可以直接调用了，不必再去编写。混编程序并不是一门高深的学问，在本书下册将会详细讲述，本章不必被“混编”干扰。

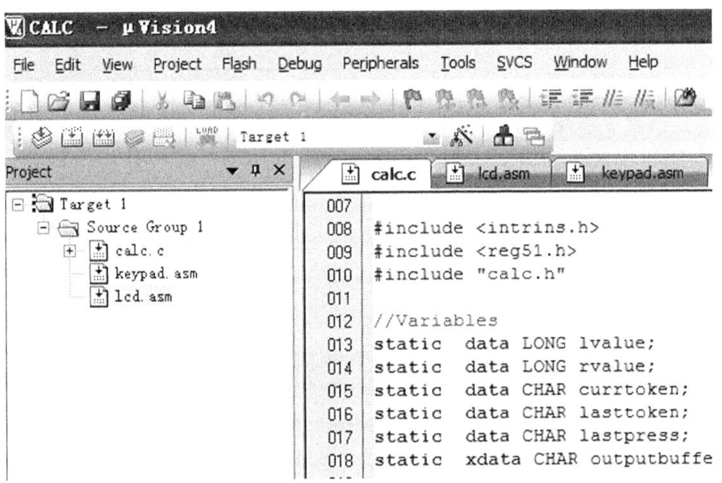

图 11-17　C51 计算器项目文件

1）keypan.asm 文件

keypan.asm 为矩阵键盘底层程序，它主要为主运算单元提供矩阵键盘接口函数 input，当有按键被按下的时候，此接口函数就会返回该按键的键码。完整代码如下所示。

```
NAME    KEYPAD
; This routine will read a character press from the keypad and return it
in R7.
;Set up Segments for the Input Routine - No parameters.
?PR?input?KEYPAD              SEGMENT CODE
    PUBLIC  input
?DT?input?KEYPAD              SEGMENT DATA
RSEG  ?DT?input?KEYPAD       ;Local Variable Segment for Output Routine.
KEY_ROW1     equ 0EFh
KEY_ROW2     equ 0DFh
KEY_ROW3     equ 0BFh
KEY_ROW4     equ 07Fh
```

```
keyflags:   ds  16
RSEG  ?PR?input?KEYPAD       ; Code Segment for Output Routine
input:
keyscan:     push DPH
        push DPL
        mov R0,#keyflags     ; R0 addresses the key toggle bytes
        mov R1,#KEY_ROW1     ; R1 address the keyboard row address
        mov R2,#4            ; R2 counts rows
ksrow:  mov P2,R1            ; Set row address to port P2
        nop
        mov A,P1             ; Read column data from port P1
        mov R3,#4            ; R3 counts keys per row
        anl A,#3Fh
ks0:    rrc A                ; Move next bit into carry
        mov R4,A             ; R4 preserves the row data
        jc ks1               ; Jump if key not pressed
        mov A,@R0            ; Test if key already pressed
        mov @R0,#1           ; Flag pressed anyway
        jz ksnew             ; Jump if key newly pressed
        jmp ks2
ks1:        mov @R0,#0       ; Flag key as not pressed
ks2:        inc R0           ; Loop for next key in this row
        mov A,R4
        djnz R3,ks0
        mov A,R1             ; Jiggle R1 to address next row
        rl A
        mov R1,A
        djnz R2,ksrow
        clr A
        mov R7,A             ; Return zero - no (new) key press.
        jmp ksend
ksnew:      mov DPTR,#keycodes  ; We've found a new key since last time:
        mov A,R0             ; The key flag address (ordinal) is in R0
        clr C
        subb A,#keyflags
        movc A,@A+DPTR
        mov R7,A    ; Move the Key into R7 to be returned.返回值在R7之中
ksend:   mov P2,#0FFh
        pop DPL
        pop DPH
        ret
;Data tables for returned row bits
keycodes:   db  '7','8','9', '/'     ; 键码表格
        db  '4','5','6', '*'
        db  '1','2','3', '-'
        db  'C','0','=', '+'
        END
```

程序执行过程和上一节介绍的矩阵键盘的底层驱动是一样的，不过此实例矩阵键盘换成了 4×4。

2）LCD.asm

LCD.asm 为 LCD 驱动程序文件，为主运算单元提供了_output（字符输出）、initialise（液晶初始化）、clearscreen（清屏）驱动程序。完整代码为：

```
/***************************************
********               LABCENTER ELECTRONICS              *********
*******           Proteus VSM Sample Design Code            ******
*****           Integer Calculator ( 2K Code Limit)         ****
```

```
*******************************************/

NAME    LCD
;Set up Code Segment and exports:
LCD             SEGMENT CODE
RSEG            LCD

               PUBLIC  _output
               PUBLIC  initialise
               PUBLIC  clearscreen
;LCD Register Addresses.
LCD_CMD_WR  equ 00h
LCD_DATA_WR equ 01h
LCD_BUSY_RD equ 02h
LCD_DATA_RD equ 03h
LCD_PAGE        equ 80h
;LCD Commands
LCD_CLS         equ 1
LCD_HOME    equ 2
LCD_SETMODE equ 4
LCD_SETVISIBLE  equ 8
LCD_SHIFT       equ 16
LCD_SETFUNCTION equ 32
LCD_SETCGADDR   equ 64
LCD_SETDDADDR   equ ~P0
; Initialisation Routine for the LCD display.
initialise:
mov A,#030h          ;1 line, 8 bits
        call wrcmd
        mov A,#LCD_SETVISIBLE + 4
        call wrcmd
        mov A,#LCD_SETDDADDR+15; Start at right hand side of the display
        call wrcmd
        mov A,#LCD_SETMODE + 3 ; Automatic Increment - Display shift left.
        call wrcmd
              ret
; We move the parameter (held in R7) into the Accumulator prior to writing
it.
_output:    mov A,R7
        call wrdata
        ret
;Clears the LCD display and sets the initialisation conditions.
clearscreen:    mov A,#LCD_CLS
        call wrcmd
        mov A,#LCD_SETDDADDR + 15
        call wrcmd
        ret
;****************************
;******** SUBROUTINES ********
;****************************
;Sub routine to write command:
wrcmd:  mov P2,#LCD_PAGE
        mov R0,#LCD_CMD_WR
        movx @R0,A
        jmp wtbusy
; Subroutine to Write a Character to the LCD Display.
wrdata: MOV P2,#LCD_PAGE
        MOV R0,#LCD_DATA_WR
        MOV A,R7
        MOVX @R0,A
; Subroutine to wait for a busy clear.
```

```
wtbusy: MOV R1,#LCD_BUSY_RD
        MOVX A,@R1
        JB ACC.7,wtbusy
        ret
        END
```

3）CALC.H 文件

CALC.H 为 CALC.C 提供头文件，里面包含了被调用的全部全局函数，程序如下所示。

```
/*******************************************
*********          LABCENTER ELECTRONICS        **********
*********   Proteus VSM Sample Design Code      *********
*********   Integer Calculator ( 2K Code Limit)  **********
****************************/
；变量类型重定义
typedef void VOID;
typedef int  INT;
typedef unsigned short WORD;
typedef char CHAR;
typedef unsigned char BYTE;
typedef float FLOAT;
typedef double DOUBLE;
typedef long LONG;
// Define the maximum number of ASCII characters that can fit
// on the display.
#define MAX_DISPLAY_CHAR 9                          //最大显示字符数
//Error handling status.
enum ERROR { OK = 0, SLEEP = 1, ERROR = 2};     //枚举变量
/***************************************
***** FUNCTION PROTOTYPES *****
****************************/
VOID calc_evaluate();
//Operator indirect function.
VOID calc_opfunctions (CHAR token);
//Utility functions.
CHAR  calc_testkey  (CHAR ch);
LONG  calc_asciidec (CHAR *buffer);
CHAR *calc_decascii (LONG num);
INT   calc_chkerror (LONG num);
VOID  calc_output   (INT status);
//I/O functions.
CHAR calc_getkey    (VOID);
VOID calc_display   (CHAR buf[MAX_DISPLAY_CHAR]);
//Assembly Function prototypes.
void initialise();
char input ();
char output(char ch);
void clearscreen();
代码中出现了枚举变量：
enum ERROR { OK = 0, SLEEP = 1, ERROR = 2};
```

程序走向有 3 个状态：正常、休眠和错误。此示例用枚举类型代表这 3 个状态，在下一章将会详细讲解这种新的数据类型。

11.4.2　改造 C51 计算器

下面我们将这个计算器改造为一个浮点型的计算器。我们将提供改造前后的代码，希

望大家认真分析修改的过程。

1．文件调用及全局变量

```
#include <intrins.h>
#include <reg51.h>
#include "calc.h"
#include <stdio.H>
#include <stdlib.H>
static  xdata  float  lvalue;        //原代码为 static  data LONG lvalue;
static  xdata  float  rvalue;        //原代码为 static  data LONG rvalue
static  data   CHAR currtoken;       //当前操作符
static  data   CHAR lasttoken;       //上次操作符
static  data   CHAR lastpress;       //最近按键变量
static  xdata  CHAR outputbuffer[MAX_DISPLAY_CHAR] ; //液晶输出缓存区
bit     first_key;                   //第一次按键变量
```

实现运算必须有两个操作数才可以，即 lvalue 和 rvalue，原代码中这两个操作数为长整型，存储空间在内部 RAM 之中。修改后就变为存储于外部 RAM 的浮点型变量，因为外部 RAM 有 64KB 的空间，这个空间非常充裕。

currtoken 和 lasttoken 为操作符变量，为执行操作的运算符，如+、–等。

2．主函数

主函数完成对全局代码的初始化，程序如下所示。

```
VOID main (VOID)
{
   lvalue    = 0;                //操作数都为 0
   rvalue    = 0;
   currtoken = '=';              //当前操作码为“=”
   lasttoken = '0';              //上次操作码为“0”
   first_key=1;                  //第一次按键标志为 1
   initialise();                 //初始化 LCD
   calc_output(OK);              //LCD 显示正常
   calc_evaluate();
}
```

3．LCD字符串输出子程序calc_output

（1）calc_output 子程序也经过了修改，首先判断程序的状态，只有状态为 OK 时，LCD 显示操作数 lvalue，否则 LCD 打印 Exception。程序代码如下所示。

```
VOID calc_output (INT status)
 {
 xdata char temp[MAX_DISPLAY_CHAR];      ;原代码没有此变量
  switch (status)
     { case OK       : sprintf(temp,"%10f",lvalue);
                    calc_display(temp);          break;
                    //原程序为: : calc_display(calc_decascii(lvalue));break;
        case SLEEP    :                                  break;
        case ERROR  : calc_display("Exception ");  break;
       default      : calc_display("Exception ");  break;
     }
 }
```

在程序中，使用代码：

```
xdata char  temp[MAX_DISPLAY_CHAR];
case OK      : sprintf(temp,"%10f",lvalue);
             calc_display(temp);      break;
```

代替：

```
case OK      : calc_display(calc_decascii(lvalue));    break;
```

sprintf 函数用于将浮点数转换为字符串，"%10f"用于指定转化为字符的位数为 10 位，我们也可以指定小数点后的位数，如修改为"%10.2f"，表示转换为共 10 位的字符串，小数点为 2 位。

转换为的字符串放入到自定义数组 temp[MAX_DISPLAY_CHAR]，MAX_DISPLAY_CHAR 在 CALC.h 中被宏定义为 10。在使用 sprintf 库函数时，注意使用宏包含文件：

```
#include <stdio.H>
```

（2）calc_decascii()为原程序提供的将长整型数据转换为字符串的子程序，改进后的程序不再需要这个子程序。它的源码为：

```
CHAR *calc_decascii (LONG num)
//A rather messy function to convert a floating
//point number into an ASCII string.
 { LONG data temp = num;
  CHAR xdata *arrayptr = &outputbuffer[MAX_DISPLAY_CHAR];
  LONG data divisor = 10;
  LONG data result;
  CHAR data remainder,asciival;
  INT  data i;
   //If the result of the calculation is zero
  //insert a zero in the buffer and finish.
  if (!temp)
     { *arrayptr = 48;
       goto done;
     }
  //Handle Negative Numbers.
  if (temp < 0)
     { outputbuffer[0] = '-';
       temp -= 2*temp;
     }
  for (i=0 ; i < sizeof(outputbuffer) ; i++)
     { remainder = temp % divisor;
      result = temp / divisor;
       //If we run off the end of the number insert a space into
       //the buffer.
       if ((!remainder) && (!result))
          { *arrayptr = ' ';}
       //We're in business - store the digit offsetting
       //by 48 decimal to account for the ascii value.
       else
          { asciival = remainder + 48;
            *arrayptr = asciival;
          }
        temp /= 10;
       //Save a place for a negative sign.
       if(arrayptr != &outputbuffer[1]) arrayptr--;
      }
  done: return outputbuffer;
```

```
}
```

4．calc_evaluate 子程序

calc_evaluate 子程序为运算的核心，大家一定要认真分析这段程序。完整的程序代码如下所示。

```
VOID calc_evaluate()
 {  CHAR data key;
    INT  data i;
   CHAR xdata number[MAX_DISPLAY_CHAR];       //为改进添加此数组
   CHAR xdata *bufferptr;                     //为改进添加此数组
   for (i = 0; i <= MAX_DISPLAY_CHAR; i++) //缓存区清零
      { number[i] = ' ';
       }
   bufferptr = number;
      for (;;)                                //程序在死循环之中
     { key = calc_getkey();                   //返回键码
       if (calc_testkey(key))                 //判断是数值还是操作码
          { if (bufferptr != &number[MAX_DISPLAY_CHAR - 2])
//数值依次填入显示缓存区
              { *bufferptr = key;
                calc_display(number);
                bufferptr++;
              }
          }
       else                                   //操作码处理
          {
            if (lasttoken == '0')             //如果上次操作码为 0
              {lvalue=atof(number);}//转换缓存区的数值为浮点数，放入第一个操作数
             //原程序为： { lvalue = calc_asciidec (number);}
            Else                              //如果上次操作码不为 0
              {rvalue=atof(number);}//转换缓存区的数值为浮点数，放入第二个操作数
               //原程序为： { rvalue = calc_asciidec (number);}
            bufferptr = number;
            for (i = 0;i <= MAX_DISPLAY_CHAR; i++)        //清零显示
              { number[i] = ' '; }
            currtoken = key;                              //键值给当前操作码
             if (currtoken == 'C')                        //如果是清零按键
               { calc_opfunctions(currtoken); }           //执行操作程序
             Else                                         //如果不是清零按键
               { calc_opfunctions(lasttoken);             //执行操作程序
               for (i = 0;i <= MAX_DISPLAY_CHAR;i++ )     //清零缓存区
              { outputbuffer[i] = ' ';}
             bufferptr = number;
    if (currtoken != 0x3D) lasttoken = currtoken;
//如果操作码为等于号，将当前操作码给上次操作码
          }
      lastpress = key;                                    //键码给按键变量
        first_key=0;
    }
 }
```

程序中使用：

```
lvalue=atof(number);
```

代替

```
lvalue = calc_asciidec (number);
```

atof 是一个将字符串转换为浮点数的库函数，在使用这个库函数之前，必须使用宏引用语句：

```
#include <stdlib.H>
```

原程序中的 calc_asciidec 是一个字符串转换为长整型的子程序，它的源码如下：

```
LONG calc_asciidec (CHAR *buffer)
//Convert the ASCII string into the floating point number.
 { LONG data value;
   LONG data digit;
   value = 0;
   while (*buffer != ' ')
      { digit = *buffer - 48;
        value = value*10 + digit;
       buffer++;
      }
   return value;
 }
```

5. calc_getkey子程序

calc_getkey 为键码查询，如果无键被按下，不断地执行死循环；有键被按下，将返回键码。完整的程序如下所示。

```
CHAR calc_getkey (VOID)
{
  CHAR data mykey;
  do mykey = input();  //调用汇编语言编写的矩阵键盘接口函数
  while (mykey == 0);  //无键被按下，执行死循环
  return mykey;
 }
```

6. calc_testkey子程序

calc_testkey 用于判断按键输入的是普通数值还是操作码，如果为普通数值，返回为 1，如果为操作码，则返回为 0。完整代码如下所示。

```
CHAR calc_testkey (CHAR key)
 { if ((key >= 0x30) && (key <= 0x39))      //判断键码是否在 0~9 之间
     { return 1;}
  else if(key=='.')                         //如果键码为'.'
  {
  if(first_key==0) return 1;                //如果为第一次按键，则返回为 1
   else return 0;
  }
    else if(key=='-')                       //如果键码为'-'
  {
   return 1;
  }
   else
     { return 0;}
 }
```

在此实例中，取消了减法运算，是为了让数值有取负功能。如果键码为“-”时，表示此时输入的数值为负数。如果键码为“.”，则输入的为浮点数的小数点。

原来的 calc_testkey 子程序代码为：

```
CHAR calc_testkey (CHAR key)
{ if ((key >= 0x30) && (key <= 0x39))
     { return 1;}
  else
     { return 0;}
 }
```

7. calc_opfunctions子程序

calc_opfunctions 子程序为执行运算单元，判断操作码的状态，根据操作码状态执行相应的运算程序。完整的代码为：

```
VOID calc_opfunctions (CHAR token)
{
char xdata result;       //原程序为：CHAR data result;
  switch(token)          //判断操作码
    {  case '+' : if ((currtoken == '=' ) || ((lastpress >= 0x30) && (lastpress
<=0x39)))                //加运算
                      { lvalue += rvalue;
                     result=0;
                        }
                    else
                      { result =  SLEEP; }        break;
         case '-' : if ((currtoken == '=' ) || ((lastpress >= 0x30) &&
(lastpress <=0x39)))    //减运算
                     { lvalue -= rvalue;
                     result=0;
                      }
                 else
                     { result = SLEEP;}        break;
         case '*' : if ((currtoken == '=' ) || ((lastpress >= 0x30) &&
(lastpress <=0x39)))    //乘运算
                     { lvalue *= rvalue;
                     result=0;
                     }
                 else
                     { result =  SLEEP;}       break;
         case '/' : if ((currtoken == '=' ) || ((lastpress >= 0x30) &&
(lastpress <=0x39)))    //是否为“=”
                     { if (rvalue)
                         { lvalue /= rvalue;
                     result=0;
                         }
                       else
                         { result = ERROR;}
                     }
                 else
                     { result = SLEEP;}        break;
         case 'C' : lvalue = 0;                        //清零操作码
                 rvalue = 0;
                 currtoken = '0';
                 lasttoken = '0';
                 first_key=1;
                 result = OK;                         break;
```

```
        default  :  result = SLEEP;
    }
  calc_output(0);
}
```

8. calc_display子程序

calc_display 为液晶显示单元，调用汇编语言编写的液晶驱动程序在 LCD 上显示操作数或计算结果，程序代码如下所示。

```
VOID calc_display (CHAR buf[MAX_DISPLAY_CHAR])
 {
  INT data  i = 0;
  clearscreen();                              //清屏
  for (i ; i <= MAX_DISPLAY_CHAR-1; i++)
    {if (buf[i] != ' ')
       { output(buf[i]); }                    //汇编语言编写的字符输出子程序
     }
 }
```

11.4.3　项目设置和仿真效果

（1）在进行仿真前需对项目进行设置，设置方法如图 11-18 所示。

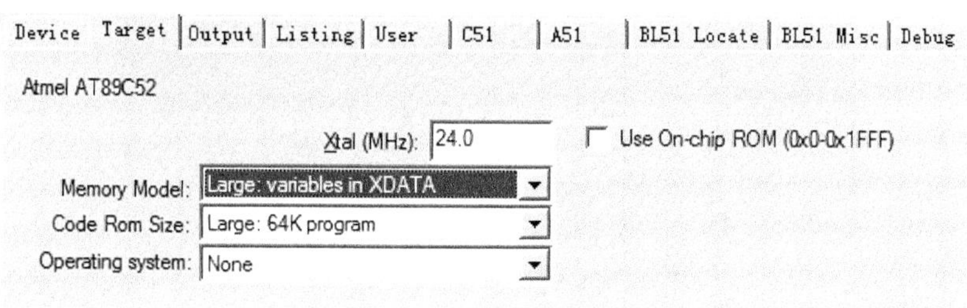

图 11-18　变量区域设置

在 Memory Model 下拉菜单中，有 3 个选项，分别是 Small：variables in DATA、compact：variables in PDATA 和 Large： variables in XDATA，其中 Large variables in XDATA 为本实例的选项。这 3 个选项定义了 C 语言程序中变量存储的默认位置，因为本实例拥有 8KB 的外部 RAM，所以将变量设置到 XDATA 之中。

对项目进行编译，输出的文件如图 11-19 所示，经过改进后生成的 code 大小为 4012 字节，xdata 大小为 89 字节，data 大小为 37.2 字节。和原有整型计算器相比，编译代码增加了一倍多，但可以实现浮点运算的功能。

```
Build Output
Build target 'Target 1'
assembling KEYPAD.ASM...
assembling LCD.ASM...
compiling calc.c...
linking...
Program Size: data=37.2 xdata=89 code=4013
creating hex file from "improve_c-c"...
"improve_c-c" - 0 Error(s), 0 Warning(s).
```

图 11-19　新计算器编译输出信息

（2）和原来的计算器相比，键的功能有所改变，所以还是使用分立元件连接好的矩阵键盘，如图 11-20 所示。原有的除法键被改为了小数点键，原有的减法键改为了负数符号键。这次改进只是一个示例，大家也可以在这个浮点计算器的基础上进行功能扩展，将这个 4×4 矩阵键盘改为 4×6 矩阵键盘，在 C 语言库函数中，有非常多的数学运算函数，同样可以添加到这个计算器之中。

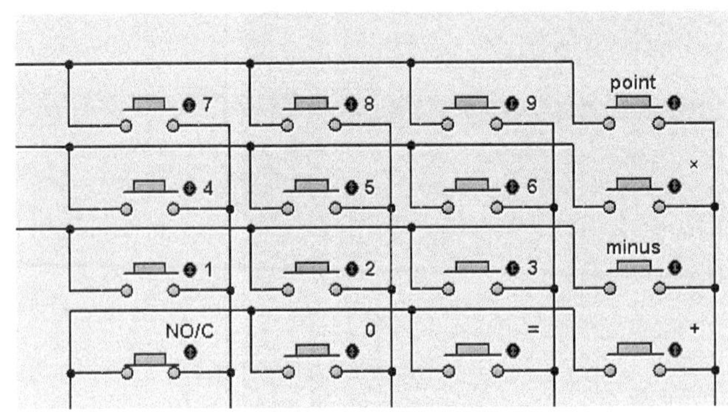

图 11-20　键盘布局

如图 11-21 所示为该计算器的仿真结果，可以看到执行浮点运算的结果。

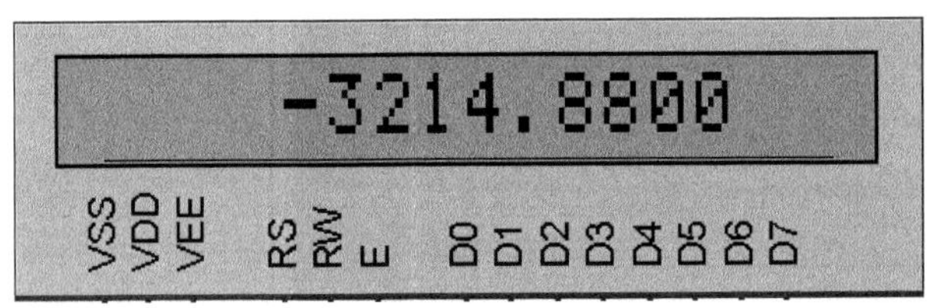

图 11-21　新浮点计算器演示效果

11.5　习题和实例扩展

1. 填空题

（1）无条件断跳转指令 JMP 的跳转范围为________。绝对跳转指令 AJMP 的跳转范围为________。长跳转指令 LJMP 的跳转范围为________。

（2）汇编指令 MOV R0,#HIGH (6773-322)，是将立即数________传送给 R0；指令 ADD A,#30/23，用直观的方式表达为________。

（3）代码段（ROM）的段名为________；数据段（DATA）的段名为________；外部数据段（XDATA）的段名为________；位段（BIT）的段名为________；绝对选择段（IDATA）的段名为________。

（4）汇编语言对全局函数的声明伪指令为__________；调用别处程序段伪指令为________；插入源文件到当前汇编文件使用伪指令________。

（5）在库文件 ABSACC.H 中，库函数 XBYTE 的作用是________；DBYTE 的作用是________；CBYTE 的作用是________。

（6）在库文件 INTRINS.H 中，库函数_irol_的作用是________；_lror_的作用是________；_crol_的作用是________；_cror_的作用是________。

（7）在 C51 库文件 STDIO.H 中，库函数 putchar 的作用是________；getchar 的作用是________；scanf 的作用是________；sprintf 的作用是________。

（8）想要实现字符大写转小写，可以使用 C 语言库函数________。

（9）将一个字符串转换为浮点数，应使用 C 语言库函数________。

（10）C51 浮点型数值表达的范围为________。

2. 简答题

（1）简述汇编语言 3 条无条件转移指令的区别。

（2）简述汇编语言运算伪指令和 C 语言基本运算指令在执行过程中的区别。

（3）简述 5 个程序段的使用方法，以及定义段和应用段的方法。

（4）如何使用汇编语言定义一个全局函数；调用一个在另外文件中的函数，应该怎样操作。

（5）自述汇编语言包含伪指令 $ include（文件名）和 C 语言宏包含语句#include“文件名”的区别。

（6）简述调用 C 语言库函数的过程以及注意事项。

（7）列出 C51 支持的所有的数据类型。

（8）应该使用哪个 C 语言库函数将字符串转换为整型、长整型、浮点型。

（9）如果要将整型、长整型、浮点型转换为字符串，应使用怎样的库函数来实现。

（10）库函数 printf 在 C51 和标准 C 语言程序中，各代表怎样的含义。如果使用此库函数在 51 单片机中，应该注意哪些问题。

3. 实例扩展

（1）绘制电路图，如图 11-22 所示。

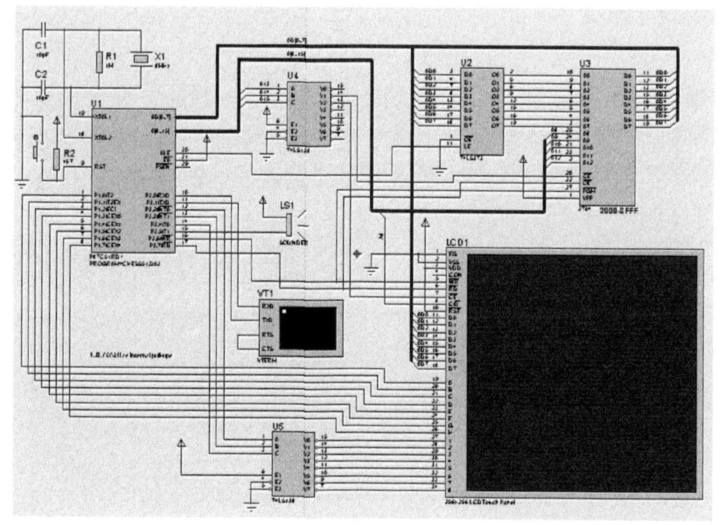

图 11-22　电路图

（2）编写一段 C 语言测试程序，依次实验每条 C51 库函数，观察程序的执行情况。

（3）尝试为本章改进的 C 语言浮点计算器添加进制转化、对数求解、平方根等功能。

第 12 章　ZLG/GUI 在 51 单片机中的移植及运用

GUI（Graphics User Interface），即图形用户界面，指采用图形方式显示使计算机和操作用户实现信息互交。GUI 极大地方便了非专业用户，人们从此不再需要死记硬背大量的命令，取而代之的是可以通过窗口、菜单、按键等方式来方便地进行操作。

而 ZLG/GUI 是广州周立功公司研发的轻型图形用户界面，提供了最基本的画点、线、圆形、圆弧、椭圆形、矩形、正方形、填充等功能，较高级的接口功能有 ASCII 显示、汉字显示、图标显示、窗口、菜单等，支持单色、灰度、伪彩、真彩等图形显示设备。

周立功老师在单片机、嵌入式教育行业久负盛名，大家可以参考他编写的书籍。GUI 原是面向 32 嵌入式位处理器的，对于 51 单片机说，由于内存资源和工作频率的限制，使移植 GUI 成为不太现实的一件事，不过 ZLG/GUI 却是可以尝试的。

12.1　C 语言基础知识补充

在本节将介绍 C 语言的 3 种数据类型：结构体、枚举和共用体。这 3 种数据类型的引入能帮助我们实现更加复杂的程序功能。

12.1.1　C51 结构体

在实际操作中，一组数据往往具有不同的数据类型。例如，在学生成绩登记表中，姓名为字符串；学号可为整型；年龄应为整型；性别为字符型；成绩为整型或浮点型，用一个数组是无法存放这些数据的，为了解决这个问题，C 语言给出了另一种构造数据类型——结构体。

结构体是一种构造类型，它是由若干“成员”组成的。每一个成员可以是一个基本数据类型，也可以是一个结构体。

定义一个结构体的一般形式为：

```
struct 结构名
      {成员表列};
```

成员表列由若干个成员组成，每个成员都是该结构的一个组成部分，对每个成员必须做类型说明，其形式为：

```
    类型说明符 成员名;
```

一个结构体的定义如下所示。

```
struct  student_date
{
   uchar name[10];
   uchar sex;
   uchar age;
   float score;
} ;
```

在这个结构定义中，结构名为 student_date，该结构由 4 个成员组成。第一个成员为 name[10]，字符数组变量，用于存放学生的姓名字符串；第二个成员为 sex，字符变量，用于存放性别；第三个成员为 age，字符变量，用于存放年龄；第四个成员为 score，浮点型变量，用于存放成绩。应注意，括号后的分号是不可少的。结构定义之后，即可进行变量声明。凡声明为结构体 stu 的变量都由上述 4 个成员组成。由此可见，结构是一种复杂的数据类型，由多种数据类型共同组成。

1．结构体变量的声明

对结构体变量的声明有 3 种方法，以上面定义的 student_date 为例加以说明。

（1）先定义结构体，再说明结构体变量：

```
struct  student_date
{
   uchar name[10];
   uchar sex;
   uchar age;
   float score;
};
struct student_date NUM1,NUM2,NUM3;
```

说明了变量 NUM1、NUM2 和 NUM3 为 student_date 结构体类型。也可以用宏定义使用一个符号常量来表示一个结构体类型。

例如：

```
#define S_Dat  struct student_date
Struct  student_date
{
   uchar name[10];
   uchar sex;
   uchar age;
   float score;
};
S_Dat  NUM1,NUM2,NUM3;
```

（2）在定义结构体类型的同时说明结构体变量：

```
struct  student_date
{
   uchar name[10];
   uchar sex;
   uchar age;
   float score;
}NUM1,NUM2,NUM3;
```

这种形式的说明的一般形式为：

```
struct 结构名
```

```
    {
成员表列
} 变量名表列;
```

（3）直接说明结构体变量。

例如：

```
struct
{
  uchar name[10];
  uchar sex;
  uchar age;
  float score;
}NUM1,NUM2,NUM3;
```

第三种方法与第二种方法的区别在于，第三种方法省去了结构名，而直接给出结构体变量。三种方法中说明的 NUM1、NUM2、NUM3 变量都具有如表 12-1 所示的结构。

表 12-1　结构体数据变量结构

name[10]	sex	age	score

说明了 NUM1、NUM2、NUM3 变量为 student_date 类型后，即可向这两个变量中的各个成员赋值。在上述 student_date 结构定义中，所有的成员都是基本数据类型或数组类型。成员也可以是一个结构体，即构成了嵌套的结构体，如表 12-2 所示。

表 12-2　结构体变量中包含结构体成员

name[10]	brithday			sex	age	score
	year	month	day			

则这个结构体的定义为：

```
struct date
{
        uchar month;
        uchar day;
        uchar year;
 };
struct
{
   uchar name[10];
   struct date brithday;    //结构体中的结构体
   uchar sex;
   uchar age;
   float score;
}NUM1,NUM2,NUM3
```

首先定义一个结构体 date，由 month（月）、day（日）、year（年）3 个成员组成。在说明变量 NUM1、NUM2 和 NUM3 时，其中的成员 birthday 被说明为 date 结构类型。

2. 结构变量成员的表示方法

在程序中使用结构变量时，往往不把它作为一个整体来使用。在 C 语言中除了允许具有相同类型的结构变量相互赋值以外，一般对结构变量的使用，包括赋值、输入、输出、运算等都是通过结构变量的成员来实现的。

表示结构变量成员的一般形式为：

```
结构变量名.成员名
```

例如：

```
NUM1.name              //即第一个人的姓名
NUM2.sex               //即第二个人的性别
```

如果成员本身又是一个结构，则必须逐级找到最低级的成员才能使用。例如：

```
NUM1.birthday.month   //逐级查找
```

即第一个人出生的月份成员可以在程序中单独使用，与普通变量完全相同。

3. 结构变量的赋值

直接给结构体成员赋值即可：

```
NUM1.name="51 MCU";           //名字为字符串型
NUM1.brithday.year=13;        //年为字符型
NUM1.brithday.month=1;        //月为字符型
NUM1.brithday.day=1;          //天为字符型
NUM1.sex='m';                 //性别为字符型
NUM1.age=18;                  //年龄为字符型
NUM1.score=100.32;            //成绩为浮点型
```

在程序中，给结构体变量中 NUM1 的各个成员赋值，第一成员.name 为字符数组型，所以直接赋值字符串；第二个成员.brithday 是一个结构体，逐级赋值每个成员，为 2013 年 1 月 1 日；第三个成员 sex 为字符型，赋值单个字符 ‘m’（man）；第 4 个成员 age 为字符型，直接赋值数值 18；第五个成员 score 为浮点型，赋值浮点数 100.32。

4. 结构变量的初始化

和其他类型变量一样，对结构变量可以在定义时进行初始化赋值，例如：

```
struct
{
   uchar *name;
   uchar sex;
   uchar age;
   float score;
} NUM1={"xiao zhao",'f',18,98.2};
```

或者是：

```
struct  student_date
{
   uchar name[10];
   uchar sex;
   uchar age;
   float score;
};
struct student_date NUM1={"xiao zhao",'f',18,98.2};
```

但不能使用：

```
struct student_date NUM1;
NUM1={"xiao zhao",'f',18,98.2};
```

5. 结构数组的定义

数组的元素也可以是结构类型，因此可以构成结构型数组。结构数组的每一个元素都是具有相同结构类型的下标结构变量。在实际应用中，经常用结构数组来表示具有相同数据结构的一个群体。如一个班的学生档案，一个车间职工的工资表等。

结构数组的使用方法和结构变量相似，只需说明它为数组类型即可。

```
struct  student_date
{
   uchar name[10];
   uchar sex;
   uchar age;
   float score;
};
struct student_date NUM[5];  //有 5 个元素的结构体变量
```

定义了一个结构数组 NUM，共有 5 个元素，NUM [0]～NUM [4]。每个数组元素都具有 struct student_date 的结构形式。可对结构数组做初始化赋值：

```
struct student_date NUM[5]={
 {"xiao zhao",'f',18,98.2},
 {"xiao tie ",'m',19,99.3},
 {"xiao sun ",'f',20,95.3},
 {"xiao li  ",'m',18,96.2},
 {"xiao zhou",'f',17,93.4}
};
```

6. 指向结构变量的指针

当一个指针变量用来指向一个结构变量时，称为结构指针变量。结构指针变量中的值是所指向结构变量的首地址。通过结构指针即可访问该结构变量，这与数组指针和函数指针的情况是相同的。

结构指针变量说明的一般形式为：

```
    struct 结构名 *结构指针变量名
```

例如，在前面的例题中定义了 stu 这个结构，如要说明一个指向 stu 的指针变量 pstu，可写为：

```
    struct student_date *pstu;
```

当然也可在定义 stu 结构时同时说明 pstu。与前面讨论的各类指针变量相同，结构指针变量也必须先赋值才能使用。

赋值是把结构变量的首地址赋予该指针变量，不能把结构名赋予该指针变量。如果 NUM1 被说明为 stu 类型的结构变量，则：

```
    pstu =&NUM1;
```

有了结构指针变量，就能更方便地访问结构变量的各个成员。

其访问的一般形式为：

```
(*结构指针变量).成员名
```

或为：

```
结构指针变量->成员名
```

例如：

```
(*pNUM).name
```

或者：

```
pNUM -> name
```

应该注意(*pNUM)两侧的括号不可少，因为成员符“.”的优先级高于“*”。如去掉括号写做* pstu 则等效于*(pstu.name)，这样意义就完全不同了。

7. 结构指针变量作函数参数

在 ANSI C 标准中，允许用结构变量做函数参数进行整体传送。但是这种传送要将全部成员逐个传送，特别是成员为数组时，将会使传送的时间和空间开销很大，严重地降低了程序的效率。因此最好的办法就是使用指针，即用指针变量做函数参数进行传送。这时由实参传向形参的只是地址，从而减少了程序执行时间和空间的开销。

12.1.2 C51 枚举类型

在实际问题中，有些变量的取值被限定在一个有限的范围内。例如，一个星期只有七天，一年只有十二个月，一个班每周有六门课程等。如果把这些量说明为整型、字符型或其他类型，显然是不妥当的。为此，C 语言提供了一种称为“枚举”的类型。在“枚举”类型的定义中列举出所有可能的取值，被说明为该“枚举”类型的变量取值不能超过定义的范围。应该说明的是，枚举类型是一种基本数据类型，而不是一种构造类型，因为它不能再分解为任何基本类型。

1. 枚举类型的定义和枚举变量的说明

1）枚举的定义

```
enum 枚举名{ 枚举值表 };
```

在枚举值表中应罗列出所有可用值。这些值也称为枚举元素。

例如上一章我们用到的枚举变量：

```
enum ERROR { OK = 0, SLEEP = 1, ERROR = 2};
```

枚举名 ERROR 的枚举值有 3 个，它们表示计算器程序执行过程中的 3 种状态，凡被说明为 ERROR 类型变量的取值只能是这 3 种状态中的一种。

2）枚举变量的说明

如同结构体一样，枚举变量也可用不同的方式说明，即先定义后说明、同时定义说明或直接说明。

可采用下述任一种方式定义枚举变量：

```
enum weekday{ sun,mou,tue,wed,thu,fri,sat };
enum weekday a,b,c;
```

或者：

```
enum weekday{ sun,mou,tue,wed,thu,fri,sat }a,b,c;
```

或者：

```
enum { sun,mou,tue,wed,thu,fri,sat }a,b,c;
```

2．枚举类型变量的赋值和使用

枚举类型在使用中有以下规定。

（1）枚举值是常量，不是变量。不能在程序中用赋值语句再对它赋值。

例如，对枚举 weekday 的元素再做以下赋值都是错误的。

```
sun=5;
mon=2;
sun=mon;
```

（2）枚举元素本身由系统定义了一个表示序号的数值，从 0 开始，顺序定义为 0，1，2…。如在 weekday 中，sun 值为 0，mon 值为 1……sat 值为 6。

只能把枚举值赋予枚举变量，不能把元素的数值直接赋予枚举变量。如：

```
a=sum;
b=mon;
```

是正确的。而：

```
a=0;
b=1;
```

是错误的。如一定要把数值赋予枚举变量，则必须用强制类型转换。

如：

```
a=(enum weekday)2;
```

其意义是，将序号为 2 的枚举元素赋予枚举变量 a，相当于：

```
a=tue;
```

12.1.3 C51 共用体

有时需要使几种不同类型的变量存放到同一内存单元中。例如，可把一个字符型变量、一个整型变量、一个浮点型变量存放在同一地址开始的内存单元之中，如表 12-3 所示。3 个变量在内存单元中占用的字节数不同，但都从同一地址开始存放。这几种不同的变量共同占同一段内存的结构，被称为“共用体”类型。

表 12-3 共用体结构

char	Byte0			
int	Byte0	Byte1		
float	Byte0	Byte1	Byte2	Byte3

使用共用体最大的好处便是节省内存空间，尤其对于像 51 单片机这种内部 RAM 较少的控制器。

1．共用体的定义和声明

```
union 共用体名
{
成员表列
}变量表列
```

例如：

```
#define  uchar  unsigned char
#define  uint   unsigned int
union var
{
 uchar i;
 uint  j;
 float k;
}m,n,u;
```

或者将类型声明与变量定义分开：

```
union var
{
 uchar i;
 uint  j;
 float k;
};
union var m,n,u;
```

或者直接定义：

```
union
{
 uchar i;
 uint  j;
 float k;
} m,n,u;
```

共用体和结构体的定义形式是相似的，但它们两者是完全不同的数据类型。结构体所占用内存空间为所有成员占用字节总和；而共用体中，占用字节最大的那个成员为整个共用体在内存中占用的空间。

2．共用体变量的应用和赋值

只有先定义了共用体变量才能引用它，不能直接引用共用体变量名，只能引用共用体变量中的成员。表示共用体变量成员的一般形式是：

```
共用体变量名.成员名
```

例如：

```
union
{
 uchar i;
 uint  j;
 float k;
```

```
} m,n,u;
m.k=753.4;
```

不能直接引用共用体变量名，下面的语句是错误的：

```
m=32;
```

3. 共用体数据变量的特点

（1）同一内存段可用来存放不同类型的成员，但每瞬间只能存放其中一种。也就是说，同一时间内只能存在一个公用体成员值。例如：

```
m.i=32;
m.j=1873;
m.k=753.4;
```

执行完这几条语句，只有 m.k 的值是存在的，m.i 和 m.j 已经没有意义了。

（2）公用体变量每个成员的地址都是一样的，&m.i、&m.j、&m.k 是一样的值。

（3）共用体变量及共用体变量成员不能作为函数参数，也不能作为函数返回值，但可以使用指向共用体变量的指针，与结构体变量的使用方法是一致的。

12.1.4 类型定义符 typedef

C 语言不仅提供了丰富的数据类型，而且还允许由用户自己定义类型说明符，也就是允许由用户为数据类型取“别名”。类型定义符 typedef 即可用来完成此功能。例如，有整型变量量 a、b，其说明如下：

```
int a,b;
```

其中 int 是整型变量的类型说明符。int 的完整写法为 integer，为了增加程序的可读性，可把整型说明符用 typedef 定义为：

```
typedef  int  INTEGER
```

类型定义后可用 INTEGER 来代替 int 做整型变量的类型说明了。

例如：

```
    INTEGER a,b;
```

它等效于：

```
    int a,b;
```

用 typedef 定义数组、指针、结构体等类型将带来很大的方便，不仅使程序书写简单、明确，而且增强了程序的可读性。

typedef 定义的一般形式为：

```
typedef 原类型名  新类型名 ;
```

其中原类型名中含有定义部分，新类型名一般用大写表示，以便于区别。

前面我们经常使用宏定义命令来简化变量名书写：

```
#define  uchar  unsigned char
#define  uint   unsigned int
```

也可以使用：

```
typedef  unsigned char   uchar;
typedef  unsigned int    uint;
```

这两种实现方式的区别为：#define 在预编译时处理的，只能作为简单的字符替换，它不参与程序的执行，后面没有分号。而 typedef 是在编译时处理的，它并不是做简单的字符串转换，而是采用如同定义变量的方法来声明一个新类型，因此 typedef 使用更加广泛。

typedef 常用于程序的移植，例如 C51 中 int 型数据占用 2 个字节，而另外一些控制器 int 型占用 4 个字节。把一个 C 语言程序从一个以 4 字节存放整型数据的控制器系统移植到 51 单片机之中，一般的办法需要将程序中所有的 int 改为 long，这样是比较麻烦的，如果使用类型定义符就简单了，如：

```
typedef  int    long
```

12.2　ZLG/GUI 介绍

ZLG/GUI 是一个软件包，里面包含了多个 C 文件和 H 文件，如图 12-1 所示。ZLG/GUI 完全由 C 语言编写，包含了普通的绘图子程序、字符显示子程序、图形显示子程序，以及窗口菜单管理子程序等。

图 12-1　ZLG/GUI 文件列表

12.2.1　ZLG/GUI 的文件浏览

ZLG/GUI 的接口函数是按其功能分类的，并且分别编写到不同的文件中，如表 12-4

所示。

表 12-4　ZLG/GUI文件

基本图形操作函数库	GUI_BASE.C
显示颜色管理函数库	GUI_STOCKC.C
颜色转换操作函数库	CONVERTCOLOR.C
5×7ASCII 码字库及显示函数库	FONT5_7.C
8×8ASCII 码字库及显示函数库	FONT8_8.C
24×32 数字库及显示函数库	FONT24_32.C
单色图形及汉字显示函数库	LOADBIT.C
图标菜单、下拉菜单操作函数库	MENU.C
窗口操作函数库	WINDOW.C

其他配置如表 12-5 所示。

表 12-5　ZLG/GUI配置配置

CONFIG.H	用于声明常用宏，包含所有项目所用的头文件（方便项目的管理）
GUI_CONFIG.H	用于配置 ZLG/GUI（用于裁剪 ZLG/GUI）
FONT_MACRO.H	定义字节点阵宏（用于定义字体点阵数据）

（1）GUI_BASE.C 文件中包含的函数如表 12-6 所示。

表 12-6　基本图形操作函数GUI_BASE.C包含函数

函 数 原 型	参　　数	参　　数
void GUI_Line (uint32 x0, uint32 y0, uint32 x1, uint32y1, TCOLOR color)	x0，y0　起点坐标 x1，y1　终点坐标 color　显示颜色	画任意两点之间的直线
void GUI_LineWith (uint32 x0, uint32 y0, uint32 x1, uint32 y1, uint8 with, TCOLOR color)	x0，y0　起点坐标 x1，y1　终点坐标 with　线宽大小 color　显示颜色	画具有线宽的任意两点之间的直线（with 值最大为 50）
void GUI_LineS (uint32 const *points, uint8 no, TCOLOR color)	*points　顶点坐标值指针 no　顶点数 color　显示颜色	画多边形（即多个顶点之间的连续连线）
void GUI_Rectangle (uint32 x0, uint32 y0, uint32 x1, uint32 y1, TCOLOR color)	x0，y0　矩形左上角坐标 x1，y1　矩形右下角坐标 color　显示颜色	画矩形
Void GUI_RectangleFill (uint32 x0, uint32 y0, uint32 x1, uint32 y1, TCOLOR color)	x0，y0　矩形左上角坐标 x1，y1　矩形右下角坐标 color　填充颜色	画正方形
void GUI_Circle (uint32 x0, uint32 y0, uint32 r, TCOLOR color)	x0，y0　圆形的圆心坐标 r　圆形的半径 color　显示颜色	画圆形
void GUI_CircleFill (uint32 x0, uint32 y0, uint32 r, TCOLOR color)	x0，y0　圆形的圆心坐标 r　圆形的半径 color　填充颜色	画填充圆形

续表

函数原型	参　数	参　数
void GUI_Ellipse (uint32 x0, uint32 x1, uint32 y0, uint32 y1, TCOLOR color)	x0，x1　椭圆形的 x 坐标 y0，y1　椭圆形的 y 坐标 color　显示颜色	画椭圆形（x0、x1 分别为椭圆最左和最右的点的 x 坐标；y0、y1 分别为椭圆最上和最下的点的 y 坐标）
void GUI_EllipseFill (uint32 x0, uint32 x1, uint32 y0, uint32 y1, TCOLOR color)	x0，x1　椭圆形的 x 坐标 y0，y1　椭圆形的 y 坐标 color　填充颜色	画填充椭圆形（x0、x1 分别为椭圆最左和最右的点的 x 坐标；y0、y1 分别为椭圆最上和最下的点的 y 坐标）
void GUI_FloodFill (uint32 x0, uint32 y0, TCOLOR color)	x0，y0　指定填充点坐标 color　填充颜色	图形填充（在 GUI_CONFIG.H 中配置向上及向下折点个数）
void GUI_Arc4 (uint32 x, uint32 y, uint32 r, uint8 angle, TCOLOR color)	x，y　圆弧圆心坐标 r　圆弧半径 angle　圆弧角度 color　显示颜色	画 1/4 圆弧（angle 为 1～4，即 0～90 度、90～180 度、180～270 度、270～360 度）
void GUI_Arc (uint32 x, uint32 y, uint32 r, uint32 stangle, uint32 endangle, TCOLOR color)	x，y　圆弧圆心坐标 r　圆弧半径 stangle　圆弧起始角度 endangle　圆弧终止角度 color　显示颜色	画任意角度圆弧（stangle、endangle 为 0～359 度）
void GUI_Pieslice (uint32 x, uint32 y, uint32 r, uint32 stangle, uint32 endangle, TCOLOR color)	x0，y0　扇形圆心坐标 r　扇形半径 stangle　扇形起始角度 endangle　扇形终止角度 color　显示颜色	画扇形（stangle、endangle 为 0～359 度）

GUI_BASE.H 为对表 12-6 中所有函数的外部声明，使其能在全局程序中被调用。

（2）GUI_STOCKC.C 文件包含函数如表 12-7 所示。

表 12-7　显示颜色管理函数库GUI_STOCKC.C

函数原型	参　数	参　数
void GUI_SetColor (TCOLOR color1, TCOLOR color2)	color1　前景色 color2　背景色	设置前景色及背景色
void GUI_GetBackColor (TCOLOR *bakc)	*bakc　保存变量的指针	读取背景色的值
void GUI_GetDispColor (TCOLOR *bakc)	*bakc　保存变量的指针	读取前景色的值
void GUI_ExchangeColor (void)	无	交换前景色与背景色

GUI_STOCKC.H 为对表 12-7 中所有函数的外部声明，使其能在全局程序中被调用。

（3）WINDOWS.C 文件包含函数如表 12-8 所示。

表 12-8 窗口管理函数库WINDOWS.C

函 数 原 型	参 数	参 数
uint8 GUI_WindowsDraw (WINDOWS *win)	*win 窗口句柄	显示窗口
uint8 GUI_WindowsHide (WINDOWS *win)	*win 窗口句柄	消隐窗口
void GUI_WindowsClr (WINDOWS *win)	*win 窗口句柄	清屏窗口（即清屏窗口用户区域）

WINDOWS.H 文件为对表 12-8 中所有函数的外部声明，使其能在全局程序中被调用。

（4）MENU.C 文件包含函数如表 12-9 所示。

表 12-9 图标菜单操作及下拉菜单函数库MENU.C

函 数 原 型	参 数	参 数
void GUI_Button49x14 (uint32 x, uint32 y, uint8 *dat)	x，y 显示按钮起始坐标 *dat 按钮的点阵数据	显示按钮（按钮大小为 49*14）
void GUI_Button_OK (uint32 x, uint32 y)	void GUI_Button_OK (uint32 x, uint32 y)	显示 OK 按钮
void GUI_Button_OK1 (uint32 x, uint32 y)	x，y 显示按钮起始坐标	显示选中状态的 OK 按钮
void GUI_Button_Cancle (uint32 x, uint32 y)	x，y 显示按钮起始坐标	显示 CANCLE 按钮
void GUI_Button_Cancle1 (uint32 x, uint32 y)	x，y 显示按钮起始坐标	显示选中状态的 CANCLE 按钮
uint8 GUI_MenuIcoDraw (MENUICO *ico)	*ico 图标菜单句柄	显示图标菜单
uint8 GUI_MmenuDraw (MMENU *men)	*men 主菜单句柄	*men 主菜单句柄
void GUI_MmenuSelect (MMENU *men, uint8 no)	*men 主菜单句柄 no 选中的主菜单项	选择主菜单项（no 为 0～n）
void GUI_MmenuNSelect (MMENU *men, uint8 no)	*men 主菜单句柄 no 取消选中的主菜单项	取消主菜单项的选择（no 为 0～n）
uint8 GUI_SmenuDraw (SMENU *men)	*men 子菜单句柄	显示子菜单
void GUI_SmenuSelect (SMENU *men, uint8 old_no, uint8 new_no)	*men 子菜单句柄 old_no 原选中的子菜单项 new_no 新选中的子菜单项	选择子菜单项（选取消 old_no 项的选中状态，然后选择 new_no 项）
uint8 GUI_SmenuHide (SMENU *men)	*men 子菜单句柄	消隐子菜单

MENU.H 文件为对表 12-9 中所有函数的外部声明，使其能在全局程序中被调用。

（5）LOADBIT.C 文件包含函数如表 12-10 所示。

表 12-10　图形及汉字操作函数库LOADBIT.C

函 数 原 型	参　　数	参　　数
void GUI_LoadPic (uint32 x, uint32 y, uint8 *dat, uint32 hno, uint32 lno)	x，y　显示的起始坐标 *dat　点阵数据指针 hno，lno　图形的行/列数	显示单色点阵图形
void GUI_LoadPic1 (uint32 x, uint32 y, uint8 *dat, uint32 hno, uint32 lno)	x，y　显示的起始坐标 *dat　点阵数据指针 hno，lno　图形的行/列数	显示单色点阵图形（反相显示）
void GUI_PutHZ (uint32 x, uint32 y, uint8 *dat, uint8 hno, uint8 lno)	x，y　显示的起始坐标 *dat　点阵数据指针 hno，lno　汉字的行/列数	汉字显示

LOADBIT.H 为对表 12-10 中所有函数的外部声明，使其能在全局程序中被调用。

（6）FONT5_7.C 文件包含函数如表 12-11 所示。

表 12-11　5×7 ASCII 码字符显示函数库FONT5_7.C

函 数 原 型	参　　数	参　　数
uint8 GUI_PutChar (uint32 x, uint32 y, uint8 ch)	x，y　字符显示的坐标 ch　字符的十六进制值	显示一个字符(返回值为 1 时表示操作成功，为 0 表示失败）
void GUI_PutString (uint32 x, uint32 y, char *str)	x，y　显示的起始坐标 *str　指向字符串的指针	显示一字符串（以'\0'结束，没有自动换行功能）
void GUI_PutNoStr (uint32 x, uint32 y, char *str, uint8 no)	x，y　显示的起始坐标 *str　指向字符串的指针 no　要显示字符的个数	显示字符串中指定个数的字符

FONT5_7.H 文件为对表 12-11 中所有函数的外部声明，使其能在全局程序中被调用。

（7）FONT8_8.C 文件包含函数如表 12-12 所示。

表 12-12　8×8 ASCII 码字符显示函数库FONT8_8.C

函 数 原 型	参　　数	参　　数
uint8 GUI_PutChar8_8 (uint32 x, uint32 y, uint8 ch)	x，y　字符显示的坐标 ch　字符的十六进制值	显示一个字符（返回值为 1 时表示操作成功，为 0 表示失败）
void GUI_PutString8_8 (uint32 x, uint32 y, char *str)	x，y　显示的起始坐标 *str　指向字符串的指针	显示一字符串（以'\0'结束，没有自动换行功能）
oid GUI_PutNoStr8_8(uint32 x, uint32 y, char *str, uint8 no)	x，y　显示的起始坐标 *str　指向字符串的指针 no　要显示字符的个数	显示字符串中指定个数的字符

FONT8_8.H 文件为对表 12-12 中所有函数的外部声明，使其能在全局程序中被调用。

（8）FONT24_32.C 文件包含函数如表 12-13 所示。

表 12-13　24×32 ASCII 数字字符显示函数库FONT24_32.C

函 数 原 型	参　数	参　数
uint8 GUI_PutChar24_32 (uint32 x, uint32 y, uint8 ch)	x，y　字符显示的坐标 ch　字符的十六进制值	显示一个字符（返回值为 1 时表示操作成功，为 0 表示失败）

FONT24_32.H 文件为对表 12-13 中所有函数的外部声明，使其能在全局程序中被调用。

（9）CONVERTCOLOR.C 文件包含函数如表 12-14 所示。

表 12-14　颜色转换操作函数库CONVERTCOLOR.C

函 数 原 型	参　数	参　数
uint16 GUI_Color2Index_565 (uint32 colorRGB)	colorRGB　RGB 颜色值	RGB 颜色值 64K 色索引值
uint32 GUI_Index2Color_565 (uint16 index)	RGB 颜色值　64K 色索引值	64K 色索引值　RGB 颜色值
uint32 GUI_Index2Color_565 (uint16 index)	colorRGB　RGB 颜色值	RGB 颜色值 ？32K 色索引值
uint32 GUI_Index2Color_555 (uint16 index)	colorRGB　RGB 颜色值	32K 色索引值 ？RGB 颜色值
uint16 GUI_Color2Index_444 (uint32 colorRGB)	colorRGB　RGB 颜色值	RGB 颜色值 ？4K 色索引值
uint32 GUI_Index2Color_444 (uint16 index)	index　索引颜色值	4K 色索引值 ？RGB 颜色值
uint8 GUI_Color2Index_332 (uint32 colorRGB)	colorRGB　RGB 颜色值	RGB 颜色值 ？256 色索引值
uint32 GUI_Index2Color_233 (uint8 index)	index　索引颜色值	256 色索引值 ？RGB 颜色值
uint8 GUI_Color2Index_222 (uint32 colorRGB)	colorRGB　RGB 颜色值	RGB 颜色值 ？64 色索引值
uint32 GUI_Index2Color_222 (uint8 index)	index　索引颜色值	64 色索引值 ？RGB 颜色值
uint8 GUI_Color2Index_111 (uint32 colorRGB)	colorRGB　RGB 颜色值	RGB 颜色值 ？8 色索引值
uint32 GUI_Index2Color_111 (uint8 Index)	index　索引颜色值	8 色索引值 ？RGB 颜色值

CONVERTCOLOR.H 文件为对表 12-14 中所有函数的外部声明，使其能在全局程序中被调用。

12.2.2　CONFIG.H 文件

使用 ZLG/GUI 时，需要一个包含其他头文件及系统配置的文件 CONFIG.H，这样做是为了方便项目的管理，程序代码如下所示。

```
typedef unsigned char  uint8;           /* 无符号 8 位整型变量          */
typedef signed   char  int8;            /* 有符号 8 位整型变量          */
typedef unsigned short  uint16;         /* 无符号 16 位整型变量         */
typedef signed   short  int16;          /* 有符号 16 位整型变量         */
```

```
typedef unsigned int    uint32;       /* 无符号 32 位整型变量            */
typedef signed  int     int32;        /* 有符号 32 位整型变量            */
typedef float           fp32;         /* 单精度浮点数（32 位长度）       */
typedef double          fp64;         /* 双精度浮点数（64 位长度）       */
typedef unsigned char   uchar;
typedef unsigned int    uint;
#include    "GUI_CONFIG.H"            //包含所有头文件
#include    "LCMDRV.H"
#include    "GUI_BASIC.H"
#include    "GUI_STOCKC.H"
#include    "FONT_MACRO.H"
#include    "FONT5_7.H"
#include    "FONT8_8.H"
#include    "FONT24_32.H"
#include    "LOADBIT.H"
#include    "WINDOWS.H"
#include    "MENU.H"
#include    "spline.H"
```

在 CONFIG.H 文件中使用了类型定义符 typedef 对变量名称进行了简化，ZLG/GUI 中所有函数都使用了上述变量名称。另外，使用了文件包含宏加入了所有程序文件 H 文件，源程序中只要宏包含此文件就可使用系统的函数和配置。

12.2.3　ZLG/GUI 的配置

ZLG/GUI 包含众多的函数，有许多函数可能都不会用到。如果我们使用单色液晶，程序中的颜色转换库就不会去调用，而这些函数的存在却占用程序空间。ZLG/GUI 是可裁剪的，可以将里面的部分函数屏蔽，使其不占用程序空间。

在 ZLG/GUI 的 GUI_CONFIG.H 文件中进行 ZLG/GUI 的配置，配置的方法非常简单，打开 GUI_CONFIG.H 文件，设置宏定义选项为 0 或为 1。

1．GUI_LineWith_EN

画有宽度的直线函数 GUI_LineWith()使能控制，设置为 1 时函数有效，为 0 或其他值时函数禁止。

2．GUI_CircleX_EN

画圆函数 GUI_Circle()、GUI_CircleFill()使能控制，设置为 1 时函数有效，为 0 或其他值时函数禁止。

3．GUI_EllipseX_EN

画椭圆函数 GUI_Ellipse()、GUI_EllipseFill()使能控制，设置为 1 时函数有效，为 0 或其他值时函数禁止。

4．GUI_FloodFill_EN

填充函数 GUI_FloodFill()使能控制，设置为 1 时函数有效，为 0 或其他值时函数禁止。当使用填充函数时，可以定义 DOWNP_N、UPP_N 宏来设置向上及向下折点个数，这两个宏用于定义保存向上及向下折点数据的数组大小。

5．GUI_ArcX_EN

画圆弧函数 GUI_Arc4()、GUI_Arc 使能控制，设置为1时函数有效，为0或其他值时函数禁止。

6．GUI_Pieslice_EN

扇形函数 GUI_Pieslice()使能控制，设置为1时函数有效，为0或其他值时函数禁止。

7．GUI_WINDOW_EN

窗口管理函数使能控制，设置为1时函数有效，为0或其他值时函数禁止。窗口管理函数有 GUI_WindowsDraw()、GUI_WindowsHide()、GUI_WindowsClr()等。由于窗口管理函数使用到 5×7 ASCII 字体显示，所以必需同时设置 FONT5x7_EN 为 1。

8．GUI_MenuIco_EN

图标菜单操作函数使能控制，设置为1时函数有效，为0或其他值时函数禁止。图标菜单操作函数有 GUI_MenuIcoDraw()、GUI_Button49x14()、GUI_Button_OK()、GUI_Button_Cancle()、GUI_Button_OK1()、GUI_Button_Cancle1()等。

9．GUI_MenuDown_EN

下拉菜单操作函数使能控制，设置为1时函数有效，为0或其他值时函数禁止。下拉菜单操作函数有 GUI_MMenuDraw()、GUI_MMenuSelect()、GUI_MMenuNSelect()、GUI_SMenuDraw()、GUI_SMenuSelect()、GUI_SMenuHide()等。

10．FONT5x7_EN

5×7 ASCII码字库及显示函数使能控制，设置为1时函数有效，为0或其他值时函数禁止。5×7 ASCII码字符显示函数如 GUI_PutChar()、GUI_PutString()、GUI_PutNoStr()等。

11．FONT8x8_EN

8×8 ASCII码字库及显示函数使能控制，设置为1时函数有效，为0或其他值时函数禁止。8×8 ASCII 码字符显示函数有 GUI_PutChar8_8()、GUI_PutString8_8()、GUI_PutNoStr8_8()等。

12．FONT24x32_EN

24×32 数字库及显示函数使能控制，设置为1时函数有效，为0或其他值时函数禁止。24×32 数字字符显示函数如 GUI_PutChar24_32()。

13．GUI_PutHZ_EN

汉字显示函数 GUI_PutHZ()使能控制，设置为1时函数有效，为0或其他值时函数禁止。

14. GUI_LoadPic_EN

单色图形显示函数使能控制，设置为 1 时函数有效，为 0 或其他值时函数禁止。单色图形显示函数如 GUI_LoadPic()、GUI_LoadPic1()。

15. CONVERTCOLOR_EN

颜色转换操作函数使能控制，设置为 1 时函数有效，为 0 或其他值时函数禁止。颜色转换操作函数如 GUI_Color2Index_565()、GUI_Color2Index_555()、GUI_Color2Index_ 444()、GUI_Color2Index_332 等。

12.3　移植 ZLG/GUI

本节我们尝试将 ZLG/GUI 移植到 51 单片机之中，实现的载体为前面所学过的点阵液晶 12864。移植工作并不会很复杂，仅需要按照配置文件的要求编写几个底层函数即可。本节重点内容是理解 ZLG/GUI 绘图的原理，并编写出接口程序。

12.3.1　LCD 底层驱动

1. 硬件电路

浏览过了整个 ZLG/GUI 文件，代码量还是非常大的，对内存的消耗可想而知，仅靠 51 单片机内部 RAM 是无法承载如此大的程序，因此外扩 RAM 成了必然选择，电路如图 12-2 所示。

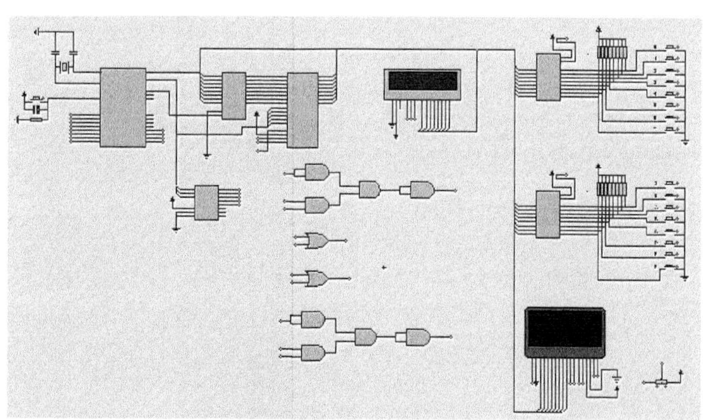

图 12-2　整机电路

如图 12-2 所示是在第 9 章电路图的基础上添加了 12864 点阵液晶。和字符液晶 1602 一样，12864 液晶也采用了总线接口的方式。如图 12-3 所示，DB0～DB8 连接至单片机的数据总线；RW 接到地址总线 A1；DI 连接至地址总线 A0，用于地址选通读命令、读数据、写命令、写数据。

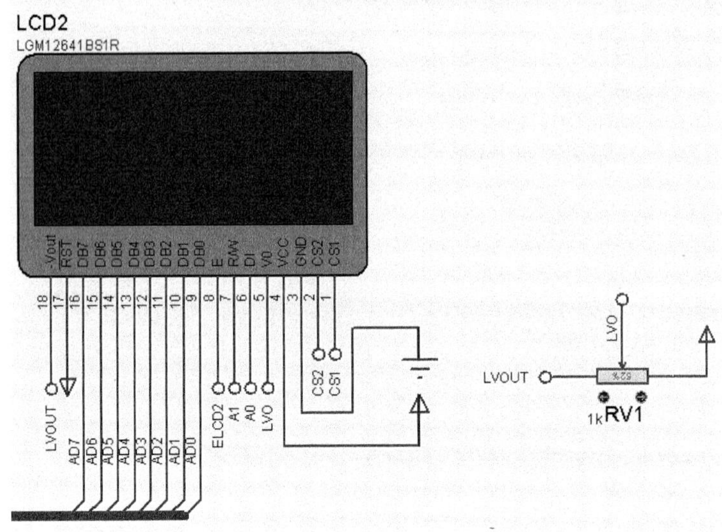

图 12-3　液晶接口 1

液晶的 E 端的连接方法同字符 1602 也是一样，也是高电平驱动，如图 12-4 所示为逻辑电路。由 74138 地址译码器的输出端 Y4 和单片机读写控制信号 WR、RD 共同完成。和 1602 不同的是，图中采用的 12864 液晶由两片驱动芯片 KS0108 分别控制左右半屏，所以还需要两个驱动信号，CS1、CS2 接至单片机的 P3.4、P3.5 口，如图 12-5 所示。

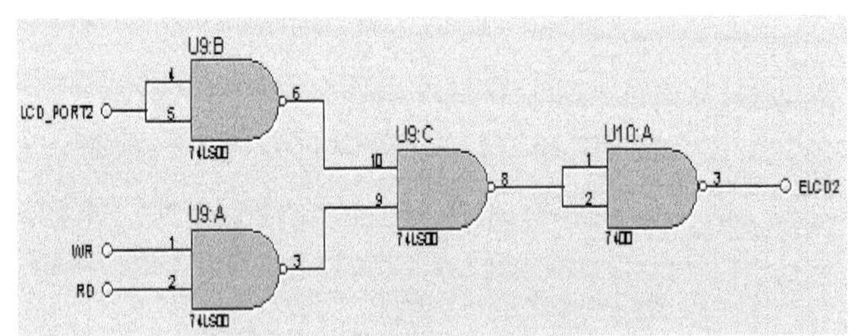

图 12-4　12864 液晶接口 2

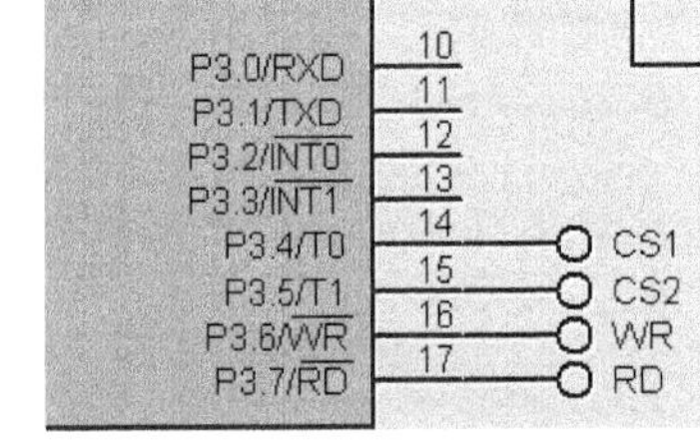

图 12-5　12864 液晶接口 3

希望大家复习一下第 9 章的内容，尝试编写以总线方式驱动 12864 点阵液晶的程序。

2．总线控制12864底层程序

如下为利用总线方式驱动点阵液晶 12864 的底层程序，因为使用了外部数据读写宏，所以一定要添加库文件，大家分析一下这段程序。

```
#include  <ABSACC.H>                    //外部数据访问代码库
#define CS1 P3_4                        //左半屏片选
#define CS2 P3_5                        //右半屏片选
#define LCDSTARTROW 0xC0                //设置起始行指令
#define LCDPAGE 0xB8                    //设置页指令
#define LCDLINE 0x40                    //设置列指令
/****************************************/
#define LCD_CMD_WR    0x8000            //写命令地址
#define LCD_DATA_WR   0x8001            //写数据地址
#define LCD_BUSY_RD   0x8002            //读命令（忙碌信号查询）地址
```

```
#define LCD_DATA_RD   0x8003       //读数据地址
/******************************************/
void LCD_CHECK_BUSY(void)          //忙碌信号查询子程序
 {
  uchar TEMP;
  while(1)
  {
   TEMP=XBYTE[LCD_BUSY_RD];
   TEMP&=0X80;
   if(TEMP==0) break;
  }
 }
/******************************************/
 void LCD_WRITE_INSRTRU(uchar LCD_instruction)      //命令写入子程序
 {
  LCD_CHECK_BUSY();
  XBYTE[LCD_CMD_WR]=LCD_instruction;
 }
/**************************************************/
  void LCD_WRITE_DATA(uchar LCD_data)               //数据写入子程序
 {
  LCD_CHECK_BUSY();
  XBYTE[LCD_DATA_WR]=LCD_data;
 }
```

12.3.2　ZLG/GUI 的移植文件

ZLG/GUI 的移植主要工作是底层图形驱动接口函数的编写，也就是 ZLG/GUI 与点阵液晶屏之间的连接接口。为了正确地移植 ZLG/GUI 到用户的目标板上，用户需要先了解以下几点知识。

1. 作图的基本思想

首先在 RAM 中建立显示缓冲区，画图操作先对显示缓冲区相应点的数据进行设置，然后控制数据输出更新液晶显示，保证液晶显示及缓冲区数据同步；若没有在 RAM 中建立显示缓冲区，则在画点时可能需要先读取 LCD 上的数据进行与或操作，然后将数据输出 LCD 更新显示，保证作图时不破坏原显示图形。

颜色的处理：对于不同的液晶显示模块，可定义不同的颜色数据类型 TCOLOR，如无符号 8 位、无符号 16 位、无符号 32 位，甚至数据结构。一般单色和 4 级灰度定义 TCOLOR 为 unsigned char 型，画图操作使用低位来传递颜色参数。在比较两个颜色变量值是否相等或复制颜色变量值时，由于不同的颜色数据类型处理代码不完全一致，所以需要用户编写接口函数进行处理。

显示缓冲区定义：首先在图形液晶模块驱动程序的头文件中定义两个与 LCD 像素大小相关的两个宏，以便于系统定义缓冲区，文件名如 LCDDRIVE.H。另外，ZLG/GUI 也会根据这两个宏来判断操作是否超出范围，所以不管是否在 RAM 中建立显示缓冲区，这两个宏必须定义。代码如下所示。

```
#define  TCOLOR   uint8              /* 定义颜色变量 */
#define  GUI_LCM_XMAX    128         /* 定义液晶 x 轴的点数 */
#define  GUI_LCM_YMAX    64          /* 定义液晶 y 轴的点数 */
```

然后在程序 LCDDRIVE.C 中定义缓冲区，将缓冲区定义为一个二维数组。对于单色液晶，由于每个字节对应 8 个点像素，所以缓冲区的定义为：

```
TCOLOR  gui_disp_buf[GUI_LCM_YMAX/8][GUI_LCM_XMAX];  /* 定义显示缓冲区 */
```

2. 移植相关接口函数

硬件驱动层接口函数。为了实现对 LCM 的显示驱动控制，用户需提供如下代码所示的 9 个 LCD 驱动接口函数。ZLG/GUI 的所有图形显示操作均通过调用这 9 个函数实现，这些函数的执行效率直接影响图形操作的效率，如下程序为对底层程序的声明，文件名为 LCDDRIVE.H。

```
/****************************************
** 名称：GUI_Initialize()
** 功能：初始化 GUI，包括初始化显示缓冲区，初始化 LCM 并清屏
** 入口参数：无
** 出口参数：无
** 说明：用户根据 LCM 的实际情况编写此函数
****************************************/
extern void  GUI_Initialize(void);
/***********************************
** 名称：GUI_Point()
** 功能：在指定位置上画点
** 入口参数： x 指定点所在列的位置
**           y 指定点所在行的位置
**           color     显示颜色(对于黑白色 LCM，为 0 时灭，为 1 时显示)
** 出口参数： 返回值为 1 时表示操作成功，为 0 时表示操作失败。(操作失败原因是指定
**           地址超出有效范围)
** 说明：     用户根据 LCM 的实际情况编写此函数
*******************************************/
extern uint8  GUI_Point(uint32 x, uint32 y, TCOLOR color);
/******************************************
** 名称：GUI_ReadPoint()
** 功能：读取指定点的颜色
** 入口参数：x 指定点所在列的位置
**          y 指定点所在行的位置
**          ret 保存颜色值的指针
** 出口参数：返回 0 时表示指定地址超出缓冲区范围
** 说明：对于单色，设置 ret 的 d0 位为 1 或 0，4 级灰度则为 d0、d1 有效，8 位 RGB 则
**  d0--d7 有效，RGB 结构则 R、G、B 变量有效
*******************************************/
extern int  GUI_ReadPoint(uint32 x, uint32 y, TCOLOR *ret);
/********************************************
** 名称：GUI_FillSCR()
** 功能：全屏填充。直接使用数据填充显示缓冲区
** 入口参数：dat 填充的数据
** 出口参数：无
** 说明：用户根据 LCM 的实际情况编写此函数
*******************************************/
extern void  GUI_FillSCR(TCOLOR dat);
/*******************************************
```

```
** 名称: GUI_ClearSCR()
** 功能: 清屏
** 入口参数: 无
** 出口参数: 无
** 说明: 用户根据 LCM 的实际情况编写此函数
****************************************/
extern void  GUI_ClearSCR(void);
/****************************************
** 名称: GUI_HLine()
** 功能: 画水平线。
** 入口参数:  x0
水平线起点所在列的位置
**            y0       水平线起点所在行的位置
**            x1       水平线终点所在列的位置
**            color    显示颜色(对于黑白色 LCM, 为 0 时灭, 为 1 时显示)
** 出口参数:  无
** 说明: 对于单色、4 级灰度的液晶, 可通过修改此函数作图提高速度, 如单色 LCM,
**       可以一次更新 8 个点, 而不需要一个点一个点写到 LCM 中
*******************************************/
extern void  GUI_HLine(uint32 x0, uint32 y0, uint32 x1, TCOLOR color);
/************************************
** 名称: GUI_RLine()
** 功能: 画垂直线
** 入口参数:  x0       垂直线起点所在列的位置
**            y0       垂直线起点所在行的位置
**            y1       垂直线终点所在行的位置
**            color    显示颜色
** 出口参数:  无
** 说明: 对于单色、4 级灰度的液晶, 可通过修改此函数作图提高速度, 如单色 LCM,
**       可以一次更新 8 个点, 而不需要一个点一个点写到 LCM 中
********************************************/
extern void  GUI_RLine(uint32 x0, uint32 y0, uint32 y1, TCOLOR color);
/********************************************
** 名称: GUI_CmpColor()
** 功能: 判断颜色值是否一致
** 入口参数: color1  颜色值 1
color2  颜色值 2
** 出口参数: 返回 1 表示相同, 返回 0 表示不相同
** 说明: 由于颜色类型 TCOLOR 可以是结构类型, 所以需要用户编写比较函数
**********************************************/
extern int  GUI_CmpColor(TCOLOR color1, TCOLOR color2);
/****************************************
** 名称: GUI_CopyColor()
** 功能: 颜色值复制
** 入口参数: color1  目标颜色变量
**           color2  源颜色变量
** 出口参数: 无
** 说明: 由于颜色类型 TCOLOR 可以是结构类型, 所以需要用户编写复制函数
***********************************/
extern void  GUI_CopyColor(TCOLOR *color1, TCOLOR color2);
```

12.3.3 底层程序编写

本节来逐个完成 ZLG/GUI 要求我们编写的底层子程序。

（1）LCM_WriteByte 子程序的功能是在指定行和指定页写入一个字节数据，ZLG/GUI 并没有要求我们编写这个程序，但这个子程序是完成其他函数的基础，代码如下所示。

```
void LCM_WriteByte(uint8 x,uint8 y,uint8 wrdata)  //x：为行地址 y:为页地址
//wrdata：为写入数据（和其他注释对齐）
{
  x=x&0x7f;                              //参数过滤，滤除超出范围的数据
  y=y&0x3f;
  CS1=0;
  CS2=0;
  y=y>>3;
  gui_disp_buf[y][x]=wrdata;             //数据写入显示缓存区
  if(x<64)                               //判断写入的数据在左半屏还是在右半屏
  {
  CS1=1;
  }
  else
  {
  CS2=1;
  x=x-64;
  }
  LCD_WRITE_INSRTRU(LCDPAGE+y);          //页地址写入
  LCD_WRITE_INSRTRU(LCDLINE+x);          //行地址写入
  LCD_WRITE_DATA(wrdata);                //写一个字节数据给 LCD
}
```

（2）LCM_ReadByte 的主要功能为从显示缓存区读取一个字节的数据，代码如下所示。

```
uint8 LCM_ReadByte(uint8 x,uint8 y)      //x:行地址 y:列地址
{
  x=x&0x7f;                              //参数过滤
  y=y&0x3f;
  CS1=0;
  CS2=0;
  y=y>>3;                                //y÷8
  return(gui_disp_buf[y][x]);            //返回指定缓存区的数据
}
```

12864 液晶显示区域总共分为 8 页，每页 8 行，读取的数据是指定行和指定页的数据，所以使用以下代码来找到列地址所在的页。

```
y=y>>3;
```

（3）GUI_Point 用于在指定点写入数据，这个子程序是实现 ZLG/GUI 的关键，几乎所有的图形绘制函数都是反复调用此子程序来实现其功能。LCM_WriteByte 可以写入一个字节数据，一个字节实现了 8 个像素点，并不能在单个像素点写入数据，所以设置了一个过滤数组 DEC_HEX_TAB[8]。

```
uint8 code DEC_HEX_TAB[8]={0X01,0X02,0X04,0X08,0X10,0X20,0X40,0X80};
uint8 GUI_Point(uint8 x,uint8 y,TCOLOR color)     //x：为行地址 y ：列地址
{                                                  //color：0 或 1 表示点的显示或消隐
```

```
uint8 bak;
if(x>=GUI_LCM_XMAX) return(0);                //参数过滤
if(y>=GUI_LCM_YMAX) return(0);
bak=LCM_ReadByte(x,y);                        //写入数据到显示缓存区
if(color==0)                                  //判断是显示或是消隐
{
 bak&=(~DEC_HEX_TAB[y&0x07]);                 //消隐指定点，不影响其他点
}
else
{
 bak|=DEC_HEX_TAB[y&0x07];                    //显示指定点，不影响其他点
}
LCM_WriteByte(x,y,bak);
return(1);                                    //写入正确返回 1
}
```

（4）GUI_ReadPoint 函数用于读取指定点的显示缓存区的数据，代码如下所示。

```
uint8 GUI_ReadPoint(uint x,uint y,TCOLOR *ret) //x：为行地址 y：列地址
{                                             //TCOLOR *re  返回数据存放的变量指针
 uint8 bak;
 if(x>=GUI_LCM_XMAX) return(0);               //参数过滤
 if(y>=GUI_LCM_YMAX) return(0);
 bak=LCM_ReadByte(x,y);                       //读取缓存区数据
 if((bak&(DEC_HEX_TAB[y&0x07]))==0) *ret=0x00;  //结果放入变量指针
 else *ret=0x01;
 return(1);                                   //读取正确返回 1
}
```

（5）LCM_DispFill 函数用于全屏填充，这个函数可以将全屏所有像素全部点亮，也可以清屏，程序如下所示。

```
void LCM_DispFill(uint8 filldata)     // filldata 为填充数据
{
 uint8 x,y;
 CS1=1;
 CS2=1;
 LCD_WRITE_INSRTRU(LCDSTARTROW);      //添加区域
 for(x=0;x<8;x++)
 {
   LCD_WRITE_INSRTRU(LCDPAGE+x);
   LCD_WRITE_INSRTRU(LCDLINE);
    for(y=0;y<64;y++)
    {
     LCD_WRITE_DATA(filldata);
    }
 }
 CS2=0;
}
```

（6）GUI_FILLSCR 除了完成全屏填充，还将填充数据放入显示缓存区之中，代码如下所示。

```
void GUI_FILLSCR(TCOLOR dat)
{
 uint32 i,j;
 for(i=0;i<(GUI_LCM_YMAX/8);i++)
 {
```

```
    for(j=0;j<(GUI_LCM_XMAX/8);j++)
     gui_disp_buf[i][j]=dat;
  }
  LCM_DispFill(dat);
}
```

（7）清屏函数 GUI_ClearSCR，只需要一个宏定义即可，代码如下所示。

```
#define GUI_ClearSCR()  GUI_FILLSCR(0X00)
```

（8）GUI_CmpColor 函数用于颜色比较，对于单色液晶来说，颜色只有两种，即 0 或 1，如果两种颜色相同，返回 1，不同，则返回 0。代码如下所示。

```
uint8 GUI_CmpColor(TCOLOR color1,TCOLOR color2)
{
 return((color1&0X01)==(color2&0X01));
}
```

（9）GUI_HLine 函数用于绘制水平线，重复调用绘点子程序 GUI_Point 即可，实现方法如下所示。

```
void GUI_HLine(uint8 x0,uint8 y0,uint8 x1,TCOLOR color)
{
 uint8 bak;
  if(x0>x1)        //x0 为起始点，x1 终点
  {
   bak=x1;
   x1=x0;
   x0=bak;
  }
  do
  {
   GUI_Point(x0,y0,color);
   x0++;
  } while(x1>=x0);
}
```

（10）GUI_RLine 为画垂直线子程序，大家也可以利用绘水平线的方法，下面提供了一种高速画图的方法，代码比较复杂，不必理解：

```
void GUI_RLine(uint8 x0,uint8 y0,uint8 y1,TCOLOR color)
{
  uint8 bak;
  uint8 wr_dat;
  if(y0>y1)
  {
   bak=y1;
   y1=y0;
   y0=bak;
  }
  do
  {
   bak=LCM_ReadByte(x0,y0);
   if((y0>>3)!=(y1>>3))
   {
     wr_dat=0xff<<(y0&0x07);
     if(color)
     {
    wr_dat=bak|wr_dat;
     }
   else
```

```
   {
   wr_dat=~wr_dat;
    wr_dat=bak&wr_dat;
   }
   LCM_WriteByte(x0,y0,wr_dat);
   y0=(y0+8)&0x38;
   }
  else
  {
  wr_dat=0xff<<(y0&0x07);
  wr_dat=wr_dat&(0xff>>(7-(y1&0x07)));
  if(color)
  {
  wr_dat=bak|wr_dat;
  }
  else
  {
  wr_dat=-wr_dat;
  wr_dat=bak|wr_dat;
  }
  LCM_WriteByte(x0,y0,wr_dat);
  return;
  }
  }while(y1>=y0);
}
```

（11）GUI_CopyColor 为颜色复制子程序，只需要一个宏即可。

```
#define GUI_CopyColor(color1, color2)  *color1 = color2&0X01
```

（12）GUI_Initialize 用于液晶的初始化，仅需对 12864 液晶清屏即可，代码如下所示。

```
void GUI_Initialize(void)
{
  GUI_FILLSCR(0X00);
}
```

12.3.4　Keil 配置

上一节基本完成了 ZLG/GUI 的移植，但还需在 Keil 中进行设置，否则程序将编译不通过。

1．变量段设定

在本实例中，外扩了外部 RAM，因为程序代码比较庞大，所以消耗内存比较大。但在 Keil 中，我们需要将变量设置在外部 RAM 中，因为在 ZLG/GUI 核心代码，并指定变量的存储位置，所以需要人为指定变量所处的位置。设置方法如图 12-6 所示，设置 Memeory Model 选项设置为“Large variables in XDATA”，表示变量的主要位置在外部 RAM 中。

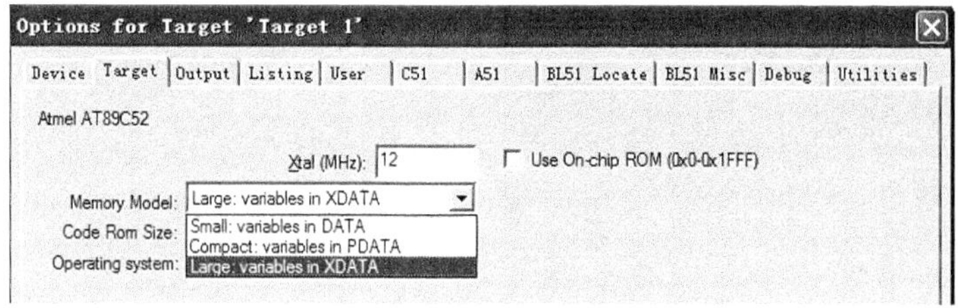

图 12-6　变量位置设定

Keil 的默认设置为 small: variables in DATA，即程序所有代码在内部 RAM 之中，则程序编译的报错信息如图 12-7 所示，'DATA' SEGMENT TOO LARGE 表示程序的代码段太大，DATA 段已无法容纳。

图 12-7 报错信息

2. 编译信息

如图 12-8 所示为 ZLG/GUI 项目编译输出信息，程序项目占用了 9 个字节的内部 RAM，占用了 6344 个字节的外部 RAM。占用了 41364 个字节，约为 40.4KB 的 ROM。AT89C52 仅有 8KB 的 ROM，明显不能够容纳这些代码，我们的程序能仿真出来吗？

这里要特殊说明一下，在 Proteus 中，51 单片机的 ROM 是无限大的，但 RAM 却不是，所以不必去外扩 ROM。在实际运用中，必须考虑这个问题。

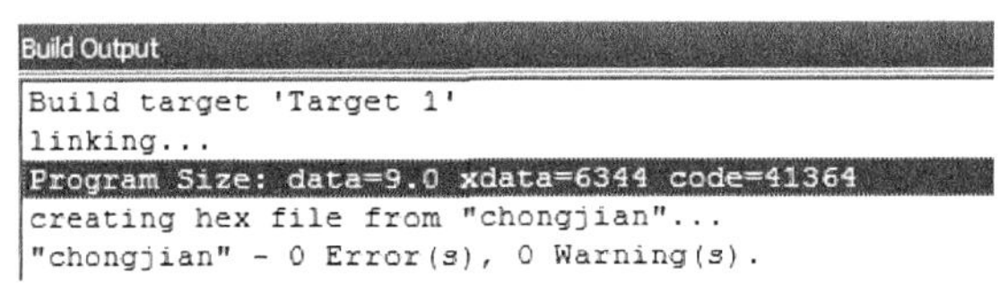

图 12-8 ZLG 项目编译信息

12.4 ZLG/GUI 的应用举例

到了比较有趣的一节了，在 Proteus 中仿真演示 ZLG/GUI。本节主要学习如何调用 ZLG/GUI 提供的库函数，还要在实例中巩固 C 语言中结构体变量及指针的用法。

12.4.1 实现基本画图函数

（1）ZLG/GUI 可以在单任务系统中使用，也可以在多任务系统中使用。在单任务系统中使用 ZLG/GUI 时，用户程序通过调用 ZLG/GUI 的接口函数实现图形显示，如下代码所示。

```
main(void)
{
   GUI_Initialize();          //初始化 LCM
   GUI_SetColor(1, 0);        //设置前景色和背景色
   whlile(1)
   {
GUI_xxx(…);
        ……
        GUI_xxx(…);
        ……
```

```
    }
    return(0);
}
```

GUI_Initialize()是要求我们自己编写的接口函数，用于对屏幕初始化。GUI_SetColor 是 ZLG/GUI 提供的库函数，在文件 GUI_Stockc.c 中，用于设置屏幕的前景色和背景色，它的源码为：

```
/*****************************************
* 名称：GUI_SetColor()
* 功能：设置显示色及背景色。用于 ASCII 字符显示及汉字显示
* 入口参数：color1     显示色的值
*           color2     背景色的值
* 出口参数：无
* 说明：
************************************/
void  GUI_SetColor(TCOLOR color1, TCOLOR color2)
{  GUI_CopyColor(&disp_color, color1);
   GUI_CopyColor(&back_color, color2);
}
```

（2）ZLG/GUI 提供了多个基本画图函数，无需使用取模软件就可实现一些简易图形的绘制。基本绘图函数在文件 GUI_BASIC.C 中，下面的程序就是利用 ZLG/GUI 的绘图函数，绘制了一些基本图形。

```
void main(void)
{
   GUI_Initialize();                          //完成初始化
   GUI_SetColor(1,0);                         //设置颜色
   while(1)
   {
   GUI_Rectangle(5,5,20,20,1);                //绘制矩形
   GUI_RectangleFill(5,25,20,40,1);           //填充矩形
   GUI_Line(5,44,20,64,1);                    //斜线
   GUI_Circle(35,15,12,1);                    //圆形
   GUI_CircleFill(35,45,12,1);                //填充圆形
   GUI_Ellipse(50,70,0,30,1);                 //椭圆
   GUI_EllipseFill(50,70,32,62,1);            //填充椭圆
   GUI_Arc4(80,20,15,4,1);                    //弧形
   GUI_Arc(80,50,15,60,200,1);                //任意角度弧形
   GUI_Pieslice(110,30,15,20,70,1);           //绘制扇形
   }
}
```

程序的执行效果如图 12-9 所示。

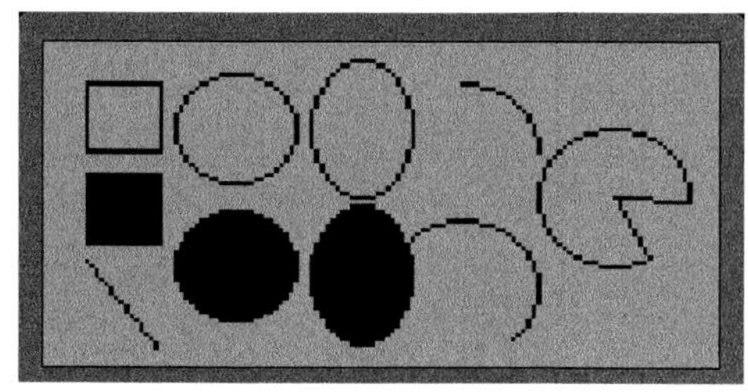

图 12-9　ZLG/GUI 绘制基本图形

12.4.2 字符绘制

ZLG/GUI 提供了 3 个字符绘制文件，它们分别是 FONT5_7.C、FONT8_8.C、FONT24_32.C，用于绘制不同像素点的字符或者字符串。

1．5×7像素字符绘制

FONT5_7.C 文件提供了几乎所有 ASCII 码的字符表格 FONT5x7ASCII[][8]，并提供了 3 组函数：GUI_PutChar 用于绘制单个字符；GUI_PutString 用于绘制字符串；GUI_PutNoStr 用于绘制指定字符个数的字符串。如下程序所示。

```
void main(void)
{
   GUI_Initialize();
   GUI_SetColor(1,0);
   while(1)
   {
   GUI_PutChar(20,10,'a');                           //绘制单个字符
   GUI_PutChar(28,10,'A') ;
   GUI_PutChar(36,10,'b') ;
   GUI_PutChar(44,10,'#') ;
   GUI_PutChar(52,10,'$') ;
   GUI_PutChar(60,10,'1') ;
   GUI_PutChar(68,10,'2') ;
   GUI_PutChar(76,10,'*') ;
   GUI_PutChar(86,10,'@') ;
   GUI_PutString(5,25,"51MCU is Very Great");   //绘制字符串
   GUI_PutNoStr(5,40,"How Much string can display",20);
//绘制指定字符个数的字符串
   }
```

该程序的执行效果如图 12-10 所示。

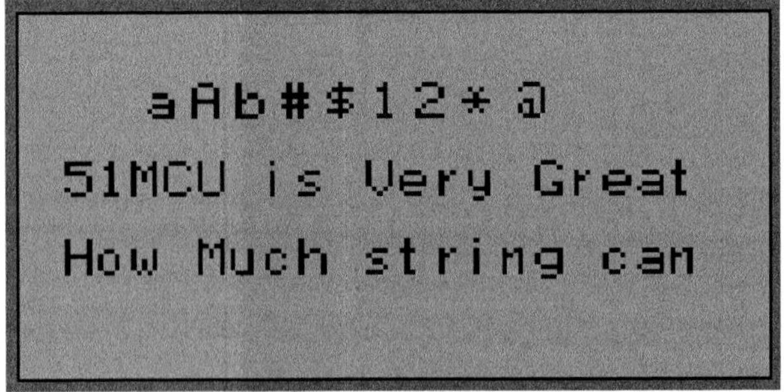

图 12-10　ZLG/GUI 绘制 5×7 像素字符

2．8×8像素字符绘制

FONT8_8.C 文件同样提供了几乎所有 ASCII 码的字符表格 FONT8x8ASCII[][8]，并提供了 3 组函数：GUI_PutChar8_8 用于绘制单个字符；GUI_PutString8_8 用于绘制字符串；GUI_PutNoStr8_8 用于绘制指定字符个数的字符串。如下程序所示。

```
void main(void)
{
   GUI_Initialize();
   GUI_SetColor(1,0);
   while(1)
   {
   GUI_PutString(5,10,"51MCU is Very Great");
   GUI_PutString8_8(5,25,"51MCU is Very Great");  //绘制 8×8 点阵字符串
   }
}
```

程序中分别绘制了两组字符串，一组为 8×8 像素，另一组为 5×7 像素，在图 12-11 所示中，能比较出两者的区别。

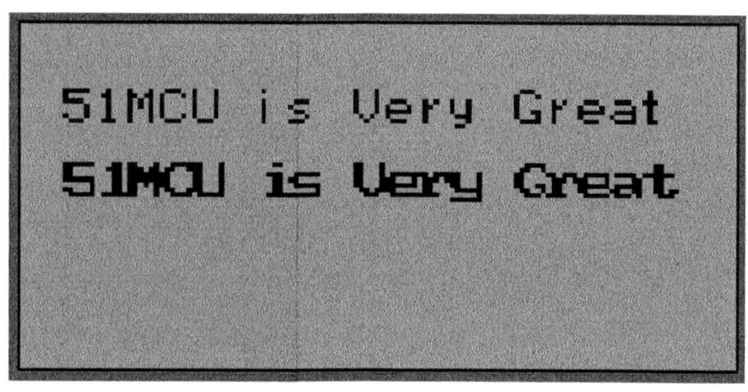

图 12-11　8×8 像素字符串和 5×7 像素字符串

12.4.3　汉字显示和图形显示

Loadbit.c 为 ZLG/GUI 提供的图像绘制、汉字绘制函数库。涉及一些比较复杂的图形、图像必须用字模软件取字模。

1. 图形绘制

字模软件在第 10 章中已经介绍过了，本章采用了“横向取模，字节正序”的取模方法，采用这种取模方式和 ZLG/GUI 的绘图原理是相对应的，大家分析一下为什么会使用这种取字模方式。字模软件设置的方法如图 12-12 所示。

参数设置
常规设置　字模格式　图形设置
选择最终生成的字模格式
单色点阵液晶字模，横向取模，字节正序
单色点阵液晶字模，横向取模，字节正序
单色点阵液晶字模，横向取模，字节倒序
单色点阵液晶字模，纵向取模，字节正序
单色点阵液晶字模，纵向取模，字节倒序
NES任天堂游戏机4色字模
NES任天堂游戏机16色字模
GBA Mode4 256色位图
文本格式
C语言格式
汇编格式
字模数组包含宽、高像素值和宽字节数
图形数据压缩（压缩局部重复数据）
确认　取消

图 12-12　取模方式

举例说明图形的绘制方法：

```
#include "config.h"
uint8 code androd[]=
{
/*------------------------------------------
;  图形 1 字模
;  宽×高（像素）: 50×58
---------------------------------------------*/
0x00,0x02,0x00,0x00,0x60,0x00,0x00,0x00,0x07,0x00,0x00,0x60,0x00,0x00,0
x00,0x03,
0x80,0x00,0xE0,0x00,0x00,0x00,0x02,0x81,0xC0,0xE0,0x00,0x00,0x00,0x01,0
xFF,0xFF,
0xC0,0x00,0x00,0x00,0x01,0xFF,0xFF,0xC0,0x00,0x00,0x00,0x01,0xFF,0xFF,0
xC0,0x00,
0x00,0x00,0x07,0xFF,0xFF,0xE0,0x00,0x00,0x00,0x0F,0xFF,0xFF,0xF8,0x00,0
x00,0x00,
0x1F,0xFF,0xFF,0xFC,0x00,0x00,0x00,0x3F,0xFF,0xFF,0xFC,0x00,0x00,0x00,0
x3F,0xBF,
0xFE,0xFE,0x00,0x00,0x00,0x7F,0xFF,0xFF,0xFF,0x00,0x00,0x00,0x7F,0xFF,0
xFF,0xFF,
0x00,0x00,0x00,0xFF,0xFF,0xFF,0xFF,0x00,0x00,0x00,0xFF,0xFF,0xFF,0xFF,0
x80,0x00,
0x00,0xFF,0xFF,0xFF,0xFF,0x80,0x00,0x00,0xFF,0xFF,0xFF,0xFF,0x80,0x00,0
x38,0xFF,
0xFF,0xFF,0xFF,0x8E,0x00,0x7C,0xFF,0xFF,0xFF,0xFF,0x9F,0x00,0x7E,0x00,0
x00,0x00,
0x00,0x3F,0x80,0x7F,0xFF,0xFF,0xFF,0xFF,0xFF,0x80,0x7F,0xFF,0xFF,0xFF,0
xFF,0xFF,
0x80,0x7F,0xFF,0xFF,0xFF,0xFF,0xFF,0x80,0x7F,0xFF,0xFF,0xFF,0xFF,0xFF,0
x80,0x7F,
0xFF,0xFF,0xFF,0xFF,0xFF,0x80,0x7F,0xFF,0xFF,0xFF,0xFF,0xFF,0x80,0x7F,0
xFF,0xFF,
0xFF,0xFF,0xFF,0x80,0x7F,0xFF,0xFF,0xFF,0xFF,0xFF,0x80,0x7F,0xFF,0xFF,0
xFF,0xFF,
0xFF,0x80,0x7F,0xFF,0xFF,0xFF,0xFF,0xFF,0x80,0x7F,0xFF,0xFF,0xFF,0xFF,0
xFF,0x80,
0x7F,0xFF,0xFF,0xFF,0xFF,0xFF,0x80,0x7F,0xFF,0xFF,0xFF,0xFF,0xFF,0x80,0
x7F,0xFF,
0xFF,0xFF,0xFF,0xFF,0x80,0x7F,0xFF,0xFF,0xFF,0xFF,0xFF,0x80,0x7F,0xFF,0
xFF,0xFF,
0xFF,0xFF,0x80,0x7F,0xFF,0xFF,0xFF,0xFF,0xFF,0x80,0x7F,0xFF,0xFF,0xFF,0
xFF,0xFF,
0x80,0x7E,0xFF,0xFF,0xFF,0xFF,0xBF,0x80,0x7E,0xFF,0xFF,0xFF,0xFF,0xBF,0
x00,0x38,
0xFF,0xFF,0xFF,0xFF,0x8E,0x00,0x00,0xFF,0xFF,0xFF,0xFF,0x80,0x00,0x00,0
xFF,0xFF,
0xFF,0xFF,0x80,0x00,0x00,0xFF,0xFF,0xFF,0xFF,0x80,0x00,0x00,0x7F,0xFF,0
xFF,0xFF,
0x00,0x00,0x00,0x3F,0xFF,0xFF,0xFE,0x00,0x00,0x00,0x03,0xFE,0x3F,0xE0,0
x00,0x00,
0x00,0x03,0xFE,0x3F,0xE0,0x00,0x00,0x00,0x03,0xFE,0x3F,0xE0,0x00,0x00,0
x00,0x03,
0xFE,0x3F,0xE0,0x00,0x00,0x00,0x03,0xFE,0x3F,0xE0,0x00,0x00,0x00,0x03,0
xFE,0x3F,
0xE0,0x00,0x00,0x00,0x03,0xFE,0x3F,0xE0,0x00,0x00,0x00,0x03,0xFE,0x3F,0
xE0,0x00,
0x00,0x00,0x01,0xFE,0x3F,0xE0,0x00,0x00,0x00,0x00,0xFC,0x1F,0xC0,0x00,0
x00,0x00,
0x00,0xF8,0x0F,0x80,0x00,0x00,
```

```
};
uint8 code apple[]=
{
/*--------------------------------------
;  图形 2 字模
;  宽×高（像素）： 64×59
------------------------------------------*/
0x00,0x00,0x00,0x00,0x00,0x00,0x00,0x00,0x00,0x00,0x00,0x00,0x00,0x00,0
x00,0x00,
0x00,0x00,0x00,0x00,0x00,0x00,0x00,0x00,0x00,0x00,0x00,0x00,0x00,0x00,0
x00,0x00,
0x00,0x00,0x00,0x00,0x00,0x00,0x00,0x00,0x00,0x00,0x00,0x00,0x00,0x00,0
x00,0x00,
0x00,0x00,0x00,0x00,0x01,0xC0,0x00,0x00,0x00,0x00,0x00,0x00,0x07,0xC0,0
x00,0x00,
0x00,0x00,0x00,0x00,0x1F,0xC0,0x00,0x00,0x00,0x00,0x00,0x00,0x3F,0xC0,0
x00,0x00,
0x00,0x00,0x00,0x00,0x7F,0xC0,0x00,0x00,0x00,0x00,0x00,0x00,0x7F,0x80,0
x00,0x00,
0x00,0x00,0x00,0x00,0xFF,0x80,0x00,0x00,0x00,0x00,0x00,0x00,0xFF,0x00,0
x00,0x00,
0x00,0x00,0x00,0x01,0xFF,0x00,0x00,0x00,0x00,0x00,0x00,0x01,0xFE,0x00,0
x00,0x00,
0x00,0x00,0x00,0x01,0xF0,0x00,0x00,0x00,0x00,0x00,0x0F,0xF9,0xEF,0xFE,0
x00,0x00,
0x00,0x00,0x3F,0xF8,0x1F,0xFF,0x00,0x00,0x00,0x00,0x7F,0xFF,0xFF,0xFF,0
xC0,0x00,
0x00,0x00,0xFF,0xFF,0xFF,0xFF,0xE0,0x00,0x00,0x01,0xFF,0xFF,0xFF,0xFF,0
xF0,0x00,
0x00,0x03,0xFF,0xFF,0xFF,0xFF,0xF0,0x00,0x00,0x03,0xFF,0xFF,0xFF,0xFF,0
xC0,0x00,
0x00,0x07,0xFF,0xFF,0xFF,0xFF,0x80,0x00,0x00,0x07,0xFF,0xFF,0xFF,0xFF,0
x00,0x00,
0x00,0x0F,0xFF,0xFF,0xFF,0xFF,0x00,0x00,0x00,0x0F,0xFF,0xFF,0xFF,0xFE,0
x00,0x00,
0x00,0x0F,0xFF,0xFF,0xFF,0xFE,0x00,0x00,0x00,0x0F,0xFF,0xFF,0xFF,0xFE,0
x00,0x00,
0x00,0x0F,0xFF,0xFF,0xFF,0xFE,0x00,0x00,0x00,0x0F,0xFF,0xFF,0xFF,0xFE,0
x00,0x00,
0x00,0x0F,0xFF,0xFF,0xFF,0xFE,0x00,0x00,0x00,0x0F,0xFF,0xFF,0xFF,0xFE,0
x00,0x00,
0x00,0x0F,0xFF,0xFF,0xFF,0xFE,0x00,0x00,0x00,0x0F,0xFF,0xFF,0xFF,0xFF,0
x00,0x00,
0x00,0x0F,0xFF,0xFF,0xFF,0xFF,0x00,0x00,0x00,0x0F,0xFF,0xFF,0xFF,0xFF,0
x80,0x00,
0x00,0x07,0xFF,0xFF,0xFF,0xFF,0xC0,0x00,0x00,0x07,0xFF,0xFF,0xFF,0xFF,0
xE0,0x00,
0x00,0x07,0xFF,0xFF,0xFF,0xFF,0xF8,0x00,0x00,0x03,0xFF,0xFF,0xFF,0xFF,0
xF8,0x00,
0x00,0x03,0xFF,0xFF,0xFF,0xFF,0xF8,0x00,0x00,0x01,0xFF,0xFF,0xFF,0xFF,0
xF0,0x00,
0x00,0x01,0xFF,0xFF,0xFF,0xFF,0xF0,0x00,0x00,0x00,0xFF,0xFF,0xFF,0xFF,0
xE0,0x00,
0x00,0x00,0xFF,0xFF,0xFF,0xFF,0xE0,0x00,0x00,0x00,0x7F,0xFF,0xFF,0xFF,0
x80,0x00,
0x00,0x00,0x7F,0xFF,0xFF,0xFF,0x80,0x00,0x00,0x00,0x3F,0xFF,0xFF,0xFF,0
x00,0x00,
0x00,0x00,0x1F,0xFF,0xFF,0xFF,0x00,0x00,0x00,0x00,0x0F,0xFF,0xFF,0xFE,0
x00,0x00,
0x00,0x00,0x07,0xFF,0xFF,0xF8,0x00,0x00,0x00,0x00,0x01,0xF0,0x00,0xF0,0
x00,0x00,
```

```
0x00,0x00,0x00,0x00,0x00,0x00,0x00,0x00,0x00,0x00,0x00,0x00,0x00,0x00,0
x00,0x00,
0x00,0x00,0x00,0x00,0x00,0x00,0x00,0x00,0x00,0x00,0x00,0x00,0x00,0x00,0
x00,0x00,
0x00,0x00,0x00,0x00,0x00,0x00,0x00,0x00,
};
void main(void)
{
  GUI_Initialize();
  GUI_SetColor(1,0);
  while(1)
  {
  GUI_LoadPic(5,5, (uint8 *)androd,50,58);                    //绘图函数
  GUI_LoadPic(64,0, (uint8 *)apple,64,59);

  }
}
```

绘图效果如图 12-13 所示。

图 12-13　绘制图形

在程序中，调用字模数组使用了：

```
(uint8 *)androd
```

这段程序表示的意思将数组 androd 强制转换为 uint8 型指针。在 C 语言中()表示强制转换的意思，例如：

```
(unsigned char)i;
```

表示将 i 强制转换为无符号字符型，本例程中可以不使用(uint8 *)，使用如下程序：

```
  GUI_LoadPic(5,5, androd,50,58);
  GUI_LoadPic(64,0, apple,64,59);
```

ZLG/GUI 还提供了另外一种绘制图形的函数 GUI_LoadPic1，这个函数用于反相显示图形，假如将程序改为：

```
..................
  GUI_LoadPic1(5,5, (uint8 *)androd,50,58);    //反相绘图函数
  GUI_LoadPic1(64,0, (uint8 *)apple,64,59);
..................
```

图形显示效果如图 12-14 所示。

图 12-14　图形显示效果 2

2．汉字显示

ZLG/GUI 提供了汉字显示接口函数 GUI_PutHZ，可以在指定位置上显示指定的汉字或特殊字符。但 ZLG/GUI 并没有集成汉字字库，所以当用户使用汉字显示时，就需要提供所要显示汉字的字模数据。程序举例如下：

```
 #include "config.h"
unsigned char code zi1[]=
{
/*---------------------------------------
;  源文件 / 文字 : 学习 51 单片机
;  宽×高（像素）: 120×20
---------------------------------------*/
0x00,0x86,0x00,0x00,0x00,0x00,0x00,0x00,0x00,0xC0,0x00,0x10,0x00,0x60,0
x00,0x04,
0xC4,0x00,0x00,0xE0,0x00,0x00,0x00,0x31,0x80,0x02,0x18,0x00,0x60,0x00,0
x06,0x4C,
0x00,0xFF,0xF0,0x00,0x00,0x00,0x11,0x00,0x03,0x18,0x00,0x40,0x00,0x02,0
x08,0x00,
0x60,0x30,0x0F,0x03,0x00,0x03,0xE0,0x03,0x10,0x00,0x40,0x40,0x00,0x1F,0
x80,0x00,
0x30,0x10,0x0F,0x00,0xFE,0x60,0x02,0x10,0x00,0x43,0xE0,0x1F,0xF1,0xC0,0
x30,0x30,
0x10,0x03,0x00,0xC4,0x60,0x02,0x1F,0x00,0x7A,0x60,0x10,0x01,0x00,0x18,0
x30,0x20,
0x03,0x00,0x5F,0x40,0x03,0xF0,0x07,0xC2,0x40,0x30,0xF8,0x00,0x09,0x20,0
x3C,0x03,
0x00,0x44,0x40,0x02,0x00,0x00,0x42,0x40,0x23,0x98,0x00,0x06,0x20,0x0E,0
x03,0x00,
0x47,0xC0,0x02,0x00,0x00,0x62,0x40,0x00,0x70,0x00,0x1C,0x20,0x02,0x03,0
x00,0x7C,
0x00,0x02,0x18,0x00,0xD2,0x40,0x00,0x23,0x00,0x70,0x60,0x01,0x03,0x00,0
x04,0x38,
0x03,0xFC,0x01,0xCA,0x42,0x01,0xFF,0x81,0xE0,0x60,0x01,0x03,0x00,0x3F,0
xFC,0x06,
0x08,0x01,0x46,0x42,0x3F,0x20,0x00,0x80,0x60,0x01,0x03,0x07,0xE4,0x00,0
x04,0x08,
0x02,0x44,0x62,0x00,0x20,0x00,0x00,0x40,0x01,0x03,0x00,0x04,0x00,0x0C,0
x08,0x04,
0x4C,0x3F,0x00,0x20,0x00,0x06,0xC0,0x02,0x03,0x00,0x04,0x00,0x08,0x08,0
x00,0x48,
0x1E,0x00,0x20,0x00,0x03,0x80,0x3C,0x07,0x80,0x04,0x00,0x10,0x08,0x00,0
x50,0x00,
0x01,0xE0,0x00,0x01,0x80,0x00,0x00,0x00,0x04,0x00,0x00,0x08,0x00,0x40,0
```

```
x00,0x00,
0x60,0x00,0x00,0x00,0x00,0x00,0x00,0x04,0x00,0x00,0x08,0x00,0x40,0x00,0
x00,0x40,
0x00,0x00,0x00,0x00,0x00,0x00,0x00,0x00,0x00,0x00,0x00,0x00,0x00,0x00,0
x00,0x00,
0x00,0x00,0x00,0x00,0x00,0x00,0x00,0x00,0x00,0x00,0x00,0x00,
};
unsigned char code zi2[]=
{
/*--------------------------------------
;  源文件 / 文字 : 学习 51 单片机
;  宽×高（像素）: 103×16
------------------------------------------*/
0x00,0x30,0x00,0x00,0x00,0x00,0x00,0x03,0x00,0x03,0x00,0x60,0x00,0x1B,0
x30,0x00,
0x7C,0x00,0x00,0x00,0xC6,0x00,0x63,0x00,0x60,0x00,0x0D,0xB0,0x0F,0xCC,0
x00,0x00,
0x00,0x6C,0x00,0x63,0x00,0x60,0x00,0x00,0x60,0x00,0x0C,0x07,0x83,0x00,0
x7F,0x80,
0x63,0x00,0x61,0xE0,0x33,0xFE,0x03,0x0C,0x0C,0x07,0x01,0xD9,0x80,0x63,0
xC0,0x7B,
0x60,0x3E,0x0C,0x01,0x8C,0x0C,0x03,0x01,0xFF,0x00,0x7E,0x01,0xE3,0xC0,0
x73,0xE0,
0x00,0x7C,0x0F,0x03,0x01,0x9B,0x00,0x60,0x00,0x63,0xC0,0x66,0xC0,0x00,0
xCC,0x03,
0x83,0x00,0xFE,0x00,0x67,0x00,0x73,0xC0,0x01,0x80,0x03,0x8C,0x01,0x83,0
x00,0x18,
0x00,0x7F,0x00,0xFB,0xC0,0x01,0xFC,0x1E,0x18,0x01,0x83,0x00,0x1F,0xE0,0
x63,0x01,
0xE6,0xCC,0x7F,0xC0,0x00,0x18,0x01,0x83,0x0F,0xF8,0x00,0xC3,0x03,0x66,0
xCC,0x00,
0xC0,0x00,0x18,0x01,0x83,0x00,0x18,0x00,0xC3,0x00,0x6C,0x7C,0x00,0xC0,0
x00,0xF0,
0x1F,0x03,0x80,0x18,0x01,0x83,0x00,0x78,0x00,0x03,0xC0,0x00,0x70,0x06,0
x00,0x00,
0x18,0x03,0x03,0x00,0x60,0x00,0x01,0x80,0x00,0x00,0x00,0x00,0x00,0x18,0
x00,0x00,
0x00,0x00,0x00,0x00,0x00,0x00,0x00,0x00,0x00,0x00,0x00,0x00,0x00,0x00,0
x00,0x00,
};
unsigned char code ye[]=
{
/*------------------------------------------
;  源文件 / 文字 : 液
;  宽×高（像素）: 16×16
------------------------------------------*/
0x00,0x00,0x00,0x0C,0x00,0x04,0x01,0x01,0x01,0x1E,0x00,0xE8,0x08,0x4A,0
x08,0x96,
0x01,0x34,0x0F,0xC8,0x09,0x50,0x12,0x30,0x22,0xD8,0x25,0x0F,0x00,0x00,0
x00,0x00,
};
unsigned char code jing[]=
{
/*------------------------------------------
;  源文件 / 文字 : 晶
;  宽×高（像素）: 16×16
------------------------------------------*/
0x00,0x00,0x00,0x06,0x00,0x7E,0x00,0x44,0x00,0x64,0x00,0x88,0x00,0xF8,0
x00,0x10,
0x01,0x3F,0x0F,0x22,0x11,0x2A,0x1A,0x54,0x22,0x44,0x3E,0x7C,0x04,0x08,0
```

```
x00,0x00,
};
unsigned char code xian[]=
{
/*------------------------------------------------
;  源文件 / 文字 : 显
;  宽×高（像素）: 16×16
-------------------------------------------------*/
0x00,0x00,0x00,0x00,0x00,0x1E,0x01,0xE2,0x01,0x32,0x01,0xC4,0x01,0x78,0
x02,0x80,
0x01,0x22,0x09,0x24,0x0D,0x58,0x02,0x40,0x02,0x4C,0x7F,0xB6,0x00,0x00,0
x00,0x00,
};
unsigned char code shi[]=
{
/*------------------------------------------------
;  源文件 / 文字 : 示
;  宽×高（像素）: 16×16
-----------------------------------------*/
0x00,0x00,0x00,0x00,0x00,0x02,0x00,0xFC,0x00,0x00,0x00,0x00,0x00,0x1F,0
x1F,0xE0,
0x00,0x40,0x00,0x48,0x04,0x44,0x08,0x44,0x00,0x80,0x01,0x80,0x00,0x00,0
x00,0x00,
};
void main(void)
{
   GUI_Initialize();
   GUI_SetColor(1,0);
   while(1)
   {
   GUI_PutHZ(4, 5, (uint8 *)zi1, 120, 20);       //字组显示
   GUI_PutHZ(10, 30, (uint8 *)zi2, 103, 16);     //粗体字组显示
   GUI_PutHZ(4, 48, (uint8 *)ye, 16, 16);        //单个斜体汉字
   GUI_PutHZ(34, 48, (uint8 *)jing, 16, 16);
   GUI_PutHZ(64, 48, (uint8 *)xian, 16, 16);
   GUI_PutHZ(94, 48, (uint8 *)shi, 16, 16);

   }
}
```

显示效果如图 12-15 所示。

图 12-15　汉字演示

12.4.4　窗口显示

ZLG/GUI 可以绘制一个简单窗口，窗口的使用主要依靠一个预先定义好的结构体

WINDOWS，这个结构体定义的位置在文件 WINDOWS.H 中。

```
typedef  struct
{  uint32  x;             //窗口位置（左上角的 x 坐标）
   uint32  y;             //窗口位置（左上角的 y 坐标）

   uint32  with;          //窗口宽度
   uint32  hight;         //窗口高度

   uint8   *title;//定义标题栏指针（标题字符为 ASCII 字符串，最大个数受窗口限制）
   uint8   *state;        //定义状态栏指针（若为空时则不显示状态栏）
} WINDOWS;
```

WINDOWS.C 定义了 3 个窗口函数：GUI_WindowsDraw（绘制窗口）、GUI_WindowsHide（隐藏窗口）、GUI_WindowsClr（清除定义的窗口）。下面是一个绘制窗口的演示程序，可以在实例中练习一下结构体赋值和调用的方法：

```
#include "config.h"
void DemoEllipse()
{
   WINDOWS demow;                              //声明一个窗口结构体变量
   demow.x=0;                                  //窗口位置
   demow.y=0;
   demow.with=128;                             //窗口大小
   demow.hight=64;
   demow.title=(uint8*)"Window for Ellipse";   //标题栏字符
   demow.state="  Drawe Three Ellipse  ";      //状态栏字符
   GUI_WindowsDraw(&demow);                    //绘制窗口函数
   GUI_Ellipse(5,50,20,55,1);                  //画 3 个椭圆
   GUI_Ellipse(55,75,20,55,1);
   GUI_EllipseFill(80,120,25,50,1);
}
void main(void)
{
   GUI_Initialize();
   GUI_SetColor(1,0);
   DemoEllipse();                              //演示绘制
while(1);
}
```

程序执行效果如图 12-16 所示。

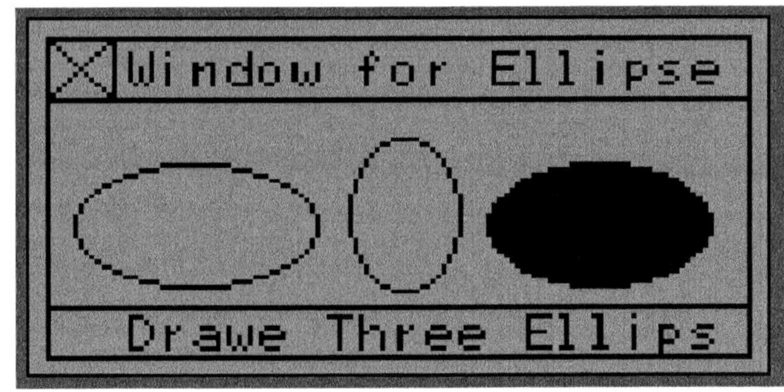

图 12-16　窗口绘制效果

12.4.5　菜单功能和按钮

1. 菜单演示

ZLG/GUI 提供菜单功能接口函数，通过调用这些接口函数，用户可以实现下拉菜单或图标菜单功能，菜单功能非常强大和实用。ZLG/GUI 提供了菜单数据结构体：

```
/* 定义图标菜单数据结构 */
typedef  struct
{  uint32 x;                // 图标菜单位置（左上角的 x 坐标）
   uint32 y;                // 图标菜单位置（左上角的 y 坐标）
   uint8  *icodat;          // 32*32 的 ICO 数据地址
   uint8  *title;           // 相关标题提示（42*13）
   uint8  state;            // 图标菜单状态，为 0 时表示未选中，为 1 时表示已选中

   void   (*Function)(void);      // 对应的服务程序，菜单所指向的函数
} MENUICO;
```

示例程序如下：

```
#include "config.h"
uint8 code PIC1[] =
{
/* 图像 1 */
/* 宽度 x 高度=32x32 */
0x00,0x00,0x00,0x00,0x00,0x00,0x00,0x00,0x00,0x00,0x00,0x00,0x00,0x07,0
x00,0x00,
0x00,0x0F,0x80,0x00,0x00,0x0F,0x80,0x00,0x00,0x1F,0xFF,0x00,0x00,0x3F,0
xFF,0xC0,
0x00,0x3F,0xFE,0x00,0x00,0x3F,0xFC,0x00,0x00,0x3F,0xE6,0x00,0x00,0x3F,0
xC0,0x00,
0x00,0x7F,0x00,0x00,0x00,0x7E,0x00,0x00,0x00,0x7E,0x00,0x00,0x00,0x7F,0
x00,0x00,
0x00,0x7F,0x80,0x00,0x00,0x7F,0xC0,0x00,0x00,0xFF,0xC0,0x00,0x00,0xF3,0
xC0,0x00,
0x00,0xF1,0xE0,0x00,0x00,0xE0,0xE0,0x00,0x01,0xE0,0xF0,0x00,0x01,0xE0,0
x70,0x00,
0x03,0xC0,0x70,0x00,0x07,0x80,0x60,0x00,0x07,0x00,0x20,0x00,0x03,0x00,0
x30,0x00,
0x00,0x00,0x38,0x00,0x00,0x00,0x00,0x00,0x00,0x00,0x00,0x00,0x00,0x00,0
x00,0x00
};
uint8 code PIC2[] =
{
/* 图像 2 */
/* 宽度 x 高度=32x32 */
0x00,0x00,0x00,0x00,0x00,0x07,0xF0,0x00,0x00,0x3F,0xFE,0x00,0x00,0xFF,0
xBF,0x80,
0x01,0xE1,0x83,0xC0,0x03,0xC0,0x01,0xE0,0x07,0x00,0x00,0x70,0x0E,0x00,0
x00,0x38,
0x0E,0x00,0x00,0x38,0x1C,0x00,0x00,0x1C,0x18,0x00,0x00,0x1C,0x18,0x00,0
x00,0x0C,
0x38,0x00,0x00,0x0E,0x38,0x00,0xFF,0xFE,0x3C,0x01,0xFF,0xFE,0x3C,0x01,0
xFF,0xFE,
```

```
0x38,0x01,0xFF,0xFE,0x38,0x01,0xC0,0x0E,0x38,0x01,0xC0,0x0E,0x18,0x01,0
xC0,0x0C,
0x1C,0x01,0xC0,0x1C,0x1C,0x01,0xC0,0x1C,0x0E,0x01,0xC0,0x38,0x0E,0x01,0
xC0,0x38,
0x07,0x01,0xC0,0x70,0x03,0xC0,0x01,0xE0,0x01,0xF1,0xC7,0xC0,0x00,0x7F,0
xFF,0x00,
0x00,0x3F,0xFE,0x00,0x00,0x07,0xF0,0x00,0x00,0x00,0x00,0x00,0x00,0x00,0
x00,0x00
};
uint8 code PIC3[] =
{
/* 图像 3 */
/* 宽度 x 高度=32x32 */
0x00,0x00,0x00,0x00,0x03,0xE0,0x0F,0x80,0x0F,0xF8,0x3F,0xE0,0x1F,0xFC,0
x7F,0xF0,
0x3F,0xFE,0xFF,0xF8,0x3F,0xFF,0xFF,0xFC,0x7F,0xFF,0xFF,0xFC,0x7F,0xFF,0
xFF,0xFE,
0x7F,0xFF,0xFF,0xFE,0x7F,0xFF,0xFF,0xFE,0x7F,0xFF,0xFF,0xFE,0x3F,0xFF,0
xFF,0xFE,
0x3F,0xFF,0xFF,0xFC,0x1F,0xFF,0xFF,0xFC,0x0F,0xFF,0xFF,0xF8,0x07,0xFF,0
xFF,0xF0,
0x03,0xFF,0xFF,0xE0,0x01,0xFF,0xFF,0xC0,0x01,0xFF,0xFF,0x80,0x00,0xFF,0
xFF,0x80,
0x00,0x7F,0xFF,0x00,0x00,0x7F,0xFE,0x00,0x00,0x3F,0xFE,0x00,0x00,0x1F,0
xFC,0x00,
0x00,0x0F,0xF8,0x00,0x00,0x0F,0xF0,0x00,0x00,0x07,0xF0,0x00,0x00,0x03,0
xE0,0x00,
0x00,0x01,0xC0,0x00,0x00,0x01,0x80,0x00,0x00,0x00,0x80,0x00,0x00,0x00,0
x00,0x00
};


uint8 code menuchar1[]=
{
/* 提示字符 1 */
/* 宽度 x 高度=44x13 */
0x00,0x00,0x00,0x00,0x00,0x00,0x00,0x08,0x04,0x40,0x00,0x00,0x00,0x08,0
x08,0x48,
0x00,0x00,0x0F,0xC8,0x12,0x70,0x10,0x00,0x01,0x3F,0x3F,0x44,0x30,0x00,0
x01,0x09,
0x00,0x44,0x10,0x00,0x01,0x09,0x1E,0x3C,0x10,0x00,0x01,0x09,0x12,0x40,0
x10,0x00,
0x01,0x11,0x1E,0x48,0x10,0x00,0x01,0x91,0x12,0x70,0x10,0x00,0x0E,0x21,0
x1E,0x44,
0x10,0x00,0x00,0x4A,0x12,0x44,0x38,0x00,0x00,0x84,0x16,0x3C,0x00,0x00
};
uint8 code menuchar2[]=
{
/* 提示字符 2 */
/* 宽度 x 高度=44x13 */
0x00,0x00,0x00,0x00,0x00,0x00,0x00,0x08,0x04,0x40,0x00,0x00,0x00,0x08,0
x08,0x48,
0x00,0x00,0x0F,0xC8,0x12,0x70,0x38,0x00,0x01,0x3F,0x3F,0x44,0x44,0x00,0
x01,0x09,
0x00,0x44,0x44,0x00,0x01,0x09,0x1E,0x3C,0x04,0x00,0x01,0x09,0x12,0x40,0
x08,0x00,
0x01,0x11,0x1E,0x48,0x10,0x00,0x01,0x91,0x12,0x70,0x20,0x00,0x0E,0x21,0
x1E,0x44,
0x40,0x00,0x00,0x4A,0x12,0x44,0x7C,0x00,0x00,0x84,0x16,0x3C,0x00,0x00
};
```

```
uint8 const menuchar3[]=
{
/* 提示字符 3 */
/* 宽度 x 高度=44x13 */
0x00,0x00,0x00,0x00,0x00,0x00,0x00,0x08,0x04,0x40,0x00,0x00,0x00,0x08,0
x08,0x48,
0x00,0x00,0x0F,0xC8,0x12,0x70,0x38,0x00,0x01,0x3F,0x3F,0x44,0x44,0x00,0
x01,0x09,
0x00,0x44,0x04,0x00,0x01,0x09,0x1E,0x3C,0x18,0x00,0x01,0x09,0x12,0x40,0
x04,0x00,
0x01,0x11,0x1E,0x48,0x04,0x00,0x01,0x91,0x12,0x70,0x04,0x00,0x0E,0x21,0
x1E,0x44,
0x44,0x00,0x00,0x4A,0x12,0x44,0x38,0x00,0x00,0x84,0x16,0x3C,0x00,0x00
};

MENUICO  mainmenu[3];

void menu_draw()
{
  mainmenu[0].x=7;                    //图标位置
  mainmenu[0].y=14;
  mainmenu[0].state=1;                //当前状态为 1，菜单提示信息为反向显示
  mainmenu[0].icodat=PIC1;            //菜单图标字模数组
  mainmenu[0].title=menuchar1;        //提示信息字模数组

  mainmenu[1].x=48;
  mainmenu[1].y=14;
  mainmenu[1].state=0;
  mainmenu[1].icodat=PIC2;
  mainmenu[1].title=menuchar2;

  mainmenu[2].x=89;
  mainmenu[2].y=14;
  mainmenu[2].state=0;
  mainmenu[2].icodat=PIC3;
  mainmenu[2].title=menuchar3;

  GUI_MenuIcoDraw(&mainmenu[0]);
  GUI_MenuIcoDraw(&mainmenu[1]);
  GUI_MenuIcoDraw(&mainmenu[2]);
}
void main(void)
{
   GUI_Initialize();
   GUI_SetColor(1,0);
   menu_draw();                 //演示绘制
     while(1);
}
```

程序仿真效果如图 12-17 所示。

图 12-17　菜单图标演示

图 12-17 只是演示了菜单图标的一个小功能，加上键盘处理模块，ZLG/GUI 可以实现菜单指向、菜单翻页，甚至下拉菜单。

2．按钮演示

ZLG/GUI 提供了 5 个按钮绘制函数，其中 GUI_Button49x14 是用户自定义的按钮，它的绘制方法和图形绘制方法是一致的。而 GUI_Button_OK、GUI_Button_OK1、GUI_Button_Cancle、GUI_Button_Cancle1 是 ZLG/GUI 自带的按钮，指定了按钮图形的外观、大小等。举例说明如下：

```
void main(void)
{
   GUI_Initialize();
   GUI_SetColor(1,0);
   GUI_Button_OK(10,10);          //OK 按钮
   GUI_Button_Cancle1(70,30);     //取消按钮
while(1);
}
```

按钮图形显示效果如图 12-18 所示。

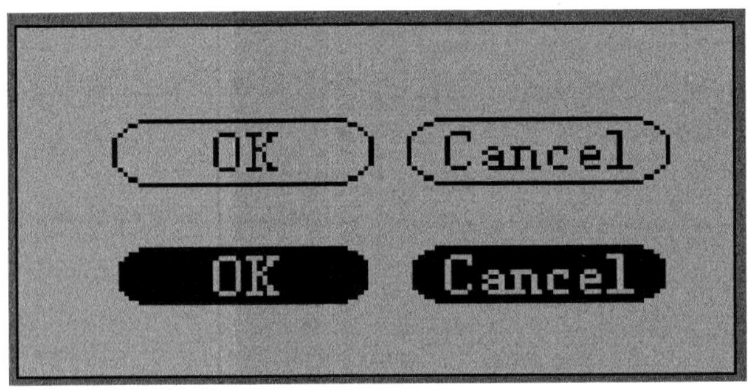

图 12-18　按钮演示

12.5　习题和实例扩展

1．简答和编程题

（1）阅读完本章，你认为 GUI 是什么，它的作用是什么。

（2）简述结构体和共有体的区别，这两种数据形式分别用在什么场合。

（3）简述类型定义符 typefef 和宏定义#define 两者执行的区别，你认为哪种最合适。

（4）总线控制点阵液晶和利用直接 I/O 端口控制的区别。

（5）简述 ZLG/GUI 的绘图原理。

（6）定义一个结构体变量用于记录员工信息（包括编号、姓名、性别、职位、年龄）。

（7）定义一个枚举类型变量，用于指定一年的某个月份。

（8）定义一个共用体变量（包含的数据类型为字符型、整型、长整型、浮点型）。

（9）简述怎样完成 ZLG/GU 的移植。

2. 实例扩展

（1）绘制电路图，如图 12-19 所示。

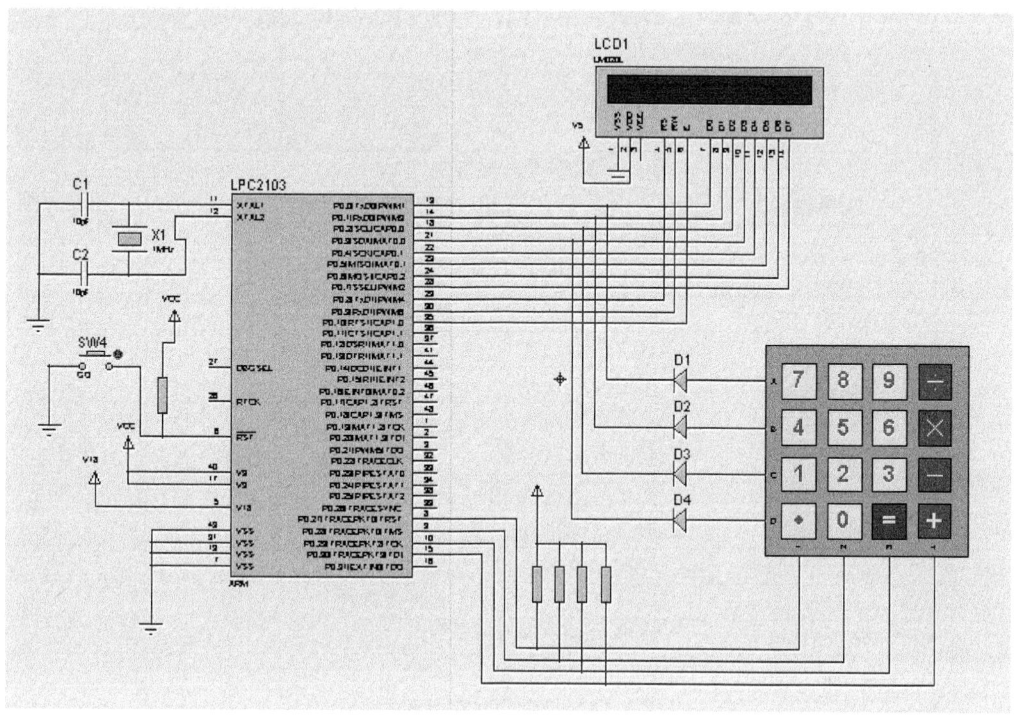

图 12-19　电路图

（2）编写一个 Keil 项目，在 C 语言程序文件中分别定义结构体、枚举类型、共用体，在软件仿真的存储器观察窗口中，观察它们的存储形式。

（3）本章实例使用总线控制点阵液晶 12864，如果采用直接控制电路，该如何完成 ZLG/GUI 的移植。

（4）综合利用 ZLG/GUI 的各个绘图项目，尤其是它的菜单模块，为本实例程序添加开关控制模块对菜单进行操纵。

附录A　51单片机汇编指令集

数据传送类指令				
序号	指令格式	指令功能	字节	机器周期
1	MOV A,Rn	Rn 内容传送到 A	1	1
2	MOV A,direct	直接地址内容传送到 A	2	1
3	MOV A,@Ri	间接 RAM 单元内容送 A	1	1
4	MOV A,#data	立即数送到 A	2	1
5	MOV Rn,A	A 内容送到 Rn	1	1
6	MOV Rn,direct	直接地址内容传送到 Rn	2	2
7	MOV Rn,#data	立即数传送到 Rn	2	1
8	MOV direct,A	A 传送到直接地址	2	1
9	MOV direct,Rn	Rn 传送到直接地址	2	2
10	MOV direct2,direct1	直接地址传送到直接地址	3	2
11	MOV direct,@Ri	间接 RAM 内容传送到直接地址	2	2
12	MOV direct,#data	立即数传送到直接地址	3	2
13	MOV @Ri,A	A 内容送间接 RAM 单元	1	1
14	MOV @Ri,direct	直接地址传送到间接 RAM	2	2
15	MOV @Ri,#data	立即数传送到间接 RAM	2	1
16	MOVC A,@A+DPTR	代码字节送 A（DPTR 为基址）	1	2
17	MOVC A,@A+PC	代码字节送 A（PC 为基址）	1	2
18	MOVX A,@Ri	外部 RAM（8 地址）内容传送到 A	1	2
19	MOVX A,@DPTR	外部 RAM 内容（16 地址）传送到 A	1	2
20	MOV DPTR,#data16	16 位常数加载到数据指针	1	2
21	MOVX @Ri,A	A 内容传送到外部 RAM（8 地址）	1	2
22	MOVX @DPTR,A	A 内容传送到外部 RAM（16 地址）	1	2
23	PUSH direct	直接地址压入堆栈	2	2
24	POP direct	直接地址弹出堆栈	2	2
25	XCH A,Rn	Rn 内容和 A 交换	1	1
26	XCH A, direct	直接地址和 A 交换	2	1
27	XCH A, @Ri	间接 RAM 内容 A 交换	1	1
28	XCHD A, @Ri	间接 RAM 内容和 A 交换低 4 位字节	1	1

算术运算类指令				
序号	指令格式	指令功能	字节	机器周期
1	INC A	A 加 1	1	1
2	INC Rn	Rn 加 1	1	1
3	INC direct	直接地址加 1	2	1
4	INC @Ri	间接 RAM 加 1	1	1
5	INC DPTR	数据指针加 1	1	2
6	DEC A	A 减 1	1	1

续表

算术运算类指令				
序号	指令格式	指令功能	字节	机器周期
7	DEC Rn	Rn减1	1	1
8	DEC direct	直接地址减1	2	1
9	DEC @Ri	间接RAM 减1	1	1
10	MUL AB	A和B相乘	1	4
11	DIV AB	A除以B	1	4
12	DA　A	A十进制调整	1	1
13	ADD A,Rn	Rn与A求和	1	1
14	ADD A,direct	直接地址与A求和	2	1
15	ADD A,@Ri	间接RAM 与A求和	1	1
16	ADD A,#data	立即数与A求和	2	1
17	ADDC A,Rn	Rn与A求和（带进位）	1	1
18	ADDC A,direct	直接地址与A求和（带进位）	2	1
19	ADDC A,@Ri	间接RAM 与A求和（带进位）	1	1
20	ADDC A,#data	立即数与A求和（带进位）	2	1
21	SUBB A,Rn	A减去Rn（带借位）	1	1
22	SUBB A,direct	A减去直接地址（带借位）	2	1
23	SUBB A,@Ri	A减去间接RAM（带借位）	1	1
24	SUBB A,#data	A减去立即数（带借位）	2	1

逻辑运算类指令				
序号	指令格式	指令功能	字节	周期
1	ANL A, Rn	Rn“与”到A	1	1
2	ANL A,direct	直接地址“与”到A	2	1
3	ANL A,@Ri	间接RAM“与”到A	1	1
4	ANL A,#data	立即数“与”到A	2	1
5	ANL direct,A	A“与”到直接地址	2	1
6	ANL direct, #data	立即数“与”到直接地址	3	2
7	ORL A,Rn	Rn“或”到A	1	2
8	ORL A,direct	直接地址“或”到A	2	1
9	ORL A,@Ri	间接RAM“或”到A	1	1
10	ORL A,#data	立即数“或”到A	2	1
11	ORL direct,A	A“或”到直接地址	2	1
12	ORL direct, #data	立即数“或”到直接地址	3	2
13	XRL A,Rn	Rn“异或”到A	1	2
14	XRL A,direct	直接地址“异或”到A	2	1
15	XRL A,@Ri	间接RAM“异或”到A	1	1
16	XRL A,#data	立即数“异或”到A	2	1
17	XRL direct,A	A“异或”到直接地址	2	1
18	XRL direct, #data	立即数“异或”到直接地址	3	2
19	CLR A	A清零	1	2
20	CPL A	A求反	1	1
21	RL A	A循环左移	1	1
22	RLC A	带进位A循环左移	1	1
23	RR A	A循环右移	1	1

续表

逻辑运算类指令				
序号	指令格式	指令功能	字节	周期
24	RRC A	带进位 A 循环右移	1	1
25	SWAP A	A 高、低 4 位交换	1	1

控制转移类指令				
序号	指令格式	指令功能	字节	周期
1	JMP @A+DPTR	相对 DPTR 的无条件间接转移	1	2
2	JZ rel	A 为 0 则转移	2	2
3	JNZ rel	A 为 1 则转移	2	2
4	CJNE A,direct,rel	比较直接地址和 A，不相等转移	3	2
5	CJNE A,#data,rel	比较立即数和 A，不相等转移	3	2
6	CJNE Rn,#data,rel	比较 Rn 和立即数，不相等转移	3	2
7	CJNE @Ri,#data,rel	比较立即数和间接 RAM，不相等转移	3	2
8	DJNZ Rn,rel	Rn 减 1，不为 0 则转移	2	2
9	DJNZ direct,rel	直接地址减 1，不为 0 则转移	3	2
10	NOP	空操作，用于短暂延时	1	1
11	ACALL add11	绝对调用子程序	2	2
12	LCALL add16	长调用子程序	3	2
13	RET	从子程序返回	1	2
14	RETI	从中断服务子程序返回	1	2
15	AJMP add11	无条件绝对转移	2	2
16	LJMP add16	无条件长转移	3	2
17	SJMP rel	无条件相对转移	2	2

位操作指令				
序号	指令格式	指令功能	字节	周期
1	CLR C	清进位位	1	1
2	CLR bit	清直接寻址位	2	1
3	SETB C	置位进位位	1	1
4	SETB bit	置位直接寻址位	2	1
5	CPL C	取反进位位	1	1
6	CPL bit	取反直接寻址位	2	1
7	ANL C,bit	直接寻址位“与”到进位位	2	2
8	ANL C,/bit	直接寻址位的反码“与”到进位位	2	2
9	ORL C,bit	直接寻址位“或”到进位位	2	2
10	ORL C，/bit	直接寻址位的反码“或”到进位位	2	2
11	MOV C,bit	直接寻址位传送到进位位	2	1
12	MOV bit, C	进位位位传送到直接寻址	2	2
13	JC rel	如果进位位为 1 则转移	2	2
14	JNC rel	如果进位位为 0 则转移	2	2
15	JB bit，rel	如果直接寻址位为 1 则转移	3	2
16	JNB bit，rel	如果直接寻址位为 0 则转移	3	2
17	JBC bit，rel	直接寻址位为 1 则转移并清除该位	3	2

常用伪指令		指令中的符号标识	
ORG	指明程序的开始位置	Rn	工作寄存器 R0-R7
DB	定义数据表	Ri	工作寄存器 R0 和 R1

续表

常用伪指令		指令中的符号标识	
DW	定义16位的地址表	@Ri	间接寻址的8位RAM单元地址（00H-FFH）
EQU	给一个表达式或一个字符串起名	#data8	8位常数
DATA	给一个8位的内部RAM起名	addr16	16位目标地址，范围64KB
XDATA	给一个8位的外部RAM起名	addr11	11位目标地址，范围2KB
BIT	给一个可位寻址的位单元起名	Rel	8位偏移量，范围-128～+127
END	指出源程序到此为止	Bit	片内RAM中的可寻址位和SFR的可寻址位
$	指本条指令的起始位置	Direct	直接地址，范围片内RAM单元（00H-7FH）和80H-FFH

附录 B　ASCII 码表

八进制	十六进制	十进制	字符	八进制	十六进制	十进制	字符
00	00	0	nul	100	40	64	@
01	01	1	soh	101	41	65	A
02	02	2	stx	102	42	66	B
03	03	3	etx	103	43	67	C
04	04	4	eot	104	44	68	D
05	05	5	enq	105	45	69	E
06	06	6	ack	106	46	70	F
07	07	7	bel	107	47	71	G
10	08	8	bs	110	48	72	H
11	09	9	ht	111	49	73	I
12	0a	10	nl	112	4a	74	J
13	0b	11	vt	113	4b	75	K
14	0c	12	ff	114	4c	76	L
15	0d	13	er	115	4d	77	M
16	0e	14	so	116	4e	78	N
17	0f	15	si	117	4f	79	O
20	10	16	dle	120	50	80	P
21	11	17	dc1	121	51	81	Q
22	12	18	dc2	122	52	82	R
23	13	19	dc3	123	53	83	S
24	14	20	dc4	124	54	84	T
25	15	21	nak	125	55	85	U
26	16	22	syn	126	56	86	V
27	17	23	etb	127	57	87	W
30	18	24	can	130	58	88	X
31	19	25	em	131	59	89	Y
32	1a	26	sub	132	5a	90	Z
33	1b	27	esc	133	5b	91	[
34	1c	28	fs	134	5c	92	\
35	1d	29	gs	135	5d	93	]
36	1e	30	re	136	5e	94	^
37	1f	31	us	137	5f	95	_
40	20	32	sp	140	60	96	'
41	21	33	!	141	61	97	a
42	22	34	"	142	62	98	b
43	23	35	#	143	63	99	c

续表

八进制	十六进制	十进制	字符	八进制	十六进制	十进制	字符
44	24	36	$	144	64	100	d
45	25	37	%	145	65	101	e
46	26	38	&	146	66	102	f
47	27	39	`	147	67	103	g
50	28	40	(	150	68	104	h
51	29	41	)	151	69	105	i
52	2a	42	*	152	6a	106	j
53	2b	43	+	153	6b	107	k
54	2c	44	,	154	6c	108	l
55	2d	45	-	155	6d	109	m
56	2e	46	.	156	6e	110	n
57	2f	47	/	157	6f	111	o
60	30	48	0	160	70	112	p
61	31	49	1	161	71	113	q
62	32	50	2	162	72	114	r
63	33	51	3	163	73	115	s
64	34	52	4	164	74	116	t
65	35	53	5	165	75	117	u
66	36	54	6	166	76	118	v
67	37	55	7	167	77	119	w
70	38	56	8	170	78	120	x
71	39	57	9	171	79	121	y
72	3a	58	:	172	7a	122	z
73	3b	59	;	173	7b	123	{
74	3c	60	<	174	7c	124	|
75	3d	61	=	175	7d	125	}
76	3e	62	>	176	7e	126	~
77	3f	63	?	177	7f	127	del

附录 C　C 语言运算符及其优先级

优先级	运算符	名称或含义	使用形式	结合方向	说明
1	[]	数组下标	数组名[常量表达式]	左到右	
	()	圆括号	（表达式）/函数名(形参表)		
	.	成员选择（对象）	对象.成员名		
	->	成员选择（指针）	对象指针->成员名		
2	-	负号运算符	-表达式	右到左	单目运算符
	(类型)	强制类型转换	(数据类型)表达式		
	++	自增运算符	++变量名/变量名++		单目运算符
	--	自减运算符	--变量名/变量名--		单目运算符
	*	取值运算符	*指针变量		单目运算符
	&	取地址运算符	&变量名		单目运算符
	!	逻辑非运算符	!表达式		单目运算符
	~	按位取反运算符	~表达式		单目运算符
	sizeof	长度运算符	sizeof(表达式)		
3	/	除	表达式/表达式	左到右	双目运算符
	*	乘	表达式*表达式		双目运算符
	%	余数（取模）	整型表达式/整型表达式		双目运算符
4	+	加	表达式+表达式	左到右	双目运算符
	-	减	表达式-表达式		双目运算符
5	<<	左移	变量<<表达式	左到右	双目运算符
	>>	右移	变量>>表达式		双目运算符
6	>	大于	表达式>表达式	左到右	双目运算符
	>=	大于等于	表达式>=表达式		双目运算符
	<	小于	表达式<表达式		双目运算符
	<=	小于等于	表达式<=表达式		双目运算符
7	==	等于	表达式==表达式	左到右	双目运算符
	!=	不等于	表达式!= 表达式		双目运算符
8	&	按位与	表达式&表达式	左到右	双目运算符
9	^	按位异或	表达式^表达式	左到右	双目运算符

续表

<table>
<tr><th>优先级</th><th>运算符</th><th>名称或含义</th><th>使用形式</th><th>结合方向</th><th>说明</th></tr>
<tr><td>10</td><td>|</td><td>按位或</td><td>表达式|表达式</td><td>左到右</td><td>双目运算符</td></tr>
<tr><td>11</td><td>&&</td><td>逻辑与</td><td>表达式&&表达式</td><td>左到右</td><td>双目运算符</td></tr>
<tr><td>12</td><td>||</td><td>逻辑或</td><td>表达式||表达式</td><td>左到右</td><td>双目运算符</td></tr>
<tr><td>13</td><td>?:</td><td>条件运算符</td><td>表达式1? 表达式2: 表达式3</td><td>右到左</td><td>三目运算符</td></tr>
<tr><td rowspan="11">14</td><td>=</td><td>赋值运算符</td><td>变量=表达式</td><td rowspan="11">右到左</td><td></td></tr>
<tr><td>/=</td><td>除后赋值</td><td>变量/=表达式</td><td></td></tr>
<tr><td>*=</td><td>乘后赋值</td><td>变量*=表达式</td><td></td></tr>
<tr><td>%=</td><td>取模后赋值</td><td>变量%=表达式</td><td></td></tr>
<tr><td>+=</td><td>加后赋值</td><td>变量+=表达式</td><td></td></tr>
<tr><td>-=</td><td>减后赋值</td><td>变量-=表达式</td><td></td></tr>
<tr><td><<=</td><td>左移后赋值</td><td>变量<<=表达式</td><td></td></tr>
<tr><td>>>=</td><td>右移后赋值</td><td>变量>>=表达式</td><td></td></tr>
<tr><td>&=</td><td>按位与后赋值</td><td>变量&=表达式</td><td></td></tr>
<tr><td>^=</td><td>按位异或后赋值</td><td>变量^=表达式</td><td></td></tr>
<tr><td>|=</td><td>按位或后赋值</td><td>变量|=表达式</td><td></td></tr>
<tr><td>15</td><td>,</td><td>逗号运算符</td><td>表达式,表达式,…</td><td>左到右</td><td>从左向右顺序运算</td></tr>
</table>

说明：

（1）运算符的结合性只对相同优先级的运算符有效。也就是说，只有表达式中相同优先级的运算符连用时，才按照运算符的结合性所规定的顺序运算；而不同优先级的运算符连用时，先操作优先级高的运算。

（2）对于上表所罗列的优先级关系可按照如下方法记忆：首先记两边，初等运算符()、[]、->、.的优先级最高，逗号运算符最低，赋值运算符和复合赋值运算符次低。其次，单目运算符的优先级高于双目运算符，双目运算符的优先级高于三目运算符。最后，算术运算符优先级高于其他双目运算符，移位运算符高于关系运算符，关系运算符高于除移位之外的位运算符，位运算符高于逻辑运算符。

（3）同一优先级的运算符，运算次序由结合方向所决定。